GEOSYNTHETICS
DESIGN AND
CONSTRUCTION

실무자를 위한

토목섬유 설계·시공

전한용 · 장용채 · 장정욱 · 정연인
박영목 · 이광열 · 정진교 · 김윤태 공저

씨아이알

머리말

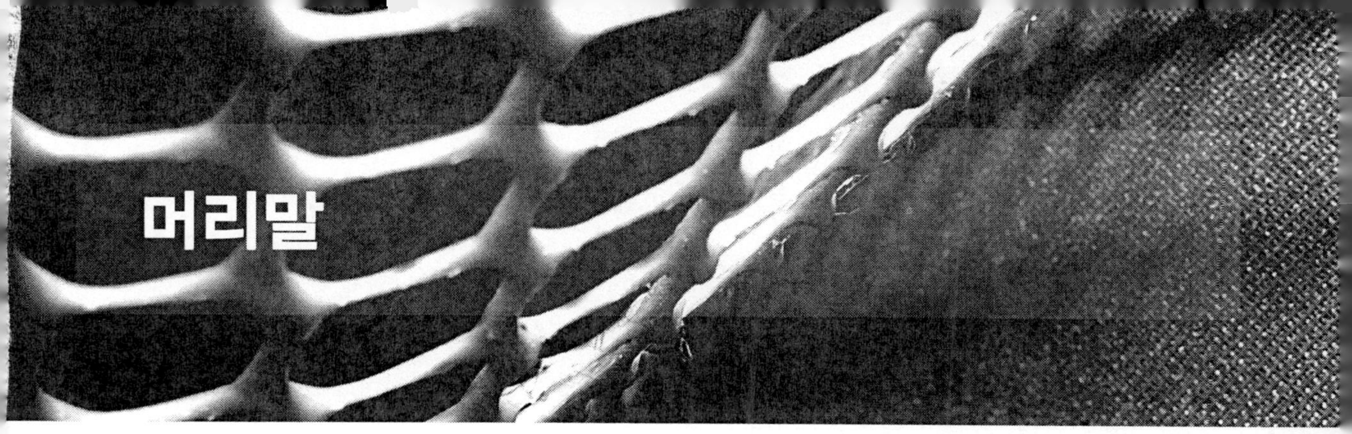

토목섬유는 영어로 지오텍스타일(Geotextiles) 제품을 번역한 용어이지만 지금은 IGS (International Geosynthetics Society)의 용어 정의에 따라 천연 및 합성섬유 고분자 재료를 망라한 제품 분류에 의한 지오신세틱스(Geosynthetics)라는 용어로 정의되어야 합니다.

이는 초창기 지오신세틱스 제품이 지오텍스타일 제품 위주로 적용되기 시작하면서 이를 번역한 토목섬유란 용어가 지오신세틱스 전체를 대변하는 용어로 지금까지 현장 및 실무자들에 의해 사용되고 있습니다.

이러한 점을 감안하여 본 서에서도 여러 종류의 지오신세틱스 제품을 소개하고 있지만 전체적인 용어를 토목섬유라고 지칭하고 있는 것도 이러한 작금의 상황을 고려하였기 때문입니다. 하지만 향후 지반공학에 적용되는 모든 지오신세틱스 제품은 토목섬유라는 용어대신 IGS에서 정의한 지오신세틱스라는 용어로 대체되어야만 할 것입니다.

토목섬유는 1970년대부터 본격적으로 적용된 이래 지금은 그 사용량이 급속적으로 증가하여 제품의 적정용도에 따라 토목건설, 환경, 도로, 수송, 터널, 댐, 철도, 연약지반 등 각종 지상, 지중, 지하 구조물에 이르기까지 매우 광범위하게 적용되고 있습니다.

그러나 지난 몇 년은 변화의 소용돌이와 건설경기의 위축으로 예측 불허의 정체 시기이기도 했지만 국내외적으로 새로운 도약을 위한 패러다임의 정착을 통한 재창조의 질서가 중요한 화두로 제기되어 융복합이라는 거스를 수 없는 시대의 흐름 속에서 토목섬유는 그 위상을 더욱 확고하게 자리매김할 수 있었습니다.

"테크놀로지(Technology)를 이해하는 자가 미래를 지배한다."는 말이 있습니다.

토목섬유 기술은 명실 공히 Up-Stream에서 Down-Stream을 포함하는 Manufacturing 분야와 설계 및 시공기술을 포함하는 Construction 분야를 어우를 수 있는 Embedded Technology 구현이 가능한 융합산업의 대표적인 모델입니다. 또한 (소재+평가+설계+시공)기술이 서로 융합된 응용기술 개발로 Up-Stream인 제조 분야부터 Down-Stream인 시공에 이르기까지 MQC/MQA와 CQC/CQA를 포함한 전후방 응용기술 구현이 가능한 믹스 테이지 기술의 표본이기도 합니다.

본 서는 각 장별로 토목섬유 제품과 그 응용기술을 중심으로 구성되었으며, 저술을 맡으신 교수님들은 이 분야에 오랫동안 연구하신 경력을 바탕으로 현장 실무자에 필요한 내용들을 엄선하여 집필하셨습니다. 토목섬유와 지반공학이라는 너무 방대한 스케일에 비해 매우 전문성을 띤 내용이지만, 응용기술 분야별로 충실하게 저술되어 토목섬유 현장 실무자를 위한 시금석 역할을 할 것으로 기대합니다.

덧붙여서 본 서에 담겨있는 토목섬유 시공 관련 저술내용들은 토목섬유 응용기술을 통한 새로운 패러다임 창출과 현장 실무자들의 애로기술 해결에 일익을 담당할 수 있을 것이며, 미래를 지배하기 위한 새로운 패러다임과 테크놀로지를 도입한 본 서의 발간은 산·학·연 병행발전에 필요한 디딤돌 역할을 할 것입니다.

끝으로 본 서의 저술에 참여하신 공저자들인 토목섬유응용기술연구회(GS-ATRA) 교수님들과 출판에 노고를 아끼지 않으신 도서출판 씨아이알의 이지숙 선생님 그리고 임직원 여러분들께 깊은 감사를 드립니다.

2014년 8월
저자 대표 전한용 드림

목 차

제3장 보호/보강용

제4장 여과/분리용

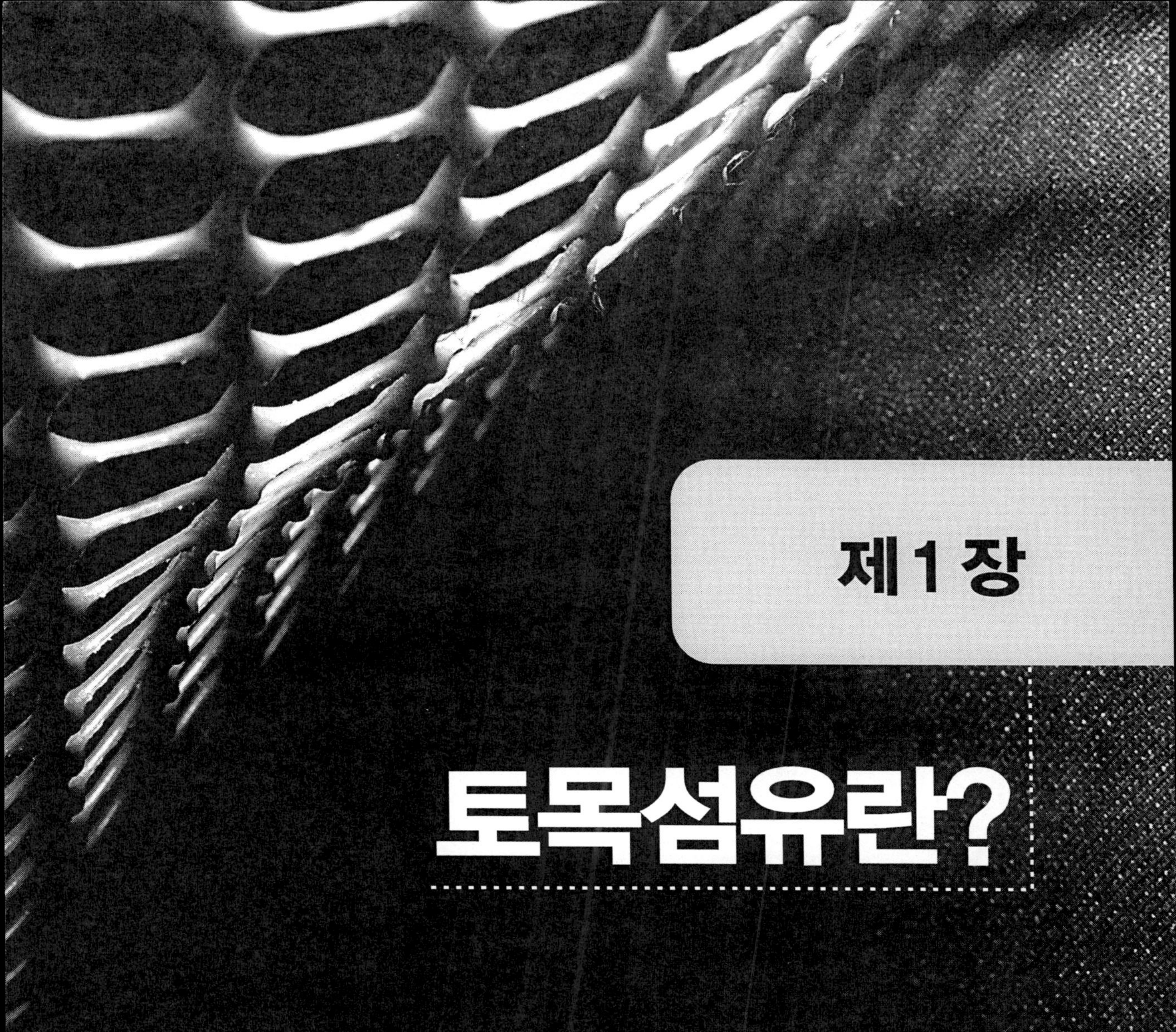

제 1 장

토목섬유란?

제1장 토목섬유란?

1.1 개 요

토목섬유(Geosynthetics)*는 ASTM 또는 ISO의 정의처럼 아래와 같은 의미가 있으며, 그 기능과 용도는 그림 1.1~1.2와 같이 Tailor-made target을 목표로 하고 있고 토목섬유 소재별 제품은 표 1.1과 같다.

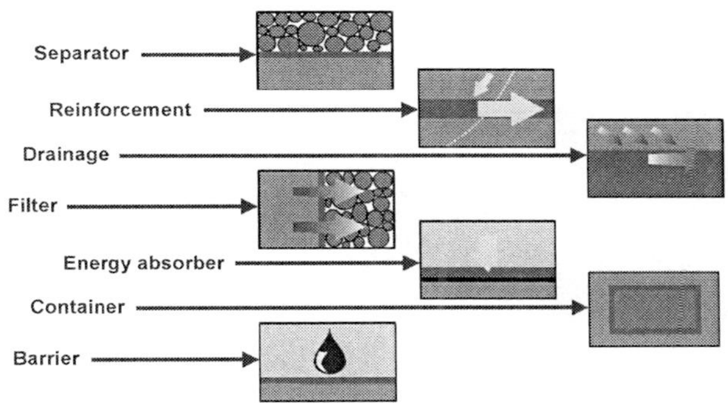

그림 1.1 토목섬유 기능

* 토목섬유(Geosynthetics) : Geosynthetic, n-'a planar product manufactured from polymeric material used with soil, rock, earth, or other geotechnical engineering related material as an integral part of a man-made project, structure, or system'

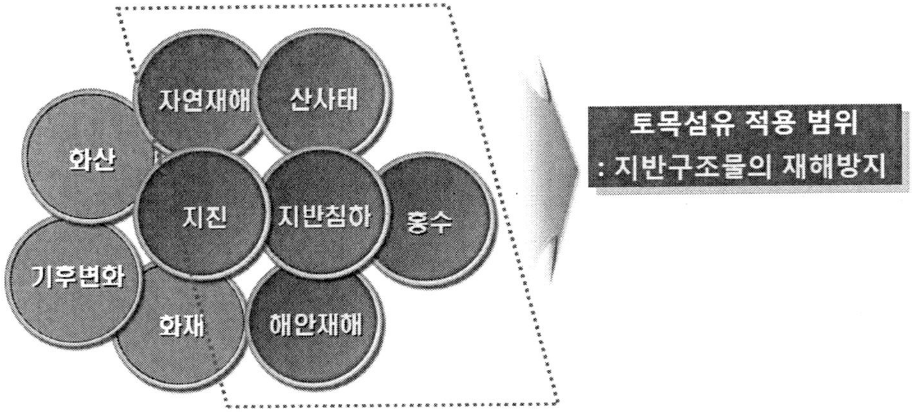

그림 1.2 토목섬유의 Tailor-made target

실제 토목섬유제조용 섬유고분자 재료들은 각각의 고유 특성을 가지고 있으며 토목섬유의 다양한 기능에 적합한 특성을 갖기 위해 여러 가지 첨가제를 혼합하고 제조공정도 제품마다 다르다. 대표적인 토목섬유 제품의 예는 그림 1.3과 같다.

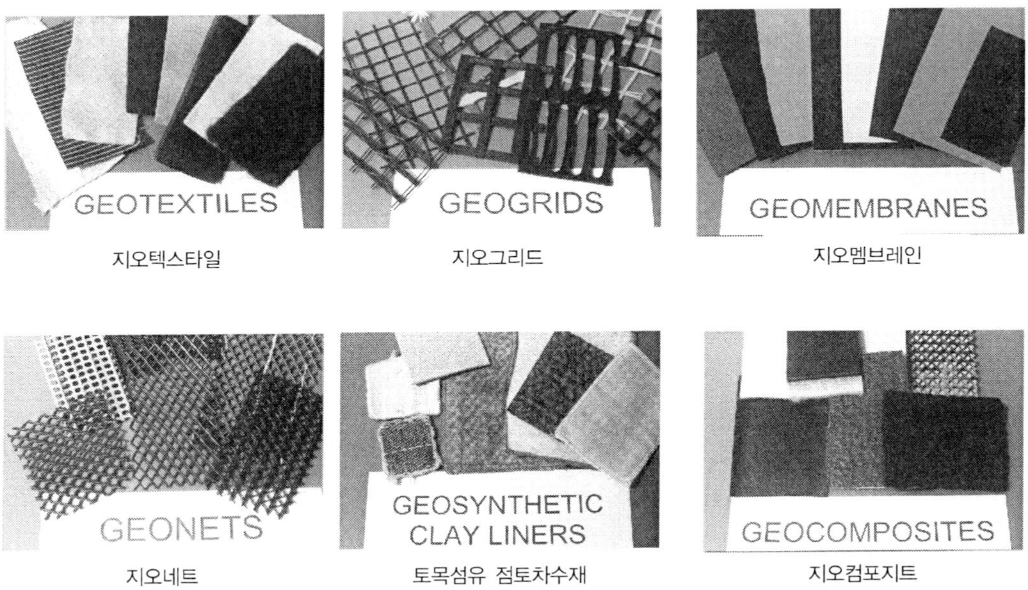

그림 1.3 대표적인 토목섬유 제품 예

표 1.1 소재별 토목섬유 제품

소재	제품
폴리에틸렌(polyethylene, PE)	• 지오텍스타일 • 지오멤브레인 • 지오그리드 • 지오파이프 • 지오네트 • 지오컴포지트
폴리프로필렌(polypropyrene, PP)	• 지오텍스타일 • 지오멤브레인 • 지오그리드 • 지오컴포지트 • PBD(Prefabricated Board Drain)
폴리비닐클로라이드(polyvinyl chloride, PVC)	• 지오멤브레인 • 지오컴포지트 • 지오파이프
폴리에스테르(polyester, PES)	• 지오텍스타일 • 지오그리드 • PBD(Prefabricated Board Drain)
폴리아미드(polyamide, PA)	• 지오텍스타일 • 지오컴포지트 • 지오그리드
폴리스티렌(polystyrene, PS)	• EPS • 지오컴포지트
유리섬유(glass fiber), 폴리비닐알코올(polyvinyl alcohol, PVA), 폴리아라미드(polyaramid) 섬유, 탄소섬유(carbon fiber) 등	

토목섬유는 대부분 흙 구조물의 장기안정성의 기여도가 매우 크기 때문에 장기성능의 변화가 작은 제품들이 주로 사용된다. 반면에 식물의 착근이나 환경친화성을 강조한 생분해성 제품들의 수요도 점차 증가하고 있다.

따라서 지속가능형 토목섬유(Sustainable Geosynthetics)란 그림 1.3처럼 요구 성능을 기준으로 'Usual Geosynthetics'와 'Green Geosynthetics'로 분류하는 것도 융복합차원에서 토목섬유의 용도를 확장하는 의미가 있다.

또한 'Usual Geosynthetics'란 그림 1.1에서 소개한 기능 위주의 장기성능유지, 환경적응형 제품을 의미한다. 'Green Geosynthetics'는 요구 성능의 달성 후 적정 기간이 지나면 기능이 소멸되는 분해성 토목섬유인 환경친화형 제품을 각각 의미한다(그림 1.4 참조).

이를 바탕으로 지금까지 알려진 토목섬유 제품을 제외한 토목섬유 제품을 제외한 [원사 → 융복합 제품]에 이르기까지 차별화된 지속가능형 토목섬유(Sustainable Geosynthetics)를 예를 들어 소개하고자 한다.

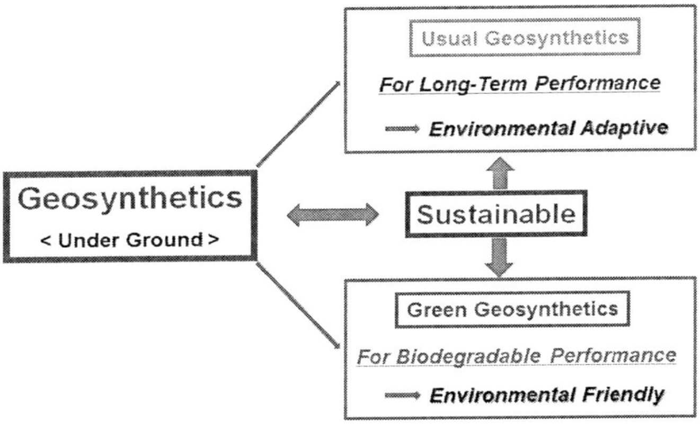

그림 1.4 지속가능형 토목섬유

1.2 토목섬유의 명칭 및 설명

IGS(International Geosynthetics Society) Education Committee에서 제정한 토목섬유는 제조 방법을 토대로 광의적으로 분류할 수 있다. 토목섬유의 명칭과 설명은 다음과 같다.

1) 지오텍스타일

직포, 부직포, 편물 또는 스티치 본딩된 섬유 또는 실의 연속체 시트이다. 시트는 유연성이 있고 투수성이 있으며 일반적으로 겉모양이 직물형태이다. 지오텍스타일은 분리, 여과, 배수, 보강, 침식방지 용도로 사용된다.

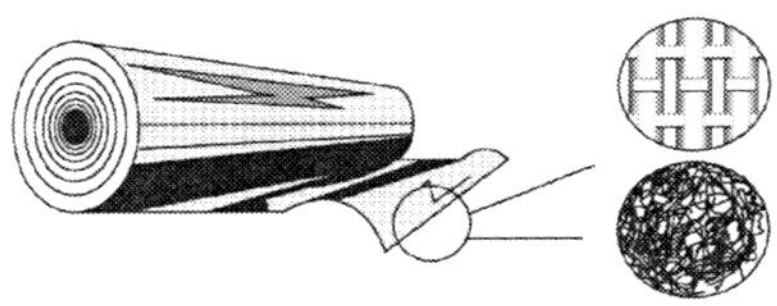

2) 지오그리드

개방된 격자구조와 같은 외관을 갖는 토목섬유 재료이다. 지오그리드의 주요 적용 분야는 보강토 분야이다.

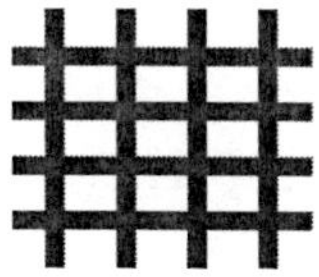

3) 지오네트

압출된 2개의 고분자 스트랜드 세트가 일정한 예각으로 교차된 울퉁불퉁하고, 평행하게 형성된 개방형 그리드와 같은 재료이다. 상대적으로 많은 양의 유체 또는 기체를 운송하기 위하여 평면상 다공성 시트 형태의 망상구조로 되어 있다.

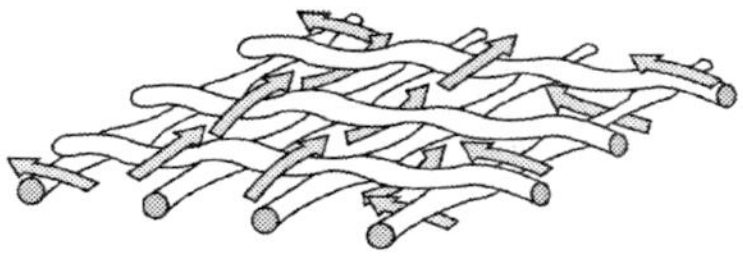

4) 지오멤브레인

한 종류 또는 그 이상의 고분자 재료로 제조된 유연성이 있는 시트이다. 지오멤브레인은 상대적으로 불투수성이고, 액체와 가스 저장시설의 차단재 또는 증기 차단막으로도 사용된다.

5) 지오컴포지트

두 종류 또는 그 이상의 토목섬유를 결합하여 만든다. 예를 들면, 지오텍스타일-지오네트, 지오텍스타일-지오그리드, 지오네트-지오멤브레인 또는 토목섬유 점토차수재(Geosynthetic Clay Liner) 등이 해당된다. 플라스틱 배수용 코어를 지오텍스타일 필터로 둘러싼 형태로 제조된 지오컴포지트 배수재(PGD) 또는 연직배수재(PVD) 등이 있다.

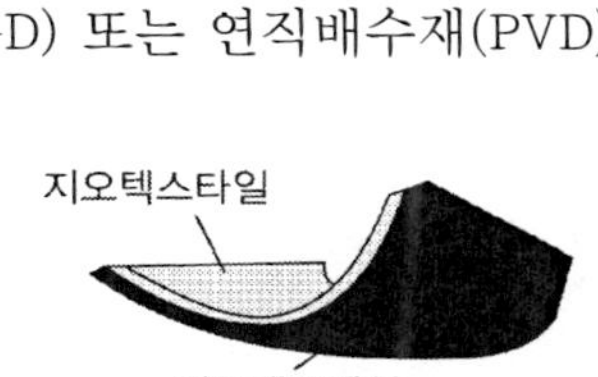

6) 토목섬유 점토차수재(GCLs)

지오텍스타일 또는 지오멤브레인에 벤토나이트 점토를 접착시키거나 2개의 지오텍스타일 사이를 벤토나이트 점토로 충진시켜 제조한 지오컴포지트이다. 지오텍스타일로 제조된 토목섬유 점토차수재는 종종 내부 전단저항을 증가시키기 위하여 벤토나이트 층을 바늘로 관통하여 꿰매기도 한다. 벤토나이트가 수화되었을 때 액체 또는 가스에 대한 차단막으로써 효과적이다. 그리고 일반적으로 지오멤브레인과 함께 사용하여 매립지에서의 차수재로써 사용된다.

7) 지오파이프

고분자(polymeric)로 만든 유공관이며 액체 또는 가스의 운송을 위하여 사용된다(매립지 적용 시 침출수 또는 가스 포집에도 적용). 유공관을 지오텍스타일 필터로 감아놓은 제품들도 있다.

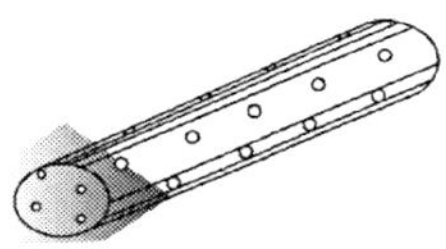

8) 지오셀

상대적으로 두께가 두꺼우며, 띠 형태의 고분자 시트로 제조된 3차원의 망상구조로 되어 있다. 띠는 채움재인 흙과 또는 콘크리트로 충진되어 셀 형태로 서로 연결되어 있다. 어떤 경우에는 0.5~1m 광폭 띠형태의 폴리올레핀 지오그리드를 지오매트리스(geomattresses)라고 불리는 두꺼운 지오셀의 층을 형성하기 위하여 수직의 고분자 봉으로 연결시키기도 한다.

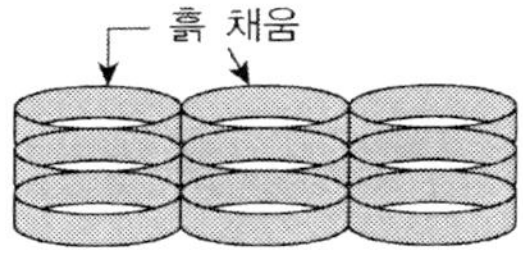

9) 지오폼

가스가 충진된 폐쇄된 저밀도 망상구조를 형성하기 위하여 폴리스틸렌 폼을 발포시켜 블록이나 판상형태로 제조한다. 지오폼은 단열재로 사용되며 경량 충진재로써 또는 단단한 벽체에 작용되는 수평토압을 경감시키기 위해 압축 가능한 연직층의 재료로써 사용된다.

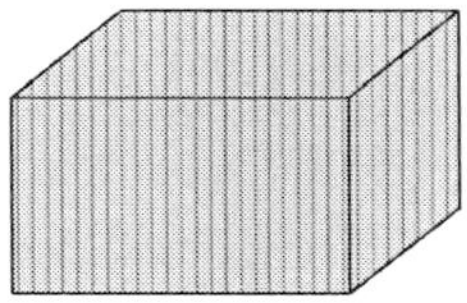

1.3 토목섬유 기술 개발동향

앞서 'Usual Geosynthetics'라고 소개한 환경적응형 토목섬유는 지금까지 20여 년 동안 큰 변화가 없지만 용도의 다변화를 키워드로 한 극한강도 섬유를 이용한 융복합 제품의 패러다임이 창출되고 있다.

즉, 자연재해로부터의 보호, 보수 및 복구 개념으로의 용도창출을 의미하는 Divergence target화 제품에 대한 개발 요구가 제품개발의 메가트랜드(Megatrend)로 성장하고 있다. 여기서는 기 발표된 개발동향을 중심으로 최근 소개된 융복합 토목섬유 제품을 소개한다(그림 1.5~1.7 참조).

- 토목섬유는 용도별로 다양한 성능이 요구되므로 맞춤재료(tailor-made materials)의 성격을 띠고 있음
- 요구 성능에 적합한 소재 및 구조에 의해 최종 토목섬유 제품의 성능이 결정됨
- 토목섬유 제품의 성능은 적용 구조물의 안정성과 밀접한 관계를 가짐

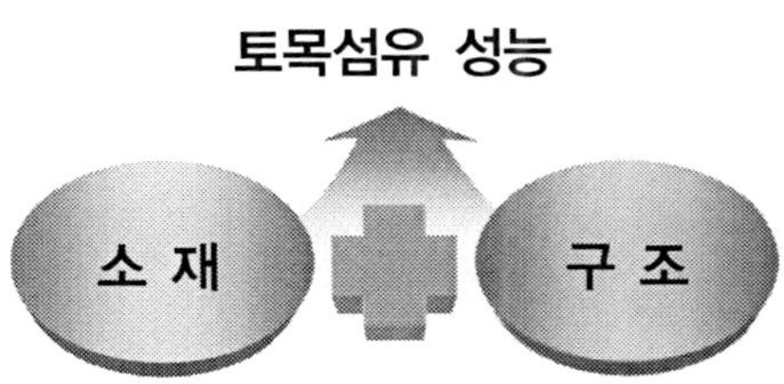

그림 1.5 지속가능형 토목섬유 성능

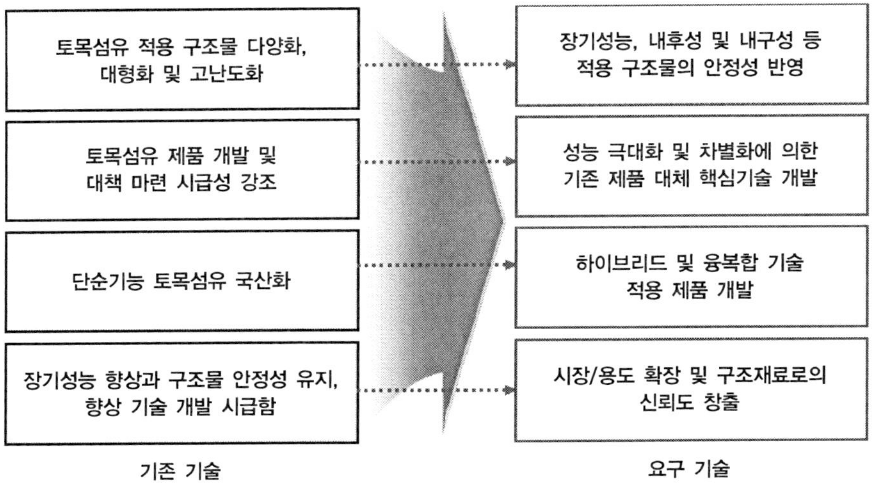

그림 1.6 토목섬유 기술 동향

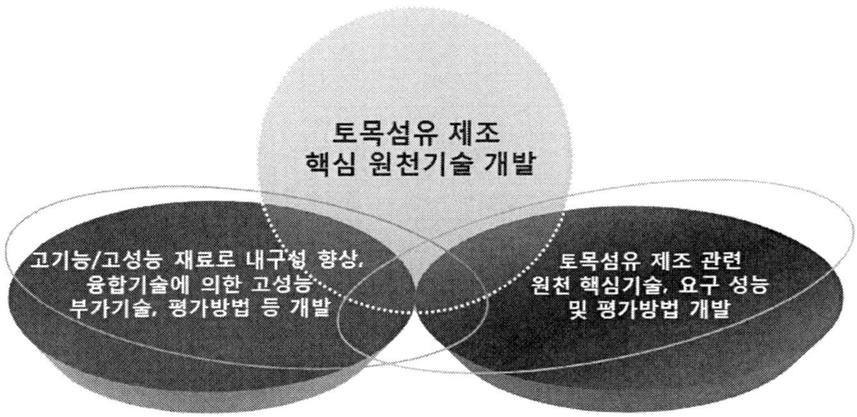

그림 1.7 토목섬유 기술 개발 Target

1.4 환경적응형 토목섬유 개발동향

1.4.1 원사 개발동향

천연 섬유는 환경친화형 재료라는 장점이 있기 때문에 근래에 이르러 토목섬유 원료로서의 효용성이 다시 부각되기 시작하였고, 종류도 cotton, jute, coir, straw 및 기타 줄기형태에서 waste assembly 등에 이르기까지 매우 다양하다. 그러나 사용량이 많지 않고 합성섬유에 비해 대량생산이 불가능하기 때문에 수요창출에 어려움이 있다. 일부에서는 천연 토목섬유 제품을 사면안정화, 침식방지, 배수용 또는 녹지조성용 matrix 등으로 이용하고 있지만 최근까지 큰 변화는 없는 실정이다.

지금까지 널리 사용되고 있는 합성 고분자 재료로는 폴리올레핀(polyolefin)계, 폴리에스테르(polyester)계 등이 대부분이며, 특수한 용도와 기능을 부여하기 위하여 polyurethane계, glass계, carbon계 고분자들이 매우 제한된 분야에 적용되기도 한다. 토목섬유 제품의 제조에 사용되는 고분자 재료들은 워낙 대량으로 사용되는 경우가 많기 때문에 우선 경제적인 측면에서 가격이 비쌀 경우 경쟁력이 없어지므로 성능이 비슷할 경우에는 제조단가가 저렴해야 한다.

이러한 점을 감안하여 이미 재생 폴리에스테르 원료를 사용한 제품이 제조, 판매되고 있다. 또한 환경 친화적인 측면에서 재활용 고분자 재료에 대한 관심과 연구가 활발히 진행되고 있다. 그러나 재활용 고분자 재료를 사용하여 제조된 토목섬유 제품의 경우 물성 저하가 발생하므로 향후 이를 보완하거나 개선해야 한다.

최근에는 복합형 토목섬유의 수요 증가에 따라 기능성 및 특수 고성능 소재들이 토목섬유 제품의 현장 적용성 향상을 위하여 사용되기도 한다. 지진이나 해일, 태풍, 폭우나 폭설로부터 지반구조물의 안정성을 향상시키기 위해 LCP(liquid crystal polymer), PBO (polybutylene oxide), PPS(polypropylene sulfide), meta 및 para aramid 섬유 등이 하이브리드 토목섬유 제조를 위한 융합기술과의 접목을 목적으로 사용되고 있다.

1.4.2 제품별 개발동향

토목섬유 제품은 표 2.1과 같이 용도별로 제품 개발이 진행되며, 제조업체별로 다양한 스펙의 제품들이 생산되고 있다. 여기서는 대표적인 토목섬유 제품을 중심으로 현재 진행되는 개발동향을 소개한다.

(1) 지오텍스타일

① 부직포 지오텍스타일

- 고중량화 : 5,000g/m^2 이상
- 스마트 융복합 기능 제품
- 나노섬유 적용 환경용 필터 제품
- 복합화 제품 등

② 직포 지오텍스타일

- 고강도 : 30ton/m 이상
- 크리프 특성 개선 제품 : 저신율 고강도 원사 사용
- 스마트 융복합 기능 제품
- 복합화 제품 등

(2) 지오멤브레인

① 표면마찰 특성 향상 제품

② 산화유도 시간 개선 제품

③ 스마트 융복합 기능 제품

④ 복합화 제품 등

(3) 토목섬유 점토차수재(Geosynthetic Clay Liners, GCL)

① 차별화 투수 기능 제품

② 염수 팽윤도 향상 제품

③ 동결융해 안정성 향상 제품

④ 선택적 차수 기능 제품 등

(4) 지오그리드

① 저신도 : 신도 10% 미만

② 크리프 특성 개선 제품 : 크리프 감소계수

③ 스마트 융복합 기능 제품

④ 복합화 제품 등

(5) 필터 및 배수용 토목섬유

① 구속하중에 의한 관입현상 최소화 제품
② Clogging 방지 및 최소화 제품 등
③ 생분해성 복합기능 제품 등

(6) 지오튜브 및 지오컨테이너

① 고강도 : 50ton/m 이상
② 크리프 특성 개선 제품
③ 투수성 및 봉합특성 향상 제품
④ 자외선 및 염수안정성 향상 제품 등

(7) 기 타

① 콘크리트 강화용 토목섬유
② 오탁방지막
③ 봉합특성 향상 제품
④ 자외선 및 염수안정성 향상 제품 등

1.4.3 하이브리드 토목섬유 제품

1) 투수 및 보강 기능용

토목섬유를 단독으로 사용할 경우에는 그 기능상의 한계로 인하여 적용 분야가 극히 제한되었던 것이 사실이다. 이러한 이유로 특정 기능과 환경에 적합한 하이브리드 토목섬유가 개발되었고, 그 사용량 역시 토목합성 재료의 어떤 분야에서보다 빠르게 증가하고 있다. 즉, 폐기물 매립장, 보강토옹벽, 도로, 연약지반 보강 등에 많이 사용되고 있는 지오그리드와 지오텍스타일을 복합화시킨 제품이 개발되고 있다[그림 1.8(a) 참조].

이는 지오그리드의 보강 기능과 지오텍스타일의 투수기능을 동시에 수행하는 토목섬유를 의미하며 지오그리드와 지오텍스타일은 열 및 초음파 융착을 통해 접합된다. 이 제품의 경우 인장강도, 꿰뚫림 저항력은 증가하고, 유효 구멍크기, 수직투수도는 감소되지만, 인열강도는 중량의 변화에 큰 영향을 받지 않는다. 또한 지오그리드의 인장변형률과 크리프 변형률로부터 실제 시공할 경우 보강 기능을 충분히 수행할 뿐 아니라 부분적인 지오텍스타일 보호효과까지 얻을 수 있다.

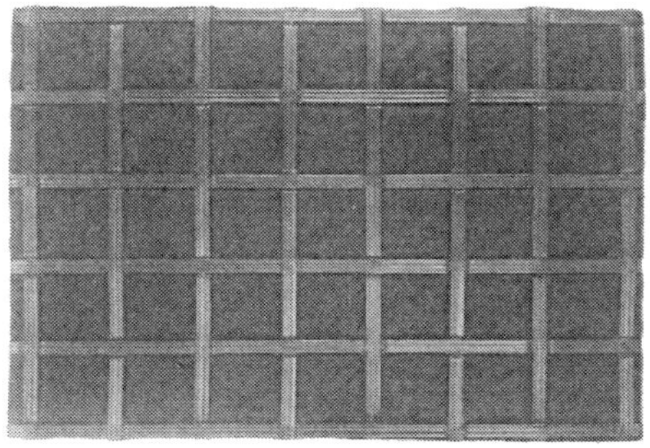

(a) 지오텍스타일 / 지오그리드 형

(b) 지오텍스타일 / 중간층 / 지오텍스타일 형

그림 1.8 투수 및 보강 기능용 토목섬유

수평투수성 변화를 최소화하기 위하여 그림 1.8(b)와 같은 다층구조 지오텍스타일 복합재를 제조하기도 한다. 이 경우 그림 1.9처럼 기존 지오네트 복합재에서 발생하는 구속하중에 의한 관입현상을 최소화할 수 있다.

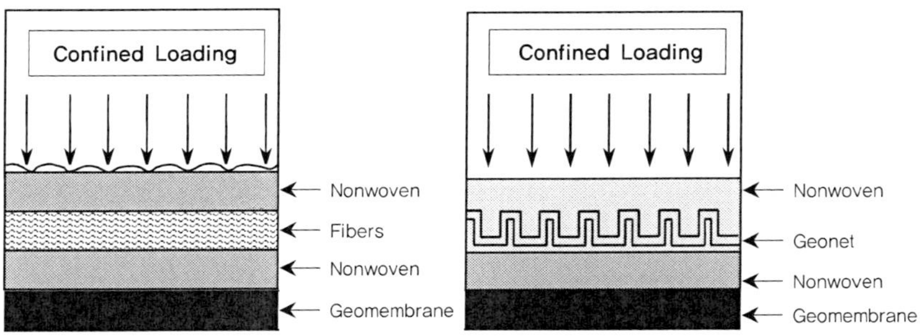

그림 1.9 구속하중에 의한 관입현상 비교

2) 보호 및 차수 기능용

지오멤브레인은 매끄러운 sheet상의 외형을 갖기 때문에 토양과의 마찰력이 낮으며 시공 과정에 자갈, 콘크리트 조각, 나무뿌리 등과 같은 날카로운 물체에 의한 표면손상이 많이 발생한다. 또한 폐기물 매립장에서 차수재로 사용된 지오멤브레인이 토양 또는 다른 토목섬유와의 계면에서 미끄러짐이 발생하거나, 표면손상을 입으면 매립이 진행되는 도중 또는 매립이 완료된 후 매립장 시스템의 안정성에 문제를 유발할 수 있으며, 폐기물의 분해 시 발생되는 침출수에 의하여 복합적인 영향을 받을 수 있다. 따라서 지오멤브레인과 지오텍스타일의 복합재료를 제조할 경우 인장, 인열, 파열 및 꿰뚫림 강도는 증가하고 접촉토사에 대한 내부 마찰각이 커져서 전단 특성이 향상된다. 그리고 지오텍스타일의 보호효과에 의해 지오멤브레인의 침출수에 대한 안정성도 향상된다(그림 1.10 참조).

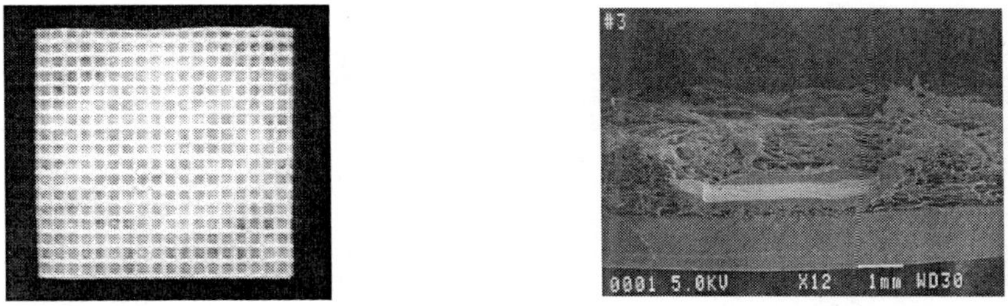

(a) 측면 (b) 단면

그림 1.10 보호 및 차수 기능용 토목섬유

이러한 현상은 지오멤브레인에서 일반적으로 나타나는 연신에 의한 두 방향에서의 강신도 차이가 열융착 복합화에 의하여 보완된다. 특히 지오텍스타일과 지오멤브레인 결합 부분의 보강효과에 의해 인장력에 대한 저항성이 증가하기 때문이다.

3) 분리, 여과 및 보강 기능용

보강용 지오텍스타일의 분리 기능을 향상시키기 위해 직포의 평활도를 높게 설계함에 따라서 물리적 특성 향상과 투수성을 향상시킬 수 있다. AOS를 조절하는 조직을 설계함에 따라서 형태안정성을 향상시키는 효과를 발현할 수 있다. 특히 위사 방향의 인장강도를 직물 조직 구조적인 측면에서보다 향상시킬 수 있도록 위사의 밀도 조절 및 이중직 설계로 위사 공급 후 바디침 운동에 위사들의 겹침 현상을 발생시켜 직물 구조적인 인장강도 향상의 조직을 설계한다(그림 1.11 참조).

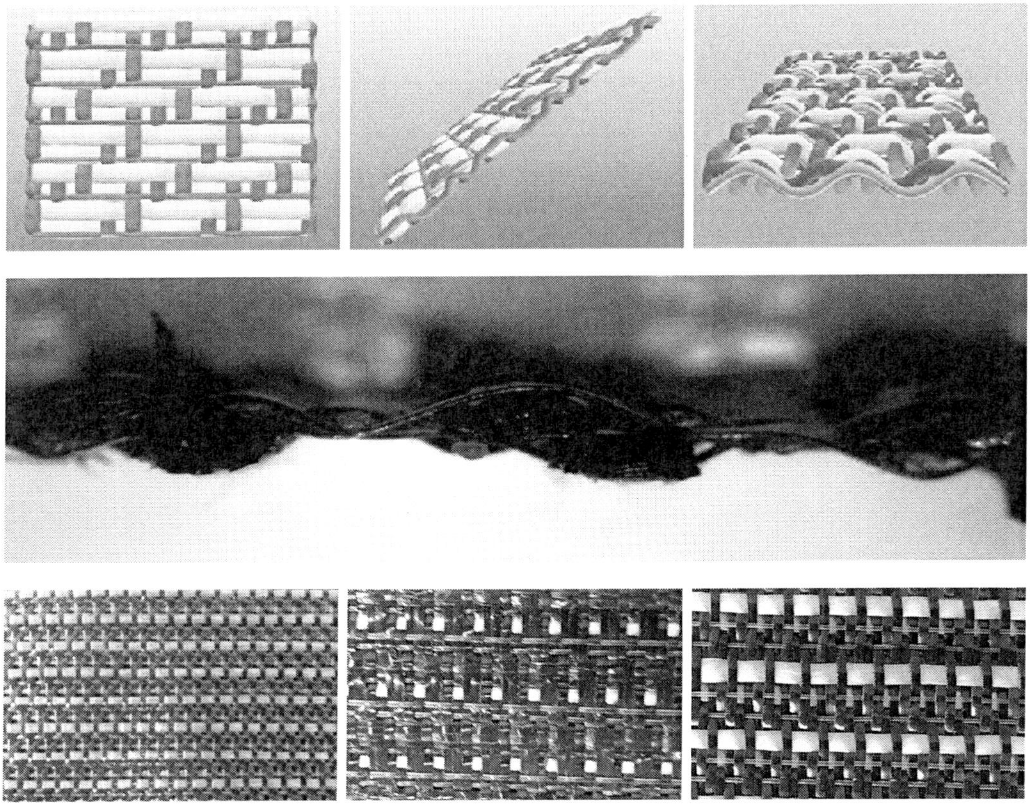

그림 1.11 분리, 여과 및 보강 기능용 토목섬유

이 제품은 침출수 집배수층에 적용되는 골재와 상부의 작업차량을 통해 차수 시트의 손상이 빈번하게 발생하는 매립장 공사 중 지오멤브레인 보호용 매트의 요구 성능(화학적 안정성, 높은 인장특성, 투수성 등)을 전반적으로 만족시킬 수 있는 복합화 제품으로 사용이 가능하다.

4) 보조차수 기능 향상용

보조차수재로 사용되는 토목섬유 점토차수재(GCL)는 벤토나이트의 특성상 존재하는 문제점을 해결해야 하며, 그림 1.12와 같이 팽윤성 향상이나 유실방지, 동결융해 특성 개선 등의 하이브리드 제품이 개발되고 있다. 또한 염수에서의 팽윤성 향상을 목표로 벤토나이트 개질 등이 진행되고 있으며, 환경오염 차단용 제품에 대한 관심도 높아지고 있다.

하이브리드 토목섬유 점토차수재 개발의 일환으로 ① 다층 구조 팽윤성 향상 벤토나이트를 응용한 GCL, ② 표면흡착 성능 강화 벤토나이트를 응용한 GCL, ③ 유해성분 차단 및 제거용 벤토나이트를 응용한 GCL이 각각 제조되고 있다.

이와 같이 이미 개발된 단순 GCL 제품과의 차별화된 차수성능 부여를 위한 벤토나이트 개질 및 하이브리드 GCL 개발에 초점을 맞추고 개발을 진행하고 있다(그림 1.13 참조).

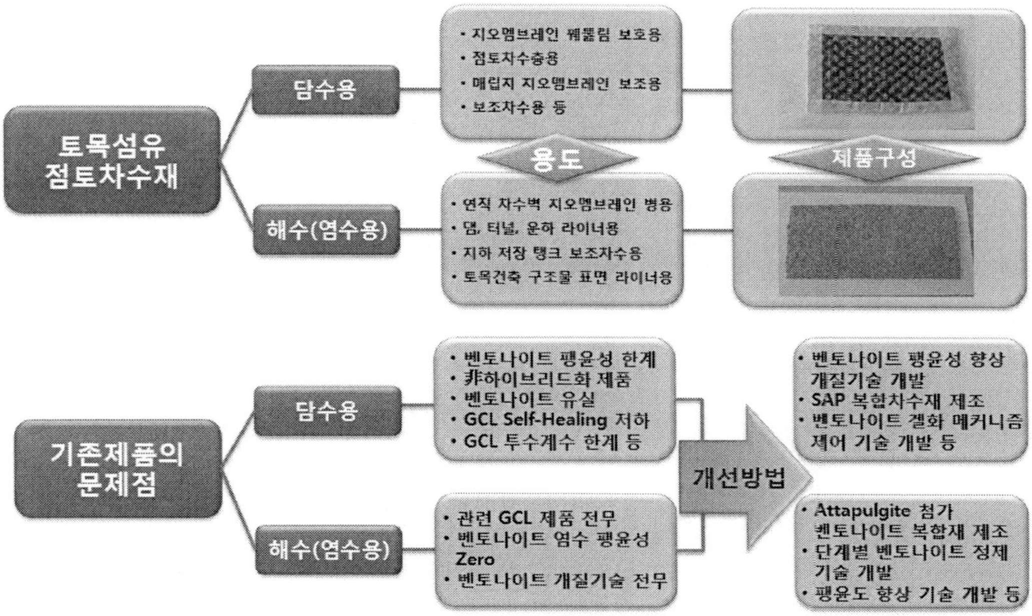

그림 1.12 보조차수 기능 향상용 토목섬유 Recipe

그림 1.13 보조차수 기능 향상용 토목섬유 제품 예

5) 보강용 다축 지오컴포지트

그림 1.14와 같이 보강 기능 강화를 위한 목적으로 이축이 아닌 다축의 경편성물을 개발하고 다축 경편성물과 지오텍스타일의 복합화 기술을 적용하여 지반구조 강화 기능을 고도화할 수 있는 지오컴포지트 제조기술 및 제품이 개발되고 있다. 또한 다축 지오컴포지트에 광

섬유 센서를 적절하게 embedding시켜 응력집중 등에 의한 지오컴포지트의 손상 여부를 실시간으로 모니터링할 수 있는 스마트 모니터링 고성능 다축 지오컴포지트 기술도 개발되고 있다(그림 1.15 참조).

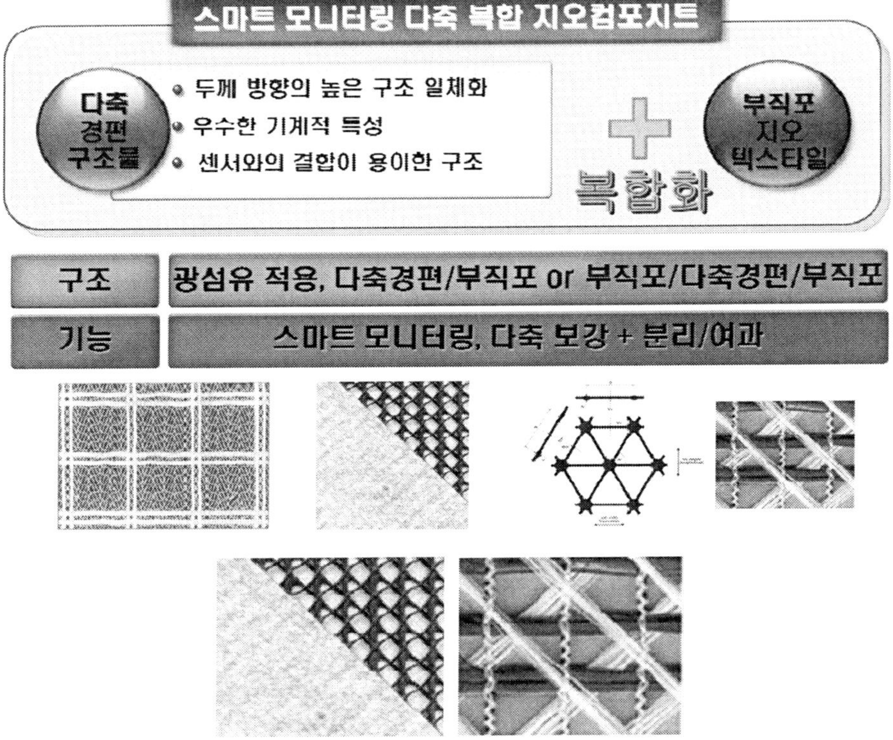

그림 1.14 보강용 다축 지오컴포지트

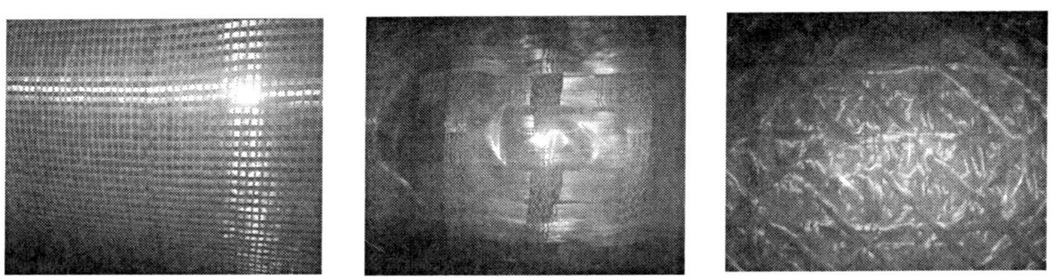

그림 1.15 모니터링용 광섬유 내장 다축 지오컴포지트

6) 반사균열 방지용 토목섬유

그림 1.16처럼 포장도로는 주변 환경 및 반복 교통 하중에 따라 설계수명 이전에 균열과 소성변형 등의 파손이 발생하고 있으며, 이로 인해 도로포장의 유지관리에 막대한 예산이 낭비되고 있다. 이는 포장도로 지반의 지지력을 약화시키거나, 포장된 아스팔트나 콘크리트의 내부에서 수분의 팽창과 수축에 따른 균열 발생 및 성장에 기인한다.

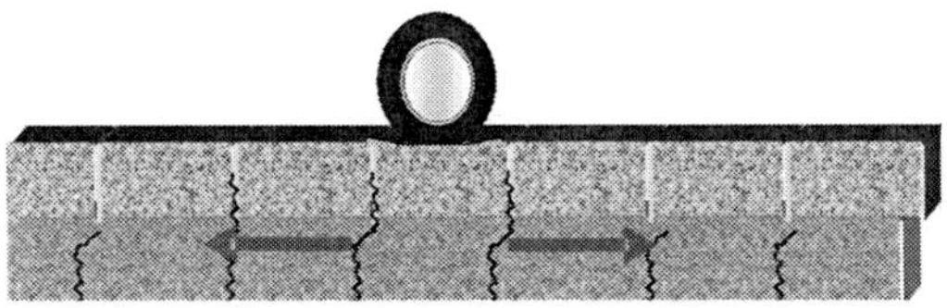

(a) 섬유보강재 미설치

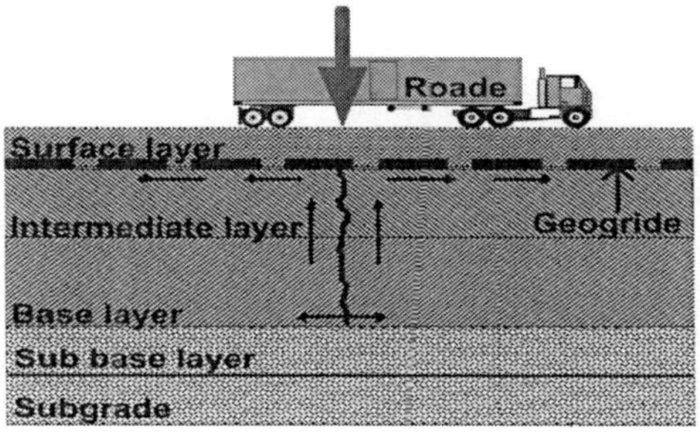

(b) 섬유보강재 설치

그림 1.16 토목섬유 유무에 의한 도로파손

따라서 포장도로의 내구성을 증진시키기 위하여 재료적 측면에서 도로포장 재료인 아스팔트나 골재의 성능을 개선시키는 방법과 전통적인 포장 재료에 토목섬유와 같은 보강재를 추가하여 포장체를 보강하는 개발이 진행 중이다.

토목섬유를 이용한 아스팔트 포장은 피로균열이나 반사균열 억제에 큰 효과가 있으며, 부수적으로 수밀성을 증대시켜 도로균열에 의한 침투수를 차단하는 장점을 가지고 있다. 그리고 반복 피로 하중에 대한 인성이 향상되고 시공과정에 발생하는 다양한 손상하중에 내성을 보이는 진보한 토목섬유 소재가 개발되고 있다(그림 1.17 참조).

그림 1.17 반사균열 억제용 토목섬유

1.5 환경친화형 토목섬유 개발동향

'Green Geosynthetics'는 환경 친화 측면에서 초기성능을 장기간 구현하는 의미가 아닌 시공 후 적정 기간이 지나면 성능이 소멸되는 지속가능형 분해성 토목섬유나 환경오염 방지 및 복구 기능을 가진 제품을 뜻한다. 따라서 토목섬유에서 '생분해성(Biodegradability)'은 지반구조물인 토양의 미생물이나 박테리아 등에 의해 분해되어 시간경과에 따라 초기성능이 점점 소멸되는 현상을 의미한다. 이는 오염된 환경을 복구시키는 측면에서 현재 지구환경보존이라는 이슈에 부합한 토목섬유의 새로운 영역이기도 하다. 또한 'Green Geosynthetics'를 제조하기 위해서는 원료소재로 생분해가 가능한 수지(Resin)를 별도로 사용해야 하며, 이는 장기간 사용 시 요구되는 감소계수와도 밀접한 관계가 있기 때문에 시공 후 분해되지 않는 토목섬유와 차별화된 개념으로 설계에 반영해야 한다. 또한 필터로 사용할 경우 나노섬유 형태로 지오텍스타일을 제조하는 것이 여과효율을 향상시키는 데 도움이 된다.

1.5.1 나노섬유 지오텍스타일

일반 지오텍스타일이나 지오그리드를 제조할 수 있는 섬유 굵기는 그림 1denier 이상의 섬유가 사용되지만 그림 1.18처럼 섬유 굵기가 초극세섬유나 나노섬유 크기가 되면 오염환경 복구나 여과능 향상에 큰 이점을 갖는다.

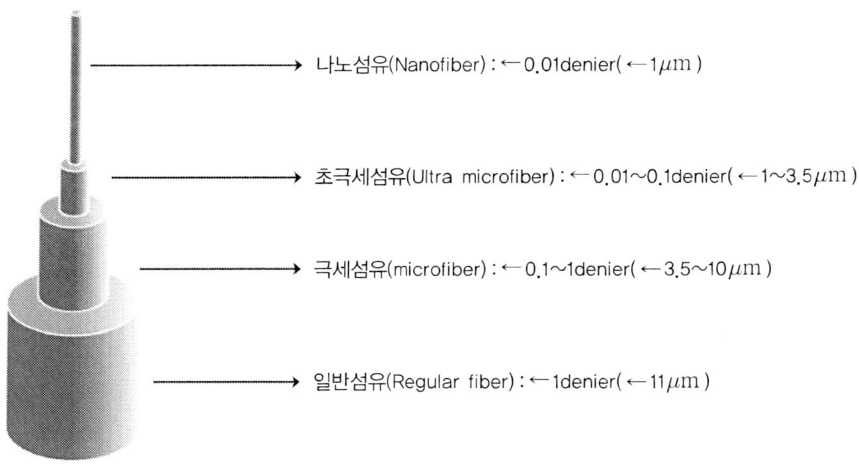

그림 1.18 토목섬유 제조용 섬유 굵기

그림 1.19와 같이 지오텍스타일의 여과 기능은 단위 면적당 섬유개수, 공극의 크기 및 조성 구조에 좌우된다. 나노섬유를 사용할 경우 그림 1.20과 같이 지오텍스타일을 구성하는 공극이 작을수록 불순물과 독성물의 제거율이 향상된다. 하지만 현재로는 나노섬유를 제조할 수 있는 기술이 다양하지 못하고 제조된 나노섬유의 가격이 비싸기 때문에 경제적인 면에서 실용화는 매우 더디게 진행되는 것이 단점이다.

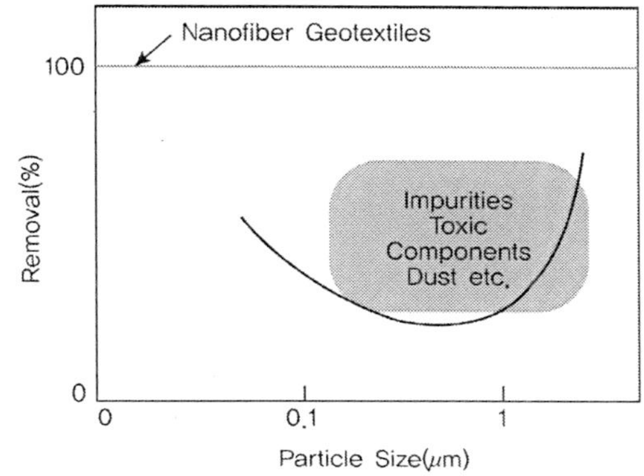

그림 1.19 토목섬유 공극 크기에 따른 불순물 제거율

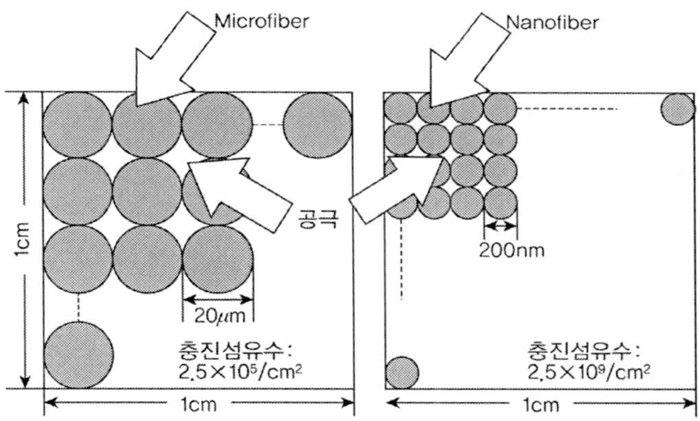

그림 1.20 충진 섬유수에 따른 토목섬유 여과능

1.5.2 Clay 혼합 부직포 지오텍스타일

오염 토양에 함유되어 있는 중금속이나 독성물질을 제거하기 위하여 나노입자 상태의 Clay를 폴리에스터 섬유와 혼합한 부직포 지오텍스타일이 사용된다(그림 1.21 참조). 물론 Clay

조성이나 입자 크기 등에 따라 혼합 부직포의 공학적 성능은 차이가 있겠지만 폐기물 매립지 침출수, 화학적 및 생물학적 분해에 따른 강도저하는 Clay를 혼합하지 않은 부직포 지오텍스타일에 비해 크지 않으며, AOS 값은 Clay를 혼합하지 않은 부직포 지오텍스타일에 비해 큰 값을 가지므로 투수성능도 향상된다고 볼 수 있다.

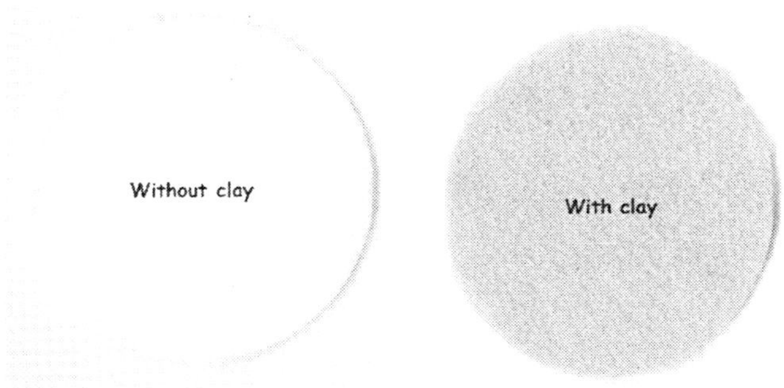

그림 1.21 Clay 혼합 부직포 토목섬유

1.5.3 생분해성 토목섬유

식생을 고려한 사면보강이나 침식방지용 토목섬유의 경우 식물의 착근을 활발하게 할 목적으로 생분해성 제품이 필요하다. 하지만 앞서 언급한 바와 같이 환경 친화적인 면에서는 매우 중요한 이슈의 제품임에도 불구하고 원료 수급의 안정성 및 가격이나 제품 규격화 등의 문제가 해결되어야만 시장진입이 용이한 문제를 안고 있다. 여기서는 하천정비, 사면녹화 분야에 식생용으로 사용되는 생분해성 식생 매트와 지오셀에 대해서만 소개하기로 한다.

1) 생분해성 식생 매트

그림 1.22처럼 식생 매트용 토목섬유는 침식방지나 안정화를 목적으로 초기 의존성이 매우 큰 제품이다. 따라서 식생 매트 시공 후 식물의 착근이 진행되는 과정에서 생분해가 발생하여 구조물의 안정성을 향상시키는 데 전적으로 기여한다.

기 사용되고 있는 합성수지계 사면보호 및 침식방지용 토목섬유는 최초 나일론을 이용한 열융착 웨빙구조로 된 매트를 이용한 제품이었다. 웹 구조에 보강재(지오그리드)를 복합화한 제품으로 사면의 보강 기능을 강조한 제품과 웹 구조 형성에서 폴리프로필렌 단섬유를 이용한 제품 등이 추후 개발되었다. 그러나 비분해성 제품이므로 목적하는 사면보호 및 침식방지 기능이 완료된 후 잔존물이 환경오염원이 되는 단점이 지적되었다.

지금까지 식생 매트 관련 선두업체인 Colbond 사의 Enkamat 개발 이후 뚜렷한 기술적 진척은 이루어지지 않은 상황이다. 하지만 최근 점차 심화되는 기상이변에 따른 각종 수해 복구사업과 친환경 공법 및 제품이 필요한 조경 및 녹화사업 부분에 적정 토목섬유 제품이 제공되어야 하는 요구가 커짐에 따라 생분해성 수지를 원료로 하는 식생 매트에 대한 핵심기술의 적용 및 확대가 가능하다.

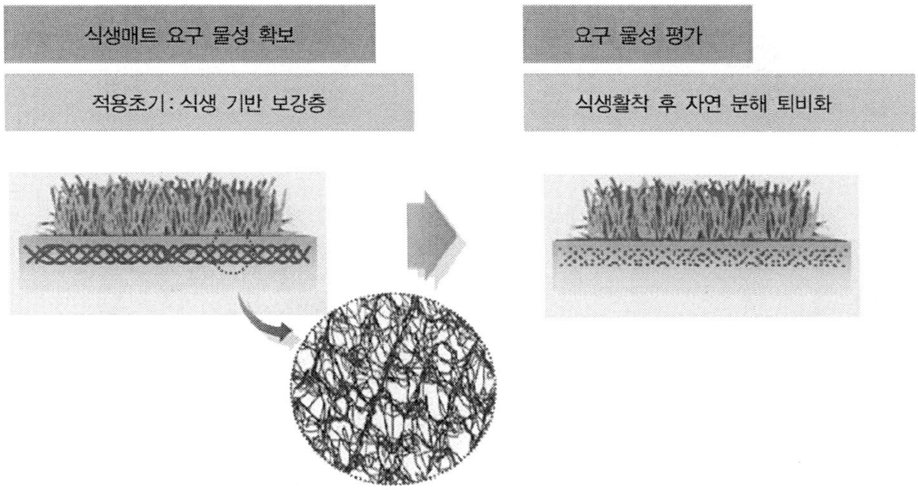

그림 1.22 식생 매트용 토목섬유

그림 1.23의 제조 공정조건을 활용하여 PLA(polylactic acid) 매쉬형 식생 매트를 제조할 수 있으며, 그림 1.24에 표준퇴비에 매립한 식생 매트용 생분해성 트목섬유의 분해사진을 나타내었다. 여기서 표준퇴비에 노출시킨 후 40주가 경과되면 거의 대부분이 분해되었음을 확인할 수 있으나 규격화된 분해성 평가방법의 개발도 반드시 병행해야 한다.

(a) 제조공정 조건

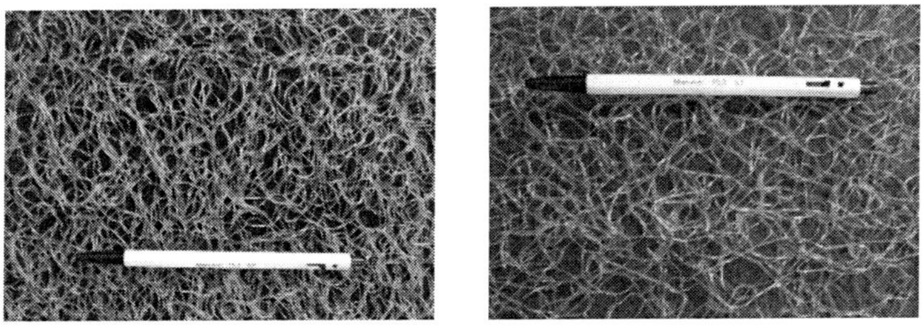

(b) 매쉬형 식생 매트

그림 1.23 식생 매트용 토목섬유 제조 공정조건 및 제품

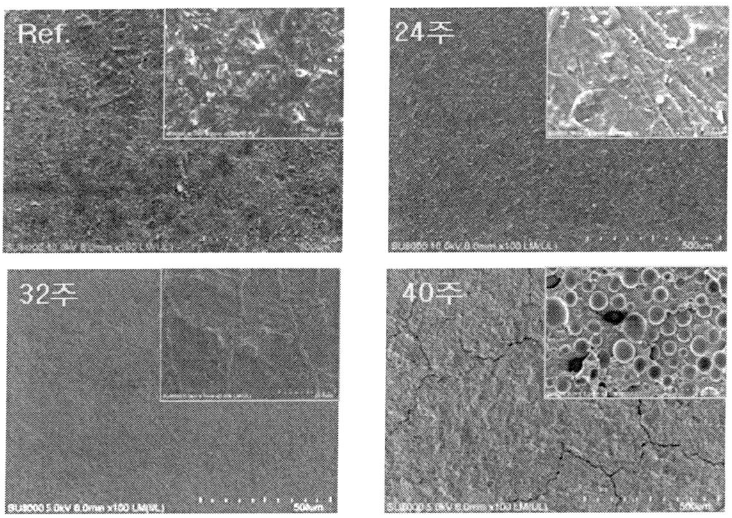

그림 1.24 식생 매트용 생분해성 토목섬유 분해사진

2) 생분해성 지오셀

친환경 특성이 요구되는 사면안정화/보호 분야에 생분해성 수지인 PLA를 이용한 망상 지오셀을 제조하여 사면녹화, 하천정비, 친환경 사면조성, 정원 녹화기반층, 매립지 사면 및 호안보호 등에 적용하고 있다.

이는 친환경 제품의 요구 성향을 반영한 것이며, 생분해성 토목섬유 제품의 토목/환경 분야로의 확대 적용의 필요성이 커지고 있음을 의미한다.

또한 사면 보강 기능을 강조한 토목섬유 제품과 웹 구조 형성에서 폴리프로필렌 단섬유를 이용한 제품 등이 추후 개발되었지만 비분해성 제품이므로 목적하는 사면보호 및 침식방지 기능이 완료된 후 잔존물이 환경오염원이 되는 단점이 지적되었다.

생분해성 지오셀을 제조하기 위해서는 그림 1.25처럼 망상 지오셀을 제조할 수 있는 설비가 필요하며, 이를 통해 그림 1.26과 같은 제품을 제조할 수 있다.

사면녹화, 매립지 사면 및 호안보호 등에 적용가능하고 홍수 수위 녹화사면 조성 등에 적용함에 따라 시장이 확대되고 있다. 앞의 생분해성 식생 매트와 마찬가지로 규격화된 분해성 평가방법의 개발도 반드시 병행해야 한다.

(a) 압출기 본체

(b) 회전 압출다이스

(c) 망상 띠 절개장치

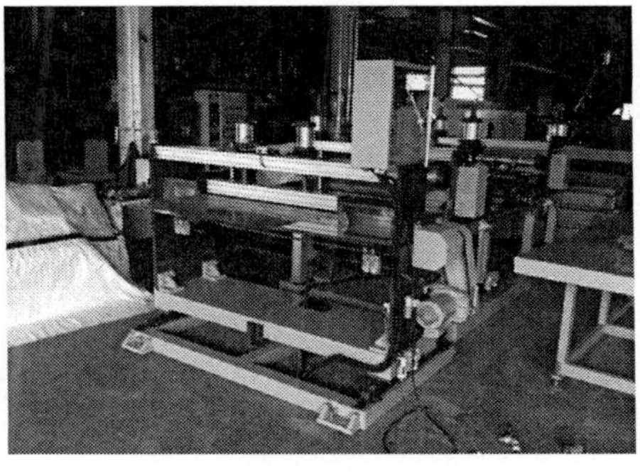

(d) 망상 띠 제단장치

그림 1.25 생분해성 지오셀 제조 설비

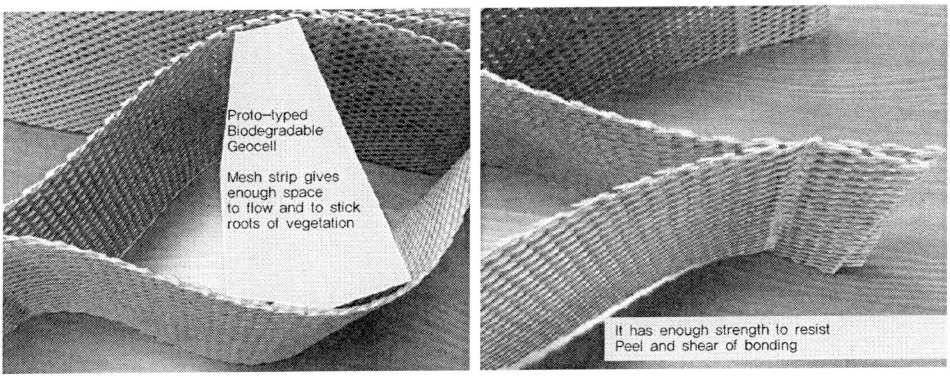

그림 1.26 생분해성 지오셀 사진

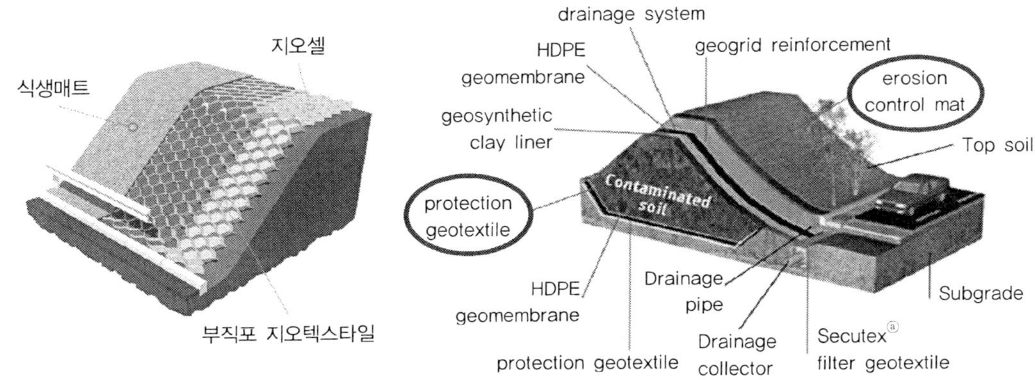

그림 1.27 생분해성 지오셀 폐기물 매립지 적용 모식도

1.6 결 언

국내 토목섬유 산업을 돌이켜 볼 때 지난 20여 년 동안 제품개발과 이에 따른 시공기술은 괄목한 성장을 해왔고, 토목섬유 제품의 기술발전과 구체적인 적용방법을 위해 경제적인 토목섬유 제품의 설계방법과 시공방법이 제안되어 왔다. 또한 최근 발생한 홍수, 쓰나미 및 지진 이후 구조물의 보호 및 보수, 복구에 대한 지속가능형 토목섬유 제품에 대한 요구가 급부상하고 있다.

현재 국내 토목섬유 산업 분야는 제품 소재와 성형방법에 따른 제품 특성과 기능을 고려할 때, 섬유고분자 소재를 이용한 융복합 제품개발과 토목공학의 새로운 공법과 시공의 우수성 및 경제성 등을 장점으로 급속히 성장하고 있는 산업이다(그림 1.28 참조). 또한 섬유소재의 개발과 제조방법의 다양한 응용으로 토목섬유 제품의 활용도는 더욱 높아질 것으로 기대된다. 이러한 토목섬유 제품의 활성화를 위해서는 새로운 융복합 토목섬유 제품 제조기술 개발과 표준화 및 신뢰성 평가방법, 구조물의 합리적인 설계와 시공방법 및 효율적인 시공장비의 개발 등이 수반되어야 한다.

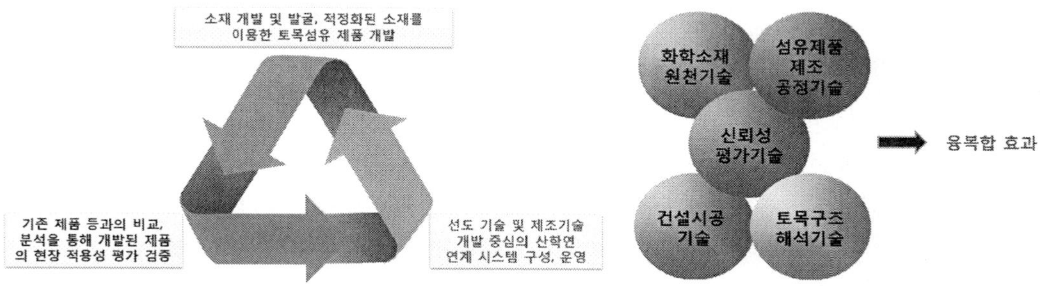

그림 1.28 지속가능형 토목섬유 기술 개발 Target

지금까지 살펴본 바와 같이 토목섬유 산업은 비교적 일부 국한된 섬유고분자 재료들이 사용되고 있지만 개질에 따른 소재 아이템 개발과 용도확장에 대한 잠재력이 무한한 분야이다. 향후 섬유고분자 분야와 토목, 건설, 운송, 해양, 환경 분야 등을 망라하여 커다란 연결망을 구축할 수 있는 중요한 위치에 있다고 할 수 있다.

참고문헌

1. 전한용, "2014년 지반공학 26차 계속교육" 제2장, 한국지반공학회, 2014.
2. Artieres & Ph. Delmas, "Examples of River Band and Coastal Protection by New Two-Layer Filtration System", EuroGeo 2000 Conference Proceedings, pp.613~618, Bologna, Italy, 2000.
3. Austin, R. A., "The Manufacture of Geonets and Composite Products", Proceedings of Geosynthetic Resins, Formulations and Mavufacturing, edited by T. G. Hsuan and R. M. Koerner, IFAI, 1995, pp.127~138.
4. Daniel, D. E. and Koerner, R. M., Waste Containment Facilities : Guidance for CQA and CQC of Liner and Cover Systems, 2nd Edition, ASCE Press, Reston, VA, 2007, pp.352.
5. Dove, J. E., and Frost, j. j., "A method for measuring Geomembrane surface Roughness", Geosynthetics Int., IFAI, Vol. 3, no. 3, 1996, pp.369~392.
6. G. Jenner & J. Paul, "Lessons Learned from 20 Years Experience of Geosynthetic Reinforcement on Pavement Foundations", EuroGeo 2000 Conference Proceedings, pp.421~425, Bologna, Italy, 2000.
7. Geosynthetic Institute, Proceedings of the GRI-21 Conference, Philadelphia, 2010.
8. Geosynthetics 2013 Specifier's Guide, Roseville, MN, USA, 2013.
9. Gomez, J. E. and Filz, G.M., "Effects of Consolidation on the interface Strength of a Clay Liner and a Smooth Geomembrane", Proc. Geosynthetics ' 99, IFAI Publ., Roseville, MN, 1999, pp.681~696.
10. GRI, GRI Standard Test Methods on Geosynthetics, Drexel University, Philadelphia, PA, 2007.
11. H. Y. Jeon, Polymer Composites, 1st Ed., Chapter 14, WILEY-VCH, Singapore, 2012.
12. Haxo, H. E. Jr., Miedema, j.a., and Nelson, N.A., "Permeability of polymeric Membrane Lining Materials", proc. Intl. Conf. Geomembranes, IFAI, 1984, pp.151~156.
13. Heerten, G., Floss, R. and Brau, G., "Safe and Economical Soil Reinforcement Using a New Style Geogrid", Landmarks in Earth Reinforcement, edited by H. Ochiai, J. Otani, N. Yasufuku and K. Omine, Rotterdam : A. A. Balkema, IS Kyushu 2001, pp.43~48.
14. Hsuan. Y. G., Koerner, R. M., and Lord, A. E., Jr., "Stress Crack Resistance of High Density polyethylene Geomembranes", J. Geotechnical and Geoenvironmental Eng., ASCE, Vol. 199, No. 11, 1993, pp.1840~1855.

15. Hsuan Y. G., and Koerner, R. M., "The Single Point – Notched Constant Tension Load Test : A Quality Control Test for Asseessing Stress Crack Resistance", Geosynthetics Int., Vol. 2 , no. 5 ,1995, pp.831~843.
16. Hsuan, Y. G., "Data base of Field Incidents Used to Establish HDPE Geomembrane Stress Crack Resistance", Geosynthetics Int., Vol. 2, no. 5, 1995, pp.831~843.
17. Hullings, D. E., and Koerner, R. M., "Puncture Resistance of Geomembranes Using a Truncated Cone Test", Proc. Geosyhtheics '91, IFAI, 1991, pp.273~286.
18. I. D. Peggs, "The Future of Geosynthetics–One Opinion", http://www.geosynthetics.net, 2008.
19. IFAI, Geotechnical Fabrics Report – Specifier's Guide 2010, Roseville, MN, USA, 2009.
20. IGS Educational Resource, Geosynthetics Functions, International Geosynthetics Society, 2010.
21. Koerner, R. M., Martin, J. p., and Koerner, G. R., "Shear Strength Parameters between Geomembranes and Cohesive Soils", Jour. Geotextiles and Geomembranes, Vol. 4, No. 1, 1986, pp.21~30.
22. Koerner, R. M., Monteleone, M. J., Schmidt, J. R., and Roethe, A. T., "Puncture and Impact Resistance of Geosynthetics", proc. 3rd Intl. conf. on Geotextiles, 1986, Austrian Society of Engineers, Vienna, pp.677~682.
23. Kane, J. D., and Widmayer, D. A., "Considerations for the Long Term Performance of Geosynthetics at Radioactive Waste Disposal Facilities", Durability and Aging of Geosynthetics, ed. R. M. Koerner, Elsevierm, 1989, pp.13~27.
24. Koerner, R.M., Koerner, G. R., and Hwu, B.-L., "Three Dimensional, Axi- symmetric Geomembrane Tension Test", Proc. Geosynthetic Testing for Waste Containment Applications, STP 1081, ed. R. M. Koerner, ASTM, 1990, pp.170~184 .
25. Koerner R. M., and Soong, T.-Y., "Analysis and Design of Veneer Cover soils", proc 6th IGS Conference, 1998, IFAI., pp.1~26.
26. Koerner, R. M., Hsuan, Y. G. and Koerner, G. R., "Laboratory Weathering of various Types of Geosynthetics", Proc. GRI-23, GSI Publ., Folsom, PA, 2010, pp.1~4.
27. Koerner, R. M., "Selected Papers on the Design Decision of Using Peak Versus Residual Shear Stenths", GRI Report #29, Geosynthetic Institute, Folsom, PA, September 30, 2003.
28. Martin, J. P., Koerner, R. M., and Whitty, J. E., "Experimental Friction Evaluation of Slippage Between Geomembranes, Geotextiles and Soils", Proc. Intl. Conf.

Geomembranes, IFAI, 1984, pp.191~196.

29. Matrecon Inc., Lining of Waste Containment and Other Impoundment Facilities, US EPA/600/2-88/052, Cincincati : OH, 1988.

30. McRory, J. A.and Ashmawy, A.K., "Polymer Treatment of Bentonite Clay for Containment Resistant Barriers", Proc. GeoFrontiers, GSP 130 to 142, ASCE, 2005 (on CD).

31. Muller, W., HDPE Geomembranes in Geotechnics, Spinger-Verlag Publishing Co., Berlin, Germany, 2007, p.485.

32. Narejo, D. B., Wilson-Fahmy, R., and Koerner, R. M., "Geomembrane puncture Evaluation and Use of Geotextile Protection Layers", Proc. PennDOT/ASCE Conf. Geotechnical Eng., Harrisburg, PA : Central Pennsylvania Section, ASCE, 1993, pp.1~16.

33. Nobert, J., "The Use of Multi-Axial Burst Test to Assess Field Performance of Geomembranes", Proc. Geosynthetics '93, IFAI, 1993, pp.685~702.

34. R. M. Koerner & Te-Yang Soong, "Geosynthetic Reinforced segmental Retaining Walls", 14th GRI Conference Proceedings, pp.268~297, LasVegas, Nevada, 2000.

35. R. M. Koerner, Designing with Geosynthetics, 6th Ed., Xlibris Co., USA, 2012.

36. Ramsey, B. and Youngblood, j., "Characterization of Textured Geomembrances Predictive of Interface properties", proc. GRI-22 Conference, Salt Lake City, UT, GSI Publication, Folsom, PA, 2009, pp.106~116.

37. Rimoldi P., "The Future of Geonets and Geocomposites", Proceedings of the GRI-13 Conference Geosynthetics in the Future : Year 2000 and Beyond, Folsom, PA : Geosynthetic Information Institute, 1999, pp.49~66.

38. Rowe, R. K., Hrapovic, L. and Armstrong, M. D., "Diffusion of oraganic Pollutants through HDPE Geomembrane Fluorination on the Diffusive Migration of MSW Organic Contaminantsm", Proc. Geosynyhetics Conference, IFAI Publ., 2001, pp.163~176.

39. Rowe, R. K. Rimal, S., Arnepalli, D. M. and Bathurst, R. J., "Durability of Fluorinated High Density Polyethylene Geomembranes", J. Geotextiles and Geomembranes, vol. 28, No. 1, 2010, pp.100~107.

40. Sangam, H. P., Rowe, R.K., Cadwallader, M. W., and Kastelic, J.R., "Effects of HDPE Geomembrane Fluorination on the Diffusive Migration of MSW Oranic Contaminants", Proc. Geosynthetics Conference, IFAI Publ., 2001 pp.163~176.

41. Schubert, W. R., "Bentonite Matting in Composite Lining Systems", Proc. Geotechnical Practice for Waste Disposal '87, R. D. Woods, Ed., Geotech Spec. Publ. 13, ASCE, pp.784~796.

42. Stark, T. D., and Poeppel, A. R., "Landfill Liner Interface Strengths from Torsional-Ring-Stress Tests", J. Geotechnical Eng., ASCE, Vol. 120, no. 3, pp.597~617.

43. Steiniger, F., "The Effect of Burrower Attack on Dike Lines", Wasser und Boden, Ernst and Son Inc., Berlin, 1968, pp.16~24.

44. Tisinger, L. G., "Chemical Compatibility Testing : A Typical Program", Geotechnical fabrics Rpt., Vol. 7 , No. 3, 1989, pp.22~25.

45. US EPA Technical guidance Document, "Inspection Techniques for the Fabrication of Geomembrane seams", EPA/530/SW-91/051, May,1991,1. p.74.

46. V. Feodorov, "Use of Geosynthetics in Landfills. Case Studies from Romania", EuroGeo 2000 Conference Proceedings, pp.509~513, Bologna, Italy, 2000.

47. Vandervoort, J., The Use of Extruded Polymers in the Containment of Hazardous Wastes, The Woodland, TX : Schlegel Lining technology Inc.

48. Voskamp, W., "Index and Performance Testing of a New Geogrid Made of Highly Oriented Straps", Proceedings of GeoDenver 2000, Advances in Transportation and Geoenvironmental Systems Using Geosynthetics, edited by J. G. Zornberg and B. Christopher, GSP No. 103, GeoInstitute of ASCE, 2000, pp.360~372.

49. W. Leu, and P. E. Luane Tasa, "Applications of Geotextiles, Geogrids, and Geocells in Northern Minnesota", Geosynthetics Conference 2001, pp.809~821, Portland, Oregon, 2001.

50. Zanzinger, H., Koerner, R. M. and Touze-Foltz, N., Editors, Proc. 3rd Intl. Symposium on Geosynthetic Clay Liners, Wurzburg, Germany, 2010, pp.373.

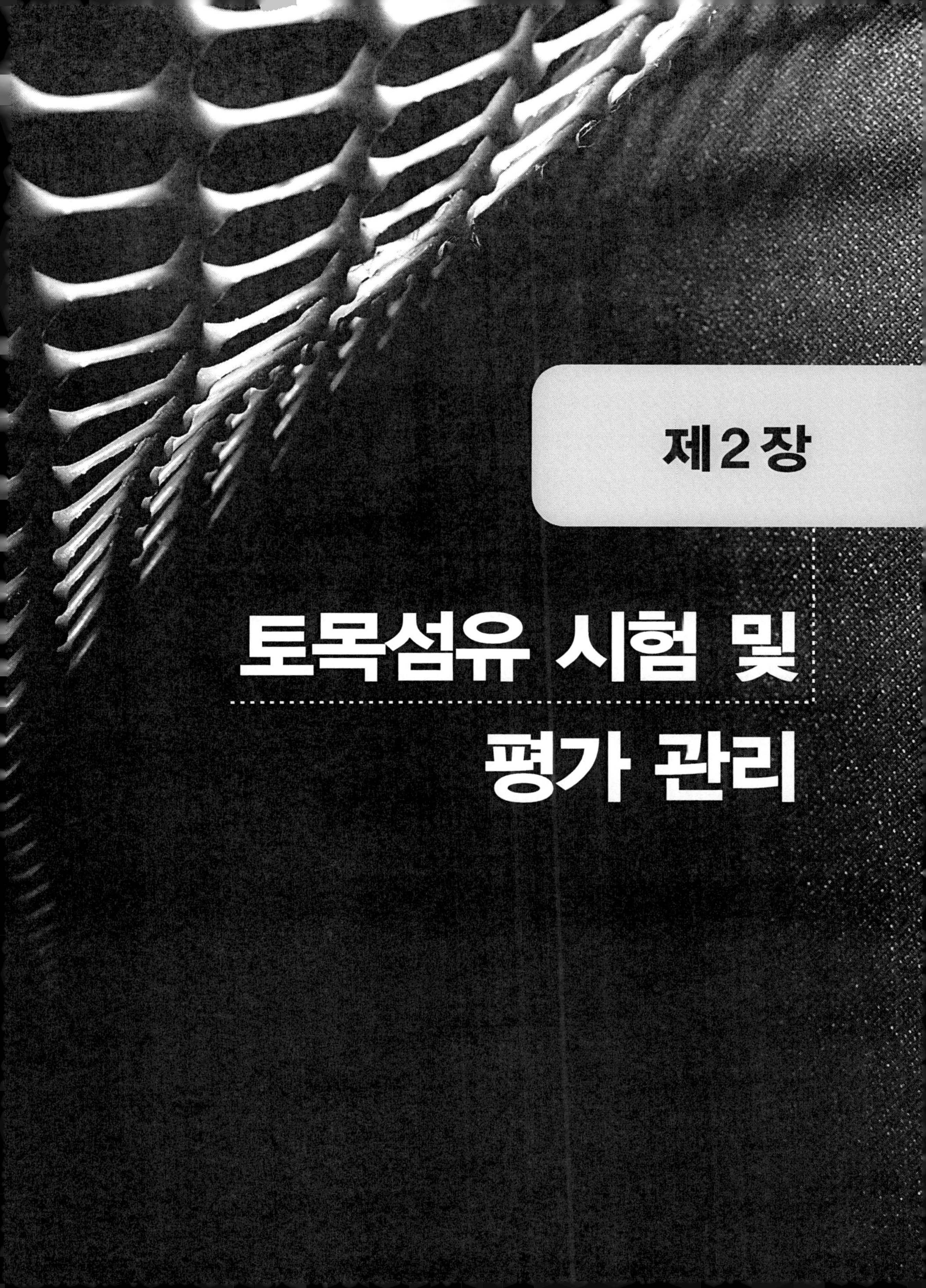

제2장

토목섬유 시험 및 평가 관리

제2장

토목섬유 시험 및 평가 관리

2.1 토목섬유 시험

토목섬유의 시험방법은 사용되는 고분자 재료별로 분류되며 제품 자체의 내구성이 토목섬유의 수명을 결정하므로 이에 영향을 미치는 인자들을 중요한 시험방법으로 채택하고 있다. 또한 토목섬유는 매우 광범위하고 다양한 기능과 용도로 사용되므로 성능평가의 중요성은 실제로 설계에 반영될 뿐만 아니라 구조물의 안정성 평가와도 밀접한 관계에 있다. 한편, 토목섬유는 그 시험방법도 다양하고 복잡하지만 국가 간 국제 규격인 ISO에 의해 주도된다. ISO는 CEN, EN 등의 규격이 백업되지 않은 상태로 뒤늦게 국제 규격으로 바뀐 ASTM International의 방법이 병행, 사용되고 있다. 또한 ASTM International의 경우 GRI(Geosynthetic Research Institute) Standard Test Method를 채택, 보완하여 새로운 시험 규격으로 버전 업하여 시험방법이 ISO에 비해 거의 3배에 육박하고 있는 실정이다. 이 외에도 각 국가별로 토목건설용 섬유고분자 재료제품에 대한 시험방법들이 있지만 시험방법의 적용에 대한 효율성을 높이기 위해 전 세계적으로 ASTM D35와 ISO TC 221에 의해 시험방법의 표준화와 규격화가 진행되고 있다. 한편, 국내외에서 토목섬유에 적용되는 시험방법들은 사용용도에 따라서 적용하는 항목이 각각 다르다. 외국의 경우 제품의 형태 및 설계의 중요도에 따라 항목적용을 조절하기도 하므로 제품의 종류별로 적용 시험

방법을 구분하여 모두 설명하기는 어렵지만, 국가적 차원에서는 ISO의 시험규격을 권장하고 있다. 그러나 실제 시공현장에서는 별도의 특수한 평가방법이 요구되기도 한다.

국내의 경우 토목섬유 성능평가와 관련된 사항으로는 기술표준원이 주관하여 진행하고 있는 국제규격 부합화와 인증제도들이 있다. 현존하는 KS 시험방법들은 점차 국제규격 부합화에 의해 기존의 일본공업 규격인 JIS에 따르지 않고, ISO/TC221의 시험방법을 우선으로, ASTM International의 Subcommittee인 D35에 채택된 시험방법들(ASTM D 35)을 중심으로 원문에 충실하게 번역되어 적용되고 있는 실정이다(부록-1 Geosynthetics Test Methods of ISO TC 221 and ASTM D35 참조). 물론 이로 인한 해석이나 접근방법의 견해 차이나 국내 실정에 맞지 않는 상황 등을 고려하여 간혹 논쟁의 대상이 되긴 하지만 국제화되는 추세에 특별한 해결 방안은 없다. 한편, GRI는 지속적으로 토목섬유 관련 ASTM International의 시험방법들을 GRI Standard Test Method[GRI(2005)]를 통하여 up-grade 또는 기존 back-up하여 국제 표준화 작업에 크게 기여하고 있다.

일반적으로 토목섬유는 제품별로 판매, 시공 시 요구되는 중요한 특성치를 가지며 반드시 평가되어야만 하는 특성시험 항목들이 있다[IFAI(2005)]. 주요 특성시험 항목을 소개하면 다음과 같다.

① 기초물성

a) 중량 및 두께

b) 밀도

c) 분자량, 첨가제의 양

d) 용융지수(MI) 등

② 역학적 특성

a) 인장, 인열, 파열, 찢김, 충격, 봉합강도 등

b) 마찰성질 : 직접전단, 인발 특성 등

③ 수리적 특성

a) 수직 및 수평투수성

b) 유효 구멍크기 : AOS, EOS 등

④ 내구성

a) 크리프 및 응력완화

b) 피로기구

c) 구멍막힘성 등

⑤ 내후성

a) 일광 및 자외선에 대한 안정성

b) 화학적, 생물학적 저항성

c) 온도 및 열 안정성

d) 노출환경에 대한 저항성 : ESCR 등

2.1.1 지오텍스타일 시험항목

(1) 물리적 성질

① 중량 및 두께

② 강연성 등

(2) 역학적 성질

① 인장 특성(광폭)

② 압축 특성

③ 인열, 파열, 충격, 찢김 특성

④ 봉합 특성

⑤ 마찰성질(직접전단, 인발 특성)

⑥ 피로 특성 등

(3) 수리적 성질

① 수직 및 수평 투수성

② Porosity : AOS, EOS

③ Soil retention 등

(4) 내구성

① 크리프 및 응력완화
② 내마모성
③ 구멍막힘(clogging)성 등

(5) 내후성

① 온도, 산화, 가수분해에 대한 안정성
② 화학적, 생물학적 저항성
③ 방사성에 대한 저항성
④ 일광 및 자외선에 대한 안정성 등

2.1.2 지오멤브레인 시험항목

(1) 물리적 성질

① 밀도
② 중량 및 두께
③ 카본 블랙 함량
④ 용융지수(MI)
⑤ 수증기 투과도(water vapor transition)
⑥ 용제증기 투과도(solvent vapor transition, SVT) 등

(2) 역학적 성질

① 인장 특성
② 인열, 파열, 충격, 찢김 특성
③ 봉합 특성(peel and shear tests)
④ 마찰성질(직접전단, 인발 특성) 등

(3) 내구성

크리프 및 응력완화

(4) 내후성

① 온도, 산화, 가수분해에 대한 안정성
② 화학적, 생물학적 저항성
③ 방사성에 대한 저항성
④ 일광 및 자외선에 대한 안정성 등

2.1.3 지오그리드 시험항목

(1) 물리적 성질

① Raw grid의 특성
② Coating type
③ Aperture size
④ 중량 및 두께 등

(2) 역학적 성질

① 광폭인장 특성
② Single rib and junction strength
③ 마찰성질(직접전단, 인발 특성) 등

(3) 내구성

크리프 및 응력완화

(4) 내후성

① 온도, 산화, 가수분해에 대한 안정성
② 화학적, 생물학적 저항성
③ 방사선에 대한 저항성
④ 일광 및 자외선에 대한 안정성 등

2.1.4 지오네트 시험항목

(1) 물리적 성질

① 밀도

② 중량 및 두께,

③ 기타 : Rib dimensions, planar angles, aperture size and shape 등

(2) 역학적 성질

① 인장 특성

② 압축 특성

(3) 수리적 성질

수평배수성

(4) 내구성

크리프 및 응력완화

2.1.5 토목섬유 점토차수재 시험항목

(1) 물리적 성질

① Clay type; 벤토나이트의 특성

② Adhesives

③ Cohesives

④ Moisture content

⑤ 중량 및 두께 등

(2) 역학적 성질

① 광폭인장 특성

② 봉합 특성

③ 찢김 특성

④ 마찰성질

(3) 수리적 성질

① Hydration(Flux) ; 증류수 및 현장수에 대한 평가

② Free swell–Swell index

③ Moisture absorption

④ Permeability–Hydraulic conductivity ; fluid loss 등

(4) 내구성

① Freeze ; Thaw behavior

② Shrink ; Swell behavior

③ Adsorption

④ Water breakout time 등

2.2 토목섬유 평가 관리

지오신세틱스 제조 시 품질관리와 품질보증은 매우 중요하며, 특히 시공 중 또는 시공 후 안정성에 중요하고도 심각한 영향을 미친다. 만약 지오신세틱스의 제조 및 시공에 대한 실패사례가 사용 중 발생하거나 또는 장기간이 지난 후에 발생한다면 회복하기 어려운 문제를 야기할 것이다. 이를 방지하기 위하여 지오신세틱스의 MQC(Manufacturing Quality Control)/CQC(Construction Quality Control)에 대한 사전 준비된 분석과 방지책은 매우 중요하다고 볼 수 있다. 토목합성재료가 적절하지 않은 방법으로 제조, 시공된다면, 구조물의 계획된 수명을 보장할 수 없을 뿐만 아니라 부적절한 설계로 인한 위험을 방지할 만한 아무런 대비책이 없다.

특히 연약지반에 적용되는 보강/보호/분리용 지오텍스타일 제품의 경우 MQA(Manufacturing Quality Assurance)/CQA(Construction Quality Assurance)와 MQC/CQC가 서로 분리되어져 있지만, 거의 동일한 목적을 가지고 있으며 비교적 간단한 시공의 경우에는 이러한 과정들은 서로 보완책이 되기도 한다.

이와 반대로, 효과적인 MQA/CQA 프로그램은 MQC/CQC 과정에서의 결함들을 보정해 주지만, MQA/CQA 프로그램 자체로는–MQC/CQC가 전혀 이루어지지 않은 경우–적절한 품질관리를 할 수 없다.

효과적인 MQC/CQC와 MQA/CQA 프로그램으로부터 지오신세틱스의 최상의 품질이 발휘되며, 전체 프로그램에서 여러 요인들의 상호작용을 그림 2.1에 나타나 있다.

여기서는 연약지반 보강/보호/분리용으로 사용되는 지오텍스타일의 제조 및 품질시공 관리(MQC/CQC)에 대한 내용, 평가항목 및 그 중요성에 대하여 소개하기로 한다.

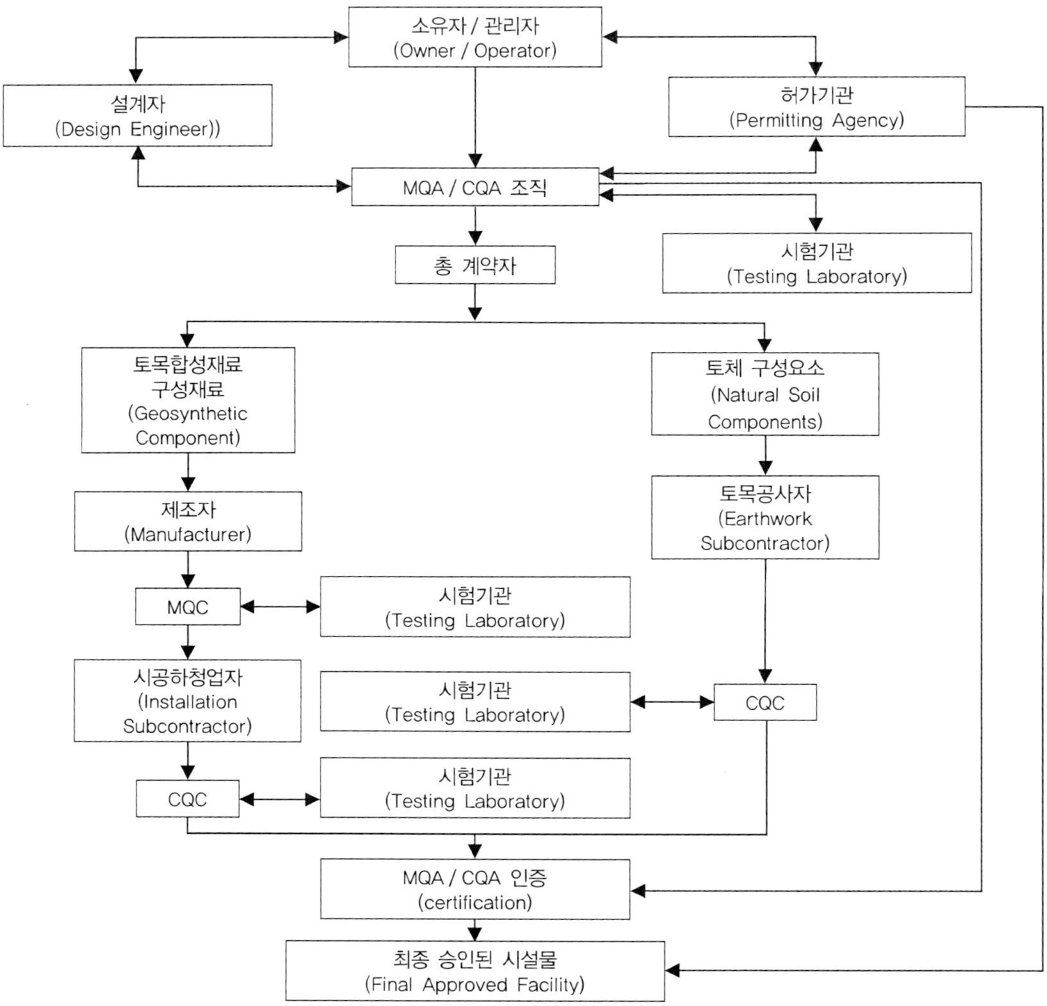

그림 2.1 지오신세틱스의 MQC/MQA 및 CQC/CQA 순서도

2.3 설계 및 재료평가

2.3.1 안정성 분석

1) 요구성능

보강/보호, 분리용으로 연약지반에 적용되는 지오텍스타일의 선택 기준은 매우 중요하며, 이러한 선택기준에 따라 적용 분야에 적합한 지오신세틱스의 설계가 이루어져야 한다. 표 2.1에 AASHTO M288-96에서 제시한 시공 시 성능에 요구되는 항목, 시험법 및 특성치를 소개하였다. (a)는 시공 시 수명 요구사항을, (b)는 분리용의 경우를, (c)는 안정화의 경우를, (d)는 영구 침식방지의 경우를, (e)는 Silt Fence의 경우를, 그리고 (f)는 Reflective Cracking의 경우 specifications을 각각 나타내었다.

표 2.1 (a) 지오텍스타일의 시공 시 수명 관련 요구 특성

시험방법		단위	지오텍스타일					
			Class 1		Class 2		Class 3	
			직포	부직포	직포	부직포	직포	부직포
그래브 인장강도	ASTM D4632	N	1400	900	1100	700	800	500
봉합강도	ASTM D4632	N	1200	810	990	630	720	450
인열강도	ASTM D4533	N	500	350	400	250	300	180
꿰뚫림강도	ASTM D4833	N	500	350	400	250	300	180
파열강도	ASTM D3786	kPa	3500	1700	2700	1300	2100	950
투수도	ASTM D4491	sec−1	Minimum property requirements for permitivity. AOS and UV stability are based on geotextile application. Refer to Table (a) for subsurface filtration. Table (b) for separation. Table (c) for stabilization. Table (d) for permanent erosion control. Table (e) for silt fence, and Table (f) for reflective cracking. W : 직포, NW : 부직포					
겉보기 구멍크기	ASTM D4751	mm						
자외선 안정성	ASTM D4355	%						

(b) 분리용 규격 - Separation Specification

성능	단위	Class A
Permitivity(s−1)	s−1	> 0.0
AOS(mm)	mm	< 0.0
자외선에 대한 인장강도 보유율	%	> 5

(c) 안정화용 규격 – Stabilization Specification

성능	단위	Class A
Permitivity(s–1)	s–1	> 0.05
AOS(mm)	mm	< 0.43
자외선에 대한 인장강도 보유율	%	> 50

(d) 침식방지용 규격 – Erosion Control Specification

	% Passing 0.075 mm Sieve		
	< 15	15 to 50	> 5
성능	for wovens 2 ; for nonwovens		
Permittivity(s–1)	> 0.7	> 0.2	> 0.0
AOS(mm)	< 0.43	< 0.25	< 0.2
자외선에 대한 인장강도 보유율	> 50%	> 50	> 5

(e) 실트펜스용 규격 – Silt Fence Specification

	Supported	Unsupported	
	NW or W	NW	W
Post Spacing(m)	0.2	1.2	2
그래브 인장강도 MD(N) CD(N)	 400 400	 550 450	 55 45
Permittivity(s–1)	> 0.05	> 0.05	> 0.5
AOS(mm)	< 0.60	< 0.60	< 0.0
자외선에 대한 인장강도 보유율	> 50	> 50	> 5

(f) 반사균열 방지용 규격 – Reflection Cracking Specification

그래브 인장강도	N	≥ 450
중량	gm/m^2	≥ 140
신율	%	≥ 50
아스팔트 함유율 (Asphalt Retention)	1/m^2	다양(varies)
융점	°C	≥ 150

다음에 한 예로 연약지반 설계의 경우 고려되어야 요구 성능 관련 인자들을 나타내었다.

(1) 설계 수명(그림 2.2 참조)

① 지지력(Bearing capacity) : overall embankment geometry

② 지반안정성(Global stability) : strength design in the major principal stress directions

③ 탄성변형(Elastic deformation) : modulus and failure strain in the major and minor principal stress directions

④ 인발(Pullout) 또는 anchorage : anchorage length behind the slip plane

⑤ Lateral spreading : frictional properties of geosynthetics

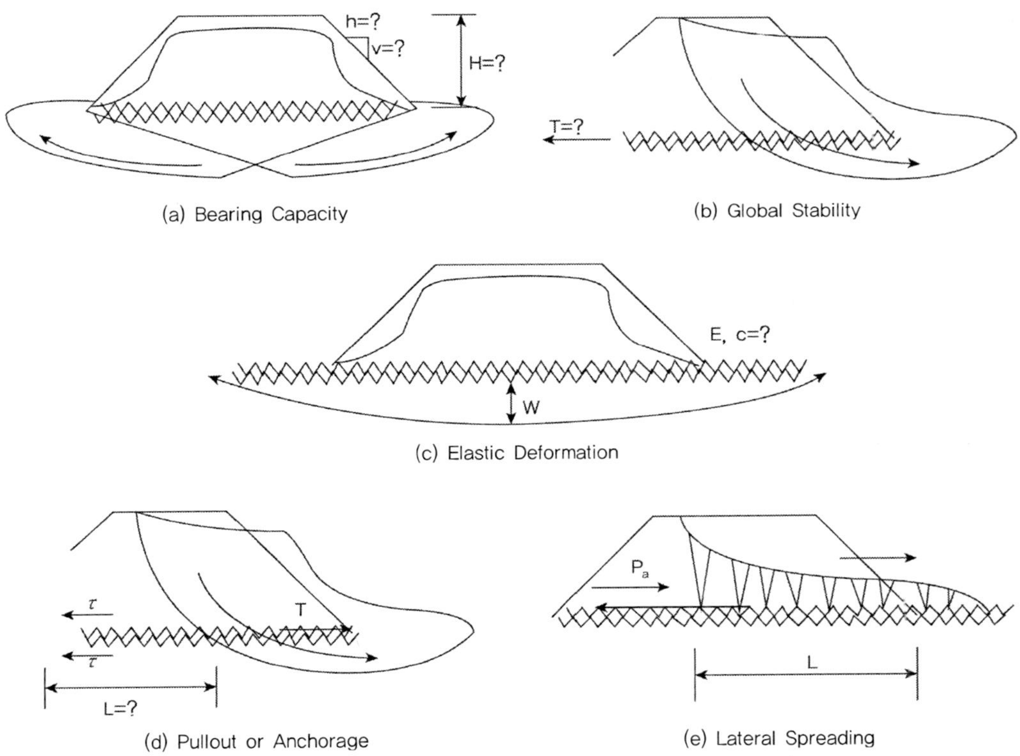

그림 2.2 연약지반 안정화용 지오텍스타일 설계 모형

(2) 구조물의 수명과 관련된 파괴해석 고려(그림 2.3 참조)

(3) 안정성 관련 안전율 고려

① 2)의 파괴모드 참조

② Internal, External and Compound Failures

2) 안전율 – 최소 안전율(FS_{min}) 추천

① > FS_{min} : in the absence of thorough geotechnical investigation and analysis

② < FS_{min} : for temporary and noncritical structures

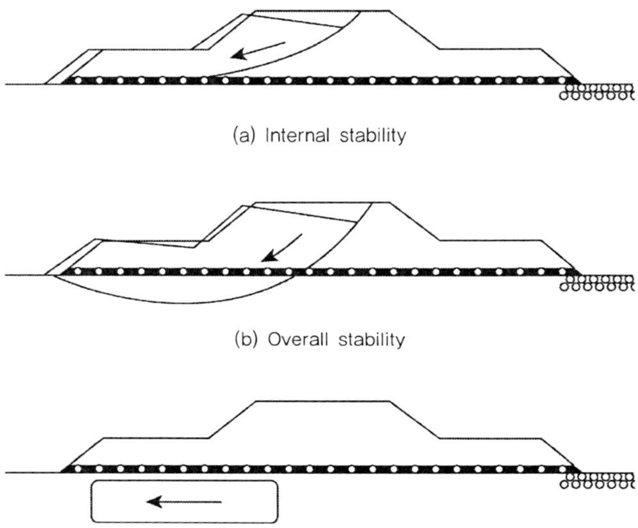

(a) Internal stability

(b) Overall stability

(c) Foundation stability

그림 2.3 연약지반 시공 뚝의 파괴모드

3) 설계수명

① 표준 설계수명

② Temporary Facilities–to be designed based on a conservative estimate of facility requirements

2.3.2 토질 특성 평가

1) Gradation, Plasticity Index and Chemical Composition

(1) Gradation

① Sieve size and percentage passing :

ex) sieve size(No. 40)–percentage passing(0–60)

② Definition of total and effective stress shear strength properties

(2) Plasticity Index(PI)–to provide a measure of soil cohesiveness

ex) The clay content of cohesive soil

PI > 5 ; potentially cohesive

PI < 5 ; non–cohesive or granular

(3) Chemical Composition

① to be assessed for affect on durability

② pH, chlorides, oxidation agents etc.

2) 압 밀

① Optimum dry density(γ_d)

② Optimum moisture content(ω_{opt})

③ Compacted Lifts

3) Soil Fill Design Properties–표 2.2, 2.3 참조

① Shear strength–peak shear strength parameters

–effective stress parameters

② 직접전단시험이나 consolidated–drained(CD) triaxial tests

③ Agency guidelines and experiences, soil types 등 고려

2.3.3 지오텍스타일의 평가

1) 최대 허용강도

성능평가를 통해 얻어지는 지오텍스타일 특성값은 이상적인 조건에서 지오텍스타일이 발현할 수 있는 최대 특성값이다. 지오텍스타일의 기능에 의한 설계를 행할 때, 안전율을 허용값으로부터 산출되며, 시험을 통해 얻은 지오텍스타일의 특성값은 직접적으로 설계에 적용될 수 없다. 즉, 지오텍스타일이 적용되는 현장 조건을 고려하여 해당 적용 분야에서 발현될 수 있는 허용 특성값의 개념으로 보정되어야 한다. 지오텍스타일의 최대 특성값과 설계 시 요구 특성값 사이의 차를 설명하기 위해 ① 문제 해결을 위한 가장 큰 안전율을 적용하거나, ② 감소계수를 시험 측정값에 적용한다.

연약지반에 적용되는 지오텍스타일의 최대 허용 강도는 다음 식에 의해 구할 수 있다.

$$P_c\left[\frac{1}{\mu_1}\cdot\frac{1}{\mu_2}\cdot\frac{1}{\mu_3}\mu\frac{1}{F_1}\cdot\frac{1}{F_2}\right] = P_{all}$$

여기서, P_c : 크리프 성능과 관련된 최대 인장강도(ultimate breaking strength based on creep performance)

μ_1 : 시공 시 손상인자(mechanical damage factor)

μ_2 : 화학적 손상인자(chemical environment factor)

μ_3 : 생물학적 손상인자(bacteriological environment factor)

F_1 : factor of safety covering possible deviations in the parameter values

F_2 : traditional factor of safely,

P_{all} : maximum allowable load

표 2.2 지오신세틱스 시공현장 토질 가이드

시공현장 토질	
Acid Sulphate Soils-	characterized by low pH and considerable amounts of CL^{-1} and SO_4^{-2} ions(e.g. pyritic soils in the Appalachian region)
Organic Soils-	characterized by high organic contents and susceptibility to microbiological attack(e.g. dreged fills)
Salt Affected Soils-	in areas of seawater saturation or in dry alkaline areas as the Southwestern U.S.
Ferruginuos-	contains Fe_2SO_3
Calcareous-	in dolomitic areas
Modified Soils-	soils subject to deicing salts, cement stabilized or lime stabilizes

표 2.3 기계적 안정화 지반의 경우 과립 및 저응집력 토양에서의 보강재의 인발성능

보강재 종류	중요 하중전달 기구	인발에 대한 변위	장기성능
지오그리드	frictional + passive H.D.	dependent on reinforcement extensibility (1 to 2 inches)	dependent on reinforcement structure and polymer creep
지오텍스타일	frictional (interlocking) L.D.	dependent on reinforcement extensibility (1 to 4 inches)	dependent on reinforcement structure and polymer creep

Note : L.D.-low dilatancy effect; H.D.-high dilatancy effect

2) 감소인자

표 2.4에 앞서 소개한 식에 대한 감소계수들이 정리되어 있으며, 이 값들은 현장 조건에 따라 반드시 조절되어야 한다.

표 2.4 안전율에 영향을 미치는 감소계수 요약

흙의 종류	입도크기(mm)	기계적 감소계수(μ_1)	화학적 감소계수(μ_2)	생물학적 감소계수(μ_3)	총 감소계수 ($\mu_1 \times \mu_2 \times \mu_3$)
Boulders Cobbles	200 60	1.40	1.05(pH = 5)		1.40
Gravel	2	1.35		1.02	1.35
Sand	0.06	1.17	1.0(pH = 5.8)		1.20
Silt	0.002		1.12(pH = 9)		1.10
Clay		1.10			1.10

참고로 보강용 폴리에스테르 직포 지오텍스타일의 경우 Sharp Gravel에서 25%, Sand에서 15%의 강력저하를 일으키며, 기계적 감소계수는 Sharp Gravel에서 1.35, Sand에서 1.17의 값을 갖는다. 그리고 화학적 감소계수는 pH9에서는 1.12, pH5~8에서는 1.0, pH4에서는 1.05의 값을 가진다. 미생물 환경에서는 12개월 처리 후 약 2% 정도의 강력저하를 보이며 생물학적 감소계수는 1.02의 값을 나타낸다고 보고된 바 있다.

2.4 지오텍스타일의 MQC/CQC

2.4.1 원료 및 제조 공정

* 제조공정 관련 control points(그림 2.4 참조)

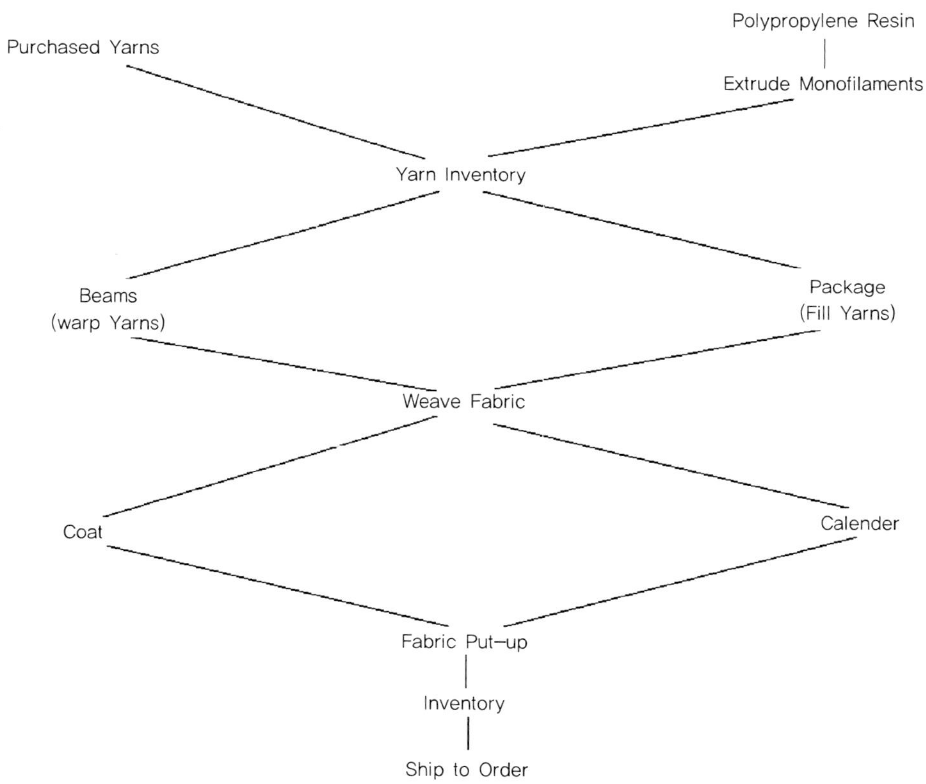

그림 2.4 대표적인 지오텍스타일 직조공정

2.4.2 시료채취 및 시험(Sampling and Testing)

다음에 지오신세틱스의 성능평가 시 고려되는 인자들을 나타내었으며, 표 2.5에 typical conformance tests for geotextile applications를, 그림 2.5에 required geosynthetic design vis-avis optimal textile product를, 그림 2.6에 (a) Resistance in sea-water (b) Resistance in acid media pH5, (c) Resistance in alkaline media pH=9를 각각 나타내었다.

① 시험실 온습도 조건
② 시료의 준비상태
③ 시험실 control 및 calibration
④ 시험방법의 적합성 여부
⑤ 시험회수
⑥ 시료의 규격 등

2.4.3 Product Compliance Certifications

1) Compliance to Published Values

① The manufacturer published minimum values in his literature
② The manufacturer has proven through consistent performance the reliability of his information
③ The manufacturer and the customer have established a relationship of trust

2) Compliance with Actual Test Values

① Roll Numbers
② All required test data
③ Lot averages for each test
④ Lot standard deviations for each test

3) Compliance to a Specific Specification

2.5 지오텍스타일의 MQC/CQC 진행과정

2.5.1 Responsibility and Authority

많은 단체 및 기관들이 지오신세틱스의 MQC/CQC와 MQA/CQA에 직접적이거나 또는 간접적으로 관여되어 있다. 여기서는 MQC/CQC와 관련된 설계, 허가, 시공, 감리 분야 등에서 중심이 되는 기구를 소개한다.

1) 허가기관(Permitting Agency)

허가기관은 주로 정부 관리기관이지만 지방자치 단체들을 포함할 수 있으며 또한 환경부 또는 도로공사 등이 포함될 수도 있다. 예를 들면 미국의 경우 국방부 공병대, 국토관리공단, 농어촌개방공사, 도시개발공사, 주택공사 등등의 기관이 때때로 포함된다. 허가기관에서는 현장조건에 대한 MQA/CQA를 포함해서 사용자/관리자의 허가 적용이 당국의 규정에 부합하게 이루어지는가에 대한 검토의 책임이 있으며 이 검토를 바탕으로 허가를 내리거나 또는 허가를 거부할 결정을 해야 한다. 허가기관은 또한 시설물의 시공 중이나 시공 후에 모든 MQA/CQA 보고서를 검토할 책임이 있다. 이것은 승인된 MQA/CQA 계획에 따라 잘 진행되고 시설물이 설계에서 규정된 대로 시공되는가를 확인하기 위하여 제품이 생산되는 공장이나 시설물이 건설되는 현장에 방문하여 MQC/CQC와 MQA/CQA를 관찰할 수 있다.

표 2.5 지오텍스타일 적용 시 대표적인 성능시험

ASTM TEST METHOD (1)	MASS/ AREA D3776 (2)	GRAB TENSILE AND ELONGATION D4632	WIDE WIDTH TENSILE D4595	BURST D3786 (3)	PUNCTURE D4833	TRAP. TEAR D4991	PERMITTIVITY D4491	AOS D4751	SEWN-WEAN TENSILE D4884 (5)	UV DEGRADATION D4355 (6)
FUNCTION										
SEPARATION		×		×	×	×	×	×		
FILTRATION		×		×	×	×	×	×		
DRAINAGE		×		×	×	×	×	×		
REINFORCEMENT			×	×	×	×			×	×
CUSHION	×	×			×	×				
BARRIER/ OVERLAY (4)		×								
SILT FENCE			×				×	×		×
EROSION CONTROL		×		×	×	×	×	×		×

주 (1) Except for wide-width tensile and sewn-seam strength tests, the tests listed in this table are index tests rather than performance tests. For project-specific applications the engineer may require additional performance tests, such as direct shear testing, gradient ration testing, chemical and biological resistance testing, creep testing, or abrasion resistance testing to be done at the beginning of the construction phase.

(2) Although mass/area is only marked for the cushion application, it is a standard index test usually performed for most applications. It is only marked for the cushion application to emphasize its relative importance for this application.

(3) The appropriateness of the burst test (often referred to as Mullen Burst) is often questioned by manufacturers and designers because of the small sample size. For example, Task Force 25 has intentionally omitted burst index testing in its recommended specification for separation applications, yet retained it for drainage application. A larger scale performance-type test developed by the Geosynthetic Research Institute (method GRI-GM4) may be more appropriate for applications where localized differential strains may occur.

(4) Pavement overlay applications may require additional specialized tests such as asphalt retention and melting point.

(5) The sewn-seam strength test may be appropriate for applications other than reinforcement, depending on the seaming method preferred by the designer.

(6) Requirements for resistance to UV degradation can vary depending on the application and allowable exposure time. This column is marked for the erosion control and silt fence applications because these applications have a greater likelihood of long-term exposure.

2) 소유자/관리자(Owner/Operator)

시설물을 소유하거나 관리하는 조직을 말한다. 소유자/관리자는 설계, 시공, 그리고 관리의 책임을 지고 있다. 이러한 책임은 허가기관, 제출된 MQA/CQA 문서의 요구에 부응하여야 하며 시설물이 특정화된 시공계획과 규정, 그리고 허가기관에서 승인한 내용대로 확실히 시공되어야 하는 것을 말한다. 소유자/관리자는 설계와 시공, 그리고 MQA/CQA의 책임이 있는 조직의 선택 및 해고의 권한이 있다. 만약 시설물의 소유자와 관리자가 서로 다른 조직일 경우에는 이러한 행위의 모든 책임은 소유자에게 있다. 때때로 소유자/관리자, 또는 소유자는 개인회사이기보다는 지방자치단체가 되기도 한다. 중앙정부나 지방자치단체 조직은 MQC/CQC와 MQA/CQA 과정의 결정에 대하여 결정권 등을 절대 행사하지 않는다.

3) 소유자 대표(Owner's Representative)

소유자/관리자는 일반적으로 공식적인 대표를 가지고 있으며, 대표는 스케줄, 회의, 그리고 활동에 대한 상호간의 협력에 책임이 있다. 이러한 책임은 소유자/관리자 조직에서의 회원, 허가기관, 재료 공급자, 일반 계약자, 특별 도급자 또는 시공자, 그리고 MQA/CQA 기술자 상호간의 교류를 의미한다.

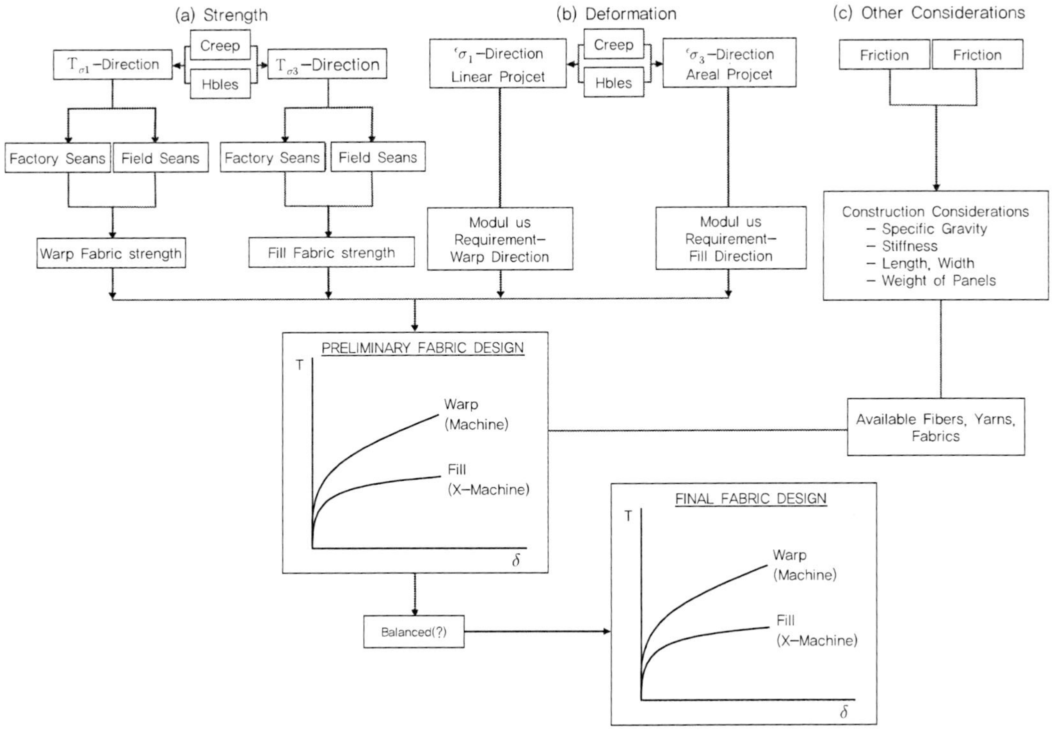

그림 2.5 Required geosynthetic design vis–avis optimal textile product

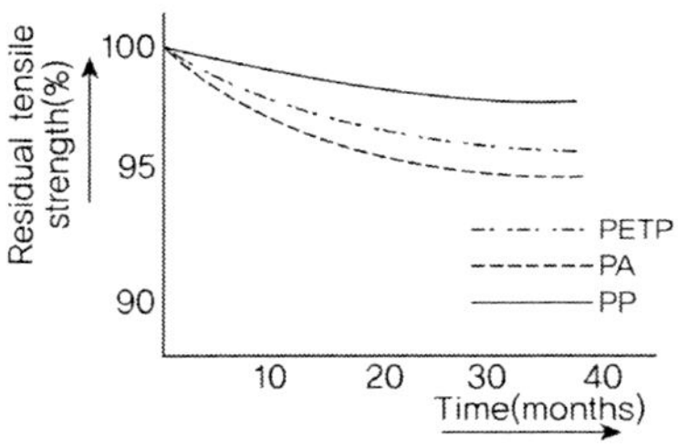

(a) 해수저항성(Resistance in sea–water)

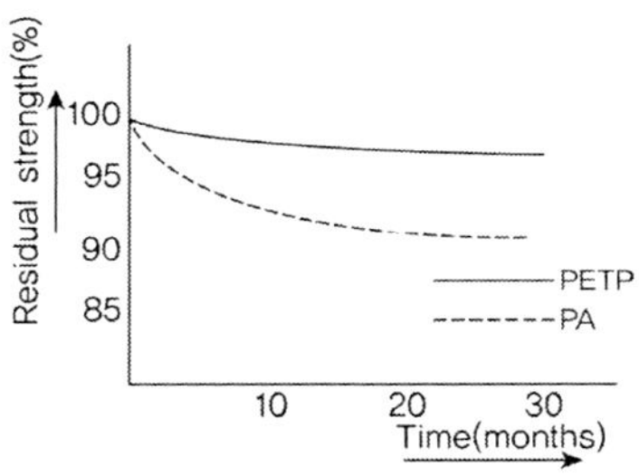

(b) pH 5 완충용액 저항성(Resistance in acid media pH 5)

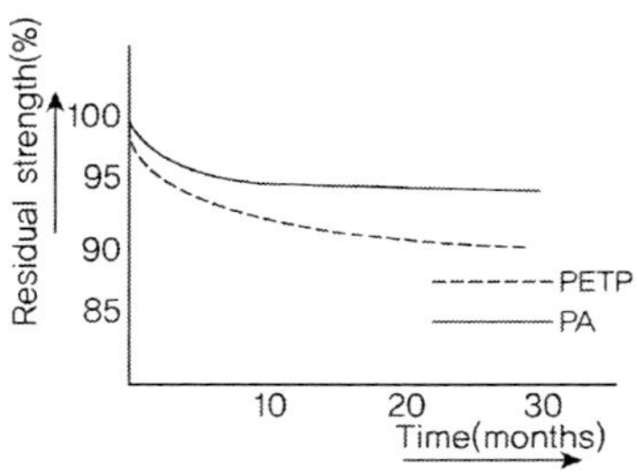

(c) pH 9 완충용액 저항성(Resistance in alkaline media pH = 9)

그림 2.6 지오텍스타일의 액체저항성

2.5.2 정의(Definition)

1) 제조 시 품질관리(MQC)

공장에서 생산되는 제품의 제조를 직접적으로 모니터링하거나 제어하는 데 이용되는 계획된 검사 시스템이다. MQC는 일반적으로 토목합성재료의 생산자에 의해서 수행되며 생산된 제품을 최소(또는 최대) 규정값들에 부합하는 데 필요하다.

2) 시공 시 품질관리(CQC)

시공 프로젝트에서 시공을 직접적으로 모니터링하거나 제어하는 데 이용되는 계획된 검사 시스템이다. CQC는 토목합성재료 시공자가 건설되었거나 시공 중인 시스템의 보다 높은 질을 얻기 위해 사용된다. CQC는 제품의 요구기준과 시방서에 제시된 기술과 약정계획과 규정에 일치하도록 시공자나 계약자에 의해서 수행된 측정값과 관련이 있다.

3) 시공 시 품질보증(CQA)

시설물이 설계도에서 규정한 그대로 시공되었음을 보증하는 CQA는 건설된 시설물의 품질의 수준과 보고를 위한 검사, 확인, 감사, 그리고 재료와 기술수준의 평가 등을 포함한다. CQA는 CQA 조직에서 시공자나 계약자가 프로젝트를 위한 규정과 계획에 부합하는지를 평가하는 것과 관련이 있다.

4) 설계자(Design Engineer)

설계자의 기본 책임은 소유자/관리자의 조작상의 요구에 맞는 설계를 해야 한다. 또한 채택된 설계수행 방법을 따라야 하고, 허가기관의 최소 기준치에 부합하거나 초과하는 설계를 하여야한다. 설계자는 소유자/관리자의 직원일 수도 있으며 소유자/관리자에게 고용된 컨설턴트(consultant)일 수도 있다. 설계자는 시공 중 예기치 않은 상황이 발생할 경우(즉, 현장조건의 변화, 시공 중의 예상하지 못한 상황의 발생 또는 일부 재료의 부족) 설계의 일부분의 수정을 요구받을 수 있다. 시공 중의 설계의 변경은 특별한 경우이기 때문에, 설계자는 종종 MQA/CQA 과정에 포함되기도 한다. 계획서과 시방서는 일반적으로 설계자의 산물이 된다.

5) 제조자(Manufacturer)

모든 토목합성재료를 포함해서 공학적 시설물의 많은 요소들은 제조된 제품들로 이루어진다. 제조자는 제품의 생산과 제조기간 중의 품질관리의 책임을 지고 있다. 제조자는 제품이 그것들의 규정에 맞고 소유자/관리자 또는 관리 당국과 판매에 대한 계약에서 더욱 더 엄격한 어떤 요구나 규정에 부합함을 증명시킬 책임이 있다. 제조자에 의해서 진행되는 품질관리단계는 전체적인 품질관리에 걸쳐 매우 엄격해야 한다. 만약 요구가 있다면, 제조자는 소유자/관리자, 허가기관, 설계자, 조립자, 시공자 또는 MQA 기술자들에게 제품의 생산과정에서 이루어지는 MQC 단계를 설명하는 정보를 제공하여야 한다. 만약 절실한 요구가 있다면, 제조자는 소유자/관리자, 허가기관, 설계자, 조립자, 시공자 또는 MQA 기술자들에게 제조공정과 품질관리과정을 기꺼이 공개해야 한다. 제조자는 MQC 프로그램의 책임자를 임명하여야 하고 책임자에게 문제가 직접적으로 전달되어야 한다. 제품은 랜덤 샘플링에 의해 계속적으로 분석이 이루어져야 하며 또는 파일로 보관되어야 한다. 그러나 제조자는 제품제조와 관련된 기밀사항에 대해서는 제공하지 않을 권리를 보유하고 있어야 한다.

6) 조립자(Fabricator)

몇몇 토목합성재료는 공장에서 제조된 상태로 현장에서 조립된다. 예를 들면, 공장에서 제조된 어떤 지오멤브레인은 조립시설을 이용하여 서로를 봉합(seaming)함으로써 조립된다. 조립된 재료의 특성 허용한계값은 허가의 적용에 의해서 규정된다. 조립자는 조립품이 그것들의 규정에 맞고 소유자/관리자 또는 관리국과의 조립 계약에서 더욱더 엄격한 어떤 요구나 규정에 부합함을 증명시킬 책임이 있다. 만약 요구가 있다면, 제조자는 소유자/관리자, 허가기관, 설계자, 조립자, 시공자 또는 MQA 기술자들에게 제품의 조립과정에서 이루어지는 MQC 단계를 설명하는 정보를 제공하여야 한다. 추가로, 만약 절실한 요구가 있다면, 조립자는 소유자/관리자, 허가기관, 설계자, 조립자, 시공자 또는 MQA 기술자들에게 조립과정과 품질관리과정을 공개해야 한다. 제품은 랜덤 샘플링 방식에 의해 채취된 후 계속적으로 분석이 이루어져야 하며 또는 파일로 보관되어야 한다. 그러나 조립자는 제품의 조립과 관련된 기밀사항에 대해서는 제공하지 않을 권리를 보유하고 있어야 한다.

7) 총 계약자(General Contractor)

총 계약자는 실제 시설물의 건설과 시공 중의 CQC에 대한 전반적인 책임을 지니고 있다. 총 계약자는 규정에 맞는 제품의 구매를 조절하고, 하나 또는 그 이상의 조립자(조립된 제품이 필요할 경우)를 제품의 공급을 위해 계약서에 포함시키며, 시공자와 계약을 맺으며(총 계약자 소속기구와 분리된 경우), 스케줄과 CQC를 포함해서 시공의 전반적인 통제를 한다. 총 계약자는 설계자에 의해서 설계되며 허가기관에 의해서 허가된 계획과 규정에 부합하도록 시설물을 시공할 근본적인 책임을 지니고 있다. 총 책임자는 소유자/관리자와 스케줄과 시공 중에 발생하는 모든 사건의 MQA/CQA 기술자에게 정보를 제공할 책임 역시 지니고 있다.

8) 시공 계약자(Installation Contractor)

제조된 제품(토목합성재료와 같은)은 총 계약자, 하청업자인 시공 계약자 또는 소유자/관리자가 직접적으로 고용한 특별 계약자들에 의해 시공된다. 시공사의 직원들은 소유자/관리자, 제조자, 또는 조립자의 고용인 일 수도 있으며, 또는 총 계약자나 소유자/관리자에게 직접 고용된 독립적인 시공회사의 직원일 수도 있다. 시공자는 취급, 저장, 적재, 그리고 제조된 조립제품의 시공에 대한 전반적인 책임을 지니고 있다. 시공자는 제품들의 취급, 저장, 적재, 그리고 시공에 대한 적절한 방법을 상술하는 CQC 계획을 수립해야 한다.

9) 토목공사 계약자(Earthwork Contractor)

토목공사자는 계획에 나타난 대로 현장의 지반을 다지며, 시공되는 토체 요소의, 즉 규정에 부합하는 GCLs, 그리고 자갈층, 시공에 책임이 있다. 토목공사자는 총 계약자에 의해서 고용될 수 있으며 만약 소유자/관리자가 총 계약자일 경우, 소유자/관리자에 의해서 직접 고용될 수 있다. 어떤 경우에는 총 계약자의 직원이 토목공사자가 되기도 한다. 토목공사자는 현장의 지반을 다지는 책임뿐 아니라, 적절한 토체재료를 보유하고, 이러한 재료들의 수송과 저장, 재료의 선 시공(필요하다면), 재료의 적재와 다짐, 그리고 적재 중과 적재 이후(몇몇 경우)의 재료의 보존 등에도 책임을 지고 있다.

10) CQC 직원(CQC Personnel)

시공 품질관리 직원은 총 계약자, 시공 계약자 또는 토목공사자에 소속된 개인들이며 그들의 업무는 허가기관에서 승인한 계획과 규정에 적합한 시공이 이루어지도록 하는 것이다. 몇몇의 경우에 CQC 직원은, 회사와 독립적이라 해도, 시공과 건설직원의 일부에 속한다. 다른 경우에는 감독관에 의해서 직접 실시된 CQC 또는, 대규모 프로젝트를 위해서, 분리된 CQC 직원, 심지어는 독립된 CQC 회사들이 이용된다.

11) MQA/CQA 기술자

기술자는 품질 보증과 건설 품질 보증을 위한 종합적인 책임을 가지고 있다. 기술자는 일반적으로 지반 설치의 특별한 전문가, 고분자 재료, 그리고 토목섬유 설치와 같이 여러 가지 활동에 경험을 지닌 개인이다. MQA/CQA 기술자는 MQA/CQA 계획이 부정 또는 미해결의 모순이 없이 문제가 계획이 이행될 수 있도록 프로젝트의 기본 계획, 그리고 시방서뿐만 아니라 MQA/CQA 계획을 재검토해야 할 책임이 있다. MQA/CQA 기술자의 다른 책임은 MQA/CQA 점검 활동(적당한 실험절차들이 따르는 것을 확실히 하고, 실례 보호 절차들이 따르는 것을 확실히 하고, 시험 데이터의 정확한 보고, 그리고 보고서 이후에 유지되는 시험 데이터를 확신하고, 정기적인 보고서의 준비)의 스케줄과 조화, 특별한 프로젝트에서 요구되는 MQA/CQA의 요구들과 실험 절차, 그리고 특별한 단계의 점검 직원의 교육을 포함한다. MQA/CQA 기술자의 가장 중요한 임무는 허가기관에 의해 인증된 계획, 그리고 시방서에 의해 설치된 시설 인증의 종합적인 책임을 갖는다. MQA/CQA 기술자는 일반적으로 소유자/운영자에 의해서 고용되고 계약자와 소유자/운영자에 독립하여 직무를 수행한다. MQA/CQA 기술자는 유사한 프로젝트에 능력과 경험을 보여주어야 하고 허가기관에 의해 자격이 있다고 고려되는 등록된 전문 기술자이다. 유사한 설치에 개인의 이력서와 기록이 문서에 제출되어야 하므로 활동 시작 이전에 허가기관에 의해 승인되는 것이 추천된다. 허가기관은 건설 이전에 기술자의 증명서 부정을 바탕으로 MQA/CQA 기술자의 증명서를 수용하든지 부정할 권리를 갖는다. 그래서 작업 진행에서 부정적인 영향을 미치지 않도록 해야 한다. MQA/CQA 기술자는 가끔 MQA/CQA 직원을 감독하기 위하여 주요한 모든 건설 작업 동안에 공사 현장에 있어야 한다. MQA/CQA 기술자는 일반적으로 완성된 프로젝트를 보증하는 MQA/CQA 증명 기술자이다.

12) MQA/CQA 직원

품질 보증과 건설 품질 보증 직원은 허가기관에 의해서 입증된 시방서와 계획에 따라서 건설된 시설을 보증하기 위한 현장 시험의 수행과 관찰에 대한 책임이 있다. MQA/CQA 직원은 일반적으로 MQA/CQA 기술자를 고용한 회사에 의해 고용되거나 MQA/CQA가 감독한 같은 회사에 의해서 고용된다. 건설 MQA/CQA 직원은 MQA/CQA 기술자에게 보고한다.

13) 시험 연구실

많은 MQA/CQC과 MQA/CQA 시험은 민간 연구실들에 의해서 수행된다. 실내시험(Index tests)는 자신의 내부적인 MQC 계획이 ASTM(American Society for Testing and Materials)나 ISO 등 적용 가능한 다른 표준시험에 적합한 절차를 따른다는 것을 증명해야 한다. 또한 내부적인 MQC 평가 절차들을 따라가는 것에 대하여, 연속적으로 시료 보관기록을 유지하는 것, 그리고 데이터를 보고하는 것에 대하여 표준이다. 실내시험은 만약 그들이 원한다면 소유자/관리자, 허가기관의 설계 기술자, 시공자, 시료 준비와 시험절차를 관찰하기 위한 MQA/CQA 기술자, 또는 기록 보관 절차들을 인증받아야 한다. 소유자/관리자, 허가기관, 설계 기술자 또는 MQA/CQA 기술자는 공표되거나 공표되지 않은 어떤 시간에서의 특별한 작업의 몇몇 시험이나 모든 시험의 관찰의 허용이 요구될 것이다.

14) MQA/CQA 인증 기술자

MQA/CQA 인증 기술자는 허가 관청에 의해서 입증된 계획과 시방서, 그리고 MQA/CQA 서류를 따라서 건설된 시설의 담당자 의견에 허가기관 소유자/운영자의 인증에 대하여 책임을 가진다. 인증 진술은 일반적으로 적당한 증거 자료, 매일 관찰 보고서, 샘플링 지역, 조감도나 스케치, 그리고 관련된 다른 데이터를 포함하는 최종 MQA/CQA 보고서에 의해서 시험 결과를 수반하여 이루어져야 한다. MQA/CQA 인증 기술자는 시공과 같은 인증에 경험과 능력을 가진 등록된 전문 기술자의 MQA/CQA 기술자 조직에서 MQA/CQA 기술자 등이다.

2.5.3 Personnel Qualifications

MQA/CQA의 권장된 자격들은 표 2.6과 같다.

표 2.6 MQA/CQA의 최소 권장 자격

담당자	최소 권장 자격
설계 기술자	등록된 전문적인 기술자
소유자의 대표자	교육 훈련에 등록된 전문 기술자 또는 기술자
제조자/조립자	최소한 1,000,000m^{2}의 유사한 토목섬유 재료의 제조 및 조립의 경험
MQC 직원	제조업자, 또는 조립자, 특정 설비에 이용하기 위하여 토목섬유 재료의 품질 관리를 담당하고 있는 교육된 직원
MQC 사무원	토목섬유 재료 품질 관리를 담당하고 있는 제조업자 또는 조립자에 의해 특별하게 지정된 직원
토목섬유 시공자의 대표자	유사한 토목합성 재료의 1,000,000m^{2}에 설치 경험
CQC 직원	종합 건설업자, 유사한 시설들에 포함된 시공 도급자 또는 토공 도급자 의해 고용됨
CQA 직원	소유자/관리자 또는 건설업자에게서 개별적으로 일하는 단체에 의해서 고용됨
MQC/CQA 기술자	소유자/관리자 또는 건설업자에게서 개별적으로 일하는 단체에 의해서 고용됨. 등록된 전문적인 기술자 그리고 허가 기관에 의해서 인증된 기술자
MQC/CQA 인증 기술자	소유자/관리자 또는 건설업자에게서 개별적으로 일하는 단체에 의해서 고용됨. 주에 등록된 전문적인 기술자에 의해 설치되고 허가기관에 의해 인증되어야 한다.

2.5.4 문서화(Documentation)

품질 보증은 품질 보증 계획에서 시작된다. 이것은 MQA와 CQA 모두를 포함한다. 이 활동들은 결코 그들이 이행하는 동안에 개발된 특별한 방법이 아니다. 서류로 된 MQA/CQA 계획은 어떠한 현장 건설 활동에 선행할 것이다. MQA/CQA 계획은 MQA/CQA 활동을 위한 소유자/운영자에 의해 쓰였다. MQA/CQA 계획은 시설의 설치된 품질을 관리하기 위하여 재료, 제조, 그리고 건설 동안에 이용될 모든 MQA/CQA 활동들의 상세한 설명을 포함할 것이다. MQA/CQA 계획은 계획의 완전한 통합과 프로젝트의 시방서에 완전하게 통합을 위해 특정 시설에 맞추어 만들어져야 한다. 차이점은 어떠한 건설 공사가 시작되기 전에 확립되어야 한다. 현장조건의 계획 시방서, MQA/CQA 계획, 그리고 MQA/CQA 문서 조사 보고서의 사본은 소유자/관리자 또는 MQA/CQA 기술자에 의해서 설치에서 보유되어야 한다. 그 계획, 시방서, 그리고 MQA/CQA 서류들은 허가기관에 의해 현장 점검 동안에 재검토될 수 있고 그리고 계획을 위해 MQA/CQA 목적을 증명하기 위한 소유자/관리자의 설비를 위한 대표자를 의미할 것이다. MQA/CQA 공정의 주요한 목적은 전체 건설 공정(예를 들면, 허가기관의 대표들)을 관찰할 수 없는 사람들에게 제공하는 것이다. 그래서 사람들에게 건설의 품질을 인증받을 수 있다. MQA/CQA 절차들과 결과는 완전히 서류로 증명되어야 한다.

1) 매일 조사 보고서(Daily Inspection Reports)

기준이 되는 매일 조사 보고서와 문서 절차들이 요구되어진다. 조사관은 매일 준비할 것이고, 또는 만약 필요하다면 더 자세히 준비할 것이고, 작성된 점검 보고서들은 최종 MQA/CQA 서류에 포함될 것이다. 이 보고서들의 사본은 MQA/CQA 기술자에 의해 이용될 수 있을 것이다. 매일 조사 보고서들은 수행된 시험과 실시되었던 관찰, 수행된 작업에 대한 정보를 포함할 것이고, 실시된 작업에 대한 적합성이 서술될 수 있다.

2) 매일 요약 보고서(Daily Summary Reports)

매일 작성된 요약 보고서는 MQA/CQA 기술자에 의해 작성되어야 한다. 이 보고서는 모두 다른 보고를 확인하고 기록하는 것에 대하여 순서대로 기록된다.

3) 점검표(Inspection Sheets)

현장 또는 시험실에서 수행된 모든 관찰, 필드 실험들의 결과, 그리고 실험실 시험의 결과는 적당한 데이터 시트에 기록되어야 한다. 기록된 관찰들은 메모, 차트, 스케치, 사진, 그리고 이것들의 어떠한 결합의 모양을 취할 것이다. 점검표는 적절한 인자가 관찰되지 않는 것을 확실하게 하는 것에 이용될 것이다.

4) 문제 확인과 수정 보고서(Problem Identification and Corrective Measures Reports)

계획, 시방서 또는 MQC/CQA 계획의 요구에 합당하지 않은 재료나 작업 또는 계획, 시방서, 그리고 MQC/CQA 계획에 일치하더라도 재료나 작업에 어떠한 명백한 결점에 국한된다. 최소, 문제 확인, 그리고 수정 보고서에는 다음과 같은 정보가 포함되어 있다.

- 독특한 인증 시트와 서류의 관리
- 문제의 위치
- 문제의 설명
- 합리성–상당한 근거

- 문제가 발생하였던 방법과 때
- 문제가 관련되는 곳에, 문제가 얼마나 길게 존재하였는가의 평가
- 문제가 존재하는지에 대한 점검관과 계약자 사이의 어떠한 논쟁
- 제안된 수정측정 방법
- 만약 수정방법이 문제의 결말 이전에 완성된 수정서류와 수정 보고서
- 적용할 수 있는 곳에, 유사한 문제를 예방하는 제안된 공법
- MQA/CQA 점검관의 서명과 MQA/CQA 기술자의 서명 재조사

5) 기록된 도면(Record Drawings)

기록된 문서도면(또한 'as-built' 도면으로 불리는)은 건설된 시설의 각 구성 성분의 실선과 등급과 조건에 따라서 서류가 작성되어야 한다. 지오텍스타일의 경우 시공현장 전체 치수, 각 패널의 위치, 봉합부와 패널의 증명, 패치와 수리부의 위치, 그리고 모든 파괴된 시험 시료의 위치들은 보여야 한다.

6) 최종 보고서와 인증(Final Document and Certification)

프로젝트의 완공 또는 큰 프로젝트의 구성요소에서, 소유자/관리자는 감찰 대리인에게 최종 보고서를 제출하여야 한다. 이 보고서는 매일 정밀 검사된 보고들의 모든 것, 매일 MQA/CQA 기술자의 요약된 보고들, 정밀 검사된 데이터 시트, 문제 확인과 개정된 평가 보고들을 포함해도 된다, 그리고 품질 관리 데이터와 같은 다른 보고서는 제조업자 또는 제작자, 연구소 테스트 결과, 사진, 최종 도면, 내부 MQA/CQA 메모들 또는 데이터 해석 또는 분석에서의 보고들, 그리고 MQA/CQA 면허증을 소지한 기술자에 의해 만들어진 설계 변경이 포함되어도 무관하다. 최종 보고서는 신뢰 영역들과 허가 한계들이 분명히 규정되어야 한다. 소유자/관리자의 대리인의 서명, 설계 기술자, MQA/CQA 기술자, 일반적인 토건업자의 대리인, 전문 하청인의 대리인, 그리고 MQA/CQA 면허증을 소지한 기술자는 MQA/CQA 계획 초안이 신뢰 영역들과 허가 한계들이 각 부서에서 이해되고 받아들여진 것이 확정된 것처럼 포함될 수 있다.

7) 문서관리(Document Control)

합의되었던 MQA/CQA 문서들은 문서 관리되어야 한다. 변경된 문서의 어떠한 부분이라도 포함된 모든 부서들에 의해 통보되어야 하고 합의되어야 한다. 지수화 방식에 의한 가치 수

정 절차는 MQA/CQA 계획의 문서에서 편리한 갱신을 위해 개발되어야 하고, 알맞은 문서의 지시된 교정 상태와 함께 부분적 변경은 필요하게 될 것이다.

8) 기록보관(Storage of Records)

건설 공사가 진행되는 동안에, MQA/CQA 기술자는 모든 MQA/CQA 보고서들에 대하여 책임을 져야 한다. 이것은 설계 기준의 사본, 계획, 시방서, MQA/CQA 계획, 그리고 모든 데이터 시트와 보고서의 원본들을 포함한다. 만약 원본들이 훼손된다면 값비싼 정보들의 손실을 막기 위해서 사본의 기록은 또 다른 장소에 보관되어야 한다. 일단 건설 공사가 완료되면, 지금까지도 손상으로부터 원본들을 보호하는 동안에 쉬운 접근을 허락하는 어떤 의미에서 원본들은 소유자/관리자에 의하여 보관되어야 한다. 만약 원본이 소유자/관리자의 중요한 서류철들과 다른 위치에 있으면 부가적인 사본은 시설에 보관되어야 한다. 최종적인 사본은 시설물을 운영하고 폐쇄 이후 모니터링하는 기간까지 지속되어야 한다.

2.5.5 회의(Meetings)

정보 교환은 품질 관리에 아주 중요하다. 질적으로 우수한 건설은 모든 부서들이 그들의 책임과 권한을 확실히 이해하고 열중할 때 가장 쉽게 이룰 수 있다. 회의는 각 조직의 책임과 권한을 확실히 이해하도록 만들기에 매우 유용할 수 있다. 건설 기간 동안에, 모임은 문제 또는 오해를 해결하고 발전하였던 예상하지 못한 문제에 해답을 발견하는 것을 도울 수 있다.

1) 입찰 이전 회의(Pre-Bid Meeting)

프로젝트가 입찰을 위해 주어지기 전에 MQA/CQA 계획을 의논하고 의견의 차이들을 해결하기 위해서 개최된다. 입찰 이전의 회의는 인증된 기관이 설비를 위해 면허장을 발행한 후와 건설 계약이 받아들이기 전에 개최된다. 입찰 이전의 회의는 건설에 입찰한 회사들이 프로젝트 중에 고용된 MQA/CQA의 레벨을 더 쉽게 이해하기 위해 건설 입찰들이 준비되기 전에 개최된다. 또한 만약 입찰자들이 MQA/CQA 계획에 문제를 확인한다면, 소유자/관리자에게 매우 빠른 기간 내에 문제들을 교정할 기회를 제공한다.

2) 결정회의(Resolution Meeting)

결정회의의 목적은 정보의 연락선을 개설, 건설 계획과 시방서를 재검토, 적절한 품질을 책임지는 데 필요한 프로젝트의 결정적인 방향들을 강조, 계획과 업무의 조정을 시작, 건설에 어려움 또는 지연의 원인이 될지도 모르는 어떤 문제들을 예상하는 것이다. 회의는 소유주/관리자의 대리인, 설계 기사, 일반 계약자 또는 중요한 하청인들의 대리인, MQA/CQA 기술자와 보증된 MQA/CQA 기술자가 수반되어야 한다.

3) 건설 이전 회의(Pre-Construction Meeting)

건설 이전 회의는 일반 건설 계약이 인정되고 주요 하청인들과 재료 공급자들이 확정된 후에 개최된다. 그것은 대체로 건설의 개시가 수반되는 것으로 개최된다. 이 회의의 목적은 MQA/CQA 계획의 세부사항을 재검토하는 것이고, 각 개인의 책임과 권한이 분명한 뜻으로 해석되도록 확실히 하기 위한 것이고, 건설 문제를 해결하기 위한 절차에 동의하기 위한 것이고, 품질 관리에 협력의 기초를 제정하기 위한 것이다. 건설 이전의 회의는 소유주/관리자의 대리인, 설계 기술자, 일반적인 계약자와 주요 하청인들의 대리인, MQA/CQA 기술자, 인증된 MQA/CQA 기술자, 그리고 만약 허가된 기관이 건설하는 동안에 현장을 방문하거나 또는 자주적으로 MQA/CQA 절차들을 관찰하는 것을 기대하면, 그 기관으로부터의 대리인을 수반하여야 한다.

4) 경과회의(Progress Meeting)

매주 경과회의가 개최되어야 한다. 매주 회의들은 정보의 연락선을 유지하는 것, 실행 항목, 그리고 전반적인 품질 관리를 향상시키는 것에 도움이 될 수 있다. 많은 중요 작업 요소들이 수행될 때, 이 회의의 빈도는 격주 또는 심지어 매일 하는 것으로 증가될 수 있다. 이 회의에 참석할 사람은 토론된 특정한 쟁점들에 포함된 사람들이다. 모든 시간에 MQA/CQA 기술자, 또는 지정된 대리인은 참석해야 한다.

2.5.6 시료보관(Sample Custody)

모든 시료들은 MQA/CQA 계획에서 설명하는 것처럼 확인될 것이다. 샘플이 선택될 때마다, 관리 기록은 그 시료를 위하여 만들어져야 한다. 시료 관리의 기록을 보호하는 목적은 시험 시료들의 불의의 손실을 방지하는 것을 돕는 것이다. 토목합성재료 시료의 파괴적인 시험은 CQC 일원에 의해서 시험된 하나의 샘플, CQA 일원에 의해 시험된 하나, 그리고 3번째는 CQA 계획에 미리 지정된 창고에 보유된 것과 함께 3통 서류 중의 하나에 선택된다. 세부 사항은 관련 규격에 따른다.

2.5.7 기상조건(Weather)

기상조건은 설계된 시설들의 건설에 정밀한 역할을 수행할 수 있다. 토목합성 재료의 설치와 GCL은 온도, 바람, 습도, 그리고 강수를 포함하여 날씨 조건에게 특히 민감하다. 계약자 또는 설치자는 계약 계획과 시방서(시스템의 다양한 구성 성분을 위한 MQC/CQC 계획과 더불어)에 제시된 규칙을 따르는 것에 대하여 책임진다. 이 정보에 포함되는 것은 어떤 특정한 활동 범위에 일어날 수 있는 날씨 조건을 제한한 세부사항일 것이다. 그것은 이러한 날씨 제한들이 건설하는 동안에 관찰되도록 확실히 하기 위한 MQA/CQA 기술자의 책임이다.

2.5.8 작업정지(Work Stoppages)

예상하지 않은 작업 정지들은 노동자의 파업, 계약상 논쟁들, 기상 등을 포함하여 여러 가지 원인으로 인해 나타날 수 있다. MQA/CQA 기술자는 그러한 파업을 결정하는 동안에 특히 주의해야 한다.

이상에서 살펴본 바와 같이, 연약지반 적용 지오텍스타일의 적절하고 의도된 기능 또는 설계된 시스템은 지오텍스타일 제조공정의 MQC/MQA와 시공공정의 CQC/CQA에 대한 의존성이 매우 크다. 여기서는 지오텍스타일 제품의 제조와 시공공정 상호 관계의 중요성과 함께 평가항목을 소개하였다.

비록 프로젝트 기획수준의 내용이지만, 건설 기간 동안 즉시 발생하거나 또는 장기간이 지난 후에 발생할 수 있는 실패사례를 염두에 둔다면 국내와 같이 연약지반이 차지하는 비중이 크고 여기에 사용되는 지오텍스타일 제품의 성능을 고려할 때 지오텍스타일 제품의

MQC/CQC에 대한 관리가 얼마나 중요한지를 실감해야 할 것이다.

그리고 MQC/CQC에 관한 내용이 향후 지속적으로 사용될 지오텍스타일 적용 연약지반 시스템의 안정성 확보에 중요한 길잡이가 될 것을 기대해본다.

참고문헌

1. Carlson, D.S., Charron, R.M., Winfree, J.P., Giroud, J.P., and McLearn, M.E., "Laboratory Evaluation of HDPE Geomembrane Seams", to be published Geosysthetics '93, Vancouver, D.C., 1993.
2. Charron, R.M., "Seam Examination", Civil Engineering, Feb 1990, pp.61~63.
3. Christopher, B.R., and R.D. Holtz. 1985. Geotextile Engineering Manual. Prepared for Federal Highway Administration, FHWA Contract No. DTFH61-83-C-00150.
4. Crenwelge, R.N., "Destructive Testing of Geomembrane Seams", QC/QC and CQC/CQA of Geosynthetice, Geosynthetic Research Institute, Philadelphia, PA, Dec 1992.
5. Demberg, W.(1991), "About the Determination of Moisture Adsorption of fine- grained Soils with the Device of Enslin/Neff", Geotechnik 14, Munich Germany.
6. Environmental Protection, Inc., 1991, "Geomembrane Installation and Quality Assurance for PVC and Ultratech".
7. EPA, (1986), Construction Quality Assurance for Hazardous Waste Land Disposal Unit, (C.M. Northiem, et al), EPA/U.S. Environmental Protection Agency, Cincinnati, OH.
8. EPA, (1987), Geosynthetic Design Guidance for Hazardous Waste Landfill Cells and Surface Impoundments (Richardson, G.N. and Koerner, R.M), Technical Guidance Document, EPA/600/52-87/097.
9. EPA, (1989), Requirements for Hazardous Waste Landfill, Design, Construction, and Closure, Seminar Publication, EPA/625/4-89/022.
10. EPA, (1991), Design and Construction of RCRA/CERCA Final Covers, Seminar Publication, EPA/625/4-91/025.
11. EPA, (1991), Inspection Techniques for the Fabrication of Geomembrane Field Seams (R.M. Koerner), Technical Guidance Document, EPA/530/SW-91/051.
12. EPA, (1992), Construction Quality Management for Remedial Action and Remedial Design Waste Containment System (G.N. Richardson), Technical Guidance Document EPA/540/ R-92/073.
13. Gaddy, M.(1992), Quality Control Manual, Nicolon Corporation, In-house document.
14. Giroud, J.P. and Fluet, Jr., J.E., "Quality Assurance of Geosynthetic Lining Systems", Geotextiles and Geomembranes, Vol. 3, No. 1, 1986, pp.249~288.
15. Giroud, J.P., and I.D. Peggs.(1990), "Geomembrane Construction Quality Assurance".

Waste Containment Systems: Construction, Regulation, and Performance. Geotechnical Special Publication No. 26. American Society of Civil Engineers. New York, NY.

16. Haxo, H. E. Jr., "Quality Assurance of Geomembranes Used as Linings for Hazardous Waste Containment", Journal of Geotextiles and Geomembranes, vol. 3, no. 4, 1986, pp.225~248.

17. Heerten, G. and v. Maubeuge, K.(1992); "Bentofix the Needle-punched and Fiber-reinforced Geosynthetic Clay Liner", GCL Workshop, Cincinnati OH.

18. Heyer, D.(1992), "Suitability Tests for a Composite Sealing Mat Made of Geotextiles and Bentonite", 2nd K-Geo, Lucern Switzerland.

19. Industrial Fabrics Association International.(1992), A Design Primer: Geotextiles and Related Materials. IFAI, St. Paul, MN.

20. Koerner, R.M., and G.R. Koerner.(1998), A Quantification and Assessment of Installation Damage to Geotextiles. Geosynthetic Research Institute, GRI Report #2, Drexel University, Philadelphia, PA.

21. Koerner, R.M. and Koerner, G.R.(1991), "Landfill Leachate Clogging of Geotextile (and Soil) Filters" USEPA - RREL Cincinnati, Ohio.

22. Koerner, R.M. and Daniel D.E(1993), "MQC/MQA and CQC/CQA of Waste Containment Liner and Cover Systems", U.S. EPA Technical Resource Document, Cincinnati OH.

23. Koerner, R.M.(1990), Designing with Geosynthetics. Second Edition. Prentice Hall, New Jersey.

24. Laine, D.L. "Analysis of Pinhole Seam Leaks Located in Geomembrane Liners Using The Electrical Leak Location Method: Case Histories", Geosynthetics '91, Atlanta, GA, Feb 1991, pp.239~254

25. Leisher, P.(1992), "Hydration and Shear Behaviour of GCL's", MSCE Thesis Drexel University, Philadelphia PA.

26. Mjölby Community(1992), Road Building Administration Field Trials, (to be published).

27. Naue Fasertechnik(1992), "Test Results of Shear Behaviour of Bentofix", not published report, Luebbecke Germany.

28. NSF Standard 54-1991, Flexible Membrane Liners, National Sanitation Foundation, Ann Arbor, MI, May 1991.

29. Pyzdek, Thomas, (1989), What Every Engineer Should Know About Quality Control, ASQC Press, Milwaukee, Wisconsin.

30. Rollins, A.L., Lefebvre, M., Lafleur, J., and Marcotte, M., "Evaluation of Field Seams Quality by the Impact Test Procedure", Geosynthetics '91, Atlanta, GA, Feb 1991, pp.223~237

31. Serrot Corporation(1992), "Qualification Package for Supply and Installation of HDPE and VLDPE Geomembranes".

32. Sprague, C. J. and Gaddy, M.(1992), "Consistency and Fairness in Geotextile Specifications", ASCE Materials Congress, Atlanta, GA, American Society of Civil Engineers.

33. U. S. Environmental Protection Agency(1986), "Technical Guidance Document : Construction Quality Assurance for Hazardous Waste Land Disposal Facilities", EPA/530-SW-86-031, Cincinnati, OH.

34. U.S. Environmental Protection Agency(1993), "MQC/CQA and CQC/CQA of Waste Containment Liner and Cover System", Cincinnati, Ohio.

35. U. S. Environmental Protection Agency(1993), "Quality Assurance (QA) and Construction Quality Assurance (CQA) of Waste Containment Facilities", Cincinnati, OH.

제3장

보호/보강용

제3장

보호/보강용

3.1 개 요

성토에서 지오신세틱스의 적용은 보강, 배수, 필터, 분리 등의 네 기능과 성토의 보강 · 변형성을 개선하기 위한 보강 기능 및 배수를 촉진하는 배수 기능을 이용하는 데 있다. 보강의 경우는 지오신세틱스의 포설에 의한 흙과의 보강효과(인장에 의한 강도의 부여)를 이용하고, 배수의 경우는 지오신세틱스의 필터효과나 통수능력의 연속성을 이용한다. 즉, 철도성토의 분야에는 지오신세틱스 시공 시의 법면부의 보강이나 성토의 내진성 향상 등의 목적으로 이용되는 등 성토축조 시의 층 두께 관리재로도 이용된다.

3.1.1 보강 개념

토목섬유를 이용한 지반 보강은 연약지반 위의 성토체, 보강토옹벽, 보강사면 등 3가지로 대별할 수 있다. 연약지반 위에 시공되는 성토체를 토목섬유로써 보강하면, 성토체 내의 활동에 대한 저항력이 증대되어 과도한 변위와 전단에 의한 지반파괴를 억제할 수 있다. 성토체 하부 지반이 매우 연약할 경우에는 지반의 안정과 침하가 모두 문제의 대상이 된다. 토목섬유를 이용한 성토체의 보강은 보강토옹벽의 일반적인 보강 개념과 유사하다고 할 수 있는데, 그림 3.1은 활동 파괴에 대한 보강 메커니즘을 보여준다. 토목섬유에 의한 보강력은 그림에서 T_{r0}로 표시되는데, 활동면에서의 저항 모멘트를 증가시켜 성토체 전반의 안정성을 향상시킨다.

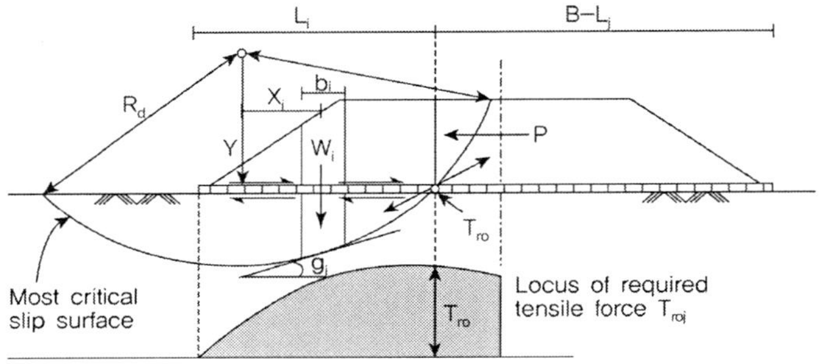

그림 3.1 토목섬유에 의한 성토체 보강의 도해적 개념

1) 완경사 성토

성토를 안정하게 하기 위해서는 법면구배를 완만하게 설정하여 전체적인 다짐을 하며, 법면이 강우에 의해 침식되지 않게 설계해야 한다. 따라서 경제적이면서 용지의 제약 등으로부터 효율적인 법면구배는 통상적으로 1 : 1.5~1 : 2.0 정도가 좋다. 그 정도의 구배는 통상 성토재를 사용하면 되고, 경험상 안정문제 등이 발생하지 않는다. 한편 이러한 물이 침투해 포화상태에 근접하면 법면이 배부르게 나타나거나 국소적인 파괴가 생길지도 모르는 한계 구배가 있다. 이와 같은 완구배의 성토는 지오텍스타일을 사용하는 것이 효과적이며, 소량의 포설에도 전체적인 강도면에서는 비교적 보강이 가능하다.

2) 급경사 성토

법면이 급구배인 경우에서 완구배 성토와 지오텍스타일의 사용방법이 크게 다른 점은 법면보강, 즉 벽면재가 필요하다는 것이다. 벽면재가 없고 법면 부분에는 흙이 불구속 상태에 있을 때는 흙 자체의 점착력이 크지 않아 급구배 성토의 존재는 위험하다. 급구배 성토에서 벽면재는 기본적으로 그림 3.2의 (a) 판넬 형식(벽면재와 보강재를 연결하는 형식)과 (b) 감아올리는 형식(보강재 자체로 벽면부를 감아올리는 형식)으로 나눈다. 판넬 형식에는 벽면의 변형을 최소화하여 강성을 높은 보강재를 선정하는 것이 좋다. 다만, 이 형식에는 성토가 침하하고, 연결부에 인입하는 힘이 작용해 큰 응력의 발생이나 벽체의 변형원인이 되기 때문에 압축성이 작은 성토재를 선정하는 것 등의 주의가 필요하다. 감아올리는 형식은 전면의 변형에 대한 제약이 엄격하지 않는 경우에 적용하지만, 성토하부 법면에는 횡방향 구속력이 부족하기 때문에 그 상태에서는 법면이 눌려서 압축되기 때문에 감아올린 부분은 흙가마니 또는 안정처리토 등을 이용하여 강성을 높인다.

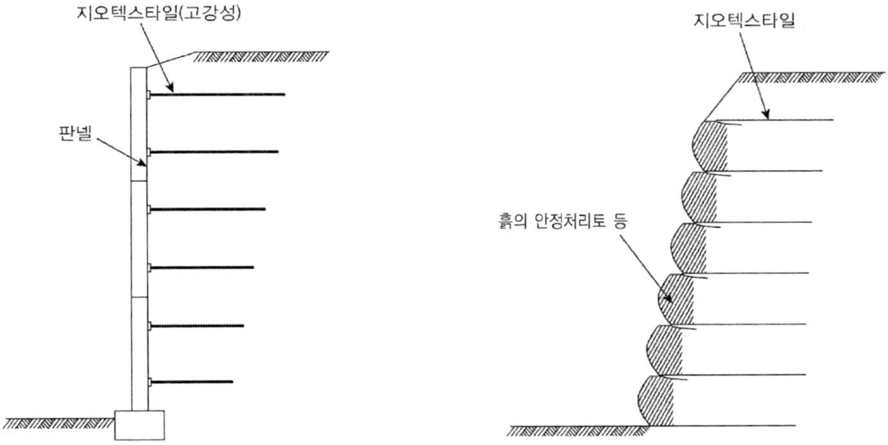

그림 3.2 급구배 성토(보강토옹벽)

3) 고려사항

성토에 보강재를 사용하는 경우, 보강재의 배치 시 고려사항은 다음의 원호활동법 등으로 대표되는 강체의 극한해석에 기본을 둔다.

① 보강재의 활동, 전도, 지지력 등에 의해 정한 외적안정에 의한 보강범위
② 내적안정(원호활동 검토 등)에 의해 정한 보강재의 양과 배치
③ 내적안정(토압에 대한 검토)에 의해 정한 보강재의 양과 배치
④ 법면 부분 흙의 국소적인 흘러내림 검토
⑤ 벽면재 · 연결부재 등에 작용하는 힘의 검토
⑥ 기초의 부등침하가 예상되는 경우는 보강재의 증가응력 검토

완구배 성토의 경우는 주로 ② 및 ④를 검토하면 다른 문제가 없다. 급구배 성토의 경우는 ①, ③ 및 ⑤를 검토하는 것이 좋다. 토압이 다소 발생하는 중간 정도의 구배의 경우는 앞에 기술한 전 항목의 검토도 필요하다.

3.1.2 성토 배수재

성토재가 고함수비의 점성토로 구성된 경우는 시공성에 문제가 있어 완성 후에도 성토자체의 압축 침하가 장기간 진행된다. 또한 강우 시 법면붕괴의 문제도 있다. 따라서 가능한 함수비를 낮추고 시공성을 좋게 하고, 시공 후 법면 안정성의 확보나 완성 후에도 장기간에서 지속적인 압밀침하량을 적게 하는 방법을 생각하여야 한다. 다만, 산지부 편절편성부의 성토에는 원지반으로부터의 침투수가 있어 성토의 안정성, 특히 배수공이 중요하다. 이러한 현상의 경우 방법으로는 필터재료에 의한 배수층의 설치나 안정 처리로 처리하는 경우가 있지만, 배수 기능을 갖는 지오텍스타일을 이용하는 것도 비교적 효율적인 문제에 대처하는 것이 될 수 있다.

그림 3.3과 같이 지오텍스타일을 이용하여, 흙 속의 배수에 의한 성토의 침하를 촉진시켜 간극수압의 소산에 의한 강도증가도 기대할 수 있다. 다만, 제품에서는 배수 기능만 갖고 있어 부수적인 보강재의 기능이 기대되는 경우도 있다.

배수 기능을 이용하는 경우는 지오텍스타일이 흙의 투수능력에 대해 충분한 여유를 갖고 배수량을 확보하는 것과 경시적인 품질의 변화나 연결부위에 통수능력의 저하도 고려하는 여유있는 설계하는 것도 중요하다. 또한 배출시킨 물의 끝단 처리도 중요하며, 이것을 경시하면 법면 부분에 물이 침윤하는 장소가 생겨 법면을 역으로 약하게 할 수도 있다.

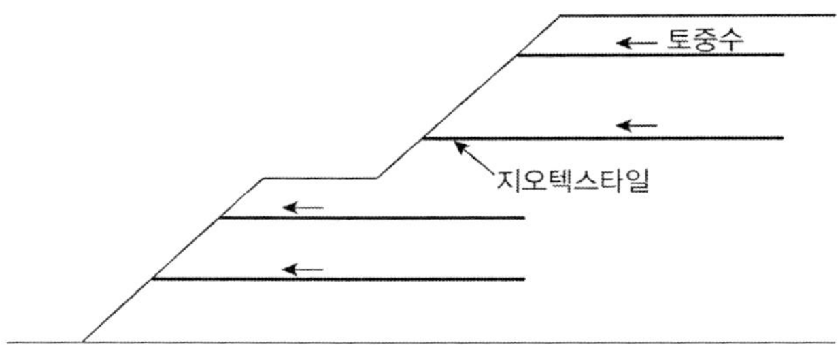

그림 3.3 배수재로의 이용

3.2 성토체의 해석과 설계

3.2.1 개 요

1) 하중조건 및 설계 안전율

설계 시 일반적으로 고려하는 하중은 성토하중, 성토체 상단의 상재하중, 교통하중 등이며, 보강성토체에 작용하는 하중 조건은 그림 3.4와 같다. 보강성토체가 안정된 원사면에 인접하는 경우에는 토압은 무시할 수 있다. 한편, 토목섬유 보강제방에 관해 제안된 최소 안전율은 표 3.1과 같다.

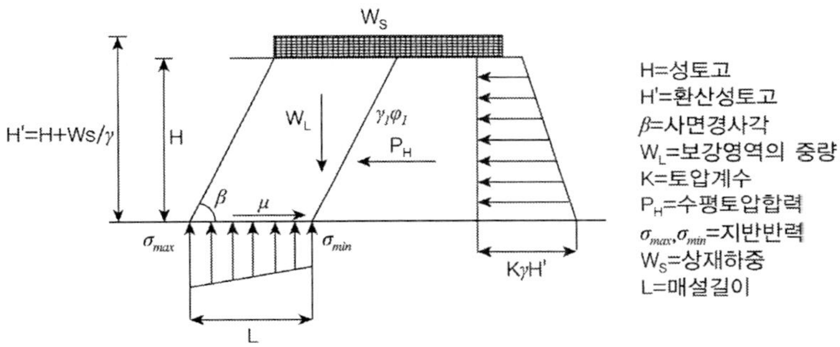

그림 3.4 하중조건 개념도

표 3.1 토목섬유 보강제방의 각 국가별 설계안전율

안전율 및 국가 / 설계 이론	설계안전율(F·S)			
	미국	영국	일본	설계지침서
기초지반의 지지력 해석	1.5～2.0	1.0	1.5～2.0	1.3
사면안정 해석	1.5～2.0	1.3	1.5～2.0	1.3
제방저면의 활동 해석	1.5	1.5～2.0	2.0	1.5

2) 토목섬유의 선정

일반적인 보강토 구조물의 설계 수명은 구조물 자체의 수명과 같다. 그러나 연약지반에 적용된 토목섬유 보강제방은 기초지반의 압밀이 진행됨에 따라 전단강도의 증가로 인해 보강재의 역할이 상대적으로 감소한다. 이 때문에 구조물의 설계 수명과는 별도로 약 5～10년간의 수명을 갖는다. 따라서 보강제방 시공 후 5～10년이 지나면 보강제방에 매설된 보강재의 역할은 기대하지 않는 것이 일반적이다.

보강용 토목섬유는 설계인장강도를 기초로 적절한 제품을 선택하여야 하며, 설계인장강도는 최대 인장강도와 변형-인장강도의 관계를 고려하여 결정해야 한다. 설계인장강도로는 최대 인장강도, 또는 특정 변형률에서의 인장강도 중 선택하여 사용할 수 있는데, 후자를 택하는 것이 합리적이다. 토목섬유의 변형이 과다할 경우에는 토목섬유 인장파괴 시 변형률과 흙의 전단파괴 시 변형률과의 차이로 인한 문제가 발생할 수 있으므로, 토목섬유의 설계인장강도는 일반적으로 5~20%의 변형률 사이의 강도를 선택하고 있다(표 3.2).

표 3.2 적용하는 안전율 기준(AASSHTO, 1990)

	설치 시 손상	크리프	화학적 손상	생물학적 손상	접합/봉합선
안전율	3.0	5.0	2.0	1.3	2.0

또한 토목섬유의 허용인장강도는 부분 안전율 개념을 도입하여 재료의 극한인장강도를 감소계수로 나눈 값을 사용하기도 한다. 감소계수는 설치 시 손상, 화학적 및 생물학적 조건을 고려하고 폴리머의 발생 가능한 크리프 변형을 조절하기 위하여 적용된다. 일반적으로 적용하는 안전율 기준은 표 3.2와 같다. 이 안전율들은 매우 보수적인 값들로, 하나 또는 두 항목에 대한 안전율이 필요한 경우 선택하여 적용하도록 제시된 값이다. 따라서 해당 보강재에 대한 실험을 통해 안전율을 결정하는 것이 경제적이고 안전하다고 할 수 있다.

그리고 보강 제방의 설계를 위해서는 인발 계수와 직접전단계수와 같은 지반-보강재 상호작용 계수를 결정하여야 한다. 인발 계수는 일반적으로 안정해석 시 각 보강층의 전후방에서 유발된 인장응력을 계산하는 데 사용하며, 직접전단계수는 보강토체의 바깥쪽으로의 활동에 대한 안전율을 검토하는 데 사용된다.

3) 흙과 보강재 간의 마찰력

보강재와 흙과의 마찰계수 μ는 인발시험 및 직접전단시험에 의해 결정하는 것을 기본으로 하나, 흙의 전단강도정수에 상호작용(inter-action) 계수 α을 곱해서 구할 수 있다 ($\tan^{-1}\mu = \alpha\psi$). 표 3.3은 인발시험을 기초로 한 상호작용 마찰계수를 참고적으로 나타낸 것이다.

표 3.3 상호작용(inter-action) 계수

토질	상호작용 계수(α)	비고
자갈질토	0.9~1.0	* 일본에서 가장 보편적으로 사용하는 값
모래	0.85~0.95	
사질토	0.80*	
실트질점토	0.75	
점토	0.60	

3.2.2 성토 제방

토목섬유로 보강된 성토 제방의 해석에는 여러 가지 방법을 활용할 수 있는데, 대부분은 한계평형해석에 기초하고 있다. 기본적인 해석단계는 지지력 검토와 보강재를 포함한 사면 안정에 대한 검토를 거쳐 섬유 매트의 정착 길이 검토로 이어지는 것이 보통이다. 보강제방의 설계는 보강재의 재료(재질, 강도 특성)를 선정하고 필요한 수량을 결정하는 것으로써, 일반적인 절차는 다음과 같다.

① 성토체 형상 등 기하학적 조건과 이로 인한 하중 조건 설정
② 성토체 하부 지반의 공학적 특성 산정
③ 성토체의 재료 특성, 역학적 특성 산정
④ 보강재의 재료 특성, 지반과의 상호 변수 결정
⑤ 보강되지 않은 상태의 안전율 산정
⑥ 보강이 필요할 경우, 주변 여건을 고려한 보강 조건 결정
⑦ 보강 이후 외적 안정성 검토

성토체 하부 지반이 매우 연약한 경우에는 이들 단계 외의 침하에 대한 추가적인 검토가 필요하다. 그림 3.5는 바닥면 폭 B_2, 상단 폭 B_1을 갖는 성토체를 전단면에 걸쳐 토목섬유로 보강에 대한 것이다.

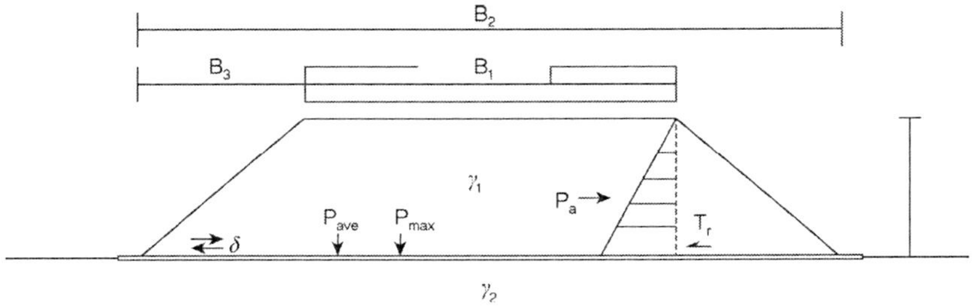

그림 3.5 토목섬유로 보강된 성토 제방 단면

성토체를 대상기초(strip footing)로 간주하여, Terzaghi가 제안한 얕은 기초의 지지력 공식에 의해서 식 (3.1)과 같이 지반의 극한지지력 q_u를 구할 수 있다.

$$q_u = \alpha c N_c + \gamma_1 D_f N_q + \beta \gamma_2 B N_\gamma \tag{3.1}$$

여기서, α, β : 형상계수(shape factor), 연속기초의 경우 각 1.0, 0.5

γ_1, γ_2 : 기초 바닥면 위, 아래 지반의 단위 중량(γ_1=성토체, γ_2=기초지반)

D_f, B : 기초의 근입깊이와 폭

N_c, N_q, N_γ : 지지력계수(내부 마찰각 ϕ의 함수)

c : 기초지반의 점착력

성토체의 경우 표면기초로 보아 근잎 깊이에 의한 영향을 배제($D_f = 0$)할 수 있으므로, 위의 식은 다음과 같다.

$$\text{사질토 지반} : q_u = cN_c + \frac{1}{2}\gamma_2 B N_\gamma \tag{3.2a}$$

$$\text{점토 지반}(\phi = 0 \rightarrow N_\gamma = 0) : q_u = cN_c \tag{3.2b}$$

한편, 성토로 지반에 작용하는 최대 하중은 다음과 같다.

$$P_{max} = \gamma_1 \cdot H \tag{3.3}$$

H : 성토고

따라서 지지력에 관한 안전율은 다음과 같다.

$$FS = \frac{q_u}{P_{\max}} \tag{3.4}$$

기준 안전율은 1.0～1.3의 범위를 갖는다.

만일 성토체 하부에 토목섬유가 설치된 경우에는 성토하중이 성토체 바닥면 전체로 분산된다고 볼 수 있으므로 이때 지반에 작용하는 하중은 최대 하중 $P_{\max}$가 아닌 평균 하중 P_{ave}가 된다. 여기서 P_{ave}는 사다리꼴 형태의 성토체 단면을 고려하여 계산한다.

$$P_{ave} = \frac{B_1 + B_2}{2} \cdot H \cdot \gamma_1 \cdot \frac{1}{B_2} \tag{3.5}$$

B_1 : 성토체 상단 폭

B_2 : 성토체 하단 폭

따라서 지지력에 대한 안전율은 다음과 같다.

$$FS = \frac{q_u}{P_{ave}} \tag{3.6}$$

지지력 해석뿐 아니라 기초지반을 포함한 성토체 전반의 안정성은 한계평형해석(LEA)을 통해 검토할 수 있는데, 이는 기존의 사면안정해석 프로그램을 사용하여 수행할 수 있다. 이때, 토목섬유 보강재의 역할을 어떻게 고려할 것인지가 문제가 되는데, Maagdenberg와 Risseeuw(1977)는 토목섬유를 얇은 점토층으로 대체하여 고려하기도 하였다. 이에 비하여 Broms(1978), Jewell(1982) 등은 보강재의 인장력을 활동면에서의 수평력으로 간주하였으며, WES(1984)에서는 이 인장력을 접선력으로 고려한 것을 제안하였다. 활동에 대한 안전율은 Bishop 방법 등, 기존에 제안된 사면안정해석 이론을 이용하여 산정하는 것이 일반적이다.

성토체 사면부 아래에서는 토목섬유와 흙 사이의 마찰력이 부족하여 성토체 사면부가 옆으로 미끌리면서 파괴되는 일이 발생할 수 있다. 이를 방지하기 위해서는 섬유 매트와 흙 사이에 적절한 마찰력이 필요하다. 이때 제방의 활동력은 성토고 H와 토압계수 K_a를 이용하여 다음과 같이 구할 수 있다.

$$P_a = \frac{1}{2} \cdot \gamma_1 \cdot H^2 \cdot K_a \tag{3.7}$$

K_a : 주동토압계수[$= \tan^2(45° - \phi/2)$]

그리고, 성토체와 보강섬유 사이의 마찰 저항력은 다음과 같다.

$$P_r = \sigma_{ave} \cdot \tan\delta \cdot B_3 = \frac{1}{2} \cdot \gamma_1 \cdot H \cdot \tan\delta \cdot B_3 \tag{3.8}$$

σ_{ave} : 사면부 토목섬유상의 평균연직응력(= 성토체 중앙 하부의 1/2)

δ : 토목섬유/흙 마찰각

B_3 : 성토체 사면부의 폭(수평 길이)

따라서 성토체 제방의 미끌림에 대한 안전율은 활동력과 저항력의 비로써 다음과 같이 나타낼 수 있다. 이때 안전율은 1.5 이상이어야 한다.

$$FS = \frac{P_r}{P_a} = \frac{B_3 \cdot \tan\delta}{K_a \cdot H} \tag{3.9}$$

섬유재와 흙 사이에 충분한 마찰력이 발휘될 경우에도 토목섬유의 인장강도 T_r은 성토하중을 통해 작용하는 토압 P_a보다 더 커야 한다. 이때에도 안전율은 1.5를 적용한다.

$$FS = \frac{T_r}{P_a} = \frac{2T_r}{K_a \cdot \gamma_1 \cdot H^2} \tag{3.10}$$

이 외에도 토목섬유 보강재가 성토체 바깥으로 빠져나가지 않고 본래의 능력을 발휘할 수 있으려면 일정 길이 이상은 성토체 내에 포함되어야 하는데, 필요한 계산을 통해서 최소 근입길이를 결정할 수 있다. 이와 같은 토목섬유의 대표적인 설계방법을 정리하면 표 3.4와 같다.

영구 토목구조물에 적용된 토목섬유의 경우 장기간 지중에 방치되므로 내구성을 고려한 장기설계 인장강도 개념이 적용되어야 한다. 장시간 경과 시 토목섬유는 재료의 종류와 특성, 설치 환경 및 외부 하중 조건에 따라서 인장강도-변형률 특성이 달라질 수 있기 때문이다. 한편, 토목섬유로 보강된 성토체의 침하 해석은 일반 점성토층의 침하 산정 기법에 따른다. 일반적으로 즉시침하는 기초지반의 지지력계수의 함수이고, 이 지지력 계수는 토목섬유의 포설로 인해 약간 증가하기 때문에 토목섬유 보강제방의 즉시침하는 무보강 제방의 경우보다 다소 작게 나타난다. 반면, 압밀침하에서는 토목섬유 보강재의 포설로 인한 기초지반의 압축 특성(C_c, C_v)의 변화는 거의 없다고 가정하고, 토목섬유로 인한 하중분산 및 감소효과만을 고려하여 해석하는 방법이 권장된다.

표 3.4 토목섬유의 대표적인 설계방법

원리	이론 설명도	제안식	정수결정에 주의를 요하는 항목
지지력 공식	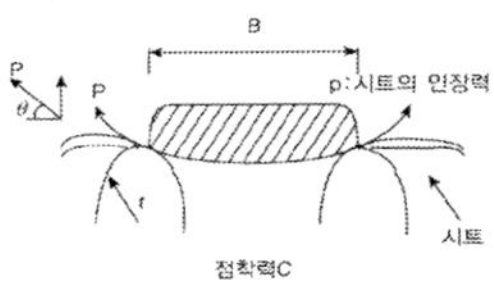	$q=cNc+\dfrac{2P\sin\theta}{B}+\dfrac{P}{r}+r_tD_f$ q : 지지력 c : 점착력 Nc : 지지력계수 P : 시트의 인장력 θ : 시트의 인장각도 B : 재하폭 r : 시트의 인장형상 r_t : 점토의 단위 체적중량 D_f : 근입깊이	θ : 시트의 인장각도 r : 시트의 인장형상 D_f : 근입깊이
지반 계수법과 케이블 이론	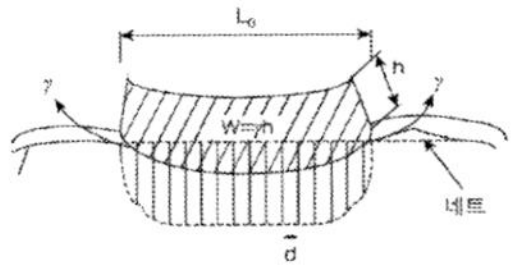	$y=\dfrac{W}{k}\left\{1-\dfrac{0.5}{\sinh\beta}\left[(1-e^{-\beta})e^{\beta\frac{x}{L_0}}+(e^{-\beta}-1)\right]e^{\beta\frac{x}{L_0}}\right\}$ $P=ky$ y : 침하량 W : 네트상에 작용하는 하중강도 k : winckler의 지반계수법에 의한 지반반력계수 d : 포설두께 $2b$: 성토하중의 장변의 폭 $2a$: 성토하중의 단면의 폭 h : 성토고 γ : 성토의 단위 체적중량 T : 네트에 생기는 최대 인장력 θ : 네트의 경사각	k : 지반반력계수 y : 침하량

표 3.4 토목섬유의 대표적인 설계방법(계속)

원리	이론 설명도	제안식	정수결정에 주의를 요하는 항목
판이론	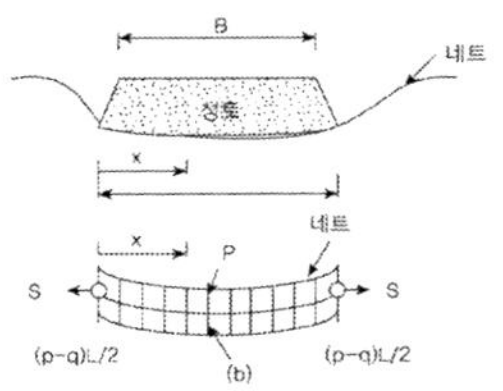	$y=\frac{(p-q)}{S^2}\times\frac{1}{\sin h(\sqrt{S/DL})}\times$ $D\sin h\sqrt{S/Dx}\times\sin h\sqrt{S/D(L-x)}-$ $(\frac{(p-q)}{2S})(x^2-Lx+\frac{2D}{S})$ y : 네트의 침하량 x : 단부부터의 거리 D : 네트의 휨강성 p : 성토의 하중강도 q : 지반반력 S : 네트와 흙 사이의 전단저항합력 L : 네트가 단순 지지하는 지점 간의 거리	q : 지반반력
막판 변형 이론	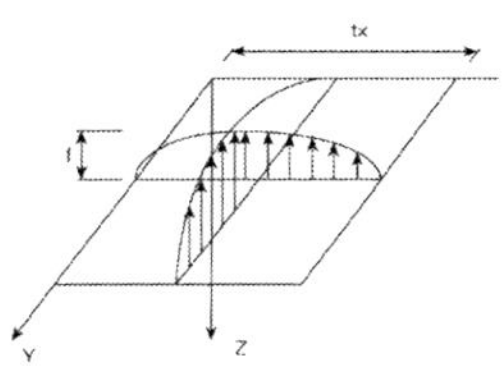	$H_x\frac{\partial^2}{\partial x^2}(z+w)+H_y\frac{\partial^2}{\partial y^2}(z+w)-p=0$ $H_x=\frac{E_x t_x}{2S_x-l_x}\left\{-\int_0^{l_x}\frac{\partial^2 z}{\partial x^2}wdx+\frac{1}{2}\int_0^{l_x}(\frac{\partial w}{\partial x})^2dx\right\}$ $H_y=\frac{E_y t_y}{2S_y-l_y}\left\{-\int_0^{l_y}\frac{\partial^2 z}{\partial y^2}wd+\frac{1}{2}\int_0^{l_y}(\frac{\partial w}{\partial y})^2dy\right\}$ w : 막면의 연직방향 H_x, H_y : x방향, y방향의 막장력의 수평성분 E : 막재료의 탄성계수 t : 막재료의 두께 s : 막재료대의 초기 길이	

3.2.3 보강토옹벽 구조물

토목섬유 보강성토의 설계에서는 구조물의 종류와 보강의 목적에 맞게 검토항목이 변한다(표 3.5). 또한 구조물의 종류와 성토재료의 종류에 의해 표 3.6과 같이 검토항목이 선별된다. 공인된 설계방법은 아직 없으나 지금까지 우리나라에 실시된 설계는 텐사그리드 설계법 또는 AASHTO 설계에 기초하여 포설 길이와 포설 간격을 정하는 사례가 많다.

이러한 방법은 성토의 계획단면(높이, 성토구배, 상재하중), 성토재료의 토질정수(단위체적중량, 내부 마찰각)을 가정하여, 간단한 그림 또는 수식을 사용하여 길이계수와 토압계수를 구한다. 그 결과를 간이식에 대입하고 포설 길이와 포설 간격을 결정한다. 전체적인 설계순서는 그림 3.6과 같이 보강 영역을 중력식 옹벽으로 고려하여 활동, 전도, 지지력, 전체 안정성(내적안정성)을 검토하고 보강 영역부를 통과하는 원호활동에 대한 안정성을 검토한다.

표 3.5 보강목적에 따른 설계

보강목적 / 구조물 종류	구조물 본체의 안정성 향상			길어깨 부근의 전압보조와 표층 붕괴방지	시공 중 주행성 향상
	보강재 힘에 따른 강도	압밀촉진	침투수의 배제		
성토	E-1	E-2	E-3	E-4	E-5
급구배성토	S-1	S-2	S-3	S-4	S-5
옹벽	W-1	W-2	W-3	-	W-5

표 3.6 구조물 종류와 성토재료에 따른 설계

구조물 종류 / 성토재료 종류	성토	급구배 성토	옹벽
자갈질 모래	E-1, E-2	S-1, S-4	W-1
사질토	E-1, E-3, E-4 E-5	S-1, S-3, S-4	W-1
저소성, 저함수비의 점성토	E-1, E-2, E-3 E-4, E-5	S-1, S-3, S-4 E-4, E-5	W-1, W-2, W-3
고소성, 고함수비의 점성토	E-1, E-2, E-3 E-4, E-5	-	W-1, W-2, W-3 W-5

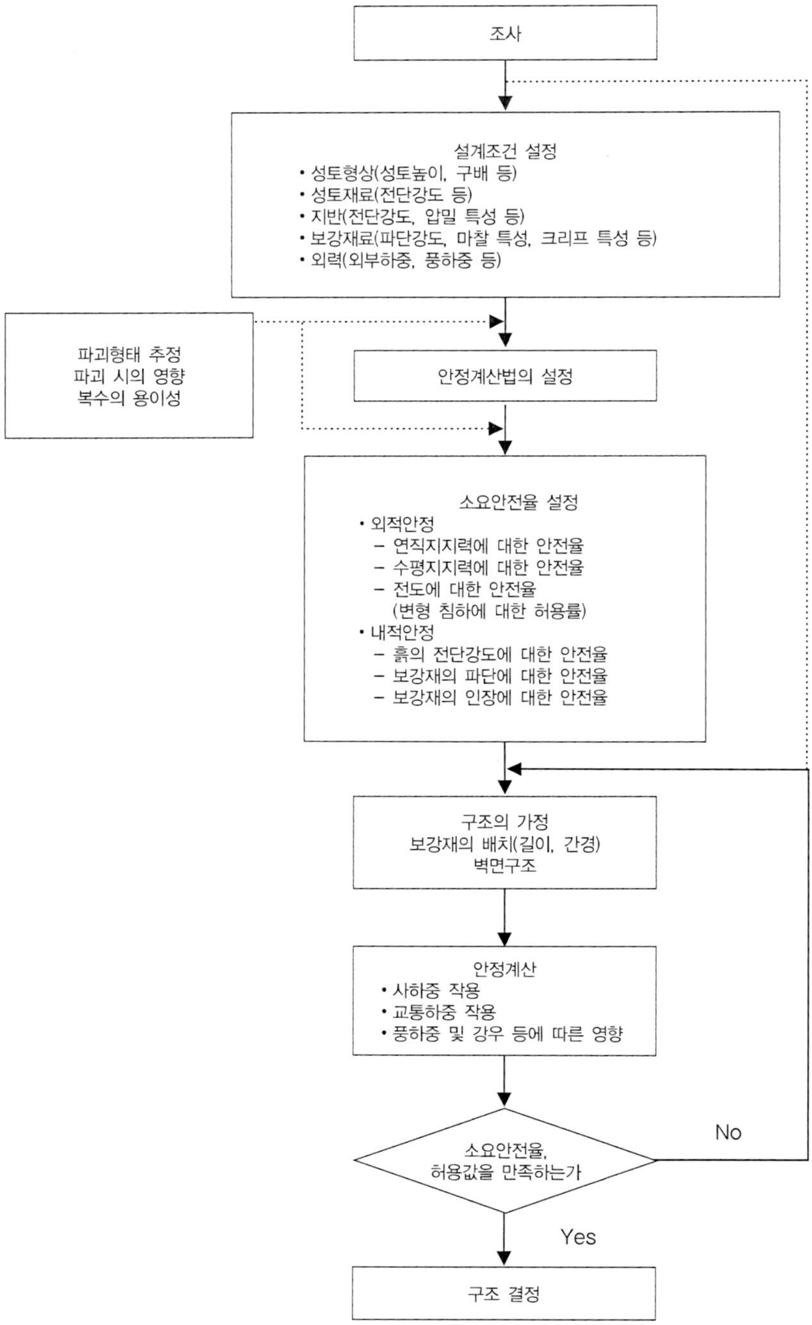

그림 3.6 일반적인 설계 순서

3.2.4 설계 기준

1) 성토 재료 기준

보강재의 내구성 증진과 시공성을 고려하여 성토재는 일정조건 이상의 자료를 선택하여야 한다. 일반적으로 사용되는 성토용 재료라면 큰 문제가 되지는 않을 것이다. 표 3.7은 지오텍스타일 또는 지오그리드를 이용한 보강 성토체에 사용되는 재료의 입도 기준을 제시한 예이다. 성토재의 최대 입경은 보강재의 파손을 고려하여 20mm 이하를 원칙으로 한다. 또한 입자의 크기 및 가장 큰 입자의 형상을 고려하여 보강재의 현장 파손에 의한 강도 감소계수를 결정하여야 한다.

성토재의 화학적 성분이 보강재의 내구성에 영향을 미칠 수 있으므로 이에 대한 평가도 필요하다. 일반적으로 수소이온농도(pH)가 3~9 정도인 흙이면 무난하며(Berg, 1993), pH가 3 이하거나 12 이상인 재료는 사용해서는 안 되고, 9 이상일 경우는 대상 토목섬유에 대한 시험으로 확인해야 한다. 그리고 Christoper 등(1989)은 성토재는 최대 건조 단위 중량의 95% 이내, 또는 최적 함수비의 2% 이내로 다져져야 한다고 하였다. 다짐두께는 사질토의 경우 20~30cm, 점성토의 경우 15~20cm가 적절하다.

표 3.7 성토용 재료의 권장 입도 기준(R. M. Koerner 등, 1993)

체 번호	입자 크기	통과율
4	4.76	100
10	2.0	90~100
40	0.42	0~60
100	0.15	0~5
200	0.075	0

2) 안전율

토목섬유의 설계강도는 자체의 장기 안정성과 보강 구조물의 전체적인 내구성을 고려하여 결정해야 한다. 일반적으로 지오그리드는 격자의 가로 방향 요소의 수동 저항과 흙과 수평방향 요소 사이의 마찰을 통해 응력을 흙에 전달하며, 지오텍스타일의 경우는 마찰만을 통해 응력을 흙으로 전달한다.

토목섬유의 허용인장강도는 부분 안전율 개념을 도입하여 재료의 극한인장강도를 감소계수로 나눈 값이 된다(식 3.11). 이 식에서 감소계수는 설치 시 손상, 화학적 및 생물학적 조건을 고려하고 폴리머의 발생 가능한 크리프 변형을 조절하기 위하여 적용된다.

$$T_a = \frac{T_{ult}}{FS_{CR} \cdot FS_{ID} \cdot FS_{CD} \cdot FS_{BD} \cdot FS_{JNT}} \tag{3.11}$$

여기서, T_a : 허용토목섬유 인장강도(KN/m)

T_{ult} : 극한 토목섬유 인장강도(KN/m)

FS_{CR} : 크리프 계수, 크리프 한계강도에 대한 T_{ult}의 비

FS_{ID} : 시공 시 손실계수

FS_{CD} : 화학적 손실계수

FS_{BD} : 생물학적 손실계수(환경영향으로 생물학적 손실 예상)

FS_{JNT} : 접점에 대한 안정계수를 말한다.

일반적으로 적용하는 안전율 기준은 앞의 표 3.7과 같다. 이 안전율들은 매우 보수적인 값들로, 하나 또는 두 항목에 대한 안전율이 필요할 경우 선택하여 적용하도록 제시된 값이다. 따라서 해당 보강재에 대한 실험을 통해 안전율을 결정하는 것이 경제적이고 안전하다고 할 수 있다. 일반적인 보강토 공법에서는 상기의 식으로 구한 허용인장강도에 파괴에 대한 안전율을 고려하여 안전한 설계를 추구하고 있다.

$$T_d = \frac{T_a}{FS} \tag{3.12}$$

여기서, T_d : 장기 안정 설계인장강도(KN/m)

FS : 파괴에 대한 전체 안전율

상기의 식에서 구하는 장기안정허용강도를 구하는 것이 어렵다.

보강토에서 최종 설계의 실시와 책임의 한계를 정하는 것과 보강재의 허용 및 설계인장강도를 구하는 것이 현안 문제이다. 특히 보강토 구조물에 대한 전문기술자에 의한 설계와 적절한 품질시험에 의한 장기안정 허용강도의 산정은 필수적이다. 실제적으로 설계 시에 필요한 토목섬유에 대한 평가와 시방을 정하는 미연방도로국(FHWA)의 방법(Berg, 1993)을 설명하고자 한다. 극한강도는 지오그리드의 리브인장강도(GRI : GG1)에 의해

구하며, 크리프 감소계수를 구할 때는 일괄적인 값을 사용해야 한다. 그리고 보강제방의 설계는 인발 계수나 직접전단계수와 같은 지반과 보강재 간의 상호작용계수를 결정해야 한다(AASHTO, 1990). 인발 계수는 일반적으로 안정해석시 각 보강층의 전후방에서 유발된 인장응력을 계산하는 데에 사용하며, 직접전단계수는 보강토체의 바깥쪽으로 활동에 대한 안전율을 검토하는 데에 사용된다.

표 3.8 장기허용 설계 강도의 산정

<table>
<tr><th>구분</th><th>적용시험(시험법)</th><th>비고</th></tr>
<tr><td>극한강도</td><td>• 광폭인장 시험(ASTM D 4595, 1986)
• 리브인장강도(GRI : GG1)</td><td>• 크리프 감소계수를 구할 때 일관적인 값을 사용</td></tr>
<tr><td rowspan="2">크리프</td><td>• 지오그리드 인장 크리프 시험(GRI : GG3, 1991)
• 지오텍스타일 인장 크리프 시험 (GRI : GG5, 1992)
• 가속시험(GRI : GG4,1991 GRI : GT7, 1992)
• 시간-온도 외삽해석(ASTM D 2837, 1990)</td><td>• 최소 1,000시간, 10,000시간 이상을 추천
• 온도에 의한 외삽 가능
• 대상이 플라스틱 재료</td></tr>
<tr><td colspan="2">• 75년 설계기준에서 크리프 율이 10% 이하</td></tr>
<tr><td>시공손실</td><td>• 현장시험</td><td>• GRI : GG4, 1991
GRI : GT7, 1992 참고</td></tr>
<tr><td>내구성</td><td>• Durability/Corrosion of Soil Reinforced Structures (FHWA-RD-89-186, Elias, 1990)</td><td>• 생물학적인 요인과 화학적인 요인에 대한 총 감소계수의 적용값이 1.1 이상일 것(AASHTO, 1990)</td></tr>
<tr><td>연결부</td><td>• 기계적 연결부 : 광폭인장 시험(ASTM D 4595, 1986), 1000시간 이상(GRI : GG4, 1991 GRI : GT7, 1992)
• 겹침이음 : 지오텍스타일 인장 크리프 시험(GRI : GG5, 1991) 또는 (GRI : GG6, 1992)</td><td>• 장기시험은 허용인장강도의 수준으로 행할 것
• 연결부의 허용 수와 위치를 설계 시 언급 필요</td></tr>
<tr><td rowspan="2">과대변형과 파괴에 대한 안전율</td><td>• 설계 차트를 사용하는 경우</td><td>• 토질의 전단강도에 포함</td></tr>
<tr><td>• 해석에 의하는 경우</td><td>• 내적파괴면 : 1.3 이상
• 외적 및 수평인발 : 1.5 이상</td></tr>
</table>

3.2.5 시공방법

토목섬유를 사용한 성토공법의 공정은 토목섬유를 배제한 경우의 토공에 토목섬유를 포설하여 일정하게 다져서 완성한다. 토목섬유는 경량이므로 포설은 주로 인력에 의하며, 토목섬유를 보강용으로 시공하는 경우에 주의가 필요한 항목은 다음과 같다.

① 성토재료

② 시공기계

③ 정지

④ 토목섬유의 포설

⑤ 토목섬유의 접합

⑥ 성토의 포설

⑦ 성토의 다짐

⑧ 사면처리

⑨ 성토재료의 종류

⑩ 기초지반의 배수와 성토에 따른 배수 등

본 절에서는 시공 시 특히 주의가 필요한 항목인 ①~⑧에 대하여 설명하고자 한다.

1) 성토재료

토목섬유를 사용하여 성토사면이나 옹벽을 보강하는 경우 사용하는 성토재료는 입도분포에 의해 사질토와 점성토로 대별된다. 사질토는 배수성이 좋으므로 사용하는 토목섬유에 투수성이 요구되지 않으나 후자에서는 지오텍스타일에 투수성이 특히 중요하다. 전자는 토립자의 맞물림이 좋아 구속력의 증가에 의해 전단강도가 증가하는 것에 대하여 후자는 함수량에 의하여 강도가 변하기 쉬운 특징이 있다. 어느 성토재료를 사용하더라도 지오텍스타일과 흙의 마찰 저항력이 잘 발휘되는 것이 중요하며 이를 위해서는 다짐관리가 매우 중요하다.

2) 시공기계

시공기계 중 다짐기계에 특별한 주의가 요망된다. 일반적으로 다짐기계와 다짐방법은 시험성토에 의해 결정하는 것이 바람직하다. 토목섬유의 상부에 얇은 층으로 포설한 성토재료를 다질 때 토목섬유를 손상시키지 않도록 쉽풋롤러(Sheepfoot roller)나 탬핑롤러(Tamping roller)는 사용하지 않는 것이 바람직하다. 성토재료별 사용장비는 시험성토를 통해 선정할 필요가 있다.

3) 정 지

토목섬유의 포설에서는 성토상의 지오텍스타일이 굴곡이 지거나 비틀림이 발생하지 않도록 포설면을 평탄하게 정지한다. 평탄하게 포설한 토목섬유는 인장기능을 최대한 발휘할 수 있도록 하여야 한다. 또한 장래에 식물로 인한 손상을 받지 않도록 벌개 시에 충분히 나무뿌리를 제거해야 한다. 특히, 연약지반의 표면에 무리지어 생식하는 잡초 등은 나무뿌리와 같이 장래 부식에 의해 침하의 원인이 되므로 주의하여 제거한다. 성토완료 후에 침하가 발생하면 지반구조물의 공용성을 저하시키고 토목섬유에 손상을 줄 수 있으므로 식물뿌리 제거에 특히 주의한다.

4) 토목섬유의 포설

토목섬유는 평탄하게 전압한 성토면상에 설계시방에 기초하여 포설한다. 이 상부에 다음 성토 전에 뒤틀리거나 바람에 날리지 않도록 고정핀 등을 사용하여 성토의 표면에 고정한다. 강우에 의해 성토의 표면이 수분을 다량 포함한 상태에서는 어느 정도 성토가 건조되기 전에는 포설하지 않는다. 이러한 상태에서 포설하면 토목섬유에 의한 충분한 저항을 기대할 수 없다. 또한 성토체에 부풀림 현상이 발생하여 재시공하기 위해서는 추가 작업이 필요하므로 토목섬유의 포설작업 시에 반드시 주의하는 것이 바람직하다.

5) 토목섬유의 접합

토목섬유를 인장보강재로 이용할 경우, 섬유접합부의 인장강도가 원단강도에 비하여 현저하게 낮아서는 안 되며, 접합부에 과도한 인장력이 작용하는 것을 방지해야 한다. 따라서 돌기 부분의 맞춤이나 중첩, 강재의 봉을 이용하는 방법을 주로 이용한다. 토목섬유의 연결부는 가능한 적어지도록 시공하며, 부직포는 열융착이나 봉합에 의한 접합이 가능하다.

6) 성토의 포설

포설한 토목섬유가 손상을 받거나 비틀림 현상이 발생하지 않도록 성토포설 작업 시에는 다음과 같은 사항을 주의해야 한다.

① 토목섬유의 위에 직접 중기를 주행시키지 않는다.
② 토목섬유의 위에서 중기의 방향전환을 하지 않는다.

③ 성토는 벽면과 병행으로 행한다.
④ 입경이 큰 암괴, 뾰족한 자갈, 나무뿌리 등을 제거한다.
⑤ 층 두께 관리에 의해 성토두께를 관리한다.

7) 성토 다짐

인장보강재를 이용하는 보강성토에서는 토목섬유와 흙과의 마찰 저항력을 중요한 보강 메커니즘으로 고려하고 있다. 이 마찰 저항력은 성토의 다짐 정도에 크게 좌우된다. 따라서 다짐두께와 다짐기계는 시험성토를 통해 결정하는 것이 바람직하다. 성토체 다짐 시에는 다음 사항에 주의한다.

① 다짐 방향은 성토면에 평행으로 실시한다.
② 성토면부터 다짐한다.
③ 집중하중을 가하는 탬핑롤러나 쉽풋롤러는 사용하지 않는 것이 바람직하다.
④ 다짐 시 중기의 방향 전환을 하지 않는다.
⑤ 한 층 위의 포설면에 평탄하게 계획 구배에 맞추어 성토작업을 실시한다.
⑥ 안전을 고려하여 벽면으로부터 1m 정도는 소형전압기계를 이용한다.

8) 사면처리

토목섬유를 사용한 보강옹벽의 경우, 벽면공은 감싸는 방식, 포대식, 패널식, 현장타설 콘크리트 방식 등으로 처리할 수 있다. 이들은 사용목적이나 기초지반의 상태, 시공성, 경제성 등을 고려하여 적용할 수 있다. 이를테면, 감싸는 방법이나 포대식 방법은 기초지반이 연약하거나 성토가 변형하기 쉬운 곳에서 사용할 수 있다. 같은 연약지반이라도 변형이 허용되지 않으면 기초지반을 개량하여 강화하거나 말뚝을 타설하여 부등침하가 발생하지 않도록 조치한 다음 보강토옹벽을 시공한다. 변형이 크고 성토 배면으로부터 용수량이 많은 곳에서는 블록식이 유용하게 사용될 수 있다. 패널식이나 현장타설 콘크리트 방식은 시공 후 기초지반의 변형이 적은 곳에 사용한다.

각 방식의 시공상 유의점은 다음과 같다.

(1) 감싸는 방식

이 방식은 사면표면에 토목섬유가 노출하여 열이나 갈라진 틈으로의 손상을 받거나 자외선에 의한 열화를 방지하기 위하여 식생 토양이나 뿜어붙이기 콘크리트로 표면을 보호한다. 돌망태나 형틀은 감싸기 방식의 사면을 정형하기 위해서 사용한다. 감싼 부분의 단부는 성토중 지중에 묻거나 일단 위의 인장보강재와 연결하여 고정한다. 이 방식은 변형 가능한 옹벽 양식에 이용되며, 실적이 가장 풍부하다.

(2) 포대식

포대에 흙, 쇄석, 잡석, 소일시멘트 등을 투입하고 그 중량과 강성으로 사면의 변형을 억지하는 방법으로 포대와 토목섬유를 연결한다. 포대에 투입하는 재료가 세립토인 경우에는 포대의 내측을 부직포로 감싸는 등 방출 처리의 방지가 필요하다. 지금까지의 관측 결과로부터 벽면의 강성이 성토의 벽면에 큰 영향을 미치는 것이 확인되었으므로 구조물의 목적이나 형상에 맞추어 적절한 포대, 블록과 투입재료의 선정이 필요하다.

(3) 패널식 공법

콘크리트 패널이나 블록을 쌓아가며 이것과 지오텍스타일을 연결하여 성토면을 구축하는 방법이다. 현장타설 콘크리트옹벽이 일체인 것과 달리 벽면 전체에 어느 정도의 유연성을 가지고 있다. 성토의 전압이나 침하에 의해 생기는 변형과 함께 벽면과 연결부에 과대한 인장응력이 발생할 가능성이 있으므로 성토의 침하에 따라 조인트부의 지오텍스타일이 어느 정도 침하에 적응이 가능하도록 연결부가 미끄러질 수 있는 구조가 바람직하다.

보강토옹벽의 최근의 연구동향은 현장타설 콘크리트옹벽이 일체적 거동으로 인한 역학적 거동을 보완하고자 하는 연구, 패널식의 연결부 개선에 의한 거동 향상, 블록식의 단점인 벽체의 강성을 증가시키는 방안 및 현장토의 유용한 활용을 위한 연구 등이 활발히 추진되고 있다.

3.3 건설현장의 설계 및 시공

3.3.1 연약지반

지오텍스타일은 그 물성 등 연속성과 인장강도를 이용하여 연약지반의 보강에 이용한다. 연약지반은 점성토지반으로 자연 함수비가 액성한계(LL)에 가까운 상태부터 액성한계를 훨씬 초과하는 초연약지반이라 불리는 것도 포함한다. 특히, 표층처리·복토재하의 적용에는 주로 초연약지반을 대상으로 한다.

초연약지반은 자연상태에는 유기질토지반 등이 있지만 우리나라 서·남해안에서 최근 많이 시공하는 해저 점성토를 준설선으로 준설하여 매립재료로 이용하는 매립지가 있다. 이러한 매립지는 공사완료 직후의 함수비는 지표면 부근에서 150~300% 전후를 나타내고, 점착력도 1tf/m^2 이하로 건설기계는 물론이고 사람도 진입하기 쉽지 않다. 자중압밀이 종료할 때까지는 복토에 사용된 모래입자가 개개로 지반 속에 관입침강하면 할수록 연약해진다. 토목섬유를 그 지반상에 포설하여 복토를 하는 공법이 개발되기 이전에는 자연건조에 의해 표층 부근의 탈수를 하거나 표층부에 고랑을 파는 등 지지력을 증대시킬 수 있는 공법을 적용한다. 따라서 표층의 지지력을 얻기 위해서는 수많은 시간을 필요로 하며, 그간의 공사에 투자된 자금이 어떻게 이익을 창출할 수 있는가 등 많은 비경제적인 점들이 대두된다. 1965년도부터 일본에서는 토목섬유를 사용한 복토 공법이 개발되어 자연건조에 필요한 시간이 매우 단축되었다. 지금에 와서는 재료나 공법 모두가 개발되어 지반이나 현장의 상황에 따라 적합한 표층처리 공법을 선정한다.

표층처리 공법은 복토의 중량에 대한 지지력을 얻는 공법과 복토재하 공법으로 조합되어 구성되며, 전자에는 지오텍스타일을 이용하는 것도 포함된다. 지오텍스타일의 사용방법은 재료의 이용으로부터 다음과 같이 분류할 수 있다(그림 3.7 참조).

① 시트만을 사용하는 시트 공법
② 시트에 의해 지반에 발생되는 양압력을 소규모로 받게 하여서 그 힘을 격자상의 로프에 의해서 전체적으로 받게 하는 로프·시트 공법
③ 폴리머·네트나 폴리머·그리드 등을 포설재에 이용하는 포설망 공법
④ 대나무 등을 조합한 강성이 큰 것에 지오텍스타일을 늘어뜨린 벰부·시트 공법

상기의 각 공법은 복토의 재하에 의해 지오텍스타일에 발생되는 인장력의 처리방법에서도 각각 특색이 있다. 버티칼·드래인 공법은 어느 정도 표층에 지지력을 가지고 있는 지반의 강도증가와 공사 중 및 공사 완료 후의 압밀침하를 촉진하는 것을 목적으로 하는 공법이 있다. 따라서 자연 생성된 연약점토지반에 사용되는 이외의 매립지에 표층처리·복토 등으로 1차 처리하여 인공적으로 조성하는 지반에 이용하는 경우도 많다.

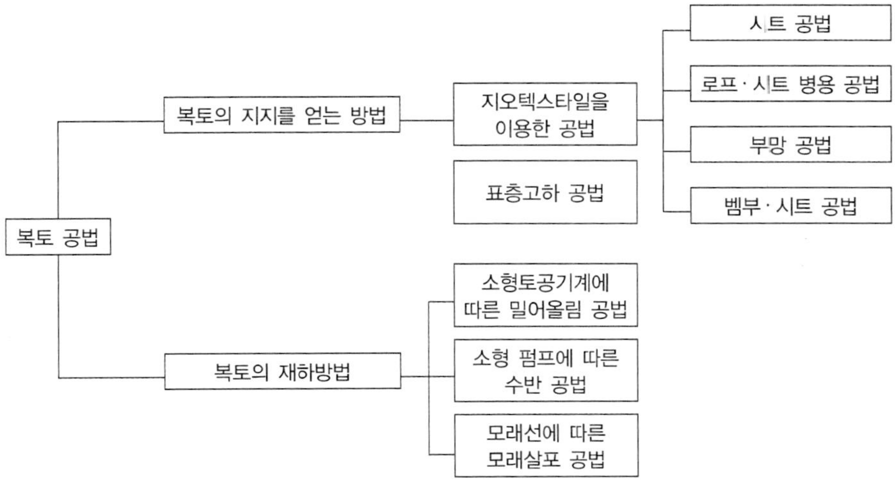

주) * 수심이 충분한 경우의 해저 복토 등에 사용한다.

그림 3.7 표층처리와 복토재하

이 공법은 배수재료로 모래를 이용하는 샌드드레인 공법부터 출발하여 그 후 재료에 판지를 이용한 페이퍼드레인 공법이 개발되었고, 최근에서는 고분자 재료를 이용한 플라스틱 보드 드레인(PBD)이 많이 이용되고 있다. 또한 모래기둥의 연속성을 확실히 유지하기 위하여 팩드레인 공법도 있지만, 모두 다 점토층에서 과잉간극수의 배수시간은 배수거리의 제곱에 비례하기 때문에 배수거리를 단축시키기 위하여 소구경을 조밀하게 타설하는 것도 있다.

파일네트 공법은 지반의 지지력 부족과 부등침하를 동시에 해결하는 공법으로 이용된다. 이것은 마찰말뚝과 지오텍스타일을 조합하는 공법으로 상재하중은 지오텍스타일에 의해서 받고, 지반과 말뚝에 분산된 지지는 말뚝이 받아 하중은 그 지지력에 의해 지반 속 깊은 곳까지 전달되어 부등침하를 방지한다. 이상의 연약지반에 지오텍스타일을 이용하는 경우 공법의 선정은 지반의 강도, 공기, 시공환경, 경제성 등을 고려하여 결정한다.

3.3.2 표층처리

1) 시트를 이용한 표층처리 공법

지오텍스타일이라는 말은 국내외적으로 사용되는데, 초창기에 도입이 되었을 때는 경이적이었으며, 대량의 합성섬유제의 직포를 토목용으로 사용한 공법의 출현을 탄생시켰다. 이 공법이 인간의 보행도 곤란한 연약지반의 표면에 양질토의 성토를 가능케 한 시트 공법이다. 이러한 시트 공법의 출현까지는 연약지반 상에 나무나 대나무를 조합하여 설치한 후 그 위에 양질의 성토를 하고, 장기간의 자연건조에 의한 지반강도 증가를 얻을 수 있는 성토를 시행하였지만, 시트 공법의 개발에 의해 매립지반이나 습지대의 조기이용이 대규모로 진행될 수 있어 경제성이 가능해졌다. 시트의 인장력을 타 재료로 보강한 로프 · 시트 공법, 직포를 대신해 합성수지망을 사용한 네트 공법, 또한 시트 · 네트 공법은 지지력이 부족한 경우에 대나무나 나무 등을 이용한 공법을 병용하는 대나무 네트 공법 등도 있다.

(1) 기본적인 지지원리

시트 공법(네트 공법과 함께 사용)의 기본적인 지지원리를 생각할 때, 2가지 관점으로부터 생각해볼 필요가 있다. 연약지반 표면으로 토사를 직접 성층할 때는 지반을 파괴시켜 토사가 급몰하지만, 시트를 포설해 놓으면 지반은 파괴도 급몰도 되지 않고 소요 두께의 복토를 달성할 수 있다. 제1은 이 양질토를 성층할 때의 지지원리이다.

제2는 양질토에 의한 복토가 완성되어 차량이 주행하고, 경량물의 지지를 가능하도록 된 복토완성 이후의 주행하중 등에 대한 지지원리이다. 우선 제1의 토사를 성층할 때의 지지원리에 관해서는 실제 작업시의 거동관측 결과를 그림 3.8에 모식적으로 나타내 이를 식으로 표현하면 식 (3.13)과 같다.

$$q = c \cdot Nc' + \frac{2p\sin Q}{B} + \frac{P}{r} + \gamma_t \cdot D_f \tag{3.13}$$

여기서, q : 지지력

c : 지반의 점착력(파괴직후라면 그 후의 값)

Nc' : Terzaghi의 지지력 계수, 5.4

p : 시트의 인장력

γ_t : 지반의 단위 체적중량

Q, B, r, D_f : 그림 3.8 참조

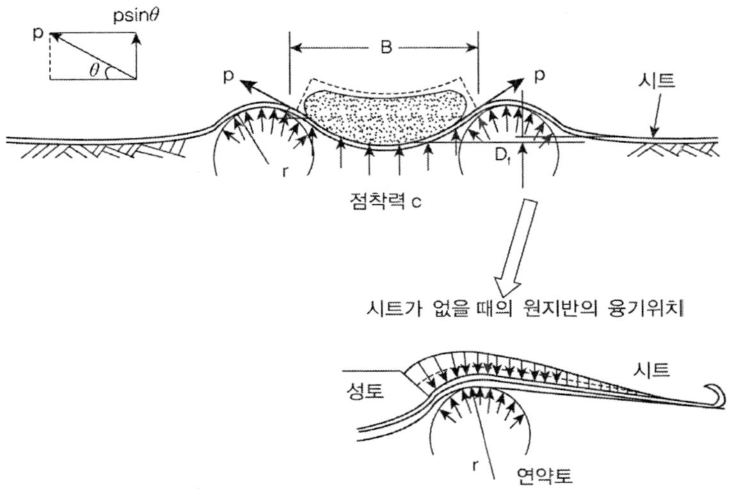

그림 3.8 지지기구의 모식도

즉, 제1항은 현 지반에서의 지지력을 나타낸다. 성토작업 시 지반 파괴에는 파괴에 의해 저하된 값을 사용한다. 통상 성토에 의해 파괴가 많이 발생될 때에는 그 항의 지지효과는 감소한다. 제2항은 성토하중에 의해 지반이 침하되면 함몰하게 될 때 시트에 인장력이 발생되어 침하하거나 급몰하려고 할 때에 시트의 인장력이 발생되어, 침하나 급몰을 억제하도록 상방향으로 인장력이 발생되게 됨에 따라서 상방향의 인장력 중에 상방향의 분력을 의미한다. 지반이 파괴되어 침하가 크면 양질토의 성층한 시점에는 그 효과가 크다. 제3항은 압성토적 효과가 있는 시트의 인장력이 성토 주변의 지반을 팽창시켜 위로 누르는 힘을 가상원으로 설정하여 구한다. 제4항은 성토가 지중에 침하하여 부력의 효과가 있어 초연약지반이며 침하량이 크면 효과도 크다. 초연약지반에서 시트의 역할은 성토한 흙을 분산되지 않도록 일체화하여 침하시키면 4항목의 부력의 효과를 확실하게 얻을 수 있다.

제2의 성토완성 이후의 주행하중 등에 대한 지지력은 한마디로 양질토층에 의한 하중분산효과가 있다. 이 시점에서 시트의 효과는 점토층의 일체화를 지속시켜, 샌드위치 상태에 있는 시트의 인장력이 보강토 공법적으로 지지효과를 얻어내는 점이 있다.

(2) 계획과 설계

설계에서는 소요의 성토층 두께를 결정하여 그 성토를 완성시키기 위하여 시트의 재료 선정과 성토 다짐시공 방법의 사양을 결정하는 것이 주최가 된다.

① 성토두께

성토두께는 공사 목적과 지반 조건에서 결정한다. 공사 목적에는 트래피커빌리티(trafficability)가 가장 많이 나타나 그림 3.9에 나타낸 계산 방법으로 소요의 성토층의 두께를 구한다. 엄밀하게는 보강효과도 있지만, 단순한 양질 토층의 하중분산 효과만 결정하는 게 일반적이다.

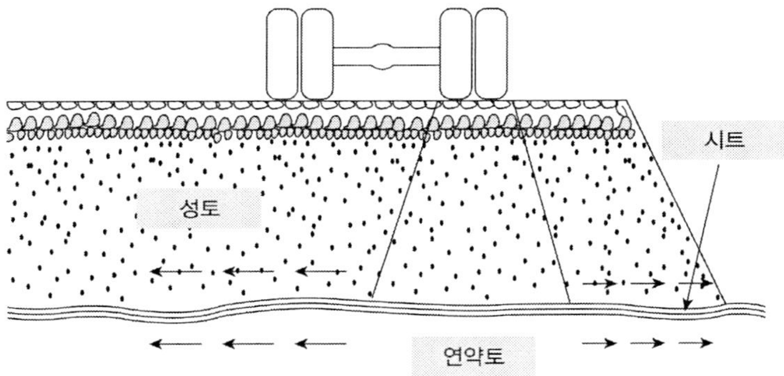

그림 3.9 차량의 트래피커빌리티 확보를 위한 하중분산 효과

② 시트의 결정

필요한 시트의 인장력의 계산은 식 (3.13)에 의해서 나타내지만, 실제로는 강도가 매우 작은 초연약지반을 대상으로 많이 사용되고, 성토시공에서 시공기계, 성토층 구분, 성토 다짐 순서 등 복잡하게 변화되어 식 중에 입력 제반 상수값의 사전 파악에 문제점이 있다.

그림 3.10은 시트 결정방법을 나타내는데, 과거 공사 예로부터 시트의 인장력이 큰 대상지반에 사전 강도가 큰 영향을 나타내는 관계에 착안하여 작성하고 있다.

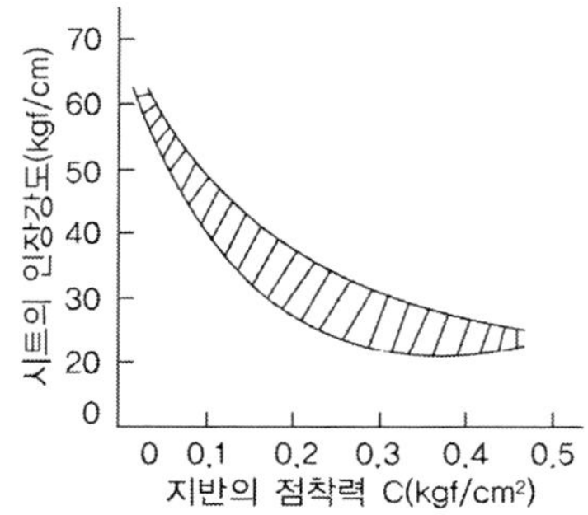

그림 3.10 지반강도(점착력 C)와 시트의 인장강도 관계

③ 시트의 종류

시트네트 등의 포설 재료가 요구하는 특성은 인장강도, 인열강도, 흙과의 마찰력, 투수성, 내구성(내후, 내약품, 내박테리아 등)이 있다. 시트는 상당히 큰(1000～2000m^2)경우는 공장에서 제조하여 반입하지만, 넓은 현장의 경우는 현장접합이 필요하다. 그 경우 좋고 나쁨은 공사의 성패에 적잖은 영향을 미치지만, 강력한 접합방법이 요구된다. 초연약지반을 대상으로하기 위해서는 큰 인장강도의 포설 재료가 요구된다. 최근 종래의 시트에 비해 2～3배 이상의 인장강도를 갖는 네트 상의 섬유제품이 사용되기 시작하였다.

④ 성토층 두께 구분, 각 층 선단 간의 층간 거리

시트 · 네트 공법은 소요성토두께를 1회의 토사 성층으로 달성하지 않고, 얇게 몇 개의 층으로 나뉘어 단계 시공한다. 또한 층 구분에서 층 간의 거리가 너무 가까우면 선단 부분에 과대한 소성유동에 의해서 시트가 팽창을 일으킬 수 있고, 한 층의 두께를 너무 두껍게 하면 선단의 침하가 시트 하부지반의 소성유동을 일으킬 수 있다. 이를 그림으로 나타내면 그림 3.11, 3.12와 같고, 표 3.9는 그에 대한 값을 나타낸다.

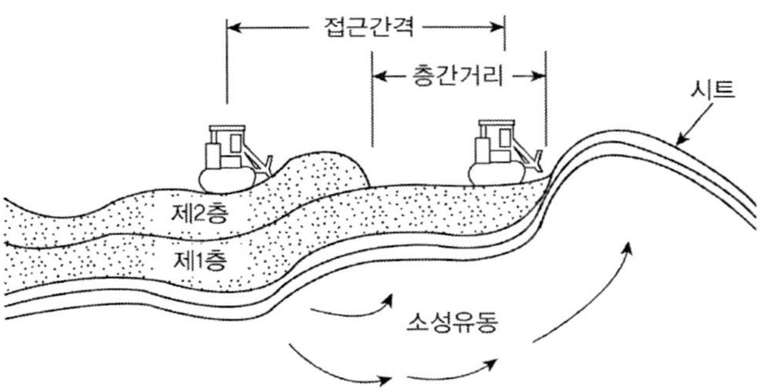

그림 3.11 단계 성토의 층간 거리를 짧게 했을 때 소성유동

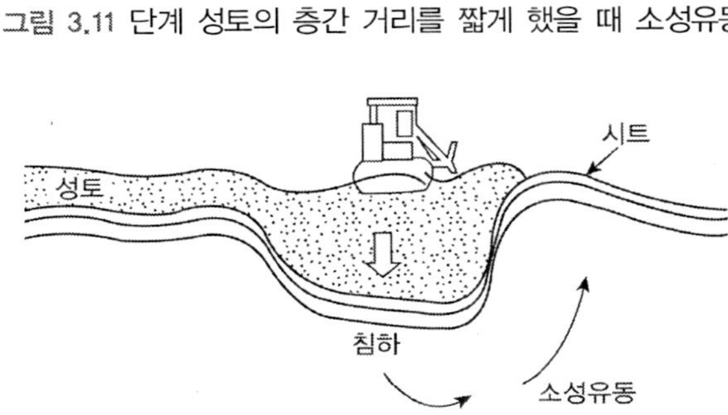

그림 3.12 토사 말아 올리기 두께가 두꺼울 때 국부적인 침하와 소성유동

표 3.9 단계성토 시공의 지반개량과 층 두께 및 층간 거리 값

지반의 상태	제1층	제2층	제3층	제4층	층간 거리
초연약 (표면 반죽상)	모래 20~30cm	모래 30~40cm	50cm	50cm	20m 이상
매우 연약 (거북 모양 존재)	모래 30~40cm	모래, 산토 50cm	50cm	50~80cm	15m 이상
연약 (인간 보행 가능)	모래 50cm	50cm	50cm	50~100cm	15m 이상

(3) 시공방법

시트 공법에서는 대상지반의 토성, 공사목적, 공사규모 등 공사조건에 따라서 각각의 경우에 시공방법이 결정된다. 다음에 각 시공단계의 기본적인 시공방법에 대해서 기술한다.

① 시트 포설

가장 간단하면서 널리 사용되는 것이 인력에 의한 방법이다. 발이 빠지는 연약지반에서는 깔판 등을 사용하거나 기계나 배를 사용하는 방법도 있지만, 대상지반 표면에 물이 고여 있는 초연약지반에서는 수중시공 등 특수한 공법을 사용하여야 한다.

② 시트 접합

시트는 단위 1000~2000m^2 정도로 되어 있어 현장 접합이 필요하다. 이전에는 시트의 양단에 구멍을 뚫어 로프로 연결하는 방식이 사용되었지만, 최근에는 전용의 접합 장치가 사용되어 쉽게 접합을 한다.

③ 토사 성층 시공방법

시트 · 네트 공법의 가장 중요한 시공단계가 토사의 성층이다. 시트 · 네트의 인장력이 큰 것을 선정할 때에는 무리한 토사 성층을 하면 파괴되어 실패한다. 토사 성층의 포인트는 '균일한 층 두께의 성토를 명심하여, 국부적인 침하 등에 시트의 부등침하가 발생되지 않게 하는 것'으로, 특히 후속되는 2층 포설 이후에는 큰 영향을 받기 때문에 1층의 포설이 중요하다. 여기서 1층 포설의 토사 성층 시공기계나 성층 방법에는 여러 가지 방법이 실시되어 개발되고 있다.

a) 체 1층 토사 성층 시공

제1층의 토사 성층은 대상지반이 연약한 것이 어느 정도 얇은 두께로 나타나는 것이 필

요하다. 여기서 공사개시 시점의 연약지반의 표층은 강도가 적고 압축성이 충분할 경우 침하가 발생되어 부등침하를 일으킨다.

b) 제2층 이후의 토사 성층 시공

1층의 시공이 완성되어 시공기계에 대한 trafficability가 어느 정도 형성되면 토사 성층이 이루어진다. 성토단계가 진행되어 토사의 성층 시공이 이루어지면 시트에 가해지는 하중은 증대되어 통상적으로 부등침하를 최소화하는 데 노력이 필요하다. 사용되는 토사 성층 기계는 서서히 대형화되어 가고 있다. 제3층에서도 부분적으로 trafficability를 높일 수 있는 것도 있지만 무리를 하면 안 된다.

(4) 시트 공법의 보강 및 병용 공법

시트 공법의 보강방법으로 로프시트 공법이 있지만, 이 공법은 시트 상에 약 50cm 간격의 격자상의 로프를 펼쳐서 포설 재료의 인장강도를 보강한다. 대나무 네트 공법은 강성재료에 의한 하중분산 효과를 이용하는 것으로 대나무 공법과 시트 공법을 조합하여 두 가지의 상승효과를 기대하는 공법이다. 대나무는 길이 5～7m의 대나무를 1m 정도 간격의 격자로 조합하여 시트 위에 포설한다.

2) 네트에 의한 표층처리 공법

네트 공법은 시트 공법에서 직포 대신에 합성수지로 만든 네트를 포설 재료로 사용하는 것으로써 지지원리는 같다. 직포와 네트는 소재 외에 형태에서도 다른 점이 있는데, 격자눈, 즉 네트와 흙과의 마찰력을 얻을 수 있고, 격자눈 사이에 흙이 혼입되어 일체화하는 등의 특징이 있다. 하지만, 이들 공법은 하중의 지지효과가 최종적으로 포설 재료의 인장력이 크기에 지배적이고 본질적으로는 다르지 않다.

당초, 격자형태의 포설 재료로는 철근망을 연약지반상에서 도로조성에 사용한 사례도 있지만, 합성수지제의 네트를 사용하는 것이 본격화되었다. 네트는 직포에 비해 약간 강도가 작지만 합성수지를 미리 연신해 대단히 큰 강도의 폴리머그리드가 영국으로부터 도입된 이후 연약지반에서도 위력을 발휘하고 있다. 최근 지오텍스타일의 재료적인 측면의 발전은 눈부시게 발전되었으며 섬유재품 분야에도 폴리에스테르 섬유를 그 상태로 고정한 네트가 생산되고, 네트 공법의 포설재로서 광범위하게 사용되기 시작하였다. 이 인장강도가 10tf/m을 넘는 것도 있다. 네트 공법과 시트 공법에 공통된 기본적 사항으로는 시트 공법의 항에서 서술한 바에 따르고, 이 절에서는 네트 공법에 깊이 관계하는 사항을 시트 공법의 항을 보완하는 형태로 서술한다.

(1) 기본 원리

네트 공법에 한정해 지지력 식을 제한한 것으로 청수(清水) 식과 산내(山内) 식이 있다.

① 청수(清水)의 식

네트가 매우 휨성이 좋은 재료로 되어있어, 네트의 강성을 무시할 수 있다고 가정해 Winkler의 지반계수법과 케이블 이론을 응용하여 네트 침하 곡선의 방정식을 유도한다. 여기서, 침하량과의 관계로부터 네트의 인장력을 산정하는 방법을 그림 3.13에 도식적으로 나타내었다.

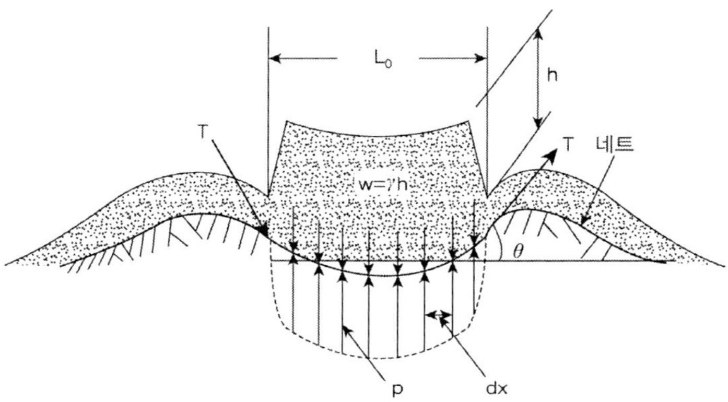

그림 3.13 케이블 이론에 의한 부망공법의 지지원리

$$y = \frac{W}{k}\left\{1 - \frac{0.5}{\sinh\beta}[(1-e^{-\beta})e^{\beta(x/L0)} + (e^{\beta}-1)\times e^{-\beta(x/Lo)}]\right\} \tag{3.14}$$

$$P = Ky$$

$$\text{단, } \beta = \sqrt{KL0^2/(Tcos\theta)},\ w = \gamma abh/(a+d)(b+d) \quad L0 = 2B = 2(b+d) \tag{3.15}$$

여기서, K : Winckler의 지반계수법에 기초한 지반반력계수

y : 침하량

w : 네트 상에 작용하는 하중강도

$2a$: 성토하중의 단변 폭

$2b$: 성토하중의 장변 폭

d : 감아올린 두께

h : 성토고

γ : 성토의 단위 체적중량

이 식에서 네트의 경사각을 구하기 위해 사이의 네트와 성토재 네트와 지반 간의 작용이 각각 전단저항을 고려한 관계식을 제안하였지만, 더욱 양 전단저항을 구하는 식에 있어 네트의 개구율(開口率)이나 종·횡방향의 네트재의 본수, 폭 등을 의미한다.

② 산내(山内)의 식

네트를 포설한 성토시공에 이어 성토하중에 의한 네트의 망목에 흙이 결합되어 그 위에 흙이 밀실하고 견고한 상태로 된 네트를 중심으로 한 일종의 강성이 있는 판구조가 되어서 판이론을 적용한 해석법을 제안하였다.

$$y=\frac{(p-q)}{S}\frac{D\ \sinh\sqrt{S/D}x\times D\ \sinh\sqrt{S/D}(L-x)}{\sinh\sqrt{S/D}L}-\left(\frac{(p-q)}{2S}\right)\left(x^2-Lx+\frac{2D}{S}\right)\tag{3.16}$$

여기서, y : 네트의 침하량

x : 단부로부터 거리

D : 네트의 휨강성

p : 성토의 하중강도

q : 지반반력

S : 네트와 흙 사이의 전단저항 합력

L : 네트의 단순지지와 가정한 지점 간의 거리

이 식 중에서 S, D, L, q는 토질시험, 재하시험으로부터 결정한다(그림 3.14).

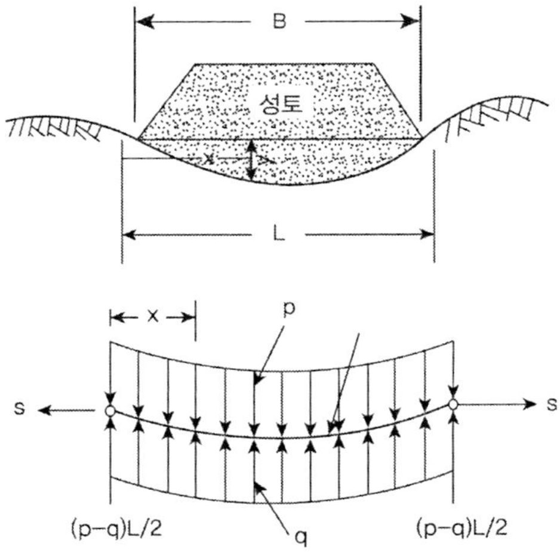

그림 3.14 판이론에 의한 네트 공법의 지지원리

(2) 계획과 설계

① 네트의 결정

앞에서 언급하였지만, 이와 같은 식을 이용하는 데 시험성토 등의 병용 등을 생각할 필요가 있다.

참고적으로 네트를 초연약지반에 이용해, 식(3.16)을 이용하는 경우 θ, γ를 결정하는 예에 대해 개략적으로 나타내었다. 표층 6m까지의 토성은 그 함수비가 90% 전후, 일축압축강도 $q_u = 1 \sim 5(\mathrm{KPa})$, 콘지수 $q_c = 0.01 \sim 0.3\mathrm{kgf/cm^2}$, 사용 네트의 인장강도는 700kg/m이다. 복토는 소형 불도저(자중 3.5t)로 제1층이 윗단 폭 $B_1 = 12\mathrm{m}$, 두께 $H = 0.6\mathrm{m}$, 제2층 $B_2 = 7\mathrm{m}$, $H_2 = 0.4\mathrm{m}$의 모래를 감아올린다. 침하판으로 침하형상을 측정한 결과로부터 접선각 θ와 반경 γ구하면 평균값은 $\theta = 20°$, $\gamma = 2.4\mathrm{m}$로 구해진다.

② 네트의 종류

네트의 종류는 섬유계와 합성수지계로 나뉘며 그 소재 및 형태는 매우 다양하다. 네트 공법으로 사용되어온 것은 합성수지 네트로 이는 합성수지를 압출성형한 미연신의 폴리에틸렌, 폴리프로필렌이 소재이다. 네트의 망목의 형상은 종류마다 다르며 인장강도의 폭도 300~1,000까지 사용된다. 최근 초연약지반에 사용된 폴리그리드는 종래의 미연신 네트에 비해 인장강도가 매우 커 3000~6000kgf/m 정도이다.

③ 성토두께

시트 공법과 같은 방법을 취한다.

(3) 시공방법

성토 시공방법은 기본적으로 시트 공법과 동일하다.

① 네트의 포설과 현장접합

네트는 3~4m 폭으로 말아진 상태로 반입이 되기 때문에 이것을 눌러 펼쳐서 포설하지만, 네트에 약간의 강성이 있기 때문에 효과적으로 다리가 빠지는 것을 방지하는 것 등의 이점이 있다. 인접한 네트는 단부를 중첩해 U자형으로 번선(철사 굵기의 선) 또는 전용 후크 부착 조인트를 장치하여 접합한다.

② 토사 말아 올림 시공방법

네트 공법의 경우에도 시트 공법의 항에서 서술한 토사 말아 올림의 시공방법이 적용된다. 여기서는 네트의 특징을 나타낼 수 있게 준설 펌프보다 수반방식을 소개하그자 한다. 수반방식은 모래를 수류에 의해 얇게 포설하여 초연약지반을 대상으로 할 때 적용된다. 구체적으로 그림 3.15에 나타낸 대상 지구 내의 한 부분에 모래설치 장소를 설계하고, 마이크로 펌프선으로 모래를 흡입시켜 배사관에 소정의 위치까지 압송하여, 말아 올리기를 한다. 수반(水搬) 방식에는 지표면 상에 30~100cm의 물을 뿌리는 수침방식과 물을 거의 뿌리지 않는 드라이 방식이 있다. 수침방식은 배사관의 이동이 용이하지만 탁한 수중 아래에서는 말아 올린 모래 두께의 관리가 어렵다. 또한 모래의 말아 올림이 종료되어 수위저하가 발생될 때, 모래에 작용하고 있는 부력이 없어져 네트에 수정된 하중이 가해지고, 그 시점에 파괴되는 것도 있기 때문에 관리에 있어 충분한 주의를 기울여야 한다. 이러한 차이점을 보완 발상하여 개발한 것이 드라이 방식이다. 배사관의 이동에 수고를 필요로 하지간, 모래의 양이나 두께를 보다 정확히 파악할 수 있다(그림 3.15).

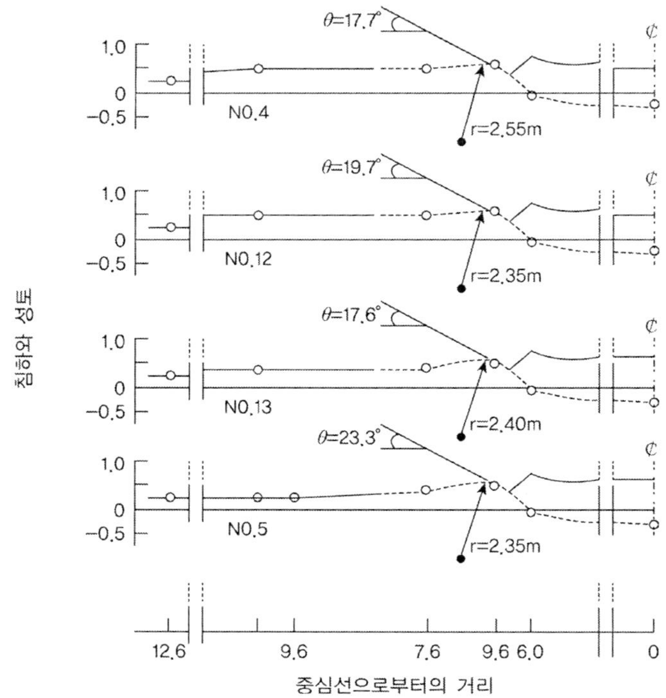

(No.4~13은 침하판의 위치, 성토는 제1층 60cm)

그림 3.15 성토단면의 지반변형

수반방식에는 네트가 시트류에 비교해 다음과 같은 적용성이 있다. 네트는 망목에 개구율이 크고, 약간의 강성이 있는 모래가 수류에 의해 네트 상에 말아 올려지고, 모래는 망목을 통한 네트 아래의 凹부를 매립하여 평지로 한 후, 네트 상에 퇴적시킨다. 따라서 연약지반 표면의 요철이 없는 곳에 네트가 수평으로 포설된 형태가 되기 때문에 좋다. 시트에서는 이와 같이 되지 않는다. 그러나 수반방식에도 모래의 말아 올림이 진행되고, 지반강도가 작은 부분, 모래층이 두껍고 완만한 배사구 부분 등에 부등침하가 발생된다. 이러한 부등침하가 일단 발생되면 수반이 있기 때문에 모래층 두께의 조정이 번거롭다. 그림 3.16과 같이 모래층 두께가 얇은 장소에 배사관의 토출구를 설치해도 그 부분은 조정보다 높은 위치에 있어 수류에 의한 모래는 퇴적이 적지 않고, 낮은 부분(모래층 두께가 큰 부분은 침하가 크게 낮다)으로 유입된다. 실제로는 인력이나 소형 육상용 기계로 고친다.

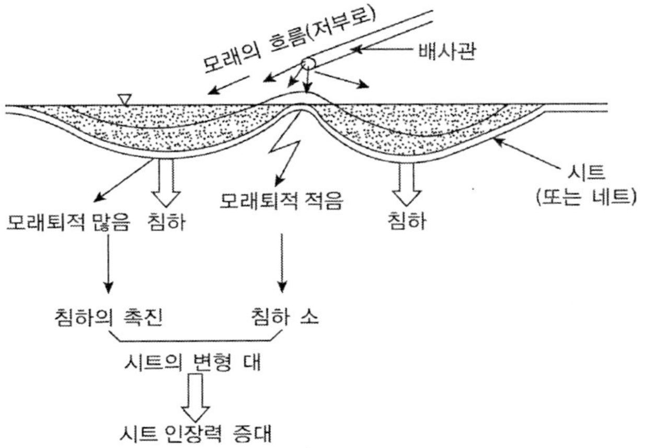

그림 3.16 수침방식에 의한 부등침하 현상

본래는 초기 성토단계를 모래를 이용해 수반방식을 행하였으며, 이후의 단계는 산토 등에 의해 육상 말아 올리기가 양호하다. 이 방식으로 수반 1층 또는 2층으로 네트를 사용하고, 그 위에 개선된 직포 시트를 포설하여 이후의 성토를 수반 또는 육상방식으로 한 사례도 있다.

3) 폴리머그리드(지오그리드)를 이용한 표층처리 공법

(1) 특 징

폴리머그리드는 앞에서 말한 네트와 형상이 유사하고, 화학적 특성 등도 같다. 인장 특성은 상이하지만, 항복점 신율이 네트의 1/2, 강도는 2~8배 정도이다. 이를 위해 초기 신율에서 강도가 이용된다. 전단시험에서 peak 변형률 10% 정도가 흙의 보강에 유리하다. 망에 의한 흙의 구속(앵커링) 효과는 네트와 동등 이상으로 흙 중에서 흙과 일체화한 일종의 판형체를 형성해 하중분산 · 성토균일 말아 올림 · 성토재의 강성 향상 등 표층처리공으로 유용한 효과 지반이 된다.

폴리머그리드를 이용한 표층처리공을 설치형상으로부터 분류하면 ① 1층 포설, ② 2층에서부터 다층포설, ③ 여러 종류의 지오텍스타일과 병용, ④ 매트리스, ⑤ 지오셀의 5종류가 있다. 이 중에서 ①~③은 네트에 있어 부망공에 속하고, ④는 ②의 상하층을 양단으로 연결하여 내층의 흙 재료 구속을 강화하여, 간단한 2층 포설보다도 효과적이라는 것이 판명되었다. ⑤는 ④의 내부를 종횡으로 가늘게 분할하여 설치한 셀 구조체로 구조물의 기초 등에 이용되었다. 여기서는 ④를 중심으로 설명하고자 한다. 이러한 예를 그림 3.17에 나타내었다.

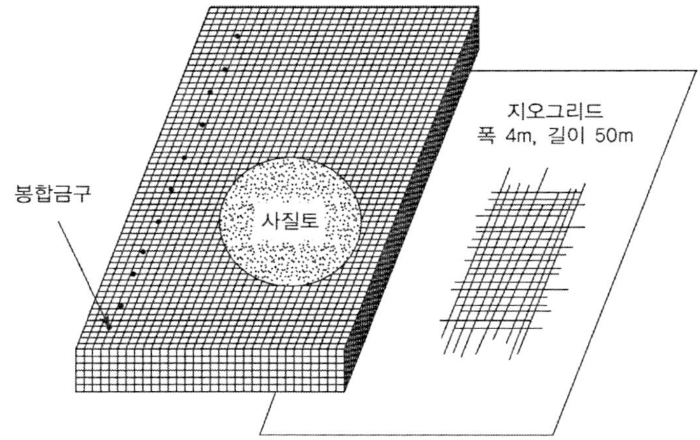

그림 3.17 기초 매트리스의 실시 예

(2) 설계 시 고려사항

④를 강체로 한 지반파괴 형식으로 밀어내어 파괴한다고 가정하면, 지반의 지지력은 다음 식으로 나타낼 수 있다.

$$q_u = (4.14 + L/2D)c_u + P_o L \ 22 \ D \tag{3.17}$$

그러나 ④의 시공현장을 관찰하고, 하중이 변화하는 제체 아래 등에 완화곡선을 그리면 위 식에서 설정한 강체(또는 강한 지반)와는 다르게 나타난다. 이 경우 공식이 완성에는 시간이 소요되기 때문에, 여기서는 하나의 예를 소개한다. 이 사례로는 그림 3.18과 같이 매트리스의 양단이 원호상으로 유동파괴면을 갖는다고 가정한다.

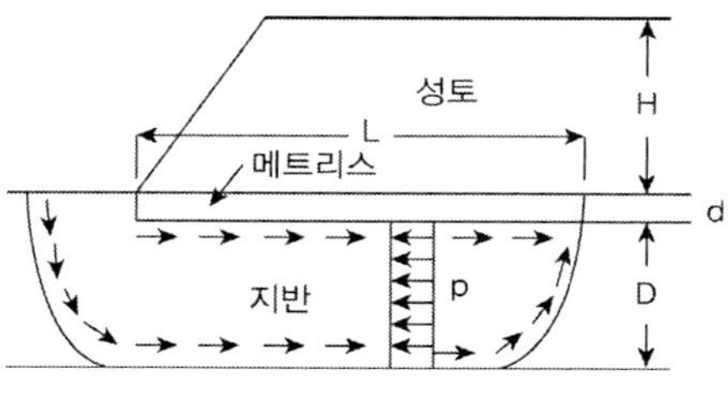

그림 3.18 기초 매트리스 설치 시의 응력 모델

그림에서 지반 내에 발생하는 응력과 경계면에서 점착력은 균질한 조건으로 보고 다음 식이 성립된다.

$$\gamma_1 HD = c_u\{2L + D - d + \pi/2(2D - d)\} \tag{3.18}$$

우변을 좌변으로 나누어 다음 식을 얻는 데 이를 안전율이라 한다.

$$F = \frac{c_u}{\gamma_1 H}\left(2.14 + \frac{2L}{D} + \frac{0.57d}{D}\right) \tag{3.19}$$

식 (3.17)~(3.19)에서 H : 성토고

γ_1 : 성토체의 단위 중량

D : 연약층 심도

c_u : 연약지반의 점착강도

L & d : 매트리스의 길이와 두께

F : 안전율이다.

다음 그림 3.19는 부등성토가 재하되어 매트리스가 변형을 발생한 부분에서, 매트리스 내부 흙이 연직으로 전단이 발생되며, 폴리머그리드는 극한까지 늘어난 상태를 가정하고 있다. 이 그림에서 응력과 저항이 같아지면 매트리스 아래 면의 응력은 0이고, 부등성토의 영향을 지반이 받지 않는다. 이 효과를 매트리스 효과라 하고 다음 식과 같다.

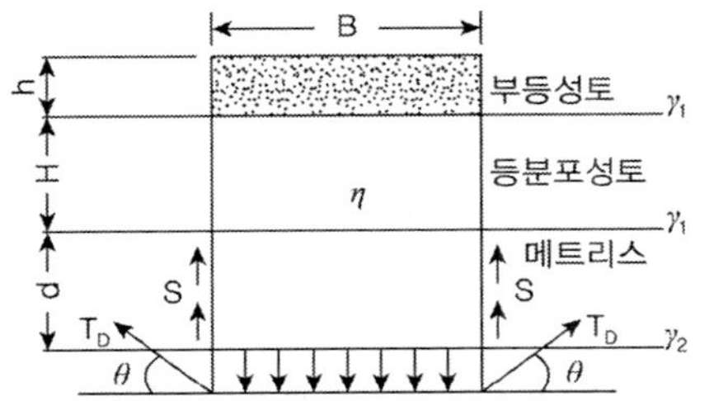

그림 3.19 기초 매트리스의 하중분산 모델

$$\begin{aligned} Q_m &= S + T \\ &= 2\int_0^d \left(1 - \frac{Z}{d}\right)dz \cdot Kp(\gamma_1 H + \gamma_2 Z)\tan\phi_2 + 2T_D \sin\theta \\ &= \left(\gamma_1 Hd + \frac{\gamma_2 d^2}{3}\right)K_p \tan\phi_2 + 2T_d \sin\theta \end{aligned} \tag{3.20}$$

$$Bh\gamma_1 = Q_m + P_o$$

여기서, Q_m = 매트리스효과

S : 흙의 전단저항

T & TD : 폴리머그리드의 윗방향 저항성분과 설계강도

H : 성토고

γ_1 , γ_2 : 충진재와 성토재의 단위 중량

ϕ_2 : 충진재의 내부 마찰각

$Kp = (45° + \phi_2/2)$, $\theta = \cos - 1(100/100 + \varepsilon)$

다만, ε은 폴리머그리드의 신율이다. B & h : 부등성토의 폭과 높이이다.

4) 시트·로프를 이용한 복토 공법

(1) 공법의 특징

시트·로프를 이용한 복토 공법의 기본 원리는 시트를 이용한 경우와 거의 동일한 복토하중에 대한 지반지지력의 부족분을 시트·로프의 인장 저항력에 보완하는 방법이다. 다만, 시트·로프에 발생되는 인장력을 성토체 하부에 단부 고정말뚝을 박아 고정성토하는 등 견고한 지반에 처리하는 방법 등의 특징이 있다. 시트·로프를 이용한 복토 공법의 개념을 모식적으로 나타내면 그림 3.20과 같다.

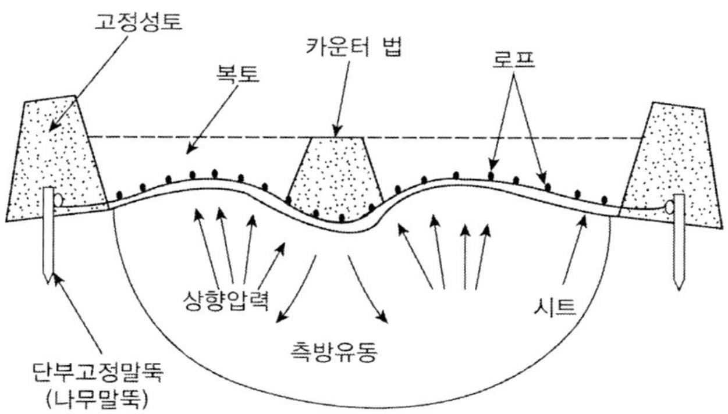

그림 3.20 시트·로프를 이용한 복토 공법

① 시트 · 로프는 복토를 대상으로 하는 연약지반에 포설된다.
② 연약토는 시트와 주변 고정성토를 밀폐시키기 위해, 복토 성층 시의 국부적인 재하에 의해 측방으로 유동한 연약토가 시트에 상향하는 압력을 작용시켜, 그 상향된 압력을 지지력 증분으로 유용하게 이용하는 것이다.
③ 시트 위에 격자형태로 배치된 로프는 국부적인 재하복토하중 및 측방으로 유동된 연약토의 상향 압력으로 시트에 발생되는 장력의 일부를 받아 지지함으로써 시트의 접합 부분을 보강한다.
④ 측방유동에 의해 상향압력을 효과적으로 발생시키기 위해서는 카운터 뱅크에 대응되는 대상성토를 한다.

이 공법의 이점은 국부재하에 의한 연약토의 측방유동이 용이하게 발생되는 지반, 즉 지표면으로부터 2～3m 사이의 지반강도(점착력)가 $0.1tf/m^2$ 이하의 초연약지반에 대한 복토를 가능케 하는데 있다. 따라서 이 공법은 준설직후의 점성토 매립지나 공장폐액 침전지 등의 초연약지반의 복토에 사용된다.

(2) 계획상의 유의점

공법의 특징으로 일컫는 로프는 시트에서 발생되는 장력의 일부를 분담하는 기능을 가지고 있다. 그 기능을 충분히 발휘하기 위해서는 로프와 시트가 일체되어 연약지반 표면의 변형에 따를 필요가 있다. 여기서는 시트와 로프의 재질결정, 시트 포설방법 등 현 공법의 계획에 따른 유의점을 기술하고자 한다.

① 재 질
시트 및 로프의 재질선정은 복토대상지반의 토질조건과 복토 성층 방법에 기초를 두고 행해진다. 현 단계에서는 이론적인 방법이 확립되어 있지 않아 과거의 공사 결과로부터 얻은 방법에 따른다. 일본의 경우, 점성토로 매립된 지반에 시트 · 로프를 사용한 비교적 대규모 공사 예로부터 정리를 하면, 현 공법으로 사용된 시트는 점착력이 $0.1tf/m^2$ 이하의 초연약지반의 경우에 150kgf/5cm의 인장강도가 사용되어야 한다. 다만, 복토는 소형 불도저 또는 소형 샌드펌프 등을 이용하여 1회 성층 두께를 얇게 하여야 한다. 다만, 로프는 폴리프로필렌제(직경 12mm, 파단강도 dir 2tf/본)가 일반적이며, 배치 간격은 50cm이다.

② 포 설

시트는 지반상황에 따라 인력 또는 간편한 포설장비를 이용하여 포설한다. 이것은 시트 공법의 경우와 동일하다. 격자상으로 배치된 보강로프는 포설 시에 1본당 50kg 정도의 초기 장력을 받아 단부 고정환에 결속한다. 초기 장력도입은 시트 분담효과를 높이는 것이 유리하다.

③ 2중 시트의 적용

복토를 최초에 성층하는 카운터 뱅크부에서는 로프의 위에 새로이 시트를 포설하여 2중 구조로 하여 시트와 로프의 일체화를 기한다. 2중 시트 구조에서 성토는 로프 사이의 탈락을 방지하기 위하여 아래 측 시트와 로프를 일체화 거동하게 한다. 여기에 대해 상측 시트가 없는 경우로 성토 성층 시에 시트만이 침하하여 로프와 분리하면, 로프는 시트 장력을 분담하고 시트에 과대한 장력이 발생한다. 지반이 초연약하여 측방유동에 의해 성토가 용이하게 침하하는 경우에는 특히 이러한 방법이 필요하다(그림 3.21 참조).

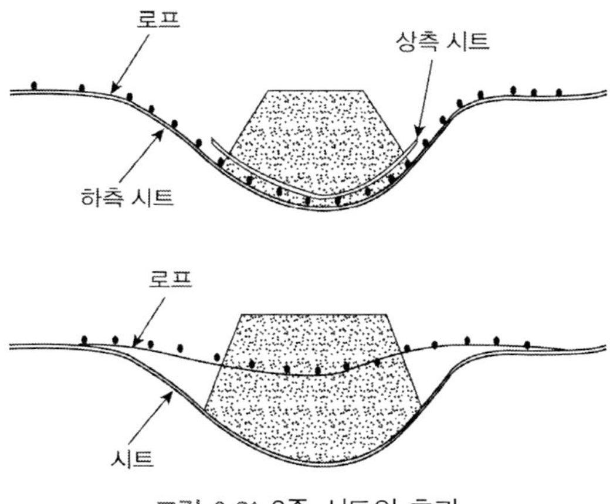

그림 3.21 2중 시트의 효과

(3) 복토두께 분포와 토량 예측

초연약지반상의 복토의 목적은 버티칼드레인 공법의 샌드매트 축조 또는 차량·건축 기계의 트래피커빌리티 확보가 많다. 따라서 복토가 완료될 때 목적에 적합한 복토두께의 확보 여부가 중요하다.

(4) 복토 후의 지반

초연약지반상의 복토는 지반개량 면으로부터 트래피커빌리티의 확보를 위해 1차 개량은 당연하고, 통상적으로 버티칼드레인 등의 2차 개량을 필요로 한다. 2차 개량 시공은 시트 및 로프의 국부적인 파단을 수반하지만, 파단의 영향은 복토의 진행 상황에 따라 변한다. 즉, 복토가 비교적 균일한 두께로 시공되는 경우는 지오텍스타일에 작용하는 장력이 그리 크지 않기 때문에 국부적인 파단은 거의 지장을 주지 않는다. 한편, 복토두께에 극단적인 변동이 있을 때에는 지오텍스타일의 침하 부분 및 뜬 부분은 큰 장력이 작용되어 국부적인 파단을 일으켜 최악의 경우에는 지오텍스타일이 찢겨져 점성토의 분출이 발생되는 경우도 있다. 따라서 복토 직후에 2차 개량을 할 때에는 특히 주의를 요한다. 버티칼드레인의 타설에서 복토두께는 소형기계(중량 20～40t)를 사용한 PBD 등에서는 0.6～1.0m. 중형기계(60～80t)를 사용한 팩드레인 등에서는 1.5～2.0m 정도가 필요하다.

3.3.3 노반·포장의 적용

1) 개 요

토목섬유의 노반 · 포장에 적용하는 철도, 도로 및 공항의 분야에는 토목섬유에 요구되는 기능에는 공통된 부분도 있지만, 적용하는 장소는 다르다. 여기서, 하중을 지지하는 부분이 철도에는 레일, 침목, 바라스트, 노상, 노반이 있는 반면에 도로 · 공항에는 포장(노반을 포함), 노상이 있고 하중을 지지하는 구조의 다름이 있다.

철도는 하중을 레일이나 침목의 강성으로 분산시키고, 바라스트에 의해서 촉진시킨 후, 노반부에 하중을 전달시킨다. 반면, 도로 · 공항에서는 하중이 직접 노반부에 전달되어 노반의 보호를 위해 아스팔트나 콘크리트로 피복을 한다.

표 3.10은 노반 · 포장에서 토목섬유의 적용방식이 소개되어 있다. 철도에서 분니(噴泥)는 노반이 점성토로 연약한 경우 반복된 열차하중에 의해 노반토의 세립분이 바라스트부로 뿜어 올라오는 현상을 말한다. 이 현상은 바라스트의 기능으로 어떤 하중의 지지 및 분산을 덜어준다. 도로 · 공항에도 이러한 현상이 발생한다. 세립재로 구성된 노반부에 노상의 흙이 혼입되어 있는 경우가 있다. 이를 위해 통상 노반과 노상을 차단층에 의하여 분리하기도

하지만, 이 차단층 대신에 토목섬유를 사용하기도 한다. 이를 위해 철도에서는 노반과 바라스트 사이에 분리하는 토목섬유를 사용하고 도로·공항에서는 노반과 노상을 분리하는 데 이용한다. 즉, 철도의 바라스트는 도로·공항의 노반 기능에, 철도의 노반은 도로·공항의 노상 기능에 해당한다. 철도에서는 분니 방지 및 노반의 지지력 증가를 위해 불량한 노반 흙을 양질의 노반 흙으로 치환하고, 노반과 노상의 분리에 지오텍스타일을 이용하는 일이 있다. 이 경우는 도로에서도 같다.

표 3.10 노반포장에서 지오텍스타일의 적용방법

<table>
<tr><th>분야</th><th>사용 목적</th><th>사용 재료</th><th>요구하는 기능</th></tr>
<tr><td rowspan="4">철도</td><td rowspan="2">분니 방지</td><td>부직포+지오멤브레인(일본)</td><td rowspan="2">분리
(배수)</td></tr>
<tr><td>부직포(유럽과 미국)</td></tr>
<tr><td rowspan="2">노반의 지지향상</td><td>폴리머 그리드</td><td rowspan="2">보강</td></tr>
<tr><td>지오웨브</td></tr>
<tr><td rowspan="5">도로·공항</td><td>노반의 지지력 저하 방지
(노상재의 노반으로의 침입 방지)</td><td rowspan="3">부직포</td><td rowspan="2">분리</td></tr>
<tr><td>노반재의 노상으로의 유입 방지</td></tr>
<tr><td>리플렉션 크랙 방지</td><td rowspan="3">보강</td></tr>
<tr><td>노반의 지지력향상</td><td rowspan="2">폴리머 그리드</td></tr>
<tr><td>아스팔트 혼합물층의 크랙, 바퀴자국 방지</td></tr>
</table>

철도의 분니 방지용으로 지오텍스타일의 적용은 일본과 구미에서는 다르다. 일본에서는 부직포와 지오멤브레인을 조합하여 적용하고, 구미에서는 부직포만을 적용한다.

구미에서는 아직 시험시공적 영역이 없는 것에 반하여 일본에서는 이미 공법으로 확립되어 있다. 또한 도로의 지지력을 향상시킬 목적으로 적용은 일본이나 구미에서 모두 시험시공 영역에 노반강화를 위해 조치한다. 일본의 도로와 공항에서는 기존포장의 오버레이에서 리플렉션크랙(오버레이 후의 교통하중, 온도변화 등에 의한 오버레이 아래층에 발생한 크랙을 말함) 방지에서 부직포를 적용한 시트 공법이 지침화되어 있으며, 그림 3.22에 나타낸 기존 포장에 발생된 크랙 부분 및 콘크리트 판의 줄눈 부분에 포장용 시트를 사용한 경우이다. 그 외 폴리머그리드를 이용한 노반 및 아스팔트 혼합물 층의 보강에서는 공법이 확립되어 있지 않다.

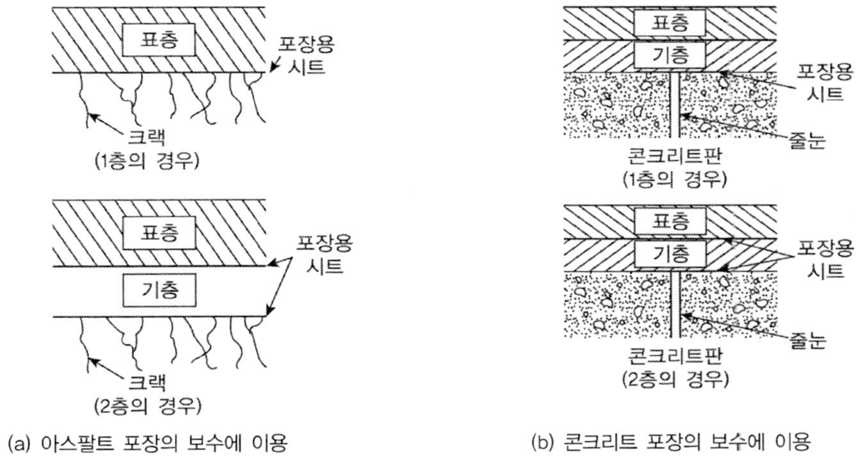

그림 3.22 도로포장의 보수에 시트공의 이용방법

2) 노반의 보강

(1) 철도노반에 적용

철도노반에는 분니(噴泥)라 일컫는 현상이 있다. 분니는 우수나 지하수에 의해 연약화된 노반 흙이 열차하중에 의해 반복되어, 도상(道床) 속의 간극을 상승시키고 도상표면까지 분출시켜 도상의 강성을 약하게 해, 레일면의 침하를 일으켜 열차의 주행성을 매우 저하시키는 현상을 말한다. 이러한 분니 개소의 재발을 방지할 목적으로 노반면 피복공을 적용하는 경우도 있다. 노반면 피복공(그림 3.23)은 차수 시트를 중간층에 사용하여 차수 시트의 보호 및 노반표면의 배수를 촉진할 목적으로 상하층에 부직포 등의 시트를 사용하여 분니를 억제하는 것이 있다. 또한 분니 원인의 첫 번째는 불량노반 흙을 개량한 노반치환공에서 그 치환재의 일부에 부직포 등을 적용하는 일이 있다. 치환재는 주로 사질토를 부셔서 사용하지만 이를 사용한 노반공의 윗면까지는 그 하면에 부직포를 포설하여 도상과의 분리까지는 노상과의 분리나 치환재 다짐효과를 조장하는 역할을 한다. 구미에서도 노반기능을 향상시키기 위해서 이와 동등한 방법으로 부직포 등을 사용하여 노반 표면까지는 아래 점성토 노상과의 경계에 포설하는 경우가 있다(그림 3.24).

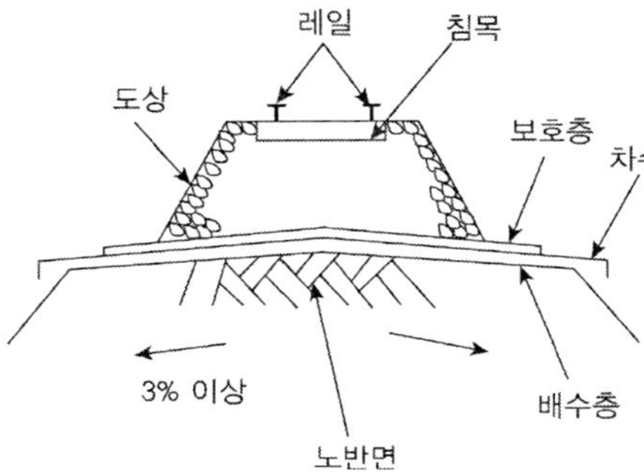

그림 3.23 노반면 피복공법

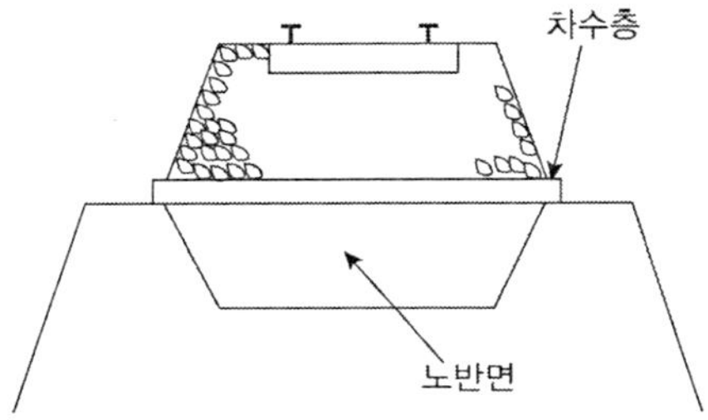

그림 3.24 노반치환공과 병용공법

헝가리국철(MAV)은 노반과 병용해 사용한 두께 4mm의 부직포는 그 지지력 효과가 186mm 두께의 모래나 사질층에 필적하다고 기술하고 있다. 지오텍스타일을 노반에 적용한 예로는 눈을 제거하는 목적으로 다량의 뿌려진 물을 받는 노반을 침수로부터 보호하고 살포수의 회수를 위하여 사용한 노반면 차수 시트공이 있다(그림 3.25). 동절기에는 1시간마다 30mm부터의 살수가 장시간 연속적으로 실시되는 구간에서는 매우 수밀성이 높은 시트가 필요하다.

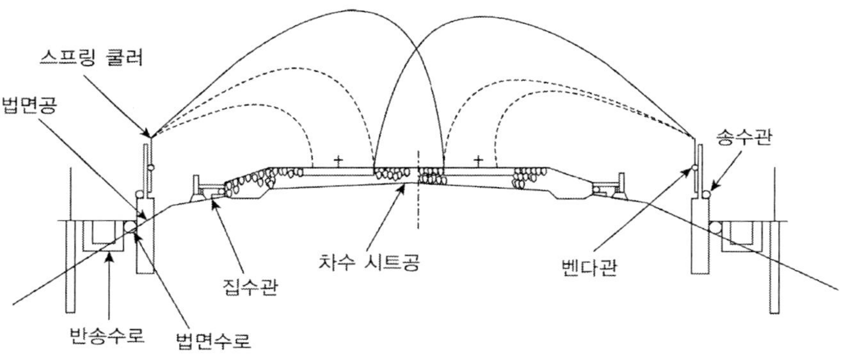

그림 3.25 노반면 차수 시트공

(2) 노반면 피복공의 설계

노반면 피복공을 사용하는 데 분니 방지의 효과를 지속적으로 시키기 위해서는 다음의 적용조건, 구조(품질기준포함)를 만족시켜야 한다.

① 설치개소의 조건

- 설치개소는 피압지하수가 없고 지하수위가 노반표면보다 50cm 이내 깊이에 있을 경우
- 노상두께가 소정 이상 확보한 경우
- 노반표면의 횡단구배가 3% 이상 확보한 경우

② 노반면 피복공의 구조와 역할

노반면 피복공의 구성은 보호층, 차수층(이하 「시트층」이라 일컬음), 배수층의 3층부터, 각각 표 3.11에 나타낸 역할을 분담하는 일이 있다.

표 3.11 각 층의 역할 및 사용재료

각 층의 명칭	역할	사용재료 및 조합
보호층	노상쇄석 등에 있어 시트층의 파손을 보호한다.	비닐 및 부직포 등의 두께 2.5mm 이상의 것을 사용
차수층	강우수등의 노반면으로의 침입(침투)을 차단한다.	합성고무, 폴리에틸렌 계 등의 enRP 1.0mm 이상의 것 사용
배수층	노반의 물을 노반 밖으로 신속히 배출함과 동시에 시트층을 보호한다.	• 모래를 배수층으로 하는 경우 ① 노반이 사질토인 경우 모래층을 5cm 이상으로 한다. ② 노반이 점성토인 경우 모래층을 10cm 이상으로 한다. • 부직포등을 배수층으로 하는 경우 ① 노반이 사질토인 경우 부직포 2.5mm 이상의 것을 사용 ② 노상이 점성토인 경우 부직포 2.5mm 이상과 모래 5cm 이상을 조합하여 사용

(3) 노반면 피복공의 설계·시공세목

노반면 피복공의 주목적은 표면 수 등에 대한 차수가 있기 때문에 시트층의 길이는 그 목적을 위해 충분히 기능을 발휘하도록 해야 한다. 철도의 기설성토 구간은 일반적으로 갓길 구조가 없고 절취(절토) 구간은 측구가 설치되어 있다. 동 공법을 시공할 위치보다 아래쪽으로는 차수 시트의 횡방향 말단 처리가 다르다.

① 성토 구간

a) 철도선로가 단선인 경우

㉠ 차수 시트의 측단은 성토법면까지 충분히 끌어당긴다. 그 끝단은 바람 등에 날리지 않도록 누름판(콘크리트 제품 등)을 그 위에 설치한다(그림 3.26 참조).

㉡ 누름판을 설치한 경우는 배수를 저해하지 않게 판과 판 사이에 적당한 간격을 둔다.

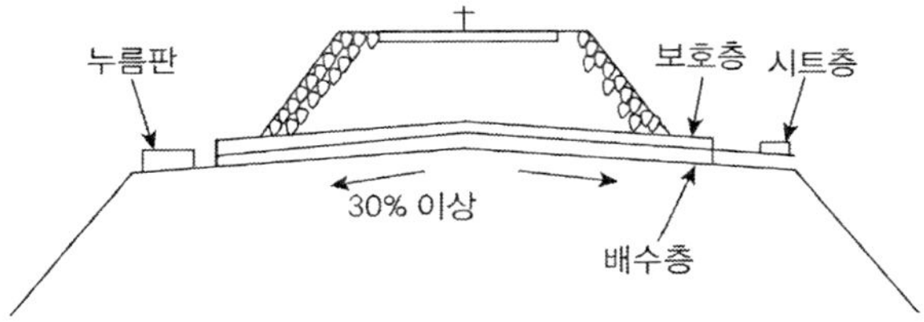

그림 3.26 단선성토에서의 시공

b) 철도선로가 복선인 경우

㉠ 선로 사이에 배수구가 이미 설치되어 신설이 가능한 경우 선로 사이 시트층의 끝단은 선로 사이 배수구 내에 끌어당겨 설치하고, 법면측(반대 측) 시트층의 끝단은 단선성토와 같게 한다(그림 3.27 참조).

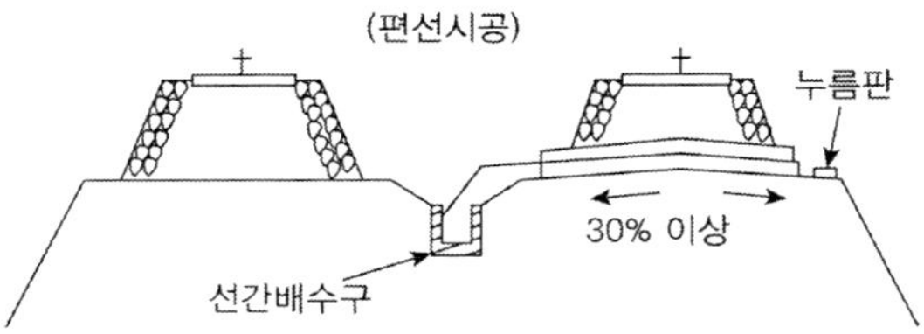

그림 3.27 복선성토의 선로 사이 배수구가 있을 때 시공

㉡ 선로 사이 배수구가 없고 동시에 신설이 불가능한 경우 선로 사이 측 시트층의 끝단은 도상말미에 충분히 끌어당겨 설치한다(그림 3.28 참조). 또한 법면 측 시트층의 끝단은 단선성토와 동일하게 한다.

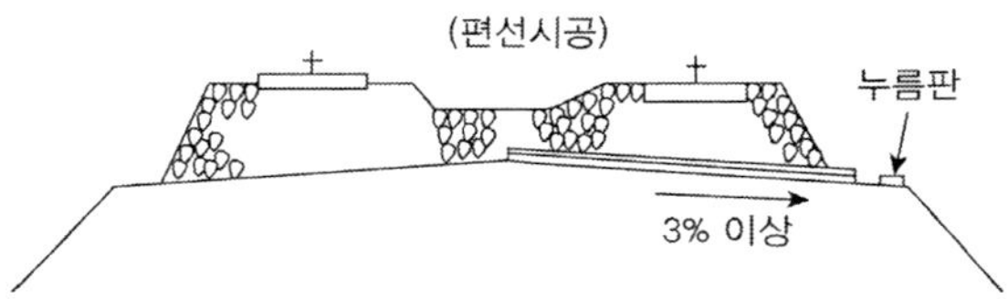

그림 3.28 복선성토의 선로 사이 배수구가 없을 때의 시공

㉢ 선로 사이 배수구가 없는 상하선에 노반면 피복공을 실시한 경우, 법면 측 시트층의 끝단은 단선성토와 같게 하고, 선로 사이 측 시트층은 중앙에 접착하고, 보호층, 배수층의 시트는 각각 중앙에 중첩시킨다(그림 3.29 참조).

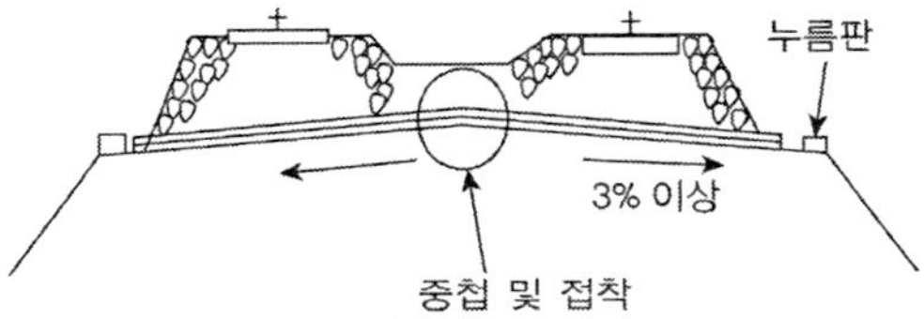

그림 3.29 복선성토에 양선동시 시공

② 절취구간

절취구간은 대부분 측구가 있으며, 노반의 표면수는 빠르게 측구로 배수하는 것을 기본으로 한다.

a) 선로가 단선인 경우

㉠ 시트층의 끝단은 측구내로 충분히 끌어당겨 누름판을 설치한다(그림 3.30 참조).

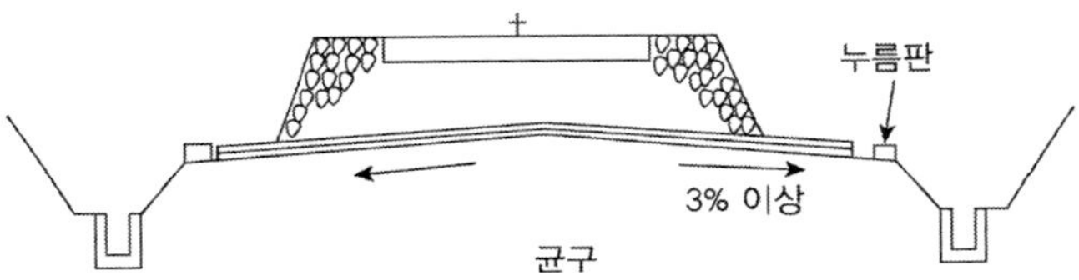

그림 3.30 단선절취(절토)에서의 시공

b) 선로가 복선인 경우

㉠ 선로 간 배수구가 이미 설치되어 있어 신설 가능한 경우, 차수 시트 끝단 처리는 단선인 경우와 같게 한다.

㉡ 선로 간 배수구가 없고 동시에 신설이 불가능한 경우 선로 간 측 시트층의 끝단은 도상말미에 충분히 끌어올려 설치한다. 측구 측 시트층의 끝단의 처리는 단선의 경우와 동일하게 한다.

㉢ 선로 간 배수구가 없고 상하 양선에 노반면 피복공을 시공한 경우, 측구 측 시트층의 끝단 처리는 단선인 경우와 같게 한다. 선로 사이 측 시트층의 끝단은 중앙에 접착하고 보호층, 배수층의 시트는 각각 중앙에 중첩시킨다.

③ 피복층의 선로방향 말단처리 등

a) 피복층의 선로방향 말단 부분은 횡단 맹배수구를 설치하고, 시트층은 배수구 중앙으로 끌어올려 설치하여야 한다(그림 3.31 참조).

b) 구배 변경점의 凹부, 구조물 배면등 물이 집중적으로 발생되는 곳, 배수불량 가능성이 강한 개소는 반드시 횡단 맹배수구를 설치하고, 시트층은 배수구까지 끌어올려 배수상태를 양호하게 하여야 한다.

c) 노반 길어깨 등에 통신 케이블용 지장물이 있고 횡단배수를 저해할 경우, 이것을 노반 밖으로 이설하는 것이 피복층을 지장물 아래로 통하게 할 수 있다. 후자의 경우, 지장물 주변은 필터층을 설치하는 것이 좋다(그림 3.32 참조).

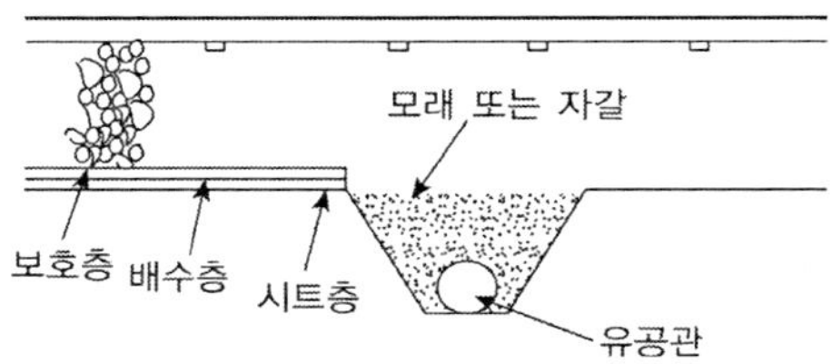

그림 3.31 선로방향 피복공 말단처리

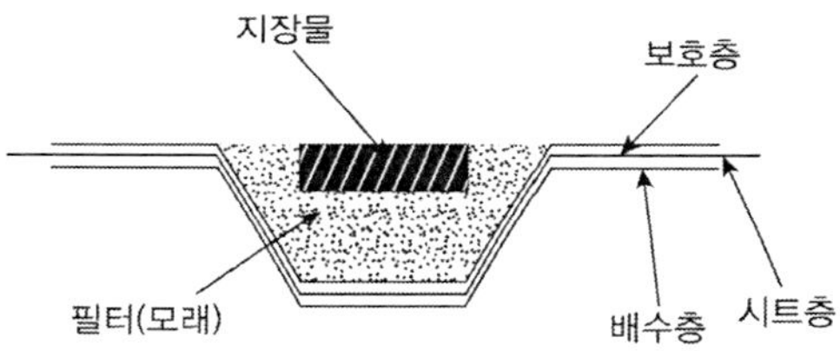

(지장물이 있는 경우)

그림 3.32 선로방향 지장물이 있을 때

④ 피복층의 접착방법 및 중첩 폭

피복층의 접착방법 및 중첩폭은 표 3.12와 같다. 한편 시트층을 현지에 접착하는 경우는 접착면이 깨끗한가를 확인하고 물이 새지 않기 위해 접착작업을 유념해서 할 필요가 있다.

표 3.12 피복층의 접합방법과 중첩 폭

재료		접합 방법	겹치는 폭(mm)
보호층	범포	중첩	200
	부직포	중첩	100
차수층	합성고무	접착제	100
	폴리에틸렌	양면 접착 테이프	50 / 150
	염화비닐계	접착제	100
배수층	부직포	중첩	100

(4) 노반재와 병용한 투수성 시트의 설계 · 시공

신선 노반까지는 기설노반에서 도상과 노반, 노상과 노반의 분리 및 노반 내의 배수촉진을 목적으로 노반상면 및 노반하면에 직포 또는 부직포를 병용하는 공법이 있다.

이 노반재와의 병용공법의 설계법은 일본, 외국에서도 확립되어 있지 않지만, 유럽, 미국의 철도노반에서도 최근에 이 공법이 채택된 예가 있다. 헝가리국철(MAV)의 기설 선노반 개량공에서는 개략설계를 그림 3.33과 같이 나타낸다. 노반재와 병용한 지오텍스타일의 물성치는 표 3.13과 같으며, 이것은 일본 구철도의 노반면 피복공 중에 보호층, 배수층의 사용재료의 물성 기준치와 같다. 또한 MAV에서는 지오텍스타일 병용공은 노반의 변형계수 306kgf/cm^2 이하의 경우에 채택되며, 지오텍스타일은 치환된 사이에 집어넣은 모래층은 아래에 이용된다.

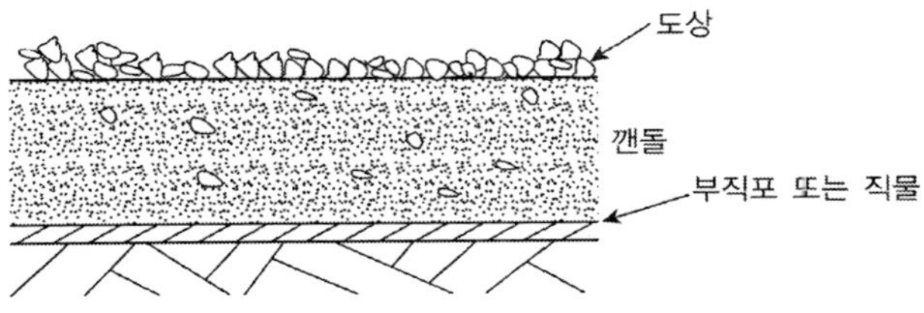

그림 3.33 지오텍스타일을 이용한 노반치환공(헝가리 국철)

표 3.13 헝가리국철에 사용된 지오텍스타일의 물성치

품명	Terfil 11
색	white
중량 g/m^2	400
두께 mm	4.0
인장강도 N	
종방향	700
횡방향	500
파괴 시 신률(%)	
종방향	50 to 80
횡방향	70 to 110
간극률	3.5×10^{-3}

(5) 살수구간용 차수 시트의 설계·시공 예

제설을 목적으로 한 다량살수에 의한 노반으로의 침수차단과 살포수의 회수를 목적으로 노반면 차수 시트공이 시공된다. 이 공법의 구조는 그림 3.34와 같다. 열차의 휴지 시간을 이용하여 시공이 이루어지며 미리 할 수 있는 것은 공장에서 제작공정을 많이 해 현장의 작업을 간소화한다. 아래층의 모래층(평균 두께 3cm)은 굴착노반면의 편평성을 목적으로 하여 차수 시트와 부직포는 공장에서 접착하여 일체화한다. 부직포는 모래층면과의 마찰계수를 증대시키기 위하여 사용된다. 예전에 일본의 국철은 노반면 피복공용 재료의 물성치와 차수 시트공의 물성기준치를 나타냈었다. 도상입자는 직접 차수 시트에 접해 큰 관입력을 받기 때문에, 노반면 피복공의 차수 시트보다 큰 인장강도를 갖는 관입저항치가 필요하다.

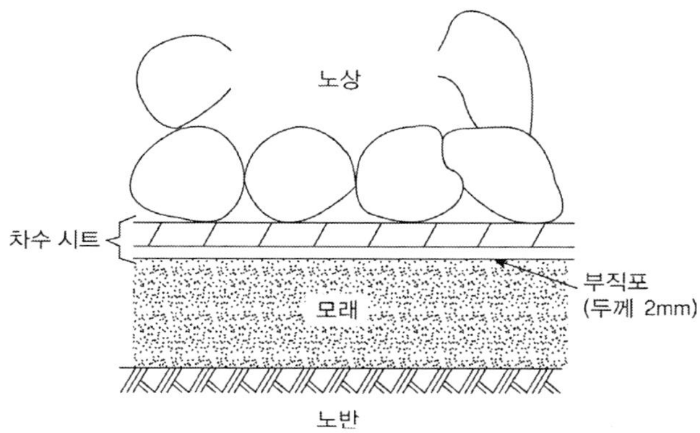

그림 3.34 차수 시트공

차수 시트·부직포합성 시트의 현장시공은 편선마다 행해진다. 시공연결은 2m마다 하고,

서로 겹치는 폭은 20cm를 연결용 아스팔트 침입용 부직포(본체 시트와 동일)에 의해 상호에 열융착을 시켜 연속성을 증진시킨다. 동공법의 하루 시공연장은 편선으로 45m 정도이다.

3) 포장의 강화

포장 분야의 지오텍스타일의 이용 공법으로는 현장시험 · 시공이나 실내 연구를 하고, 실용적으로 공유한다. 반면에 실내 연구로 유효성을 확인한 지오텍스타일도 현장에서는 그 효과가 확인되지 않아 실내 · 현장 연구의 양쪽으로 검증을 하여야하며 현 시점에서는 지오텍스타일의 이용공법에 대한 통일적인 견해를 얻기는 힘들다. 포장 분야에서의 지오텍스타일 이용과 그 득실에 대한 검토를 할 때는 실내 데이터보다도 현장 데이터를 중시하여 공학적으로 합리적인 생각을 하여야 한다.

(1) 시멘트 콘크리트 포장의 오버레이 이용

콘크리트 포장의 오버레이는 콘크리트 판의 줄눈이나 균열이 리플렉션 균열이 되어, 오버레이층에 파급시키는 예가 많다. 그림 3.35에는 콘크리트 포장의 오버레이로 지오텍스타일의 포설 예를 나타낸다. 그림에는 오버레이한 기설포장에 리플렉션 균열이 발생되어 그것을 다시 오버레이한 예이다. 지오텍스타일에 기대할 수 있는 기능은 콘크리트 판 윗면에 발생한 과대한 변위를 흡수한 절연재에 있다. 지오텍스타일은 줄눈이나 균열을 고려하여 배치하고 포설 폭은 30～60cm나 100cm 정도한다. 시공 후 최고 3년까지의 추적조사를 통해서 얻은 결론과 과제는 다음에 활용한다.

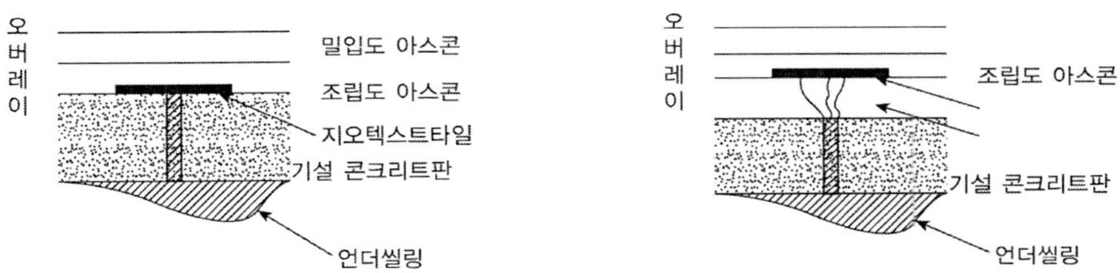

그림 3.35 시멘트 콘크리트 포장의 오버레이로 지오텍스타일의 포설 예

공용초기에는 지오텍스타일의 효과가 확인되어도, 장기적으로는 지오텍스타일을 포설한 곳에서 리플렉션 균열의 발생이 현저하게 나타난 사례도 있다. 포장 지지력이 낮은 경우 지오텍스타일의 효과는 나타나지 않는다. 한편 지오텍스타일을 포설하여도 포장지지력은 증

가하지 않는다. 이를 위해 포장지지력이 낮아지면 언더실링 공법을 병용하여 그 지지력을 증대시킬 필요가 있다. 지오텍스타일의 균열 억제효과를 기대할 수 있는 포장지지력의 한계는 일반적으로 줄 눈부 · 균열부에 5톤 윤하중 · 벵겔만에서는 0.6mm 정도 이하, 교통량에 따라서는 그것이 0.4mm 이하가 된다. 반면에, 이러한 종류의 한계는 노선의 교통조건이나 기대할 수 있는 포장수명의 연장정도에 합리적으로 할 수 있는 변화가 향후 검토과제이다.

오버레이가 2층인 경우, 지오텍스타일의 바로 위에 아스팔트혼합물 종류(말하자면, 조립도아스콘이나 세립도 아스콘 등)가 지오텍스타일의 효과에 영향을 미친다. 이 종류의 용도에는 스틸링이나 그라스그리드의 사용 예도 있지만, 일반적으로 부직포나 지오그리드가 사용된다. 그러나 어떤 재료를 어떤 조건에 사용하는 것을 명확히 결론을 내릴 수는 없다. 오직 어떤 조건 아래에서도 지오텍스타일과 포장체와의 접착이 중요하고, 접착제의 선택법, 접착을 양호하게 하기 위한 시공법등에 대한 연구가 진행된다.

(2) 아스팔트 포장의 오버레이 이용

지오텍스타일을 포설하지 않고 통상의 아스팔트 혼합물을 사용하여 아스팔트 포장을 오버레이한 경우 오버레이의 두께에 대한 그 적용한계는 기설포장의 균열 율 또는 대형차 교통량에까지 확장된다.

한 시험시공에서는 균열이 발생되어 아스팔트 포장의 오버레이에 지오텍스타일을 포설하였다. 여기서는 시공 시 아스팔트 혼합물의 고온에 견디고, 늘어나지 않는 것 등의 이유로 폴리에스테르계 부직포가 이용되었다. 또한 아스팔트 포장의 균열이 면상에 있기 때문에 부직포의 감긴 모양은 폭 3.5m, 길이 30m의 롤상태로 이것을 포장전면에 포설한다. 부직포에 기대할 수 있는 기능은 콘크리트 포장의 경우와 같고, 기설 아스팔트 포장의 과대한 변위를 흡수하는 절연재로서, 더욱 기설포장의 균열을 통한 포장체에 우수의 침투를 방지하는 차수층의 역할도 한다. 이 부직포는 물을 투수시켜 가열된 스트레이트 아스팔트를 침투시켜 차수성을 확인받았다. 이리하여 부직포와 아스팔트 혼합물층과의 접착성도 얻을 수 있다.

시험 시공 후 2년까지 조사에 따르면 바퀴자국, 평탄성에서는 효과가 나타나지 않고, 균열에서는 부직포의 효과를 확인할 수 있었다. 아스팔트 포장에서도 지오텍스타일의 균열억제 작용은 존재하였다. 폭이 넓은 재료를 현장에 포장전면에 포설해 접착하는 것은 어렵지만,

시공의 양호 · 불량이 지오텍스타일의 효과 발현에 크게 영향을 미친다. 또한 지오텍스타일의 효과를 높이기 위해서는 사전에 기설포장의 균열을 메우는 것이 필요하고, 그 중요성을 강조한 보고서가 많다.

현장에서의 리플랙션 균열 발생상황을 그림 3.36에 의해 모델로 재현시킬 때 사용된 지오텍스타일의 재질, 소요 두께, 강도 또는 소요 강성 등이 결정된다. 여기서 콘크리트 판이나 아스팔트 혼합물질과 지오텍스타일의 접착의 중요성이 재확인되며, 접착성을 확보하는 것이 아스팔트를 결합하는 재료를 사용하는 것도 유력한 방법과 결론이다. 이 종류의 재료 사용에서는 공법의 경제성에 관계하여 재료의 균열억제 효과와 함께 향후 검토 과제이다.

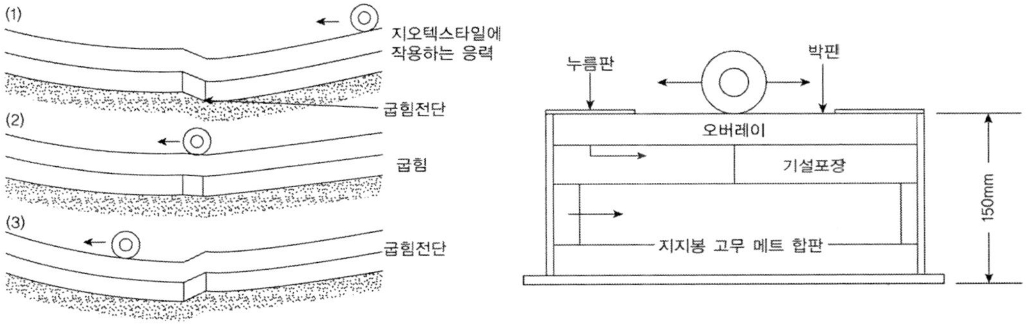

그림 3.36 지오텍스타일에 있어 균열억제 효과의 실내시험에 의한 평가

(3) 포장도로의 노상 · 노반의 이용

연약지반상의 점성토에서 포장보강의 목적으로 상층노반 또는 하층노반에 폴리머그리드를 포설한 예가 있다. 시공 직후부터 12개월까지의 평판재하, 휨 및 노면성상 등의 시험 결과로부터 얻을 수 있는 결론은 다음과 같다. 폴리머그리드를 포설해도 포장지지력은 증가되지 않는 반면에 노면성상은 어느 정도 개량된다. 사용된 폴리머그리드의 범위는 눈금이 넓은 것보다는 그것이 작은 것이 효과가 크다. 폴리머그리드 1층은 노반두께 10cm에 상응한다.

그림 3.37은 주행시험 도로에 행해진 연약지반상에 시험포장한 예로 포장이 파괴될 때까지 덤프트럭을 주행시킨 것이다. 여기서는 지오텍스타일의 포설효과로 다음과 같은 경우를 말한다. 지오텍스타일 1층은 상층노반재(0～10cm)에 해당된다. 포설위치는 노반 내로부터 상부 정도에서 지오텍스타일은 유효하게 작용한다. 지오텍스타일을 포설 시 노반시공은 대단히 복잡하고 이 점이 시공면에 대한 향후 검토 문제이다.

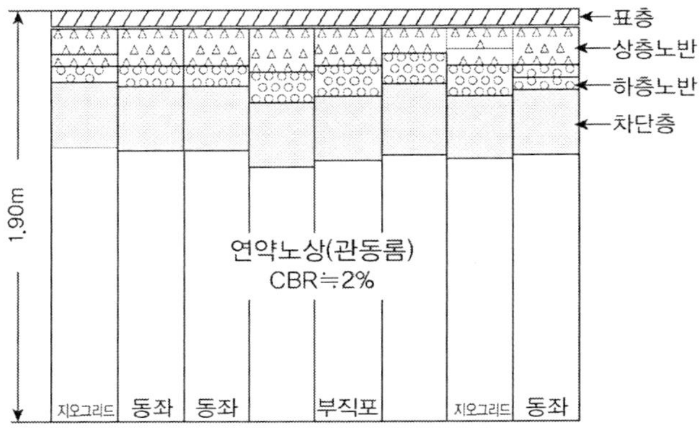

그림 3.37 연약한 노상의 지오텍스타일에 의한 포장강도

(4) 기타 이용

농도나 간이포장 등 교통량이 적지 않는 도로에 아스팔트 포장의 개축·수선에는 시멘트 안정처리가 채택된 경우가 많다. 이 경우 시멘트의 경화·건조수축에 기인한 균열이 리플랙션 균열이라 하는데, 아스팔트 혼합물 층에 파급되는 일이 있다. 리플랙션 균열을 억제하는 의미로 안정처리 노반상의 전면에 지오텍스타일을 포설하여 그 후에 얇은 층의 아스팔트 혼합물을 시공하는 공법이 고려된다. 구미지역에서는 이런 시공 예가 많이 있으며 일본에서도 일부 채택되고 있다. 그 유효성은 모델 시공에서도 확인되었으며, 향후 많은 이용이 기대된다. 많이 변형된 지오텍스타일의 유효성을 생각하면, 지오텍스타일을 공사용의 장소에 사용하는 것은 합리적이고, 그 설계법도 제안되었다. 기타, 복공판, 아스팔트 포장강도, 교량부 신축장치상의 포장강도, 또는 도로의 빙상 대책공법 등에도 지오텍스타일이 사용된다.

3.3.4 법면보호

1) 개 요

성토법면 등은 식생공에서 법면을 피복해 보호하는 것이 일반적이지만, 식생이 어려운 사질토의 성토등에는 표면수에 의해 법면이 침식되거나 종자가 유출되기도 한다. 그래서 종래에는 천연의 짚이나 발 등으로 법면을 보호하는 것을 하였지만, 최근에는 부직포나 직물, 네트 등의 지오텍스타일이 많이 이용된다. 지오텍스타일은 그림 3.38과 같이 법면표면 부근에 포설하거나, 또는 6각형 틀의 아래에 지오텍스타일을 법면에 설치하여 그 안에 흙을 뿌려 식생하는 방법을 행한다. 더욱, 토질이나 기상조건 등에 의해 식생이 반드시 적합하지 않는 경우의 대응책으로 지오텍스타일을 이용한 배수층, 방초층, 보호층의 3층으로부터 법면 3층 피복 공법이 개발되었다. 프랑스에서는 법면의 안정화와 식생을 동시에 하는 새로운 텍솔 공법이라는 토류 공법이 개발되었다. 이 공법은 지오텍스타일계와 모래를 현지에서 직접 혼합하여 그것을 다져 법면의 안정화를 이루는 것으로 우수 등의 침식에 강하고, 식생하는 등의 이점이 있다.

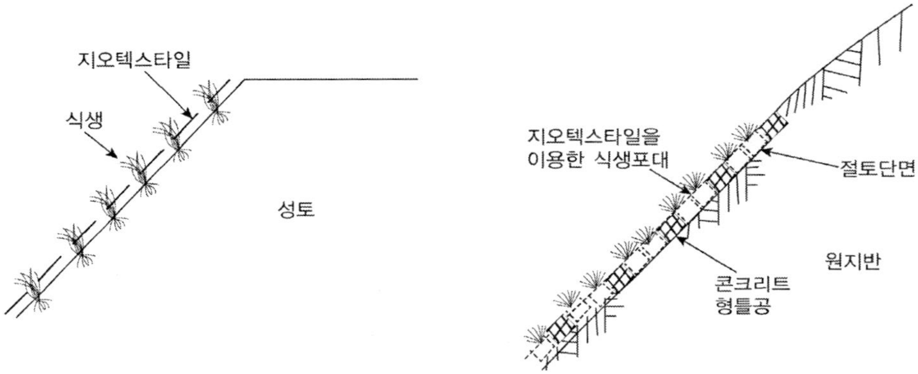

(a) 성토법면의 경우 (b) 절토법면의 경우

그림 3.38 지오텍스타일을 이용한 법면보호 예

또한 최근에는 경관이나 환경정리 면에서 절토법면의 녹화가 중요시되며, 특히 식생이 곤란한 암의 법면 등에서도 녹화하는 것이 요구되고 있다. 이를 위해 지오텍스타일을 이용한 식생이 이용되며, 정해진 형틀 안에 녹화를 하는 것 등이 이용된다. 더욱이 암의 풍화방지나 기타 등의 방지 목적으로 부분적으로 봉합하는 2중의 지오텍스타일 안에 콘크리트나 모르타르 등을 유입시켜 절토법면을 보호하는 공법이 이용된다.

이상에 의해 지오텍스타일은 법면의 식생이나 풍화 등의 방지 목적으로 보조재 등으로 많이 이용되지만, 그 적용을 위해서는 다음 사항을 유의하여야 한다.

① 침식작용에 대해 강한 재료로서, 식생의 번식에 필요한 목적으로 투수성을 갖고 있을 것
② 식물이 번식할 때, 법면에 침식이나 변형이 생기지 않고, 그 기능을 발휘하는 데 내구성을 갖고 있을 것
③ 식물이 자라나는 데 뿌리의 신장이나 수분의 공급이 충분히 만족하되 환경을 보호하는 데 도움이 될 것

④ 풍화방지 등을 목적으로 법면보호의 경우에는 내구성이 우수할 것

2) 침식방지

(1) 법면보호공

본 절에서 서술하는 침식방지에는 토질사면이 우수 등으로 침식하는 것을 방지하기 위해 하는 법면보호공에 있다.

일반적인 법면보호공을 공종과 기능별로 나타내면 다음 ①~⑥으로 크게 분류할 수 있다.

① 식생에 의한 보호공
- 식생공(각종 식생과 종자녹화공)
- 식생기초공(식생공과 형틀공 조합)

② 구조물에 의한 보호공
- 피복밀폐공(각종 흡부공과 장부공)
- 토압억지공(보강토, 옹벽, 억지말뚝 등)
- 침식방지공(편책공 등)
- 배수공(표면배수, 지중배수공)

법면보호공에는 공사비, 경관 등을 고려하여 본질적으로는 식생공에 의한 것보다는 자연적인 것이 좋다. 하지만 험준한 지형, 급한 구배, 가는 모래, 화강풍화토, 산모래, 화산회질점성토, 강산성토 등의 식생이 부적합한 흙, 구조물 아래, 일조나 우수 부족, 동토 · 동결에 따른 법면이락, 법규제 등에 의해 식생공이 불가능한 경우, 구조물에 의한 보호공이 있는 경우 등이다.

(2) 법면보호공에 지오텍스타일 이용

① 성토보강재

스판본드부직포, 지오네트, 지오그리드를 보강재로 하여, 성토법면강화(보호) 공법으로, 급구배성토공법, 법면을 세운 연직성토공법, 성토층 두께 관리재 등이 있다. 성토법면 붕괴의 원인으로 강우 등에 의한 성토 내 간극수압 상승이 있다. 방지대책으로 배수 브랭킷 공법이 있다. 법면 가장자리 등에서 수면 높이가 50cm 이상이 되고, 법면붕괴의 위험이 매우 큰 경우에는 성토의 투수계수 k가 10^{-4}~10^{-1}cm/s 범위에 있을 때 성토 시에는 배수 브

랭킷이 필요하다. 배수재료는 투수계수 k ≥ 1cm/s의 값이 필요하며, 모래 등을 이용할 경우에는 부직포로 감싸서 성토재의 유출을 막는다. 구조 형식은 그림 3.39와 같다. 또한 다수 앵커식 옹벽 벽면재에 부직포를 이용한 공법도 개발되었다.

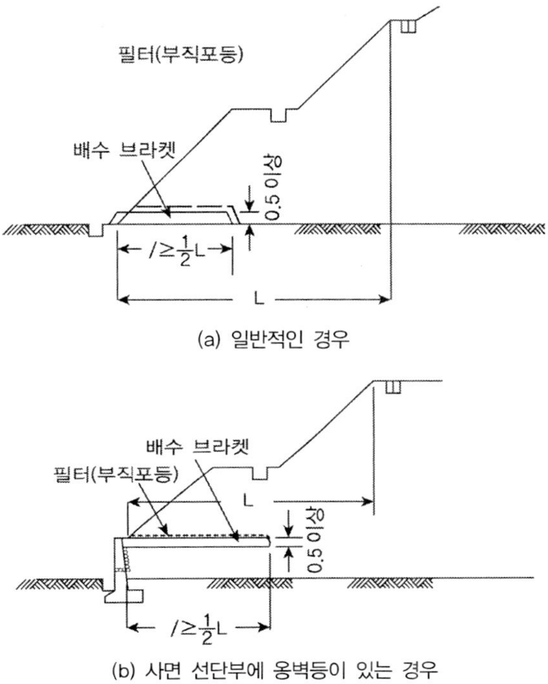

그림 3.39 배수 브랭킷 참조도

② 편책공

지오텍스타일에 의한 편책공은 식생이 충분히 생육할 때까지 법면표토의 유출이나 붕낙을 방지하기 위하여 법면에 나무말뚝을 타입하고, 대나무 등을 대신하여 시공성이 좋은 지오네트, 지오그리드, 판상배수재를 편책공으로 사용한다.

편책공의 설계는 ① 눈금의 선정은 토사가 자갈질 흙인 경우 20~30mm 정도, 사질토, 점성토는 5~10mm 정도가 사용된다. ② 억지말뚝의 간격 결정은 토압에 관해서는 쿨롱 이론, 장력에 관해서는 케이블 이론이 적용되며, 실험결과에 따라 다음 식으로 구한다.

$$H \cdot T_a = Pl\frac{l}{8D}\sqrt{1+\frac{16D^2}{l^2}}$$
$$\varepsilon = 8/3(D/l)^2 \qquad (3.21)$$
$$P = C_a \cdot \gamma \cdot H$$

여기서, T_a(kgf/m) : 편책공의 폭 1m당 말뚝장력

ε(%) : 편책공의 신율, 통상 5%를 채택

l(m) : 말뚝 간격

D(m) : 처짐량

H(m) : 편책공의 높이

P(kgf/m^2) : 단위높이 평균주동토압

γ(kgf/m^3) : 흙의 단위 체적중량

$$C_a = \frac{\cos^2\phi}{\left[1+\sqrt{\frac{\sin\phi \cdot \sin(\phi-\beta)}{\cos\phi}}\right]^2} \qquad (3.22)$$

쿨롱의 주동토압계수에서 흙과 편책의 마찰을 무시하면 토압은 편책에 직각으로 작용하는 경우이다. 여기서, $\phi < \beta$ 인 경우 $\sin(\phi-\beta)=0$

일반적으로 나무말뚝의 길이는 80~150cm, 굵기 9~15cm, 간격은 50~90cm, 편책열 간격은 0.5~3.0m 정도로 시공한다. 말뚝의 각도는 연직 또는 법면에 대해서 수선과 연직선과 중간 각도까지가 좋다. 또한 지오그리드는 격자 눈금에 직접 철근파이프를 타입하여 나무말뚝을 필요로 하지 않아 시공도 간편하다. 그림 3.40에 지오네트, 그림 2.41에 판상 배수재를 사용한 경우의 시공 개략도를 나타낸다.

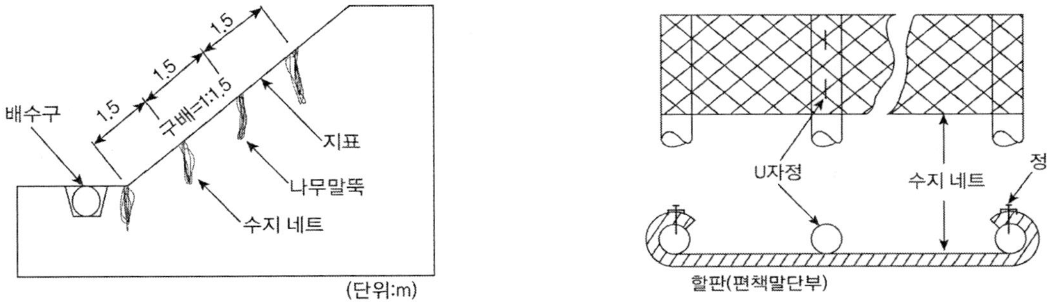

그림 3.40 수지 네트에 의한 편책공 개략도

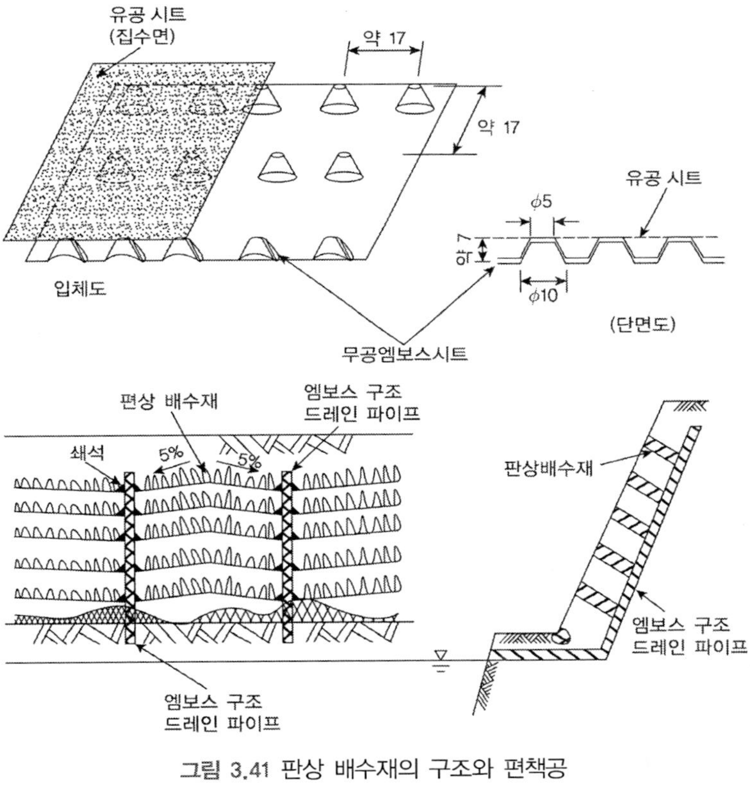

그림 3.41 판상 배수재의 구조와 편책공

③ 포제형 틀

식생공, 풍화방지공, 침식방지공 등의 법면방호공은 격자형틀공과의 조합에 의해 하는 경우가 많지만, 그 격자 형틀공에 포제포대형의 형틀을 사용하는 공법이 각종 개발되어 많이 사용되고 있다. 구조에는 합성고분 자제 고강력계를 이용한 이중포 대직구조, 합성고분 자제의 2매직물을 특수한 방법으로 직조한 구조 등 수종이 있다. 면상이나 격자상의 포대구조 안에 콘크리트를 유입시켜 만든다. 종래의 형틀에 비해 ① 경량으로 취급이 용이하고, ② 시공이 간단하며, ③ 치수나 형상을 자유로이 선택할 수 있으며, ④ 지반형상에 자유로운 것 등 특징이 있다. 그림 3.42에 형상의 예를 나타낸다.

그림 3.42 포제형틀 형상의 참고 예

④ 구조물 배면 배수재

콘크리트 옹벽, 석축 등의 옹벽배면의 배수재는 법률·기준 등에 옥석, 잡석 등 자연재료로 정해져 있지만 현실적으로는 많은 투수 매트재가 대체품으로 사용된다.

(3) 법면 3층 피복 공법

① 목적과 구조

토질, 기상, 환경 등의 조건에 의해 식생공이 불가능한 경우 합리적, 경제적인 법면보호공으로서 고찰된 것이 「3층 피복 공법」 이다. 공법의 구조는 그림 3.43과 같이 배수층, 방초층, 보호층의 3층 복합층으로 되어 있으며 법면을 피복하는 구조로 되어 있다. 각 층의 역할과 재료는 다음과 같다.

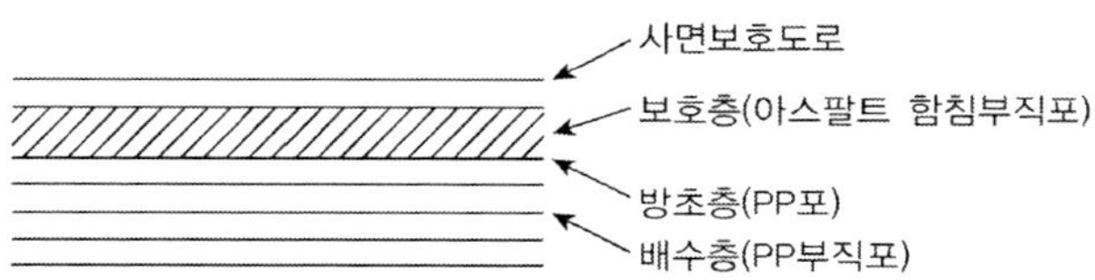

그림 3.43 3층 피복층의 구성

a) 배수층

법면으로의 침투수를 빨리 배제하고, 성토나 원지반의 안정을 보존하기 위해 법면에 밀착해 설치한 배수용 피복층이 있다. 재료로는 부직포를 사용한다. 현재까지 전공사에는 산성토나 콘크리트 격자형틀(pH≒12)에 접한 경우가 많아 배수량을 고려해 내약품성이 우수한 폴리프로필렌(PP)제 스판본드 부직포로 두께 3~4mm 정도가 적용된다.

b) 방초층

법면에 발생한 잡초가 보호층을 관통하여 기능을 손상하는 것을 방지하기 위하여 배수층상에 설계하는 방초 시트층이 있다. 재료로는 PP 재직포로 두께 1.6mm의 캔버스가 사용된다. 방초층의 효과로는 각종 재료와 조합에 의한 시험시공과 관입시험으로부터 3층 피복재료의 조합에 의한 식물의 관통이 0이 되는 것을 실증하고, 그에 대응하는 두께 0.4mm 이상의 PP 필름을 보호층과 일체화하는 것이 필요하다는 보고가 있다. 또한 종자의 비산의 우려가 없는 계절의 절토공사에 식물의 발아생육이 없다고 판단될 경우에는 방초 시트층을 2층 피복구조로 하기도 한다.

c) 보호층

강우의 법면으로 침투를 차단하고, 단열효과와 축열효과에 의한 사면 흙의 동결을 막고, 바람 등 외곽 환경으로부터 법면을 보호하기 위하여 방초층상에 중요한 최상층의 보호용 피복층이 있다. 재료는 PP재 스펀본드 부직포를 기본 재료로 하고, 거기에 특수 아스팔트를 혼합한 아스팔트 혼합부직포로 두께 3mm와 4mm의 것이 사용된다.

또한 보호층 표면은 미관과 환경 등을 고려하고 표면을 보호할 목적으로 합성수지, 합성고무 등을 주성분으로 하는 내마모성분제나 안료를 혼입한 라텍스계 도료를 도포하여 주변사면토를 흡착한다.

② 설계·시공

3층 피복공의 일반적인 구조 개략을 나타내면 그림 3.44와 같다.

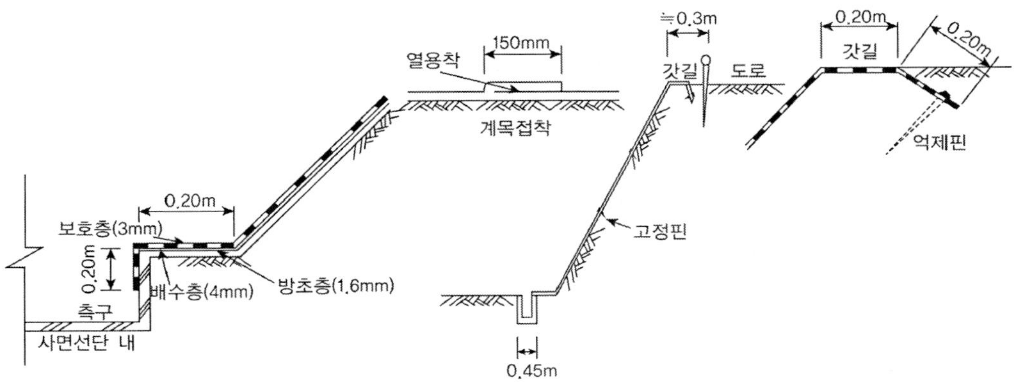

그림 3.44 3층 피복공의 구조 개요도

a) 법면형성

공법의 특징으로 각층의 재료는 유연한 소성체로 법면의 마무리 형상인체로 피복층이 법전면에 밀착해 돌기물, 부석 등도 그대로 형상이 나타나기 때문에 충분히 평활하게 마무리 하여야 한다. 격자형틀공과의 조합의 경우는 안쪽의 다짐이 후에 수축하여 형틀 표면보다 내려가지 않도록 더 많이 쌓아서 균질 평활하게 마무리하여야 한다.

b) 단부의 시말

상단부의 수축은 피복층이 후에 미끄러져 내려가는 것을 막기 위하여 전폭에 일정하중이 작용하는 선에 고정, 볼트, 앵커핀 등의 고정은 보조 기능으로 한다. 또한 바람이나 우수의 침입을 차단하는 구조이다. 양측단의 고정은 바람과 비, 잡초 등의 침입을 허락하지 않는 구조로서 풍압에 의해 씻겨 내려감을 방지하기 위하여 충분히 고정한다. 하단부의 고정은 배수층의 보충수가 측구, 배수관 등으로 유입을 저해하지 않는 구조로 한다.

③ 법면의 고정

법면에 작용하는 풍압력은 다음 식의 내풍구조 설계를 참조하여 산정한다.

$$q = (0.058)V^2 = 0.058 \times V^2 \times \sqrt{h/h_0} \qquad (3.23)$$

여기서, q : 속도압(풍압 kgf/m²)

V : 공기속도(풍속 m/s)

h : 지반면으로부터 법면 높이(m)

h_0 : 풍속계의 높이(m), 통상 15m로 한다.

예를 들면, 성토고 6m, 예상 순간 최대 풍속 40m/s라면,

$q = 0.058 \times 402 \times \sqrt{}(6/15) = 58.7 \fallingdotseq 60\,\text{kgf/m}^2$

성토의 풍력계수를 일본 건축 규격에 나타나는 계수를 적용하면

피복층이 깨뜨려지지 않는 경우 양압력 Q_1은 $Q_1 = C \times q = 0.5 \times 60 = 30\,\text{kgf/m}^2$

피복층이 깨뜨려진 경우 양압력 Q_2는 $Q_2 = C \times q = 1.6 \times 60 = 96\,\text{kgf/m}^2$

피복층을 법면에 고정하는 견제력 Q는 안전율 F를 3을 적용하면,

피복층이 깨뜨려져 간극으로부터 바람의 유입이 없을 때는

$Q = Q_1 \cdot F = 30 \times 3 = 90 \fallingdotseq 100\,\text{kgf/m}^2$

피복층이 깨뜨려져 간극으로부터 바람의 유입이 있을 때는

$Q = Q_2 \cdot F = 96 \times 3 = 288 \fallingdotseq 300\,\text{kgf/m}^2$로 하여 설계값을 고정한다.

이를 위하여 법면에 직접 앵커핀으로 고정하는 경우는, 미리 핀의 인발저항력 시험을 하여 핀 길이, 본수 등을 계산할 필요가 있다. 통상은 보호층 항목부에 1~1.5m 피치로 고정한다. 격자형틀에 플랫바(스테인레스 판이 많음)로 고정한 경우도 같은 형태의 볼트강도, 바의 피치를 계산한다. 통상, 격자형틀은 3~5m 피치, 플랫바는 1m 피치의 격자상으로 한 경우가 많다.

3.4 EPS 성토

3.4.1 개 요

EPS 공법은 발포폴리스티렌의 대형 블록을 토목, 건축 분야인 토목 공사, 구조물 공사 또는 공원조성 공사 등에 사용하는 공법으로 EPS의 초경량성, 내압축성, 자립성, 내수성 및 뛰어난 시공성을 바탕으로 일반 토목공사로 해결할 수 없는 어려운 현장을 쉽게 해결할 수 있는 장점을 갖고 있다. 기존의 연약지반 처리 공법은 성토 및 구조물에 작용하는 하중에 의해 지반의 침하 및 강도를 증진시켜 제체를 안정화시키는 공법이 주를 이루었다. 하지만 재료의 다양성과 설계 및 시공기술의 발전에 따라 보강 공법 및 하중경감 공법 등이 사용되고 있는데, 성토체의 하중을 가볍게 하여 지반의 안정을 꾀하는 공법이 바로 EPS 성토공법이다.

일반적인 경량 성토공법으로는 BOX형 교대, Corrugate Pipe, 인공 경량 재료를 이용하는 공법 등이 있으며, 최근에는 발포스티로폴을 연약지반에 이용하여 지반과 구조물의 안정성을 꾀하는 EPS(Expanded Polystyrene) 성토공법이 다양한 건설현장에 적용되고 있다. EPS 블록(Expanded Poly-Styrene)은 석유정제 과정에서 생기는 Styrene monomer의

중합체로 얻어지는 폴리스틸렌과 발포제를 주원료로 한 대형 발포 재료로 발포 폴리스티렌이라고도 하며, 이를 성토 재료 및 구조물 뒤채움 재료로 토목공사에 적용하는 공법을 EPS 성토공법이라 한다.

EPS 공법은 1972년 노르웨이 국립도로연구소(NRRL)에서 동토의 도로동상 방지대책으로 발포스티로폼을 사용했다가 해빙기에 그 효과를 톡톡히 보고 제품화한 것이 오늘날의 EPS 성토공법이 탄생된 것이다. 이후 1985년 오슬로에서 'Plastic form in road embankments' 라는 주제로 국제회의가 개최되었다. 이후 1986년 일본에서는 EPS 공법의 기술적 확립 및 설계 시공법 개발을 위하여 발포폴리스티렌 토목공법개발기구(EPS 개발기구 또는 EDO)가 설립되었다.

우리나라는 1973년 발포성 비드가 생산된 이래 어업, 농업, 가전 및 건축 분야 등에서 다양하게 적용되다가 1993년 한국도로공사 도로연구소에서 서해안고속도로의 서창 J/C에 연약지반상의 교대변위 억제 대책으로 적용한 것이 토목현장에서 최초의 사고사례가 되었다. 이후 남해고속도로, 호남고속도로, 양산-구포 간 고속도로 등 연약지반 구간의 교대변위 억제 대책으로 다양한 현장의 사용은 물론 중앙고속도로에서는 산악지 급경사지의 산림훼손을 최소화하기 위한 안정된 공법으로 EPS 공법을 적용한 사례도 있다. 이후로는 그 사용범위가 도로현장뿐만 아니라 아파트 지하주차장, 옹벽 뒤채움재 등 그 활용범위는 날로 급증하고 있다.

3.4.2 설 계

1) 고려하중

(1) 토압 및 수압

축조한 EPS 블록 배면의 원지반이 자립하지 않는 경우, 그리고 수위 상승이 예상되는 경우에는 토압, 수압을 고려한다. 토압의 산정은 Coulomb, Rankine, Terzaghi 등의 방법으로 실시하며, 수압은 정수압 분포로 산정한다.

(2) 측 압

EPS 블록의 측압 발생은 상재하중에 의해 EPS 블록이 탄성변형할 때에 횡방향으로 팽창하는 것이다. 통상적으로 측압은 상재하중의 0.1배의 값이 깊이 방향으로 균등하게 분포, 작용하는 것으로 한다.

(3) 자 중

EPS 블록 자체의 중량은 건조한 상태의 무게(지하수위 이상)를 단위 체적 중량으로 한다. 그리고 지하수위 이하 및 근접의 조건하에서는 흡수에 의한 단위 체적 중량의 증가를 고려하여 재료의 종류에 관계없이 $100kg/m^3$으로 한다.

(4) 상재하중

상재하중이란 포장, 도로 등 EPS 블록 상부구조의 무게, 활하중 등을 고려한다. 활하중은 차량하중 DB-24를 기준으로 할 때 등분포하중 값이 $q=1.3tf/m^2$ 정도이다.

(5) 부 력

지하수위가 EPS 블록을 설치한 기준면보다 높을 경우는 부력을 고려하여야 한다. 부력은 수위 아래의 EPS 블록에 작용하여 대상구조물에 불리하게 작용한다.

(6) 기 타

바람, 충격하중, 제동하중 등의 각종 하중은 「도로교 시방서」에 준한다.

2) 설계방법

(1) 성토체

① 설계일반

EPS 블록 공법을 성토체에 적용하는 경우, 기본적인 개념은 원지반에 증가응력을 발생시키지 않거나 허용지지력 이하가 되도록 설계해야 한다(그림 3.45 참조).

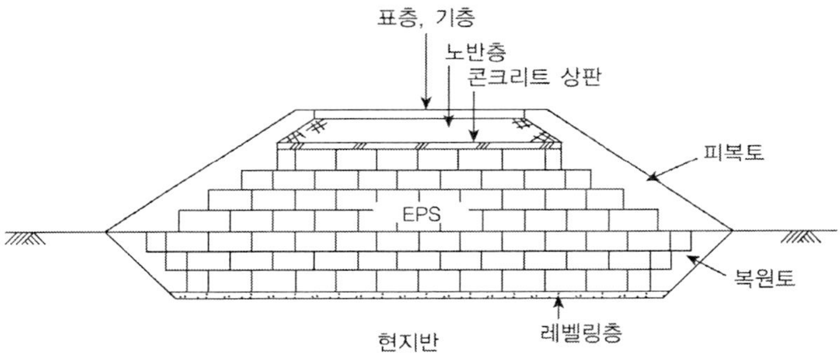

그림 3.45 EPS 블록 성토층의 일반적 구조도

② 설계순서

EPS 성토공법에 의한 성토체는 유해한 침하, 부력에 의한 부상검토 및 전체적인 안정이 확보될 수 있도록 설계한다.

③ 설계하중

EPS 성토공법을 설계할 때는 성토하중(포장 · EPS 블록 자중 등), 상재하중, 부력 등을 고려하여 설계한다.

④ 안정검토

a) 치환 성토두께의 산정

치환 성토두께(EPS 블록 성토두께)는 식 (3.24)와 그림 3.46을 참조하여 다음과 같이 산정한다.

$$D = \frac{(W_{L+}\gamma_{t1} \cdot h_{1+}\gamma_{t2} \cdot h_2)}{(\gamma_t - \gamma_{t2})} \tag{3.24}$$

여기에서, γ_{t1} : 포장, 노반의 단위 체적 중량

h_1 : 포장, 노반의 두께

h_2 : 원지반에서 쌓아올린 EPS 블록의 두께(높이)

γ_{t2} : EPS 블록의 단위 체적 중량

D : 굴착 깊이

W_L : 교통 상당 하중

γ_t : 원지반의 단위 체적

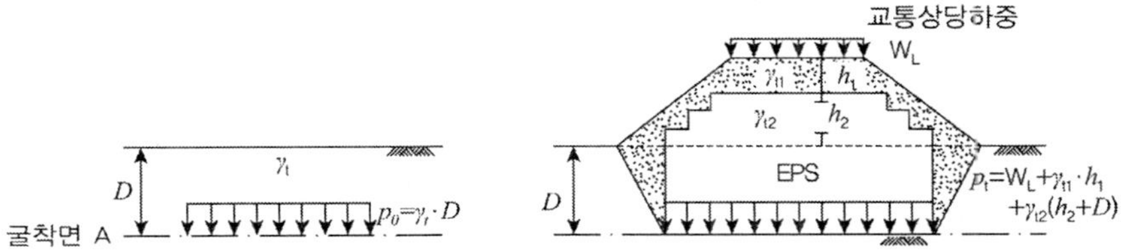

그림 3.46 EPS 블록 치환 두께

b) 부력 검토

부력에 대한 검토 시 수위는 최대 홍수위로 한다. 부상(浮上)에 대한 안전율은 다음 식으로 계산하며, EPS 블록 자중은 계산상 무시하여 안전 측으로 한다(그림 3.47 참조).

$$\begin{aligned} Fs &= P/U \\ P &= \Sigma \gamma_{t1} \cdot H_i \\ U &= \gamma_w \cdot H'_{EPS} \end{aligned} \tag{3.25}$$

여기서, H'_{EPS} : 지하수위 이하의 EPS 블록층 두께

γ_w : 물의 단위 체적 중량

γ_{ti} : 지하 수위 위의 각층의 단위 체적 중량

H_i : 각 층의 두께

설계 안전율은 Fs = 1.3 이상을 표준으로 한다.

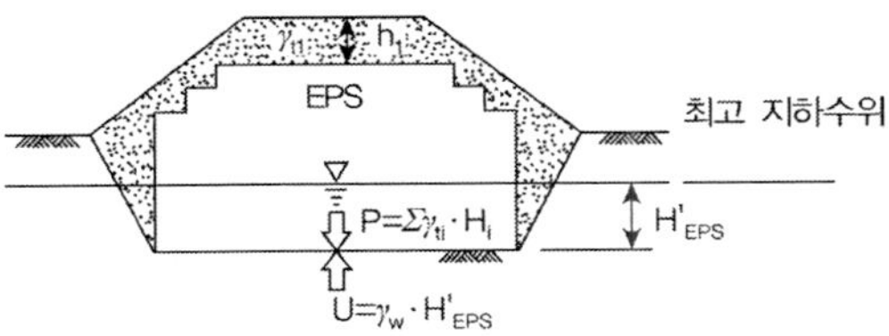

그림 3.47 부력에 대한 안전성

c) 증가응력의 산정

EPS 블록성토에 의한 치환저면부에서의 증가응력 σ는 다음 식에 의해 구한다. EPS 블록의 침수부에서는 원칙적으로 습윤중량 γ를 사용한다.

$$\Delta\sigma = P_1 - P_0 \tag{3.26}$$

$$P_1 = W_L + \gamma_{t1} \cdot h_1 + \gamma_{t2}(h_2 + D)$$

$$P_0 = \gamma_t \cdot D$$

연약지반상에 침하억제를 주목적으로 EPS 성토공법을 적용할 경우는 증가응력이 0이 되도록 하는 것이 좋다. 그러나 부력대책과 지하수위 부근에서의 시공성 등의 이유로 반드시 증가응력이 0이 되는 것은 아니고, 성토하중이 커지거나 지반 내에 증가응력이 발생하는 설계가 되는 경우도 있다. 그러한 경우에는 증가응력에 따른 압밀침하를 검토하는 것이 필요하고, 압밀침하량을 산출한 후 그에 따른 대책을 수립하여야 한다. 잔류침하량은 도로면 및 주변 구조물에 미치는 영향을 충분히 고려하여 정하는데, EPS 블록이 서로 어긋나지 않도록 부등침하량을 10cm 이하로 하는 것이 바람직하다.

d) 침하량 검토

EPS 블록 성토에 있어 연약지반인 경우 압밀침하량을 검토하며, 다음 식을 이용하거나 검증된 수치해석 프로그램을 이용하여 압밀침하량을 검토한다.

$$S = mv \cdot \Delta P \cdot H \tag{3.27}$$

$$S = \frac{e_0 - e_1}{1 + e_0} \cdot H \tag{3.28}$$

$$S = \frac{C_c}{1 + e_0} \cdot \log\frac{P_0 + \Delta P}{P_0} \cdot H \tag{3.29}$$

여기서, ΔP : 성토에 의한 지반 내 증가응력(kgf/cm^2)

H : 연약층 두께(cm)

mv : 연약층의 체적 압축 계수(cm^2/kgf)

e_0 : 압밀층의 초기 간극비

e_1 : 시험에 의해 e−logP 곡선에서 구한 e_1

e) 전체적인 안정검토

기초지반을 포함하는 성토체 전체적인 안정검토는 원호활동으로 하며, EPS 블록 성토부는 하중으로서 평가하는 것을 원칙으로 한다. 원호활동의 안전율은 Fs = 1.3 이상을 표준으로 하고 있으며, 이는 단지활동에 대한 안정성만을 나타낸 것이다. 한편, 구조물의 경우는 측방유동유압에 대해서도 판정하여 안정 측으로 설계한다.

⑤ EPS 블록 부재의 응력도

EPS 블록 부재에 작용하는 응력은 포장하중(사하중)과 교통하중(활하중)으로 구분된다. 포장하중은 포장체를 구성한 각 재료의 단위 체적중량에 높이를 곱한 값(σ_{z1})으로 하며, 교통하중은 상재하중이 EPS 블록 등에 미치는 전달응력으로 다음 식을 이용하여 구한다(그림 3.48 참조).

$$\sigma_{Z2} = \frac{P(1+i)}{(B+2 \cdot z \cdot \tan\theta)(L+2 \cdot z \cdot \tan\theta)} \tag{3.30}$$

여기에서, σ_{z2} : EPS 블록 윗면에서의 응력도(tf/m^2)

P : 차륜 하중(DB-24하중의 경우, P=9.6t)

i : 충격계수(i=0.3)

z : 포장두께

B, L : 차륜 하중의 재하 폭, 길이(B=20cm, L=50cm)

θ : 분산각(콘크리트 판을 사용할 경우는 개략적으로 θ=45°)

(콘크리트 판을 사용하지 않는 경우는 개략적으로 θ=30°)

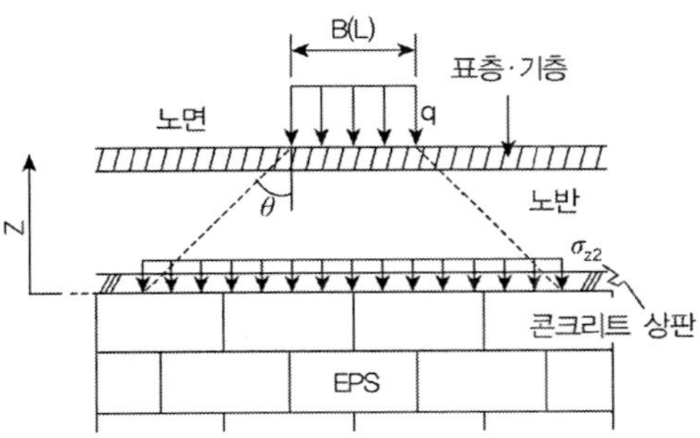

그림 3.48 활하중에 의한 응력분산

EPS 블록 상부하중 = 포장하중(σ_{z1}) + 교통하중(σ_{z2}) < EPS 블록의 허용응력 범위에 들도록 설계하여야 한다.

⑥ 지반의 지지력 검토

EPS 성토공법은 원지반에 하중증가를 최소한 억제하고 경량재료를 활용하여 원상태의 지지력으로 상재하중을 부담케 하는 공법이다.

⑦ 구조세목

EPS 성토공법에 의한 성토체 구조는 그림 3.49에 제시한 구조를 표준으로 한다.

a) EPS 블록설치 기반에는 쇄석 및 소일시멘트 등으로 기반 층을 10~15cm 정도 설치하고, 그 위에 레벨링층으로 2~5cm의 모래를 포설한다.
b) EPS 블록의 배치는 서로 어긋남과 부등침하를 방지하기 위해서 지그재그 형태로 배치하고, 연결죔쇠로 일체화한다.
c) EPS 블록층의 상면은 재하중의 분산과 방호 등을 목적으로 한 콘크리트 상판 등을 설치한다.
d) 사면구배는 1:1.5보다 완만한 것이 바람직하며, 피복토두께는 50cm 이상으로 한다.
e) EPS 블록이 다층으로 축조되는 경우에는 블록을 고정하고 바닥을 고르게 조정하기 위해 중간 콘크리트 상판을 설치한다.
f) EPS 블록을 연약지반에 적용하여 침하를 최소화하고, 교대배면에 어프로치 슬래브를 설치하여 토공부와 교대와의 단차를 최소화한다.
g) 지하수위가 높은 장소 및 빈번한 홍수가 예측되는 경우에는 지하 배수구 및 배수 파이프 등을 설치하여 수위를 낮추는 것이 바람직하다.

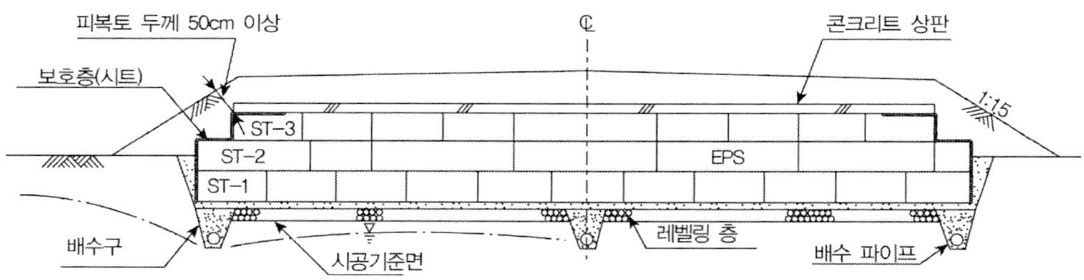

그림 3.49 EPS 블록 성토 표준 단면

⑧ 포 장

EPS 블록 층 상부의 포장은 교통하중, 노상강도, 기상조건 등을 기초로 검토하고, 그 구조를 결정해야 한다. EPS 블록 층 직상부의 RC 상판은 노상의 일부로서 취급한다(그림 3.50 참조).

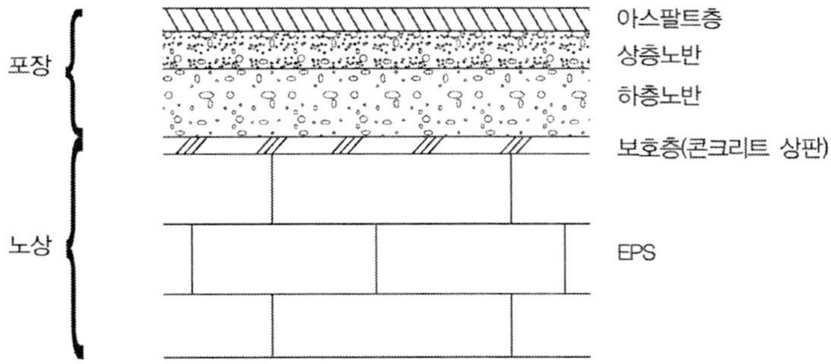

그림 3.50 EPS 블록 성토의 포장구성

(2) 옹벽, 교대 뒤채움

① 설계일반

옹벽, 교대 등의 토압을 저항하는 구조물의 안정과 토압경감을 목적으로 구조물 배면에 EPS 블록을 삽입한 경우에 대해 검토하면 다음과 같다.

② 설계하중

EPS 성토공법을 옹벽, 교대 뒤채움재로 사용할 경우에는 토압 및 수압, 구조물 자중, EPS 블록 자중, 상재 하중, 충격 하중, EPS 블록 측압, 부력 등을 고려한다. 하중의 조합은 대상으로 하는 구조물의 사용 상태를 고려하여 적절히 선정한다. EPS 블록를 역사다리꼴 형상으로 설치한 경우, EPS 블록 배면에 작용하는 토압은 EPS 블록배면의 구배에 따라 좌우된다. 따라서 배면구배 i가 안정구배보다 작은 값이면 EPS 블록에 작용하는 토압은 0으로 해도 좋다.

③ 안정계산

EPS 성토공법을 뒤채움재로서 사용한 옹벽, 교량 교대 등의 토압에 저항하는 구조물은 활동, 전도, 지지력 및 전체로서의 안정을 확보할 수 있도록 설계해야 한다. 활동, 전도, 지지력에 관한 안정계산은 다음 방법을 적용한다. 또한 EPS 블록 치환부를 포함하는 전체적인 안정검토는 원호활동에 따르며, 연약지반에서 문제가 되는 측방유동에 관해서는 F값, I_L값, M_{IL} 등의 측방유동 유무 판정식을 검토하는 것이 바람직하다.

a) 활동에 대한 안정

활동에 대한 안전율은 다음 식을 만족해야 한다.

$$F_s = \frac{\text{활동에 대한 저항력}}{\text{활동력}} = \frac{\sum V \cdot \tan\delta + C \cdot B}{\sum H}$$
$$= \frac{(W + P_V)\tan\delta + C \cdot B}{P_H} \geq 1.5 \tag{3.31}$$

여기에서, $\sum V$: 밑면에서의 전 수직 하중

$\sum H$: 밑면에서의 전 수평 하중

W : 구조물 자중(복토, 상재하중 등을 포함)

P_V : 토압 합력의 연직성분

P_H : 토압 합력의 수평성분

$\tan\delta$: 밑면과 기초지반 간의 마찰계수

C : 밑면과 기초지반 간의 점착력

B : 밑면 폭

b) 전도에 대한 안정

끝 부분에서 구조물 합력 R의 작용점까지 거리 d는 다음 식으로 표시된다.

$$d = \frac{(\sum M_r - \sum M_0)}{\sum V} = \frac{W \cdot a + P_V \cdot b - P_H \cdot h}{W + P_V} \tag{3.32}$$

여기에서, $\sum M_r$: 구조물 끝 부분 주위의 저항 모멘트

$\sum M_0$: 구조물 끝 부분 주위의 전도 모멘트

a : 구조물 끝 부분과 중심과의 수평거리

b : 구조물 끝 부분과 P_V의 작용점과의 수평거리

h : 밑면에서 P_H의 작용점과의 수직높이

합력 R의 작용점의 밑면 중앙에서 편심거리 e는 다음 식으로 표시된다.

$$e = \frac{B}{2} - d$$

전도에 대한 안정조건은 합력 R의 작용위치가 밑면 폭 B의 중앙 1/3 이내라야 한다.

$$| e | \leq = \frac{B}{6}$$

c) 기초지반의 지지력에 대한 안정

지반반력도는 다음 식으로 구할 수 있다.

– 합력의 작용위치가 밑면의 중앙 1/3 내에 있는 경우

$$\left(\frac{q_1}{q_2}\right) = \frac{\sum V}{B}\left(1 \pm \frac{6 \cdot e}{B}\right)$$

$$= \frac{P_v + W}{B}\left(1 \pm \frac{6 \cdot e}{B}\right)$$

– 하중의 작용위치가 밑면의 핵내에 있는 경우(사다리꼴 분포)

$$q_1 = \frac{2(P_v + W)}{3d}$$

– 하중의 작용위치가 바닥면의 핵 내에 있는 경우(삼각형 분포)

q_1, q_2는 다음 식을 만족하여야 한다.

$$\left(\frac{q_1}{q_2}\right) \leq q_a = \frac{q_u}{F_s}$$

여기에서 q_a : 지반의 허용 지지력도

q_u : 지반의 극한 지지력도

F_s : 지반의 지지력에 대한 안전율

$d = \frac{B}{2} - e$

d) 측방이동의 판정

연약지반에 축조되는 교대의 측방이동에 영향을 미치는 인자는 ㉠ 교대배면의 성토고, ㉡ 연약지반의 전단강도, ㉢ 연약 지반의 심도, ㉣ 교대형식, ㉤ 기초의 형식 및 강성 등

으로 알려져 있다. 측방유동의 판정 시 주로 이용되는 방법은 사면안정 해석 결과를 이용하여 변형량과 비교를 통하여 간접적으로 추정하는 방법, 성토고 및 지지층이 되는 연약지반의 비배수 전단강도에 의한 안정수 개념, 계측에 의한 변위의 경향에 의한 판정방법으로 나눠 검토한다.

ⅰ. 사면안정 해석결과 이용
ⅱ. 교대측방이동 판정지수(I_L)
ⅲ. 수정 교대측방이동 판정지수(M_{IL})
ⅳ. 측방유동지수(F)

3.4.3 시 공

1) 개 요

EPS 성토공법이란 대형 발포폴리스티렌 블록을 성토재료와 뒤채움 재료로써 도로, 철도 및 토지 조성 등의 토목공사에 적용하는 공법으로, 재료의 초경량성, 내압축성, 내수성 및 블록을 겹쳐 쌓은 경우 자립성 등의 특징을 효과적으로 이용하는 공법을 말한다.

2) 준비공

준비공은 공사의 진행에 있어 진척상황이나 완성된 형상에 주는 영향이 크기 때문에 공사의 내용을 완전히 검토하여 최적의 방법을 채택해야 한다.

① 공사 준비 측량
② 공사용 도로
③ 안전시설, 가설비 등

3) 굴착공

(1) 연약지반의 굴착

연약지반에서는 굴착기계의 선정 및 시공시에 다음 사항을 유의해야 한다.

① 굴착구배는 굴착깊이와 흙의 전단강도에 따라 다른데, 연직 또는 2할 구배의 범위에서

현지상황에 맞춰 결정한다.

② 굴착부는 도랑설치등 배수에 주의하고, 건조상태에서 작업하는 것이 기본이다. 또한 강우시는 주변으로부터의 빗물이 굴착부에 유입되지 않도록 흙 가마니 같은 것으로 유입수의 차수대책을 세운다(그림 3.51 참조).

③ EPS 블록 시공 중의 물에 대한 대책(지하수, 강우, 유입수)은 가장 주의를 필요로 한다. 휴일과 비교적 장기간의 휴가 중에 이러한 문제가 발생하는 경우가 많기 때문에 도랑 배수용의 수중 펌프나 강우 대책 등도 그 전날 점검, 관리 체제를 충분히 검토하여야 한다.

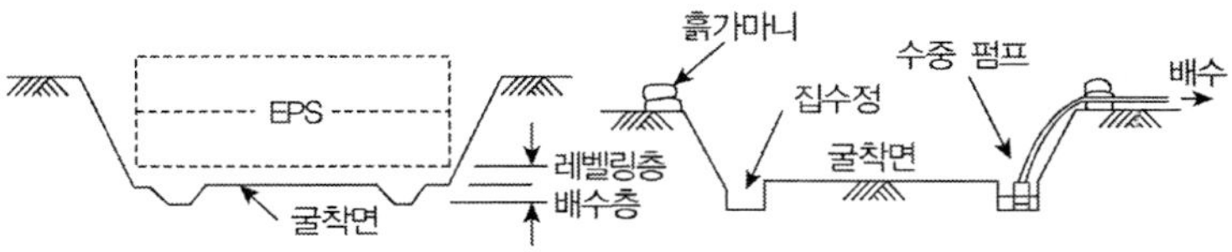

그림 3.51 시공 중의 배수 대책

(2) 경사지반의 굴착

사면굴착은 그림 3.52와 같이 절단하여 EPS 블록을 사면에 집어넣어 미끄러짐을 방지하도록 한다. 사면이 암반일 경우에는 지형의 상황에 따라 절단폭 및 높이를 적당히 작게 할 수 있다.

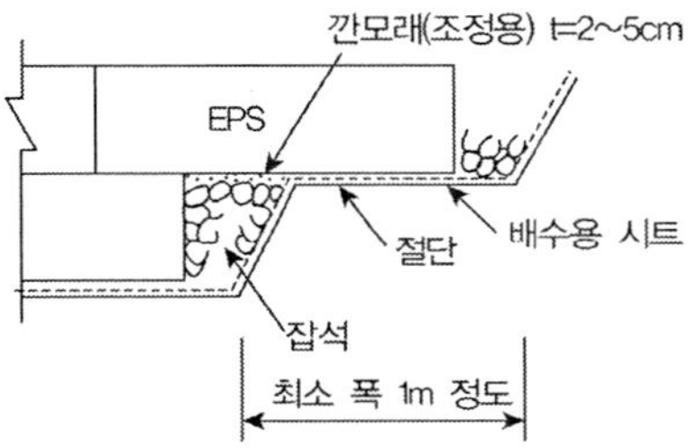

그림 3.52 경사지반상의 절단

4) 배수공

EPS 성토공법에서는 시공중 및 완성시 배수대책에 주의가 요망된다.

① 지하 수위의 상승을 막고 EPS 블록부까지 수위가 상승되지 않도록 한다.

② 침투수 및 예측하지 못한 유입수를 신속히 배수한다.

③ 신속한 배수를 위해 EPS 블록과 토공의 접속부에 투수시트를 포설하고, 배수를 위한 잡

석을 포설한 후 다짐하며, 필요한 경우 기초면에 망상배수관을 설치하여 상부의 물을 원활히 배출한다.

5) 시공기준면공

시공기준면공은 EPS 블록을 설치하는 시공기준면 및 기초지반 정지를 시공하는 것을 말한다. EPS 블록을 수평면으로 설치하기 위해 기준면이 되는 최상층을 레벨링층이라 부른다. 수평면의 조정은 일반적으로 깐모래로 하는데, 연약지반 등에서는 깐모래층의 하부에 쇄석층 또는 간이안정처리를 하여 기반을 시공하는 경우도 있기 때문에, 이것을 포함하여 시공기준면공이라 한다.

(1) 시공기준면공의 형태

EPS 블록를 설치하는 시공기준면의 형태는 다음과 같다.

① 기초지반의 굴착면
② 현지반 또는 성토체
③ 사면상의 절단면
④ 구조물 상단

(2) 시공기준면공의 유의점

EPS 성토공법은 초경량 성토공법이므로 연약지반에 미치는 하중분배(분산)에 주의해야 한다. 이를 위해 시공기면공으로서 단지 굴착면을 깐모래로 조정하는 것이 아니라, 하중 분산을 고려한 대책이 필요하다.

6) EPS 블록 반입·저장

(1) EPS 블록 반입

① EPS 블록 배치도 확인

EPS 볼록의 형상은 통상 1.8m(길이) × 0.9m(폭) × 0.6m(두께)를 표준형상으로 하고 있는데, 시공높이의 조정부, 곡선부, 구조물과의 접속부 등은 그 형상에 맞추어 가공한다. 가공은 미리 공장에서 실시하는 경우와 현장에서 실시하는 경우가 있다.

② 납입 공정표의 작성

상기의 재료 일람표에 맞추어 현장에의 납입일시, 수량(형상 치수별)을 한눈에 볼 수 있도록 재료 납입 공정표를 작성해 둔다.

③ EPS 블록 반입로

EPS 블록의 반입은 통상 적재함이 긴 4톤 트럭(약 40m^3 적재)으로 반입하는 경우가 많다. EPS 블록 반입로의 계획은 재료 장치 및 소운반로의 단축도 포함하여 전체 공기에 영향을 미치는 요소가 크기 때문에, 가능한 한 EPS 블록설치장소 근처까지 운반차를 유도할 수 있도록 반입로를 확보하는 것이 중요하다.

(2) EPS 블록 저장

① EPS 블록은 부피를 많이 차지하기 때문에 공사 진척상황, 보관관리 체제를 충분히 고려하여 현장 재고량을 결정한다.

② 재고품 저장소에 대해 주의점은 다음과 같다.

a) 화기, 석유류를 가까이 하지 않는다. 흡연은 지정된 장소에서만 한다.

b) 소화기를 표 3.14와 같이 설치한다.

표 3.14 소화기의 설치

설치 위치	설치 개수
재고품 저장소	1개/EPS 50m^3
시공 개소	1개/시공길이 50m

c) 바람에 의한 비산을 방지하기 위해 그물 등으로 덮는다(그림 3.53 참조).

d) EPS 블록은 자외선에 의해 변색하기 때문에, 일주일 이상 태양광선에의 노출이 예상될 경우 사전에 시트 등으로 덮는다.

e) 임시저장이라 하더라도 평평한 장소로 하여 빗물 등이 체류하지 않도록 받침판 등에 올려서 쌓아 둔다. EPS 블록 자체는 강우에 의해 재질이 변화하는 것은 아니다.

f) 관계자 이외 출입을 금지한다.

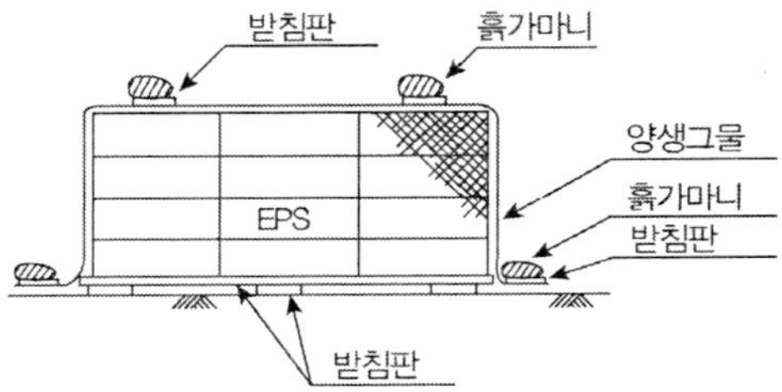

그림 3.53 EPS 블록의 네트 저장 예

7) EPS 블록 설치공

(1) 시 공

EPS 블록의 설치는 사진 3.1과 같이 블록 각층마다 인력으로 시공한다. 설치할 때 가장 중요한 것은 전체 시공에 전체 시공에 영향을 미치는 제1층(최하층)의 시공이다.

시공순서는 그림 3.54와 같다.

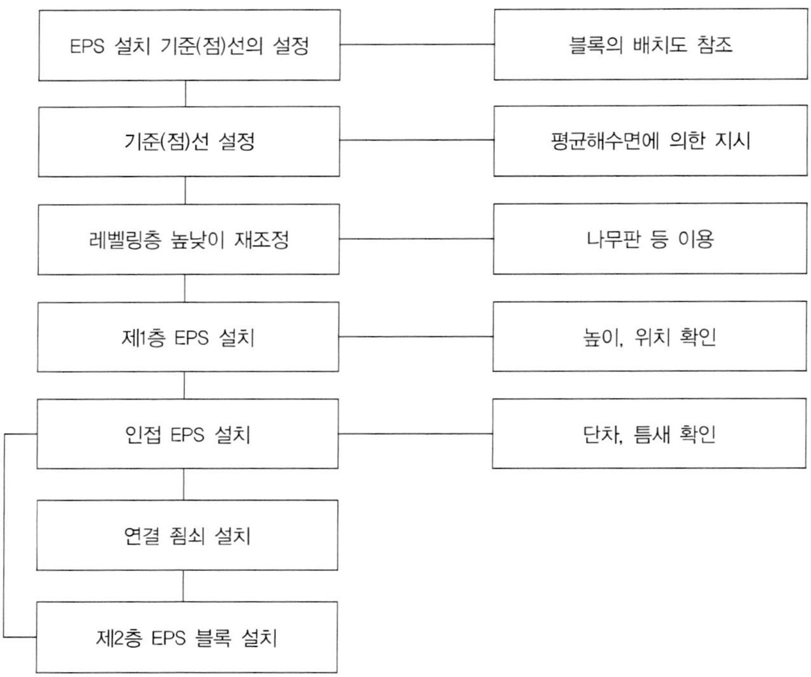

그림 3.54 EPS 블록 설치공의 시공순서

사진 3.1 EPS 블록 시공 상황

EPS 블록상호 틈새 및 단차는 그림 3.55를 참조하여 표 3.15에 제시한 값을 표준으로 한다.

표 3.15 틈새 및 단차의 표준

항목	표준값
틈새	20mm 이내
단차	10mm 이내

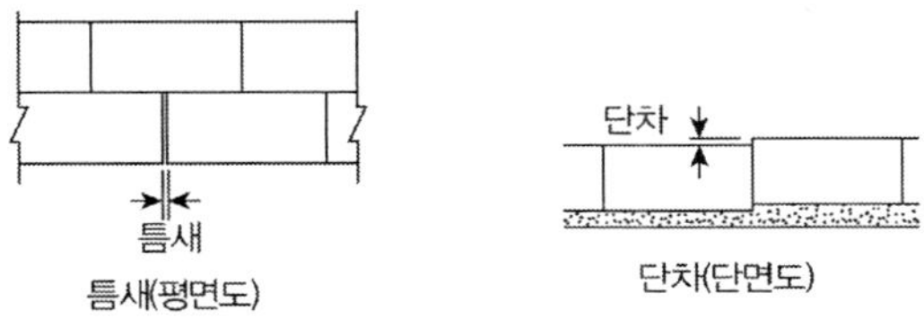

그림 3.55 틈새 및 단차

(2) 연결쥠쇠

EPS 블록은 교대로 엇갈리게 설치하고, 그림 3.56과 같은 연결쥠쇠로 고정한다(표 3.16 참조). 연결쥠쇠는 양면형과 단면형이 있는데, 그 설치 방법은 다음과 같다(그림 3.57, 사진 3.2 참조).

표 3.16 재료 물성표

종류	기호	아연 부착량 (최소 부착량)	참고치	
			항복점(kgf/m^2)	인장강도(kgf/m^2)
일반용	SGCC	Z 22(220g/m^2)	21 이상	28 이상

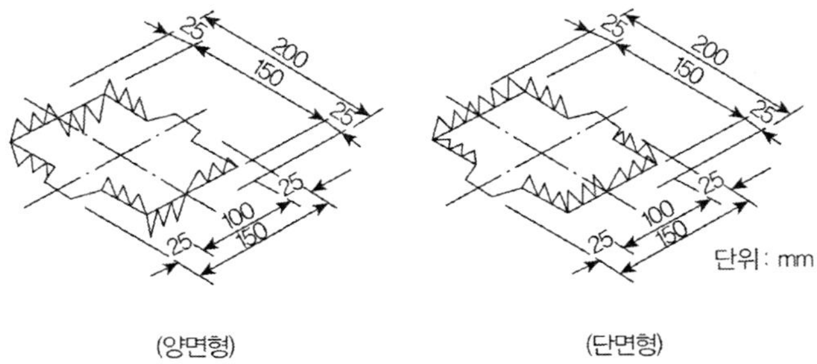

그림 3.56 연결꺾쇠

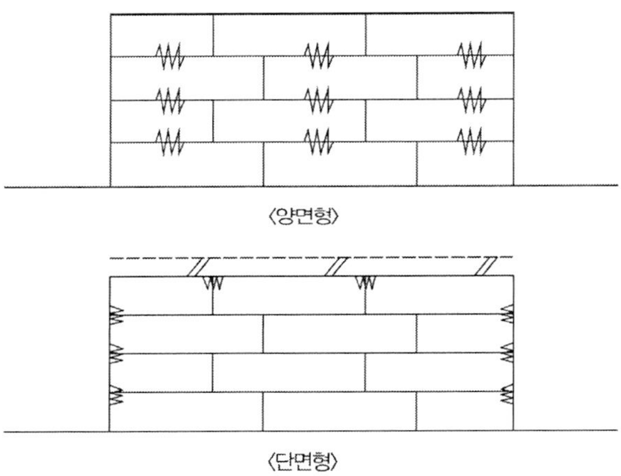

그림 3.57 양면형과 단면형의 설치방법

연결꺾쇠의 표준적인 설치 수량은 다음과 같다(표 3.17 참조).

표 3.17 연결꺾쇠의 설치 수

안건	개수	블록 크기
EPS 1m^{2}당	2개	2m×1m×0.5m
EPS 1m^{2}당	1개	–
가공블록은 블록 1개당 1개 사용한다.		

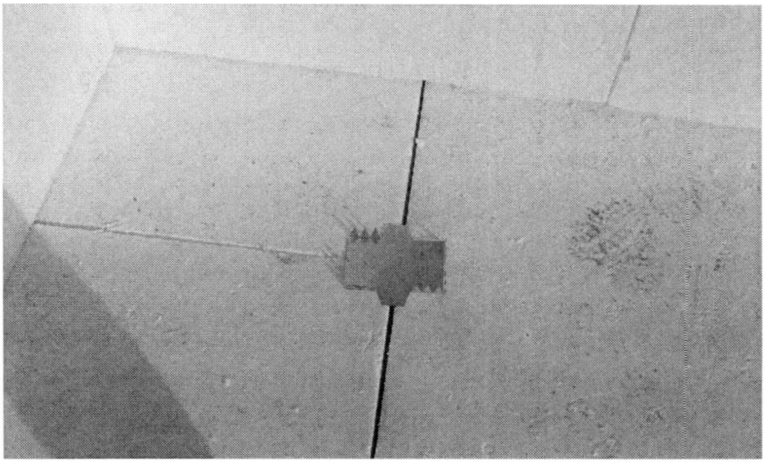

사진 3.2 연결꺾쇠 설치광경

(3) 가공, 절단

EPS 블록의 가공은 사전에 설정한 재료 표에 따라 공장에서 가공하는 것을 원칙으로 한다. 현장에서의 가공은 사진 3.3과 같이 열선 와이어(니크롬선 이용, 전압 15V)를 사용해서 절단하며, 노르웨이에서는 chain saw로 절단하는 예도 있다.

사진 3.3 열선 와이어에 의한 절단

8) 콘크리트 상판공

콘크리트 상판은 설치 완료한 EPS 블록의 맨 윗단 및 설치높이에 따라 중간부에 다음과 같은 목적으로 설치한다.

(1) 목적

① 교통하중, 상재하중을 균등하게 분산시킨다.

② EPS 블록 설치 시에 발생하는 높낮이, 단차를 수정하고 EPS 블록 상호를 상판하중에 의해 압박한다.

③ 각각의 블록을 일정설치 높이마다 일체화한다.

④ EPS 블록에 유해한 물질의 침투를 방지한다.

⑤ 원지반에 앵커, 벽면공 등의 고정장소로 한다.

⑥ EPS 블록 위에 시공하는 복토, 노반재 등의 시공기반으로 한다.

(2) 설치

콘크리트 상판의 재료기준을 나타내면 표 3.18과 같다.

표 3.18 콘크리트 상판의 재료 기준

항목	명칭	규격	두께
콘크리트	조강 시멘트	강도 210kgf/cm^2	100~150mm
철근	와이어 메쉬	ϕ6mm 150×150(판두께 1/2 위치)	중첩은 20cm 정도

콘크리트 상판을 타설할 때는 EPS 블록이 설치된 가장자리에 각목을 이용한 거푸집을 설치하고, 레벨은 철근도막 등을 이용하여, 5m마다 EPS 블록 위에 표시하여 일정한 높이로 균질하게 타설한다. 이때 wire mesh는 콘크리트 상판층 중앙에 들어가도록 하고, 메쉬와 메쉬는 20cm 이상 중첩시킨다(사진 3.4 참조).

사진 3.4 Wire Mesh의 설치

(3) 시공 시 유의점

① EPS 성토공법은 시공 중 부력에 가장 유의해야 한다. 즉, 콘크리트 상판 시공 후 신속히 노반공, 복토공을 시공하여야 하므로 콘크리트 상판은 조강시멘트를 사용한다.

② 콘크리트 상판공은 하중 분산층으로서 설치하는데, 지반부와의 일체화 등 구조상의 배려가 필요한 경우에는 두께, 철근을 별도로 고려할 필요가 있다.

③ EPS 블록은 시공 시 각 층마다 1~2mm 정도의 높낮이가 생기는 경우가 있다. 이는 콘크리트 상판 타설에 의해 높낮이는 어느 정도 안정되나, 타설 완료 후에 높이를 점검하는 것이 중요하다.

④ 타설은 원칙적으로 콘크리트 펌프 타설하며, 표면 마무리는 나무재 흙손을 이용한다.

⑤ 중간 콘크리트 상판은 원칙적으로 EPS 블록 4~6층마다 1개소를 설치한다. 또한 앵커 등의 설치형태에 따라 적당히 변경할 수 있다.

⑥ 절, 성토부와 종횡단 방향의 접속부는 접속 구간을 설정하여 노상, 노체로서의 지지력이 연속성을 유지하도록 한다. 접속부는 그림 3.58과 같이 1 : 4 정도를 표준으로 한다.

⑦ 접속부 콘크리트 타설 시 상부와 하부의 원활한 배수를 위하여, 상부물을 하부로 유출시키는 배수 파이프를 그림과 같이 $\phi = 75$mm를 2m마다 1개씩 설치한다.

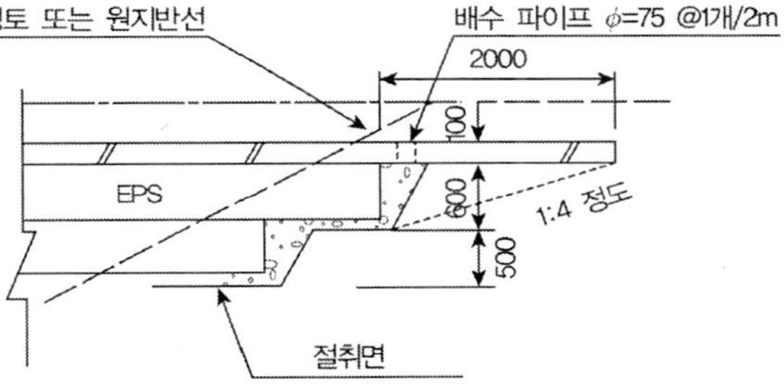

그림 3.58 콘크리트 상판과 토공부의 접속 부분

9) 벽면공

벽면공은 EPS 블록의 자립면을 외부장애로부터 보호하기 위해 설치하는 보호벽을 말한다.

① 태양광선(자외선)에 의한 EPS 블록 변색방지

② 주변 화재로부터 연소방지

③ 충격 등에 의한 파손방지

EPS 블록 자립면에 발생하는 측압 및 배면 원지반으로부터의 토압에 대응하는 벽체는 별도로 구조계산하여 설계한다(그림 3.59 참조).

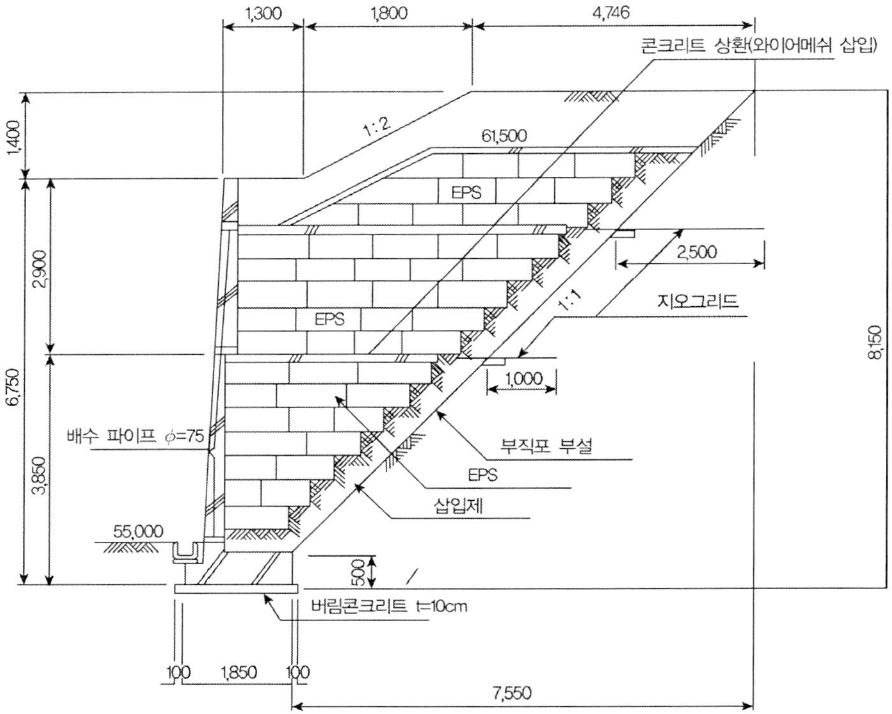

그림 3.59 옹벽 형태의 시공 예

10) 사면공

(1) 복토의 목적

① EPS 블록의 사면부 보호는 유해한 침투물질, 주변화재로부터 보호, 자외선 차단 등을 목적으로 가급적 투수계수가 작은 재료를 이용하여 최소 50cm 이상 다짐을 잘하여 복토한다.

② EPS 블록 사면부에 복토를 함으로써 압박하중효과를 얻는다.

③ 사면부는 식생용 씨앗을 뿌리고 세굴 보호용 매트를 전체면에 깔아 법면의 유실을 보호한다.

④ 복토에 의한 EPS 블록 방호대책으로서 별도로 PE 시트 등에 의한 방호대책을 하는 것이 좋다(그림 3.60, 사진 3.5 참조).

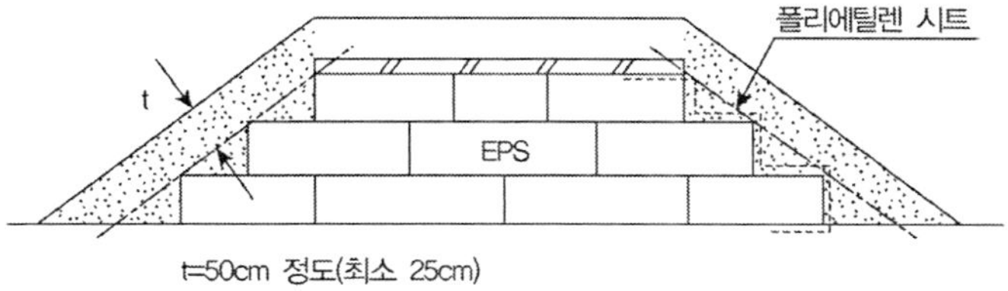

그림 3.60 사면의 피복

사진 3.5 사면식생 예

(2) 사면공에 있어 시공상의 유의점

① 복토는 시공 후, 충분히 전압을 실시한다. 복토두께는 최저 25cm 이상인데, 50cm 정도 시공하는 것이 효과적이다.

② 복토는 EPS 블록 성토 전체에 균등한 하중으로 작용하도록 두께 등에 유의하여 시공한다. 연약지반 등에서 피복토가 두꺼운 경우는 그림 3.61과 같이 복토부에 침하가 생기기 때문에 주의를 요한다.

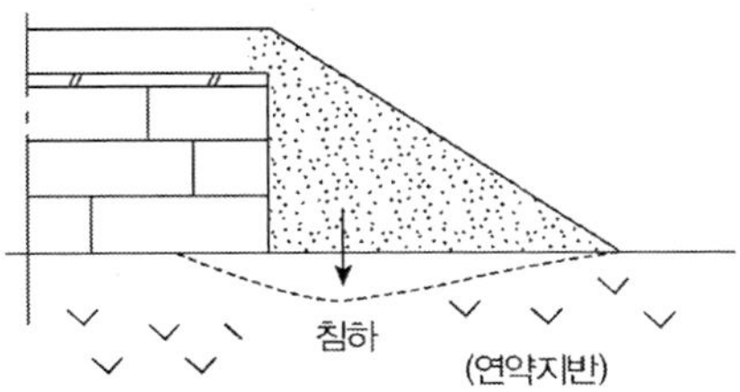

그림 3.61 복토부의 침하

참고문헌

1. 미원유화(1993), 「EPS 공법」.
2. 박태영 외 5(2013), 『건설현장 실무자를 위한 연약지반 기본이론 및 실무』, 씨아이알.
3. 발포스티롤 토목공법 개발기구(1993), 「EPS 공법」, 이공도서.
4. 일본 토질공학회(1994), 「지오텍스타일」, 토질공학회시리즈.
5. 장용채 외 1(1995), 『연약지반에서의 토질공학』, 도서출판 새론.
6. 전한용 외 5(2005), 『지오신세틱스』, 보성각.
7. 한국도로공사(1996), 「EPS성토공법」, 기술교재 92호.
8. 한국토목섬유학회(2009), 「연약지반 및 지반환경」, 토목섬유시리즈 2.

제4장

여과/분리용

제4장

여과/분리용

4.1 개 요

토공구조물에서는 흙 속에 존재하는 간극수가 그 구조물에 미치는 영향은 매우 크다. 따라서 토공구조물의 안전을 위해 간극수의 배제가 중요하며 이때 흙의 공극을 통한 흙입자의 이동을 방지하여 구조물의 붕괴를 막아야 한다. 이를 위해 과거에는 일반적으로 투수성의 입상재료를 이용해왔다. 그러나 최근 입상재료 대신 여과 기능이 우수한 합성섬유인 토목섬유가 배수와 필터재로써 널리 사용되고 있다. 여과 목적으로 토목섬유가 최초로 이용된 것은 1958년 미국 Florida주의 제방용 콘크리트 블록 보수공사에 사용되었으며, 그 후 토목섬유는 토공 및 기초공학 분야에서 양질의 여과용 재료로 인정받기 시작했다. 1970년 France의 Valcors Dam($H = 18\text{m}$) 하류의 Toe Drain과 상류 측 사석 밑에 Nonwoven Fabric을 설치하여 토립자의 이동을 저지함과 동시에 배수를 목적으로 사용하였으며, 이를 계기로 소형 댐에서도 여과용 토목섬유의 사용량은 증가하고 있다.

농업용수 개발을 위해 국내에서 축조되고 있는 제당의 대부분은 Core형 Earth fill Dam으로서 침투수의 원활한 배수와 Core의 유실에 따른 Piping 현상의 방지 및 하류 측 사면의 안정을 위해 Core와 인접시킨 모래 필터가 사용되어 왔다. 필터의 기본 조건은 원활한 배수를 위하여 충분한 간극을 가지는 반면 입자 유실을 방지할 만큼 충분히 작은 간극을 가져야 한다. 따라서 모래 필터의 경우 필터 조건을 만족하도록 입자가 조정된 다량의 모래가 필요하기 때문에 경제적으로 불리할 뿐 아니라 시공상의 문제도 따른다. 이와 같은 입상 필터의 단점을 보완하기 위하여 입상 필터 대신에 토목섬유 여과재가 댐을 포함한 흙 구조물의 여과재로 사용되고 있다(List, 1982; Sobolevsky, 1977). 이에 따라 토목섬유의 여과 기능에 관한 연구(Long and Healy, 1977; Kellner, et. al, 1982)와 토목섬유의 재료로서의 성질, 특히 흙과 접했을 때의 내구성에 관한 연구(Kellner, 1982)가 활발히 수행되었다. 그로 인하여 재료에 대한 불신이 해소됨에 따라 토목섬유가 지중 침투류에 대하여 여과 기능을 충분히 수행하는 것으로 현재 인식되고 있다. 높이 86m의 Frauenau Dam(List, 1982)에 입상 필터 대신 토목섬유가 여과재로 사용된 것은 토목섬유가 Earth fill Dam에 여과 기능을 충분히 수행하고 있음을 보여준다.

국내에서는 1975년 창원종합기계공단 조성공사에 42만 m^2를 시험 시공한 이래, 1986년말까지 약 1,000만 m^2를 각종 공사에서 이용해왔고, 1986년 한 해의 사용실적만도 300만 m^2를 초과하고 있다. 그중 장섬유, 단섬유 토목섬유는 1986년 한 해에만 140만 m^2가 사용되었다. 이와 같은 사용량의 증가와 동시에 사용 목적도 다양하여 토목섬유의 특성을 이해하는 것은 설계·시공 면에서 매우 중요한 일이다. 따라서 토목섬유의 구조를 밝히고 그 구조와 관련하여 이론적인 투수성을 검토 후 실측치와 비교해볼 필요가 있다.

토목섬유의 여과재로서의 역할은 천연 필터의 경우와 마찬가지로 한 면으로부터 다른 면으로 자유수의 흐름을 허용하고 인접한 흙 내부의 세립자의 이동을 장기적으로 방지하는 것이다. 또한 적용하중하에서 두 종류의 다른 재료가 서로 혼합되는 것을 방지하고자 할 때 토목섬유는 두 재료의 경계에 위치한다. 이것을 토목섬유의 분리 기능이라 한다. 여과재는 여과 과정에서 흙과 여과재가 서로 안정성을 가지고 물의 흐름에 의해 이동되는 입자가 선별적으로 유지되고 흙입자의 안정이 촉진된다는 2가지 연관되는 측면을 갖는다. 토목섬유의 선택에 따른 설계의 기본적인 지침은 투수성 기준과 보유성 기준을 만족시킬 수 있도록 하는 것이다. 즉, 투수성 기준은 구멍크기가 물의 흐름을 지체시키지 않을 정도로 충분히 커야 하고, 보유성 기준은 구멍크기가 토립자의 이동을 방지할 수 있도록 충분히 작아야 한다. 또한 분리 기능의 목적으로 사용되는 토목섬유는 흙입자를 보존시키는 보존성과 외부하중에 의해 생기는 응력에 견딜 수 있는 충분한 강도를 가져야 한다. 이는 제방이나 단지조성, 도로 또는 철도노반, 그리고 상재하중으로 인한 과잉침하 및 상부포설 두께를 줄일 경우에 적용된다.

4.1.1 재료의 선정

토목섬유는 다양한 대상 분야에서 활용될 수 있지만 어떠한 토목섬유도 모든 분야에는 활용될 수 없다. 즉, 여러 종류의 토목섬유가 모든 설계기준을 충족시킬지라도 시스템의 질을 향상시키기 위하여 그중 최적의 토목섬유가 선택되어야 한다. 선택은 설계에서 의도하는 기능뿐만 아니라 현장 흙과 수리학적 조건에 근거를 두어야 한다. 표 4.1은 흙의 조건에 따른 재료의 선정을 나타낸다.

장기적인 물의 흐름에 의한 흙과 토목섬유의 거동은 물의 흐름 방향으로의 세립이동과 지오텍스타일의 클로깅(Clogging)과 블로킹(Blocking) 현상에 의해 특별한 필터 구조를 형성하는 과정으로 나타난다. 일반적으로 토목섬유의 필터 구조는 흙과 지오텍스타일이 접촉되어 있는 상태에서 나타나는 고체 필터 구조와 부유상태의 흙입자에서 나타나는 액체 필터 구조로 크게 구분하여 고려할 수 있다(조삼덕, 1995).

표 4.1 흙의 조건에 따른 재료의 선정(조삼덕, 1995)

현장 흙의 조건	수리학적 조건	추천 재료	비고
입도가 양호한 자갈과 조립모래	• 큰 유량 허용 • 블라인딩 억제	• 매우 성긴 모노필라멘트 • 직포	
모래와 자갈(세립토를 20% 미만 포함)	• 블라인딩 위험 감소	• 성긴 모노필라멘트 직포 • 니들펀칭 부직포	
흙(세립토 20~60% 포함)			모든 종류의 토목섬유에 대하여 필터 실험이 수행
흙(세립토 60% 이상 포함)	• 세립토 통과 방지	• 무거운 중량의 니들펀칭 부직포 • 열융합 부직포	
입도분포가 불량한 점착성 흙		• 필터의 복합층 (직포 필터재+입도가 균등한 모래)	
실트와 모래 경계면	• 모래 필터 입자 이동 방지 • 클로깅과 측방으로의 물 이동 허용	• 직포+입도가 균등한 모래 필터 • 무거운 중량의 두꺼운 니들펀칭 부직포	

1) 고체 필터 구조

정적하중을 받는 지반 속에 설치된 토목섬유에 장기적인 일방향 물의 흐름이 발생하면 시간 단계별 변화과정을 거쳐 그림 4.1과 같은 최종적인 고체 필터 구조를 형성한다. 따라서 이러한 조건하에 있는 토목섬유는 초기 필터 효과가 크며, 장기간 후 안정상태에서 필터로서보다는 시스템을 유지해주는 역할을 한다. 이러한 구조는 직포나 얇은 단섬유 부직포에서 잘 나타나는 것으로 알려져 있다. 토목섬유의 두께가 두꺼워질수록 브리징(Bridging) 구조형성이 더욱 불규칙하며, 복잡하고 꼬불꼬불한 구멍크기 구조를 갖고 있는 두꺼운 니들펀칭 부직포의 경우에는 그림 4.2와 같은 필터 구조를 나타내지 않는 경우도 많다. 그러므로 이러한 부직포에서 클로깅으로 인한 시스템의 위험성이 매운 큰 것으로 알려져 있다. 또한 어느 정도의 점토를 함유한 양입도 흙의 경우에는 흙입자와 지오텍스타일 섬유 간의 점착력에 의하여 Bridging 구조보다는 그림 4.3과 같은 Vault 구조를 나타내는 것으로 알려져 있다.

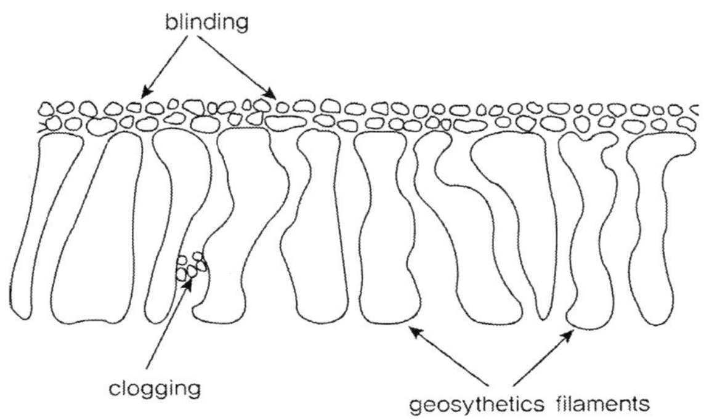

그림 4.1 토목섬유 공극의 Blinding and Clogging(John, 1987)

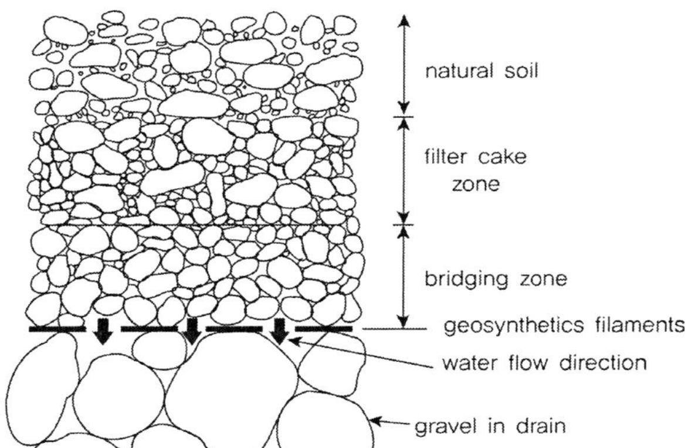

그림 4.2 Soild Filter Structure(John, 1987)

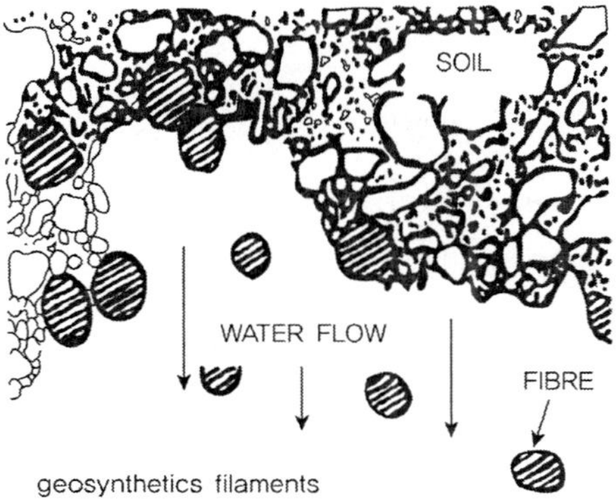

그림 4.3 Vault Structure(조삼덕, 1995)

2) 액체 필터 구조

실트막(silt fencing), Sea Barrier, Tailing Pads, Landfill 용으로 사용된 토목섬유는 부유상태의 흙입자를 보호하는 기능을 한다. 이 경우 부유상태의 흙입자들은 그림 4.4와 같이 자유롭게 토목섬유의 표면에 도달하며, 이러한 조건에서는 Clogging 위험이 매우 높아진다. 일반적으로 액체 필터 구조는 앞에서 기술한 고체 필터 구조와는 매우 다르며, 오히려 산업용 필터 구조와 유사하다.

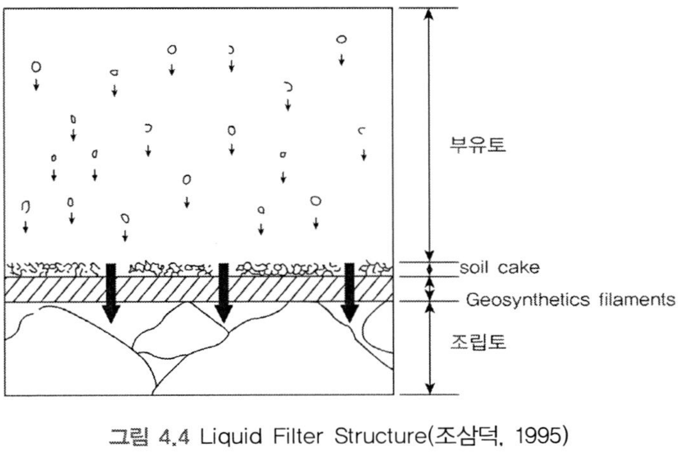

그림 4.4 Liquid Filter Structure(조삼덕, 1995)

4.1.2 수리학적 특성 및 분리 특성

토목섬유는 천연 골재의 대체 재료로 광범위하게 사용되고 있으며 때로는 천연재료가 시공 여건상 부적합한 경우에 사용되고 있다. 따라서 여과재로 사용되는 토목섬유는 압축성(Compressibility), 인장강도(Ttensile Strength), 봉합강도(Seam Strength), 피로강도(Fatigue Strength), 파열강도(Burst Strength), 인열강도(Tear Strength), 꿰뚫림강도(Puncture Strength) 등과 같은 기본적인 역학적 성질을 만족해야 한다. 아울러 온도, 산화, 물에 의한 분해와 화학적, 생물학적 분해로 인한 변질(Degradation)도 고려해야 한다. 특히 토목섬유 여과재는 토목섬유의 투수성을 이용하기 때문에 투수성과 관련되는 수리학적 특성을 절대적으로 만족해야 한다.

토목섬유의 여과 기능은 3가지로 액체 필터(Liquid Fiter) 기능, 정적 고체 필터(Static Solid Filter) 기능 및 동적 고체 필터(Dynamic Solid Filter) 기능이 있다. 액체 필터 기능은 액체 중에 부유되어 있는 세립자를 운반하는 흐름에 직각방향으로 토목섬유를 설치해서 세립자의 이동을 막고 물만 통과시키는 기능이다. 그리고 정적 고체 필터 기능은 흙과 유공재료(골재, 유공관, 다공플라스틱 매트) 사이에 설치된 토목섬유의 배수 또는 양수에 의해 물을 집수하여 운반하는 동안에 발생하는 흙입자의 이동을 막아주는 기능으로 주로 정류(Steady Flow) 상태의 일방향 흐름에 대한 기능이다. 이에 반해 동적 고체 필터 기능은 부정류 상태의 동적 흐름에 대한 기능이다. 그러나 동적 고체 필터 기능은 파랑의 작용으로부터 보호되어야 하는 흙과 피복재료(암석, 콘크리트, 블록, 돌망태) 사이에 설치된 토목섬유로 물이 통과하는 동안 흙입자의 이동을 최소한 막아주는 기능이며 이러한 필터용 토목섬유의 여과 기능의 주요 특성은 구멍크기와 투수성이다.

토목섬유에 의해 물이나 공기의 흐름이 저지되는 불투성의 현상이 나타날 때를 지오멤브레인이라 하고, 투수성이 충분히 존재할 때를 분리기(Separator)라 한다. 분리 기능에 관계된 토목섬유의 중요한 특성은 분리기로서의 기능을 성공적으로 수행한다는 것을 확신할 때 인장강도와 유연성, 꿰뚫림과 인열강도, 흙의 밀도와 물이나 공기의 투수성을 고려해야 한다. 분리기능에서 인장강도와 유연성은 주어진 하중하에서 충분한 강도로 분리재가 유지되어야 하며 지반 변형 상황과 일치된 충분한 인장 변형률이 수반되어야 한다. 또한 더 나아가 매우 불균일한 지반의 표면에 잘 적응되는 것이 필요하다. 따라서 이러한 2가지 경우에서도 토목섬유는 지반과 잘 조화되어 접촉할 수 있는 능력을 보유해야 한다.

날카로운 물체나 각진 골재는 주로 건설 현장이나 재하하중하에서 토목섬유를 손상시킬 수 있다. 따라서 토목섬유는 주변 재료의 활동이나 주변 재료와의 접촉에 대하여 충분한 꿰뚫림 저항과 인열강도를 보유하고 있어야 하며, 어떠한 꿰뚫림이나 인열의 전달을 방지할 수 있도록 생산해야 한다. 물 위에 뜨는 정도의 미립자도 분리기(Separator)를 통해 이동되어서는 안 된다. 그러나 물과 공기는 과잉간극수압의 발생 없이도 통과되어야 한다. 이러한 2가지 필요조건은 본질적으로 모순되나, 토목섬유는 양자의 조건을 충족시키기 위하여 물이나 공기의 투수성과 흙의 밀도를 고려하면서 제작해야 한다.

분리 기능을 목적으로 하는 토목섬유는 흙입자에 대한 보존성과 외부하중에 대한 충분한 강도를 가져야 한다. 보존성 해석 시에는 흙의 조건에 따라 분류될 수 있다. 건조한 흙일 경우 구멍이 작은 것이 좋고, 습윤상태일 경우에는 분리재의 역할을 수행함과 동시에 과잉수압의 발생 억제를 위해 투수성이 좋은 것을 사용해야 한다. 강도 측면에서 본다면 세립과 조립재의 압착에 의한 파열과 조립재의 모서리에 의한 압력, 그리고 두 조립재 사이의 인장에 대해 충분한 저항 강도를 가져야 한다.

4.1.3 여과/분리용 토목섬유의 종류

섬유재료를 각종 토목공사에 이용하기 위한 시도는 아주 오래전부터 이루어져 왔다. 볏짚, 버들가지, 갈대 등의 천연재료를 보강재 및 여과재 등으로 사용한 기록이 있으나, 이들의 천연섬유재료는 강도, 내구성, 재료구입 및 품질관리 등의 문제점으로 인해 토목재료로서 광범위하게 사용되지 못하였다. 그러나 보다 경제적이고 효과적인 재료를 얻고자 하는 토목기술자 및 섬유기술자들의 연구결과, 1960년대 이래 고분자 합성섬유 제품인 토목섬유가 개발되어 천연섬유재료의 문제점을 해결하였다. 세계적으로 1970년대에 토목섬유가 건설업계에 등장하였으며, 지금까지 그 관련 산업이 급속히 성장해왔다. 그 원인에는 토목섬유는 품질관리가 용이한 공장제품이고 시공이 신속하여 경제성과 효율성이 뛰어나기 때문이다. 아울러 토목섬유재료는 자연재료를 대체할 수 있기 때문에 건설현장에서 토목섬유의 활용이 활발해진 추세에 부응하여 세계적으로 활발한 시장을 형성하고 있다.

우리나라의 경우 토목섬유의 활용은 선진국에 비해서는 다소 늦게 시작되었지만, 현재 이 재료의 중요성에 대한 인식이 충분히 확산되었으며 연약지반의 보강, 사면보호, 쓰레기 매립장 등(1992년도 기준으로 1,000만 m^2)에 사용되고 있다. 지난 30여 년간의 토목용 섬유제품의 제품개발과 이에 따른 시공기술은 괄목할 만한 성장을 해왔고 토목용 섬유제품 기술발전과 구체적인 적용방법을 위해 국제적인 토목용 섬유제품위원회가 창립되었다. 이러한 노력의 결과로 완전하지 않지만 안정성이 있고 경제적인 토목용 섬유제품의 설계방법과 시공방법이 제안되어 왔다. 토목용 섬유제품 소재와 성형방법에 따른 제품 특성과 기능을 고려할 때, 시공 구조물에서 토목용 섬유제품의 거동과 역학적 메커니즘이 아직 불충분하며 표준화된 설계방법이 미흡한 것은 사실이다. 그리고 섬유고분자 소재와 토질 또는 물과의 상호작용, 섬유제품과 토질과의 상관관계에 대한 연구가 거의 없으며 대부분 경험적인 자료에 의존하고 있다. 그러나 토목용 섬유제품 분야는 섬유고분자 소재를 이용한 다양한 제품개발과 토목공학의 새로운 공법과 시공의 우수성 및 경제성 등의 장점으로 급속히 성장하고 있으며, 섬유소재의 개발과 제조방법의 다양한 응용으로 토목용 섬유제품의 실용도는 더욱 높아질 것으로 기대하고 있다. 이러한 토목용 섬유제품의 활성화를 위해서는 섬유분야와 토목용 섬유제품 제조기술의 접목 및 새로운 소재의 개발과 제품의 개선, 표준 특성 시험법, 구조물의 합리적인 설계와 시공방법 및 효율적인 시공장비의 개발 등이 수반되어야 한다.

여과/분리용 토목섬유의 종류에는 지오텍스타일, 지오그리드와 지오네트가 있다. 지오텍스타일은 직포형과 부직포형으로 나뉜다. 직포형 지오텍스타일은 필라멘트 또는 방적사를 이용하여 경, 위사를 직각으로 교차해 만든 형태로 기본 조직은 평직, 능직, 주자직으로 구분되고 사용되는 실은 보통 1,000~3,000데니어 정도를 연사하여 사용한다. 직물밀도는 경, 위사 방향으로 인치당 19~21본이 일반적이며 섬유원료는 주로 폴리에스테르와 폴리프로필렌 섬유가 사용되고 있으나 폴리프로필렌 섬유는 내광성이 약한 단점이 있다. 부직포형 지오텍스타일은 장섬유나 단섬유를 랜덤하게 배열하여 결합시킨 형태로 단섬유나 장섬유를 중량 200~800g/m^2 정도로 적층하여 결합시킨다. 부직포는 역학적 특성이 우수하여 토목용 섬유제품으로 많이 사용되며 폴리프로필렌과 폴리에스테르 섬유가 이용되고 있다. 결합방법으로는 단섬유인 경우 주로 니들펀칭(Needle Punching) 법이, 장섬유인 경우에는 스펀본딩(Spun-Bonding) 법이 사용되고 있다. 그림 4.5는 대표적인 지오텍스타일의 조직을 나타낸다.

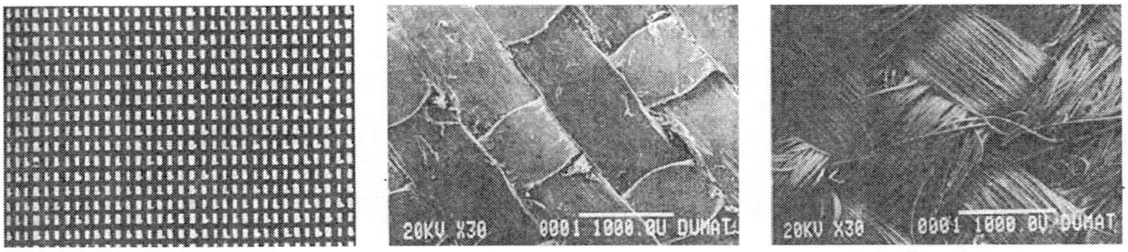

(a) 모노필라멘트 직포　　(b) 압착된 모노필라멘트 직포　　(c) 멀티필라멘트 직포

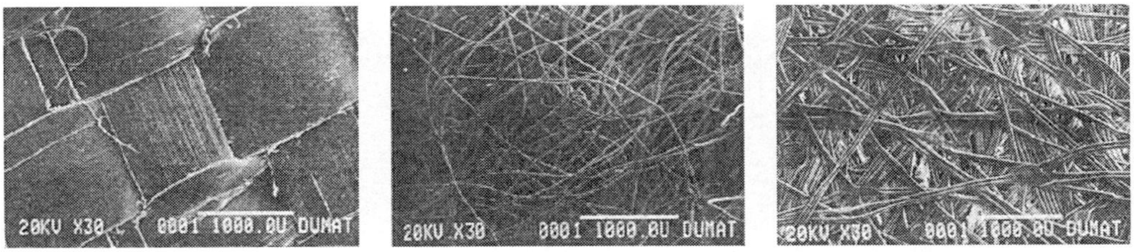

(d) 분열된 필름 직포　　(e) 니들 펀칭된 부직포　　(f) 열융합 부직포

그림 4.5 지오텍스타일의 조직(Rankilor, 1982)

지오텍스타일의 기능으로는 여과/분리, 보강, 배수 및 차수 등이 있다. 그림 4.6과 같이 지오텍스타일의 분리 기능은 연약한 점성토와 자갈, 돌덩어리, 블록 등의 조립재가 외부하중에 의해 서로 압착될 때 두 재료 사이에 놓인 지오텍스타일이 세립토와 조립입자가 혼합되는 것을 막아준다. 세립토가 조립입자의 공극 속으로 유입되면 배수능력이 저하되며, 조립입자가 세립토로 침입할 때에는 조립입자의 강도가 저하된다.

지오텍스타일의 보강 기능은 토목용 섬유제품의 인장강도에 의해 흙 구조물의 안정성을 증진시킨 기능이다. 따라서 보강 기능을 목적으로 사용하는 지오텍스타일은 인장강도는 물론 흙과의 마찰력 또한 커야 한다. 연약지반 위에 포설된 지오텍스타일은 하부지반의 변위를 저감시키고 부등침하를 감소시켜 파괴에 대한 저항력을 증대시키므로 상부에 설치되는 구조물의 안정성을 증대시킨다. 이때 흙과 토목용 섬유제품 사이의 마찰력이 상부하중에 의한 유발 인장력보다 작다면 지오텍스타일은 연약지반 내부로 빨려 들어가 큰 침하를 야기하며 지오텍스타일의 인장력은 발현되지 못한다. 따라서 보강재용 지오텍스타일은 인장강도가 클수록 또한 흙과의 마찰력이 클수록 보다 큰 효과를 보여준다.

그림 4.7과 같이 지오텍스타일의 여과 기능은 조립토와 세립토 또는 부유세립토 사이에 설치하여 물의 흐름에 따른 세립토의 이동을 최소로 방지하면서 물을 여과시키는 기능이다. 배수 기능은 세립토, 콘크리트와 같은 투수성이 낮은 토목재료 등과 밀착해 설치하여 물이

원활하게 배수구로 흐르게 한다. 지오텍스타일의 차수 기능은 고밀도의 폴리에틸렌계 제품을 이용하여 폐기물 매립장 내부의 오염수가 주위의 토양 및 지하수를 오염시키지 못하도록 차단하는 기능이다.

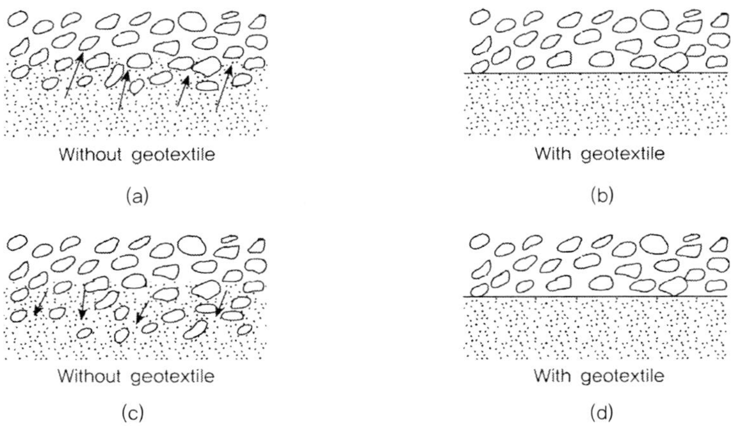

그림 4.6 지오텍스타일의 분리 기능

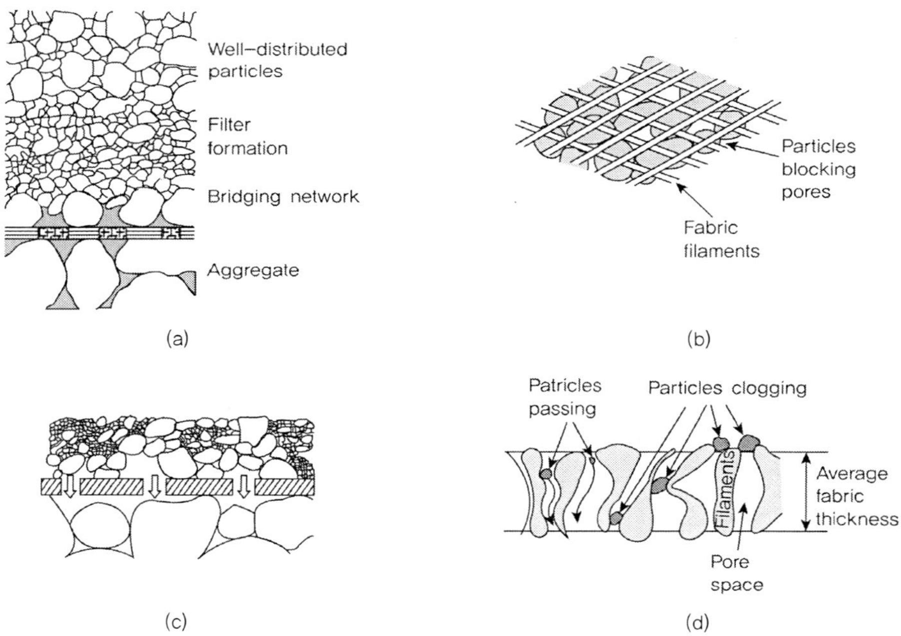

그림 4.7 지오텍스타일의 여과 기능

지오그리드는 그림 4.8과 같이 폴리머를 판상으로 압축시키면서 격자모양의 그리드 형태로 구멍을 내어 특수하게 만든 후, 일축 또는 이축으로 연신하여 제조한다. 일반적으로 연신과정에서 보통 10~50mm 크기의 타원 또는 사각모양의 큰 구멍의 형상으로 제조된다. 분자배열도 잘 조정되어 결과적으로 높은 강도를 나타내므로 지반보강용으로 사용되며 원료로는 폴리올레핀과 폴리프로필렌 및 PVC 코팅 재료 등을 들 수 있다.

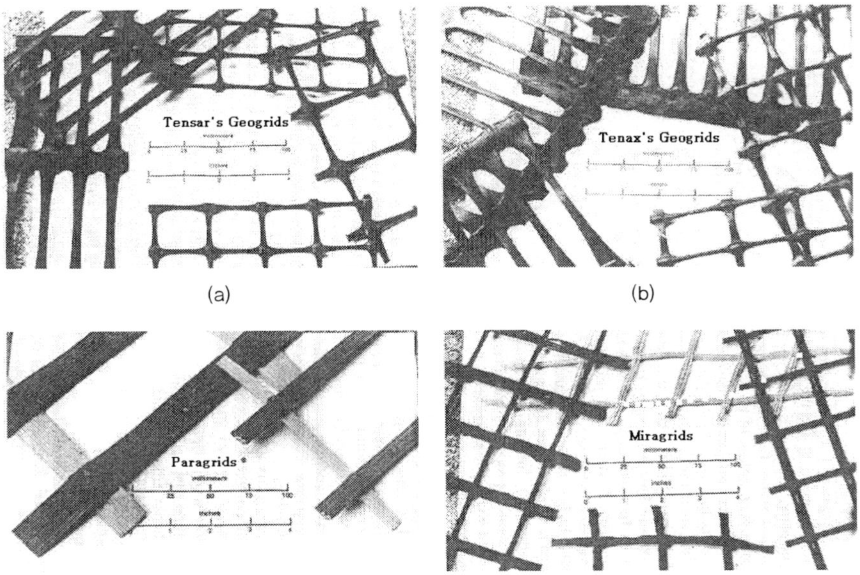

(a) (b) (c) (d)

그림 4.8 대표적인 지오그리드 형상

지오네트는 폴리에틸렌으로 만들어진다. 비중은 거의 0.935~0.942g/cc로 되어 있다. 중밀도와 고밀도 폴리에틸렌의 밀도는 각각 0.940과 0.941이다. 지오네트의 구성 물질들은 카본 블랙(1~2%)과 거의 순수한 송진으로 이루어진 Processing Package(0.5~1.0%)이다. 지오네트는 그림 4.9와 같이 일정한 각도로 Strand를 교차한 2세트의 평행한 구조를 가지며 각각 교차점의 가닥들은 용융, 접착되어 있다. 지오네트는 두께가 5~7mm 정도이며 배수능력이 가장 중요한 인자이고, 지오네트의 다이아몬드형 구멍은 길이 12mm, 폭 8mm이다. 지오네트는 전적으로 현장 배수용으로 사용되며 항상 지오텍스타일과 지오멤브레인 같은 다른 토목섬유 재료와 같이 사용된다.

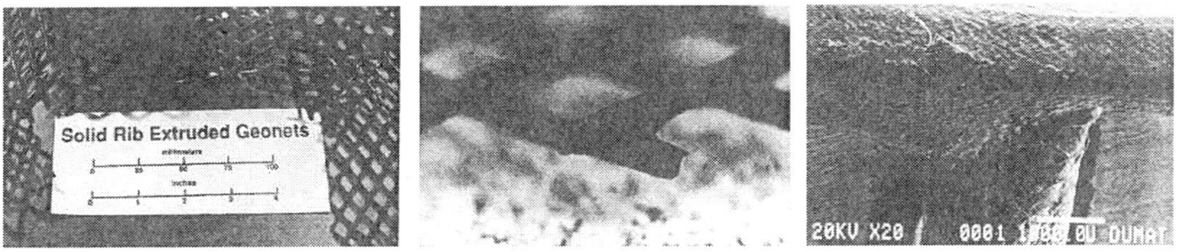

(a) (b) (c)

그림 4.9 지오네트의 조직

4.2 설계 및 평가

4.2.1 설계의 순서 및 방법

그림 4.10은 여과/분리용 토목섬유의 설계의 진행 순서에 대한 모식도이다.

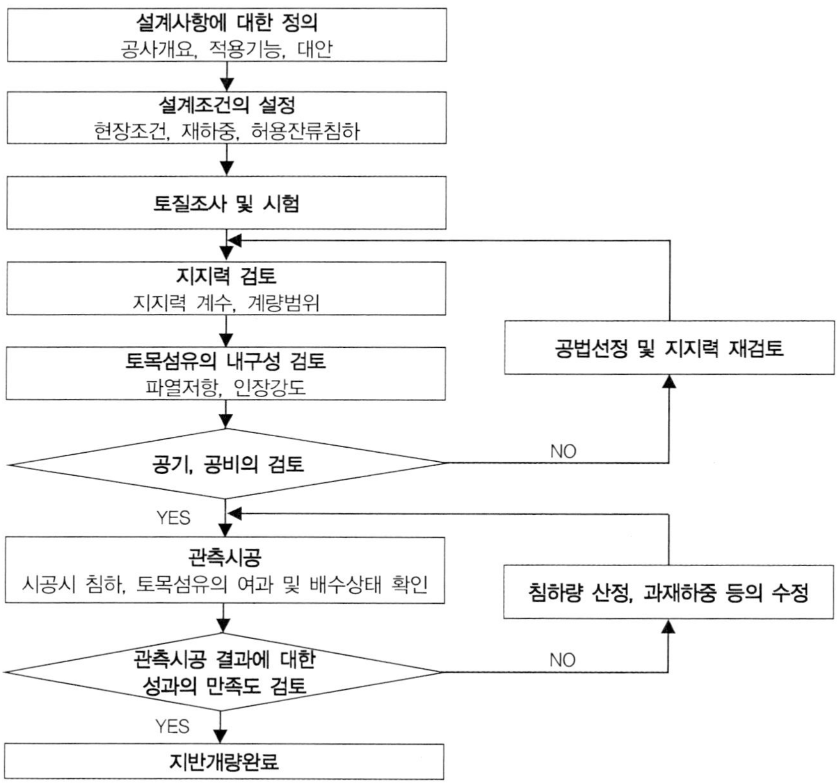

그림 4.10 설계 진행순서 모식도

여과용 토목섬유의 경우, (1) 투수성 기준과 관련된 연직투수성 (2) 보유성 기준과 관련되는 구멍크기가 주된 설계인자이다. Zitscher(1975)는 모래의 필터 기능과 관련지어 직포 매트의 투수성은 그 재료의 유효 폭과 유효 구멍크기와 연관이 있다고 하였다. 이러한 유효 크기의 개념은 직포 매트의 전체 구멍크기의 변화가 작기 때문에 상당히 근거가 있는 접근이다. 여과용 토목섬유는 배수 시스템과 함께 시공되어 보호토를 보유하면서 보호토 내부로 침투되는 물을 제거하여 배수 시스템을 통하여 배제시키는 역할을 한다. 토목섬유 배수공은 물을 배수시키는 통로로서의 기능을 수행하는 것이 주된 역할이지만 토목섬유 단독의 배수 시스템일 경우에는 흙 내부에서 필터의 역할도 담당한다. 그러나 토목섬유 필터와 배수공은 뚜렷한 차이점은 그 투수 특성에 있다. 토목섬유 필터의 수류의 통수단면이 토목섬유 평면이 되어 침투수는 토목섬유 평면에 수직으로 흐르는 반면에 배수공의 경우에는 그 통수단면이 토목섬유의 단면이 되어 물은 토목섬유의 평면을 따라 흐른다. 한편 토목섬유 필터재나 배수재의 주종을 이루는 토목섬유 내부에서의 흐름은 일반적으로 1방향 층류상태의 흐름으로 가정하여 Darcy 공식이 이상적으로 적용된다. 그러나 보다 많은 유량을 배수시켜야 할 경우에 적용되는 지오네트 배수 시스템이나 지오콤포지트 배수 시스템에서는 일반적으로 다방향 난류 상태의 흐름이기 때문에 Darcy 공식은 극히 한정적으로 적용된다.

4.2.2 설계 시 검토 사항

여과/분리용 토목섬유 설계 시 검토사항으로는 토목섬유의 내구성, 파열저항, 인장강도, 국부전단 파괴, 충격저항을 들 수 있다. 내구성에 대한 토목섬유의 선택방법은 영구적인 도로나 임시도로에 동일하게 적용하며 본래 기능을 수행하려면 시공 기간 동안 충분한 내구성을 갖추어야 한다.

1) 파열저항

파열저항의 중요성은 일정한 입경(d_a)을 가진 골재로 구성된 쇄석기층에 토목섬유를 설치하였을 때를 고려하면 알 수 있다. 만약 골재의 크기가 균등하다면 골재 사이의 틈으로 토목섬유가 끼어 들어갈 가능성이 높다. 이러한 상황은 교통하중이 골재층과 토목섬유를 경유하여 하부토층으로 전달될 때 발생된다. 이때 응력을 받은 하부토층은 그림 4.11과 같이 토목섬유를 골재 사이의 틈으로 밀어 넣으려고 할 것이다.

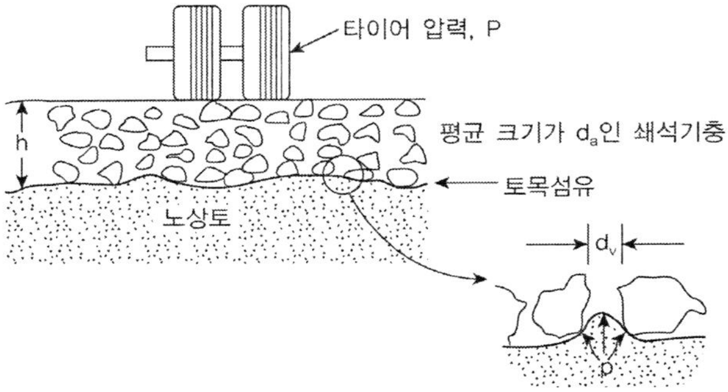

그림 4.11 교통하중에 의한 골재층 공극 안에 끼어 든 토목섬유

Giroud는 이러한 파열저항에 견디기 위해 필요한 지오텍스타일의 강도를 구할 수 있는 공식을 다음과 같이 제안하였다.

$$T_{reqd} = \frac{1}{2}\, p'\, d_v\, [f(\epsilon)] \tag{4.1}$$

T_{reqd} : 필요한 지오텍스타일의 강도

p' : 지오텍스타일 표면에 작용하는 응력, 이 값은 타이어 공기압 p와 같거나 적다

d_v : 골재 간극의 최대 간격$=0.33d_a$

d_a : 평균 골재 직경

$f(\epsilon)$: 변형된 지오텍스타일의 변형률 함수 $= \frac{1}{4}(\frac{2y}{b} + \frac{b}{2y})$

b : 개구부(간극)의 폭

y : 개구부(간극)로의 변형

이 상황은 파열시험(ASTM D3786)의 경우와 유사하므로 식 (4.1)은 식 (4.2)와 같이 나타낼 수 있다.

$$T_{ult} = \frac{1}{2} p_{test} d_{test} [f(\epsilon)] \tag{4.2}$$

T_{ult} : 지오텍스타일의 극한강도

p_{test} : 파열시험의 압력

d_{test} : 파열시험 장치의 직경($=1.2$인치)

이와 같이 $T_{allow} = T_{ult}/(FS_p)$, FS_p는 부분 안전율이다. 그러므로 전체 안전율은 다음과 같다.

$$FS_g = \frac{T_{allow}}{T_{reqd}} = \frac{(p_{test}d_{test})}{(FS_p)p'd_v}$$

만약, $d_{test} = 1.2$, $d_v = 0.33d_a$이고 $FS_p = 1.5$라면 전체 안전율은 다음과 같다.

$$FS_g = \frac{p_{test}(1.2)}{(1.5)p'(0.33d_a)} = \frac{2.4p_{test}}{p'd_a} \tag{4.3}$$

예제 4.1

최대 입경이 2in인 균등한 입도분포를 가지는 토층 위로 가해진 터럭의 타이어 공기압이 100-lb./in.^{2}일 때 하부 지오텍스타일의 파열저항에 대한 전체 안전율을 구하시오. 사용된 지오텍스타일의 극한 파열 강도는 285lb./in.^{2}이며 부분 안전율의 합은 1.5이다.

풀 이

하부 토층으로 전달되는 공기압이 일정하다고 가정하면 파열항에 대한 전체 안전율은 다음과 같다.

$$FS_g = \frac{2.4(285)}{100(2.0)} = 3.42$$

그림 4.12는 부분 안전율의 합이 1.5이고 전체 안전율이 2.0인 경우, 쇄석기층 골재의 입경과 타이어 공기압에 따른 파열저항 값의 관계를 나타내고 있다. 이 그림으로부터 필요한 파열저항 값을 구함으로써 입경은 대단히 중요함을 알 수 있다. 그리고 입도분포가 양호할수록 요구되는 파열저항 값의 증가 경향은 완만해질 것이다. 그러므로 상기한 바와 같이 파열저항 값을 산정하는 것은 최악의 경우를 고려한 것이라 할 수 있다.

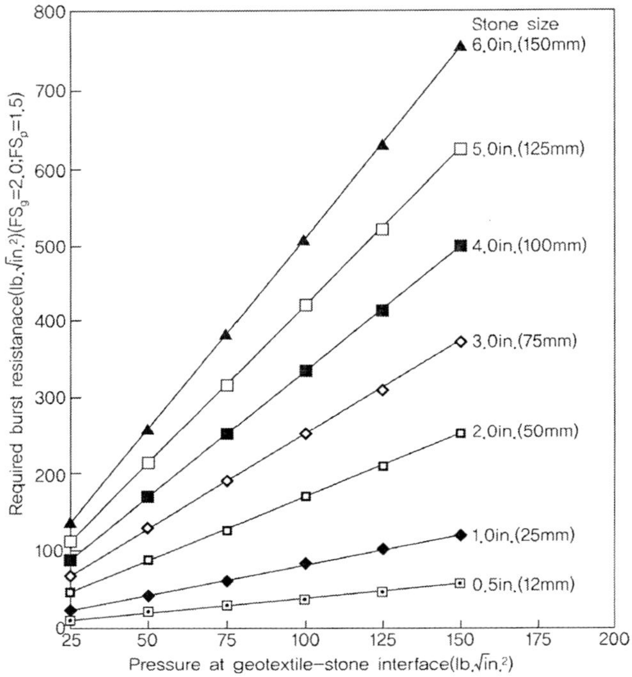

그림 4.12 부분 안전율의 합 1.5, 전체 안전율 2.0인 경우 분리 기능으로 사용된 지오텍스타일의 파열저항 값

2) 인장응력

지오텍스타일의 평면 파열저항과 함께 고려되어야 할 사항으로 지오텍스타일에 발생되는 인장응력이 있다. 인장응력은 지오텍스타일 상부에 있는 쇄석기층과 하부에 있는 노상토에 의하여 지오텍스타일이 고정되면서 발생된다. 횡적으로 또는 평면에서 지오텍스타일의 인장응력은 그림 4.13(a)와 같이 상부의 쇄석이 지오텍스타일과 접하고 있는 2개의 쇄석 사이로 상재하중에 의하여 밀려 내려갈 때 유발된다. 이와 같은 현상은 그림 4.13(b)와 같이 그랩 인장시험에 따라서 쉽게 설명된다.

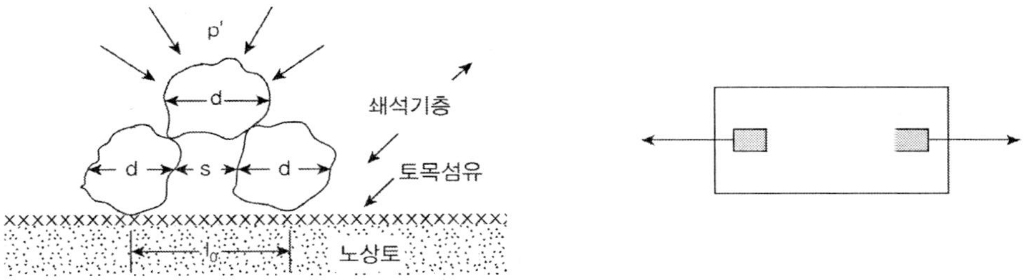

(a) 실제상황 (b) 그랩인장시험

그림 4.13 인장응력이 발생되는 조건

지오텍스타일과 쇄석 사이에서 미끄러짐 현상이 전혀 발생하지 않고 파손 또한 없는 상황을 고려했을 때, 지오텍스타일이 받게 될 최대 변형률은 다음과 같다.

$$\epsilon = \frac{l_f - l_0}{l_0}(100)$$

$$= \frac{[d + 2(d/2)] - 3(d/2)}{3(d/2)}(100)$$

$$= \frac{4(2/d) - 3(d/2)}{3(d/2)}(100)$$

$$= 33\%$$

최대 변형률을 구하는 데 입자의 크기는 상관이 없다. 그러므로 지오텍스타일과 쇄석 사이에서 미끄럼 현상이 발생하지 않고 파손이 없는 경우라면 지오텍스타일에 발생되는 최대 변형률은 33%까지 발생할 수 있다. 지오텍스타일에 작용하는 인장응력은 입자에 작용하는 압력과 관계가 있다.

$$T_{reqd} = p'(d_v)^2[f(\epsilon)] \qquad (4.4)$$

T_{reqd} : 필요한 그랩 인장력

p' : 작용 압력

d_v : 최대 간극 직경 $\simeq 0.33 d_a$

d_a : 평균 쇄석 직경

$f(\epsilon)$: 변형된 지오텍스타일의 변형률 함수 $= \frac{1}{4}(\frac{2y}{b} + \frac{b}{2y})$

b : 개구부(간극)의 폭

y : 개구부(간극)로의 변형

다음 예제는 앞서 언급한 상황의 과정을 설명하고 있다.

예제 4.2

지오텍스타일 상부에 위치하는 최대 입경이 2 in이고 균등한 입도분포를 가지는 쇄석기층 위로 가해진 터럭의 타이어 공기압이 100-lb./in.^{2}이다. (a) 지오텍스타일에 작용하는 그랩 인장응력을 구하시오. 또한 (b) 변형률 33%에서의 극한 그랩 강도가 125 lb.인 지오텍스타일의 전체 안전율을 구하시오. 부분 안전율의 합은 2.5이다.

풀 이

(a) 최대 변형률이 33%일 때 $f(\epsilon)$은 0.52이므로 필요한 그랩 인장강도는 다음과 같다.

$$
\begin{aligned}
T_{reqd} &= p'(d_v)^2(0.52) \\
&= p'(0.33d_a)^2(0.52) \\
&= 0.057p'd_a^2 \\
&= 0.057(100)(2.0)^2 \\
&= 22.6\ \text{lb.}
\end{aligned}
$$

(b) 극한 그랩 강도가 125 lb.인 지오텍스타일의 전체 안전율은 부분 안전율이 2.5일 때 다음과 같다.

$$
\begin{aligned}
FS &= \frac{T_{allow}}{T_{reqd}} \\
&= \frac{125/2.5}{22.6} \\
&= 2.2
\end{aligned}
$$

3) 국부전단 파괴 저항성

토목섬유가 시공 중에 손상된다면 아무리 훌륭한 설계일지라도 소용이 없다. 이러한 관점에서 뾰족한 돌, 나무 그루터기, 나무뿌리 등이 토목섬유의 하부 노상토에 혼재되어 있을 때 교통하중이 지표면에 가해진다면 쇄석층 아래의 토목섬유를 관통하여 국부전단 파괴가 발생될 수 있다(그림 4.14).

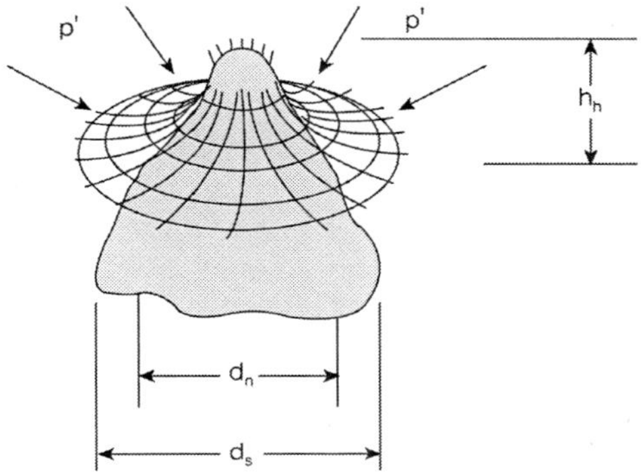

그림 4.14 토목섬유의 국부전단 파괴 양상

이러한 조건에서 지오텍스타일에 작용하는 수직응력은 다음과 같다.

$$F_{reqd} = p' d_a^2 S_1 S_2 S_3 \qquad (4.5)$$

F_{reqd} : 저항에 요구되는 수직력

p' : 작용 압력(거의 100% 타이어 공기압)

d_a : 국부전단 파괴를 일으키는 쇄석 또는 물체의 평균 직경

S_1 : 돌출비 $= \dfrac{h_h}{d_a}$

h_h : 돌출 높이 $\leq d_a$

S_2 : 크기 계수(국부전단 파괴를 발생시키는 물체의 실제 크기($= 0.31/d_a$)와 실험에 사용된 장치의 크기(직경 5/16인치)[ASTM D4833]와의 상관성 조정을 위한 계수)

S_3 : 형상 계수(국부전단 파괴를 발생시키는 물체의 실제 형상($= 1 - A_p/A_c$)과 실험에 사용된 장치의 형상과의 상관성 조정을 위한 계수)

A_p/A_c : 오타와 모래(Ottawa sand)인 경우 0.8

예제 4.3

쇄석기층 표면 위를 타이어 공기압 80-lb./in.^{2}인 터럭이 지나갈 때 직경 2 in. 크기의 돌에 의한 지오텍스타일의 국부전단 파괴에 대한 안전율을 구하시오. 실험[ASTM D4833]에 의한 지오텍스타일의 극한 국부전단 파괴강도는 45 lb.이다.

풀 이

타이어 공기압 80-lb./in.^{2}이 지오텍스타일에 전부 전달되고, S_1, S_2, S_3가 각각 0.33, 0.155, 0.6이라면,

$$\begin{aligned} F_{reqd} &= p' d_a^2 S_1 S_2 S_3 \\ &= 80 \times (2.0)^2 (0.33)(0.155)(0.6) \\ &= 9.82 \ lb. \end{aligned}$$

부분 안전율의 합이 2.0일 때 전체 안전율은 다음과 같다.

$$\begin{aligned} FS &= \frac{F_{allow}}{F_{reqd}} \\ &= \frac{45/2.0}{9.82} \\ &= 2.3 \end{aligned}$$

그림 4.15는 부분 안전율의 합이 2.0이고 전체 안전율이 2.0인 경우, 국부전단 파괴를 일으키는 쇄석($S_1 = 0.33$, $S_2 = 0.31/d_a$, $S_3 = 0.5$)의 입경과 지오텍스타일과 쇄석 사이에 작용하는 압력에 따른 국부전단 파괴 저항값의 관계를 나타낸다.

$$\begin{aligned} F_{reqd} &= p' d_a^2 (0.33)(0.31/d_a)(0.5) \\ &= 0.00512 p' d_a \end{aligned}$$

$$FS = \frac{F_{ult}/FS_p}{F_{reqd}}$$

$$2.0 = \frac{F_{ult}/2.0}{0.00512p'd_a}$$

$$F_{ult} = 0.204p'd_a$$

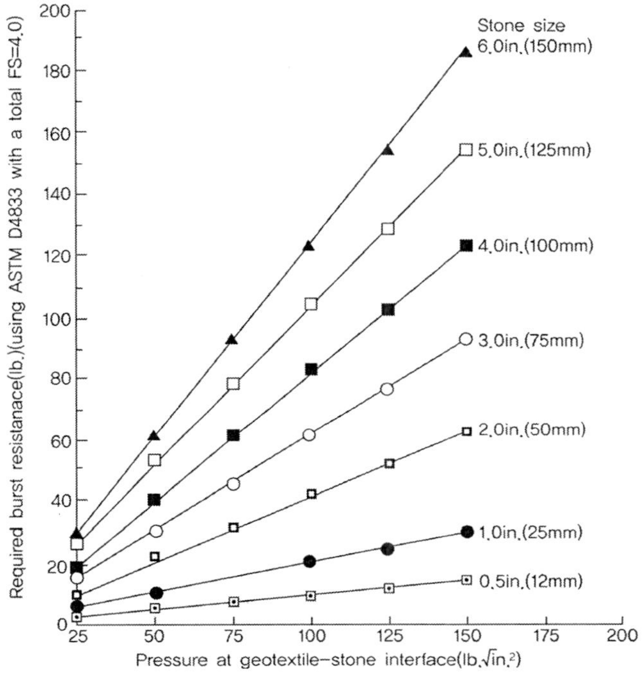

그림 4.15 $FS_p = 2.0$, $FS_g = 2.0$,$S_1 = 0.33$, $S_2 = 0.31/d_a$, $S_3 = 0.5$ 인 경우의 국부전단 파괴에 대한 저항값

4) 충격 저항

충격에 대한 저항값은 국부전단 파괴와 같이 분리 기능과 마찬가지로 내구성 기준으로서 매우 중요하다. 분리 기능과 같이 토목섬유는 여러 가지 대상물에 의한 충격에 대하여 저항값을 갖고 있어야 한다. 가장 확실한 대상물은 설치된 토목섬유 위로 떨어지는 낙석이다. 그 외에도 시공장비, 시공재료 등이 토목섬유에 충격으로 인한 손상을 가할 수 있는 대상물이다. 충격에너지(중력에 의한 낙하에너지)를 발생시키는 요인은 자유낙하 암석(물체)의 낙하무게와 낙하높이이다. 실제로 충격하중이 주어질 때 토목섬유 하부지반의 변위가 발생하면서 상당량의 충격하중을 흡수할 수가 있다.

암석의 직경을 1~24in까지 변화시키고, 낙하높이를 0~16ft까지 변화시키면서 비중이 2.6인 암석이 자유낙하 하는 경우를 가정해보자. 그림 4.16은 암석의 직경와 낙하높이에 따른 충격에너지를 나타낸 것이다. 이 그래프는 다음 식에 근거하고 있다.

$$E = \frac{\pi d_a^3}{6}(62.4)(2.60)(h)$$

$$= 85 d_a^2 h$$

E : 에너지

d_a : 쇄석 직경

h : 낙하 높이

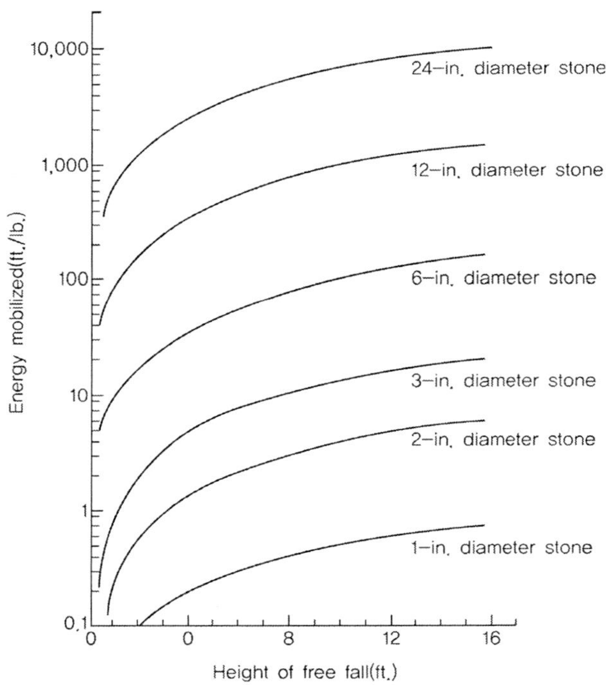

그림 4.16 암석의 자유낙하에 의해 비탄성 지오텍스타일에 발생되는 에너지

이렇게 계산된 에너지는 탄력성이 없는 지오텍스타일에 가해진 에너지이다(가장 불리한 조건). 실제로는 충격하중이 가해질 때 지오텍스타일 하부지반의 변위가 발생하면서 상당량의 충격하중을 흡수할 수가 있다. 그러므로 실제 사용 시 그림 4.17과 같이 감소비를 사용

하는 것을 추천한다. 그리고 계산에 의해 산정된 충격에너지는 지오텍스타일에 실제로 가해지는 충격에너지와 비교되어져야 한다(충격시험 결과값 등).

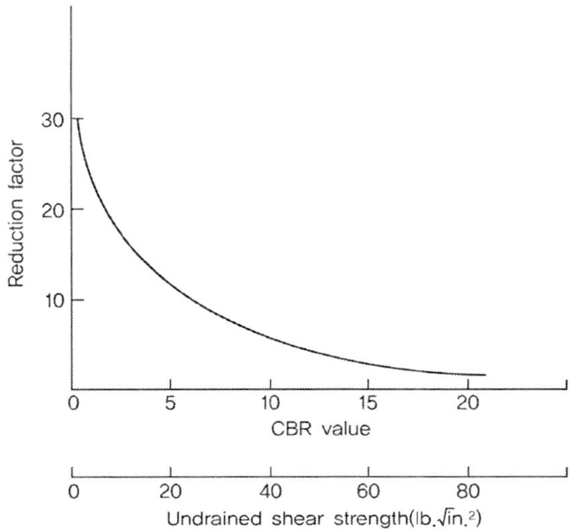

그림 4.17 하부 토층의 CBR 값에 따른 충격에너지 감소비

예제 4.4

평균 입경이 12in인 암석이 높이 4ft에서 낙하할 때 지오텍스타일에 가해지는 에너지를 구하시오? 지오텍스타일은 CBR 값이 4인 하부 토층 위에 놓여 있다. 만약 지오텍스타일의 허용 충격에너지가 16ft-lb일 때 전체 안전율은 얼마인가?

풀 이

그림 4.16으로부터 지오텍스타일에 가해지는 에너지는 300ft-lb임을 알 수 있다. 그리고 그림 4.17로부터 해당 감소비를 구하면 13 정도이다. 그러므로 평가되는 충격에너지는 23ft-lb이다.

만약 실제로 이 정도 크기의 암석이 지오텍스타일에 직접적으로 자유낙하하면 구멍이 생길 것이다. 이러한 경우에는 모래 또는 충격 완화층을 가지는 지오텍스타일을 생각할 수 있다. 이 분석에서 고려되지 않은 것은 지오텍스타일과 낙하물체의 접촉 면적이다. 매우 둥근 암석의 경우에는 뾰족하거나 각진 경우에 비해 그 영향은 줄어들 것이다.

국부전단 파괴와 충격에 관한 두 설계법은 분리용뿐만이 아니라 일반적인 지오텍스타일의 시공과정에서도 언급된다. 이것은 모든 경우에서 중요한 사항이므로 이 2가지 사항은 어떠한 경우에도 고려해야 한다.

4.2.3 설계 조건

여러 가지 설계 방법들과 그들의 조합에 의하여 토목섬유의 설계가 가능하지만 일반적으로 설계에 의한 최종적인 결정은 특별한 적용 분야에 대하여 공사비에 의한 설계, 시방기준에 의한 설계 및 기능에 의한 설계 등 3가지 방법 중 하나를 선택해야 한다.

공사비에 의한 설계는 가장 간단한 방법으로 이용 가능한 공사비를 가지고 단위 가격의 제한 범위에서 가장 우수한 특성을 갖는 토목섬유를 선택하는 것이다. 이 방법은 전 근대적인 방법이지만 아직까지 이용되고 있다.

시방기준에 의한 설계는 상당히 일반적인 설계방법으로 공공기관에서 선호하고 있다. 시방기준은 일반적인 여러 가지 부류의 토목섬유 적용 분야에 대하여 필요한 토목섬유의 특성치를 명시한 목록으로 토목섬유의 특성별로 최대치 또는 최소치를 수록하고 있다. 그러나 요구되는 이러한 문제점을 보안하기 위하여 AASHTO와 ABC(American Building Center), ARBTA(American Road Builders and Trancportation Association)로 구성되는 공동위원회가 공통시방기준의 작성을 시도하고 있다.

기능에 의한 설계방법에서는 토목섬유에 요구되는 주된 기능을 평가하여 요구되는 토목섬유의 특성을 이론적으로 계산하고 후보 토목섬유의 허용특성치로 나누어 안전율을 구한다.

$$FS = \frac{\text{허용(실험) 특성치}}{\text{요구(설계) 특성치} } \tag{4.6}$$

여기서, 허용 특성치 : 현장 상태를 모형화한 실내실험 결과치
요구 특성치 : 현장 상태를 모델링한 설계로부터 얻은 이론치
FS : 불확실성에 대한 총 안전율

안전율이 1보다 크다면 후보 토목섬유는 승인될 수 있다. 수종의 토목섬유에 대해서도 안전율을 검토하고 승인된 토목섬유 중에서 공사비와 이용 가능성을 고려하여 최적의 토목섬유가 선택된다. 이 설계과정은 다음의 식으로부터 요구 특성치를 산출한다.

$$\text{요구 특성치} = \frac{\text{허용 특성치}}{FS} \tag{4.7}$$

4.2.4 설계 계산

지오텍스타일과 지오네트의 수리학적 특성에 대한 설계 계산은 공극률과 퍼센트 구멍면적, 겉보기 구멍크기, 통수성, 그리고 그에 대한 압축 응력의 영향, 전수성, 클로깅, 블라킹, 블라인딩이 있다. 지오텍스타일 필터의 설계는 투수성과 흙의 보유성, 그리고 장기적 성능 측면에서 볼 수 있다.

1) 지오텍스타일의 설계 계산

지반공학 분야에서는 흙과 함께 사용되는 지오텍스타일의 공극률은 전 체적에 대한 공극체적의 비로 정의된다. 이 공극률은 지오텍스타일의 통수능력의 척도가 되지만 직접 측정되는 경우는 흔하지 않고 일반적으로 지오텍스타일의 다른 특성치들로부터 다음 식으로 계산에 의하여 간접적으로 산출된다.

$$n = 1 - \frac{m}{\rho t} \tag{4.8}$$

여기서, n : 공극률

m : 단위면적당 중량

ρ : 겉보기 밀도

t : 지오텍스타일의 두께

반면에 직접 측정 방법은 입도 조절된 유리구슬에 의한 체분석 방법, 영상적인 분석방법 및 수은침투법 등이 있다.

구멍면적 비율(Percent Open Area, POA)은 특별히 직포 지오텍스타일에 대한 것으로 시료의 총면적에 대한 공간의 면적 백분율로 정의된다. 공간의 면적은 빛을 지오텍스타일에 투영시킨 화면을 통하여 측정된다. 일반적인 모노필라멘트 직포의 구멍면적의 비율은 6～12% 정도이다. 겉보기 구멍크기(Apparent Open Size, AOS) 또는 등가구멍크기(Equivalent Opening Size, EOS)는 당초에 직포 지오텍스타일에 대하여 미국 공병단에 의하여 개발된 방법으로 현재로서는 부직포에 대하여도 적용되고 있다. 이 시험방법은 미리 알고 있는 구경의 유리구슬을 사용하여 체분석하는 방법으로 체분석 결과로부터 작성된 구멍크기 분포곡선에서 통과백분율 95%에 해당하는 O_{95}의 체번호가 겉보기 구멍크기가 된다. 겉보기 구멍크기, 등가 구멍크기 및 O_{95}는 본질적으로 동일한 구멍크기를 나타내지만 AOS와 EOS는 O_{95}의 체번호로 표시하고 O_{95}는 체번호의 체눈의 크기를 mm로 표시한다.

통수성은 물이 토목섬유 평면을 따라 흐르는 지오텍스타일 배수공과는 달리 지오텍스타일 필터의 경우에는 물이 지오텍스타일의 평면에 직각방향으로 흐르고 수류의 통수 단면적은 지오텍스타일의 평면이 되는 수직투수성을 고려해야 한다. 이러한 지오텍스타일 필터는 흙 내부에서 상재하중과 토압에 의하여 압측응력을 받으면 두께가 감소하며, 그 감소율은 특히 니들펀칭 부직포 지오텍스타일인 경우에 현저하게 나타난다. 압축성 재료인 니들펀칭 부직포는 수직투수계수가 평면투수계수와 거의 같으며 압축 응력을 받을 때 투수계수의 감소율도 거의 같으나 지오네트, 직포 또는 열융착 부직포 등은 압축성이 작으므로 이들 재료의 수직투수성은 압축 응력에 거의 영향을 받지 않는다. 통수성은 토목섬유의 수직투수계수와 두께의 관계로 산출이 가능하며, 다음 식과 같다.

$$\psi = \frac{k_n}{t} \tag{4.9}$$

여기서, ψ : 통수성,

k_n : 수직투수계수

t : 지오텍스타일의 두께

상기 식은 Darcy의 식에 의하여 다음과 같이 유도된다.

$$q = k_n iA = k_n \frac{\Delta h}{t} A \tag{4.10}$$

$$\psi = \frac{k_n}{t} = \frac{q}{(\Delta h)(A)} \tag{4.11}$$

여기서, q : 유량

i : 동수경사

Δh : 수두

A : 지오텍스타일 평면적

상기 식은 흙의 정수위 투수시험의 원리를 이용한 정수위 통수성 시험에서 통수성을 구할 때 사용될 수 있으며, 이 시험에서 Δh의 값을 변화시키면서 반복 실험한 결과를 가지고 $\Delta h \cdot$ A와 q의 관계 도표를 그리면 직선식으로 표시되고 직선의 기울기가 통수성 ψ가 된다. 또한 통수성 ψ는 저투수성 흙에 대해서는 변수위 투수시험 결과에 의하여 다음과 같이 산정될 수 있다.

$$\frac{k_n}{t} = \psi = 2.3 \frac{a}{1 + \Delta t} log_{10} \frac{h_0}{h_f} \tag{4.12}$$

여기서, ψ : 통수성

a : 스탠드 파이프의 단면적

A : 지오텍스타일의 평면적

Δt : h_0와 h_f의 측정시간 간격

h_0 : 실험 시작 시의 수두

h_f : 실험 종료 시의 수두

지오텍스타일의 통수성(ψ)의 범위는 0.02～2.2s^{-1}이고 수직 투수계수(k_n)는 대략 0.0008～0.23cm/s이다.

통수성 시험은 수직 재하하중이 없는 경우이지만 실제로 지오텍스타일 필터는 지반 내부에서 압축 응력을 받는다. 이 때문에일반적으로 통수성을 구하기 위하여 지오텍스타일 시료 상면에 하중 재하장치를 부착하고 하중을 재하하는 동안 물이 지오텍스타일 평면에 수직으로 흐를 수 있게 고안한 시험장치에 의하여 보다 합리적인 통수능력을 평가할 수 있었다. 실험결과로부터 압축 응력에 따른 지오텍스타일의 통수성은 지오텍스타일의 종류에 따라 다음과 같은 경향을 나타낸다.

• 모노필라멘트 직포 : 거의 변화가 없거나 소폭 증가하는 경향을 나타냄
• 슬릿필름 직포 : 결과치의 편차가 크므로 경향을 평가하는 것이 불가능함
• 열융착 부직포 : 거의 변화가 없거나 소폭 감소하는 경향을 나타냄
• 니들펀칭 부직포 : 재하하중의 크기에 따라 다소 감소하는 경향을 나타냄

토목섬유 필터의 구멍이 적당하게 작으면 초기의 세립토 유실이 적어서 인접한 흙 내부에 효율적인 입도조정 필터가 조속하게 형성된다. 그러나 토목섬유 필터의 구멍이 지나치게 작으면 장기적으로 블라인딩, 심한 블로킹 또는 클로깅이 발전되어 필터의 기능을 상실한다. 여기서 블로킹이란 흙 입자들이 필터 표면상에 정지하고 있어 필터의 구멍을 전체적으로 또는 부분적으로 막고 있는 상태이다. 약간의 블로킹 현상은 대부분의 토목섬유 필터에서 필연적인 현상이지만 그 정도가 흙 내부의 바람직한 입도 조정이 불가능한 상태까지 되면 토목섬유 필터는 더 이상 효과적인 투수성을 발휘할 수가 없다. 블라인딩은 심한 블로킹 현상의 특별한 형태로서 비교적 큰 입경의 세립토가 지오텍스타일의 구멍을 통과하지 못하고 일면을 뒤덮고 있다. 이는 비교적 저투수성의 얇은 세립층을 상면에 형성하면서 구멍을 막는다. 클로깅은 대부분의 토립자 입경이 지오텍스타일 구멍의 크기와 매우 비슷할 때 이 토립자가 구멍을 통과하다가 구멍의 내부에 정지하여 통로를 막는 현상이다. 특별히 복잡한 내부구조를 갖는 두꺼운 부직포에서 심각한 클로깅이 일어나기 쉽다. 약간의 클로깅은 허용될 수 있기 때문에 지오텍스타일의 투수성을 변화시키지 않을 정도이면 심각하지는 않다. 또한 입도분포가 불량한 세립모래나 실트질 흙에 지오텍스타일 필터를 적용할 경우에 동수경사가 크면 상당한 주의가 필요하다. 이러한 흙 내부의 지오텍스타일은 세립자의 유실보다는 특별히 블라인딩과 클로깅을 받기 쉽다.

2) 지오네트의 설계 계산

지오네트에 대한 평면적 흐름, 즉 전수성은 수류가 지오네트 평면을 따라 평면적으로 흐를 수 있게 고안한 평면 전수성 시험장치에 의하여 구할 수 있다. 지오네트 내부에서의 평면적 흐름은 층류 상태인 지오텍스타일과는 다르게 난류 상태이기 때문에 방사 전수성 시험장치는 이용될 수 없다. 그림 4.18은 양면을 지오멤브레인으로 보호한 6.3mm 두께의 지오네트에 대한 실험결과이다. 분명히 동수경사가 클수록 유량은 증가하고 있다. 지오네트 시스템이 항상 포화되어 있다고 가정한다면 실험의 결과치로부터 쉽게 전수성을 산출할 수 있을 것이다. 그러나 지오네트 내부에서의 유량은 흙 내부에서보다 훨씬 커서 난류상태가 되기

때문에 전수성의 적용에 신중을 기해야 한다. 또한 그림 4.18은 지오네트 시스템 자체에 대한 실험결과이므로 보다 실제적인 상황에서의 성능시험이 필요할 것이다. 그림 4.19는 부직포로 보호된 지오네트의 상면에 점토층을, 하면에 HDPE(High Density Polyester) 지오맴브레인을 설치하여 실험한 결과를 도시한 것이다. 그림 4.18과 그림 4.19는 동일한 지오네트를 사용하였기 때문에 직접적으로 비교가 가능하다. 그림 4.19와 같이 수직응력이 증가함에 따른 유량의 감소율은 지오네트 시스템 상부의 점토층이 지오네트코아 내부로 침입함으로써 그림 4.18에서보다 현저하게 감소하는 것을 알 수 있으며 이 감소율은 동수경사가 클수록 크게 나타난다. 이상과 같은 지오네트의 단위폭당 유량은 Darcy 공식을 사용하여 전수성으로 변환될 수 있다. 그러나 Darcy 공식은 재료가 포화되어 있고 층류상태의 흐름으로 가정될 때 성립된다. 일반적인 지오네트 내부에서의 흐름은 이 2가지 조건을 모두 만족시키지 못하고 있다. 그러나 현재로서 EPA 누수검출규정(Environment Protection Agency)의 지오네트에 대한 전수성 기준은 다음과 같다.

- 매립장과 폐기물 적재장 : $\theta \geq 3\times10^{-5}$ m^2/sec
- 집수장 : $\theta \geq 3\times10^{-4}$ m^2/sec

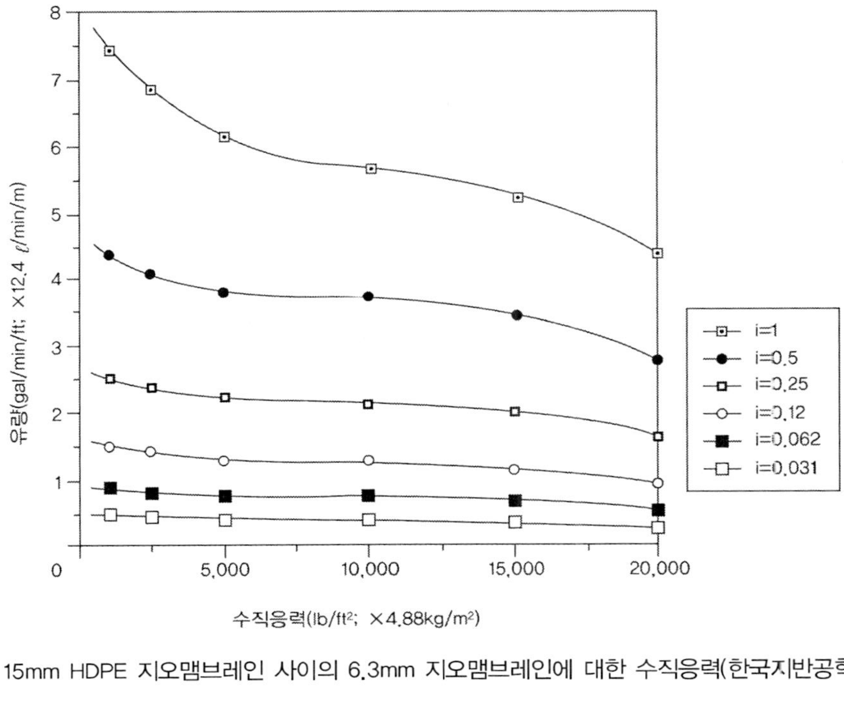

그림 4.18 15mm HDPE 지오맴브레인 사이의 6.3mm 지오맴브레인에 대한 수직응력(한국지반공학회, 1998)

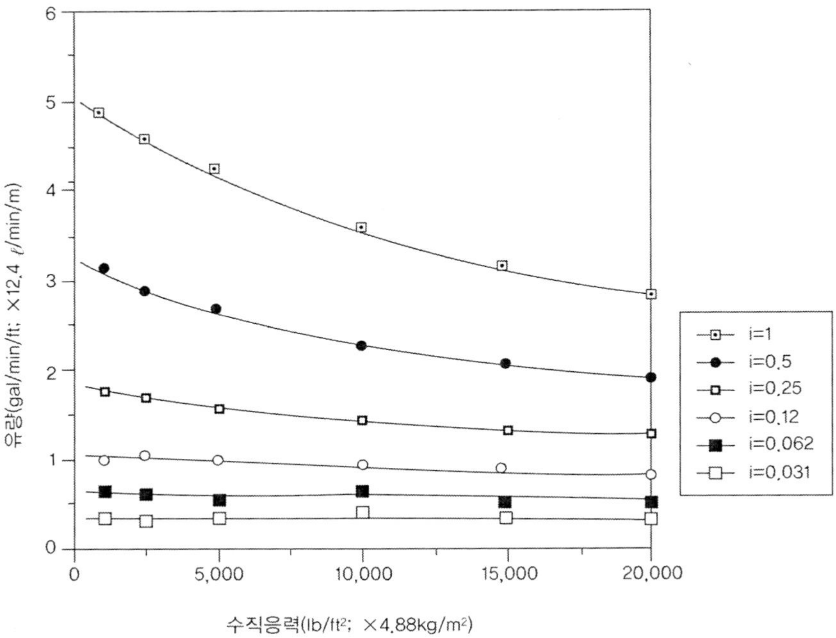

그림 4.19 543g/m² 니들펀칭 부직포로 보호되고 상면은 점토층, 하면은 1.5mm HDPE 지오맴브레인으로 된 지오네트 시스템에 대한 수직응력 대 유량(한국지반공학회, 1998)

3) 지오텍스타일 필터의 설계 원리

지오텍스타일 필터의 역할은 천연 필터의 경우와 마찬가지로 지오텍스타일의 한 면으로부터 다른 면으로 자유수의 흐름을 허용하고 인접한 흙 내부의 세립자의 이동을 장기적으로 방지하는 것이다. 그러므로 필터로 사용되는 토목섬유가 보호토의 장기적인 보유 기능을 수행하기 위해서 지오텍스타일의 구멍크기는 작을수록 효과적이다. 반면에 보호토 내의 물을 제거하기 위한 흐름을 보장하기 위하여 지오텍스타일 필터의 구멍크기는 충분히 커야 하는 상반된 조건을 충족시켜야 한다. 이와 같이 지오텍스타일의 구멍크기는 물의 흐름을 지체시키지 않을 정도로 충분히 커야 한다는 투수성 기준과 지오텍스타일 필터의 구멍크기는 토립자의 이동을 방지할 수 있도록 충분히 작아야 한다는 보유성 기준을 만족할 수 있는 지오텍스타일을 선택하는 것이 설계의 기본 지침이다.

첫 번째로 지오텍스타일의 투수성은 물이 평면에서 수직으로 흐르는 수직투수성으로 고려되고 수류의 통수단면은 지오텍스타일의 평면이 된다. 전술한 바와 같이 필터 목적으로 사용되는 지오텍스타일 중 일부는 두께가 비교적 두껍고 압축성이기 때문에 두께의 변화를 투수계수에 포함시켜 통수성의 개념이 도입된다.

$$\psi = \frac{k_n}{t} \tag{4.13}$$

여기서, ψ : 통수성,

k_n : 수직투수계수

t : 지오텍스타일의 두께

두 번째로 지오텍스타일 필터가 보다 많은 양의 물을 통과시키기 위하여 그 공극은 커야 하지만 상류 측 세립토가 수류를 따라 지오텍스타일의 공극을 통하여 유실되기 시작하면 흙 내부에 이른바 파이핑을 야기할 수 있다. 파이핑으로 인하여 흙의 내부에 큰 관공이 발달하면 유속은 증가하면서 시간이 흐름에 따라 관공은 더욱 더 확대되어 결국은 보호토의 파괴를 초래한다. 이러한 과정을 막기 위하여 지오텍스타일 공극은 상류 측 보호토를 보유하기에 충분히 작아야 한다. 조립토는 초기에 보유되기 쉽기 때문에 궁극적으로 필터브리지(Filter Bridge)를 형성하여 세립토의 이동을 방지하여 보호토를 안정시킨다. 그러므로 이것을 형성할 수 있는 입경을 설계에서 고려해야 한다. 따라서 보유성 기준을 수립하기 위한 가장 합리적인 접근방법은 토립자의 입경과 지오텍스타일의 95% 구멍크기를 비교하는 것이고, O_{95}는 겉보기 구멍크기 시험에 의하여 구할 수 있다. 보호토의 특성은 #200체(0.074mm) 통과백분율 기준으로 평가하는 것이 가장 간단한 방법이다. 다음은 Task Force #25에서 추천하는 보유성 기준이다.

- #200체 통과백분율 50% 이하인 경우 : $O_{95} < 0.59$mm(AOS ≥ #20체)
- #200체 통과백분율 50% 이상인 경우 : $O_{95} < 0.30$mm(AOS ≥ #50체)

세 번째로 지오텍스타일의 수리학적 적용 분야에서 가장 문제가 되는 것은 클로깅 현상이다. 토립자의 일부는 예외 없이 지오텍스타일의 내부에 지체될 것이지만 지오텍스타일 필터가 그 기능을 수행하기에 불충분할 정도의 과도한 클로깅이 일어날 것인지가 중요한 문제이다. 현장 상태가 극단적으로 불량하지 않을 경우에는 현장의 흙 시료와 적용 예정인 지오텍스타일에 대한 직접적인 실내실험을 통하여 보다 실제적으로 클로깅을 예견할 수 있을 것이다. 동수경사비 시험에서 동수경사비가 3.0 이하인지를 평가하거나 장기적 흐름시험에서 현장 요건에 대한 시간대 유량곡선이 안정되고 있는지를 평가함으로써 클로깅에 대한 안전성을 판단할 수 있다. 일반적인 클로깅에 대한 설계기준은 다음과 같다.

- $O_{95} \geq 3D_{15}$
- POA ≥ 4%(직포인 경우)
- 공극률 ≥ 50%(부직포인 경우, 현장의 수직응력에 따라 변화)

지오텍스타일 필터의 하류 측에 설치하는 배수공(골재, 지오텍스타일 배수 시스템이나 유공관)도 과도한 클로깅 없이 상류 측으로부터 유도된 토립자를 충분히 통과시킬 수 있도록 설계해야 한다.

4) 설계 계산 예제

토목섬유를 적용하는 데는 적절한 투수성과 토양보존이라는 2가지 조건을 모두 만족해야 한다. 투수성은 토목섬유 뒤에 과잉간극수압이 발생하지 않도록 액체를 통과시키는 것이 요구된다. 토양의 대부분을 보존하기 위해서는 물의 흐름에 따라 미소 흙입자가 유실되고, 이에 따라 더 큰 유실이 발생하는 파이핑 현상을 피해야 한다. 따라서 토목섬유는 물을 통과시키면서 동시에 흙입자를 통과하지 못하도록 설계한다. 흙을 통과하는 물의 양은 입자의 크기와 비례하기 때문에 토목섬유에서는 이것이 가능하다.

일반적으로 투수계수와 흙입자 크기와는 다음과 같은 관계가 성립한다.

$$k = C(d_{10})^2$$

k : 흙의 투수계수
C : 상수
d_{10} : 흙의 유효입자 크기

따라서 흙 입자가 크면 일반적으로 큰 물의 흐름을 유발시키며, 이 경우에는 구멍크기가 큰 토목섬유가 적당할 것이다. 반면에 흙입자가 작으면 작은 물의 흐름을 유발시키며 이 경우에는 구멍크기가 작은 토목섬유가 적절할 것이다. 또한 실제 설계를 시작하기 전에 흙과 토목섬유의 호환성도 요구된다.

(1) 옹벽 배면에 설치한 경우

기존의 철근콘크리트 옹벽 뒤채움 흙에는 물이 암거 시스템 또는 물 빼는 구멍을 통해서 배수되도록 수직으로 설치된 자갈층이 있어야 한다. 이러한 배수층이 없으면 옹벽 배면에 발생하는 수압과 수평토압으로 인하여 옹벽이 전도되거나 파괴될 것이다. 옹벽 배면에 발생하는 수압은 옹벽에 가해지는 압력을 배가시킬 것이므로 배수층은 옹벽이 설치되는 기간 동안 배수 기능을 유지해야 한다. 이 기간 동안 배수층이 흙입자에 의해 과도하게 막히면, 배수층은 기능을 전혀 발휘할 수가 없다. 배수층으로서 고가의 흙으로 만들어진 여과장치 또는 토목섬유로 만들어진 여과장치를 설치하든지 여과장치 없이 뒤채움 흙에서 벽체 방향으로 배수가 가능하도록 설계된 연성 벽체를 생각해보자.

그림 4.20(c)와 (d)는 직경 100m의 돌덩이가 담긴 돌망태를 보여준다. 이러한 돌망태공 뒤에 여과장치를 설치하지 않는다는 것은 매우 비상식적인 일이다. 흙으로 된 여과장치는 설치하기도 어렵고, 또 입자의 크기가 서로 다른 여러 가지의 여과층을 요구하기에 토목섬유가 매우 유용하게 이용될 것이다.

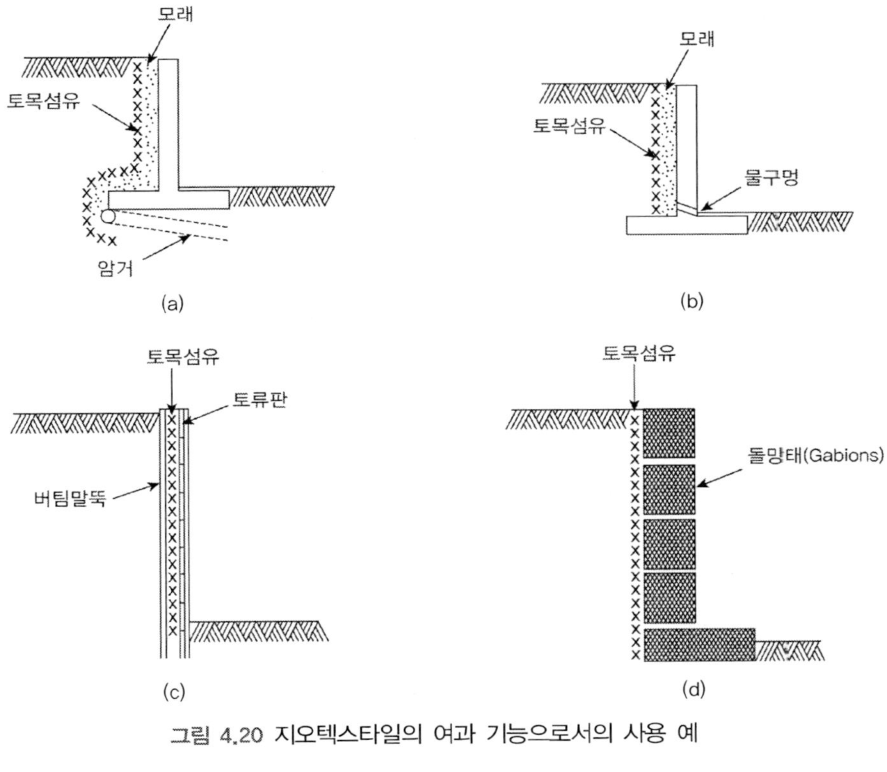

그림 4.20 지오텍스타일의 여과 기능으로서의 사용 예

예제 4.5

2개의 3×3×12ft 바구니로 구성된 7ft 높이의 돌망태공이 6×1×12ft 매트리스 위에 놓여 있다. 뒤채움 흙은 중간 정도로 다짐된 실트샌드이다.

$d_{10}=0.03\text{mm}$, $\text{CU}=2.5$, $\text{k}=3.3\times10^{-2}\text{ ft/sec}$, $D_r=70\%$

물성치가 주어지는 3가지 토목섬유에 대해 안전율을 검토해보자.

안전율은 실험실 자료와 현장 자료와의 차이를 고려하여 10을 사용한다.

풀 이

설계는 2단계로 진행된다.

첫째, 토목섬유의 흐름에 대한 안전율을 결정하는 것이다.

이것은 통과율, ψ로($\psi=\dfrac{k}{t}$) 계산될 수 있다.

(a) 유선망을 이용하여 흐름률을 구한다.

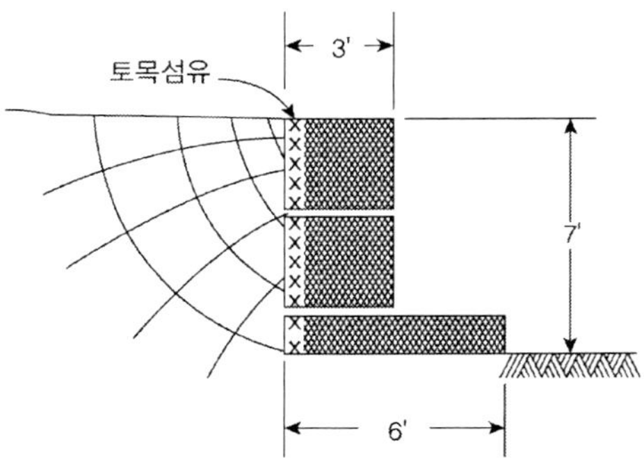

$$q=kh\left(\frac{F}{N}\right)$$

$$=3.3\times10^{-2}\times7\times\left(\frac{4}{5}\right)$$

$$=0.185\text{ft}^3/\text{sec}-\text{ft.wall}$$

(b) 통과율을 계산한다.

$$q = kia$$

$$q = k\frac{\Delta h}{t} \times A$$

$$\frac{k}{t} = \frac{q}{(\Delta h) \times A}$$

$$\psi_{reg} = \frac{0.185}{7 \times (7 \times 1)} = 0.38 \times 10^{-2}\,\mathrm{sec}^{-1}/\,\mathrm{ft.wall}$$

(c) ① 토목섬유 1

$k = 0.118\mathrm{in/sec}$, $t = 0.060\mathrm{inch}$ 인 부직포

$$\frac{k}{t} = \frac{0.118}{0.060}$$

$$\psi_{wt} = 2.0\,\mathrm{sec}^{-1}/\,\mathrm{ft.wall}$$

$$\psi_{allow} = \psi_{wt}\left(\frac{1}{FS_{scb} \times FS_{zn} \times FS_{cr} \times FS_{cc} \times FS_{bc}}\right)$$

$$= \frac{2.0}{10.0}$$

$$= 0.20\,\mathrm{sec}^{-1}/\,\mathrm{ft/wall}$$

$$Fs = \frac{\psi_{allow}}{\psi_{reg}} = \frac{0.2}{0.0038} = 52$$

토목섬유 1은 충분한 투수성을 확보하고 있다.

② 토목섬유 2

$k = 0.014\,\mathrm{in/sec}$, $t = 0.030\mathrm{inch}$인 단섬유 직포

$$\frac{k}{t} = \frac{0.014}{0.030}$$

$$\psi_{wt} = 0.47\text{sec}^{-1}/\text{ft.wall}$$

$$\psi_{allow} = \frac{\psi_{wt}}{10.0} = 0.047\text{sec}^{-1}/\text{ft.wall}$$

$$Fs = \frac{\psi_{allow}}{\psi_{reg}} = \frac{0.047}{0.0038} = 12$$

토목섬유 2도 충분한 투수성을 확보하고 있다.

③ 토목섬유 3

$k = 0.008\,\text{in/sec}$, $t = 0.015\text{inch}$인 열접착 부직포

$$\frac{k}{t} = \frac{0.008}{0.015}$$

$$\psi_{wt} = 0.53\text{sec}^{-1}/\text{ft.wall}$$

$$\psi_{allow} = \frac{\psi_{wt}}{10.0}$$

$$= 0.053\text{sec}^{-1}/\text{ft.wall}$$

$$Fs = \frac{\psi_{allow}}{\psi_{reg}} = \frac{0.053}{0.0038}$$

$$= 14$$

토목섬유 3도 충분한 투수성을 확보하고 있다.

설계에서 고려해야 할 두 번째 사항은 흙의 유실을 방지하기 위한 토목섬유 구멍크기와 관련이 있는 사항이다.
상기에 적용된 3가지 토목섬유의 AOS 여과지수는 각각 No.100, 70, 140이다.

a) 적절한 구멍크기의 기준이 먼저 결정되어야 한다.
여기서는 다음 식으로 표현되는 Carroll의 기준을 사용한다.
$O_{95} < 2.5\,d_{85}$

$d_{10} = 0.03\text{mm}$ $Cu = 2.5$일 때 적절한 d_{85}의 값은 0.15mm이다.

따라서 $O_{95} < 2.5(0.15)$

$< 0.375\text{mm}$

b) 가장 근접한 체 크기는 구멍의 크기가 0.42mm인 40체이다.

c) 실제적인 AOS 값을 점검하면

- 토목섬유 1 : AOS = No.100
- 토목섬유 2 : AOS = No.70
- 토목섬유 3 : AOS = No.140

O_{95}의 값으로 표현하면

- 토목섬유 1 : $O_{95} = 0.149\text{mm} < 0.375$
- 토목섬유 2 : $O_{95} = 0.210\text{mm} < 0.375$
- 토목섬유 3 : $O_{95} = 0.106\text{mm} < 0.375$

3가지 토목섬유 모두 통과율과 흙의 유실률에 대한 기준을 만족한다.

따라서 가격과 이용 가능성에 근거하여 선택한다.

(2) 배수암거 싸개용으로 설치된 경우

토목섬유는 천공배수암거 주변에 설치되는 흙 필터의 대체재로 매우 뛰어난 제품이며 그림 4.21과 같이 매우 다양한 설계기법이 있다. 그림 4.21(a)와 (b)에서 토목섬유는 천공 파이프 주변의 잡석을 보호하거나, 천공 파이프를 직접 보호하는 역할을 하고 있다. 그림 4.21을 살펴볼 때, 파이프가 꼭 필요한지에 대한 의문이 생길 정도이다. 장기적인 관점에서 흙의 오염 문제가 발생하지 않는다고 가정하면 잡석의 투수량 계수는 물의 흐름을 조절하기에 적합하다. 그림 4.21(c)와 (d)와 같이 잡석을 토목섬유가 보호하고 있다면 파이프는 필요 없다. 따라서 적절한 토목섬유가 이용된다면 흙의 오염이 없이 배수체계를 설계할 수 있다.

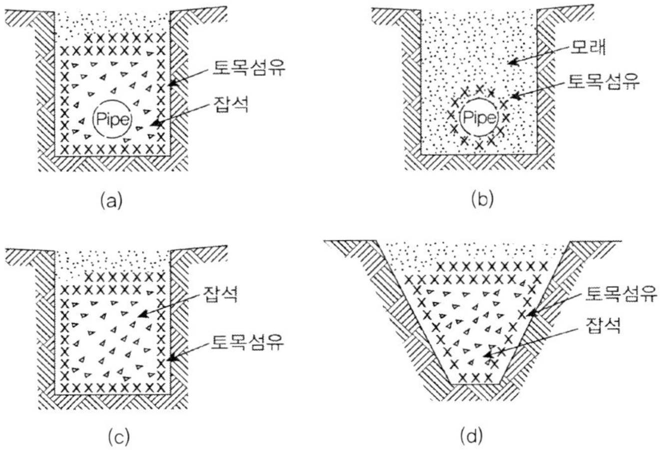

그림 4.21 흙 필터의 대체재로 사용된 토목섬유의 예

예제 4.6

다음 그림과 같이 천공된 파이프 주변에 설치된 잡석의 여과재를 토목섬유를 사용하여 설계하시오. 물론 배수암거의 윗부분에서 잡석 아랫부분으로 흐를 것이며 물은 주변의 흙으로부터 흘러들어온다. 흙의 종류는 모래 섞인 실트(ML)로써 $d_{10} = 0.006\text{mm}$, $\text{CU} = 5.5$, $k = 4.3 \times 10\ \text{ft/sec}$, 다짐도는 중정도로써 $D_R = 85\%$이다. 사용되는 토목섬유는 니들펀칭된 부직포로써 $k = 0.15\ \text{in/sec}$, $t = 45\text{mils}$, AOS는 #100체이다.

풀 이

풀이 과정은 2부분으로 구성되어야 한다.
하나는 적절한 흐름 용량, 두 번째는 적절한 토양유지능력이다.
흐름 용량에 관해서

(a) 토목섬유로 흘러들어오는 최대 유량을 결정해야 한다.
이 경우는 표장층 밑에 있는 두께 18inch의 잡석층을 통해서 유입된 것이다.
Cedegren이 제안한 설계 추정치 중에서 비교적 높은 값인 $450\ \text{ft}^3/\text{day}(= 0.0052\ \text{ft}^3/\text{sec})$을 적용하였다.

(b) 통과율을 계산한다.

$$q = KiA$$

$$= K\frac{\Delta h}{t}A$$

$$\frac{K}{t} = \frac{q}{\Delta h A}$$

$$= \frac{0.0052}{(1.5)(1.0 \times 1.0)}$$

$$\Psi_{req} = 0.0035\text{sec}^{-1}/\text{ft. drainz}$$

(c) 토목섬유의 허용 통과율에 대해 필수 통과율을 계산한다.

$$\Psi_{ult} = \frac{0.15}{0.045}$$

$$= 3.3\text{sec}^{-1}/\text{ft. drain}$$

여러 가지의 부분 안전율을 고려하여 허용 통과율을 계산한다.

$$\Psi_{allow} = \Psi_{ult}\left[\frac{1}{FS_{SCB} \times FS_{ZN} \times FS_{CR} \times FS_{CC} \times FS_{BC}}\right]$$

$$= 3.3 \times \frac{1}{2.0 \times 1.0 \times 1.5 \times 2.5 \times 1.1}$$

$$= 3.3 \times \frac{1}{8.25}$$

$$= 0.4\,\text{sec}^{-1}/\text{ft. drain}$$

$$FS_{flow} = \frac{\Psi_{allow}}{\Psi_{wat}} = \frac{0.4}{0.0035}$$

$$= 110$$

설계에서 두 번째로 고려해야 할 사항은 배수를 위해 설치한 잡석을 싸고 있는 토목섬유의 흙입자 유실에 관한 것이다. 유실된 흙이 천공된 파이프의 구멍을 막을 가능성이 있으며, 이런 상황이 발생되는 것은 심각한 일이다.

(a) GIROUD의 방법에서

$$O_{95reg} < \frac{18d_{50}}{CU}$$

$$d_{10} = 0.006\text{mm}$$

$$\begin{aligned} d_{60} &= (CU)d_{10} \\ &= 5.5 \times 0.006 \\ &= 0.033\text{mm} \end{aligned}$$

$$d_{50} \fallingdotseq 0.03\text{mm}\,(\text{추정치})$$

$$\begin{aligned} O_{95reg} &< \frac{18 \times 0.03}{5.5} \\ &< 0.098\text{mm} \end{aligned}$$

O_{95} 크기에 가장 근접한 체는 140번체이다. 140번체의 유효 구멍크기는 0.105mm, 따라서 토목섬유의 AOS는 140번 또는 더 높은 번호의 체이어야 한다.

(b) 사용하려고 하는 토목섬유의 AOS는 NO.100체(=0.149mm) 구멍의 크기가 너무 크다. 즉, 0.149mm는 0.098mm보다 크기 때문에 흙입자가 적절하게 유지되지 못하고 유실되므로 다른 토목섬유를 선택해야 한다.

---

(3) 침식방지 구조물 하부에 설치한 경우

1950년대 후반부터 토목섬유를 침식방지 구조물 하부에 위치해서 사용하였다. 이러한 구조물에서는 잡석과 조립식 콘크리트 블록이 토목섬유 위에 위치하고 토목섬유를 여과포로 사용된다. 조립식 콘크리트 블록이 사용될 때, 모래층을 포설하는데, 이 모래층은 간극수압을 소산시키는 용도이다.

예제 4.7

해안지역에 조수 간만의 차이 3ft로 인한 침식 방지용으로 잡석을 설치하고 그 밑에 토목섬유를 설치했을 때 적절한 여과율을 계산하시오.
토목섬유 물성치, k = 0.015in/sec t = 35mils, AOS = No.70. 해안의 모래는 d_{15} = 0.17mm, CU = 3.5 중정도 다짐 상태로 D_r = 75% 간극률 0.4이다.

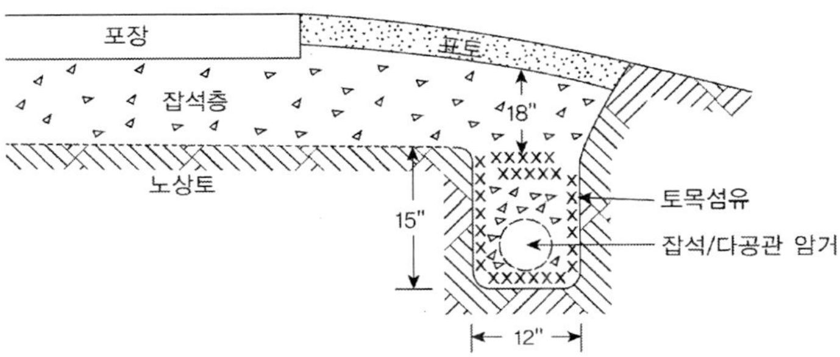

풀 이

여과율 관점에서 볼 때 두 가지 면이 다루어져야 한다. 첫째로 적절한 흐름과 또 다른 하나는 흙입자의 유지이다.
적절한 흐름을 다음과 같이 계산된다.

(a) 조수 간만의 차이 3ft로 인해 발생되는 최대 흐름양을 계산한다.
첫 2시간 동안 최대의 물의 흐름이 발생될 때 조수의 차이로 인한 쿨의 높이가 그림과 같다고 가정한다.

$$q_{max} = \frac{150 \times 3 \times 1}{2} \times \frac{0.4}{2}$$

$$= 45 ft^3/_{hr} - ft\ slope$$

$$= 0.0125 ft^3/\sec - ft\, slope$$

(b) 통과율을 계산한다.

$$q = kiA = k\frac{\Delta h}{t}A$$

$$\frac{k}{t} = \frac{q}{\Delta h \cdot A}$$

$$= \frac{0.0125}{3.0 \times 9.48 \times 1}$$

$$\psi_{req} = 0.00044\text{sec}^{-1}/\text{ft} \cdot \text{slope}$$

(c) 사용되는 토목섬유의 투수계수= 0.015in/sec, 두께 35mils이므로

$$\psi = \frac{k}{t} = \frac{0.015}{0.035}$$

$$\psi_{ult} = 0.43\text{sec}^{-1}/\text{ft}$$

(d) 허용 통과율은 식 2.25에 의해 구해지며, 표 2.13의 표에 의해 부분 안전율을 찾을 수 있다. 포설된 토목 섬유의 대부분에 암석이 위치하고 있으므로 구멍막힘에 대한 안전율을 10으로 판정하였다.

$$\psi_{allow} = \psi_{ult}\left[\frac{1}{FS_{SCB} \times FS_{CR} \times FS_{IN} \times FS_{CC} \times FS_{BC}}\right]$$

$$= 0.43\left[\frac{1}{10.0 \times 1.2 \times 1.2 \times 1.1 \times 3.0}\right]$$

$$= 0.43\frac{1}{47.5}$$

$$= 0.0090\text{sec}^{-1}/\text{ft}$$

(e) 안전율

$$FS = \frac{\psi_{allow}}{\psi_{req}} = \frac{0.009}{0.00044}$$

$$= 20.5$$

토목섬유가 아래 위치한 흙 입자를 적절하게 보존하고 있는지를 확인해야 한다.

(a) 이러한 해안 구조물을 토목섬유의 구멍을 통해서 흙입자가 유실될 때 잡석이 주저앉으면서 유실되어 파괴된다. 이때 물의 흐름 체계는 진동하고 순환할 것이므로, 여기에서는 Christopher and Holtz 기준을 적용한다.

$$O_{95} \leq d_{15}$$

O_{95} : 흙입자 5%가 통과하는 토목섬유 구멍크기

d_{15} : 흙입자의 크기 中 하위 15%에 해당되는 크기

$O_{95} \leq 0.17\text{mm}$

(b) 포설된 토목섬유의 AOS를 점검한다.

$$AOS_{act} = No.70(=0.210\text{mm})$$

0.210mm가 0.17mm보다 크므로, 흙입자가 추가적으로 유실될 것이다.

따라서 포설된 토목섬유는 흙입자를 유지하기에 적절하지 않다.

대략 100번체(0.15mm 유효 구멍크기)의 AOS를 가진 토목섬유가 필요하다.

---

(4) 실트막으로 이용된 경우

실트막은 시냇물이나 강, 하수 시스템으로 빗물이 흘러들 때 퇴적물도 같이 유입되는 것을 방지하기 위해 토목섬유를 수직 방향으로 설치하는 것이다. 따라서 실트막의 설치는 퇴적과 침식을 모두 고려하여야 한다. 실트막의 하부는 토량을 파서 묻고, 토목섬유는 1.5~3.0m 간격으로 설치된 기둥에 매달아 놓는다. 토목섬유가 햇빛에 노출되기 때문에 UV에 안정한 제품을 선택한다.

그림 4.22의 (a)는 실트막을 설치한 장면이다. (b)는 적절하게 설계되어 설치된 장면이나 (c)는 적절한 토량을 파서 토목 섬유의 하부를 묻지 않아서 부적절하게 시공된 장면이다.

(a)

(b)

(c)

그림 4.22 실트막으로서의 시공 사례

이론 개발에 사용된 실제 모델은 Bell and Hicks을 통해 개발되었다. 흙입자를 함유하고 있는 빗물이 토목섬유의 표면으로 흘러가기 때문에 처음에는 토목섬유가 여과재의 기능을 수행한다. 그래서 토목섬유의 하부는 흙 입자에 의해 구멍이 막혀 물은 더 이상 토목섬유를 통해서 흘러 갈 수 없다. 이런 현상이 발생되는 저수지에는 구멍이 막힌 실트막 뒤에 입자가 굵은 퇴적물이 쌓이고, 물과 섞인 작은 입자는 구멍이 막힌 실트막보다 더 상부의 실트막으로 이동한다. 시간이 지나서 평형이 유지되는데, 이 과정이 그림 4.23에 나타나 있다.

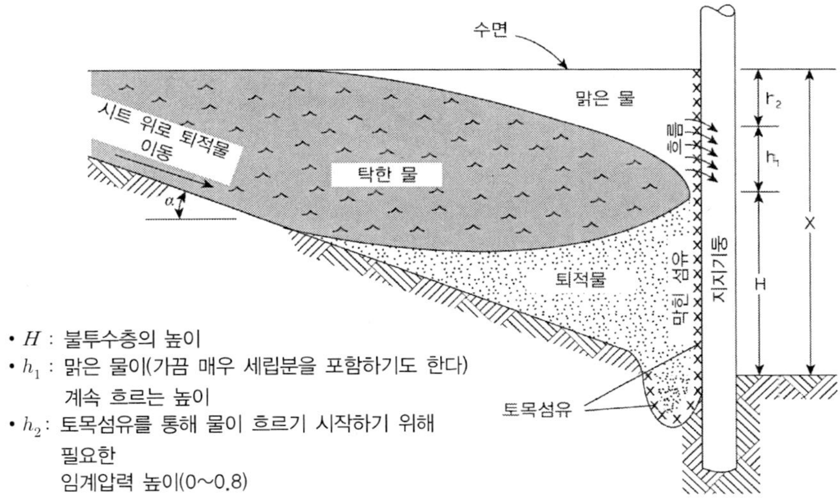

그림 4.23 평형유지 과정의 모식도

실트막($H+h_1+h_2$)의 높이를 결정하기 위한 방정식은 수리학적 관점과 몇몇 가정에 의해 구해진다(빗물은 지면 골고루 퍼지며, 강우는 일정하며, 실트막 하부는 불탁상태이다).

$$X = H + h_1 + h_2$$

$$= \frac{Q_0 \tan\alpha}{22644 D^2}\left[1 + \frac{1}{-1 + \leq F\left(1 + \frac{2aQ_0}{k_f \cdot h^{2_2}}\right)^{\frac{1}{2}}}\right]$$

여기서, X : 실트막 총 높이(inch)

Q : 단위 길이 실트막 당 물의 흐름 양(in^3/sec)

D : 퇴적물의 최소 직경

α = 경사도

a = 토목섬유 두께

k_f = 토목섬유의 투수계수

h_2 = 토목섬유를 통해 물이 흐르기 시작하기 위해 필요한 임계압력 수두

h_1 = 맑은 물의 수두

H = 불투수층 높이

실트막이 기둥으로 지지되어 있을 때,

$$Treg = \frac{(K \cdot \Upsilon s + \Upsilon w)H^2}{2r} \cdot \left(\frac{A^2}{8} + r^2\right)$$

$$r = \frac{1}{2.75} \cdot \left[\frac{(K \cdot \Upsilon s + \Upsilon w)H^2 A^4}{2E}\right]^{\frac{1}{3}}$$

여기서, $Treg$ = 토목섬유 단위 길이당 요구되는 인장력

K = 주동토압계수

Υs = 퇴적물의 유효 단위 중량

Υw = 물의 단위 중량

H = 퇴적층 두께

A = 기둥의 간격

E = 토목섬유의 탄성계수(secant modulus)

실트막이 기둥과 wire fence로 지지되어 있을 때

$$Treg = \frac{(K \cdot \Upsilon s + \Upsilon w)(Hb - b^2/2)}{\Upsilon}\left(\frac{a^2}{8} + \Upsilon^2\right)$$

여기서, $r = \frac{1}{275}\left[\frac{(K \cdot \Upsilon s + \Upsilon w)(Hb - b^2/2)a^4}{E}\right]^{\frac{1}{3}}$

a = wire mesh의 수평간격

b = wire mesh의 수직간격

예제 4.8

실트막이 설치된 공사장의 강우는 4.65in^3/sec^{-in}, 퇴적물의 크기는 약 0.002in, 경사도는 15°이다. 실트막 재료인 토목섬유의 두께는 25mils, 투수계수는 0.02in/sec, 임계압력 수두는 3.0in, 허용인장강도는 160lb/in, 허용탄성계수는 1200lb/in이다.

(a) 요구되는 실트막의 높이

(b) 기둥만 4ft 간격으로 설치된 실트막의 안전율

(c) 기둥과 12×6in 크기 wire mesh가 설치된 실트막의 안전율을 결정하라.

■ 풀 이

(a) 요구되는 높이는

$$X = \frac{Q_0 \cdot \tan\alpha}{22644D^2}\left[1 + \frac{1}{-1+\left(1+\frac{2aQ_0}{K_f \cdot {h_2}^2}\right)^{\frac{1}{2}}}\right]$$

여기서, $Q_0 = 4.65\text{in}^3/\text{sec}^{-\text{in}}$

$\alpha = 15°$

$D = 0.002\text{in}$

$a = 0.025\text{in}$

$K_f = 0.02\text{in/sec}$

$h_2 = 3\text{in}$

$$X = \frac{4.65 \cdot \tan 15°}{22644(0.002)^2}\left\{1 + \frac{1}{-1+\left[1+\frac{2\times 0.025\times 4.65}{0.02\times 3^2}\right]^{\frac{1}{2}}}\right\}$$

$$= 13.76(1+1.946)$$

$$= 40.53\text{in}$$

$$= 3.38\text{ft}$$

∴ 4ft 높이의 실트막이 사용될 수 있음

(b) 기둥만 4ft 간격으로 설치된 실트막 안전율

$$T_{\max} = \frac{(K \cdot \Upsilon s + \Upsilon w)H^2}{2\Upsilon}\left(\frac{A^2}{8} + \Upsilon^2\right)$$

여기서, $K = 0.4$

$\Upsilon s = 110 - 62.4 = 47.67\text{lb/ft}^3$

$\Upsilon w = 62.4\text{lb/ft}^3$

$h_1 = 1.5\text{in} = 0.125\text{ft}$

$h_2 = 7.6\text{cm} = 0.25\,\text{ft}$

$H = X - h_{1} - h_2$

$= 3.38 - 0.125 - 0.25$

$= 3.005\,\text{ft} \fallingdotseq 3\,\text{ft}$

$A = 4\,\text{ft}$

$E = 1200\text{lb/in} = 14400\text{lb/ft}$

$$\Upsilon = \frac{1}{2.75}\left[\frac{(K\cdot\Upsilon s+\Upsilon w)H^2A^4}{2E}\right]^{\frac{1}{3}}$$

$$= \frac{1}{2.75}\left[\frac{(K\cdot\Upsilon s+\Upsilon w)\left(Hb-\dfrac{b^2}{2}\right)a^4}{E}\right]^{\frac{1}{3}}$$

$$= 0.68$$

$$Treg = \left[\frac{\{0.4\times47.6+62.4\}\cdot3^2}{2\times0.68}\right]\cdot\left[\frac{4^2}{8}+0.68^2\right]$$

$$= 1051\text{lb/ft}$$

$$= 87\text{lb/in}$$

$$FS = \frac{T_{allow}}{T_{reg}} = \frac{160}{87.6} = 1.8$$

(c) 기둥과 12×6in 크기 wire가 설치된 경우의 안전율

$$T_{\max} = \left[\frac{(K\cdot\Upsilon s+\Upsilon w)\left(Hb-\dfrac{b^2}{2}\right)}{\Upsilon}\right]\cdot\left(\frac{a^2}{8}+\Upsilon^2\right)$$

여기서, $K = 0.4$

$\Upsilon s = 49.6\text{lb/ft}^3$

$\Upsilon w = 62.4\text{lb/ft}^3$

$H = 3.0\,\text{ft}$

$a = 1.0\,\text{ft}$

$b = 0.5\,\text{ft}$

$E = 1200\text{lb/in} = 14400\text{lb/ft}$

$$\Upsilon = \frac{1}{2.75}\left[\frac{(K\cdot\Upsilon s+\Upsilon w)\left(Hb-\dfrac{b^2}{2}\right)a^4}{E}\right]^{\frac{1}{3}}$$

$$= \frac{1}{2.75}\left[\frac{(0.4\times47.6+62.4)\left(3\times0.5-\dfrac{0.5^2}{2}\right)\cdot 1^4}{14400}\right]^{\frac{1}{3}}$$

$$= 0.072$$

$$Treg = \left\{\frac{(0.4\times47.6+62.4)\left(3.0\times0.5-\dfrac{0.5^2}{2}\right)}{0.072}\right\}\times\left(\frac{(1.0)^2}{8}+0.072^2\right)$$

$$= 202\text{lb/ft}$$

$$= 16.8\text{lb/in}$$

$$FS = \frac{T_{allow}}{T_{reg}}$$

$$= \frac{160}{16.8}$$

$$= 9.5$$

4.2.5 구멍막힘 평가

Lawson(1982)은 흙-필터(Soil-Filter)의 장기 흐름 거동에 대해서 초기의 흐름 거동은 필터와 접하는 흙의 수리적 특성에 지배를 받다가, 일정시간이 흐른 후에 필터의 역할이 시작된다고 보고했다. 그림 4.24는 최적의 여과 성능발휘를 위한 일반적인 요구조건을 나타낸 것이다. 초기 여과단계에서는 필터에 접하고 있는 미세한 흙 입자가 빠져나가고, 큰 입자는 필터 내부에 갇히거나 필터의 상부표면에 존재한다. 결론적으로 흙-필터 시스템의 흐름률은 필터의 구멍의 일부분이 막히면서 감소한다. 흙 입자의 이동은 시간의 경과와 더불어 점차 감소하여, 평형흐름 상태에 도달한다. 즉, 흙-필터 시스템의 투수성은 일정시간 경과 후 시간의 경과에 대해 일정하여야 하며, 필터 위의 흙은 더 이상 필터를 통해 빠져나가지 않아야 한다.

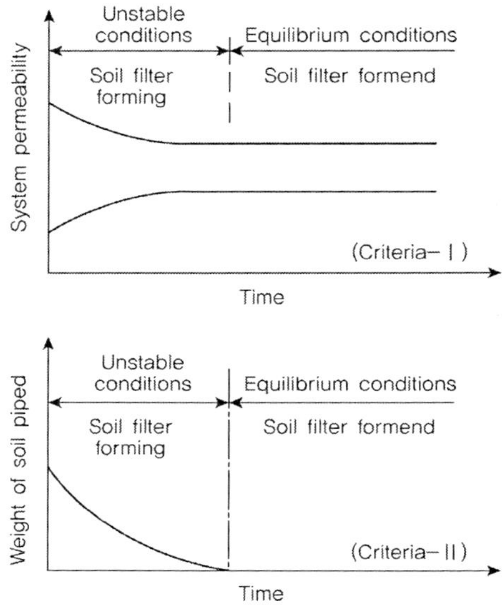

그림 4.24 최적의 여과 성능발휘를 위한 일반적인 요구조건(Lawson, 1982)

Rollin 등(1985)은 장기필터성능시험에서의 흙-필터 시스템에 대해서 그림 4.25와 같은 세 가지 일반적인 여과 형태를 관찰했다. Type-I은 흙의 미립자가 필터 쪽으로 이동하는 상태를 나타낸다. Type-II의 곡선은 미립자가 빠져나가면서 투수성이 증가하는 것을 나타낸다. Type-I과 Type-II의 조합을 Type-III에 나타내며, 1차적인 투수계 수저하는 흙의 미립자가 필터 방향으로 이동하기 때문이며, 미립자가 필터를 통과하면 그 시스템의 투수성은 증가한다.

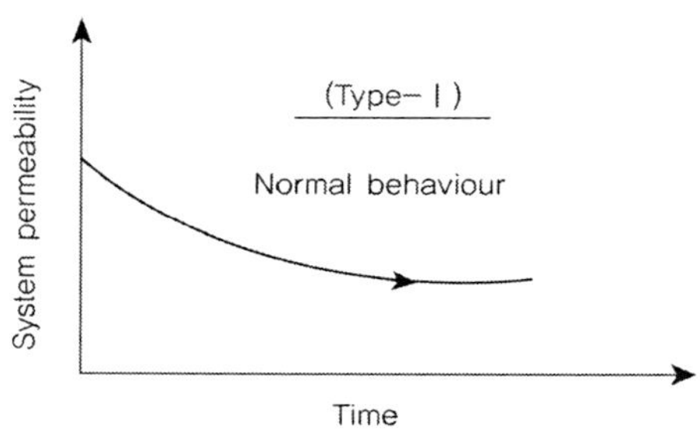

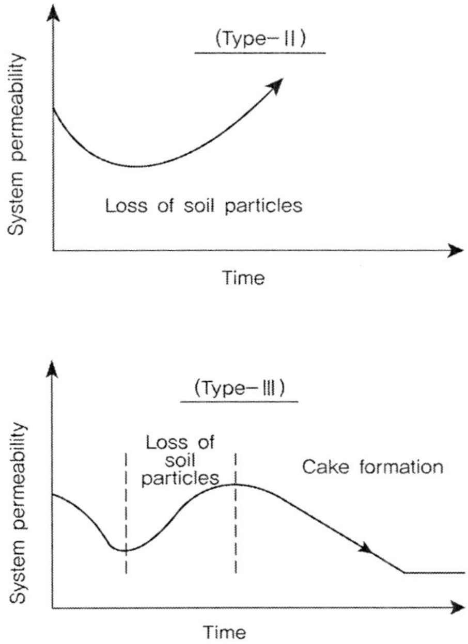

그림 4.25 일반적인 여과 형태(Rollin 등, 1985)

그 후 필터 주위에 공극보다 큰 흙이 잔류되는 Cake Formation을 일으키며, 평형 상태에 도달할 때까지 흐름률을 감소한다. 따라서 현장적용에서 적정한 장기 여과 거동을 확인하기 위하여 필터의 막힘 저항을 평가하는 것은 중요하다. 장기 막힘 거동을 평가하기 위해서 일반적으로 장기 필터 성능시험과 Gradient Ratio(GR) Test가 이용된다(Rao 등, 1991).

Rao 등(1991)은 부직포 필터를 이용하여 최대 다짐밀도로 다져진 다양한 세립토 함유율을 가진 흙의 장기 필터 성능시험과 GR Test를 실시했다. 필터 성능시험 초기에는 흐름률이 점차적으로 감소하거나 일정한 흐름률을 유지하는 것이 관찰되며, 이는 필터 쪽으로 미립자의 이동과 필터 간극의 구멍막힘을 나타낸다. 흐름률의 감소는 세립토 함유율이 낮은 흙에서 더욱 확연히 관찰되는데, 그 이유는 세립토 함유율이 높은 흙보다 미립자가 필터 쪽으로 쉽게 이동할 수 있는 흙 구조 특성에 기인한다. 필터에 접촉하고 있는 미립자는 투수과정에서 손실되고, 흐름률의 증가는 더 이상의 미립자 이동이 발생되지 않을 때까지 지속된다. 안정된 흐름상태에 도달할 때까지 여과과정에서 발생하는 흙 입자 손실양은 극소량이어서 측정이 불가능하므로 정량화시킬 수 없다. 그림 4.26은 전술한 필터 성능시험과 같은 조건에서의 GR Test 결과를 나타낸다. GR 값은 흙의 세립토 함유율과 밀도에 영향을 받으며, 세립토 함유율이 높은 흙에서 GR 값이 크게 나타나는 것이 관찰되었다. 장기 거동 실험에서 Filtration Test에서 관찰된 것처럼 모든 경우에 대해서 GR이 3 이하의 안정된 상태를 나타낸다.

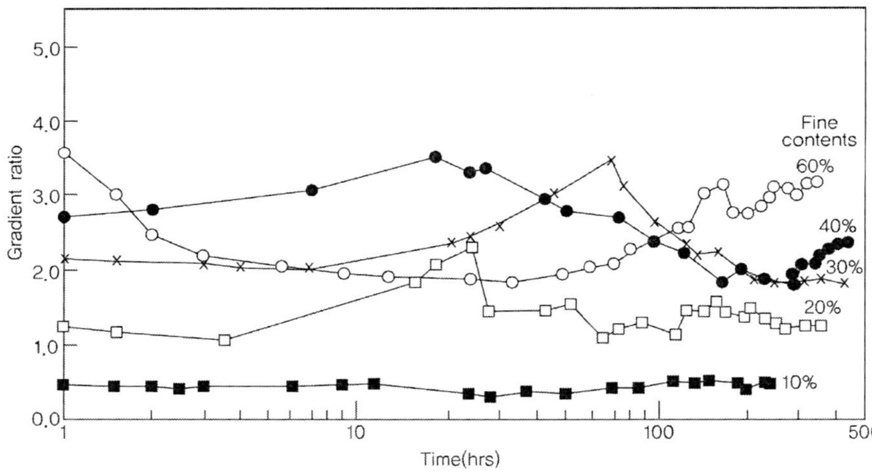

그림 4.26 장기 Gradient Ratio Test 결과(Rao 등, 1991)

지오텍스타일 필터의 클로깅을 평가하기 위한 시험방법을 소개하면 다음과 같다. 장기적 흐름 시험은 현장에서 채취한 흙시료를 실린더 내부의 지오텍스타일 상면에 설치하고 일정수두에서 장기적으로 지오텍스타일을 통과하는 물의 흐름을 평가하는 것이다. 그림 4.27은 Koerner(1994)의 실험결과를 도시한 것으로 시간대 유량은 2개의 직선으로 구분되고 있다. 유량이 안정되는 시점을 의미하는 두 직선의 전환점은 조립토에 대해서는 10시간, 세립토에 대해서는 200시간으로 알려지고 있다. 전환점 이후에 직선의 기울기가 '0'이 되면 해당 지오텍스타일은 적어도 부과된 시험조건(동수경사, 온도, 시간 등)에서는 만족할 수 있을 것이다. 반면에 기울기가 지속적으로 부의 값을 가지면 클로깅이 증가되면서 결국 지오텍스타일 필터는 심각한 상태에 이르게 될 것이다. 이러한 경우에 해당 지오텍스타일은 실험조건과 같은 현장조건에서는 부적합한 것으로 판단한다. 이 실험은 일반적으로 1000hr(40일) 정도 지속되기 때문에 시간이 많이 걸린다는 단점이 있다.

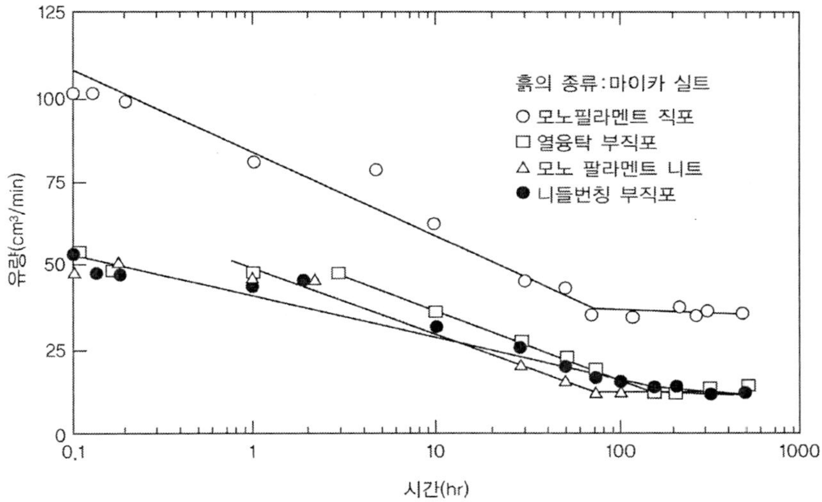

그림 4.27 흙-지오텍스타일 시스템에 대한 장기적 흐름 시험(Koerner, 1994)

동수경사비 시험은 흙-지오텍스타일 시스템의 수리학적 부합성을 평가하기 위하여 미국 공병단에서 개발한 시험방법으로 장기적 흐름시험에 비하여 상당히 짧은 시간에 수행될 수 있는 방법이다. 실험장치의 원리는 상기의 장기적 흐름시험과 흡사하지만 흙-지오텍스타일 시스템으로 구성되는 시료기둥(Column) 내부의 여러 점에서 수두를 측정하고 그 수두의 차로서 동수경사를 산정하여 다음 식으로 동수경사비를 구한다.

$$\text{동수경사비} = \frac{\Delta h_{f+1S}/S_{f+1.0}}{h_{2S}/S_{2.0}} \tag{4.14}$$

여기서, Δh_{f+1S} : 지오텍스타일 하면과 지오텍스타일 상면으로부터 25mm 지점의 수두의 차

$S_{f+1.0}$: 지오텍스타일의 두께+25mm

Δh_{2S} : 지오텍스타일 상면으로부터 25mm와 75mm 지점의 수두의 차

$S_{2.0}$: 50mm

미국 공병단에 의하면 동수경사비가 '3' 이상이면 해당시료에 대한 지오텍스타일 필터는 불합격으로 판정된다. 그림 4.28은 지오텍스타일의 종류별 실트 함량에 따른 동수경사비이다. 그림과 같이 열융착 부직포와 슬릿필름 직포는 실트 함량이 소폭 증가됨에 따라 동수경사비가 극히 크게 나타나 클로깅에 대한 저항은 부족하다. 반면에 니들펀칭 부직포는 비교적 양호하며 모노필라멘트 직포는 탁월한 클로깅 저항을 나타낸다.

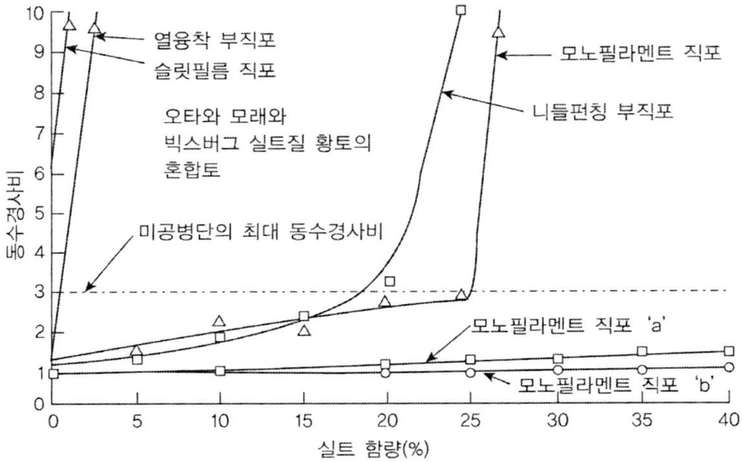

그림 4.28 클로깅 가능성을 나타내는 지오텍스타일에 대한 동수경사비(한국지반공학회, 1998)

4.2.6 통수량 평가

통수성은 앞 절에서 설명하였듯이 물이 토목섬유 평면을 따라 흐르는 지오텍스타일 배수공과는 달리 물이 지오텍스타일의 평면에 직각방향으로 흐르고 수류의 통수단면적은 지오텍스타일의 평면이 되는 수직투수성을 고려해야 한다. 이러한 지오텍스타일 필터는 흙 내부에서 상재하중과 토압에 의하여 압축능력을 받으면 두께가 감소하며, 그 감소율은 특히 니들펀칭 부직포 지오텍스타일인 경우에는 현저하게 나타난다. 압축성 재료인 니들펀칭 부직포는 수직투수계수가 평면투수계수와 거의 같으며 압축능력은 받을 때 투수계수의 감소율도 거의 같으나 지오네트, 직포 또는 열융착 부직포 등은 압축성이 작으므로 이들 재료의 수직투수성은 압축 응력에 거의 영향을 받지 않는다.

Oostveen 등(1990)은 토목섬유 드레인재의 통수능력(Q_w)에 영향을 미치는 요인으로 다음과 같은 사항을 기술하고 있다.

- 토목섬유 단면을 압축하는 수평토압
- 연직 변형에 따른 토목섬유 형태
- 단위 시간당 통수량
- 토목섬유 재료의 크리프 변형과 열화

朴(1994)은 이들의 영향을 종합적으로 검토하기 위하여 7종의 PBD(Plastic Board Drain) 재를 대상으로 3종의 측압조건(σ_3 = 49, 147, 294 및 392kPa), 4종의 동수구배 조건(i = 0.1, 0.2, 0.5, 0.9)및 5종의 변형 조건(직립, 15% 자유변형, 20% 자유변형, 1개소 강제절곡 및 2개소 강제절곡)으로 실험을 실시했다.

그림 4.29에는 朴(1994)이 i = 0.9인 경우의 측압(σ_3)과 Q_w의 관계를 다른 연구결과[嘉門·伊藤(1984), Jamiolkowski 등(1983), Hansbo(1986), Holtz 등(1991) 등]와 함께 나타낸 것이다. 그림과 같이 모든 PBD재에서 σ_3의 증가에 따라 Q_w가 저하하고 있으며, 朴(1994)은 이 이유로 코어 틈 속으로 필터가 끼어들어 유로 단면이 감소하기 때문이라고 하였다. 이들의 현상은 코어 및 필터의 재질과 형상에 따라 변하며, i가 0.1, 0.2 및 0.5인 경우에도 같은 결과를 얻었다고 보고했다.

PBD재의 종방향 변형에 의한 Q_w의 변화는 그림 4.30에 나타냈다(朴, 1994). 이 그림에서는 20% 자유변형까지의 다른 연구결과(Holtz 등, 1991; Pradhan 등, 1991)와 같이 나타내고 있으며, 자유변형부터 2개소 강제절곡까지 5조건에 대해 Q_w는 점점 저하하여 가장 영향이 큰 경우의 Q_w는 직립조건의 26%까지 저하했다고 보고하고 있다.

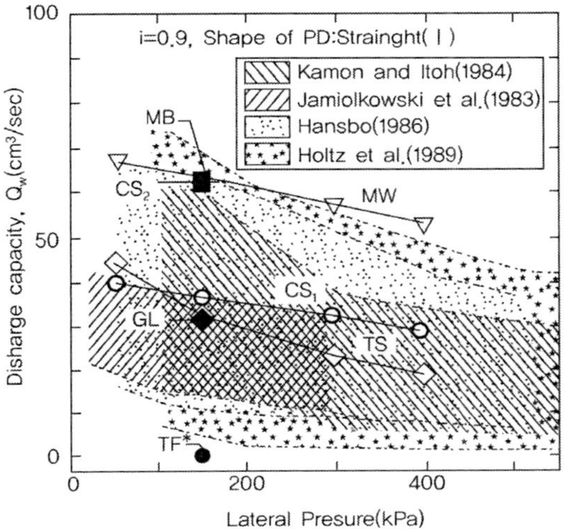

그림 4.29 측압과 Q_w의 관계(朴, 1994)

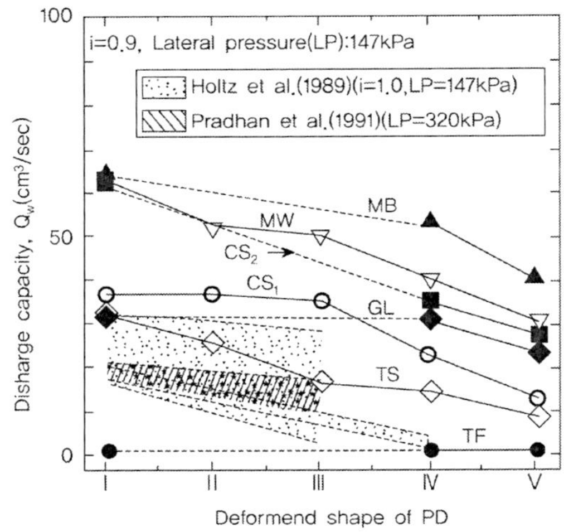

그림 4.30 PBD재의 종방향 변형에 의한 Q_w의 변화(朴, 1994)

PBD재를 이용한 연직배수 공법의 주목적은 압축성이 크고 투수계수가 작은 연약지반 중에 드레인을 일정 간격으로 설치함으로써 배수거리를 인위적으로 단축하여 그 침하속도를 촉진시키는 동시에 전단강도를 증진시키는 것이다. 이러한 드레인에서 가장 중요한 성질은 연직투수계수(k_w), 또는 통수능력(또는 배수성능, q_w)이다. $q_w = \dfrac{Q}{i}$로 나타낸다. 즉, 드레인을 통과하는 배수량(Q)을 동수구배(i)로 나누어 정규화시킨 것을 말한다.

드레인에서의 문제점은 설계에서 사용되는 배수성능 q_w를 얼마나 정확히 결정할 수 있느냐에 따라 해결될 수 있다. 이 값은 다음과 같은 여러 가지 요소의 영향을 받는다.

- 코어 내 흐름통로의 체적과 이에 대한 측방토압의 영향
- 큰 침하 발생으로 인한 타설드레인의 굴곡 및 절곡
- 드레인의 흐름을 방해하는 클로깅 현상
- 드레인 구조상의 내구성

일반적으로 흙의 특성과 배수조건에 대한 불확실성으로 인하여 드레인 표면과의 마찰에 기인된 손실수두인 웰 레지스턴스(Well Resistance)를 정확하게 파악하는 것은 어렵다고 생각하기 쉽다. 그러나 이러한 불확실성이 존재함에도 불구하고 최근 컴퓨터의 사용이 확대되고 설계에 사용되는 합리적인 식들이 제시되어 계산상의 문제들이 조금씩 해결되고 있다.

통수능력 또는 배수성능은 연직배수재의 웰 레지스턴스를 평가하는 척도가 된다. 연직 드레인은 물의 유입 시 저항이 적고, 배출 시 웰 레지스턴스 영향을 최소화하여야 한다. 연직배수재가 현장에 타설되고 재하하중이 작용할 때 과잉간극수압이 유발되어 이로 인하여 드레인 주위의 흙으로부터 간극수의 흐름이 발생된다. 드레인으로 유입되는 배출수량은 흙의 투수계수에 의해 크게 좌우된다. 지반의 투수계수는 지층상태 및 심도에 따라 상이하므로 유입되는 간극수의 양을 정확히 계산하기 위하여 지반을 수 개의 지층으로 분할하여 각각의 대표적인 심도에서 실험을 수행하여 대표치로 설정한 후 전체의 배출수량을 산정하는 노력이 필요하다.

4.2.7 복합투수계수 평가

복합투수계수 평가를 위한 투수성능 시험은 수직·수평투수 시험으로 진행된다. 먼저, 수직투수성 시험은 지오텍스타일의 수직투수 능력을 측정하는 것이며, Darcy 법칙을 사용한 투수계수가 보편적으로 사용되었다. 그러나 이 방식은 시료의 두께에 의해서 투수계수가 좌우되며 실제의 투수량에 오류를 발생시킬 우려가 있다. 예를 들어 그림 4.31에서 보여주는 측정장치를 이용하여 흐름이 층류상태일 때 일정한 압력에 의해 여러 층으로 된 토목섬유의 수직투수계수를 결정하는 방법으로 각각의 토목섬유층은 직경 14.5cm로 제조하여 24시간 물속에 저장하였다가 압축공기에 의해 압력을 가한 상태로 수중에서 설치한다. 이때 토목섬유층의 두께는 2cm 이하로 되어서는 안 된다. 토목섬유의 수직투수계수는 2, 5, 10, 20, 50, 100 및 200KN/m^{2}의 7가지 하중단계에 대하여 각각 3번의 시험을 실시하여 다음과 같은 식으로 산출한다.

$$k_{vg} = \frac{q_v H_g n_t}{A_v \ \Delta h \ \eta_{20}} \tag{4.15}$$

여기서, k_{vg} : 온도 20°C(평상온도)에서의 토목섬유 수직투수계수(cm/sec)

q_v : 단위 시간당 물의 통과량(cm^3/sec)

A_v : 물이 통과하는 토목섬유의 단면적(cm^2)

Δh : 토목섬유의 압력수두차(cm)

$\frac{n_t}{\eta_{20}}$: 온도 20°C에 대한 시험 시 물의 온도의 동점성률 비

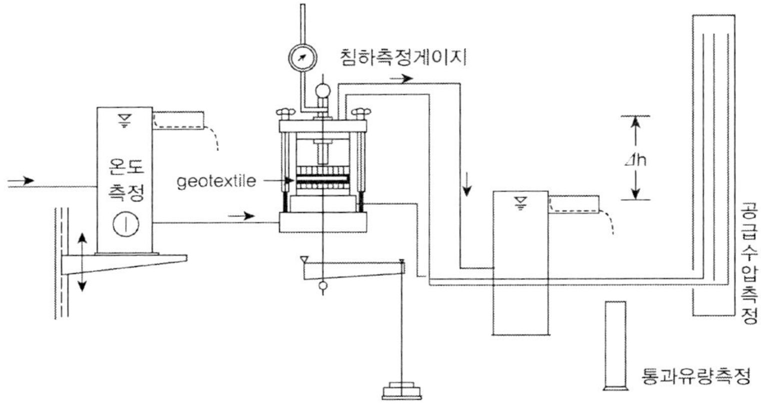

그림 4.31 수직투수시험 장치

대표적인 지오텍스타일의 수직투수계수 측정방법은 압축하중이 적용되지 않는 경우와 압축하중이 가해진 상태에서 측정하는 방법으로 대별될 수 있다. 압축하중이 적용되지 않는 경우의 시험을 할 때는 투수성 시험장비에 물이 통하지 않도록 함과 동시에 변수두법 장치가 정수두법 장치와 비교가 될 수 있어야 한다. 압축하중이 가해진 상태에서는 하중이 증가함에 따라서 두께가 감소되고 수직투수성이 변한다는 것을 알아야 한다. 압축하중은 2～200kPa을 가할 수 있고 수두를 20～350mm까지 조절할 수 있어야 한다.

수평(평면) 투수시험은 규정된 동수경사와 수직 응력하에서 규정 시간 동안 시험편을 통과하는 물의 양을 측정하여 계산한다. 압축하중의 범위는 10～350kPa 정도까지 적용하며 동수경사는 현장조건에 가깝게 적용한다. 일반적으로 0.5, 1.0, 1.5, 2.1 등이 적용된다. 그림 4.32의 측정장치를 이용하여 흐름이 층류상태일 때 일정한 압력하에서 여러 층으로 된 토목섬유의 수평투수계수를 결정하는 방법은 수직투수계수를 구하는 것과 마찬가지로 다음 식을 이용하여 구할 수 있다.

$$k_{pg} = \frac{q_p L n_t}{A_p \, \Delta h \;\; \eta_{20}} \tag{4.16}$$

여기서, k_{pg} : 온도 20°C(평상온도)에서의 토목섬유 수평투수계수(cm/sec)

q_p : 단위시간당 물의 통과량(cm^3/sec)

A_p : 물이 통과하는 토목섬유의 단면적(cm^2)

Δh : 토목섬유의 압력수두차(cm)

$\frac{n_t}{\eta_{20}}$: 온도 20°C에 대한 시험 시 물의 온도의 동점성률 비

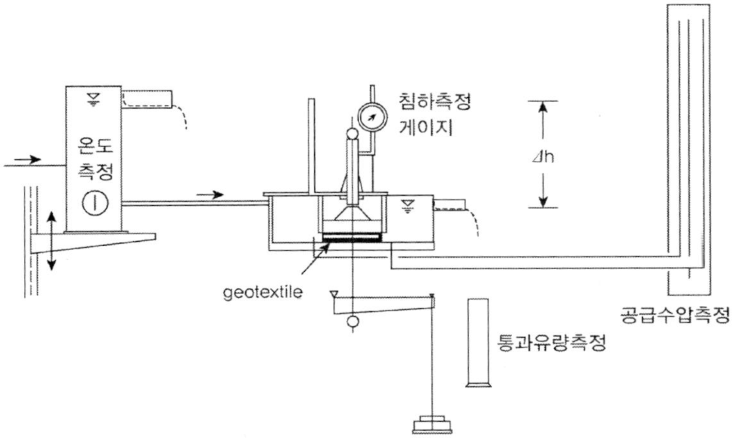

그림 4.32 수평투수시험 장치

4.2.8 세립자의 유실 특성 평가

장기적인 물 흐름에 의한 흙과 지오텍스타일 시스템의 필터 거동은 물 흐름 방향으로의 세립토 이동에 따른 토목섬유 인접부에서의 Bridging 구조형성, 지오텍스타일의 Clogging과 Blocking 현상, 인접지반 내의 블라인딩(Blinding) 현상과 Piping 현상 등 다양하고 복잡한 형태로 나타난다(John, 1987).

Bridging 구조형성은 드레인이 양입도의 지반에 설치된 경우 필터와 인접한 세립토들이 필터 직물 속에 끼이거나 필터를 통하여 유실되면 잔류한 조립토들이 필터 상부에서 아치 형태의 교량구조를 형성하는 것을 말한다. 이 구조는 상부 흙입자의 필터층 구성을 유도한다. 특히 균등한 구멍크기를 갖고 있는 직포에서는 규칙적인 교량구조가 형성되고 열융합 부직포에서는 불규칙한 교량구조가 형성된다. 니들펀칭 부직포의 경우는 그림 4.33과 같이 구멍 분포가 매우 복잡하기 때문에 교량구조가 더욱 불규칙하다.

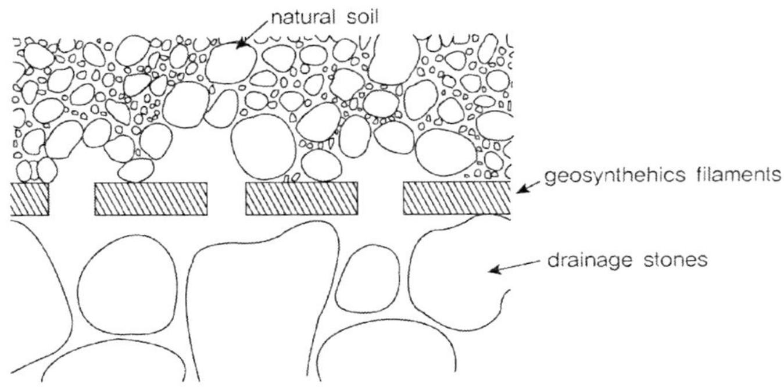

그림 4.33 토목섬유 공극 위에 흙입자의 아치형태 (John, 1987)

Clogging, Blocking과 Blinding은 토목섬유의 구멍크기가 적당하게 작으면 초기의 세립토 유실이 적어져 인접한 흙 내부에 효율적인 입도 조정 필터가 조속하게 형성된다. 그러나 토목섬유의 구멍크기가 너무 작으면 시간이 지남에 따라 그림 4.34와 같이 블로킹과 심한 블라인딩, 클로깅(그림 4.1) 등이 발전되어 필터의 기능을 상실하게 될 것이다. 블로킹이란 흙입자들이 토목섬유의 표면에 쌓여 전체적으로나 부분적으로 토목섬유의 구멍을 막고 있는 상태를 말한다. 약간의 블로킹은 모든 토목섬유 필터에 필연적이며 허용될 수 있으나, 흙 내부의 입도 조정이 불가능한 상태까지 되면 블로킹의 정도가 심각한 것이며 지오텍스타일의 투수성은 크게 저하할 것이다. 블라인딩은 심한 블로킹의 특별한 형태이며 큰 입경의 세립토가 토목섬유의 구멍을 통과하지 못하고 토목섬유의 표면을 뒤덮고 있는 상태이다. 이것은 지오텍스타일 표면 위에 투수성이 낮은 얇은 층을 형성하여 구멍의 많은 부분을 막는다.

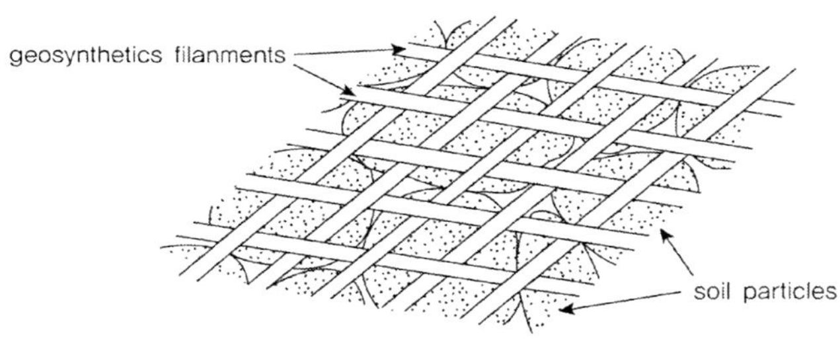

그림 4.34 토목섬유 공극의 Blocking(John, 1987)

클로깅은 대부분의 흙입자가 토목섬유의 구멍크기가 비슷하여 토목섬유의 구멍을 통과하는 중에 내부에서 정지하여 구멍을 막는 현상이다. 심각한 상태의 클로깅은 특별히 복잡한 내부 구조를 갖는 두꺼운 부직포에서 일어나기 쉬우며 정도가 심하지 않은 클로깅은 거의 모든 토목섬유에서 발생되기 때문에 토목섬유 내에 클로깅된 약간의 흙입자가 투수성을 크게 저하시키지 않는다면 크게 염려할 바는 아니다. 게다가 토목섬유의 투수성을 결정하기 위한 설계기준은 흔히 허용치가 매우 크기 때문에 토목섬유 구멍의 상당 부분이 클로깅되어도 큰 위험은 없을 것이다.

입도분포가 불량한 세립모래나 실트질 흙에 토목섬유를 적용할 경우 동수경사가 크면 상당한 주의가 요구된다. 이러한 흙 내부의 지오텍스타일은 세립자의 유실보다는 블라인딩과 클로깅에 의해 더 큰 피해를 입는 경우가 많다. 결과적으로 이러한 조건으로 선택된 토목섬유는 표준 설계기준보다 좀 더 큰 구멍크기를 가져도 괜찮다고 할 수 있다. 파이핑은 동적하중을 받는 철도나 임시도로 등의 하부에 필터를 사용한 경우 세립토들이 Pumping 작용에 의해 상부로 이동하는 현상이다.

지반 흙의 입도분포와 필터재 및 흐름 형태에 따라 정상이동, 내적침식, 그리고 Soil Suffusion 등과 같은 세립토의 이동이 발생할 수 있다. 정상이동은 양질입도 지반에 타설된 드레인에 일 방향 흐름이 작용할 때 주로 발생이다. 현상으로 드레인에 근접한 세립토들이 필터를 통과하고, 시간이 경과함에 따라 필터 주위에 형성된 Bridging 구조 위에 입자 크기별로 세립토가 쌓여 흙 필터층을 형성하는 과정으로 나타난다. 내적침식은 필터의 구멍크기가 인접한 흙의 입경보다 상대적으로 클 경우에 나타나는 현상 중의 하나이며 인접한 흙이 상대적으로 균일한 입경을 가질 때 발생하기가 쉽다. 이것은 입경 범위가 상당히 넓은 흙 입자의 유실을 수반하는데 이러한 흙의 유실은 더 큰 공극을 형성하고, 이로 인해 물의 흐름은 더욱 난류의 흐름을 유발시킨다. 이때 인접한 흙 구조는 더욱 붕괴하기 쉬우며 내적침식은 그 과정을 더욱 가속시킨다. 그림 4.35는 내적침식에 대한 모식을 나타낸다.

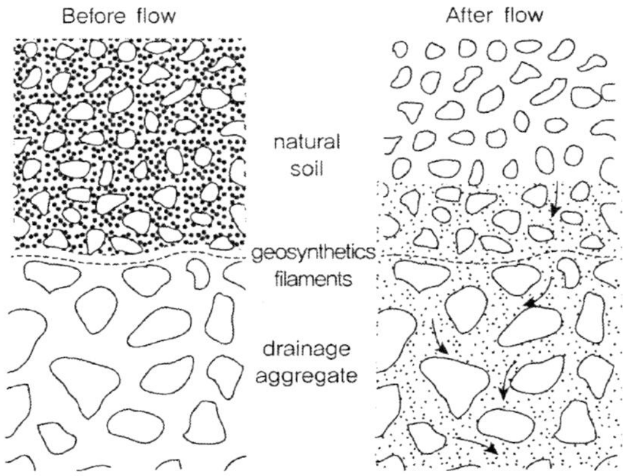

그림 4.35 내적침식에 대한 모식(John, 1987)

Soil Suffusion은 토목섬유에 인접해 있는 조립토인 흙의 내부로부터 세립토의 흙입자가 빠져나가는 현상으로 이것은 입도가 불량한 흙에서 발생하기 쉽다. 이것으로 인해 흙구조의 붕괴가 일어나지 않는 경우라면 내적침식보다는 그 영향이 적다. 그림 4.36은 Soil Suffsion을 나타낸다. 대부분의 경우 Soil Suffusion이 발생되면 토목섬유의 표면에 블라인딩 층을 형성하는 것보다 토목섬유를 통하여 흙입자가 빠져나가는 것이 피해가 적다.

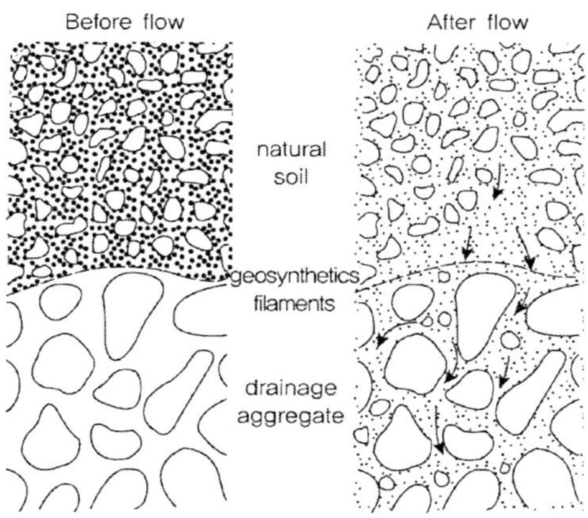

그림 4.36 Soil Suffusion(John, 1987)

4.3 시 공

4.3.1 품질 관리

1) 재료의 선정

필터재는 연약지반 내의 과잉간극수 배수 시 미세 토립자의 통과를 방지하면서 장기간에 걸쳐서 구멍막힘 등에 의한 기능 손상이 없어야 하고 미생물에 의한 손상도 발생하지 않아야 한다. 도로에 분리 기능으로 사용될 토목섬유는 시공 기간 동안에 토목섬유에 가해질 응력에 견딜 수 있어야 한다. 여과/분리용으로 토목섬유를 사용할 때에는 다음과 같은 충분한 물리적 특성을 갖고 있어야 한다.

① **입도가 다양한 자갈과 조립모래** : 큰 유량을 허용하고 블라인딩을 억제하기 위하여 매우 성긴 모노필라멘트 또는 직포가 요구된다.

② **세립토를 20% 미만 포함하는 모래와 자갈** : 성긴 모노필라멘트 직포와 공극이 큰 니들펀칭 부직포가 블라인딩의 위험을 감소시키기 위하여 바람직하다. 얇은 열융착 부직포와 두꺼운 니들펀칭 부직포 지오텍스타일은 필터 시험이 수행되어야 한다.

③ **20～60%의 세립토를 포함하는 흙** : 모든 종류의 토목섬유에 대하여 필터 실험이 수행되어야 한다.

④ **60% 이상의 세립토를 포함하는 흙** : 무거운 중량의 니들펀칭 부직포와 열융합 부직포가 세립토의 통과를 방지하기에 가장 좋다. 블라인딩이 일어나면 블라인딩층의 투수성은 흙의 투수성과 같아야 한다.

⑤ **입도분포가 불량한 점착성 흙** : 모래에 대한 직포 필터재와 입도가 균등한 모래 필터의 복합층이 추천된다.

⑥ **실트와 모래 경계면** : 흙의 상부에 직포와 함께 입도가 균등한 모래 필터의 복합층을 두어 모래 필터 입자의 이동을 방지하거나 무거운 중량의 두꺼운 니들펀칭 부직포를 직접 토층에 배치하여 부분적으로 클로깅을 허용하면서 물이 지오텍스타일을 통하여 측방으로 흐를 수 있게 한다.

표 4.2 토목섬유의 각종 물리적 성질

유지 수준	그랩강도(kg) ASTM D4662		국부파괴저항(kg) ASTM D4833		충격저항(kg)		파열저항 (kg/cm^2)	비고
	< 50%	> 50%	< 50%	> 50%	< 50%	> 50%		토목섬유 변형률
보통	82	52	32	18	32	18	20	
높음	122	82	45	34	45	34	30	

• 겉보기 공극의 크기
① < 50% : 0.075mm 체 크기를 50% 이하를 통과할 때, AOS < 0.6m, ASTM 4751
② > 50% : 0.075mm 체 크기를 50% 이상을 통과할 때, AOS < 0.3m, ASTM 4751
• 투수계수
토목섬유의 투수계수 > 흙의 투수계수, ASTM D4491
• UV(자외선)에 의한 손상
150시간 햇볕에 노출되었을 때 70%의 강도만 유지하면 된다. ASTM D4355

2) 시험 및 검사

품질시험 의뢰기관으로서는 국립공업기술원, 한국 원사직물 시험검사소, 계량 및 검증에 관한 법률에 의한 공인검사시험기관, 건설기술관리법에 의한 품질시험대행자 및 국·공·사립대학의 연구소 등이다. 다음은 각 항목별 시험방법을 열거하였다.

(1) 역학적 특성시험

① 인장강도 시험방법

② 인열강도 시험방법

③ 꿰뚫림강도 및 파열강도 시험방법

④ 봉합강도 시험방법

(2) 수리적 특성 시험

① 유효 구멍크기 시험방법

② 구멍막힘 시험방법

(3) 내구성 시험

① 자외선 안정성 시험방법

② 화학적 안정성 시험방법

③ 내미생물성 안정성 시험방법

3) 제작 및 보관

토목섬유를 제조하는 데는 섬유를 사용한다. 토목섬유를 꿰매어 연결하는 부분에 사용하는 실은 고분자 합성섬유(Polyethylenes, Polyesters, Polyamides)가 중량으로 최소한 85% 이상 함유되어 있는 길쭉한 고리 형태의 합성폴리머로 제작해야 한다. 토목섬유의 원통형 다발은 습기와 설치 전의 자외선에 대한 노출로부터 보호하기 위하여 적절하게 포장되어 공급한다. 각각의 롤(Roll)은 제품의 목록과 품질관리를 위하여 상세한 인식표가 수록된 라벨이나 꼬리표를 부착해야 한다. 롤은 유해한 환경조건으로부터 보호될 수 있도록 저장한다. 실외에 저장할 경우에는 높은 곳에 저장해야 하고 방수막으로 덮어야 한다.

4.3.2 특성 시험

1) 필터재의 유효 구멍크기 측정

토목섬유의 수리학적 성능을 결정하는 주요 인자 중 하나인 구멍크기는 흙의 입도 분포곡선과 같이 구멍크기 분포곡선(Opening Size Distribution Curve)으로 표시된다. 유효 구멍크기는 인접지반의 세립토 유실을 효율적으로 방지할 수 있는 최대 필터 구멍크기로서 정의되며 필터가 이용되는 곳의 흙의 입도 분포에 따라서 분리, 여과 및 배수 기능을 고려하여 적합한 구멍크기를 갖춰야 한다. 일반적으로 입경을 미리 알고 있는 균등한 모래입자나 유리구슬을 준비해 필터에 대한 체분석을 실시하여 얻어진 구멍크기 분포곡선을 통해 유효 구멍크기를 추정한다. 이를 평가하는 방법으로는 확률이론을 적용한 이론적 평가방법과 현미경이나 수직투영 등에 의한 육안 분석법, 건조모래나 유리구슬을 이용하는 건식체 분석법, 물이 공급되는 상태에서 수행하는 습식체 분석법, 수침 및 수침 제거의 반복을 통해 구하는 수리동역학적 방법 등이 있다.

(1) 이론적 평가방법

이론적 모델은 지오텍스타일에 적용할 수 있는 방법들이 개발되었으나 여러 인자들을 결정해야 하는 번거로움과 부직포 등과 같이 복잡한 공극 크기 분포를 묘사하는 데는 다소 한계가 있는 것으로 나타났다.

(2) 육안 분석법

이 방법은 명확하고 규칙적인 배열로 이루어져 있는 직포에 적용할 수 있으나 부직포와 같이 두께에 따른 공극의 분포가 매우 불규칙한 경우에는 사용하기가 힘들다. 현미경이나 수직투영법에 의해 토목섬유의 구멍크기 분포를 계산하여 구멍크기 분포곡선을 그린 다음 유효 구멍크기를 결정하는 방법이다.

(3) 건식체 분석법

이 방법은 흙의 입도 분포 분석법의 역개념으로, 이미 알고 있는 입경의 모래나 유리구슬들을 토목섬유 시료 위에 놓고 진동시켜 토목섬유를 통과하는 모래나 유리구슬의 중량을 측정한다. 이후 토목섬유의 구멍크기 분포곡선을 그려서 이 곡선을 통해 유효 구멍크기를 결정하는 방법이다. 이 방법은 최초 미육군 공병단에서 부직포의 구멍크기를 측정하기 위해 고안한 실험방법에서 발전했으나 아직까지 유리구슬의 중량, 진동방법 및 시간 등이 표준화되지 않아 국가별로 많은 차이를 나타내고 있다. 이 방법에서 유의할 사항은 실험 중 발생하는 정전기 제거 장치가 필요하며, 정전기가 제거되지 않은 채로 실험을 할 경우에는 상당한 오차가 발생할 수도 있다.

(4) 습식체 분석법

건식에서의 정전기 문제를 해결한 방법으로 토목섬유가 타설된 현장조건을 가장 잘 반영한 시험법이다. 건식과 마찬가지로 이미 알고 있는 입경의 모래나 유리구슬을 준비한 후 물이 주입되는 상태나 잠긴 상태에서 체분석을 실시하여 통과중량 백분율에 의해 토목섬유의 유효 구멍크기를 결정하는 방법이다. 이것은 크게 두 가지 방법으로 분류할 수 있는데, 체분석을 근간으로 하는 FIH(Franzius Institut Hannover) 방법과 수리학적 하중에 기본을 둔 BAW(Bundes Anstalt fur Wasserbau)와 CFGG(Comite Francais des Geotextiles et des Geomembranes) 방법으로 대별할 수 있다. 각 시험방법의 특성은 표 4.4와 같으며 FIH 법에서 유효 구멍크기 d_w를 구하는 식은 다음과 같다.

$$d_w = f_b + (f_b - f_b) \cdot \frac{m_p}{m_t} \tag{4.17}$$

여기서, m_p : 필터재를 통과한 모래시료의 입경크기, f_b에 대한 잔류중량,

m_f : 필터재를 통과한 모래시료와 잔류한 모래시료에서의 입경크기, f_b에 대한 잔류중량의 합

f : $m_p/m_t \times 100(\%)$의 값이 10% 이상일 때 가장 입자크기

f_b : f의 하한 입자크기

f_a : f의 상한 입자크기

표 4.3 국가별 건식체 분석법(Veldhuijzen Van Zanten, 1986)

특성 국가(기관)	토목섬유 시료	사용 재료	시험 중량	진동 형태	유효 구멍크기
미국(ASTM)	직경 20cm	유리구슬	50g	진동시간 10분	O_{95}.AOS
네덜란드 (Delft 수리 연구소)		건조모래	50g	진동시간 5분 진동수 50Hz 진폭 0.75mm	O_{95}, O_{90}
영국(UK)		유리구슬	100g	진동시간 5분	O_{95}.

표 4.4 습식체 분석법의 비교 및 특성(Velghuijzen Van Zanten, 1986)

특성 제시기관	시험 방법	유효 구멍크기	토목섬유 시료	모래시료	진동 형태
FIH[1)]	물이 주입되는 상태에서 채 진동	d_w	직경 18cm	직포 100g 부직포 300g	진동수 50Hz 진폭 3mm 진동시간 15분
CFGG[2)]	토목섬유와 모래섬유를 넣은 상자를 회전시켜 반복적으로 물속에서 침수(10cm 침수)	O_f	직경 30cm	2kg±0.1kg	회전시간 24시간
BAW[3)]	토목섬유와 모래시료를 넣은 상자를 수직으로 반복하여 물속에 침수(40cm 침수)	O_e	직경 18cm	1500g	시험시간 34시간 물속 30초(침수속도와 낙하높이는 현장 상태 고려)
	점토가 많이 포함된 경우, 물속에서 자체진동을 줄 수 있는 장치(turbulence agitator)를 설치하여 시험	O_e	직경 18cm	1500g	시험시간 150분 진동수 18Hz

1) FIH(Franzius Institut Hannover)
2) BAW(Bundes Anstalt fur Wasserbau)
3) CFGG(Comite Francais des Geotextiles et des Geomembranes)

(5) 유효 구멍크기 평가방법의 비교

토목섬유의 유효 구멍크기를 결정하는 방법은 국가나 제안기관마다 실험 및 결정방법에서 많은 차이를 보인다. 즉, 같은 토목섬유를 두고서 여러 다른 결과들을 얻게 될 것이다. 이러한 차이로 인하여 결과를 쉽게 비교하기 위해 O_{95}를 기준으로 한 유효 구멍크기를 결정하고 있다.

표 4.5 실험방법에 따른 토목섬유의 유효 구멍크기의 비교(Faure, 1986)

토목섬유		유효 구멍크기, O_{95}(㎛)			
종류	두께	ASTM(건식)	Delft(건식)	FIH(습식)	CFGG(습식)
모노필라멘트	0.66mm	87	72	70	62
평직직포	0.17mm	140	138	103	100
부직포	4.2mm	180	168	113	113
부직포	2.6mm	136	138	93	83
부직포	1.6mm	86	77	89	72

표 4.5와 같이 각국의 유효 구멍크기를 기존에 제시되어 있는 흙 보유력 기준들에 적용하면 상당한 혼란을 야기하게 될 것이다. 이와 같은 혼란을 없애고 기존의 흙 보유력을 상호 비교할 수 있도록 하기 위해 제안된 것이 표 4.6이다.

표 4.6 각 시험법별 유효 구멍크기 상관계수(John, 1987)

시험 방법	유효 구멍크기	상관 관계
F.I.H 방법	D_w	$D_w \simeq 0.75 \cdot O_{95}$(ASTM 방법)
Delft 방법	O_{90}	$O_{90} \simeq 0.85 \cdot O_{95}$(ASTM 방법)
CFGG 방법	O_f	$O_f \simeq 0.7 \cdot O_{95}$(ASTM 방법)
UK 방법	O_{95}	$O_{95} \simeq O_{95}$(ASTM 방법)

건식과 습식상태의 유효 구멍크기 시험방법의 장단점은 표 4.7과 같다.

표 4.7 유효 구멍크기 시험방법의 장단점

구분	건식	습식
장점	• 시험과정이 단순함 • 사용재료(유리구슬과 건조모래) • 단시간에 시험완료	• 실제 현장상태(물의 공급)와 유사함
단점	• 체분석 시 정전기 제거장치 필요함 • 두꺼운 지오텍스타일의 경우 섬유 사이의 구멍 속에 박힌 입자들이 빠져나오지 못하므로 부정확한 결과 도출이 예상됨 • 실제 현장 상태와는 차이가 있음	• 흙시료의 조제 및 체분석이 번거롭고 오차 발생요인이 됨 • 사용 흙시료에 따라 약간의 차이 발생 가능성 있음 • 시험에 장시간이 소요

2) 건식체 분석법을 이용한 유효 구멍크기 시험

건식체 분석법을 이용한 유효입경 시험법에는 미국에서 사용되고 있는 ASTM D 4751 (Standard Test Method for Determing Apparent Opening Size of a Geotextile)이 있다.

(1) 시험장치

건식 유효 구멍크기 측정 시험장치는 그림 4.37과 같으며 상하로 진동하는 진동기와 정전기 제거장치가 연결되어 있는 팬(pan)으로 구성되어 있다.

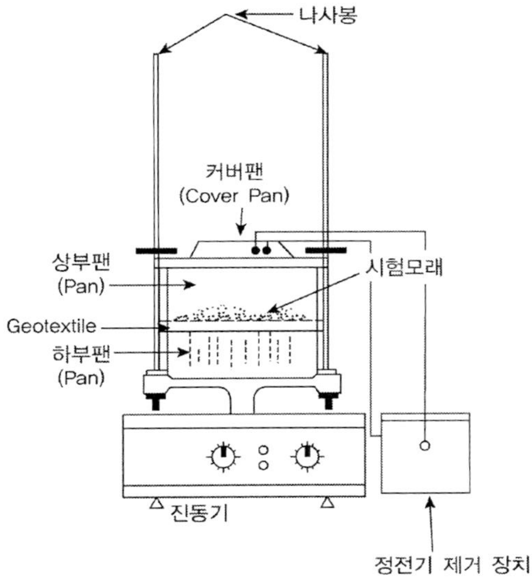

그림 4.37 건식 유효 구멍크기 시험장치

(2) 시험방법

① 건조한 상태의 둥근모래(강모래를 이용)를 No.40(0.425mm), No.60(0.250mm), No.80(0.180mm), No.100(0.150mm), No.140(0.106mm), No.200(0.075mm), No.270(0.053mm), No.325(0.045mm), No.400(0.038mm) 크기의 체로 체분석을 하여 준비한다.
② 진동기 위의 하부 팬(pan)을 놓고 그 위에 지오텍스타일이 설치된 체를 올려놓는다.
③ 진동 시 발생하는 정전기에 의해 모래가 팬에 달라붙는 것을 방지하기 위해 정전기 제거장치가 연결된 cover pan을 지오텍스타일이 설치된 체 위에 덮어 설치한다.
④ 각 입경별로 준비된 모래 약 50g 정도를 지오텍스타일 위에 올려놓고 10분간 진동시킨 뒤 지오텍스타일을 통과한 모래의 중량을 측정하여 통과백분율을 구한다.
⑤ 이와 같은 시험을 준비된 모래 중 입경이 작은 것부터 실시하여 통과백분율 5% 이하가 될 때까지 입경을 달리하여 실시한다.
⑥ 이렇게 구해진 각각의 입자크기에 따른 통과백분율을 이용하여 구멍크기 분포곡선을 그리고 모래의 잔류백분율 95%되는 구멍크기를 유효 구멍크기로 정한다.

4.3.3 시공순서

시공은 준비공, 토목섬유 깔기, 골재층 포설, 골재층 다짐의 순서로 진행된다.

1) 공정별 작업내용

(1) 여과 공정별 작업내용

① 준비공

토목섬유가 설치될 지반을 설계된 경사로 굴착하고 잡물질을 제거하며 큰 공동이 없도록 굴착면을 평탄하게 작업을 하고, 토목섬유가 설치하는 동안 기상조건에 변질되지 않도록 충분히 보호한다. 그리고 겹이음부를 고려하여 여유 있게 토목섬유를 절단한다.

② 토목섬유 포설

토목섬유는 배수 시스템의 물의 흐름방향에 따라 제조방향을 설치하고, 또 느슨하게 설치되어야 하지만 주름이 지거나 겹쳐지지 않도록 설치해야 한다. 또한 토목섬유와 흙 사이에 공간이 생기지 않도록 밀착되어야 하고, 연결되어야 하는 롤의 끝 부분은 수리학적 흐름의

가혹조건과 설치조건에 의존하여 30~60cm 정도로 최소 한도로 겹쳐야 한다. 높은 유량과 깊은 굴착, 큰 골재를 사용되는 공사 시 겹침길이는 증가해야 한다. 기초배수공과 같이 굴착 폭이 넓을 경우에는 골재를 포설할 때까지 겹침부를 핀이나 앵커로 토목섬유를 고정시켜야 한다. 상류 측 토목섬유는 항상 하류 측 토목섬유 위로 겹쳐야 한다. 토목섬유가 유해한 환경에 오염되지 않도록 건설 기간 동안 주의가 필요하고, 만약 오염이 되었을 때 제거하거나, 새로운 재료로 대체시켜야 한다.

③ 골재층 포설

배수용 골재의 설치는 토목섬유가 일광과 흙먼지 등에 노출되는 시간을 줄이기 위해 토목섬유 설치 다음에 즉시 진행되어야 하고, 적어도 30cm 이상이 골재층으로 덮여야 한다. 만약에 골재층 두께가 얇은 경우는 보다 큰 보존성을 갖는 토목섬유가 요구되어야 한다.

④ 골재층 다짐

다짐은 배수 시스템을 원굴착면에 정착시키고, 배수공 내부의 침하를 감소시키기 위하여 필요한 공정이다. 골재는 일반적으로 진동다짐기를 사용하여 95% 이상의 다짐도로 다져야 한다.

(2) 분리 공정별 작업내용

① 준비공

토목섬유가 설치될 지반에 나무그루터기 없이 깨끗이 청소하고 설계지반고에 맞게 터파기를 한 다음, 모든 표토와 연약한 흙, 또는 부적합한 토사는 제거한다. 표토 제거작업에서 지반이 지나치게 교란되지 않도록 주의를 하여야 한다. 예를 들면 강도가 약한 포화된 비점성토나 점성이 매우 낮은 지반에는 경량도우저를 사용하고, 늪지와 같이 매우 연약한 지반에는 식생의 뿌리가 매트 강도 효과를 발휘할 수 있으므로 표토를 너무 제거해서는 안 된다. 이러한 지역에서는 모든 식생을 지표면 수준에서 잘라야 한다.

② 토목섬유 포설

토목섬유를 공장에서 미리 꿰매어 연결시켜 놓았다면 하나의 연속적인 시트로 깔 수 있어 현장작업을 신속하게 할 수 있다. 토목섬유는 노상토 표면을 따라 끌어서는 안 된다. 토목섬유 전체 롤을 될 수 있는 대로 부드럽게 깔아야 한다. 토목섬유가 느슨하거나 접힌 곳은 잡아당겨서 말뚝으로 고정시키고, 수평으로 나란히 중첩하여 시방서에 규정된 대로 꿰매어 연결시켜야 한다. 곡선부위의 토목섬유는 접거나 잘라내고, 윗부분에 위치한 토목섬유의 돌아가는 방향으로 중첩시켜야 한다. 토목섬유의 접히는 부분은 중간 부분에 꺽쇄로 고정시키거나 길이 약 60cm되는 핀으로 고정시켜야 한다. 토목섬유가 기존의 포장지역과 교차될 때 토목섬유를 기존의 포장 끝까지 연장시켜서 설치하고, 토목섬유를 사용한 기존의 도로를 교차하거나 확장할 때 토목섬유를 도로 가장자리에 고정시켜야 한다. 이상적으로는 도로의 가장자리를 기존의 토목섬유가 위치한 곳까지 아래로 굴착하고 기존의 토목섬유는 새로운 토목섬유와 꿰매어 연결하여야 한다. 족쇄나 고정핀을 사용하여 중첩시킨다.

③ 골재층 포설

골재층은 전에 포설한 골재층 위에 포설한다. 매우 연약한 노상토 지반에 대해서는 골재층의 높이를 노상토가 파괴되지 않도록 제한한다. 이러한 지반에 대한 최대 포설두께는 도로의 설계두께를 초과해서는 안 된다. 토목섬유 위로 다짐하기 전에 골재층은 30cm 또는 30cm보다 적도록 설계두께로 포설해야 한다. 토목섬유 위로 골재층이 20cm(CBR ≥ 3일 때는 15cm)보다 적은 연약한 도로에는 차량을 통행시켜서는 안 된다. 만약 노상토가 충분한 지지력을 갖고 있고 골재층이 없는 도로일지라도 허용되는 기층 밑에 토목섬유를 설치하였다면 시공장비는 운행될 수 있다.

초연약지반에는 첫 번째 층 위를 운행하는 장비는 경량 건설장비여야 한다. 첫 번째 층의 러팅 깊이가 7.5cm 이하가 되도록 시공장비의 크기와 무게를 제한하여야 한다. 만약 러팅 깊이가 7.5cm 이상일 때는 시공장비의 크기와 무게를 줄이거나 포설층의 두께를 늘려야 한다.

④ 골재층 다짐

첫 번째 골재층은 불도저로 지나가면서 다짐을 실시하고 다음에는 스무스 드럼 진동롤러로 최소한의 다짐도를 유발하게끔 다짐을 실시한다. 허용되는 기층을 시공할 때는 다짐은 시방규정에 맞게 실시하고, 매우 연약한 지반에 대해서는 첫 번째 층은 설계다짐도에 미치지 못하므로 다짐도를 줄여야 한다. 예를 들면 첫 번째 층의 다짐도는 시방서에 있는 필요한 최소 다짐도보다 5% 적게 다짐할 수 있도록 허용한다.

4.3.4 계측 관리

계측기를 선정할 때 가장 중요한 것은 신뢰성이다. 단순할수록 신뢰성이 높아지며, 계측기의 종류에 따라 아래와 같이 단순성과 신뢰성이 감소하는 순서로 나열할 수 있다.

① 광학식(Optical)
② 기계식(Mechanical)
③ 유압식(Hydraulic)
④ 기압식(Pneumatic)
⑤ 전기식(Electrical)

최저가의 계측기를 사용한다고 총 계측 비용이 최저가 되지 않으므로 계측장비 선정 시 가격은 가능한 고려하지 않아야 한다. 여러 계측기의 경제성을 평가할 때는 구입, 교정, 설치, 유지관리, 계측 및 자료 처리 등에 소요되는 전체 비용을 비교해야 한다. 계측기 선정 시 계측 운영자의 기술수준이나 역량을 고려해야 하며, 시공과 설치는 주변의 조건을 고려해야 한다. 또한 계측장비는 현장 적합성이 우수해야 하며, 계측기 상호간의 간섭이 없어야 하고 설치 및 출력치 취득 시 접근이 용이해야 한다. 또한 자동 계측 시스템에 대한 필요성이 어느 정도인지도 검토하고, 계획된 출력값을 확인하는 주기와 간격도 선정해야 한다. 여기서 불필요하게 복잡해지거나 자동화되는 것은 배제되어야 한다. 시스템이 오류를 일으킬 경우에 대비하여 여유분과 대기 가능한 출력장치를 준비하는 등의 대책이 수립되어야 한다. 계측기 선정 시에는 납기 및 설치에 경과되는 시간도 고려해야 한다. 여러 가지 사항 중 가장 중요한 것은 설치된 계측 장비들이 목적한 바를 달성할 수 있는가 하는 것이다. 특히 검증되지 않은 계측기를 사용할 경우에는 주의 깊게 장비 특성을 파악해야 할 것이다.

1) 계측기의 분류

계측기의 선정 시 계측 목적, 예상되는 측정량, 계기의 정밀도, 계기의 원리 및 기능, 작업규모, 작업의 중요성, 과거의 경험, 경제성 등을 고려하여 결정하여야 한다. 일반적으로 계측기는 작동원리에 따라 크게 기계적인 방식과 전기적인 방식으로 분류할 수 있다.

(1) 기계식

물리적 변화량을 직접 계측하거나 유압 또는 공기압을 이용하여 계측하는 방법이며 비교적 장치가 간단하고 가격이 저렴하지만 수동계측을 해야 하므로 계측빈도가 적고 측점수가 적으며 계측기간이 짧은 경우 유리하다.

(2) 전기식

물리적 변화량을 전기적 변화량으로 변환하여 계측하는 방법으로 응용 분야가 넓고 원격계측이 가능하며 자동화하기가 용이하므로 작업환경이 열악하거나 계측빈도가 높고 측점수가 많은 경우 유리하다.

2) 계측기 선정 시 고려 사항

(1) 계측조건의 파악

지반, 지하수, 주변환경 등의 상황과 설계와 시공방법 등을 통해 예상되는 불확실성의 존재 등을 위한 계측항목과 수량, 계측할 현상의 크기, 속도, 공정, 예산, 배치상의 제약 등을 고려해야 한다. 계기 선정 시 이 모든 항목들을 다 만족시킬 수는 없으므로, 중요한 것들을 판단해서 결정한다.

(2) 계측방법

전기식과 기계식을 선택하며 자동계측의 경우 일반적으로 전기식이 사용되며 계측항목이 많은 경우 가능한 통일된 방식을 사용하는 것이 효율적이다.

(3) 대상기계의 확인

계측조건과 계측방법에 적합한 계기를 열거하여 관련 자료를 수집한 후 사용실적, 검정데이터, 실패 및 성공 사례 등을 비교 검토한다.

(4) 계측기 선정

위 (1)~(3) 단계를 통하여 경제적으로 사용 가능한 계기를 선정하며 계기를 구입하기 어려울 경우는 계측조건을 다시 결정하여 선정한다.

(5) 계측기 선정 후 검토사항

계기를 선정하고 나면 계측 및 설치방법 등을 확인하고 계측 시스템과 경제성들을 검토하여 계기의 형식, 치수, 용량, 정밀도를 최종적으로 결정하며 계측에 사용할 계측기가 제 기능을 하는지 계측자가 원하는 정밀도와 용량이 포함되어 있는지를 검증하여 사용해야만 한다.

3) 계측기 설치위치

계측하고자 하는 각 부분에 필요한 계측기를 선정한 후 계측기를 어떤 장소에 어떻게 설치할 것인가는 매우 중요한 사항이다. 계측기의 위치는 최소한의 설치로 최대의 정보를 얻을 수 있는 곳을 선정하며 계측기의 위치 선정에 영향을 주는 요소는 계측하고자 하는 구조물이나 지반, 주변 시설, 계측하고자 하는 부분의 지형 상태, 지질 상태, 토질 특성 등이 있다. 계측기 설치 시 유의 사항은 계측기를 설치하고자 하는 지점이 대표성이 있는 계측 지점인가를 고려해야 한다. 적은 수의 계측기를 설치하면 수집된 자료의 신뢰성에 문제가 발생할 수 있으며 반면에 너무나 많은 지점에 계측기를 설치할 경우 경제적인 낭비일 뿐만 아니라 너무나 많은 자료가 수집될 경우 자료로 인한 혼란을 초래할 수도 있다. 그러므로 기존에 설치되었던 유사한 예를 참고하여 계측기 위치 선정과 측점수를 가장 효율적으로 결정하여야 한다. 일반적으로 성토 시 성토고가 높은 지점과 연약지반이 두껍게 위치한 지점이 우선적으로 계측지점으로 선정되나 지반의 변화가 많은 곳은 어느 한 곳을 선택하기가 어렵기 때문에 침하량이 큰 곳이나 성토사면의 전단 활동 파괴 가능성이 있는 곳을 선택하여 측정지점으로 결정해야 한다.

(1) 연약층 위에 성토할 경우 일반적인 계측기 배치기준

① 표면 침하판은 성토 천단 중앙부와 사면 상부에 배치

② 층별침하계는 침하량을 알고자 하는 곳의 성토 중앙의 지중에 배치

③ 경사계(Inclinometer)는 성토사면 선단에 매설하고 각 깊이마다 수평 변위량 측정

④ 간극수압계는 층별침하계가 설치된 위치 약 3m 이내에 설치

⑤ 계측기의 고장에 대비하여 적절한 위치 선정

⑥ 공사가 선행하는 위치에 배치

⑦ 연관된 계측항목에 따른 계측기는 집중 배치

⑧ 계측기의 설치 및 배선을 확실하게 할 수 있는 곳을 선정

⑨ 예측계산을 하는 경우, 필요한 항목의 계측 값이 연속해서 얻어질 수 있는 곳을 선정

계측장비의 위치는 예상되는 지반의 거동을 고려하여 결정하는 데 이 경우 유한요소해석 등을 이용한 지반거동의 예측이 설치위치와 방향을 결정하는 데 도움이 될 수 있다.

(2) 설치위치의 결정

① 특정한 관심지역, 즉 구조적으로 취약한 지역이나 최대 하중이 작용하는 지역, 또는 최대 간극수압이 예상되는 지역에 계측기를 설치한다. 만일 그런 지역이 없는 경우나 계측기가 다른 지역에 위치해야 하는 경우에는 두 번째 단계로 넘어간다.

② 예상되는 거동을 대표할 수 있는 대표 단면을 선정한다. 대표 단면을 선정할 때 지질학과 시공과정 사이의 변수를 고려하여야 한다. 이러한 단면을 주계측 단면이라 하고 이곳에는 포괄적인 거동을 파악할 수 있도록 계측기를 설치한다. 일반적으로 최소한 2개 이상의 주계측 단면이 있어야 한다.

③ 대표 단면만을 선정하여 계측하는 것은 부정확할 수 있으므로 다수의 부계측 단면을 선정하여 계측기를 설치한다. 부계측 단면에 설치되는 계측기는 가급적 간단한 것이 바람직하며 주계측 단면의 계측결과와 비교해야 한다. 예를 들어 타이백 벽체에는 측량점, 경사계 및 하중계 설치를 위해 2, 3개의 주요 단면을 선정해야 한다. 측량점은 다수의 부계측 단면에 설치되며 벽체의 수평 및 수직 변형을 모니터링하는 데 사용된다. 부계측 단면에서의 거동이 주계측 단면에서 측정된 것과 크게 다른 경우 부계측 단면에 추가적인 계측기 설치를 검토한다.

위치를 선정할 때 계측기의 내구성을 고려해야 하며, 계측기가 고장날 경우를 대비하여 여유분을 마련해야 한다. 설치위치는 시공 중에 가급적 신속하게 데이터를 획득할 수 있도록 선정한다. 또한 토사와 암반은 그 특성이 다르므로 단일 계측기에 의존하는 것은 바람직하지 못할 수 있다. 형식이 다른 계측기들을 비교 검토할 수 있도록 위치선정을 하는 것도 중요하다. 또한 시공 중에 변경되는 사항이 발생할 수 있으므로 설치위치의 유동성도 확보되어야 한다.

4) 계측빈도

계측빈도는 공사진행 상황이나 측정체계(수동 또는 자동)에 따라 다르다. 자동으로 측정하는 경우는 컴퓨터 용량이나 처리 속도의 문제가 없으면 측정빈도는 그다지 문제가 되지 않는다. 하지만 수동측정으로 현장을 관리할 때는 현장 경험이 많은 전문기술자를 상주시켜서 변위말뚝, 사면활동계, 간극수압계의 측정을 1일 1회의 빈도로 측정함을 원칙으로 하며 성토 후 장시간이 경과하여 변위가 적을 경우라도 최소한 주 2회의 측정을 실시해야 한다.

① 데이터가 변화하는 속도가 빠른 항목은 측정빈도를 높여야 하며 반대로 장시간에 걸쳐서 서서히 변화하는 항목은 낮은 빈도로 측정한다.

② 안전과의 관련이 직접적인 계측항목(응력)과 간접적인 계측항목(하중)으로 분류되는데, 직접적인 항목의 빈도를 높여 계측한다.

③ 각 계측항목은 상호관련의 비교 검토가 필요하므로 관련 항목은 동일시기에 계측을 실시하도록 하고 그중 빈도가 높은 것은 개별 관리한다.

일반적인 계측빈도와 조건을 표 4.8에 나타내었다.

표 4.8 계측빈도와 조건

계기, 명칭	지반처리~ 성토완료 1개월까지	성토완료 후 3개월까지	성토완료 후 3개월 이후	구조물 사용 후
침하계, 경사계, 간극수압계, 지하수위계	1회/일	1회/7일	1회/월	1~4회/년

4.3.5 시공관리

1) 시공 시 유의사항

① 토목섬유가 설치될 지반에는 잡초를 제거하고 흙을 파내거나 채워서 설계지반고에 맞게 정리하고 깨끗이 청소하여야 한다.

② 토목섬유는 포설과 뒤채움 사이의 공기 동안 추후의 손상 가능성을 최소화하기 위하여 기상조건에 노출되는 기간은 최대 14일이어야 한다.

③ 맹암거에서는 골재 필터의 뒤채움 후에 토목섬유를 골재 필터 정부에서 겹쳐서 접어야 한다. 겹치는 폭은 30cm 이상으로 하고 30cm 미만의 폭을 가지는 암거에 대해서는 암거의 폭만큼 겹쳐 접어야 한다. 겹친 토목섬유 상부는 피복토로 채워져야 한다. 길이 방향으로 연결되는 토목섬유 시트는 수류의 방향으로 최소 30cm로 겹쳐야 한다.

④ 암거의 길이 방향으로 이음이 필요한 경우에는 재봉이나 겹치는 방법으로 연결되어야 하고 모든 이음부는 감리자의 승인을 받아야 한다. 겹이음부는 최소한 암거의 폭으로 한다.

⑤ 손상된 부위는 토목섬유 조각을 덧대어야 하며 그것은 찢어지거나 손상된 부위 주변에서 90cm 이상 연장되어야 한다.

⑥ 토목섬유가 노상토 표면을 끌어서는 안 되고, 많이 주름지거나 접혀 있는 상태로 설치되면 토목섬유가 인장이 되지 않으므로, 접힌 곳은 잡아당겨서 말뚝으로 고정시킨다.

⑦ 토목섬유가 기존의 포장지역과 교차될 때는 토목섬유를 기존의 포장 끝까지 연장시켜서 설치하여야 한다.

⑧ 토목섬유가 한롤 이상이 작업에 필요하면 롤을 중첩하여 깔고, 감독관에게 검사를 받아야 한다.

⑨ 골재를 포설할 때 차량을 토목섬유 위로 통과시키지 말고, 트럭타이어와 토목섬유 사이를 15～30cm 두께의 골재층을 유지한다.

⑩ 다짐은 시방서에 규정한 다짐도에 맞게 실시하여야 한다.

2) 보고사항

토목섬유가 설치되는 지반상태, 포설층 두께, 시공장비의 운행과 작업일자 및 순작업 시간, 책임 기술자 서명 날인, 기타 시공 시 문제점 등이 보고사항에 해당된다.

제5장

배수압밀 촉진용

제5장

배수압밀 촉진용

5.1 개 요

국토 면적이 협소한 우리나라에서 인구증가 및 산업발전에 기인하여 사회간접시설의 확충과 농지 및 주거지의 확보를 위한 국토면적의 확장이 시급한 실정이다. 우리나라 국토는 전체 면적의 약 2/3가 산지로 형성되어 있으므로 그 확장을 위한 가장 현실성이 있는 방법이 해안 매립이다. 해안 매립의 주대상지인 서 · 남해안은 해저경사가 완만하고 간만의 차가 클 뿐만 아니라 해안선이 리아스식으로 형성되어 있어 간척매립공사에 대하여 천혜의 조건을 가지고 있다. 그러나 이 지역에는 실트 및 점토 등으로 구성된 두께 약 5～60m의 연약지반이 표층부에 존재하므로 상부에 축조되는 구조물의 특성에 적합한 대책 공법이 요구된다.

또한 항만공사, 저수지와 하천 등의 준설공사에서 연약한 점성토사가 다량 배출되어 처리에 애로를 겪는 경우가 많으며, 방조제 축조 및 인공섬을 조성하는 경우에 다량의 산토(山土)가 소요되므로 건설현장 주위의 자연훼손이 많이 발생될 수 있으므로 최근에는 산토대신 해저에서 준설한 점성토를 활용하는 경향이 많으며 이 연약점성토를 유효히 활용하기 위해서는 시공성 및 경제성 등을 고려하여 조속히 함수비를 저감시킬 수 있는 방법을 적용해야 한다.

우리나라의 농지 중 배수가 불량하여 농작물의 생산성이 저하되고 작업에 애로를 겪는 저습답이 총 농지면적의 약 9%를 점유하는 12만 ha로써(농어촌진흥공사, 1993), 농작물 생산성 향상 및 노동력 절감을 위한 배수개선이 시급하다.

위에서 언급한 바와 같이 일반적인 연약지반, 배수불량답 및 준설토매립장과 같은 현장에 배수압밀을 촉진시켜 유해곤충의 발생을 방지하는 친환경적인 목적과 조속하게 경제적으로 지반을 개량하여 합리적인 국가기간 산업시설물의 설치를 위하여 1960년대 이후로 토목섬유(Geosynthetics)가 신소재로서 유효하게 활용되고 있다. 본 장에서는 토목용 섬유를 연직 또는 수평으로 연약지반에 설치하여 배수압밀을 촉진하여 경제적이고 효율적인 설계 시공이 이루어질 수 있도록 기술한다. 지면관계상 수평 배수압밀 촉진용[Net Channel Method (NCM), Lateral PBD 등]은 종류와 특성 등의 개요를 약술하고 연직배수 공법(vertical drain method)의 일종으로 연약지반 개량에 보편적으로 적용되고 있는 PBD(Plastic Board Drain) 공법에 국한하여 설계, 시공 및 계측 등에 관하여 상술하여 본 업무를 담당하는 기술자에게 지침이 될 수 있다.

5.1.1 목 적

연약지반의 개량, 준설매립지반의 안정촉진 및 저습답의 배수개선을 원활히 수행하기 위한 방편으로 시공성, 경제성 및 품질관리의 효율성이 뛰어난 토목용 섬유가 광범위하게 적용되고 있다. 박영목 등(2009)이 NCM을 초연약지반인 준설토매립장의 표층건조 촉진 공법을 적용하여 유해 곤충 발생방지 및 조기에 경제적으로 중장비의 주행이 가능한 지지력을 확보하는 등의 특수한 목적의 수평배수용 배수암밀 촉진 공법을 적용하여 유용한 공법임을 입증하고 있다. 아울러 박영목 등(1997)이 PBD재의 수평 타설에 의한 저습답의 배수개선 가능성 검토에 관한 연구를 수행하였다. 모두 시험시공을 거치고 다양한 해석을 실시하였으나 본 장에서는 지면관계상 개요만 기술하도록 한다. 따라서 본 장의 주된 내용은 설계 및 시공 등에 참고가 될 자료는 연직배수용 플라스틱 보드 드레인(Plastic Board Drain, PBD)재에 국한하여 기술한다. 연약지반의 개량 공법 중에서는 PBD재를 이용한 연직배수 공법이 전 세계적으로 가장 활발하게 이루어지고 있다. 이와 같이 PBD재의 활용 분야가 다양하며, 전 세계적으로 현재 많은 양이 사용되고 있고 향후 그 적용량이 크게 증가할 것이다.

PBD재는 여러 종류의 규격과 형상이 개발되어 있으나 일반적으로 폭(b)×두께(t) = 10cm×0.3cm의 판형이 많이 사용되며, 형상이 원형인 제품과 드레인의 규격을 용도에 맞추어 증대시킨 제품도 일부 생산되어 적용되고 있다. 현장에서 1본의 적용 길이는 10~50m에 달하는 것이 대부분이다. 연약지반의 배수압밀 촉진을 위하여 1~2m의 간격으로 경량의 타설 장비를 이용하여 PBD를 지반 중에 설치하여 최소의 기간에 주위 점성토에 함유된 간극수를 최대로 배제시킬 수 있는 능력인 배수성능(drainage performance)이 우수한 제품을 경제적으로 생산 공급하는 것이 1차적으로 중요한 사항이다.

연직방향의 배수재 설치로 간극수의 이동거리를 단축시켜 배수압밀에 소요되는 시간을 단축하는 것이 중요하나 연약지반의 압밀에 소요되는 시간이 단순히 PBD 타설 간격인 배수거리에만 국한되는 것이 아니다. 배수재 길이가 긴 배수재 내에 발생하는 흐름저항인 웰 레지스턴스(well resistance) 문제, PBD 타설 시 맨드렐(mandrel) 관입, 인발에 기인된 주위 지반의 교란으로 투수성 저하 등을 유발하는 스미어(smear) 문제 및 매트 레지스턴스(mat resistance) 등이 고려된 실제의 압밀배수 기간을 정확히 산정하는 것이 중요하다. 또한 상기 요인들의 저감을 고려한 효율적인 시공법 및 압밀촉진의 진행 상황을 평가하기 위한 계측을 정확하게 효율적으로 수행하는 것도 중요하다.

따라서 본 장에서는 배수압밀 촉진용 PBD를 효율적으로 적용하기 위하여 합리적인 설계방안, 효율적인 시공법 및 과학적인 계측 등을 위하여 설계 및 시공에 관여하는 지반 관련 실무자가 쉽게 체계적으로 최적의 공사를 수행하는 데 그 목적이 있다.

5.1.2 원 리

지오신세틱스를 이용한 지반개량 공법은 연직배수 공법과 수평배수 공법으로 대별할 수 있다. 연약지반 개량 공법으로 많이 적용되는 연직배수 공법으로는 종래에 주종을 이루던 샌드드레인(Sand Drain) 공법의 대용으로 경제성, 시공성 및 품질관리 측면에서 유리한 PBD재를 이용하는 케이스가 증가하고 있다(朴, 1994).

PBD 공법은 1937년에 Kjellman에 의해 판상으로 된 마분지(Card Board Drain)가 개발된 것이 시초이며, 1948년에 Barron과 Kjellman이 각각 설계 계산식을 발표했다. PBD재의 유용성이 주목된 것은 1960년경이다(嘉門, 1985). 연직배수 공법의 압밀이론은 Barron (1948); 吉国(1979); Hansbo(1981); Onoue(1988) 등에 의해 제안되었다.

연직배수 공법의 원리는 연약한 점토지반을 압밀촉진시켜서 지반의 지지력을 증가시키는 경우 PBD재를 적당한 간격으로 설치한다. 연직배수 기둥을 점토지반 중에 형성시킴으로써 지반 간극수의 이동거리를 단축시킬 수 있다. 압밀에 소요되는 시간은 배수거리의 제곱에 비례한다. 따라서 PBD를 정삼각형(육각형) 또는 정방형으로 2m의 짧은 간격으로 설치하면 연약지반 두께가 30m라면 연직배수재가 없는 경우의 배수거리에 비해 1/30로 감소되므로 미설치에 비해 압밀 소요시간을 약 900배 단축시킬 수 있다. 이것이 연직배수 공법의 원리이며 도입 배경이다.

PBD 공법의 설계이론은 점성토의 압밀이론의 발전과 불가분의 관계를 가지고 있다. 1925년 Terzaghi를 통해 확립된 압밀이론을 기초로 중공원주의 압밀문제로 취급하여 Barron의 자유변형론에 기초한 방정식 해를 가지고 계산하는 방법을 적용하고 있다.

Barron(1948)은 점토층 내에서 발생하는 연직변형에 대하여 2가지 가정에 대해 정밀한 형태의 해를 제시했다. 첫째로 자유연직 변형률은 표면하중의 균등한 분포로 발생되며, 둘째로 등연직 변형률은 표면의 모든 점들에 대해 동일한 연직변형이 발생된다는 2가지 가정을 제시하였다. 자유연직 변형률의 경우와 등연직 변형률의 경우에 대하여 스미어 효과(smear effect)와 well resistance의 영향을 고려한 평균압밀도를 산정하는 제안식을 제안하였다. Barron의 제안식은 Terzaghi 일차원 압밀 방정식에 기초를 둔 것으로서 연직배수와 수평배수를 고려하여 점토의 투수계수 및 체적압축계수는 압밀 중에 변하지 않는다는 가정하에 다음과 같은 식을 제안하였다.

$$\frac{\partial u}{\partial t} = c_v\left(\frac{\partial^2 u}{\partial z^2}\right) + c_h\left(\frac{\partial^2 u}{\partial r^2} + \frac{1}{r}\frac{\partial u}{\partial r}\right) \tag{5.1}$$

연직배수 효과를 무시하고 수평방향 배수만을 고려하면, 식 (5.2)와 같다.

$$\frac{\partial u}{\partial t} = c_h\left(\frac{\partial^2 u}{\partial r^2} + \frac{1}{r}\frac{\partial u}{\partial r}\right) \tag{5.2}$$

여기서, u는 임의 깊이에서의 평균 과잉간극수압이다.

t : 전 연직응력의 증가 이후의 시간(sec)

z : 깊이방향의 심도(cm)

r : 동심원상의 중심으로부터 고려하고자 하는 지점의 거리(cm)

c_v : 연직방향 압밀계수(cm^2/sec)

c_h : 수평방향 압밀계수(cm^2/sec)

그림 5.1에는 高木(다까기, 1955)가 1948년 Barron에 의해 제안된 조건인 투수성이 무한이며 응력집중이 없는 경우의 압밀곡선(시간계수~평균압밀도 관계)를 나타내고 있다. 그림과 같이 PBD의 타석 간격이 넓어져 n 값이 커지면 동일한 평균압밀도를 구하기 위한 시간계수가 커져서 압밀이 지연된다.

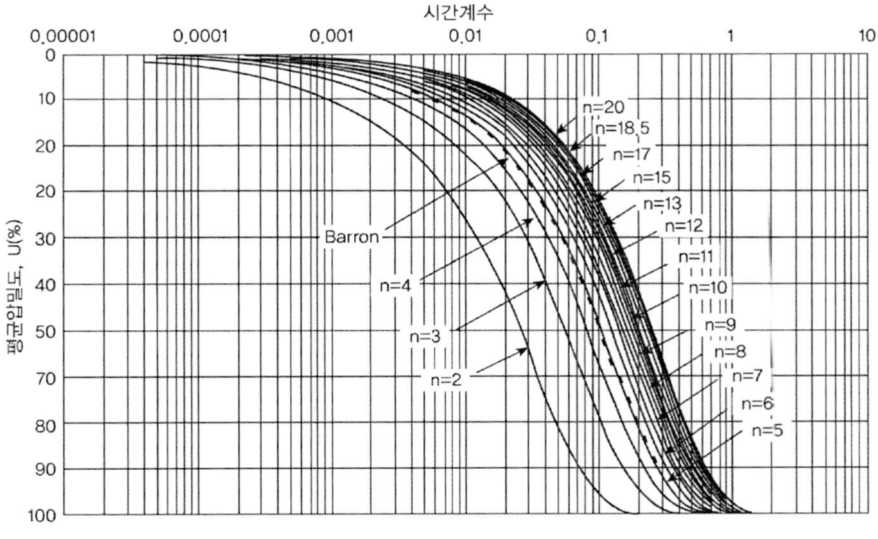

그림 5.1 투수성 무한대이고 응력집중이 없는 경우의 압밀곡선(高木, 1955)

즉, PBD 공법의 선조격인 Card Board Drain(Paper Drain) 공법에 대해서 이론적인 기초를 정립한 스웨덴의 Kjellman이 제창한 식을 이용하여 판상의 PBD를 등치 원형으로 환산하여 계산한다. 그림 5.2는 연직배수 공법으로 PBD 공법을 적용할 때 배수원리 개략도를 나타낸다.

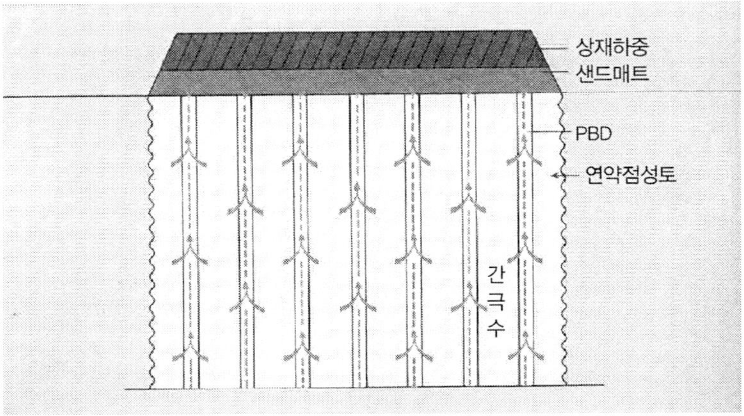

그림 5.2 PBD 공법의 배수원리 개략도

그림과 같이 PBD가 설치된 육각형(정삼각형 배치) 또는 정방형 속의 외력에 의해 증가된 과잉간극수가 각각의 중앙에 있는 드레인재(PBD재)를 향하여 수평방향의 방사상으로 유입된다. 이때 지표면에는 수평의 샌드매트층이 설치되어 있으므로 과잉간극수압이 대기 중과 같이 제로(0)이다. 이는 압력의 차이에 의해 관수로의 개념으로 PBD를 통하여 지표면으로 간극수가 상승하여 샌드매트층을 통하여 수평방향으로 이동하여 배출된 간극수의 체적에 해당하는 만큼의 지반 압밀침하가 발생하여 지반이 개량된다.

연직배수 공법은 연약층 사이에 주상의 투수층을 촘촘하게 땅속에 배치하여 연약한 점성토층의 배수거리를 짧게 하여 압밀침하를 촉진시켜 단기간 내에 지반을 안정화시키는 방법으로 플라스틱 보드 드레인(plastic board drain), 샌드 드레인(Sand drain), 팩 드레인(pack drain) 등이 있으며 그 원리는 모두 동일하다. 연직배수 공법의 원리는 Terzaghi 1차원 압밀이론(점토층의 압밀시간은 배수거리의 제곱에 비례, $t = T_v \cdot H2/c_v$)에 착안하여 연약지반에 배수재를 타설하여 배수거리를 단축하는 것이 핵심이다.

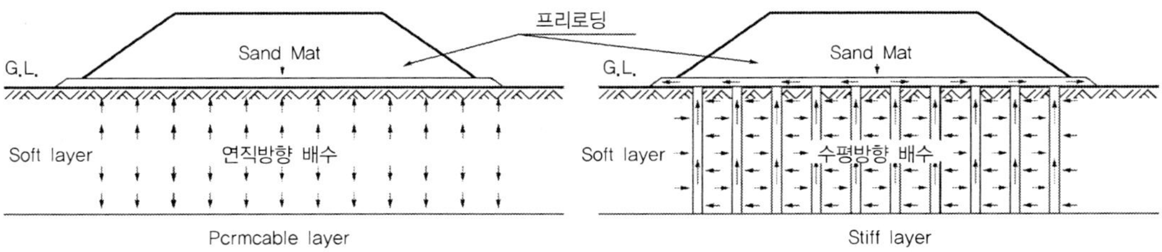

(a) 무처리 시 배수거리 및 방향 (b) 연직배수재 타설 시 배수거리 및 방향

그림 5.3 무처리 시 및 연직배수재 타설 시 배수방향 및 배수거리

연직배수 공법 중 실무에서는 plastic board drain(PBD), sand drain(SD) 및 sand compaction pile(SCP) 공법 등이 널리 사용되고 있으며 최근에는 모래 수급이 용이하지 않아 PBD 공법을 적용하는 것이 활발히 진행되고 있다.

압밀 촉진을 위하여 연직배수 공법을 적용하면, 지반 내의 간극수는 연직방향은 물론 수평방향으로도 배수되므로 3차원 압밀해석이 필요하다. 그러나 일반적으로는 축대칭인 방사방향의 유체 흐름과 연직 방향의 1차원 흐름을 중첩하는 방법을 사용한다. 모든 종류의 연직배수 공법의 설계와 해석은 샌드 드레인을 기준으로 하며, 플라스틱 보드 드레인과 같이 합성수지를 사용하는 경우에도 인공 배수재를 원통형의 모래 기둥으로 등가화한다.

따라서 연직배수재가 설치된 지반의 압밀해석을 할 경우에는 연직배수 재료의 지름(d_w), 설치 간격(s_d) 및 배치 형태, 그리고 지반의 수평방향 압밀계수(c_h)가 중요하다. 횡방향 압밀계수(c_h)를 구하는 방법은 Boundary 조건에 따라 크게 Equal strain 및 Free strain으로 나눌 수 있다. Boundary 조건이 Equal strain일 때 수평방향 압밀계수는 식 (5.3)과 같다.

$$c_h = 0.131\frac{T_h D^2}{t}(\mathrm{m^2/year}) \tag{5.3}$$

여기서, T_{50} : 0.0866, T_{90} : 0.288

D : Sample diameter(mm)

연직 배수재가 설치된 지반의 강성이 커서 침하가 균일하게 발생한다고 가정하는 등변형률(equal strain) 조건 아래에서 압밀 방정식은 다음과 같다(Barron, 1948).

$$\frac{\partial u}{\partial t} = c_h\left(\frac{1}{r}\frac{\partial u}{\partial r} + \frac{\partial^2 u}{\partial r^2}\right) + c_v\frac{\partial^2 u}{\partial r^2} \tag{5.4}$$

여기서, u는 배수재에서 r만큼 떨어진 임의 지점에서의 간극수압이다. 식 5.4에서는 연직방향과 방사방향(횡방향)의 압밀을 모두 고려한다. 지중에서 물의 흐름은 수평방향이 연직방향보다 우세하여 연직배수재가 설치될 경우에는 간극수가 주로 수평방향으로 배출되므로 일반적인 해석은 수평방향의 압밀만을 고려한다.

이 경우 식 (5.4)의 우변 마지막 항을 제외할 수 있으며, 이 식을 간극수압 u에 대해서 해를 구하면, 다음 식과 같이 간격비 $n(=d_e/d_w)$과 시간계수 $T_h(=c_h \times t/d_e^2)$로서 평균압밀도 (U)를 정의할 수 있다(Barron, 1948).

$$U = 1 - \exp\left(\frac{-8T_h}{F_n}\right)$$

$$F_n = \frac{n^2}{n^2-1} ln(n) - \frac{3n^2-1}{4n^2} \tag{5.5}$$

이 식을 이용하여 해석할 경우에는 배수재 설치 시의 교란효과(smear effect)를 고려하기 위하여 배수재의 지름 d_w를 줄이거나, 횡방향 압밀계수 c_h 대신에 연직방향의 값인 c_v를 사용하는 것이 보편화되어 있다(朴, 1994).

수평배수 공법은 건설현장에서 층 두께가 얇은 연약지반 및 준설매립 점성토의 압밀촉진을 도모하기 위함과 저습답의 배수개선을 도모하기 위한 경우로 대별된다. 지반 중에 PBD재 또는 Net Channel을 수평으로 일정하게 배치하여 소기의 목적을 달성하는 것이다. 현재까지 국내외에서 함수비가 약 200~1,000%인 준설매립점토의 강도 특성 개량을 위하여 여러 가지 방법(자연방치에 의한 자중압밀 공법의 적용, 표면부에 도랑을 조성하여 간극수를 조속히 배제하거나 건조시키는 방법, 시멘트와 석회 또는 약액에 의하여 지반을 고화시키는 공법 및 수평배수재에 의하여 압밀의 촉진을 도모하는 방법) 등이 적용되고 있으나 수평배수재를 적용하여 압밀을 촉진시키는 공법이 가장 합리적이다.

그림 5.4는 수평배수 공법의 원리이다. 그림과 같이 일정 간격으로 타설된 PBD 재속으로 지반 속의 간극수가 유입되어 부압을 작용시키는 진공 펌프에 의해 탱크 속으로 배제가 되는 것이 일반적이다. 그 밖에 PBD재나 Net channel을 인공적으로 경사지게 설치하여 중력작용에 의해 지반 속의 간극수를 배제시키거나 강제 펌핑하여 조속하게 간극수를 배제시키는 방법도 있다. 이들은 일반적으로 투수성이 매우 낮은 준설 매립토의 표층개량 및 저습답의 배수 개선용으로 사용될 수 있다.

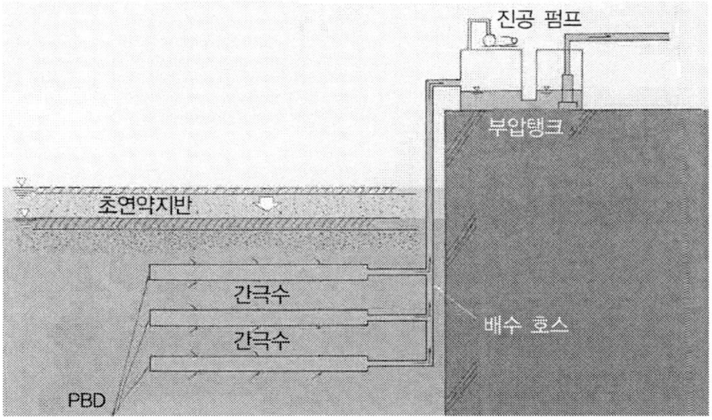

(a) 수평배수 공법의 원리(수평 진공배수 공법)

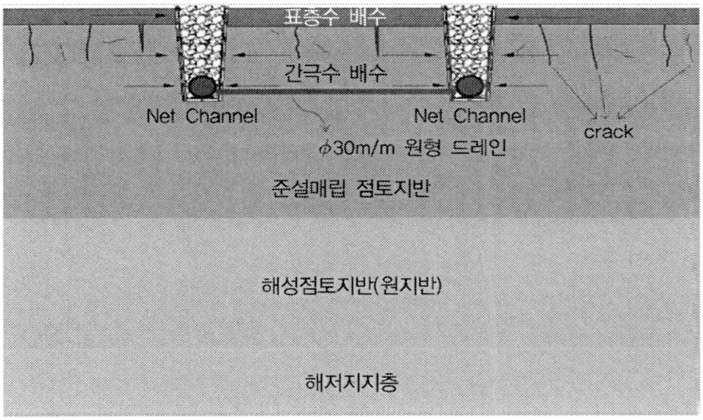

(b) 수평배수 공법[NCM, 박영목(2009)]

그림 5.4 수평배수 공법의 원리

5.1.3 배수압밀 촉진 공법의 종류 및 특성

1) 개 요

토목섬유재가 배수압밀 촉진용으로 사용되는 경우는 크게 연직배수 공법과 수평배수 공법으로 대별된다. 연직배수 공법은 연약지반의 두께가 두꺼운 경우에 적용되며 대표적으로 PBD(plastic board drain)와 SPD(sand pack drain)가 있다. PBD와 SPD재를 배수재로 이용하되 가하는 외력을 성토체에 의한 재하하중(pre-loading) 대신 진공압밀 장치를 이용하는 진공압밀 공법이 있다. 수평배수 공법은 연약지반이 얇은 경우, 표층개량 및 저습답

배수개선 등의 목적으로 적용되며 대규모의 준설매립지반에 토목섬유를 감싼 경량체의 개수로를 일정 간격으로 표층에 설치하고 펌프를 이용하여 강제로 집수된 간극수를 배제시키는 NCM(net channel method)이 있다. 또한 기존의 PBD 제품 또는 단면을 확대한 판형 및 원형의 토목섬유 배수재를 수평으로 부설하여 표면수 및 간극수를 조기에 배출시키는 공법과 간극수 배제를 조속히 시키기 위해 진공압밀 장치를 이용하는 진공압밀 공법 등이 있다.

2) 연직배수 공법

(1) PBD(Plastic board drain) 공법

연약지반에 합성 섬유재질의 연직배수재(PBD)를 타입하여 압밀을 촉진하는 공법이다. 연직배수재가 점성토층 두께에 비해 작은 간격(1.0~2.0m)으로 타설되기 때문에 연직방향의 흐름은 무시하고 수평방향의 흐름만을 고려하여 압밀도를 계산한다. 초기에는 PBD 대신에 paper(종이)를 사용하여 간극수를 배제하므로 paper drain 공법으로 불리기도 하였으나 이제는 paper 대신에 plastic board를 사용하므로 국제적으로도 PBD 공법 및 prefabricated vertical drain(기성연직배수재, PVD) 공법으로 불린다. 그림 5.5는 朴(1994)이 PBD 재료 및 압밀종료 후 PBD 주변 흙입자의 분포를 나타낸다.

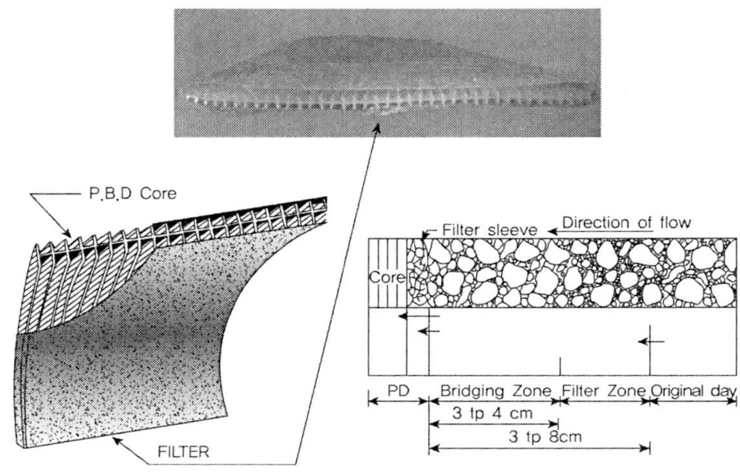

그림 5.5 PBD 재료 및 압밀 종료 후 PBD 주변의 흙입자 분포(朴, 1994)

종래 주류를 이루어 왔던 샌드 드레인 공법이 근래에 모래의 공급에 곤란을 겪고, Terzaghi 필터 규준에 적합한 양질 모래의 운반경비가 과다하게 소요될 뿐만 아니라 공사대상 지역

내에 운반 시에도 별도의 공사용도로 설치 등의 제약이 따른다. 이에 대하여 PBD재는 공장생산 제품이기 때문에 필요시 안정적 공급이 가능할 뿐만 아니라 다음과 같은 특성을 가지고 있다(佐佐木, 1985).

① 제품이 공장생산이기 때문에 품질관리가 용이하며, 배수효과가 일정하다.
② 중량이 가벼워 운반 및 취급이 용이하다.
③ 타설기가 가벼워 샌드 드레인 시공이 불가능한 초연약지반상에서의 시공도 가능하다.
④ 드레인 단면이 일정하여 불균일한 초연약지반에서도 드레인이 형성된다.
⑤ 시공관리가 용이하다.
⑥ 시공속도가 빠르다.
⑦ 타설 간격을 줄일 수 있어 압밀 시간의 대폭 단축이 가능하다.
⑧ 공사비가 저렴하다.

또한 嘉門(1985)은 PBD재 자체의 이점으로서 다음 사항을 열거하고 있다.

⑨ 드레인재 자체의 투수성이 높다.
⑩ 토압의 영향 및 압밀에 의한 변형 후에도 손실수두가 적다.
⑪ 내산, 내알카리성이므로 토중의 박테리아에 의해 부식되지 않는다.

그러나 PBD재는 다음과 같은 단점도 가지고 있다.

⑫ 샌드 드레인에서는 모래 말뚝(sand pile)에 의한 부차적인 강도증대가 기대되지만 PBD에서는 강도증가를 꾀할 수 없다.
⑬ 상부에 단단한 모래층이 있는 경우 시공이 곤란하므로 장비중량이 큰 유압식 장비를 사용해야 한다.
⑭ 압밀 진행에 따른 배수제의 변형 영향이 상대적으로 크다.

(2) SPD(Sand pack drain) 공법

지반 중에서 배수단면이 절단되기 쉬운 샌드 드레인(sand drain)의 단점을 보완하여 점성토층의 압밀배수를 촉진시켜 지반의 압밀기간을 단축할 목적으로 사용되는 공법이다. polyethylene 망태에 모래를 채워 넣은 모래 기둥을 지반 중에 타설하여 지반의 압밀배수를 촉진시키는 공법이다. 이 공법은 1968년에 시험 시공된 이후로 현재까지 꾸준하게 적용되고 있다. 우리나라에서는 1990년대 초에 양산~구포 간 고속도로 건설공사에서 처음 적용되었다. 그림 5.6은 SPD의 시공장비와 설치완료된 전경을 나타낸다.

(a) Sand pack drain 시공장비 (b) 설치완료 장면

그림 5.6 Sand pack drain 시공장비와 설치완료 장면

SPD는 일반적으로 1회 타설에 의해 4본의 배수재가 동시에 이루어지므로 그림 5.7과 같이 타설 간격의 불일치에 의한 유효직경(등가직경)의 조정이 필요하다.

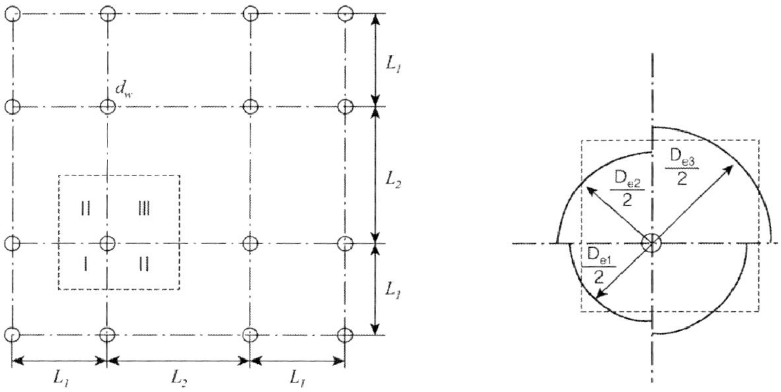

그림 5.7 Sand pack drain 개념도

그림과 같이 타설 장비의 4본의 맨드렐의 중심 간격이 L_1이고, 소정의 기간 내에 압밀을 종료시키기 위해 합리적으로 이격된 간격이 L_2이면, 다음과 같은 관계가 성립한다. 이에 따른 유효 영향원을 환산해야 하고 이에 따른 복합 평균압밀도를 산정할 필요가 있다.

$$d_{eII} = 1.128 \times L_1 (= 120\text{cm}) \ d_{eII} = 1.128 \times \sqrt{L_1 \times L_2}\ ,\ d_{e\,III} = 1.128 \times L_2 \text{cm}$$

시간계수 T_h는 다음과 같다.

$$T_{h\,I}=\frac{c_h\times t}{d_{e^2 I}},\ T_{h\,II}=\frac{c_h\times t}{d_{e^2 II}},\ T_{h\,III}=\frac{c_h\times t}{d_{e^2 III}}$$

간격비(n)은 다음과 같다.

$$n_I=\frac{d_{e\,I}}{d_w(12\text{cm})},\ n_{II}=\frac{d_{e\,II}}{d_w(12\text{cm})},\ n_{III}=\frac{d_{e\,III}}{d_w(12\text{cm})}$$

위와 같이 분할된 단면마다 압밀도를 구하여 다음 식에 의하여 전체 평균압밀도를 결정한다.

$$U=\frac{A_I U_I+2A_{II}U_{II}+A_{III}U_{III}}{A_I+2A_{II}+A_{III}} \tag{5.6}$$

SPD는 다음과 같은 특성이 있다.

① 강인한 합성섬유 망대 속에 모래를 채워서 배수기둥을 만들기 때문에 배수재 직경 유지가 가능하다.

② 여러 본을 동시에 시공하므로 시공속도가 빨라 시공기간을 단축시킬 수 있다(4본 기준으로 샌드 드레인의 약 2배 수준).

③ 4본 또는 6본 동시 타설로 지층의 굴곡에 따른 미개량부가 생길 수 있고 casing 길이 조정이 곤란하여 연약층 두께가 불규칙한 경우 장비대수가 많이 필요하다.

④ 타설된 배수재가 mandrel 인발 시 마찰저항에 의해 인발될 수 있다[공상(共上) 현상].

참고로 케이싱 또는 맨드렐 인발 시 배수재가 같이 끌려 올라오는 현상인 공상(共上)의 원인은 그림 5.8(PBD 工法硏究會, 2009)과 같다.

공상의 종류	원인	발생하기 쉬운 지반
전체 공상	망눈막힘	
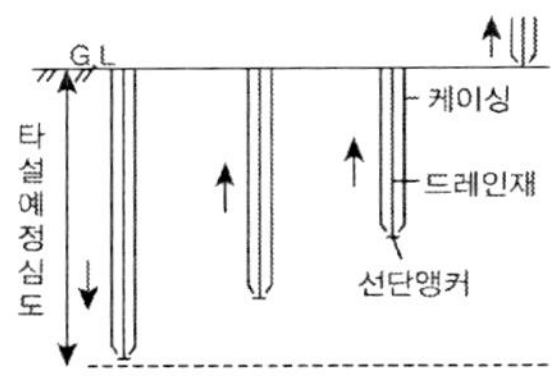	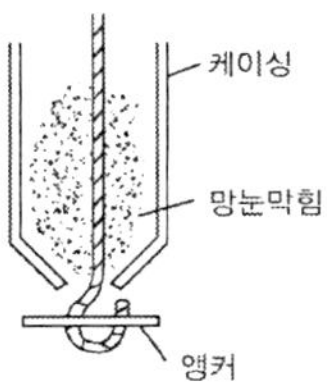 1) 앵커의 파손에 의해 타설 중에 세립토가 케이싱 내부에 유입되어 드레인재와 간극을 폐쇄시킴	• 표층부 또는 중간층이 단단함 • 지반 중에 콘크리트 형태의 자갈이 많음
	앵커의 파손에 의한 케이싱 막힘	
	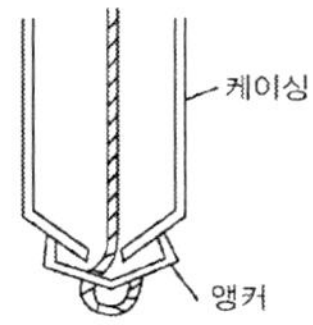 1) 앵커가 자갈, 콘크리트 등에 의해 파손되어 케이싱 선단부에 막힘 현상이 발생하여 드레인과 케이싱이 일체화됨	• 오거공의 측벽이 단단함
초기 공상	망눈막힘	
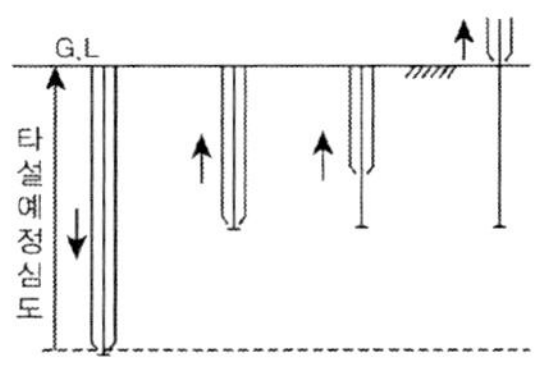	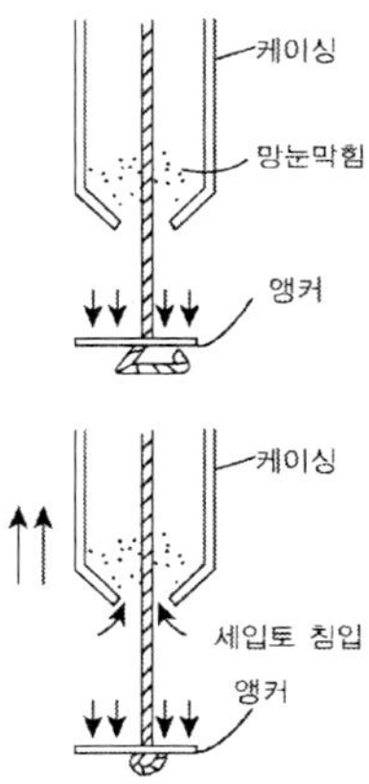 1) 타설 시 앵커의 변형 등에 의해 케이싱 내부에 세립토(니토)가 흘러듦 앵커의 반력이 저하되어 공상이 발생 2) 케이싱을 인발할 때 니토가 유입되어 드레인재를 폐쇄 시킴으로써 공상이 발생 유입된 니토의 양에 따라 공상의 높이가 변함	
	앵커 효과 없음	
	1) 드레인 선단부의 강도가 낮아 앵커의 효과가 없을 경우 공상이 발생함 일반적으로 연약한 실트층 또는 느슨한 x모래층 등에 선단부 위치시 발생	• 실트 중간층에 멈추는 경우 또는 모래층의 N치가 낮은 경우

그림 5.8 PBD 공상(共上)의 원인(PBD工法研究会, 2009)

(3) 진공압밀(Vacuum Consolidation) 공법

초 연약한 점성토층에 연성주름관을 타입, 지표에 진공보호막을 덮은 후 진공 펌프와 연결하여 지중을 진공상태로 만들면 대기압이 깊은 심도까지 동일한 등방하중으로 작용하여 강제 탈수가 되는 강제압밀촉진 공법이다.

진공압밀 공법은 등방압밀상태가 되므로 지표 및 자중까지 동일 크기의 대기압이 작용한다. 진공으로 인한 대기압 하중은 재하성토(프리로딩) 약 4.5m 높이의 여성토와 같은 효과로서 지반개량에 필요한 여성토 및 사토량이 절감된다. 진공압밀 공법 개념도 및 응력경로는 그림 5.9와 같다.

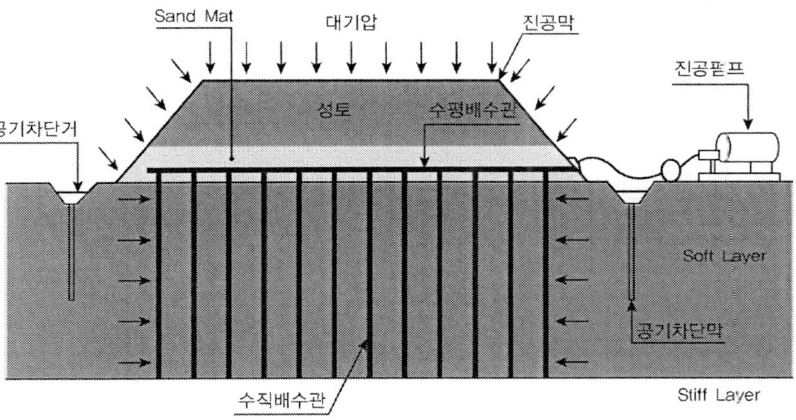

(a) 진공압밀 공법 개념도

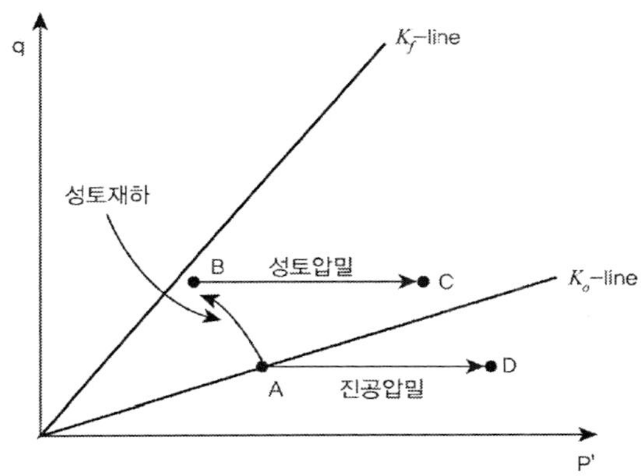

(b) 응력경로

그림 5.9 진공압밀 공법 개념도 및 응력경로

표 5.1 진공하중과 성토하중의 응력경로 비교

구분	진공압밀 공법	성토하중 공법
개념도	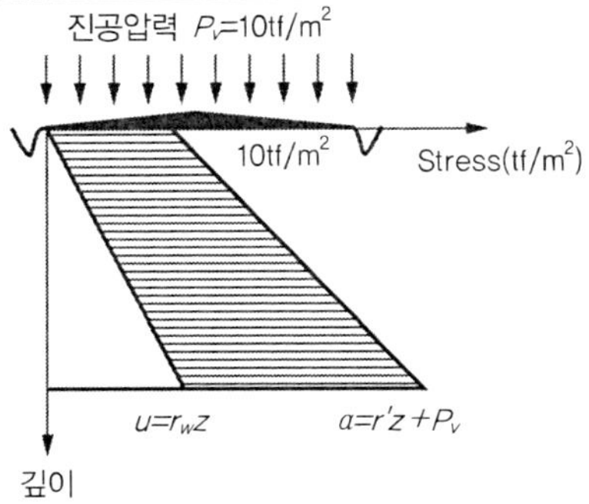	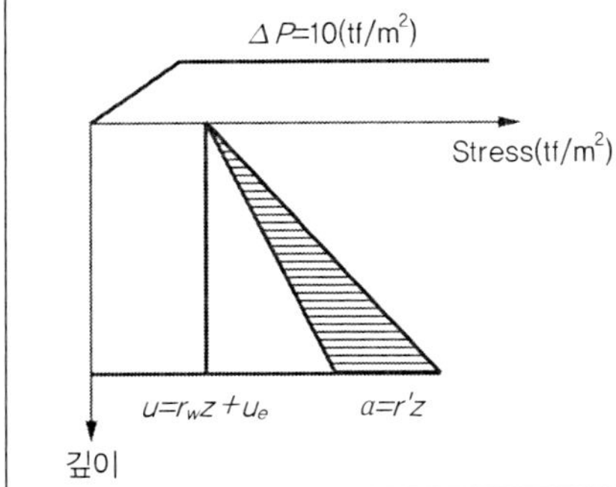
하중 조건	지중 진공상태에 대한 대기압	일반 성토하중
압밀재하 시 간극수압	$-\ u_e$(부과잉간극수압)	$+\ u_e$(과잉간극수압)
파괴거동	응력이 A→D로 이동하여 K_f 선에 접근하지 않아 지반파괴 거동이 없음	응력이 A→B→C에서 C→B로 이동하여 K_f 선에 접근하여 지반파괴거동 발생

표 5.1은 진공압밀 공법의 특성을 나타내기 위하여 진공하중 공법과 성토하중 공법의 응력경로를 비교하여 나타냈다. 상부에 추가 성토가 없기 때문에 연약한 지반의 파괴가 방지될 수 있으며, 재하성토재를 간편하게 구하기 곤란한 경우에 유리하다. 그러나 설치된 진공보호막에 손상이 발생하거나 지반의 균열(크랙)등을 통하여 진공상태 유지가 곤란한 경우에는 진공효과가 크게 저하할 우려가 있다. 이 때문에 배수재의 길이가 긴 경우 및 연결부가 불량할 경우에는 누기에 의해 진공압의 저하가 클 수 있으므로 가능한 소규모의 현장에 적합하다.

3) 수평배수 공법

(1) NC(Net Channel) 공법

준설토 투기 종료 후 개수로 형태의 배수 시스템인 NC(Net Channel)를 sludge 상태의 초연약지반인 천층부에 현장 여건에 따라 40~100m 간격으로 설치한다. 이를 표면수와 간극수를 동시에 배수시켜 깊이 50~200cm의 천층부를 조기에 건조시키는 공법이다.

그림 5.10은 NCM 적용 평면도 및 단면도이다. 채널의 크기는 준설토 투기장의 상태나 여건에 따라서 변화될 수 있으며, 준설매립 점토지반의 간극수 및 표층수를 조기에 배출시켜 많은 민원이 야기되는 유해곤충(깔따구, 물가파리 및 모기 등)의 발생을 방지한다. 또한 간

편하게 경제적이고 효율적으로 적용한 후 천층개량을 실시함으로써, 지지력을 확보하고 조속하게 중장비의 주행이 가능하다. 또한 공사기간이 크게 잔축되는 효과가 있으며, 연직배수 공법 적용 시에 채널은 집수정으로 대용이 가능하여 효과적이다.

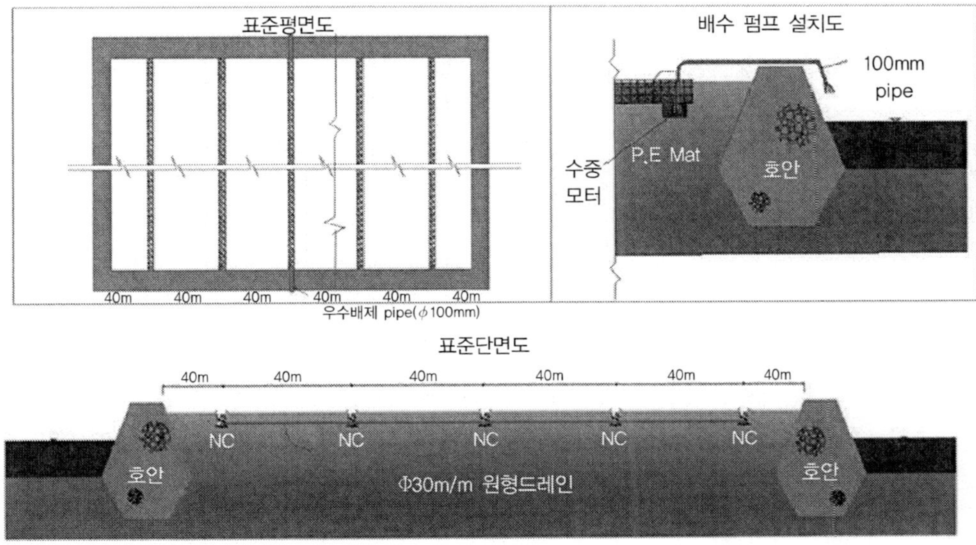

그림 5.10 NCM 적용 평면도 및 단면도(박영목 등, 2009)

NC 제작 과정은 우선 아연도금된 경량의 중공 각철관[1.5cm × 1.5cm(t = 1.4mm)]을 이용하여 공장에서 (20cm × 20cm)의 격자(grid) 형상으로 용접을 실시하여 높이 1~2m, 길이 6m의 역사다리꼴 모양의 개수로를 만든다. 길이가 6m인 것은 현장에서 취급이 용이하도록 한 것이다. 현장에서 NC 내부에 채울 쇄석 또는 모래의 손실 방지를 위해서 코팅 철망을 씌우고 그 외부에 Terzaghi의 필터 기준에 적합한 opening size와 두께를 가진 토목섬유(부직포)를 씌운다. 이는 세립토의 유입을 방지하고 간극수와 표층수를 청수의 상태로 NC 내부에 유입시킬 수 있다.

그림 5.11은 박영목 등(2010)이 제시한 NC의 상세도이다. 현장에서 저면에는 직경 30mm의 원형 드레인을 현장 여건에 따라 2~5m 간격으로 길이 3.5m의 PVC pipe에 연결하여 설치함으로써 해풍에 의한 전도방지 및 천층의 전단면이 균일하게 개량된다. NC의 아래쪽 내부에는 수평방향의 물의 흐름 저항을 저감하기 위해 직경 150mm의 유공관을 삽입하여 양수기의 소요대수를 감소시켰다. 또한 지반의 부력과 평형상태를 유지할 수 있는 자중확

보를 위해 NC 내부에 쇄석 또는 자갈을 현장 여건에 맞도록 계량하여 채워 NC의 적정설치 심도를 확보한다. NC는 초기의 표층수 유입 시 월류에 의한 세립토가 NC 내부에 유입되는 것을 방지하기 위해 준설점토 표면에 약 10cm 돌출되도록 설치한다.

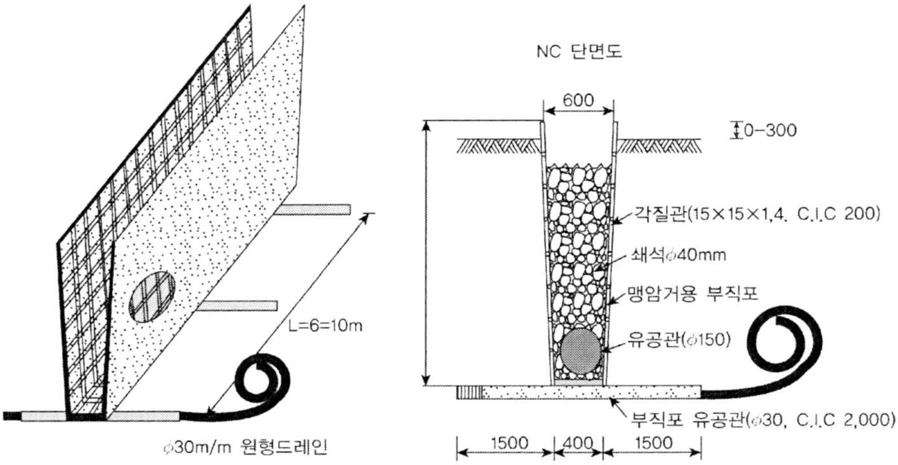

그림 5.11 NC 상세도(박영목 등, 2010)

NCM은 준설점토 매립장과 같이 슬러지(sludge) 상태의 초연약지반 천층부에 체계적인 NC 개수로를 설치하여 천층의 표면수와 우수, 그리고 천층부의 간극수를 집수한다. 이는 양수기(Pump)에 따른 강제배수 또는 사이펀(siphon)을 이용한 자연배수를 통해 준설토 투기 종료 후 즉시 천층부를 명쾌하게 건조시킬 수 있다. 표층건조 후 NC 상부는 공사용 도로로 활용하고 주변부는 습지도저를 이용하여 조속하게 sand mat(또는 쇄석 매트)를 포설할 수 있다. 시공이 간편하고 경제적이며 조기에 초연약지반의 표층을 개량하여 유해곤충 발생을 억제하고 후속공정이 용이하게 이루어질 수 있는 공법이다.

NCM은 부산 웅동지역과 목포 북항의 준설토로 매립된 초연약지반 현장에 소규모(20m × 6m), 대규모(90m × 78m)의 시험시공을 실시하여 시공성과 경제성 및 효용성이 검증되었다(박영목 등, 2010). 그림 5.12는 목포 북항에 대규모의 시험시공 현장에 직접 적용된 NC의 모형이다.

그림 5.12 현장 시공을 위해 제작된 NC의 형상(박영목 등, 2010)

(2) 수평 토목섬유 공법

토목섬유 공법은 보강재를 연약지반의 표면에 직접 깔고 그 위에 양질의 토사를 성토하는 공법이다. 하부에 부설된 토목섬유가 상부토사의 함몰을 방지하여 건설장비의 주행이 가능하고 간극수의 배제를 유발시키는 연약지반의 표층처리 공법 중 하나이다. 이때 토목용 섬유는 배수 기능과 분리 기능 및 보강 기능을 동시에 수행한다.

현재 토목섬유 공법의 설계를 위하여 점성토지반을 대상으로 성토하중과 지지력을 평형적인 조건으로 간주한 Terzaghi 지지력 공식을 이용한 식, 지반반력 계수법과 케이블 이론의 조합에 의한 식, 액체 위에 놓인 막구조 이론에 의한 식 등이 제안되어 있으나 아직 확립되지 못하고 시공실적에 기초한 경험적 방법이 보급되어 왔다. 이는 대상지반이 연약한 점토이기 때문에 토사 부설 시 파괴 및 소성유동거동에 의해 시공 중은 물론 시공 후에도 토성이 변화하기 때문이다. 토성변화에 대응한 토목섬유와 복토하중의 관계를 잘 나타내는 관계식과 입력자료의 파악이 사실상 곤란하므로 공법을 성공적으로 적용하기 위해서는 공법의 지지원리를 충분히 이해하는 것이 필요하다.

토목섬유의 인장강도는 대상지반의 점착력에 크게 영향을 미치므로 지반강도에 따른 토목섬유의 적용실적을 참고로 하여 개략적인 토목섬유 재질 선정을 진행한다. 토목섬유 재료의 선정에 영향을 주는 인자는 성토형태, 연약층후, 성토재료, 수중시공 여부, 성토시공 장비, 성토층 두께 등이 있으며 이들을 고려한 재료의 선정이 요구된다. 한편, 토목섬유에 요구되는 재료적인 성능은 인장강도, 인열강도, 흙과의 마찰력, 투수성, 그리고 각종 내구성(내후성, 내산 · 알칼리성 등)이 있다(정규광, 2006). 이 경우 토목섬유는 평면방향의 투수가 이루어지므로 상재하중에 의해 압축되어 투수성능의 저하가 클 수 있으므로 사전에 해당 상재토압의 영향이 작용하여도 평면방향의 투수성을 확보할 수 있는지의 실내 시험을 실시한 후 사용한다.

PET mat의 포설 방법은 연약지반 개량장비(PBD, PSD, SD 등) 진입 시 장비의 접지압에 대한 지반강도 확보를 위하여 필수적으로 시공해야 한다. 토목섬유의 일반적인 부설방법은 인력포설, 크레인, 백호우, 윈치 등 장비에 따른 포설, 바지선을 이용한 포설방법 등이 있으며 표 5.2와 같다. 가장 간단하고 많이 쓰이는 방법은 인력 방법이다. 이 경우도 발판을 확보하기 위하여 목재, 판재 또는 스티로폴 판 등을 사용하고 있다. 발판을 확보할 수 없는 초연약지반에서는 배 또는 간단한 뗏목을 만들어 사용하고 이들에 윈치를 병용하여 부설한다.

표 5.2 PET mat의 포설방법(정규광, 2006)

구분	지반의 상태	부설방법	사용기계 및 기구
토목섬유	연약(사람보행 가능)	인력부설	발판/로프
	매우 연약(표층 crust 존재)	인력 및 기계부설	발판/로프/가설도/윈치
	초연약(표면 슬러리 상태)	기계/Skid를 통해 부설	Skid/윈치/로프/가설로(고화)
	수중	배에 의한 부설	배/윈치/로프

(3) DHD 공법

GOODSOIL등(2010)은 기존의 대심도용으로 각광 받는 이중 코아 연직 드레인 보드를 광폭으로 개선하여 통수 단면을 확대시킨다. 또한 이중 코아 드레인 보드의 장점을 그대로 유지시켜 수평 드레인재로 개발하여 DHD(Double-core horizontal drain board) 공법으로 제안하였다. 상재압에 강한 판재형이면서도 이중 코아로 구성되어 있어 외부 측압과 충격으로부터도 유로의 단면이 유지되어 시공 기간 내내 높은 통수능이 일관되게 유지된다. 특히 150~200m 이상으로 공장 제작되어 현장에서의 연결 부위가 거의 없어 시공이 빠르고 쉬우며 침하거동이 큰 초연약지반상에서도 유연하게 순응한다. 연약지반 개량공사에서 수평 배수재로 사용하는 모래나 골재는 날이 갈수록 자원고갈과 환경문제 등으로 수급이 어려워지고 있다. 특히 이러한 여건으로 인한 쇄석 및 모래가격의 상승은 공사 예산에 지대한 영향을 미치고 있다. DHD는 연약지반 개량공사에서 완전한 샌드매트 대체용으로 사용되도록 개발되어 있으며, 양질의 모래보다도 투수능력이 뛰어날 뿐만 아니라 공장 제품으로 생산되어 공급이 원활하고 운반이 쉽다는 장점이 있다.

그림 5.13은 DHD 공법의 배스 시스템을 나타내며, 그림 5.14는 DHD의 현장 시공전경을 나타낸다. 또한 그림 5.15는 D.H.D 공법 배수재 주변의 토압상승에 따른 필터재의 변화와 이에 따른 통수단면적의 감소현상을 비교하여 나타냈다(GOODSOIL, 2010). 그림과 같이 DHD는 일반 토목섬유(직포 또는 부직포) 및 일반적인 PBD에 비하여 코어부가 강화되어 있으므로 상재토압이 작용하여도 통수성능(discharge capacity)의 유지가 원활하다는 장점이 있다. 반면에 연약지반과 복토의 분리 및 지반의 보강 기능은 일반 토목섬유에 비하여 작으므로 별도의 분리 및 보강 기능을 가진 토목섬유의 추가 부설이 요구된다.

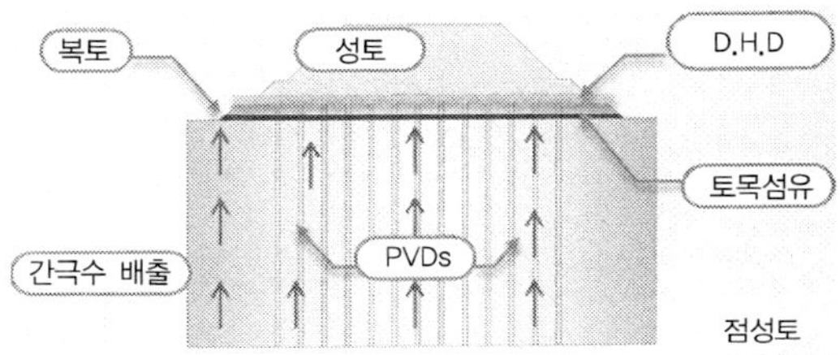

그림 5.13 DHD 공법 배수 시스템

그림 5.14 이중 코아 수평배수재(DHD) 시공 전경

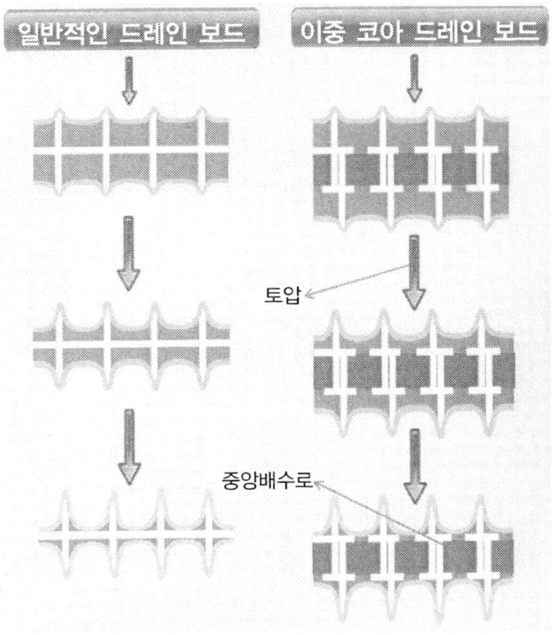

그림 5.15 D.H.D 공법 배수재 주변의 토압상승에 따른 필터재의 변화와 이에 따른 통수단면적의 감소현상 (GOODSOIL 등, 2010)

5.2 배수압밀 촉진 공법의 설계

5.2.1 설계개요

연약한 점성토지반, 준설매립지반 및 저습답 등은 투수계수가 낮아 간극수를 감소시켜 지반의 강도를 증진시키는 데 장기간이 요구된다. PBD 공법은 압밀에 요하는 시간이 배수거리의 제곱에 비례한다는 압밀이론에 근거하여 지반 중에 일정 간격으로 연직 또는 수평방향의 PBD재를 소정의 간격으로 설치하여 지반의 압밀촉진 또는 배수개선을 도모하여 건설현장의 효율성을 도모하는 것을 목적으로 한다.

현재 전 세계적으로 생산되고 있는 50여종의 PBD재 중에서 대표적인 제품의 물리적 성질을 국내 제품과 국외 제품으로 나누어 표 5.3과 5.4에 각각 나타내었다.

또한 그림 5.16은 국내외의 대표적인 PBD재의 형상을 나타낸다.

표 5.3 국내 제품의 대표적인 PBD재의 물리적 성질(박영목, 1997)

	NK	SW	SH	KL	DH	DS
Thicknee(mm)	2.7	3.0	3.0	2.7	3.5	3.0
Width(mm)	92.2	93.0	92.5	96.0	98.5	93.0
Permeability of filter sleeve, k_{15}(cm/sec)	2.7×10^{-1}	2.3×10^{-1}	2.4×10^{-1}	3.7×10^{-1}	1.2×10^{-1}	4.7×10^{-1}
Structual type	Fixed	Fixed	Fixed	Fixed	Fixed	Fixed
Cross-section	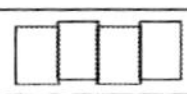	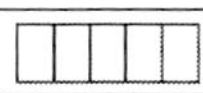	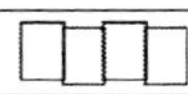	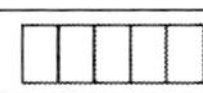	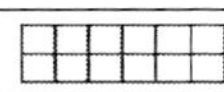	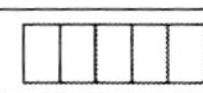

표 5.4 국외 제품의 대표적인 PBD재의 물리적 성질(朴, 1994)

		GL	MW, MB	GS, CS_2	TS	TF
Thicknee(mm)		3.4±0.5	3.0±0.5	2.6±0.5	4.6±0.3	7.5±1.0
Width(mm)		95.8±2.0	100±20	94±2	100±3	100±5
Unit mass(g/m)		100	75	90	100	80
Material	Filter	Synthetic fiber of cellulose	Non woven fabric made from polypropylen	Spun Bonded of polyester	Non woven fabric made from po;ypropylen	Spun bonded non woven fabric made from polyethylene
	Core	Polyolefin	Polypropylen	Polyethylene	Polyethylene	
Structural type		Free	Free	Fixed	Free	One body
Cross-section		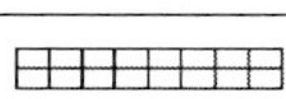	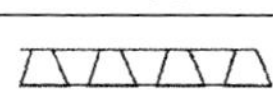	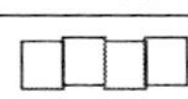	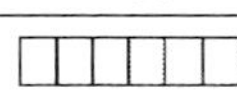	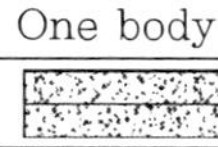

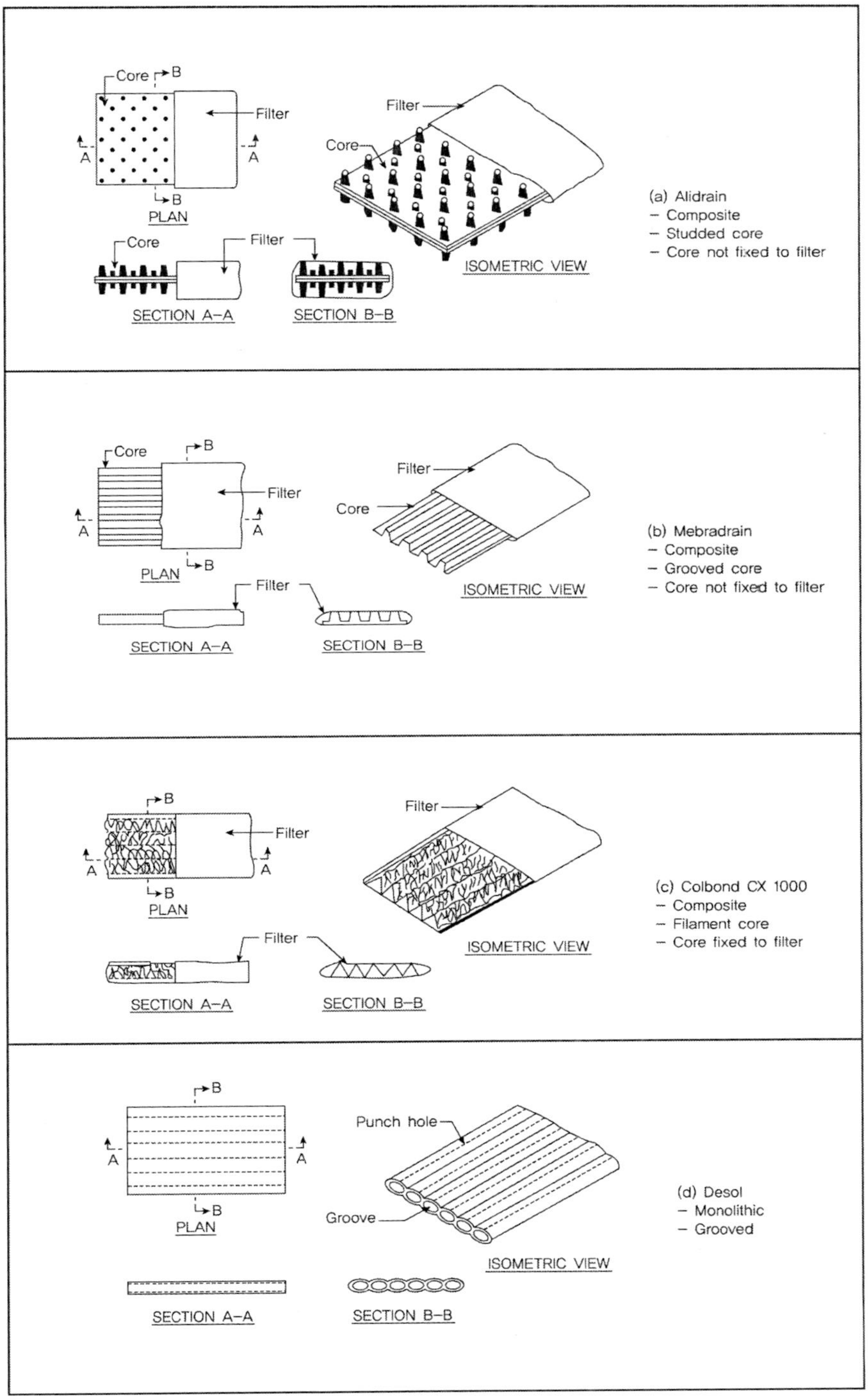

Note : All sketches are diagrammatie only.

그림 5.16 PBD재의 대표적인 형상

5.2.2 설계의 진행순서

그림 5.17은 PBD 공법에 의한 설계순서의 개략도를 나타낸다. 이중에서 PBD 공법에서 검토하는 주요 항목은 압밀침하량 및 압밀기간 설정이고, 지반개량의 목표치에 따라서 PBD 타설 간격 등을 결정하는 것이다.

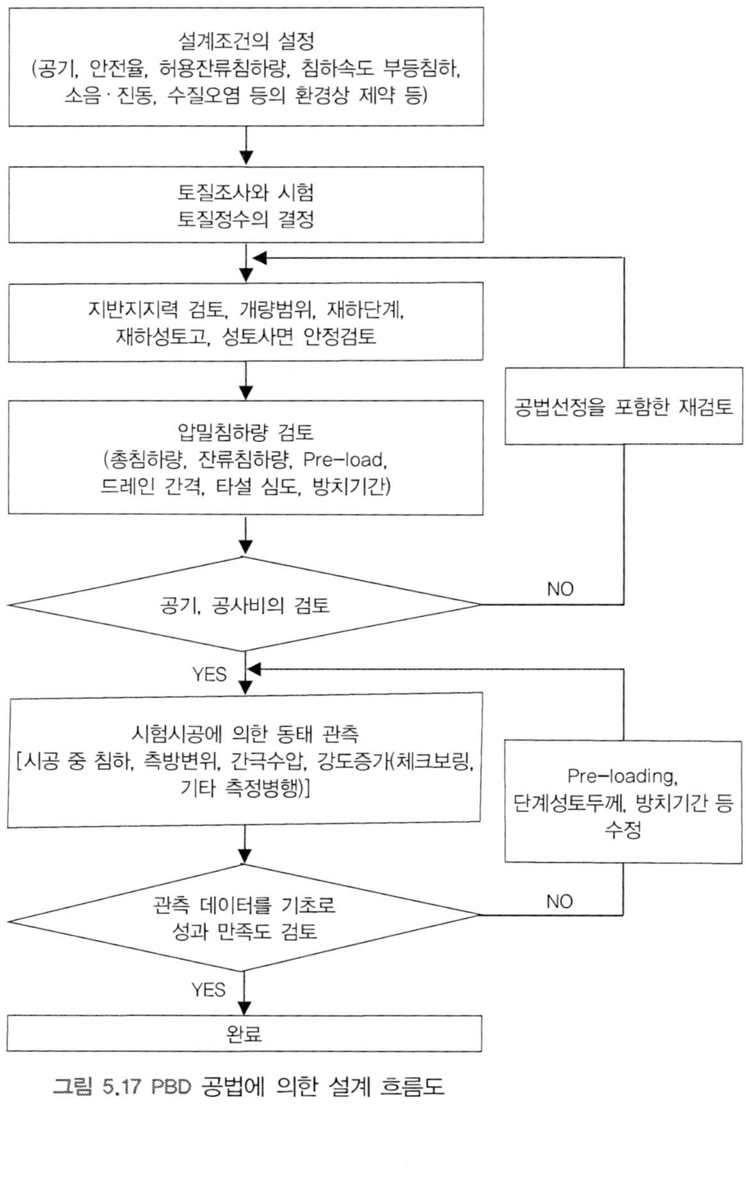

그림 5.17 PBD 공법에 의한 설계 흐름도

Pradhan 등(1991)은 PBD의 요구통수능력 Q_{req}의 계산을 식 (5.7)과 같다.

$$Q_{req} = q_f \cdot U_f \cdot F_s \cdot L \cdot \pi \cdot c_h / (4 \cdot T_h \cdot 86{,}400) \tag{5.7}$$

여기서, $T_h = -(F(n) + F(s) + F(r)) \ln(\frac{1}{U_h}) / 8$

q_f : 최종침하량(0.25H),

U_f : 수평배수에 의한 압밀도,

F_s : 안전율(=2),

L : 배수재의 길이,

c_h : 지반의 수평방향 압밀계수(cm^2/day)이다.

실제 설계에서는 현장 조건 및 사용예정 배수재의 사양 등을 참고하여 요구 통수능력, 실제 통수능력 등을 비교 검토하는 작업이 필요하다(朴, 1994). 배수재의 종방향 통수능력 Q_w가 유일한 경우, Hansbo(1979)는 Darcy 법칙을 이용하여 웰 레지스턴스(Well Resistance)의 영향[$F(r)$]을 산정하기 위해 식 (5.8)를 제시했다.

$$F(r) = \pi z (L - z)(k_h / Q_w) \tag{5.8}$$

여기서, z : 임의 지점 배수재재의 배수거리, L : 일면배수인 경우 길이, 양면배수일 경우에는 $L/2$, k_h : 수평방향 투수계수이다. 따라서 배수재의 Q_w가 유한인 경우 식 (5.7)과 같이 웰 레지스턴스의 영향이 깊이에 관계가 있어 압밀도 U_h는 지반깊이에 따라 변한다. 한편, 吉國(1979)는 Barron의 식을 근거로 웰 레지스턴스를 고려한 압밀도 U_h의 근사해를 식 (5.10)과 같이 제시했다.

$$U_h = 1 - \exp\left(-\frac{8T_h}{F(n) + 0.8\ L_{CWR}}\right) \tag{5.9}$$

$$L_{CWR} = \frac{32}{\pi^2}\frac{k_c}{k_w}\left(\frac{L}{dw}\right)^2 \tag{5.10}$$

여기서, L_{CWR}은 웰 레지스턴스 계수이다.

상기 식 (5.9), 식 (5.10)과 같이 제안자에 따라 웰 레지스텐스의 값이 길이에 비례 또는 길이의 제곱에 비례하는 것으로 되어 있다. 그러나 박(1997)은 실물 대형시험을 수행하여 웰 레지스턴스는 길이에 비례하여 증가하지 않는다는 것을 알았으며, 향후 이에 관한 추가 연구를 통해 명확히 할 필요가 있다. 또한 Akagi(1994)는 그림 5.18과 같이 PBD를 대상으로 최소 배수길이와 개량대상 지반토의 수평방향 투수계수를 고려하여 최소 통수능력을 결정할 수 있는 도표를 제시하고 있다.

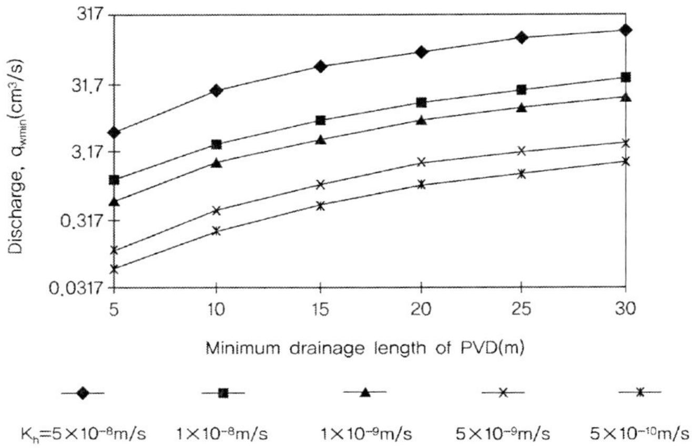

그림 5.18 PBD재의 웰 레지스턴스를 무시할 수 있는 최소 통수능력(Akagi, 1994)

5.2.3 설계방법

PBD설계의 주요 항목으로 PBD재의 타설 배열, 타설 간격, 타설 심도, 대상지반의 발생 침하량 및 점착력의 필요 증가량과 상재성토고, 재하단계수 등이다. PBD 공법의 설계 시 유의사항으로는 지반 개량 공사의 조건설정 및 개량 대상 지구 내의 토질 조건 설정 등이다. 통상 대상지반이 균일하고 연약한 점성토층에서도 그 토층의 상부(지표면 부근), 중간부, 하부에서 각각 작용하고 있는 토피압이 차이가 있다. 또한 토층의 생성과정에서도 정규압밀 또는 과압밀 상태 등의 다양한 특성을 나타내며, 얇은 모래층의 협재 등 현장 조건의 변화가 심하므로 충분히 주의해야 한다.

1) 검토사항

PBD 공법의 설계순서 및 항목은 다음과 같다.

(1) 지반개량 목적 파악과 설계순서 설정

① 개량 목적

② 설계 순서

(2) 설계 조건

① 토질 조건

② 하중재하 조건

③ 시공 여건

(3) 설계 계산

① PBD재 선정

② PBD의 환산 직경

③ 타설 배열(정삼각형 또는 정방형)

④ 타설 간격

⑤ 타설 심도

⑥ 상재하중

⑦ 재하기간

⑧ **압밀침하량** : 산정식 설정, 상재하중에 대응하는 발생 지중 응력 등을 참고

⑨ **압밀도** : PBD 타설 시 수평, 연직 양방향의 배수에 관한 검토, 웰 레지스턴스, 매트 레지스턴스 및 스미어 존의 영향 등을 고려한 압밀도 선정 필요

⑩ **단계 성토에 대한 압밀도** : 근사해에 의한 산정 및 도식 해법 중 택일

⑪ **상재 성토체의 안전성 검토** : 지반강도의 증가, 안정성

⑫ **개량 대상지반의 개량효과 판정** : 침하량에 대한 검토 및 강도 증가에 대한 검토 등

⑬ 상재하중 제거 시기 판단 등

2) 설계조건

PBD의 설계조건으로서 대상 지반의 토질에 관한 사항, 하중재하에 관한 사항, 공기와 공사비에 관한 사항 및 시공성과 안정성에 관한 사항 등이 있다.

일반적으로 상재하중을 가하는 재료로써 토사를 많이 이용한다. 이 경우 지반 개량에 필요

한 소요 하중을 연속시공으로 가하는 경우 대상 지반의 지지력 부족 등에 기인하여 지반의 활동 파괴가 발생하여 타설 된 PBD의 절단, 성토체 붕괴 등의 문제를 유발할 수 있으므로 소정의 기간 동안 단계 성토를 하여야 한다. 이때 성토체 토사의 단위 체적중량, 단계 성토에 따른 대상 지반의 강도 증가 등의 조건을 설정하여야 한다.

또한 설계는 시공 상의 제약조건을 고려해야 한다. 예를 들면 사용 예정 타설 장비의 능력 등으로부터 PBD의 타설 심도 등에 제한이 발생하는 경우 그 시공기계에 능력에 맞춘 설계를 수행하는 등의 타설 장비의 능력 부족에 따른 대책을 강구해야 한다. 아울러 공기 및 공사비에 대해서도 현장 여건, 지반 개량 목적 등에 부합되는 합리적인 검토를 실시하여 시공 중 설계 변경이 발생하지 않도록 조치를 취해야 한다.

3) 설계계산

(1) PBD 선정조건

PBD재는 대상 지반 내에서 받는 압력에 대해서 유로를 형성하고 배수성능을 충분히 가져야만 한다. 또한 굴곡 등의 변형조건에 대해서도 충분한 통수능력을 유지하는 재료를 선정하여야 한다. 따라서 조건이 허락하는 한 PBD 타설 심도에서 최대로 받는 토압의 2배에 해당하는 압력, 즉 안전율 $F_s = 2$로 통수능력 시험을 직립조건과 굴곡조건(해당 지반상황 고려 요망, 일반적으로 자유변형 20%)에 대해서 선정시험을 실시한 후 PBD재를 선정한다.

(2) PBD의 환산직경

PBD는 일반적으로 폭 10cm, 두께 3mm 정도의 판형 제품이 많다. 이와 같은 판형의 PBD를 설계할 경우에는 Kjellman의 이론에 의해 등가원형단면으로 환산한다. 환산직경(d_w)은 사용하는 PBD재의 전체 주장이 원통형의 주장과 같다고 하여 산정하는 것으로 Hansbo (1979)는 유한요소해석을 실시하여 상기 이론을 검증하여 식 (5.11)를 제안했다.

$$d_w = \frac{2(a+b)}{\pi} \tag{5.11}$$

여기서, a, b는 각각 PBD재의 폭과 두께이다. 이에 따라 Rixner 등(1986)은 식 (5.12)를 제안했다.

$$d_w = \frac{(a+b)}{2} \tag{5.12}$$

현재까지 폭 10cm, 두께 3mm인 PBD를 등가환산직경으로 5cm를 채용하는 경우가 많았다. 이 결과에 따르면 식 (5.11)은 안전율 $Fs = 1$을 나타낸다. 朴(1994)은 대형압밀 시험장치(직경 : 45cm, 높이 : 50cm)를 이용하여 실험적인 검증을 실시하여 PBD의 등가환산직경 d_w는 $2(a+b)/\pi \geq d_w > (a+b)/2$의 관계를 얻었다. 또한 及川(오이카와)등(1989)은 현장시험에서 PBD의 등가환산직경을 60mm[$2(a+b)/\pi$의 94%]를 취한 경우 예측에 가까운 거동을 나타낸다고 보고하고 있다. 이들의 결과를 종합할 때 PBD의 환산직경 d_w는 Hansbo(1979)가 제안한 값의 90%인 $d_w = 1.8(a+b)/\pi$를 취하는 것이 합리적이다.

(3) 타설 배열

PBD의 타설 시 배열은 정삼각형과 정방형으로 대별된다. 양자의 우열은 나타내기 어려우며, PBD 도입 초기 단계에서는 정삼각형 배열이 대부분 적용되었다. 최근에는 정방형 배열이 현장에서 많이 적용되고 있다.

타설 PBD 1본에 대한 집수 범위를 원형으로 환산한 등치영향원(d_e)은 타설 종류에 따라 식 (5.13), 식 (5.14)로 산정한다.

① 정삼각형 배열의 경우, $d_e = 1.128D$ (5.13)

② 정방형 배열의 경우, $d_e = 1.050D$ (5.14)

여기서, d_e : 집수범위를 원으로 환산한 경우의 등치 영향원

D : PBD의 타설 간격

(4) 타설 간격

PBD의 타설 간격은 소요의 공기 내에 소정의 압밀도(U_c)를 얻을 수 있도록 각종의 토질조건, PBD 조건 등으로부터 시행착오법에 의해 계산을 실시하여 구하지만 일반적으로 1.0~2.0m 정도의 값을 취한다.

타설 간격이 너무 넓으면 집수능력이 저하되어 이론대로 압밀이 진행되지 못하고, 너무 좁

게 할 경우 PBD 타설 시 발생하는 맨드렐(mandrel) 주위 지반의 교란(smear)에 의한 영향으로 계산 결과보다 압밀이 지연될 우려가 크므로 적정 간격의 타설이 요구된다.

PBD의 타설 간격은 일반적으로 다음과 같이 결정한다.

① 공기에 적정한 경과 일수에서 압밀도(U)의 값을 확인한다.
② 타설 간격을 1.0~2.0m 범위에서 가정한다.
③ 타설 배열을 결정하여 등치 영향원(d_e)을 산정한다.
④ 예상 사용 PBD재의 규격에 맞추어 등가 환산 직경(d_w)을 구한다.
⑤ 산출한 d_e와 d_w의 비(n)를 식 (5.15)에 의하여 소수점 2위까지 산출한다.

$$n = \frac{d_e}{d_w} \tag{5.15}$$

⑥ 토질 조건 중에서 대상토층의 수평방향 압밀계수(c_h)를 정한다.
소형의 공사에서 수평방향의 압밀계수(c_h)를 구하지 않은 경우, 설계의 간단화를 위하여 연직방향 압밀계수(c_v)를 취하고 스미어 영향을 무시하는 경우도 있다.
⑦ 맨드렐 관입에 따른 주위 지반의 교란 상태를 고려한 smear zone(d_s)설정과 smear zone에서 투수계수 k_s를 취한다. 현장에서 스미어 존 및 교란투수계수를 직접 구하지 않은 경우에는 朴(1994)에 제시한 값을 참고로 적용하면 될 것이다.
⑧ 소요압밀도(U)에 달하는 일수(t)는 식 (5.16)에 의해 산정한다.

$$t = (d_e)^2 \times \frac{T_h}{c_h} \tag{5.16}$$

여기서, t : 소요압밀도에 달하는 필요 일수(일)
T_h : 수평 방향의 압밀 시간 계수
(T_h 값 산정은 후술하는 압밀도 계산방법 항 참조)
c_h : 수평 방향의 압밀계수(cm^2/day)

⑨ 식 (5.16)에 의해 산정된 t가 필요로 하는 공기에 맞도록 타설 간격(D)의 값을 바꾸어가면서 수회 반복 계산하여 소요의 t를 얻을 수 있는 타설 간격을 결정한다.

(5) 타설 심도

PBD를 타설하는 심도는 개량 대상 연약점성토층의 하단부로부터 1m 위에까지 타입하는 것이 기본이다. 왜냐하면 대상토층의 하부에 모래층 등의 투수층이 있을 때 경우에 따라 피압 대수층이 될 수 있다. 하부모래층이 피압대수층일 경우에는 이 층까지 타설된 PBD재는 피압대수층의 배수정으로의 역할을 할 가능성이 있어 연약점토층의 간극수압 배출효과를 저해할 우려가 있다. 또한 PBD 기둥은 타설장이 간격에 비하여 매우 길며 유입되는 간극수가 수평방향으로 흘러 모관작용에 의해 상부로 배출되기 때문에 하층의 모래층까지 PBD재를 도달시키는 것은 의미가 없다.

4) 압밀침하량 산정

압밀침하량 및 침하속도의 계산과정은 그림 5.19과 같이 기본적으로 각각 따로 산정하여 최종적으로 합성하는 과정이 취해진다.

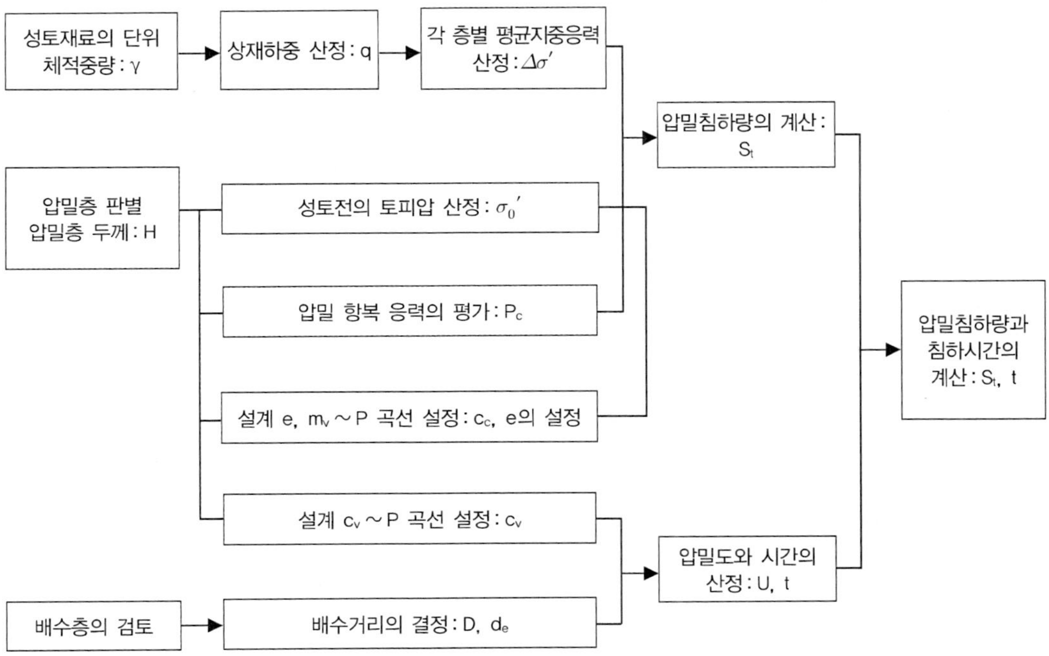

그림 5.19 압밀침하량과 침하시간 계산의 흐름도

점성토의 압밀침하량을 구하는 데는 다음 3가지 식을 이용한다.

① C_c 법(정규압밀점토)

$$S_f = \frac{C_c}{1+e_o} \cdot H \cdot \log[\frac{\sigma_o' + \Delta\sigma'}{\sigma_o'}] \tag{5.17}$$

② m_v 법

$$S_f = m_v \cdot H \cdot \Delta\sigma' \tag{5.18}$$

③ e 법

$$S_f = \frac{e_0 - e_f}{1+e_0} \cdot H \tag{5.19}$$

여기서, S_f : 최종침하량(m)

h : 압밀층의 두께(m)

σ_o' : 재하 전의 유효토피압(tf/m^2)

$\Delta\sigma'$: 증가응력(tf/m^2)

e_0 : 재하 전의 간극비

e_f : 재하 후의 최종 간격

C_c : 압축 지수

m_v : 체적압축계수(m^2/tf)

계산 시 m_v 값은 pc 값보다 작은 하중에 대응하는 m_v와 pc치보다 큰 하중에 대응하는 m_v치 2개를 설정한다. 상기에서 제시한 3종의 산정식 중 어느 것을 이용하여도 압밀침하량이 같은 값을 나타내어야 하나 실제로 일치하는 경우가 드물다. 이것은 사용하는 계수 및 작용하중 산정법 등에 차이가 있기 때문이다.

5) 압밀침하 기간 산정

PBD 공법에 의한 지반의 압밀침하 시간(압밀도와 시간의 관계)은 PBD 타설 간격, 웰 레지스턴스, 스미어 존 및 샌드매트 레지스턴스 등의 영향을 받는다. 따라서 각 요소를 고려한 압밀침하 시간을 계산하는 것이 필요하다.

일반적으로 설계에서 간편하게 압밀시간을 계산하는 경우 다음에 나타내는 식을 이용한다.

이 관계식은 PBD의 투수성이 무한하고, PBD 타설 시 발생하는 스미어 효과(smear effect)는 무시한 간편법이다. 그러나 이 일반식을 사용하는 경우 수평방향의 압밀계수 c_h 대신에 연직방향 압밀계수 c_v를 적용하는 것이 더욱 합리적일 것이다. 왜냐하면 점토입자는 판형이고, 자연 퇴적토층은 구조의 이방성을 나타내어 통상 c_h가 c_v보다 큰 값을 나타낸다. 일반적으로 c_h는 c_v의 2~9배 정도의 값을 가지고 있다[尾上(오노우에), 1991].

현장 시공 시 PBD의 타설에 의해 맨드렐 주변 점토가 교란되어 투수계수가 저하되므로 c_h가 c_v에 거의 가까운 값을 나타내며, 실제의 연직배수 공법을 이용한 지반의 압밀진행이 비교적 일치하는 결과를 얻고 있다(網干, 1984 ; Aboshi and lnoue, 1986). 압밀도와 시간계수의 계산은 식 (5.20)~(5.23)을 사용한다.

$$U_h = \frac{S(T_h)}{S_f} = 1 - \exp\left[-\frac{8T_h}{F(n)}\right] \tag{5.20}$$

$$F(n) = \frac{n^2}{n^2-1} - \frac{3n^2-1}{4n^2} \tag{5.21}$$

$$n = \frac{d_e}{d_w} \tag{5.22}$$

$$T_h = \frac{c_h[[\approx c_v]]}{d_e^2 \cdot t} \tag{5.23}$$

여기서, U_h : 임의의 시간 계수에 대한 압밀도(%)

T_h : 임의의 압밀도에 대한 시간계수

그림 5.20에는 간편법으로 계산하는 경우 시간계수 T_h와 압밀도의 관계를 $n = 2 \sim 50$의 범위에서 나타낸다.

압밀침하시간의 계산은 식 (5.24)에 의해 산정된다.

$$t = {d_e}^2 \cdot \frac{T_h}{c_h[[\approx c_v]]} \tag{5.24}$$

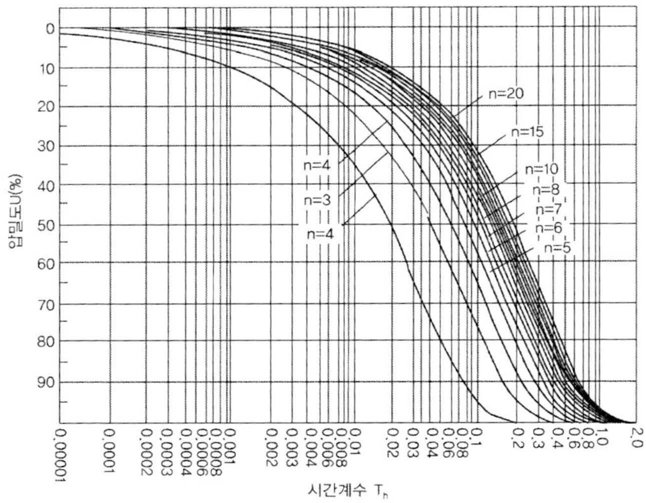

그림 5.20 간편법에 의한 시간계수와 압밀도의 관계(高木, 1955)

간편한 설계를 위해서는 앞에서 언급된 바와 같이 c_h 대신에 c_v를 사용하고, PBD 타설 간격에 의한 영향[$F(n)$]만을 고려하여 압밀침하 시간을 산정한다. 그러나 실제 지반개량현장에서 과학적이고 합리적인 압밀기간 산정을 위해서는 타설 간격, 스미어 효과, 샌드매트 레지스턴스 및 웰 레지스턴스 등의 압밀속도에 영향을 미치는 요인을 종합적으로 고려한 엄밀 해석을 실시하는 것이 바람직하다.

(1) 압밀속도에 영향을 미치는 요인

연약지반 속의 간극수를 배제하여 압밀개량하는 데 소요되는 시간 t 및 배제속도에 영향을 주는 요소 μ_s는 Hansbo(1979)가 연직배수재에서 제안한 이론과 같은 개념으로 생각할 수 있다.

$$\mu_s = F(n) + F(s) + F(r) \tag{5.25}$$

$$t = {d_e}^2 \cdot \frac{T_h}{c_h} \tag{5.26}$$

$$T_h = U_S \cdot \ln\frac{1}{1-U_h} \tag{5.27}$$

$$U_h = 1 - \exp\frac{-8T_h}{\mu_s} \tag{5.28}$$

여기서 $F(n)$, $F(s)$, $F(r)$는 각각 PBD재의 타설 간격, 스미어 존(Smear Zone) 및 웰 레지스턴스(Well Resistance)를 통한 영향이다. d_e : PBD재의 등가 영향원의 직경, c_h : 수평방향 압밀계수, U_h : 수평배수에 의한 압밀도, T_h : 시간계수이다.

그림 5.21은 지반 및 PBD의 조건이 표 5.5인 값인 경우에 대하여 3종의 영향치를 PBD재의 등가영향원의 직경과 등가직경의 비 $n(=d_e/d_w)=10\sim 50$의 범위에서 플롯트한 것이다. 표 5.5 속의 d_s는 스미어 존의 직경, k_c/k_s는 불교란 존과 스미어 존의 수평방향 투수계수비, k_w는 PBD의 종방향 투수계수를 각각 나타낸다.

표 5.5 지반 및 PBD재의 조건

경우 \ 상수	Parameter		
	PD의 길이(cm)	$k_c(=k_h)$ (cm/sec)	기타
A	1,000	10^{-5}	d_w = 5cm k_w = 10cm/sec $s(=d_s/d_w)=3$ $k_c/k_s=3$
B	3,000	10^{-7}	
C	3,000	10^{-5}	
D	5,000	10^{-7}	
E	5,000	10^{-5}	

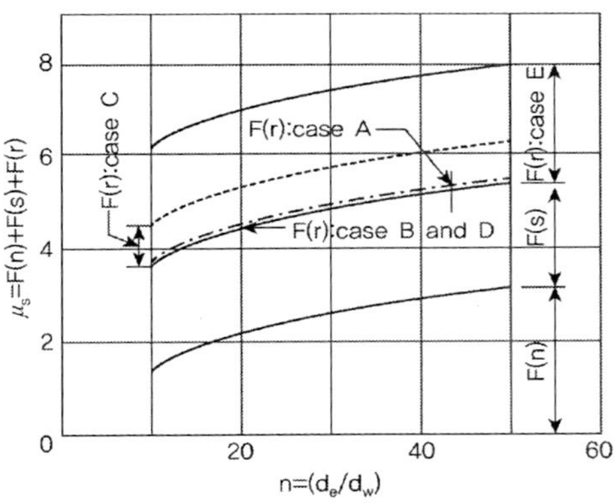

그림 5.21 3종의 영향치 산정 결과

점토지반($k_h=10^{-7}$cm/sec, Cases B, D)의 경우는 PBD의 길이 L이 50m인 경우에도 웰 레지스턴스의 영향이 작다. 한편, 투수계수가 높은 실트지반($k_h=10^{-5}$cm/sec, Cases A, C, E)의 경우는 PBD재 타설 간격 및 스미어 존의 영향과 같이 웰 레지스턴스의 영향이 크고 $L=10$m인 경우에도 무시할 수 없는 정도이다. 따라서 개량대상 지반의 토질이 실트인 경우에는 PBD재의 종방향 통수시험은 중요한 의미를 갖는다.

(2) PBD 타설 간격이 미치는 영향

현장 설계에서 간극수 배제속도에 영향을 주는 요소로서 PBD재의 간격만의 영향을 고려하는 경우가 많다. Hansbo(1979)는 드레인 간격의 영향을 구하는 식을 다음과 같으며, 이는 간편 설계에서 적용하는 값과 같다.

$$F(n) = \left(\frac{n^2}{(n^2-1)}\right)\ln n - \frac{(3n^2-1)}{4n^2} \tag{5.29}$$

$$F(n) = \left(\frac{n^2}{(n^2-1)}\right)\ln n - \frac{3}{4} + \left(\frac{1}{4n^2}\right) \tag{5.30}$$

여기서, 등가영향원의 직경 d_e는 PBD재의 등가직경 $d_w(=2(a+b)/\pi)$의 20배 이상이 일반적이므로 $1/4n^2$을 무시하면 식 (5.31)과 같은 근사식을 얻을 수 있다.

$$F(n) = \ln n - \frac{3}{4} \tag{5.31}$$

그림 5.22는 PBD재에 스미어 존 및 웰 레지스턴스의 영향을 무시한 이상적인 조건에서 $n(=d_e/d_w)=15\sim40$의 범위에서 PBD재의 타설 간격의 영향 $F(n)$의 값을 나타낸 것이고 이때 $F(n)$은 2.0~2.9의 범위를 나타낸다(Rixner 등, 1986).

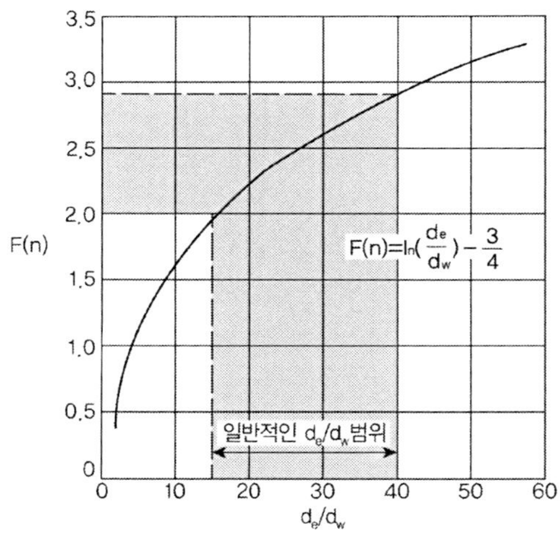

그림 5.22 이상형 조건에서의 d_e/d_w와 $F(n)$의 관계(Rixner 등, 1986)

(3) 스미어 존이 미치는 영향

Hansbo(1979)는 스미어 존이 간극수 배제속도에 미치는 영향을 다음 식과 같이 제안하고 있다.

$$F(s) = ((k_h/k_s) - 1)\ln(d_s/d_w) \tag{5.32}$$

여기서, d_s는 스미어 존의 직경이다.

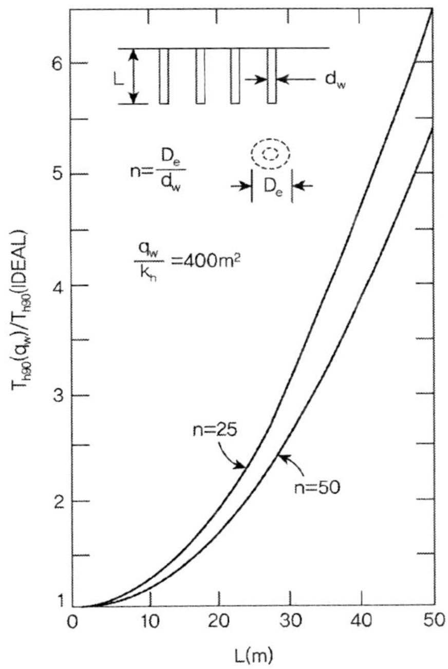

그림 5.23 압밀속도에 미치는 스미어의 영향(Jamiolkowski, 1983)

Rixner 등(1986)은 스미어 존이 간극수 배제속도에 끼치는 영향을 PBD재의 타설 간격의 영향과 같은 정도 또는 그 이상이라 하였으며, 대표적인 범위의 $F(n)$에 대하여 $F(s)$의 값을 이론적으로 구하여 $F(s)/F(n) = 1 \sim 3$임을 보고하고 있다. Jamiolkowski 등(1983)은 압밀속도에 미치는 스미어의 영향은 그림 5.23과. 같다. 그림과 같이 스미어의 영향은 매우 크므로 설계 및 시공 시 세심한 주의를 요한다.

Madhav, Park and Miura(1993)는 스미어 존의 실측결과에 근거하여 현장 조건을 고려한 2층 스미어 존 모델을 제안했다. 그림 5.24는 이 모델을 근거로 스미어 존이 발생하지 않는다는 조건(No Smear Zone), 기존의 가정 조건(1 Smear Zone) 및 제안 조건(2 Smear Zone)의 해석결과를 비교하여 나타냈다. 1 Smear Zone 곡선은 단층의 스미어 존이 PBD재 유효 폭 a_e의 3배이고, 이 영역에서의 투수계수 k_s는 불교란 존의 투수계수 k_c의 0.5배로 취한 경우이며, 이 결과 불교란 존 곡선과 비교할 때 압밀지연이 발생하여 스미어 존이 압밀속도에 영향을 크게 미친다. 또한 2층 스미어 존의 경우 실측결과에 근거하여 불교란 존의 k_c에 대하여 외부 스미어 존의 k_{so}는 0.5, 내부 스미어 존의 k_{si}는 0.2로 하였으며, 외부와 내부 스미어 존의 범위는 각각 PBD재 유효 폭의 3, 1.5배로 하여 구했다. 이 경우는 압밀지연이 더욱 현저하게 나타나고 50% 압밀도에 상당하는 시간계수 T_{h50}은 스미어 존이 발생하지 않는다는 조건의 3.3배를 나타낸다. 이상의 해석결과를 참고할 때 압밀시간 계산 시 스미어 존의 영향을 무시해서는 안 되며, 개량대상 지반에서 실측한 스미어 존의 범위와 투수계수의 변화를 적용하여 F(s)를 산정함하는 것이 바람직하나, 소규모 공사 또는 개략적으로 검토하는 경우에는 식 5.32에 의한 1층 스미어 존에 대한 F(s)를 구한다. 또한 그림 5.25를 참조하여 각 압밀도에 대한 1층 스미어 존과 2층 스미어 존의 비를 곱하여 보정해서 이용한다.

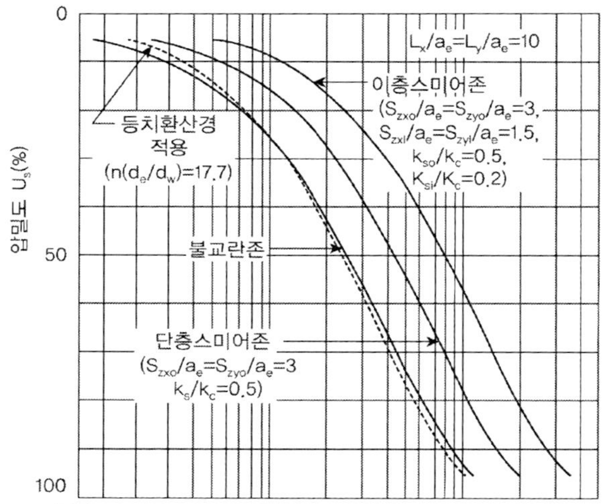

그림 5.24 스미어 존이 압밀속도에 미치는 영향(차, 1994)

(4) 웰 레지스턴스의 영향

현장에서 지반의 압밀이 진행됨에 따라 PBD의 종방향 통수능력 Q_w에 영향을 미치는 요인이 발생한다. 그림 5.25는 압밀도 U_s의 진행에 따른 Q_w 값 및 요구 통수량, Q_{req}(지반 및 PBD

의 타설 조건에 따른 요구 통수능력)의 변화를 개념적으로 나타낸다. 그림에서는 조건변화에 따른 통수능력의 저하가 심한 대표적인 PBD재인 TS 제품을 대상으로 하였다. 이 그림으로부터 PBD재의 통수능력 저하는 굴곡(Bending and Folding)의 영향이 가장 크며 압밀진행에 따라 그 값이 증가하고, 토압에 의한 PBD재 필터의 크리프 변형의 영향(Long-Term)은 대부분은 압밀 초기 단계에 나타난다. 동수구배 i의 영향은 그 후 압밀진행에 따라 저하되고, 대변형 지반에서 압밀도가 50%를 넘으면 동수구배가 저하함과 동시에 PBD재의 꺾임현상이 발생할 수 있다. 이때 공기(기포)의 영향을 크게 받아 Q_w가 저하되는 것이다.

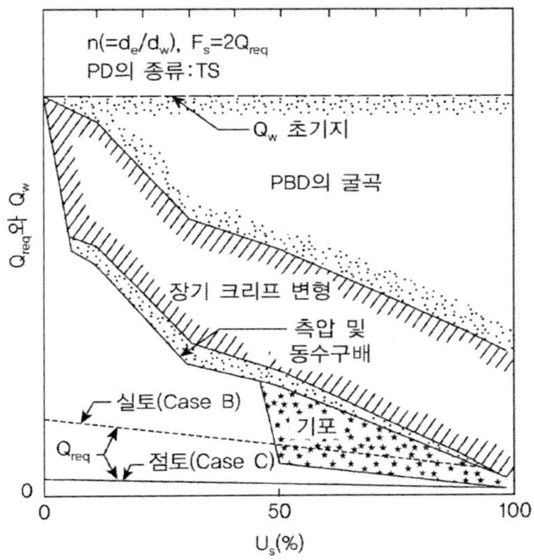

그림 5.25 압밀중 Q_w와 Q_{req}의 변화도 (朴, 1994)

그림과 같이 점토지반의 경우 압밀 전 과정에서 $Q_w \geq Q_{req}$로 되어, 웰 레지스턴스의 영향은 무시해도 무방하나 실트 지반의 경우 압밀도가 50%를 넘으면 $Q_{req} > Q_w$가 되어 웰 레지스턴스의 영향을 무시할 수가 없다. PBD의 종방향 통수능력이 배수능력 평가에 주요 항목이 되는 것을 알 수 있다.

실제 설계에서는 현장 조건 및 사용예정 PBD의 사양 등을 참고하여 요구 통수능력, 실제 통수능력 등을 비교, 검토하는 작업이 요구된다. PBD재의 종방향 통수능력 Q_w가 유일한 경우, Hansbo(1979)는 Darcy 법칙을 이용하여 웰 레지스턴스의 영향[$F(r)$]을 산정하기 위해 식 (5.33)을 제시했다.

$$F(r) = \pi z(L-z)(k_h/Q_w) \tag{5.33}$$

여기서, z : 임의 지점 PBD의 배수거리

L : 일면배수인 경우 길이,

양면배수일 경우 $L/2$,

k_h : 수평방향 투수계수이다.

따라서 PBD의 Q_w가 유한한 경우에는 식 (5.34)와 같이 웰 레지스턴스의 영향이 깊이에 관계가 있어 압밀도 U_h는 지반깊이에 따라 변한다. 한편, 吉國(요시쿠니, 1979)는 Barron의 식을 근거로 웰 레지스턴스를 고려한 압밀도 U_h의 근사해를 식 (5.34)와 같이 제안하였다.

$$U_{h1} = -\exp\left(-\frac{8T_h}{F(n)+0.8\ L_{CWR}}\right) \tag{5.34}$$

$$F(n) = \frac{n^2}{n^2-1} \times \ln n - \frac{3n^2}{4n^2} \tag{5.35}$$

$$L_{CWR} = \frac{3L}{\pi^2}\frac{k_c}{k_w}\left(\frac{L}{dw}\right)^2 \tag{5.36}$$

여기서, L_{CWR}은 웰 레지스턴스 계수이다.

식 (5.33)의 k_h 및 식 (5.36)의 k_c에 대해서는 연약지반의 심도별 투수계수가 변하는 경우는 3~4개의 층으로 구분하여 대표적인 투수계수의 가중평균치에 의한 값을 산정하여 적용한다. 표 5.6은 식 (5.36)을 이용하여 여러 조건에 대한 L_{CWR}을 계산한 결과이다.

표 5.6 웰 레지스턴스 계수의 산정 예

PD재의 길이 L(m)	k_w(cm/sec)			k_c (cm/sec)	d_w (cm)	웰 레지스턴스 계수 L_{cwr}			비고
	Max	Min	TF			Min	Max	TF	
5	27.6	1.1	0.08	1×10^{-7}	5	0.0001	0.0030	0.0405	일본의 경우 PD재의 길이(L)는 10~20m를 사용
10	27.6	1.1	0.08	1×10^{-7}	5	0.0005	0.0118	0.1621	
20	27.6	1.1	0.08	1×10^{-7}	5	0.0019	0.0471	0.6483	
30	27.6	1.1	0.08	1×10^{-7}	5	0.0042	0.1061	1.4590	
50	27.6	1.1	0.08	1×10^{-7}	5	0.0118	0.2948	4.0529	

통수능력이 최소인 TF재에 대해서는 타설 심도 20m까지는 L_{CWR}이 0.65 정도이다. $L=$ 50m에 대한 PBD의 L_{CWR}를 식 (5.36)의 압밀도 계산에 적용하면, PBD재의 타설 간격 $n=10\sim30$의 경우 F(n)의 계산치(Rixner 등, 1986)의 1/6~1/9로 되어 실용상 무시한다. 그러나 연약지반의 간극수 중에 용존 공기가 많을 경우, 대상지반이 투수성이 큰 실트질이 주종을 이루는 경우나 PBD재 길이가 긴 경우, 또한 PBD를 타설하여 1차 압밀 종료 후 2차, 3차의 성토 시공이 필요한 경우 등에는 웰 레지스턴스의 영향이 상대적으로 클 것으로 판단된다. 따라서 연약지반 설계 시 철저한 사전현장조사 수행에 근거하여 현장 여건 등을 충분히 고려한 상태에서 설계하고, 공기(기포) 등에 의한 웰 레지스턴스의 영향이 큰 경우 진공압밀병행 등의 대책을 세울 필요가 있다.

Akagi(1994)는 PBD의 길이와 개량대상지반의 수평방향 투수계수를 파악하면 웰 레지스턴스를 무시할 수 있는 최소 통수능력의 한도를 결정할 수 있는 실용적인 도표를 전출된 그림 5.18과 같이 제시하고 있다.

(5) 샌드매트 레지스턴스

개량대상 지반의 표면에 일반적으로 샌드매트를 포설하여 수평방향 배수를 한다. 샌드매트용 모래는 Terzaghi의 필터 구조에 적합한 재질을 사용해야 한다. 그러나 최근에 양질의 모래가 부족하고 공사비가 비싸므로 현장에서 부득이 인근 지역에서 취토 가능한 입도가 굵은 일반토사를 쓰는 등 수평 매트층을 경시하는 경향이 나타나고 있다. 이 경우 샌드매트 레지스턴스의 영향이 중요한 요인으로 작용한다. 매트 레지스턴스의 영향 평가에는 요시쿠니(吉國, 1979)가 제안한 식 (5.37)과 같은 근사식을 이용할 수 있다.

$$L_{CMR} = \frac{32}{\pi^2}\frac{Lk_c}{n^2 H_m k_m}(B/d_w) \qquad (5.37)$$

여기서, L_{CWR} : 매트 레지스턴스 계수

H_m, k_m : 샌드 매트의 두께 및 투수계수

B : 중앙의 PBD로부터 측구까지 거리

그림 5.26은 샌드매트의 투수성이 유한인 경우 매트 레지스턴스를 고려하는 개념도를 나타낸다(吉國, 1979). 그림 5.27은 그림 5.26의 개념도에 근거하고 식 (5.37)을 이용하여 여러

조건에 대하여 매트 레지스턴스를 계산한 일례이다. 여기서 두껍게 퇴적된 실트지반을 개량하는 경우, 매트 레지스턴스의 영향이 무시하지 못할 정도로 크다. 샌드매트 레지스턴스에 관한 영향에 대해서는 아직까지 해명이 부족한 부분이 많으므로 향후 연구를 지속적으로 수행할 필요가 있다.

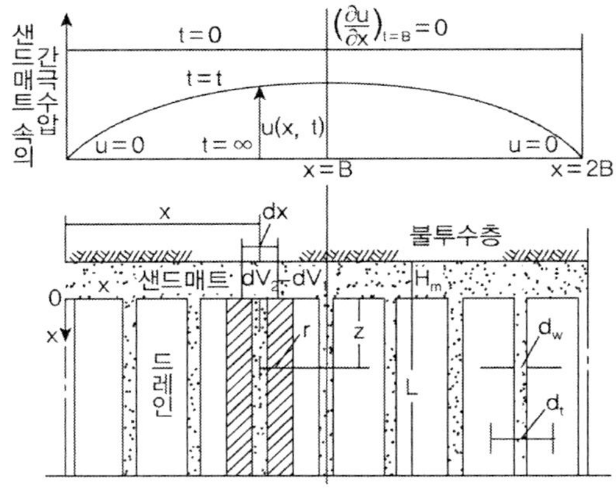

그림 5.26 샌드매트 레지스턴스 개념도

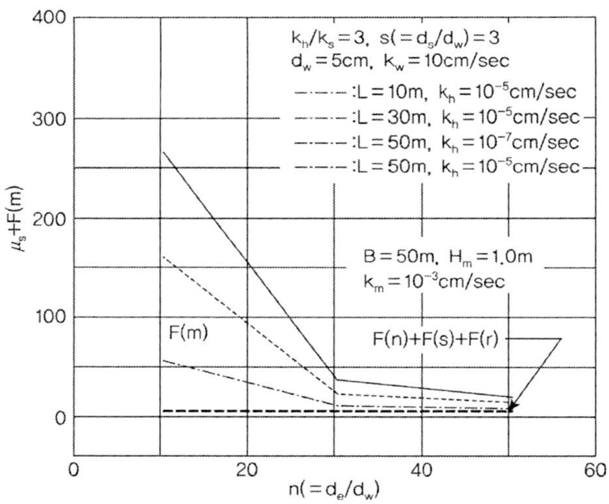

그림 5.27 PBD 타설 간격에 따른 매트 레시스턴스 영향

6) PBD 설계 시 고려사항

(1) PBD 타설 간격은 다음과 같다.

배수재의 직경(d_w) 결정, 타설 간격(d) 가정	⬅	적정 타설 간격에 대하여 검토
▼ 등가유효원의 직경(d_e) 결정, $n = d_e/d_w$	⬅	정삼각형 또는 정사각형 배치
▼ 지반교란과 배수저항 조건 선정	⬅	예) d_s/d_m : 2.0, k_s/k_h : 0.5, k_w : 0.1cm/sec
▼ Yoshikuni 식 , Hansbo 식 등을 비교, 검토 후 적용	⬅	일반적으로 사용되는 이론식 적용
▼ 공사기간을 고려한 타설 간격 결정	⬅	타설 간격 결정

그림 5.28 PBD 타설 간격 결정

(2) 연직배수재에 의한 수평방향 압밀이론은 점토층 내의 간극수가 배수재의 원형 단면으로 배수되는 것으로 가정한다. 단, 정확한 해석을 위해서는 실제의 타입 형상과 스미어 특성이 고려된 Madhav 등(1993)이 제시한 해석법을 적용할 필요가 있다.

(3) PBD 타설 시 삼각형 배치는 균등지반개량이 가능하나 시공성이 저하되므로 시공성이 좋은 사각형 배치를 적용하는 것이 합리적이다.

표 5.7 PBD 배치(정방형, 삼각형) 비교

구분	정방형 배치	삼각형 배치
배치 형태	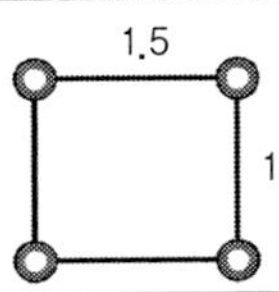	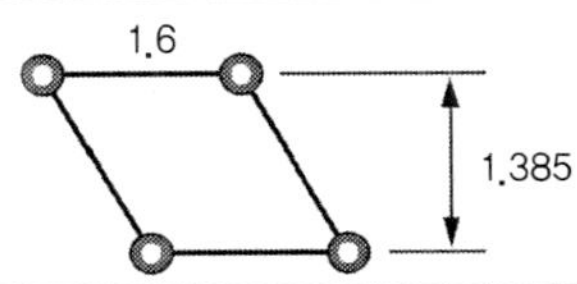
면적(A)	면적(A) : 1.5×1.5 = 2.25m^2	면적(A) : 1.6×1.385 = 2.22m^2
수량 대비	1	0.986
장점	• 영향원을 고려한 지반개량범위 결정이 용이 • 삼각형 배치보다 수량이 많이 타입되나 시공성이 좋음	• 균등한 지반개량이 가능
단점	• 영향원 사이에 취약지대가 형성	• 영향원 사이에 사각지대 없음 • 배수재 타설 시 시공효율 저하 • 성토단부에서의 간격 조정이 어려움

(4) 지반에 타설되어 있는 PBD는 원형배수재로 환산된 등가직경 d_w를 구하여 설계에 적용한다.

$$d_w = a \cdot \frac{2(b+t)}{\pi} \tag{5.38}$$

여기서, d_w : 배수재의 등치환산원 직경

b : 배수재 폭(보통 $b = 10$cm)

t : 배수재 두께(보통 $t = 0.3$cm)

a : 형상계수(보통 $a = 0.9$: 朴, 1994)

(5) PBD 타설 간격별 압밀도에 따른 침하시간을 검토하고, 일반적으로 안전 측 설계를 위하여 점증하중의 영향은 고려하지 않는다.

① 간격을 넓게 할 경우 집수능력이 저하되어 압밀지연이 될 수 있으므로 최대 2.5×2.5m 간격으로 타설한다.

② 간격을 좁게 할 경우 PBD 타설 시 발생하는 mandrel 주위 지반교란에 의한 영향으로 압밀이 지연되어 비경제적일 수 있으므로 최소 1.0×1.0m 간격으로 타설한다.

(6) PBD 타입 후 성토하중(surcharge, 또는 프리로딩)에 의한 지중 거동

PBD(또는 band drain)가 높은 횡압을 받을 때에는 필터슬러브가 코어 쪽으로 밀려들어 배수단면을 축소시키며 압밀진행에 따라 비압축성인 PBD가 꺾여도 그림 5.29와 같이 배수단면이 축소된다. 이와 같이 단면이 축소되더라도 통수능력을 가진 재료를 선정한다.

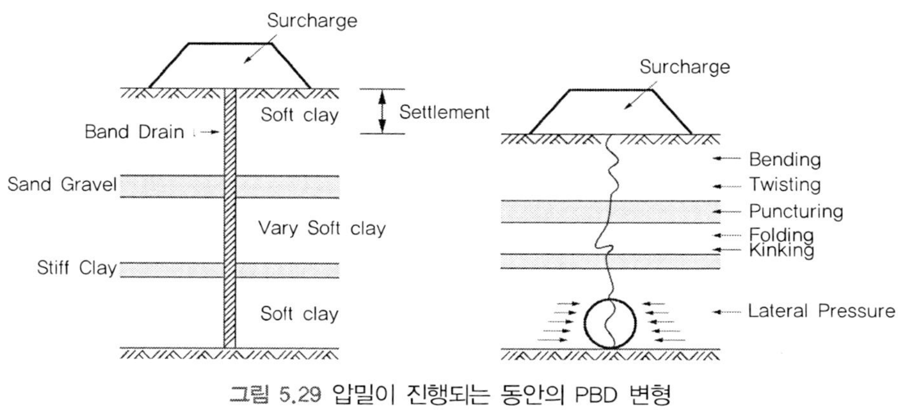

그림 5.29 압밀이 진행되는 동안의 PBD 변형

7) 점증하중을 고려한 압밀도 계산

(1) 근사해를 이용한 계산방법[요시쿠니(吉國) 제안식]

점증하중 재하기간 중 압밀침하량은 식 (5.39)에 의해 계산된다.

$$S_t = m_v\, H\, R \left(t - \frac{F(n)}{8} \frac{{d_e}^2}{c_h} Ut \right) \tag{5.39}$$

단, 재하기간 중$(0 \le t \le t_1,\ L = 0)$

여기서, S_t : 점증재하 기간대의 압밀침하량(cm)

m_v : 체적압축계수(cm^2/kgf)

H : 압밀층 두께(cm)

R : 재하속도 정수

t : 재하기간 중 임의 시간(일)

t_1 : 점증재하기간(일)

Ut : 임의 시간의 압밀도

$$U_h = 1 - \exp\left(- \frac{8}{F(n) + 0.8 L_{CWR}} \frac{c_h}{{d_e}^2}\, t \right)$$

점증재하 기간 이후의 압밀침하량은 앞에서 제시한 식과 같이 계산한다.

(2) 도식해법에 의한 계산방법(Terzaghi 방법)

Terzaghi는 일정비율로 하중이 증가하는 경우의 시각(t)에서 압밀침하량은 하중이 시각$(t/2)$에서 순간적으로 재하되어 시각(t)에 달할 때의 침하량과 같다고 가정하여 침하량을 구하는 도식해법을 제안하고 있다.

일반적으로 요시쿠니(吉國)의 제안식보다 이 방법에 의하는 경우가 많다.

점증재하 기간 중의 침하량 S_t는 식 (5.40)과 같고, 이 식으로부터 Terzaghi는 점증하중에 의한 압밀의 도식해법도인 그림 5.30(a), (b), (c)를 제안했다.

$$S_t = \left(\frac{t}{t_1}\right) \cdot S_f \cdot U\left(t - \frac{t}{2}\right) \tag{5.40}$$

여기서, S_t : 최종침하량 (cm)

$U\left(t-\frac{t}{2}\right)$: 시각 $\left(\mathrm{t}-\frac{\mathrm{t}}{2}\right)$의 압밀도

점증재하 기간 내에서 압밀침하 곡선은 그림 5.30을 참고하여 다음과 같은 순서로 작성한다.

① 시각(o)에서 순간적으로 재하한 것으로 생각하여 침하 곡선을 그린다.

② 임의의 시각(t)에서 침하량은 (a)에서 작성한 그림의 $\left(\frac{t}{2}\right)$에서 침하량에 시간율 $\left(\frac{t}{t_1}\right)$를 곱한 값으로 하여, 시간 t에서 침하량으로 한다.

③ 시간(t_1)까지의 침하량은 t를 변화시키면서 (2)의 계산을 반복하여 소정의 곡선을 그린다.

④ 시간 (t_1) 이후에 발생하는 침하량은 (1)에서 그린 침하 곡선을 $\left(\frac{t}{2}\right)$시간만큼 늦도록 우측으로 평행 이동하여 그린다.

점증재하 기간 종료 후의 임의 시간(t)에서 압밀침하량, $S_p(t)$는 식 (5.41)과 같이 산정한다.

$$S_p(t) = S_f \cdot U\left(t - \frac{t}{2}\right) \tag{5.41}$$

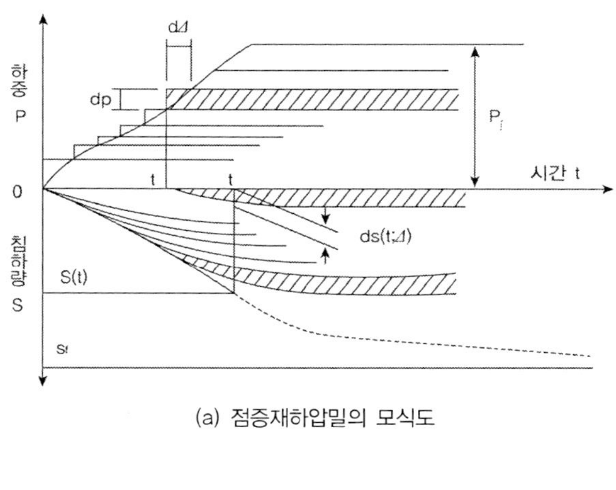

(a) 점증재하압밀의 모식도

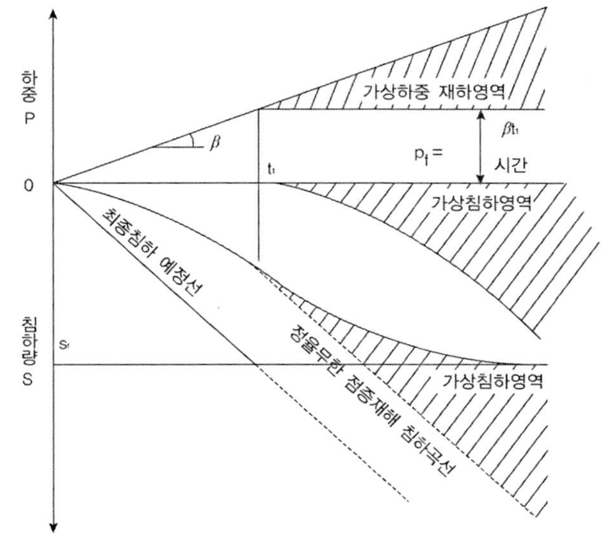

(b) 정윤점증재하하중에 의하는 경우 중목법에 의한 해법 원리도

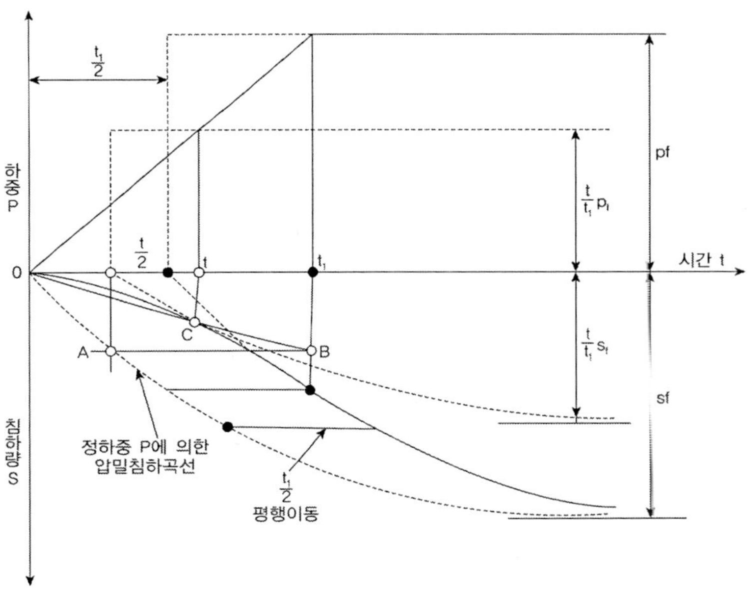

(c) 정윤점증재하압밀의 도식해법요형도

그림 5.30 점증하중에 의한 압밀도 도식해법도

8) 연약지반 개량에 따른 지하수위 변화(최인걸, 2013)

연약지반 개량공사 설계 시 지하수위는 원지반의 초기 지하수위 조건과 압밀수 배출 경로가 되는 수평배수층을 기준으로 배수층 내 배수조건을 고려하여 높이를 가정하지만 실제 시공 중의 지하수위는 집수정의 가동 조건, 시공시기 및 방법에 따라 시간적, 공간적 변화를 보인다. 표 5.8은 설계 적용 및 시공단계에서 측정된 지하수위의 현황을 나타낸다.

표 5.8 시공단계별 지하수위 적용(최인걸, 2013)

공사시점	집수정	설계	계측	설계대비	비고
최초		DL+6.2m	DL+6.2m	–	준설토 상단
시공 중	가동	Sandmat 중앙	DL+1.5~+3.8m	−0.3~0.6m	
	정지		DL+3.2~+4.8m	+1~2.5m	
공용 중		DL+0.953m	–	–	

그림 5.31은 침하량 차이에 따라 수평배수층 저류지 현황을 나타낸다. 이러한 구역은 mat resistance의 영향으로 프리로딩 재하 기간이 설계 기간보다 지연된다. 따라서 향후 대규모 단지에서 침하량이 크게 발생하는 지역과 준설토 유동이 예상되는 지역은 mat resistance에 대한 대책 수립이 필요하다. 또한 프리로딩 추가 성토 지역은 현장 지하수위가 설계보다 높아 지하수위를 설계조건으로 하기 위하여 프리로딩 굴착 후 펌핑하여 수위를 저하시켰다. 그림 5.32는 굴착정에서 펌핑 가동 전·후의 지하수위 변화이며, 그림 5.33은 현장 지하수위 확인 및 지하수위 침투 전경이다.

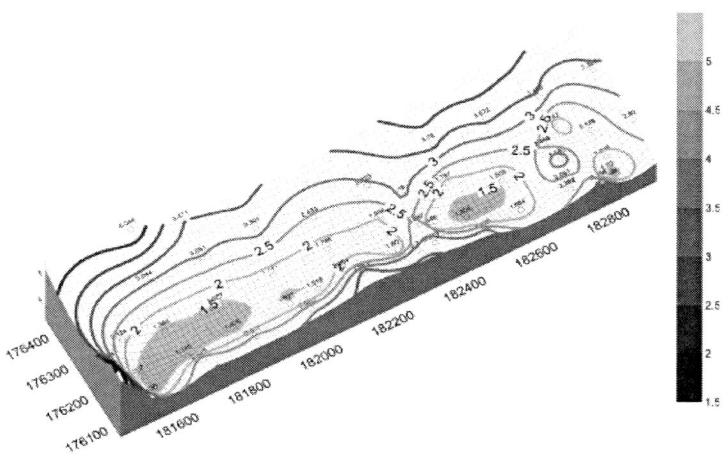

그림 5.31 침하량 차이에 따른 수평배수층 저류지 현황(최인걸, 2013)

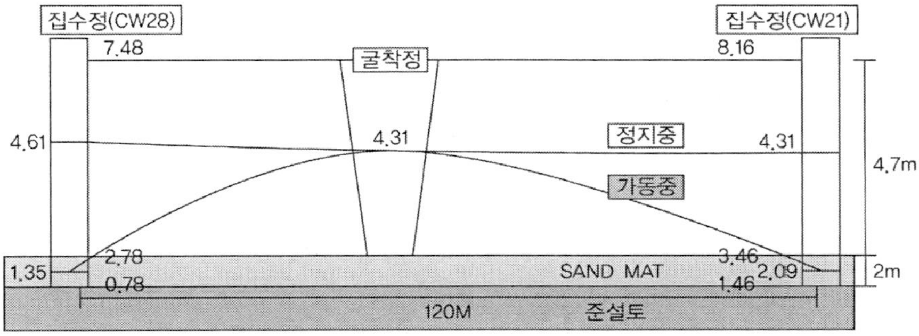

그림 5.32 굴착정 펌핑 가동 전·후의 지하수위 변화(최인걸, 2013)

(a) 현장 지하수위 확인 굴착

(b) 지하수위 침투 전경

그림 5.33 현장 지하수위 확인굴착 및 지하수위 침투 전경(최인걸, 2013)

(1) 지하수위 변동을 고려한 시간의존적 압밀해석

자연상태의 지하수위는 일반적으로 지표면 또는 원지반에 위치한다. 그러나 시공 중에는 재하성토에 따라 침하가 발생하고, 원지반 및 성토체는 지하수위 아래로 이동하여 원지반의 심도별 작용 유효응력과 전응력의 변화를 가져온다. 또한 압밀를 통해 외부로 배출된 물과 성토체로부터 침투되는 물은 지하수위 상부로 가상수두(phreatic surface)를 상승시키므로 원지반에 작용하는 수압의 변화를 가져온다.

이러한 영향은 대규모의 침하가 예상되는 경우에 침하해석에 반영해야 하므로 다음 단계별 해석 흐름을 통해 지하수위 변화에 따른 상부하중의 변화조건을 살펴보고자 한다. 먼저, 지하수위가 일정할 때 침하에 따라 성토체 내부에 지하수위가 분포하므로 침하에 따른 성토하중 q에 변화는 식 (5.42)와 같다.

$$\Delta q = -\frac{\gamma_w s}{2} + \Delta\gamma\, s \tag{5.42}$$

또한 초깃값보다 큰 h_w에 의한 phreatic surface의 증가는 식 5.43과 같이 추가 재하하중을 증가시킨다.

$$\Delta q = \Delta\gamma\, h_w \tag{5.43}$$

이는 점토 최상부의 수압변화이며, 그림 5.34(b)의 u_0는 대표적 분포로부터 깊이에 따른 간극수압 분포를 변화를 나타낸 것이다. 이러한 침하와 phreastic surface의 증가에 대한 2가지의 현상, 즉 제방에 의해 재하된 수정된 전응력은 식 (5.44)와 같다.

$$q' = \gamma_r H_r + \Delta\gamma(s + h_w) - 0.5\gamma_w s \tag{5.44}$$

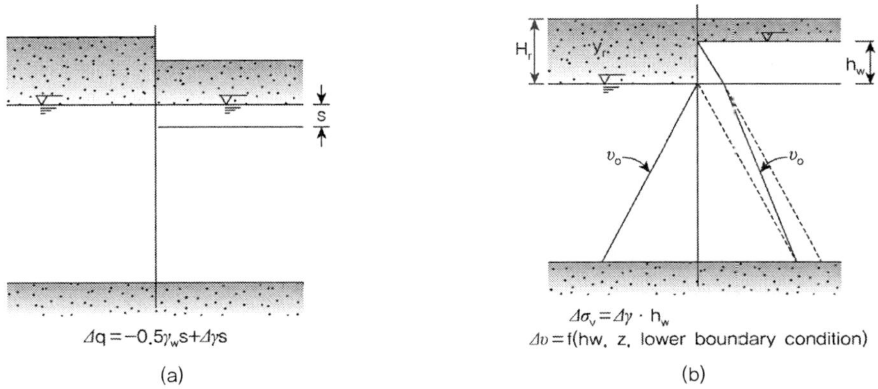

그림 5.34 제방과 phreatic surface의 상대적 변위를 고려하기 위한 수정 응력법

(2) 지하수위 변동을 고려한 압밀해석 적용사례

시공단계별 침하에 따른 지하수위에 개념은 그림 5.35와 같다.

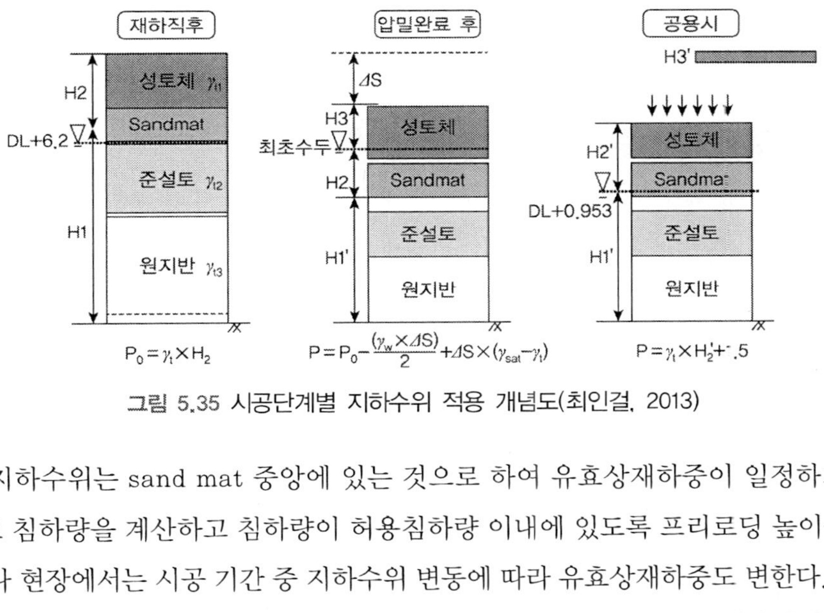

그림 5.35 시공단계별 지하수위 적용 개념도(최인걸, 2013)

설계 시 지하수위는 sand mat 중앙에 있는 것으로 하여 유효상재하중이 일정하게 작용하는 것으로 침하량을 계산하고 침하량이 허용침하량 이내에 있도록 프리로딩 높이를 결정한다. 그러나 현장에서는 시공 기간 중 지하수위 변동에 따라 유효상재하중도 변한다. Tavenas는 최초 성토하중(P_0)과 침하에 따른 하중감소영향을 고려해야 한다고 제안하였다.

연구대상 현장 내 지하수위 측정결과 설계 시 가정된 sand mat 중앙보다 높게 측정된다. 이는 시차별 재하성토에 따른 침하영향으로 압밀배출수 및 강우 등에 의한 수두 및 외곽 단지 내 수위가 프리로딩 제거 지역으로 흐름이 발생되어 성토체 내까지 수위상승이 일어나 유효응력감소 효과로 인한 압밀지연이 발생되어 추가 성토를 실시하였다.

즉, 프리로딩 하중 적정 여부 해석 시 유효응력감소 조건 검토는 대규모 단지일 경우 지하수위 상승이 주로 발생되는 일차원 압밀조건이므로 현장 수위를 적용한다. 각 수위조건별 해석결과는 표 5.9와 같다.

표 5.9 수위조건별 해석결과

구분	침하량(M-1)				침하량(M-4)			
	공용하중 S_f(m)	현재(m)	잔류(m)	평가	공용하중 S_f(m)	현재(m)	잔류(m)	평가
설계수위	5.95	5.58	0.37	N.G	4.32	4.12	0.20	O.K
현장수위	6.27	5.58	0.69	N.G	4.49	4.12	0.37	N.G
Tavenas	5.84	5.58	0.26	O.K	4.40	4.12	0.28	O.K

지하수위 변화에 따른 침하량 검토결과 현장 침하량이 크면 Tavenas 법이 적용성이 좋으나, 침하량이 작을 경우 설계조건이 적정한 것으로 나타났다.

따라서 제방 같은 2차원 조건일 경우 지하수위변화에 따른 응력이 변하므로 Tevenas가 제안한 내용을 적용하는 것이 바람직할 것으로 판단된다.

정밀한 현장수위를 측정하기 위해서는 프리로딩 재하 및 제거 시 지하수위 영향이 미치지 않도록 단지외곽에 지하수위계를 설치하는 것이 바람직하며, 대규모 단지에서는 지하수위 평가기법의 적용 모델 개발이 필요하다.

9) 성토체의 안정계산

압밀촉진을 위해 필요한 상재하중은 특별한 공법으로 지정되어 있지 않는 한 일반적으로 토사류가 사용된다. 토사류로 상재하중을 가하는 경우 대상 지반의 연약한 정도를 고려하여 점증 재하법이 많이 적용되나. 이때는 압밀기간 산정의 수정이 요구된다. 또한 순간 재하법을 적용하는 경우에는 변위 계측을 충실히 수행하여 측방 유동 등의 문제가 발생할 경우 대책수립이 요구된다.

(1) 재하성토고

① 재하를 위한 1단의 성토고는 대상지반의 지지력을 산정하여 소요의 성토고(재하성토고)를 식 (5.45), (5.46)를 통해 산정한다.

$$H_c = \frac{N_s \cdot c}{\gamma} \tag{5.45}$$

$$F_S = \frac{N_s \cdot C}{H \cdot \gamma} = \frac{H_c}{H} \tag{5.46}$$

여기서, H_c : 성토사면의 한계성토고(m)

H : 1단계의 성토높이(m)

c : 대상 토층의 점착력(tf/m^2)

γ : 흙의 단위 체적중량(tf/m^3)

F_s : 안전율

n_d : 깊이계수

N_s : 안정계수(성토사면의 경사각 β과 성토재가 가진 내부 마찰 각으로부터 정하는 계수로 $N_s = \frac{\gamma H_c}{c}$, 그림 5.36 참조)

② 각 단계의 재하에 요하는 기간은 대상토층이 80% 정도 압밀될 때까지로 한다. 이 재하 조건을 기준으로 침하계산과 재하성토에 대한 안정계산을 실시하여 소요의 하중용성토의 적재증가 여부를 검토한다.

(2) 상재하중

하중용 성토의 높이는 각 재하 단계마다 대상지반의 강도(전단저항강도) 및 재하중(하중의 재하 단면을 고려)을 산정한다. 이후 원호활동파괴의 안정검토를 실시하여 최소 안전율 이상의 값을 확인한 후 다음 단계를 시공하는 등의 관리가 필요하다. 전체 성토고는 단면이 클 경우는 향후 건설된 구조물의 단위 중량에 해당하는 하중을 흙의 단위 체적중량으로 나누어 결정한다. 즉, 식 (5.47)과 같다.

$$H_c = \frac{W}{\gamma_t} \tag{5.47}$$

여기서, H_c : 상재 하중을 위한 성토고(m)

W : 향후 건설예정 구조물의 단위 중량(tf/m^3)

γ_t : 흙의 단위 체적중량(tf/m^3)

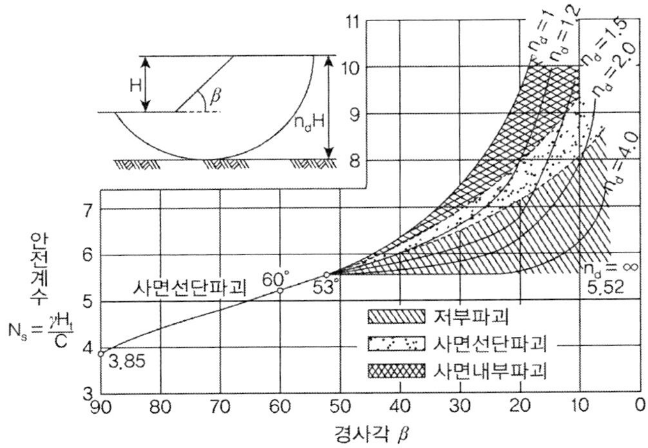

그림 5.36 성토사면의 경사각(β)와 성토재의 내부 마찰각으로부터 얻어지는 안정계수 N_s 의 산정도

상재하중의 검토 시 연약지반의 침하에 기인하여 성토층의 일부가 지표면의 아래로 관입하여 지하수위하부에 위치하는 경우에는 이 부분의 흙의 단위 체적중량을 습윤단위 중량에서 수중단위 체적중량으로 바꾸어 검토해야 한다.

(3) 안정계산

연약층의 토층구분에서 배수층(sand seam 층 등)의 판정은 지반의 압밀도 계산결과에 큰 영향을 주기 때문에 매우 중요하다. 그러나 어떠한 층이 배수층으로서 역할을 할 것인가에 대해서는 판단하기가 어렵기 때문에 주의가 필요하다. 안정계산에서 특히 유의할 점은 연약층 아래의 지반이 경사져 있거나 예민비(sensitivity)가 커서 강도저하가 현저하고 강도회복이 늦은 지반이다. 또한 제체 재료의 전단강도 및 단위 체적중량은 안정계산 결과에 미치는 영향이 크기 때문에 충분히 검토하여 적당한 값을 사용한다.

10) 추가 성토 시의 침하거동 예측

현장의 재하성토가 공용계의 영구하중보다 적을 때나 계획 기간 내 지반개량이 안 되는 경우, 일반적으로 현장에서는 추가 성토를 실시하여 기간 내에 압밀을 완료시킨다. 이러한 경우의 침하거동 예측을 위해서는 변화된 하중 조건, 지반 조건을 고려하여 장래 침하량을 예측할 수 있으며, 그에 따라 최적의 추가 성토 높이를 결정할 수 있을 것이다. 다음은 예측결과의 신뢰성을 평가하기 위해 본 현장에서 추가 성토된 구역의 침하결과와 비교하였다.

(1) 침하량 추정

추가 성토 후에는 추가 성토하중에 의한 발생 침하량과 기존의 재하성토하중에 의해 진행되는 침하량이 동시에 발생한다. 따라서 추가 성토 이후 발생 침하량을 추정하기 위해서는 식 (5.48)과 같이 개량된 지반의 지중응력 상태에서 추가 성토하중에 의해 발생하는 침하량과 기존 침하분석 결과를 통해 추정 α, β 계수를 이용한 침하량 추정값을 합산하여 산출할 수 있다.

$$
\begin{aligned}
S &= \frac{C_c}{1+e'_0} \times H' \times \log\left(\frac{\sigma'_0 - \Delta\sigma'}{\sigma'_0}\right) + \frac{t}{\alpha + \beta t} \\
&= CR \times H \times \log\left(\frac{\sigma'_0 - \Delta\sigma'}{\sigma'_0}\right) + \frac{t}{\alpha + \beta t}
\end{aligned}
\qquad (5.48)
$$

여기서, S : 침하량, C_c : 압축지수

$e_0{}'$: 개량 후 간극비

H' : 침하 후 개량된 두께

$\sigma_0{}'$: 개량 후 유효응력

$\Delta\sigma'$: 추가 성토응력 증가량

표 5.10 추가 성토 후 발생 침하량(최인걸, 2013)

위치	추가 성토고(m)	발생 침하량(cm)		성토 직후 총침하량(cm)
		기존 여성(480일간)	추가 성토	
A-1 / 29-2	1.7	30	98	128
M-2	2.0	36	114	150

(2) 압밀계수 추정 및 침하기간 예측

추가 성토 후 침하거동을 예측하기 위해서는 현장의 압밀도-압밀기간을 이용하여 압밀계수를 산출하여 시간별 침하량을 예측한다.

압밀계수 추정 방법은 앞서 제시한 Barron의 방정식을 이용하였으며, 압밀진행에 따라 변화되는 압밀계수 영향을 고려하기 위해 그림 5.37과 같이 재하성토 완료 후 일정 간격별 측정결과를 이용하여 산출한다.

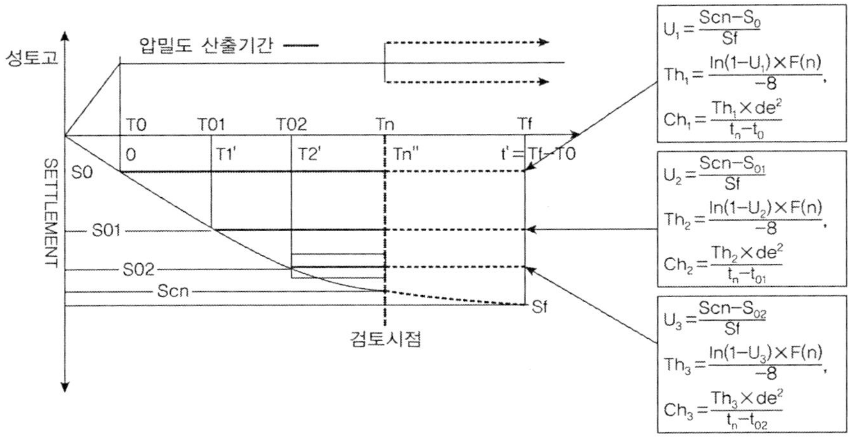

그림 5.37 구간별 계측결과를 이용한 압밀계수 추정방법(최인걸, 2013)

그림 5.38은 각 구간별 추정된 압밀계수로, 구간별 압밀계수는 초기에 소폭 증가하였으나, 압밀진행에 따라 감소하는 경향을 보였으며, 재하성토 후 400일 이후에서는 급격한 감소경향을 보였다.

재하완료 후	M-2	29-2
0~	8.43.E-04	8.39.E-04
100일~	8.96.E-04	9.25.E-04
200일~	5.78.E-04	5.11.E-04
300일~	3.20.E-04	2.85.E-04
400일~	2.07.E-05	1.72.E-05

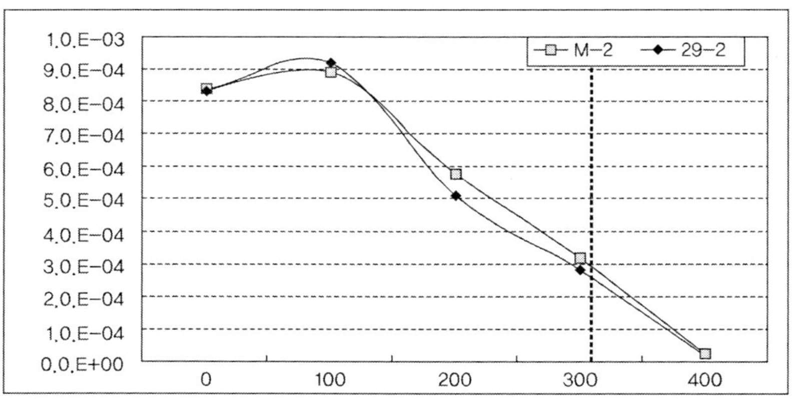

(a) 구간별 압밀계수 추정 결과

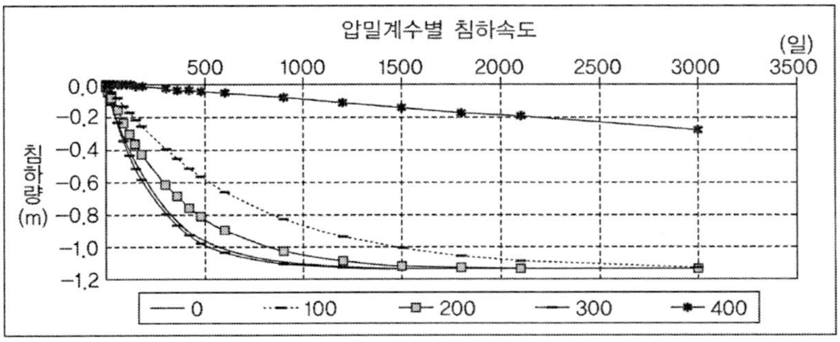

(b) 압밀계수별 침하속도

그림 5.38 추정된 압밀계수(최인걸, 2013)

(3) 추정 압밀계수별 침하경향

앞에서 추정된 압밀계수의 신뢰성을 검토하기 위해 각 구간의 예측 침하량을 살펴보았으며, 그림 5.39와 같이 300일 이전, 400일 이후의 침하량 추세 분석 그래프를 비교하였다. 그림에서 300일 이전까지의 추세 그래프는 (+)β 계수를 갖는 반면 400일 이후의 기울기가 역전되는 것을 알 수 있다. 이를 통해 추세 분석에 따른 예측 침하량의 추세 결과의 이상변위를 나타냈다.

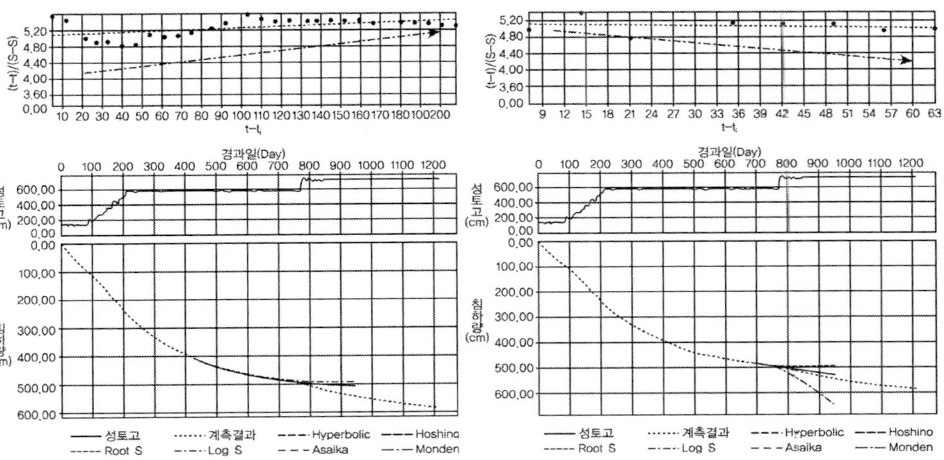

(a) 300일 이전 추세 분석 그래프 (b) 400일 이후 추세 분석 그래프

그림 5.39 추정 침하량 예측시의 추세 분석 그래프(최인걸, 2013)

따라서 본 현장에서는 현장계측 결과를 통해 역해석되는 압밀계수는 검토시점에서 약 300일 구간의 데이터를 활용하여 추정하였다.

그림 5.40에서 각 위치별 추정 압밀계수를 기존의 방법인 쌍곡선, Asaoka, Monden 법과 비교한 결과를 나타내었다. 비교결과 현장에서 추정된 압밀계수가 기존의 압밀계수 추정결과보다 적게 예측되는 것을 알 수 있다.

위치	쌍곡선	ASAOKA	Monden		역해석
			u=50%	u=80%	
A-1	3.40	5.06	8.5	5.0	2.1
A-2	3.38	3.28	16.1	5.3	2.9
M-1	3.42	4.96	6.4	4.7	3.1
M-2	3.06	6.93	8.3	4.1	3.2
M-3	1.55	2.56	4.5	2.8	1.0
M-4	4.64	4.55	11.3	6.3	2.9
M-5	3.49	3.06	7.2	4.5	2.1
평균	3.28	4.34	8.90	4.67	2.46

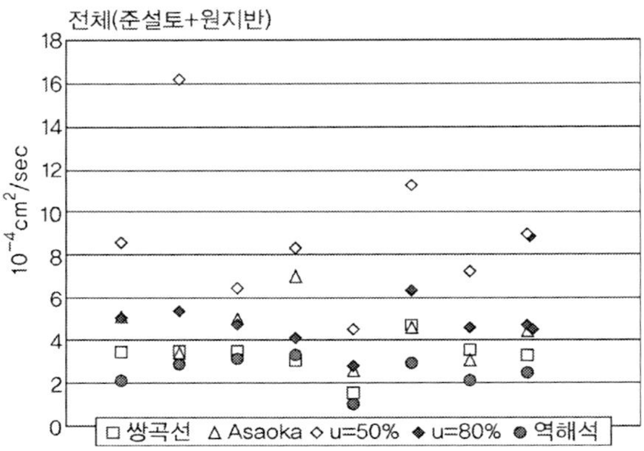

그림 5.40 방법별 압밀계수 추정 결과 분포 그래프(최인걸, 2013)

(4) 역해석에 의한 실측 침하량 비교

다음은 추정된 압밀계수를 통해 예측된 침하거동과 본 현장에서 실제 추가 성토 후 발생 침하량을 비교하여 보았다. 적용된 침하량 예측방법에는 Monden 법, 현장 성토 시의 시간-압밀도 추정방법, 그리고 현장 역해석-압밀계수법을 이용하였다.

그림 5.41은 추가 성토 후 현장 계측결과와 예측 침하량을 비교한 것으로, 현장 역해석법이 실측 침하량과 가장 유사한 상관성을 나타내었다.

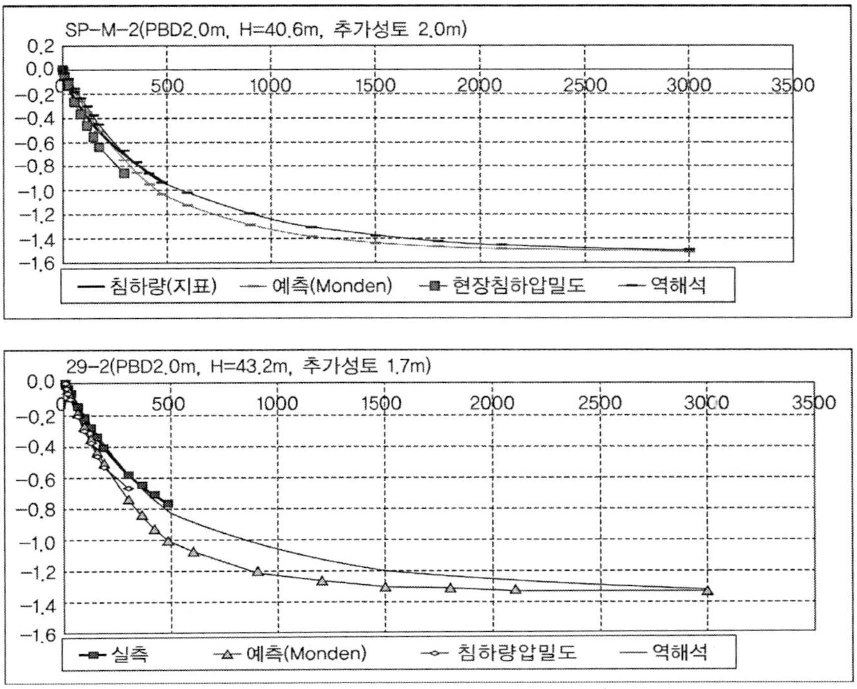

그림 5.41 실측 및 예측 침하경향 비교(최인걸, 2013)

이상의 결과로 연약지반 개량 중 변화되는 하중상태에서의 침하량 예측 시 현장의 지반압밀정수를 추정하여 장래 침하량을 예측하는 방법이 필요하며 특히, 계획 공기 내 압밀을 완료하기 위해 지반개량 중 추가 성토고 산정 시 추가 성토 전에 측정된 침하결과를 이용하여 압밀계수를 추정하여 장래 침하량을 예측하는 것이 예측결과의 신뢰성을 높인 것으로 확인되었다.

11) 연약지반 개량 공법 경제성 평가

부산신항의 시험시공에서 연직배수 공법의 압밀 특성과 현장에서 적용된 연직배수재의 재료별, 간격별 특성을 규명하여 연약지반 개량 공법을 평가한 결과 P.B.D는 모래 침투 현상을 비롯한 타설 간격이 좁을수록 지반 교란에 의한 스미어 영향이 증가하였다.

P.B.D 타설은 1.5m×1.5m 간격이 가장 경제적인 것으로 나타났으나, 공사기간을 단축하여야 하는 경우 1.0m×1.0m, 1.2m×1.2m 간격으로 설치하여도 가능하다.

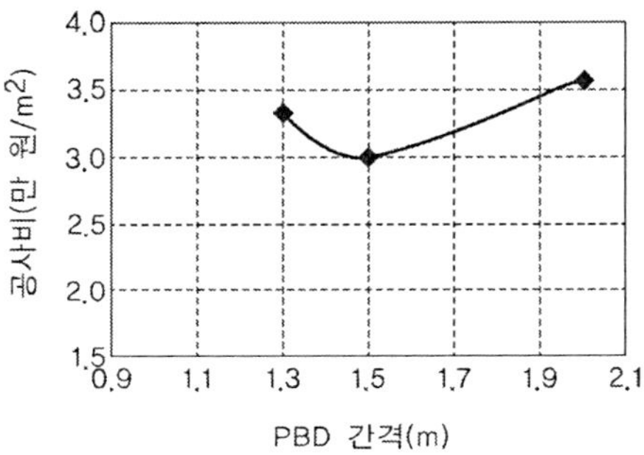

그림 5.42 배수재 타입별 경제성 분석 결과(최인걸, 2013)

12) 개량효과 평가

지반개량의 효과를 평가하기 위해 현장 베인 시험, 프레셔미터 시험 그리고 피에조 콘 관입 시험 등 현장 시험을 행하였고, 지층상태를 파악함과 동시에 실내 시험용 자연시료 채취하기 위해 보링조사를 수행할 수 있다.

(1) 현장 시험

지반개량 후의 전단강도는 현장 베인 장비를 이용하여 측정할 수 있다. 대표적인 현장 베인 시험 결과를 그림 5.43에 나타내었으며, 여기에는 지반개량 전후의 불교란 시험과 재성형 시험 결과치를 깊이에 대해 나타내었다. 그림과 같이 연약해성점토는 지반개량으로 인해 전 깊이에 걸쳐 그 전단강도가 개량 전에 비해 상당히 증가한 것을 알 수 있으며, 특히 배수층과 접촉하고 있는 점토층의 상하부에서는 그 강도증가가 훨씬 현저한 것으로 나타났다. 또한 지반개량으로 인해 재성형 강도로 증가한 것을 알 수 있다.

모든 다른 시험 위치에서도 지반개량으로 인한 지반의 강도증가가 기록되었으며, 그림 5.43과 같다. 지반개량 전의 강도는 약 20kPa 전후이지만, 개량 후에는 이 값이 70kPa 전후로 증가한다.

피에조 콘 관입 시험은 그림 5.44에 대표적인 시험결과를 나타냈다. 이 지역에는 깊이 21~29m 사이에 해성점토층이 존재하고 있으며, 지반개량으로 인해 콘 저항값(qc)이 개량 후에 상당한 증가를 보인다. 깊이 0~18m에는 모래층이 존재하며, 이 모래층도 상당한 지반개량의 효과를 보이는데, 이는 선행재하토 하중과 수직배수재 설치과정에 유발된 다짐(Densification) 효과에 기인한 것이다.

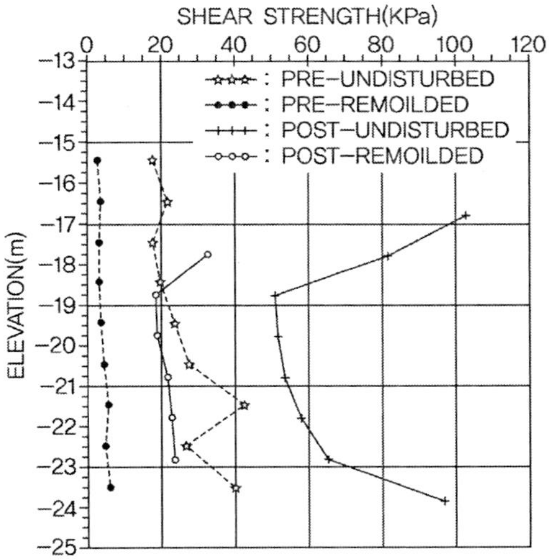

그림 5.43 지반개량 전후의 현장 베인강도의 변화

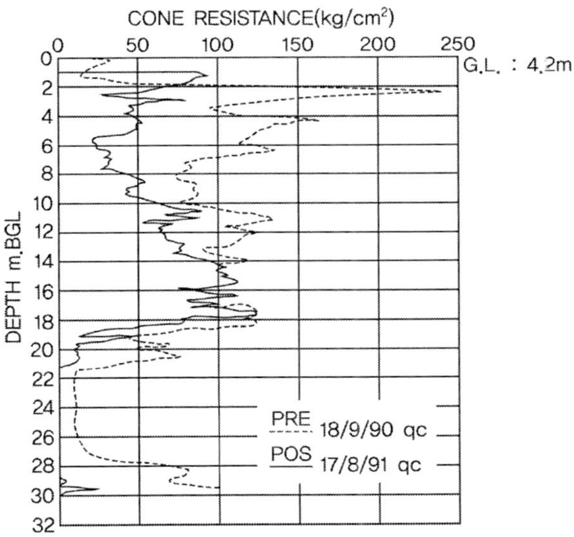

그림 5.44 지반개량 전후의 콘 저항값의 비교

(2) 실내 시험

지반개량 효과를 평가하기 위해, 현장 시험 외에 선행재하토를 제거한 후에 채취한 자연시료에 대하여 자연함수비, 단위 중량, 액성한계, 소성한계, 비배수 삼축시험과 압밀시험 같은 실내 시험 등을 수행할 수 있다. 예를 들면 해성점토의 단위 중량은 지반개량으로 인해 개량 전에 비해 대체로 약 1.7kN/m^3 정도 증가한 것으로 나타났다. 지반개량으로 인한 에

터버그 한계값의 변화를 표 5.10에 나타내었다. 여기서 액성한계는 약 28% 감소했고, 소성한계는 변화가 거의 없었다.

표 5.11 지반개량에 의한 에터버그 한계의 변화

구분 \ 에터버그 한계	평균 액성한계(%)	평균 소성한계(%)	평균 소성지수(%)
지반개량 전	90.4	21.8	68.6
지반개량 후	62.0	21.5	40.5

지반개량 후의 삼축비배수 전단강도 50kPa 이상으로 나타났으며, 개량 전의 비배수 전단강도 값에 비해 30~50kPa 정도 증가하였다. 지반개량 전후의 압밀시험 결과치의 변화를 검토하기 위해, 동일한 지역에서 채취한 시료에 대해 수행한 압밀시험 결과를 개량 전과 개량 후에 대해서 그림 5.45에 나타냈다. 이 그림에서 지반개량으로 인해 지반의 자연 함수비가 상당히 감소했으며, 이는 간극비의 감소와 연계됨을 보여준다. 지반개량으로 인해 선행압밀하중이 현저하게 증가한 것으로 나타났으며, 지반개량 후의 선행압밀하중과 유효상재하중을 비교해보면 점토 중앙부에서는 아직도 압밀이 끝나지 않은 것으로 나타났다. 압축지수(Cc)도 지반개량으로 인해 매우 감소한 것으로 나타났다.

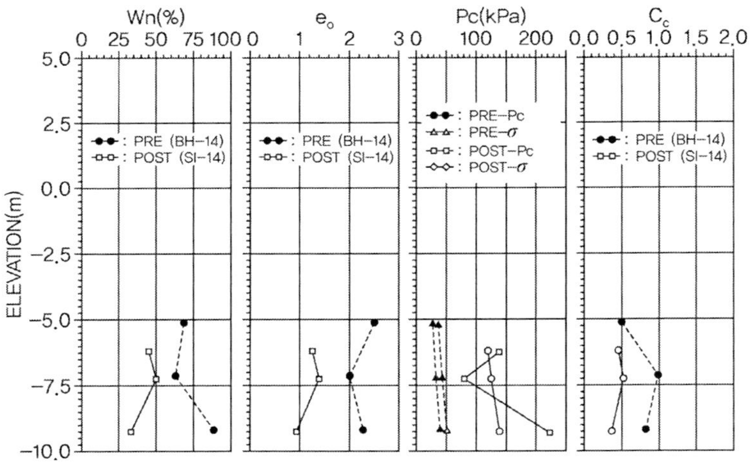

그림 5.45 지반개량 전후의 압밀 특성의 비교

13) 여성토 제거 시기 결정(최인걸, 2013)

(1) 설계 시 예상침하량과 측정치 침하량을 비교하는 방법

설계 시 예상된 침하량과 측정침하량을 비교하여, 측정침하량이 설계 시 예상침하량에 도달하였으면 여성토를 제거하는 방법이다. 이 방법은 설계 시 사용된 지반의 압밀 특성과 실제 지반의 압밀 특성이 동일하다는 가정하에 성립한다. 실제적으로는 설계 시 사용된 지반의 압밀 특성과 실제 지반의 압밀 특성에는 상당한 차이가 있다는 문제점이 있다. 또 지반의 탄성 침하, Creep 등의 환경을 고려하지 못한다는 단점이 있다.

(2) 압밀도를 이용하는 방법

성토 재하 후에 측정된 침하자료로부터 최종침하량을 예측하고(변곡점법, Hoshino 법 등) 현재 침하량과 최종침하량의 비에 의하여 현재의 압밀도를 판단한다. 현재의 압밀도가 설계 시 요구된 압밀도보다 크면 여성토를 제거하고, 그렇지 못한 경우 성토를 추가시킨다. 이 방법은 계측된 침하량이 설계 시 예상된 값보다 작으면 안전 측이 되나, 측정된 침하량이 설계 시 예상된 값보다 크면 안전 측이지 못하다는 단점을 가지고 있다.

(3) 현장침하량과 현재침하량을 비교하는 방법

성토 재하 후에 측정된 침하자료로부터 최종침하량을 예측(변곡점법, Hoshino 법 등)하고, 현재침하량과 비교하여 그 차이가 허용침하량보다 작으면 여성토를 제거하고 그렇지 못하면 성토를 유치시킨다. 이 방법은 안전 측이기 하나 잔류침하량을 설계하중에 대해서 구하지 않고 여성토에 대해서 구한다는 비논리성이 내재되어 있다. 특히 성토하중과 설계하중의 차가 클 경우에는 매우 비경제적이기 때문에 적용성에 문제가 있다.

(4) Terzaghi 압밀이론에 의한 잔류침하량을 이용하는 방법

전술한 Terzaghi 압밀이론을 이용하여 설계하중에 대한 잔류침하량을 산정하고, 잔류침하량이 허용침하량보다 작을 때는 여성토를 제거한다. 이 방법은 지반의 압밀 특성을 완전히 배제하고 진행되므로, 여성토가 추가로 필요시 추가량을 계산할 수 있는 장점이 있다.

예제 5.1

$H=10\text{m}$, $c_v = 5\times10^{-2}\text{m}^2/\text{day}$, $c_h = 4c_v = 20\times10^{-2}\text{m}^2/\text{day}$, $d_w = 1.2\text{m}$, $d_e = 12$ m이고, $t = 150$ 일 인 경우 그림 5.46을 이용하여 평균압밀도 $U(\%)$를 구하시오.

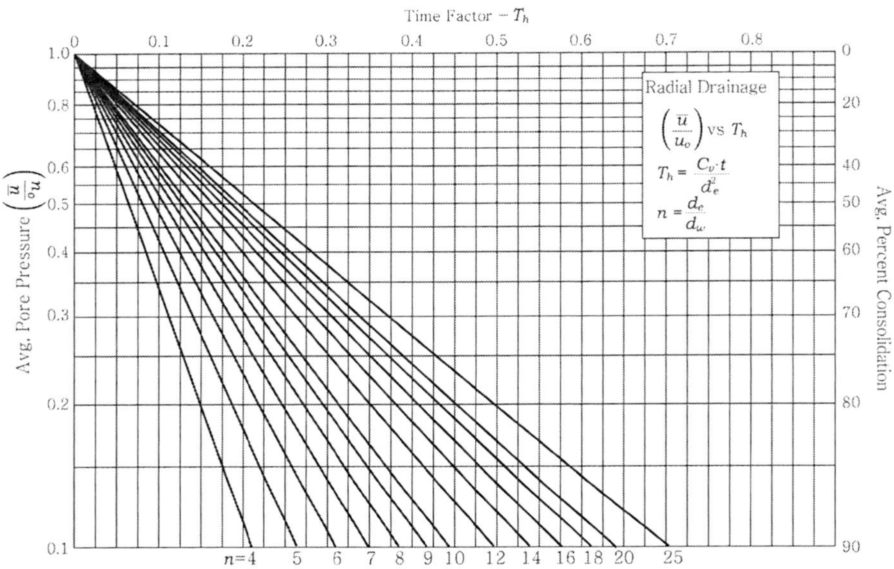

그림 5.46 $\left(\frac{\overline{U}}{U_o}\right) \sim T_h$ 관계도

풀 이

1) 연직배수만 고려할 때

$$T_v = c_v \frac{t}{H^2} = \frac{5\times10^{-1}(150)}{10^2} = 0.075$$

$$\sqrt{t} = 0.886\,U_z,\quad \sqrt{0.075} = 0.886\,U_z,\quad U_z = 0.31$$

※ Taylor method($\sqrt{t}$ 법) 사용 $T = \frac{\pi}{4}U^2$ or $\sqrt{T} = 0.886\,U_z$

2) 수평배수만 고려할 때

$$T_h = c_h \frac{t}{{d_e}^2} = \frac{20\times10^{-2}(150)}{(12)^2} = 0.208,$$

$$n = \frac{12}{1.2} = 10\text{이고 } T_h = 0.208\text{일 때, } \frac{\overline{u}}{u_o} = 0.35, \ \therefore U_r = 0.65$$

3) 연직, 수평배수에 의한 평균압밀도

$$U(\%) = 1 - (1 - U_z)(1 - U_r)$$

$$= 1 - (1 - 0.31)(1 - 0.65)$$

$$= 1 - (0.69 \times 0.35) = 0.759$$

$$= 75.9\%$$

예제 5.2

PBD a = 10cm, b = 0.3cm, $Q_w = 0.028\text{m}^3/\text{sec}$, $k_w = 0.15\text{m/sec}$, $c_h = 1.8 \times 10^{-6}\text{m}^2/\text{sec}$, $c_v = 9 \times 10^{-7}\text{m}^2/\text{sec}$, d_m(맨드렐직경)$= 0.15$, PBD 간격 $d = 1.2$(정사각형), $k_h = 1.8 \times 10^{-8}\text{m/sec}$, $k_s = 3 \times 10^{-9}\text{m/sec}$, $k_v = 3 \times 10^{-9}\text{m/sec}$이다. 연직배수에 의한 t_{90} 압밀시간과, 수평배수에 의한 t_{90} 압밀시간을 Hansbo(1979), Onoue(1988) 식으로 구하시오.

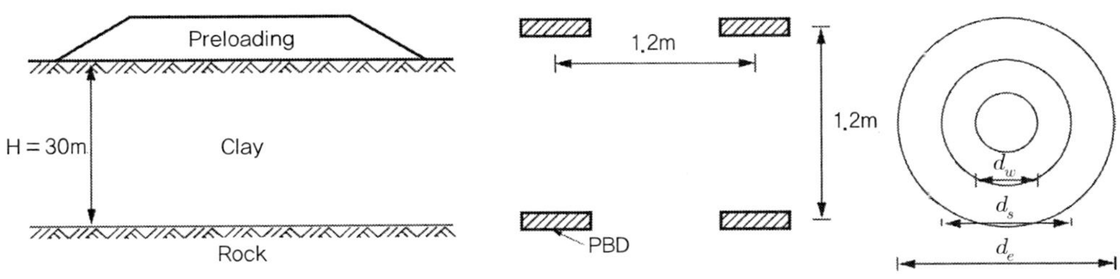

그림 5.47 예제 5.2의 그림

풀 이

$$d_w = \frac{1.8(a+b)}{\pi} = \frac{1.8(10+0.3)}{\pi} = 5.9\,\text{cm}$$

$$d_s = 2d_m = 2 \times 0.15m = 0.3\text{m}$$

$$d_e = 1.13 \times 1.2 = 1.356\text{m}$$

$$n = \frac{d_e}{d_w} = \frac{1.356 \times 100}{5.9} = 22.9$$

$$s = \frac{d_s}{d_w} = \frac{0.3 \times 100}{5.9} = 5.1$$

$$T_{v90} = 0.848$$

1) 연직배수에 의한 압밀시간

$$t_{90} = T_{v90}\frac{H^2}{C_v} = 0.848\frac{30^2}{9 \times 10^{-7}} = 8.48 \times 10^8\text{초} = 9814\text{일} ≒ 327\text{개월}$$

2) 수평배수에 의한 압밀시간

(1) Hansbo(1979)에 의한 계산

$$U_h(z, T_h) = 1 - \exp\left(\frac{-8T_h}{F}\right)$$

$$F = F(n) + F(s) + F(r) = 2.39 + 8.15 + 0.002 = 10.542$$

$$F(n) = \ln 23 - \frac{3}{4} = 2.39$$

$$F(s) = \left(\frac{k_h}{k_s} - 1\right)\ln s = 5\ln 5.1 = 8.15$$

$$F(r) = \pi z(2H - z)\frac{k_h}{q_w} = \pi \times 30(2 \times 30 - 30)\frac{1.8 \times 10^{-8}}{0.028} = 0.002$$

$$T_{90} = \frac{\ln 0.1 \times 10.542}{-8} = 3.034$$

$$t_{90} = 3.034 \times \frac{(1.356)^2}{1.8 \times 10^{-6}} = 3009291\text{초} = 35\text{일} \fallingdotseq \text{약}1\text{개월}$$

• 연직, 수평 배수에 의한 합성 압밀도

$$35\text{일에서} \begin{cases} T_h = 3.034 \\ T_v = \dfrac{35}{9814} \times (0.848) = 0.003 \end{cases}$$

$$0.886\, U_z = \sqrt{T_v} = \sqrt{0.003}\,, \quad U_z = 0.06$$

$$U = \left[1 - (1 - U_r)(1 - U_z)\right] \times 100$$

$$= 1 - (0.10)(0.94) = 0.906 \approx 90.1\%$$

(2) Onoue(1988)에 의한 계산

$$U_h(T_h) = 1 - \exp\left(\frac{-8T_h}{F(n') + 0.8L}\right)$$

$$n' = ns^{\eta - 1}$$

$$= 22.9 \times 5.1^5 = 79{,}010$$

$$\eta = \frac{k_h}{k_s} = \frac{1.8 \times 10^{-8}}{3 \times 10^{-9}} = 6$$

$$F(n') = \frac{(n')^2}{(n')^2 - 1} lnn' - \frac{3(n')^2 - 1}{4(n')^2}$$

$$= \ln 79{,}010 - \frac{3}{4} = 11.28 - 0.75 = 10.53$$

$$L = \frac{32}{\pi^2}\frac{k_h}{k_w}\left(\frac{H}{d_w}\right)^2 = \frac{32}{\pi^2}\frac{1.8 \times 10^{-8}}{0.15}\left(\frac{30 \times 100}{5.9}\right)^2$$

$$= 0.101$$

$$F(n') = 0.8L = 10.53 + 0.8 \times 0.101 = 10.61$$

$$T_{90} = \frac{\ln 0.1 \times 10.61}{-8} = 3.054$$

$$t_{90} = 3.057 \times \frac{(1.356)^2}{1.8 \times 10^{-6}} = 3119722\text{초} = 36\text{일} \fallingdotseq \text{약}1\text{개월}$$

$$35\text{일에서} \begin{pmatrix} T_h = 3.054 & U_h = 0.9 \\ T_z = 0.003 & U_z = 0.06 \end{pmatrix}$$

따라서 연직, 수평 배수에 의한 합성 평균압밀도는,

$$U = \left[1-(1-U_h)(1-U_z)\right] \times 100 = 0.906 \fallingdotseq 90.1\%$$

예제 5.3

$d_w = 0.3\,\text{m}$, $s = 4\,\text{m}$(사각형 배치), $H = 10\,\text{m}$, $c_h = c_v = 3.0 \times 10^{-3}\,\text{m}^2/\text{day}$일 때 다음을 구하시오.

1) 무처리 시 연직배수만을 고려하여 t_{90}을 구하시오.

2) 수평배수 만을 고려하여 t_{90}을 구하시오.

3) 연직과 수평 배수에 의한 평균압밀도를 구하시오.

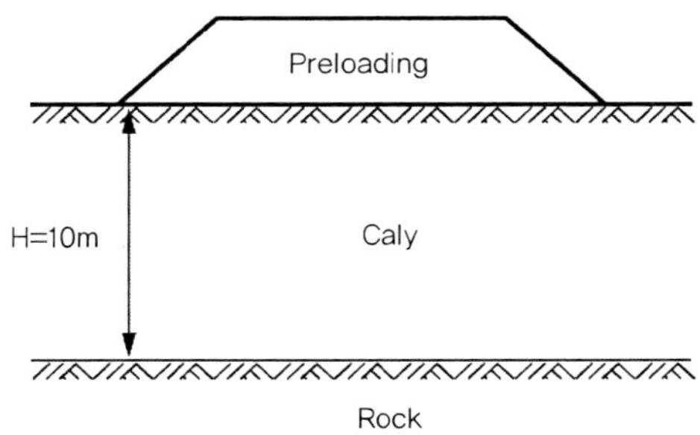

그림 5.48 예제 5.3의 그림

풀 이

1) 연직배수에 의한 t_{90}

$$T_{90} = 0.848,\ t_{90} = T_{90}\frac{H^2}{c_v} = 0.848 \times \frac{10^2}{3.0 \times 10^{-3}}$$

$$= 28{,}266\text{일} \fallingdotseq 77\text{년}$$

2) 수평배수만을 고려한 t_{90}

$$d_e = 1.13s = 1.13 \times 4 = 4.52m,\ n = d_e/d_w = 4.52/0.3 = 15$$

$$F(n) = \ln(n) - \frac{3}{4} = \ln(15) - 0.75 = 1.96$$

$$T_h = -\frac{F}{8}\ln(1 - U_h) = -\frac{1.96}{8}\ln(1 - 0.9) = 0.245$$

$$t_{90} = \frac{T_h \times d_e^2}{c_h} = \frac{0.245 \times 4.52^2}{3.0 \times 10^{-3}} = 1{,}668\text{일} \fallingdotseq 4.6\text{년}$$

3) $t_{90} = 4.6$년일 때의 연직과 수평 배수에 의한 합성 평균압밀도(U)

$$T_h = 0.245$$

$$T_v = \frac{1668}{28266} \times 0.848 = 0.05$$

$$0.886\,U_z = \sqrt{0.05}$$

$$U_z = 0.2524 = 25.2\%$$

$$U_{av} = [1 - (1 - U_r)(1 - U_h)] = 1 - (0.10)(0.748) = 92.5\%$$

예제 5.4

PBD 폭(a) = 10cm, 두께(b) = 0.3cm, $c_h = c_v = 2.3 \times 10^{-4}\text{cm}^2/\text{sec}$, t_{90}= 620days(1.7년), 사각형 배치일 때, 적정 PBD 타설 간격(d)을 구하시오(단, 연직배수는 무시한다).

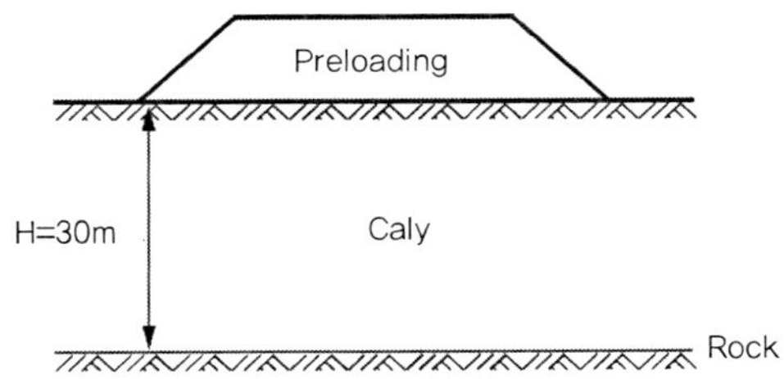

그림 5.49 예제 5.4의 그림

풀 이

$$d_w = \frac{1.8(a+b)}{\pi} = \frac{1.8(10+0.3)}{\pi} = 5.9\text{cm}$$

1) 간격 $d = 1.5\text{m}$ 일 경우

$$d_e = 1.13 \times D = 1.13 \times 1.5 = 1.7\text{m}, \quad n = \frac{d_e}{d_w} = \frac{1.7 \times 100}{5.9} = 28.8$$

$$F(n) = \frac{28.8^2}{28.8^2 - 1} \ln 28.8 - \frac{3(28.8^2) - 1}{4(28.8^2)} = 2.61$$

$$T_{h\,90} = \frac{2.61}{8} \ln\left(\frac{1}{1-0.9}\right) = 0.75$$

$$c_h = 2.3 \times 10^{-4}\text{cm}^2/\text{sec} = 0.715\text{m}^2/\text{year}$$

$$t_{90} = \frac{0.75 \times 1.7^2}{0.715} = 3.03\text{년} \geq 1.7\text{년} \;\therefore N.G$$

2) 간격 수정 $d = 1.0\text{m}$일 경우

$$d_e = 1.13 \times D = 1.13 \times 1 = 1.13\text{m}$$

$$n = \frac{d_e}{d_w} = \frac{1.13 \times 100}{5.9} = 19.2$$

$$F(n) = \frac{19.2^2}{19.2^2 - 1} \ln 19.2 - \frac{3(19.2^2) - 1}{4(19.2^2)} = 2.21$$

$$T_{h\,90} = \frac{2.21}{8} \ln\left(\frac{1}{1-0.9}\right) = 0.64$$

$$t_{90} = \frac{0.64 \times 1.13^2}{0.715} = 1.1\text{년} \le 1.7\text{년} \ \therefore N.G$$

3) 간격 수정 $d = 1.2\text{m}$일 경우

$$d_e = 1.13 \times D = 1.13 \times 1.2 = 1.36\text{m}, \ n = \frac{d_e}{d_w} = \frac{1.36 \times 100}{5.9} = 23$$

$$F(n) = \frac{23^2}{23^2 - 1} \ln 23 - \frac{3(23^2) - 1}{4(23^2)} = 2.39$$

$$T_{h\,90} = \frac{39}{8} \ln\left(\frac{1}{1-0.9}\right) = 0.69$$

$$t_{90} = \frac{0.69 \times 1.36^2}{0.715} = 1.78\text{년} \fallingdotseq 1.7\text{년} \quad \therefore O.K$$

따라서 PBD 타설 간격은 1.2m로 결정

예제 5.5

예제 5.5 PBD(규격 b, $t = 3\text{mm}$)을 정방형 배치하여 수평압밀계수가 $0.75\text{m}^2/\text{year}$인 연약지반을 개량한다. 지반개량 소요 시간 1.7년(약 620일)에 압밀도를 80%로 한다. smear zone과 well resistance는 고려하지 말고 Barron식을 이용하여 PBD의 간격을 결정하시오.

■ 풀 이

d_w(연직배수재의 직경) $= 1.8(a+t)/\pi = 1.8\times(107+3)/\pi = 63.03\text{mm} = 0.063\text{m}$

타설 간격을 임의로 가정하여 $d=1.5\text{m}$로 하면,

d_e(영향원의 직경) $= 1.50\times 1.128 = 1.692\text{m}$

$$n = \frac{d_e}{d_w} = \frac{1.692}{0.063} = 26.9$$

$F(n) = \frac{n^2}{n^2-1}\ln(n) - \frac{3n^2-1}{4n^2}$ 에서,

$$F(n) = \frac{26.9^2}{26.9^2-1}\ln(26.9) - \frac{3\times 26.9^2-1}{4\times 26.9^2} = 2.546$$

여기서, 수평방향의 평균압밀도 $U_h = 1-\exp(-8T_h/F(n))$

$$T_h = \frac{F(n)}{8}\times\ln\left(1-\frac{1}{U_h}\right) = \frac{2.546}{8}\times\ln\left(\frac{1}{1-0.8}\right) = 0.512$$

따라서 U_s = 80%에 대응하는 시간 t는

T_h = 수평 방향 시간 계수 : $\frac{c_h \cdot t}{{d_e}^2}$ 식으로부터

$$t = 1.692^2\times 0.512/0.75 = 1.96\text{ 년} > 1.7\text{년 N.G}$$

간격을 좁혀서 d를 1.4m로 하면,

$$d_e = 1.40\times 1.128 = 1.579\text{m} = 157.92\text{cm}$$

$$n = 1.579/0.063 = 25.067 = 25.1$$

$$F_n = [(25.1)2/(25.1)2-1]\times\ln(25.1) - [3\times(25.1)2-1/4\times(25.1)2] = 2.493$$

$$T_h = F_n/8\cdot\ln[1-1/U_h] = 2.493/8\cdot\ln[1/(1-0.8)] = 0.5016$$

따라서 U=80%에 대응하는 시간 t는

$$t = (1.579)2 \times 0.5016/0.75 = 1.668\text{년} \fallingdotseq 1.67\text{년} < 1.7\text{년} \quad \text{O.K}$$

타설 간격 $d = 1.40\text{m}$ 로 정한다.

5.3 배수압밀 촉진 공법의 시공

5.3.1 개 요

1) PBD 재의 선정

PBD 재는 대상 지반 내에서 받는 압력 및 변형이 발생한 경우에도 유로를 확보하고 배수성능을 충분히 가져야만 한다. 필터재는 연약지반 내의 과잉간극수 배수 시 미세토립자의 통과를 방지하면서 장기간에 걸쳐서 구멍막힘 등에 의한 기능 손상이 없어야 하고 미생물에 의한 손상도 발생하지 않아야 한다. 또한 타설 시 파손방지를 위하여 인장강도와 신도를 가진 제품이어야 한다. 통수능력에 대해서는 조건이 허락하는 한 PBD 타설 심도에서 최대로 받는 토압의 2배에 해당하는 압력, 즉 안전율 $F_s = 2$로 통수능력 시험을 직립조건과 굴곡조건(해당 지반상황 고려요망, 일반적으로 자유변형 20%)에 대해서 선정시험을 실시하고 후술하는 PBD재의 품질조건에 적합한지의 여부를 검토한 후 선정한다. PBD의 품질은 지반개량 효과의 성패를 결정하는 주요한 요인이므로 선정시험에 만전을 기하여야 한다.

PBD의 선정기준은 다음에 따른다.

(1) PBD Filter의 기계적 특성

① 진동 해머식 타입기 사용 시 Filter의 인장강도(Grab) : $F_f \geq 0.5\text{KN}(51\text{Kg})$

② Filter의 인열강도(Tear) : $T_f > 0.15\text{KN}(15.3\text{Kg})$

(2) PBD의 수리적 특성

① Filter의 투수계수 : $k > 1 \times 10^{-3}\text{cm/sec}$

② PBD의 배수용량

(3) 안정성 문제

① 배수길이 10m 이하이고 안정문제가 없을 때

- 직선 관로 : $q_w > 10 \times 10^{-6}\text{m}^3/\text{sec} = 315\text{m}^3/\text{year}$
- 휜 관로 : $q_w > 7.5 \times 10^{-6}\text{m}^3/\text{sec} = 236\text{m}^3/\text{year}$

② 배수길이 10m 이상이고 또는 안정문제가 있을 때

- 직선관로 : $q_w > 50 \times 10^{-6}\text{m}^3/\text{sec} = 1.575\text{m}^3/\text{year}$
- 휜 관로 : $q_w > 32.5 \times 10^{-6}\text{m}^3/\text{sec} = 1.183\text{m}^3/\text{year}$

(4) 흙의 상태에 따른 Filter의 간극 크기(AOS)

① 대부분의 흙에 대한 Filter의 간극크기 기준

$$O_{90} < 160\mu\text{m}$$

② 해성점성토(실트 및 점토)는 조밀한 Filter가 요구되는 경우의 간극크기 기준

$$O_{90} < 80\mu\text{m}$$

(5) 외관 및 일반 사항

PBD는 판형이므로 면방향 및 측방향을 통한 지반토와 접촉 면적이 커서 배수성이 뛰어난 core와 filter가 분리된 pocket type이 유리하다. PBD는 타설 시 손상이 발생하지 않은 강도를 가지고, 압밀침하에 대한 순응성이 양호하며 절곡 시 배수로의 절단이 발생하지 않아야 한다. 또한 Filter재는 압밀간극수의 배수에 충분한 투수계수를 가지고 PBD 재 내부로 미세토립자의 혼입을 방지하며 구멍막힘(Clogging)이 발생하여도 수리적 특성을 유지하여야 한다. 또한 산, 알카리, 박테리아에 대한 저항성이 커야 한다.

(6) 품질 표시 제품

PBD재는 정부의 공산품 품질검사 면제대상 등에 관한 규정 제 2조의 규정에 의한 품질검사기관의 품질검인 표시가 있는 제품 이상이어야 한다(KS 마크, 품 마크 또는 Q 마크 제품).

(7) 규격 및 품질기준

① 규 격

표 5.12 PBD 규격

항목	단위	규격
중량	g/m	70 이상
폭 × 두께	mm	(100 ± 5.0) × (4 ± 0.5)
골단면 표준	mm	폭 : (3.0 ± 0.5) × 깊이 : (1.5 ± 0.2) × 공수 : (56 ± 3)
1m당 여과면적	m^2	0.15 이상

② 품질기준

표 5.13 물리적 기준

구분	항목	단위	기준사항	시험방법
Drain재 (core + Filter)	재질	–	polypropylene	KS K 0210
	인장강도(건조)	kg/폭	350 이상	KS K 0520
	인장강도(습윤)	kg/폭	350 이상	KS K 0520
	내수성	–	변화 없음	일반 시험법
	투수계수	cm/sec	α×10−3(α : 1~9) 이상	KS F 2322
	배수성능	cm^3/sec @10kPa	180 이상	ASTM D 4716
		cm^3/sec @300kPa	140 이상	
Filter재 (부직포)	재질	–	polypropylene	KS K 0210
	투수계수	cm/sec	α×10−3(α : 1~9) 이상	KS F 2322
	인장강도	kg	70 이상	KS K 0520(GRAB법)
	인장신도	%	20~80	
	인열강도	kg	15 이상	KS K 0537
	파열강도	kg/cm^2	10 이상	KS K 0351
	유효 구멍크기(AOS) O_{90}	μm	≤ 80	BS 6906

표 5.14 화학적 기준

구분	항목	단위	기준	시험방법
Drain재 및 Filter재	황산 : 30% 수용액	%	3 이하	일반 시험법 상온에서 5시간 침지 후 중량 감소율
	염산 : 20% 수용액	%	3 이하	
	NaOH : 40% 수용액	%	3 이하	
	NaCL : 10% 수용액	%	3 이하	
	증류수	%	3 이하	

2) 시험 및 검사

(1) PBD의 시방서에 따른 품질보증 및 시공관리를 위하여 납품한 물품 중 검수관 입회하에 임의의 부분에서 시료를 채취하여 국가공인 시험소에 의뢰하여 합격여부를 판정하며, 시험빈도는 100,000m당 1회씩 실시한다.

① 국립공업기술원
② 국 · 공 · 사립대학 시험연구소

(2) 국내 시험 검사가 불가능한 시험항목은 원자재 제작자의 시험성적서와 기타 성능을 증빙하는 자료로 제출한다.

3) 제작 및 보관

PBD 1롤의 길이는 200m 이상으로 하고 상, 하차 시 및 소운반 시 손상되지 않고 비에 젖지 않도록 안전하게 납품하여야 하고, 보관 시 대기 중에 장기간 노출시키지 않는다. 현장 보관장소는 건조하고 통풍이 잘되는 창고가 좋고, 부득이한 경우는 지표면에서 10cm 이상 틈을 두고 시트(Sheet)를 깐 후 PBD를 쌓고 측면 및 상면은 시트로 덮어둔다. 또한 기타 감독관이 필요하다고 인정되는 조치에 대하여 도급자는 응해야 한다.

5.3.2 시공순서

1) 시공순서

PBD를 이용한 연약지반의 현장 시공순서 흐름도는 그림 5.50과 같다.

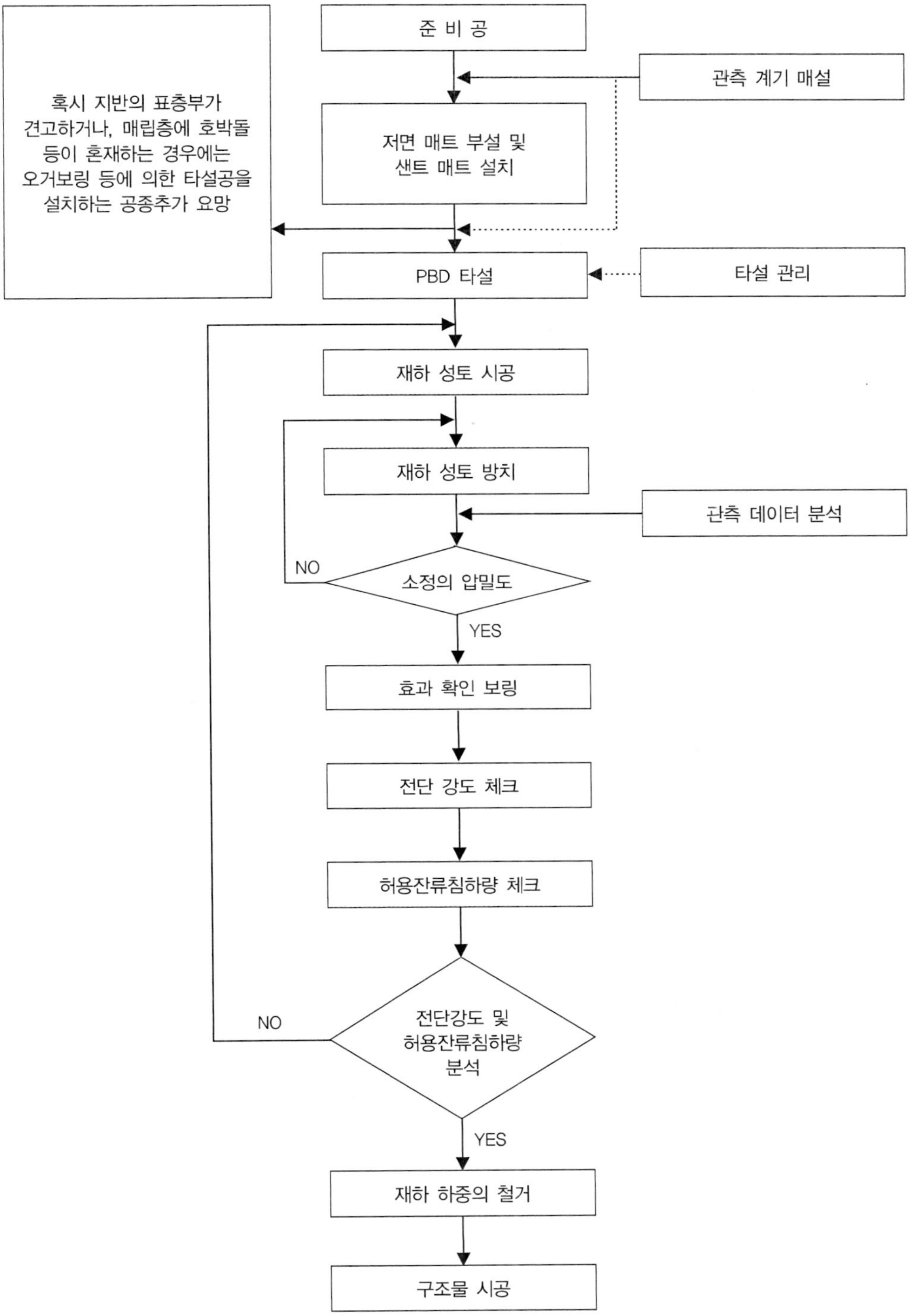

그림 5.50 시공순서 흐름도

5.3.3 각 공정별 작업 내용

1) 준비공

육상공사인 경우에 시공측량, 시공기계의 검토와 수배, 성토재, 매트재 및 PBD재 등을 수배한다. 또한 PBD 타설 작업을 위한 정지작업을 수행하며 PBD재의 적절한 타설에 도움이 되고 배수 매트가 설계된 대로 기능을 발휘하는 데 필요한 평평도를 유지 확립할 필요가 있다. 일반적으로 사면이 2~5% 경사일 때도 PBD 타설이 힘든 경우가 있다. 대부분의 PBD재 타설 장비는 5% 경사면 이상에서는 100% 재기능을 발휘하지 못한다. 따라서 표면 편평도를 2% 이하로 유지하는 것을 원칙으로 한다.

2) 저면 매트 부설(Working mat)

연약지반토와 sand의 분리 및 장비의 주행성(trafficability) 확보를 위한 보강 및 균등침하를 목적으로 연약지반 위에 부설하는 저면 매트는 일반적인 부직포의 지오텍스타일을 이용한다. 이를 연약지반 상태와 상재하중에 견딜 수 있는 적합한 인장력을 가지는 것을 사용하여야 하며 매트끼리 겹침을 완전하게 하여 국부융기가 발생되지 않아야 한다. 자재선정 및 부설 시 다음 항목에 유의하여야 한다.

① 적합한 인장력을 가진 mat를 선정한다.
② 교란을 방지하기 위하여 인력으로 부설한다.
③ 매트끼리 연결을 완벽하게 하여 중기주행 등에 의한 찢어짐이나 이음부의 터짐이 발생하지 않아야 한다.

3) 샌드 매트공

샌드 매트공은 PBD를 통해 배출된 연약지반의 간극수를 수평으로 배수함과 동시에 PBD 타설 작업 및 성토작업 시 중장비의 트래피카빌리티를 양호하게 하는 역할을 수행한다. 샌드매트의 필요 두께는 시공기계의 중량, 접지압 및 편심도 등을 고려하여 양호한 트래피카빌리티를 확보할 수 있으며, 지반 내에서 PBD를 통해서 배출되는 간극수를 지체 없이 배재할 수 있는 두께를 가져야 한다. 단, 초연약지반에서는 샌드매트 두께만으로 트래피카빌리티를 확보하려면 비경제적이기 쉽기 때문에 내부 마찰각이 큰 양질의 일반 토사로 일정 두께를 대체하는 방안을 강구하여야 한다. 샌드매트 시공은 덤프트럭, 불도저의 조합으로 시공하는 것이 일반적이다. 이때 함몰이나 지반파괴가 발생하지 않도록 시공 시 지반 교란을 예상하여 기초지반의 교란 후 지지력, 중기의 중량, 접지압 등을 고려하여 적정기계를 선정하도록 한다.

4) 타설공

PBD의 타설 시 맨드렐 관입에 따른 교란과 중기 주행에 따른 지표면 교란이 발생하므로 이 영향을 최소화하는 조치가 필요하다. 또한 초연약지반이거나 지표면 교란이 심하여 연화된 경우 PBD 타설 시 타설 장비가 전도하는 안전사고가 발생할 우려가 있으므로 이 점에 유의해야 한다. PBD가 타설 중에 손상을 입지 않게 하고, 정확한 간격으로 조정의 깊이까지 타설되게 하는 것이 중요하다. 그림 5.51(a)에는 PBD 타설 순서를 나타낸다.

PBD를 타설할 경우 맨드렐(케이싱)을 이용하는 방법과 PBD 자체만 타설하는 나타입의 2종류가 있으나, 타설 시 PBD 표면 손상을 방지하고 연직으로 정확하게 타설하기 위해서는 맨드렐을 이용하는 타설법이 유리하다. 맨드렐을 이용하여 PBD를 타설하는 경우 타설 시 PBD의 손상방지, PBD의 필터에 세립자 끼임 방지 등의 장점이 있고, 설비가 대형화되고 중량이 무거워 전도 가능성이 높은 단점이 있으나 이 방법이 보편화되고 있다. 대부분의 타설 장비는 형태가 유사하며, PBD재의 기능에 직접적인 영향을 미친다. 현장에서 고려해야 할 타설 장비에 관한 내용은 다음과 같다.

맨드렐은 드레인재 타설 시 PBD재를 보호하고, 관입 시 흙을 이동시켜 배수재의 공간을 확보하는 중요한 역할을 한다. 맨드렐 관입 시 흙의 이동은 교란을 유발하며 수평압밀을 방해하는 요인을 유발한다. 대부분의 맨드렐 단면적은 176~225cm^{2}의 사각형 또는 원형이나 그 크기가 작아질수록 지반교란 영역(smear zone)을 줄일 수 있으므로 유리하다. 현장에서 유리한 맨드렐의 단면적은 75cm^2 이하일 것이다. 맨드렐의 단면적을 작게 할 경우 견고한 지층을 관통하거나 맨드렐의 수직도를 유지하기 위해 단단한 재질로 만들 필요가 있고, 형태는 일반적으로 사각형 또는 마름모꼴이 유리하다.

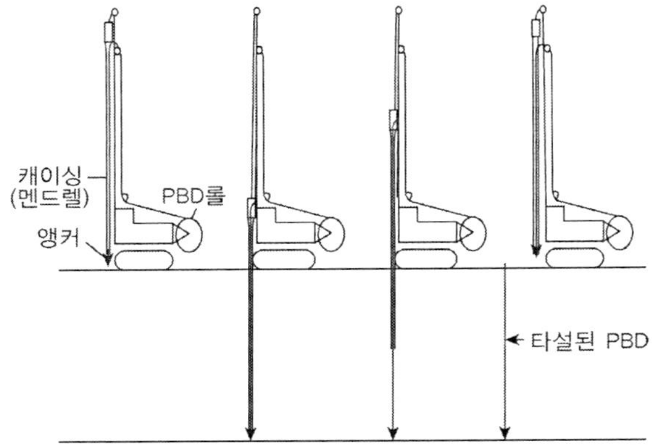

① 앵커 센팅 ② 타설 ③ 멘드렐인발 ④ 이동

(a) PBD 타설 순서

① PBD 타설용 mandrel

② PBD를 앵커(anchor)에 결합

③ Mandrel을 이용한 PBD 타설

④ PBD 타설 완료장면

(b) 현장 시공전경

그림 5.51 PBD 타설 순서 및 현장 시공전경

또한 PBD의 타입 방법은 정적(압입식) 또는 동적(타격식 · 진동식)으로 맨드렐을 이용하여 압밀대상토에 타설한다. 정적으로는 rig의 무게와 맨드렐 상부의 사하중과 맨드렐의 자중을 이용한다. 동적은 말뚝이나 sheet pile 타설 시의 장비와 유사한 시공장비를 이용한다. 필요한 관통력은 유사한 토질의 강도를 참고하여 시공자가 결정하여야 한다. 동적을 이용할 경우 동력에 의해 흙이 교란되어 투수계수가 감소될 것을 염두에 두어야 하며 가능한 정적으로 타입하여 스미어 존을 줄여야 한다. 대형 project의 경우는 정적, 동적 양 방법 모두 장단점을 내포하므로 시험시공을 실시하여 서로 다른 타입 방법의 효과를 검토해야 한다.

타입 장비 무게는 기초지반 지지력, 샌드매트 두께 등을 고려하여 타설 장비의 총 무게를 제한시켜야 한다. 그러나 대심도의 PBD 타설 등 일정중량 이상을 요구하는 경우는 접지압을 줄일 수 있도록 궤도의 폭 및 길이를 크게 조정하거나, 매립토층 두께 증가, 표층고화 처리법 등을 시공성, 경제성 및 안정성 등을 고려하여 종합적으로 비교, 검토한 후에 시공하여야 한다.

PBD 타설 순서는 일반적으로 다음과 같다.

① 앵커플레이트 부착
② 맨드렐 관입
③ 자동계측기에 의해 소정의 심도에 PBD가 타설된 것 확인 후 맨드렐 인발
④ PBD상단에 30cm의 여유를 두고 PBD 절단
⑤ 타설 장비 이동

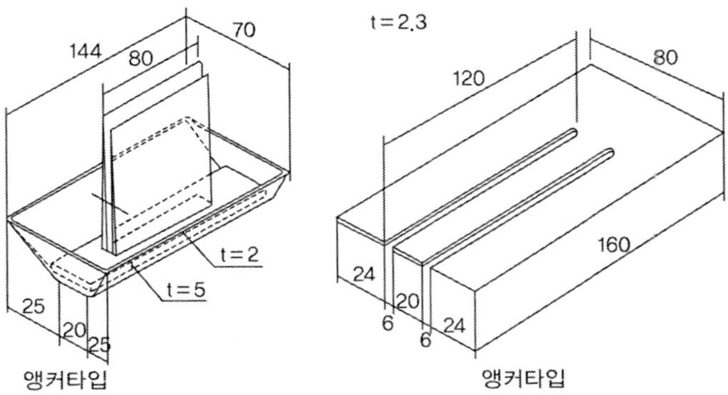

그림 5.52 앵커 플레이트의 대표적인 형상

PBD재 타설 후 맨드렐 인발 시 PBD가 끌려 올라옴(공상현상)을 방지하기 위해서 설치하는 앵커 플레이트는 그림 5.52에서 제시한 형상으로 제작하는 것이 유리하다. 앵커 플레이트는 맨드렐 관입 시 맨드렐 관입속도와 지반토와의 마찰에 의해 위로 오목한 형태로 충분히 휘어진다. 또한 PBD의 선단에 앵커 플레이트 부착 시 관입 도중 마찰을 방지하기 위하여 충분

히 안전하게 부착해야 한다. 그림 5.53과 같이 앵커 플레이트 형상에 PBD 선단이 20cm의 공간을 두고 부착하여(그림 5.53 참조) PBD의 선단을 소정의 깊이에 유지시켜야 한다.

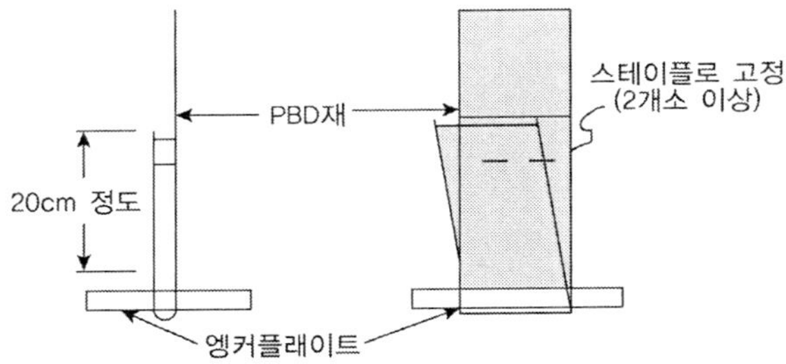

그림 5.53 앵커 플레이트 부착방법

(1) 시공 시 유의사항

PBD 타설 시 다음과 같은 사항을 유의하여야 한다.

① PBD의 filter sleeve가 손상되지 않도록 맨드렐식 장비를 사용하여야 한다.

② 지반지지력을 검토하여 안전한 접지압을 갖은 장비를 선택하여 공사 중에 장비가 연약 지반에 빠지거나 전도되는 사고가 발생하지 않아야 한다.

③ PBD는 1롤의 길이가 200~300m이므로 사용 중 잔여 길이가 시공깊이보다 짧은 경우가 있다. 불가피할 경우는 공당 1회에 한하여 30cm 이상 포켓식으로 연결하여 배수가 단절되지 않도록 한다. 포켓식 연결이 불가능할 때에는 잔여 길이를 버리도록 한다.

a) 배수재 시공 후 일정 시간이 경과할 때마다 이미 타입 된 배수재의 대표시료를 채취하여 배수성능 시험을 실시해서 품질적정 여부를 확인하여야 한다.

b) PBD의 품질은 제조회사별로 다르며 동일한 회사제품이라 하더라도 구성성분의 변경, 보관상태, 사용 경과일수에 따라 다르므로 품질관리기준을 정립하여 정기적인 품질시험과 검사를 하는 것이 중요하다.

c) 배수능력 시험은 국내, 국외의 경우 시험방법, 시험기구의 차이 등에 의해 많은 오차가 있으므로 국내 · 국외의 시방기준, 품질관리기준, 실내 시험기준(현장 여건에 맞는 동수구배 등)을 통합한 기준 정립이 필요한 실정이다.

d) PBD 타입 완료 후 샌드매트(Sand mat) 상단의 PBD 여유길이 30cm는 그림 5.54와 같이 지중의 간극수가 용이하게 배출토록 샌드매트 상단에 매입한다. 매입하지 않을

경우 간극이 큰 프리로딩 재료로 재하 시 일부 재하토가 수중단위 중량 조건으로 될 수 있다.

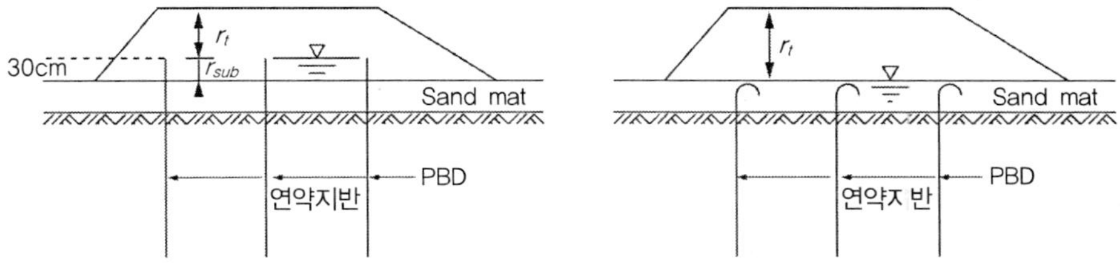

그림 5.54 PBD 여유 길이 처리 개념도

e) 국내 시방서는 대부분 PBD 타설 연직도 및 계측기 타입 연직도가 2°를 초과하지 않도록 되어 있으나 최근 대심도의 지반개량이 증가하므로 깊이가 깊어질수록 경사영향이 커진다.

그림 5.55와 같이 PBD 타설 깊이가 60m일 경우 연직도를 1°로만 가정하면 오차는 반경 1m 이상[수평거리= $\tan(1°) \times 60m ≒ 1.05m$]이 된다. 또한 기반암에 고정시키는 계측기(경사계, 층별침하계)의 경우도 설치심도가 30~60m이다. 따라서 연직도 관리가 안 될 경우 매설된 간극수압계는 과잉간극수압 소산 측정이 제대로 되지 않아 압밀진행 여부 판단에 어려움이 많으므로 PBD 및 계측기 천공은 가급적 연직이 되도록 하되 부득이한 경우 연직도를 1° 이하로 관리하는 것이 바람직하다. 연직도 관리가 잘 안 될 경우 역해석(Back analysis)하더라도 신뢰도가 많이 떨어지므로 연약지반 개량공사에서 연직도 관리는 매우 중요하다.

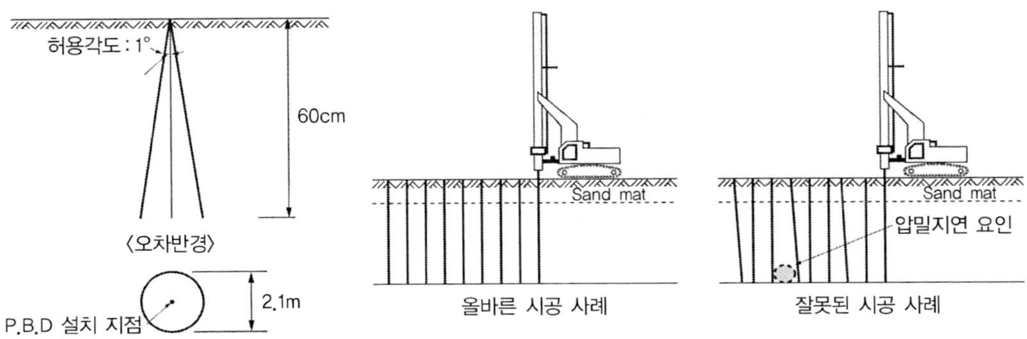

그림 5.55 PBD 오차반경 및 시공사례

f) 상재하중에 의한 잔류침하량이 허용침하량 이내에 범위로 예상될 경우 계측관리 빈도를 현장 여건에 맞게 변경조정(예 : 2～3회/1～2주)하면 프리로딩 재료를 원활히 유용할 수 있다.

g) 타설 위치의 허용오차는 ±15cm이어야 하며, 계측기 매설주변은 ±5cm 이하로 하되 정확한 간극수압 소산 측정을 위하여 mandrel 단면계수가 큰 방향이 간극수압계 설치지점과 인접한 방향이 되어야 한다.

h) Mandrel은 가능한 지반교란의 영향을 최소화하기 위하여 단면적이 작은 제품을 사용하여야 하며 기 사용하던 mandrel은 단면계수가 작은 방향으로 휨이 발생하지 않는 경우에 한하여 사용한다.

i) 표준 관입 시험(N)과 피조콘 시험(q_c)을 병행하여 실시하였을 경우 연직배수재 타입심도 결정은 N 값과 q_c 값의 상관관계를 검토하여 타입 심도를 결정하는 것이 바람직하다.

j) 연직배수재 타입 시 지반진동으로 인하여 구조물 손상이 우려되거나 그림 5.56과 같이 절성토 사면의 활동(sliding) 발생 가능성이 있는 경우 시험 시공 시 구조물 부위 및 절·성토 사면에 진동 계측치를 측정하여 문제점을 사전에 검토하여야 한다.

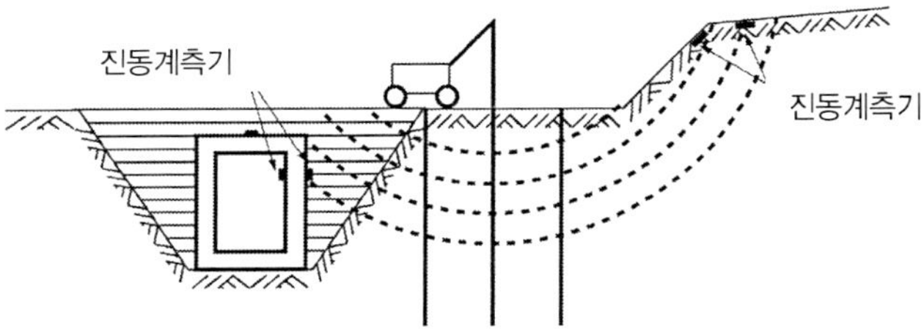

그림 5.56 구조물과 절·성토 사면이 있는 경우의 PBD타입

k) 지반이 불규칙한 것을 고려하지 않고 PBD를 균일하게 타입할 경우 부등침하 발생이 우려되므로 PBD 타입 전에 시험시공을 통해 그림 5.57과 같이 전이구간(transition zone)에 PBD를 타입하여 단차발생을 방지하여야 한다.

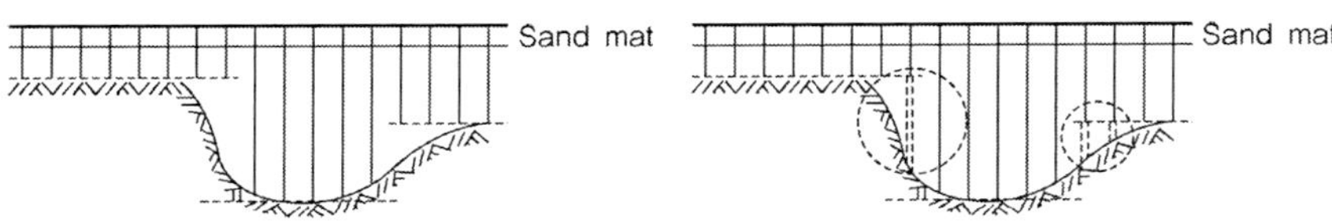

(a) PBD 균열 타설 (b) 전이구간 PBD 변화 심도로 타설

그림 5.57 부등침하를 대비하여 전이구간에 PBD 타설

l) 프리로딩을 블록별로 제거 시 인접 블록 단부에 지중응력이 적게 전달되어 미개량 구역이 발생할 수 있다. 그러므로 이를 최소화하기 위하여 그림 5.58과 같이 인접 블록에 지중응력이 전달될 수 있는 부분은 프리로딩을 제거하지 않고 중첩 재하하는 것이 바람직하다.

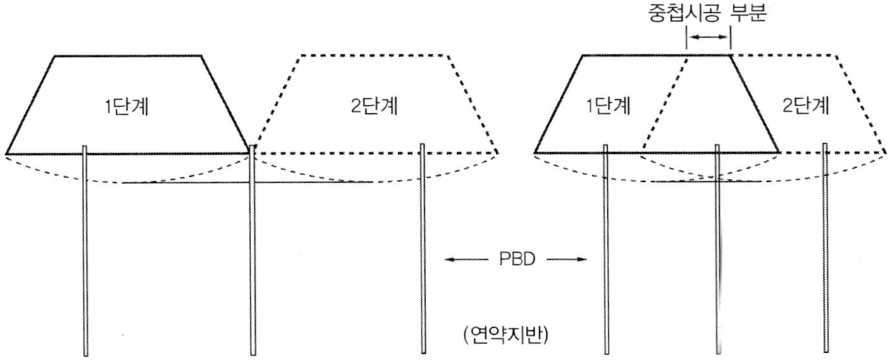

그림 5.58 프리로딩 중첩재하 단면

n) PBD 타설 완료 후 mandrel 인발 시 공벽의 함몰속도로 인하여 지반 내에 공동이 발생 할 수 있으며 이 경우 압밀지연 효과가 생길 우려가 있다. 대책 방법으로는 그림 5.59와 같이 물분사 또는 공동 내에 물을 주입할 경우 주입으로 정상적인 간극수배수가 진행되어 안정적인 지반개량이 가능하다.

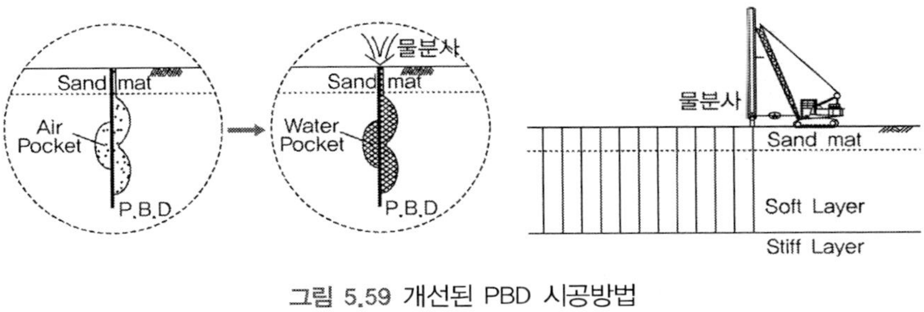

그림 5.59 개선된 PBD 시공방법

그림 5.60 연직 PBD 타설 장비 및 타설 전경

5) 재하공

적용하고자 하는 설계하중 이상으로 재하성토를 하여 압밀침하의 촉진과 지반의 전단강도를 증가시킴으로 재하성토 제거 후 지반의 잔류침하 감소와 소정의 지반지지력을 확보한다.

재하성토 시 원지반이 교란되면 공사가 실패하는 원인이 된다. 따라서 재하공 시공 시 다음과 같은 사항을 유의한다.

① 재하성토재 규격은 별도로 지정된 재료를 제외하고는 #200체 통과량이 35% 이하인 흙을 사용하여야 한다. 이를 만족시키는 재료의 25% 이상이 #40체를 통과할 경우에는 #40체를 통과한 부분이 비소성(non plastic)이거나 액성한계(LL)가 60% 이하이고 소성지수(PI)가 30% 이하이어야 한다. 깬 돌을 사용할 때에는 편평세장한 것을 사용해서는 안 된다. 직경 15cm 이하로부터 4.8mm까지 균등한 입도분포가 되도록 파쇄하여 사용한다.

② 1단계 재하성토는 단계적으로 성토하여 한계성토고 이내로 성토하여야 한다. 매 단계별 성토는 최대 0.5m의 두께로 시공한다.

③ 2단계 재하성토 전에 1단계 성토하중에 의한 소요압밀도에 도달했는지를 확인한다.

④ 2단계 재하성토는 압밀진행되어 지반이 안정된 후에 시행한다.

⑤ 단계별 재하성토 시 종횡 간격을 20~50m로 하여 지반이 유동하거나 국부파괴가 발생

하지 않도록 한다.

⑥ 기타의 시공 시 유의사항은 샌드 매트 부설 시공과 같이 시공장비 운용 충격에 의하여 원지반이 교란되거나 국부파괴가 발생되지 않도록 하여야 한다.

표 5.15 PBD 타설 심도별 타설 기계의 중량

타입 깊이	타설 장비의 중량
15m 이하	30ton
15~20m	30ton 이상
20~25m	45ton 이상
25~30m	50ton 이상
30~35m	60ton 이상

또한 PL(pre-loading) 재하토의 재질은 향후 유용매립토임을 감안하여 사질토로 분류되는 #200체 통과량이 25% 이내이며, 유기물이 함유되어서는 안 된다. PL 재하토는 계획된 시점을 준수하여 도입하여야 하며, 현장 조건상 시공시점이 변경되어 압밀기간이 부족할 경우 전문기술자의 검토를 통해 시공하여야 한다. PL 재하토의 단위 중량($1.7t/m^3$)에 변동이 있을 경우 도급자는 이에 대한 Pre-loading 재하높이를 재검토하여 감독원의 승인을 얻은 후 조정 시공하여야 한다.

또한 Pre-loading 설치 후 지반침하에 기인되어 성토부가 원지반의 지표면 아래에 위치하는 경우가 있을 수 있으므로 이 경우 흙의 단위 중량이 감소하므로 추가 성토를 실시하여 예상하중을 충족하도록 해야 한다. 또한 수분에 취약한 화강풍화토 등을 PL 재료로 사용한 경우 사전에 충분히 검토해야 한다.

5.3.4 시공관리 및 공정관리

1) 시공 및 공정의 합리화를 위한 유의사항

PDB 시공 시 시공과 공정관리를 위한 유의사항은 다음과 같다.

① 본격적인 PDB를 타설하기 전에 시험 타설을 실시하여 당초 설계 시 추정하였던 설계 내용과 상이할 경우에는 감독원의 승인을 얻은 후 추가지질조사를 실시하여 타설지점, 심도, 간격 등을 검토하여 실시하여야 한다.

② 본 시공은 작성된 시공관리 기준과 조사된 지층상태를 비교 검토하면서 PDB 타입 장비

운전원에게 충분히 교육시킨 후 수행하여야 한다.

③ 감리자는 시공 전 시추조사에 의하여 타설 지점, 심도, 간격, 공법 등의 변경이 불가피한 경우에는 감독원과 합의하여 설계변경 조치하여야 한다.

④ PDB 타입은 본 지침의 타설 기준을 원칙으로 하되 토질조건 및 주변조건을 고려하여 변경할 경우에는 반드시 감리자의 승인을 얻어야 한다.

⑤ PDB를 타설하기 전에 감리자의 지시에 따라 기준점을 설치하고 이를 기준으로 타설 간격에 맞도록 Taping하여 타설 위치를 확인할 수 있도록 표시한다.

⑥ 타설 위치는 반드시 측량을 하여 선정하여야 하며, 타설 위치를 표시한 표지 등이 시공 도중 파손 또는 손상되었을 경우에는 즉시 재설치하여야 한다.

⑦ PDB 장비는 Sand mat를 포설한 후 지반의 안전성을 검토하여 안전한 작업이 가능한 것으로 판단될 때에 타입 장비를 진입시켜야 한다.

⑧ 연약지반의 교란방지와 안전사고 방지를 위하여 접지압 5.0tf/m^2 이하인 장비를 사용하여야 한다.

⑨ PDB 타입 깊이 및 공수의 변조가 불가능하도록 메모리 기능이 없고 타입깊이가 숫자로 작업 즉시 기록되는 자동기록장치를 사용하여야 한다.

⑩ 감리자는 PDB 타입 깊이에 대한 자동기록장치의 현장 검사를 매주 2회 이상 비정기적으로 실시하여야 한다.

⑪ 감리자는 자동기록 장치의 현장 검사 결과 실제와 10m 이하의 깊이에서 1.5% 이상, 10~20m 깊이에서 2.0% 이상, 20m 이상에서 2.5% 이상의 오차가 있을 때에는 즉시 작업을 중단시키고 자동기록 장치를 교체한다. 고의적인 조작으로 판단될 때에는 감시자는 재시공 등 엄중한 제재조치를 취할 수 있다.

⑫ PDB 타입은 지면에 대하여 연직으로 하여야 하며 PDB 타입이 2° 이상 기울지 않도록 관리방안을 수립하고 이행하여야 한다.

⑬ PDB 타입 위치는 오차는 ±15cm 이내로 하여 배수 영역의 균등성을 확보하여야 하며, 전반적으로 설계된 간격보다 (+) 쪽으로 벗어나서 타입되지 않도록 한다. 허용 오차를 벗어난 개소는 추가로 정위치에 재타입한다.

⑭ PDB 타입 시 교란 효과를 최소화하기 위하여 앵커(anchor)는 지반의 교란을 최소화하는 방법을 적용하여야 한다.

⑮ PDB 타입 시 앵커링 불량으로 인하여 연약지반 개량 깊이의 2.5% 이상으로 공상(空上)

이 발생할 때에는 즉시 작업을 중단하고 감리자에게 보고하여 공상 방지방안을 강구한 후에 재시공한다. 공상으로 인한 모든 문제는 도급자의 책임이며 도급자의 부담으로 대책을 강구한다.

⑯ PDB 타입을 위한 Water Jetting은 금지하며, 부득이한 경우에 사용할 때에는 감독원의 사전허가를 받아야 한다.

⑰ 타입 작업 진행에 따라 연약지반 이동 및 침하가 발생되지 않도록 작업장의 정리 및 과대 하중, 국부재하방지에 최선을 다하여 안전관리에 철저를 기하여야 한다.

⑱ 도급자는 PDB 타입 전에 PDB의 타입배치도(PDB 시공 상세도)를 감리자에게 제출하여야 한다. 또 타입양, 타입 길이, 구역 등에 대하여 감리자가 승인한 형식의 일일 시공 보고서를 제출하여야 한다.

⑲ PDB 타입 시공의 전 공정을 통하여 연약지반에 국부적인 집중하중의 재하, 지반의 소성 유동 및 교란을 발생시키는 모든 행위를 하여서는 안 된다. 이로 인한 모든 책임은 도급자의 부담으로 대책을 강구하여야 한다.

2) P/L 하중 감소에 따른 대책

(1) 현장 조건

최인걸(2013)에 따르면 부산신항의 부지조성을 위한 시험시공의 연약지반 개량 공사 중 프리로딩 재료인 준설매립토 단위 중량이 당초 설계치인 $1.8t/m^3$보다 작은 $1.6t/m^3$으로 미달되었고, 또한 지하수위는 그림 5.61과 같이 설계 시보다 0.5~1.0m 상승되었다고 보고하고 있다. 따라서 성토재의 유효응력 감소로 인한 압밀 기간의 증가가 예상된다.

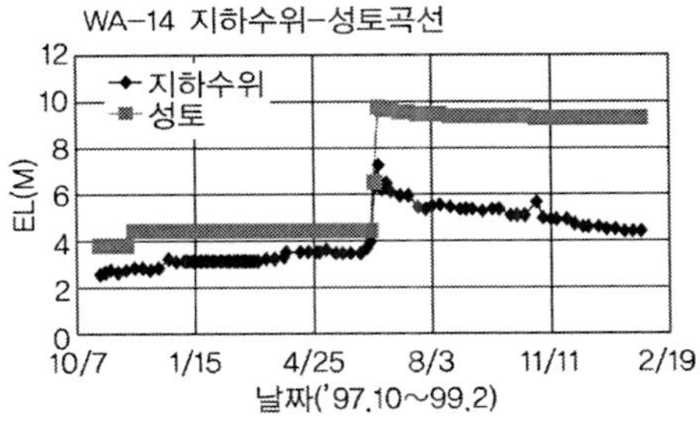

그림 5.61 성토작업 시 지하수위 변화

(2) 조치사례

프리로딩 하중 감소 대책방안으로 준설토 프리로딩 추가 재하방안과 지하수위 저하방안을 검토한 결과 시공성과 경제성 측면에서 유리한 추가하중 재하방안이 대책안으로 채택되었다. 따라서 성토재의 단위 중량 감소분으로 인한 부족하중을 계산하고 이에 따른 추가 성토고를 산정(추가 성토고 = 부족하중 ÷ 프리로딩 단위 중량)하여 프리로딩을 재하하여 원활하게 예정대로 공사를 완료할 수 있었다.

3) 보고사항

PDB 타입 상황에 대한 작업일보는 다음 사항들을 기재하되 장비별로 작성한다.

① 작업일자 및 순 작업시간
② 책임기술자 서명 날인
③ 사용장비 Type, PDB Type
④ PDB 타입 설치 및 작업공구
⑤ PDB 총 타입 길이, 공수, 면적
⑥ 타입공별 예상 타입 길이와 실 타입 길이
⑦ 재타입 발생공 위치 및 사유
⑧ 기타 시공 시 문제점
⑨ 관련 타입 심도 자동기록지

5.3.5 계측관리

1) 목 적

연약지반에 계측관리를 실시하는 것은 설계 시 대규모의 현장을 점적인 조사에 기인하여 설계가 수행되므로 그 대표성에 문제가 발생하는 경우가 종종 있다. 또한 예기치 못한 요인에 의하여 설계와 매우 상이한 거동을 하는 예가 있으므로 현장의 변위거동을 실제로 측정하여 안전하고 경제적인 시공을 실시하기 위함이다. 연약지반 처리 시 계측관리의 기본 개념은 표 5.16과 같다.

표 5.16 연약지반 처리 시 계측관리의 기본 개념(PBD 工法硏究會, 2009)

기술적 과제		현장 관리사항	관리법·예측법	계측항목
활동파괴	• 설계예상과 실제의 차이 • 지반형태의 차이	• 성토의 안전율 또는 안전도 • 한계하중 • 한계변형 • 균열, 융기 등	• 압밀진행 상태에 따른 사면 안정 재해석에 의한 관리 • 지반활동에 대한 안정계산 • 계측을 통한 안정관리	• 변위측정(수평, 연직변위) • 정기적 육안 관찰 • 변위측정
침하량	• 설계예상과 실제의 차이 • 지반형태의 차이 • 간접자료를 통한 추정의 정확도	• 최종침하량 • 압밀도 • 장래침하	• 침하 DATA를 이용한 침하 예측법 • 간극수압 DATA를 이용한 추정 • 물리정수(함수비등)의 변화로부터 추정 • 강도(일축압축강도등)의 변화로부터 추정	• 침하측정
강도증가	• 설계예상과 실제의 차이 • 지반형태의 차이	• 지반강도 • 재하하중 • 압밀도	• 강도조사 • 성토고 • 침하예측법 • 간극수압의 측정을 통한 추정 • 물리정수(함수비등)의 변화로부터 추정	• 응력측정
주변 지반의 변형	• 설계예상과 실제의 차이 • 간접자료를 통한 추정의 정확도	• 주변 지반의 변위 • 기존 구조물의 변위 변형	• 실측 관리치	• 변위측정 • 응력측정 • 지반조사

그림 5.62는 계측기의 배치 예를, 표 5.16은 일반적인 계측방법을 기술하고 있다.

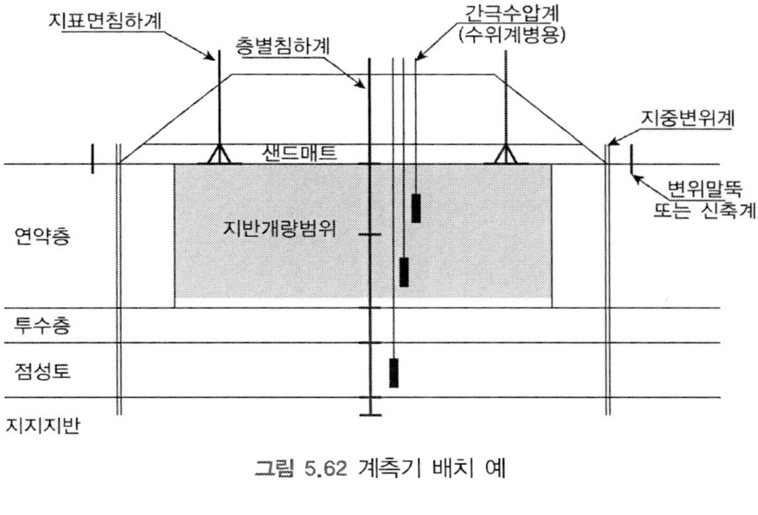

그림 5.62 계측기 배치 예

표 5.17 일반적인 계측방법

계측항목	사용 센서 및 계측방법			
	육상성토의 경우	적요	해저성토의 경우	적요
지표면 침하	침하판 앵커롯드식 침하계 연속침하계	측량 측정 수동 또는 자동	침하판 침하판+수압계 수압식 침하계 앵커롯드+연속침하계	측량 수동 수동 또는 자동 수동 또는 자동
지표면 수평이동	신축계 변위말뚝	수동 또는 자동 측량		
층별침하	앵커롯드+층별침하계 전자유도식 층별침하계	수동 또는 자동 수동	수압식 층별침하계 앵커롯드+층별침하계 전자유도식 층별침하계	수동 또는 자동 수동 또는 자동 수동
지중측방변위	압입식 경사계 다단식 경사계	수동 수동 또는 자동	삽입식 경사계 다단식 경사계	수동 수동 또는 자동
간극수압	간극수압계(1점식) 간극수압계(다점식)	수동 또는 자동	간극수압계(1점식) 간극수압계(다점식)	수동 또는 자동 수동 또는 자동
지하수위	수위계	수동 또는 자동		

2) 계측기의 종류 및 선정

(1) 계측기의 종류

① 침하계

그림 5.63(a)는 지표면에 설치된 강관과 그것에 직각으로 접속된 로드와 그 주변의 흙과의 마찰을 막기 위해 보호 파이프로 구성되어 있고, 시공면에서 돌출된 로드의 두부 높이를 수준 측량함으로써 지표면의 침하량을 계측한다.

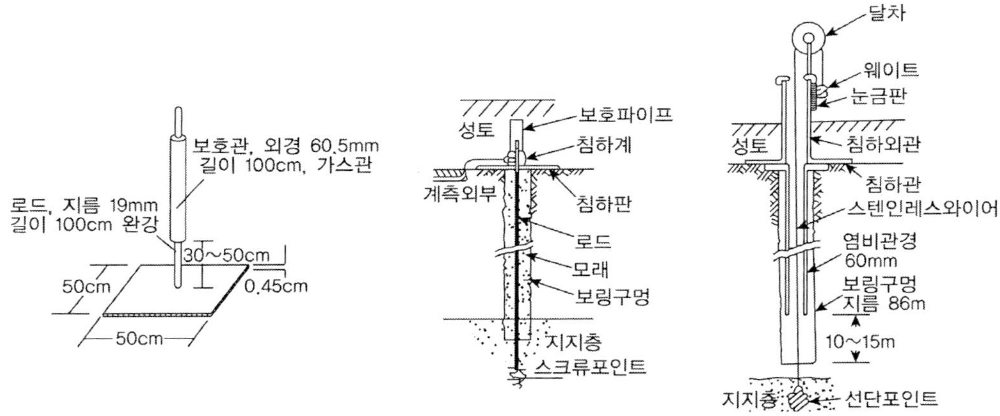

(a) 침하판식 (b) 연속식 (c) 차동식

그림 5.63 지표면형 침하계

그림 5.63(b)는 연속식 지표면 침하계로 침하되지 않는 지지층에 정착시킨 로드에 따라 침하하는 침하판을 성토 바닥면에 설치하고 로드와의 상대 변위량을 전기저항의 변화로 연속적으로 측정한다.

그림 5.63(c)는 차동식 지표면 침하계로 측정부를 성토면에 내어서 침하량을 눈금판으로 직접 읽도록 한 측정기이다. 연속식과 같이 설치 후 수준 측량을 할 필요가 없고 혼자서 측정할 수가 있어 파손도 적지만, 성토를 쌓아 올림과 동시에 침하 외관을 이어서 내리는 불편함이 있다. 표 5.18은 침하측정 장치의 종류 및 특성을 요약하여 나타낸다.

표 5.18 침하측정 장치의 종류 및 특성 요약

구분	장점	단점
광학적 측량법 (침하판, Screw Type 침하봉 등)	• 방법이 단순 • 내구성이 양호	• 주로 지표에 설치되므로 시공지장 초래 및 시공장비에 의한 파손 가능성 큼
Cross Arm 방식	• 지반의 침하를 정확히 나타냄 • 비교적 큰 변형을 견딜 수 있음	• 주로 성토지반에 설치(시추공 내의 설치곤란) • 측정이 불편 • Sensor가 Jamming될 수 있음
Cross Arm+ 경사계 Casing 복합방식	• 구조가 간단 • 수직 및 수평변위를 동시에 측정	• Sensor가 Jamming될 수 있음 • 지반의 침하가 Casing의 침하로 정확히 나타나지 않을 수 있음 • 측정이 불편 • 계측기 매설지점 주위에서 다짐작업 곤란
변위-유도전류 Sensor 방식 (Sinco Corrugated Tube 방식)	• 설치방법 및 대상지반이 다양	• 측정에 객관성이 결여될 수 있음 • 주변에 방해 전류가 있을 경우 정밀도 저하 • 계측기 매설지점 주위에서 다짐작업 곤란
자석-리드 스위치 방식	• 설치방법 및 대상지반이 다양	• 계측기 매설지점 주위에서 다짐작업 곤란
Bellow-Hose 방식		• 측정에 객관성이 결여될 수 있음 • 계측기 매설지점 주위에서 다짐작업 곤란 • 측정 가능 깊이가 7.6m로 제한
Magnetostrictive 방식	• 설치 시추공에 상당한 경사가 있는 경우에도 측정 가능	• 취급 시 특별한 주의를 요함
액체 침하계 (액체-간극수압계 이용방식)	• 원격 측정 가능 • 측정 용이 • 자동화 용이	• 1개 시추공에 여러 개 침하 Sensor 설치 곤란 • 진동현식 간극수압계 이용 시 영점 이동 최소화를 위한 제조 기술 필요

② 경사계

경사량을 측정하기 위한 계기로 지표면이나 구조물의 경사량을 측정하든지 성토의 횡단방향으로 설치한 가동성의 파이프, 또는 지중변위계에 삽입해서 경사량에서 침하량이나 수평 변위량을 구하는 데 사용한다. 기포관식과 전자식이 있고 목적에 따라서 사용을 구분할 필요가 있다. 전자식은 사용하는 전기변환기의 타입에 의해 카르슨형, 차동 트런스형, 표면 접착 저항형, 와이어 스트렌 게이지형 등이 있다.

표 5.19 경사계의 종류 및 특성 요약

구분	장점	단점
Force Balance 가속 감지기 형식 (일반적인 경사계)	• 장기간에 걸쳐 성공적으로 사용됨 • 가장 널리 이용 • 자동 측정용도 생산됨 • 수평 Casing 용도 생산됨	• 설치 시 Casing의 비틀림 확인이 필요
전기 저항식 Strain Gage 형식	• 내경 38mm 파이프에 사용 가능	• 습기, 온도 및 연결선들에 의한 측정 오류 발생 가능 • 사용이 줄어들고 있는 상태
진동현식 Strain Gage 형식	• 장기간에 걸쳐 성공적으로 사용되어 옴	• 영점 이동을 최소화하기 위한 제조기술 필요 • Sensor가 비교적 크므로 Probe가 큼 • 사용이 줄어들고 있는 상태
전해액식 Sensor 방식	• 자동화 용이	• 사용실적이 비교적 적음
EL IPI Sensor 방식	• 자동화 용이 • 1개의 Cable로 여러 개의 Sensor 측정 가능	• 사용실적이 비교적 적음

③ 지표면 변위 말뚝

그림 5.64처럼 말뚝을 지반에 박아 넣어 말뚝머리 기준점의 수직, 수평 이동량을 측정한다. 말뚝의 설치는 보강제방의 양 측면의 성토경사면의 단부나 경사계를 보조할 수 있는 곳에 설치한다.

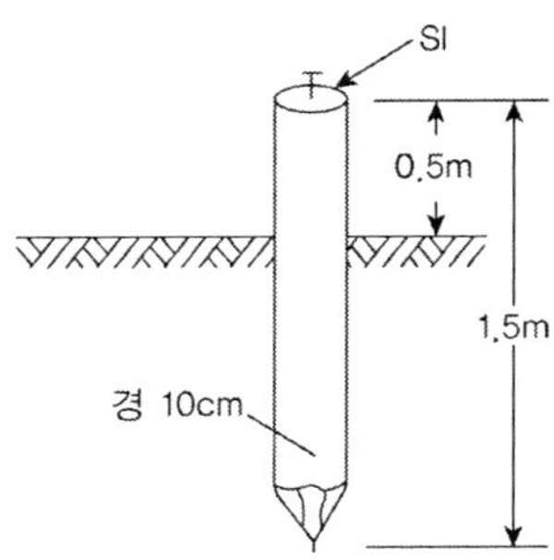

그림 5.64 지표면 변위 말뚝

④ 간극수압계

지반 내의 간극수압을 측정하는 계기로 전기식과 마노미터식이 있다. 전기식은 선단부의 필터를 통해서 내부로 전달되는 수압을 압력변환기에서 전기적으로 나타내려 한다. 마노미터식은 수압이 그대로 도관 내의 물을 통해서 마노미터 또는 황동관으로 전달된다. 더욱 마노미터식의 일종으로 카사그랜티형으로 일컬어지는 것이 있다. 이것은 마노미터부가 없고, 선단에 필터를 붙인 가는 관을 연직으로 설치하는 것으로 정도는 다소 떨어지나 현장에서는 좋은 결과를 얻고 있는 것이 많다. 경사계의 설치는 성토사면의 양측의 단부나 사면의 활동파괴가 예상되는 곳에 설치한다(그림 5.65 참조).

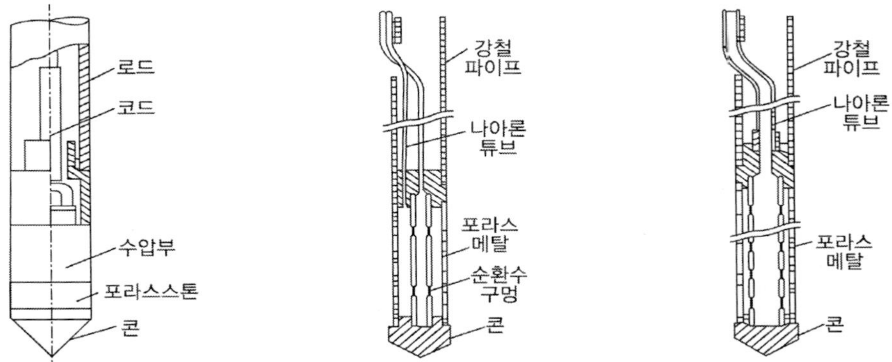

(a) 전기식 (b) 마노메타식 (c) 피에조메타식

그림 5.65 간극수압계

⑤ 하중계와 토압계

받침목 하중을 측정하기 위해서는 이 목적으로 개발된 유압형 하중계를 이용하는 경우가 많다. 와이어 스트렌게이지, 칼슨형 변형계, 접동저항형 변형계 및 차동 트랜스형 변형계 등은 구조나 철근 등의 응력을 측정함과 동시에 외력을 구하기 때문에 자주 쓰이고 있다.

토압의 측정은 벽면에 작용하는 토압의 측정과 흙 속의 토압을 측정하는 경우로 나뉜다. 현재 사용되고 있는 토압계의 대부분은 토압에 의한 수압판의 변화량 또는 변형량을 전기적인 변화량으로 측정하여 토압을 구하는 방식이다.

⑥ 기 타

기타 계측기기로서 연속침하계, 토압계, 지표면 신축계, 지중변위계 등이 있다.

표 5.20 간극수압계의 종류 및 특성 요약

구분	장점	단점
관측정	• 가장 단순한 구조이고 설치가 간단	• 서로 다른 층을 상하로 연결하므로 결과의 정밀도가 낮음
Stand Pipe식 간극수압계	• 단순한 구조로서 내구성이 양호	• Time Lag가 큼 • 성토 공정에 따라 Pipe를 이어가야 하므로 시공에 지장을 줄 수 있음 • 시공 장비에 의한 파손 가능성 큼
2-tube 유압식 간극수압계 (Hydraulic)	• 매설되는 부분에 움직이는 부분이 없으므로 내구성 양호	• 지상부의 구조가 복잡 • 측정 및 유지관리가 까다로움 • 특별히 내구성이 필요한 경우를 제외하고는 사용되지 않음
공기식 간극수압계 (Pneumatic)	• Time Lag가 거의 없음 • 시공 장애가 작음 • 동결 문제가 없음	• 선정 시 많은 주의를 요함 • 시추에 의하지 않고 그냥 꽂아 넣는 방식은 시공 시 특별한 주의를 요함 • 자동화 곤란
진동현식 간극수압계 (Vibrating Wire)	• 측정이 용이 • Time Lag가 작음 • 시공 장애가 작음 • 연결선의 길이 및 손상의 영향이 작음 • (-) 간극수압 측정가능 • 동결문제가 없음 • 자동화 용이	• 영점 이동 최소를 위한 제조기술 요구됨 • 꽂아 넣는 방식은 시공 시 특별한 주의를 요함
전기저항식 (Electric Resistance)	• 진동현식 간극수압계의 장점과 유사(단 열결선의 길이 및 손상영향이 작은 항목 제외)	• 출력 전압이 작음 • 연결선의 길이 및 손상에 취약함 • 꽂아 넣는 방식은 시공 시 특별한 주의를 요함

(2) 계측기의 선정

정보화 시공에서 가장 중요한 것은 계측기이다. 요즘 계측기의 수요의 증대와 함께 각양각색의 계측기가 시판되고, 이중 어느 것을 선택해서 이용하더라도 문제가 된다. 여기에서는 계측기의 선정 시 착안점에 대해서 간단히 서술한다.

① 원시적 계측기의 내구성

연약지반에서 발생된 간극수압을 측정할 때 어떻게 하는 것이 '수압'이라는 눈에 보이지 않는 양을 정확하게 계산할 수 있을지에 대하여 많은 노력을 하였으며, 3종류의 측정법을 제안하였다. 그림 5.66에 3종류의 측정법을 나타냈다.

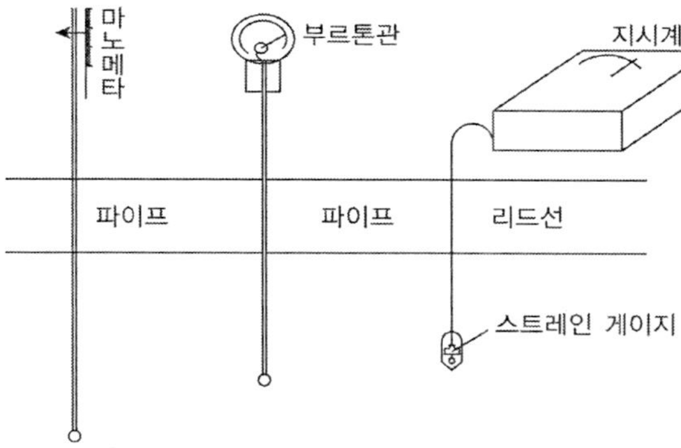

그림 5.66 간극수압 측정방법

(a)는 가장 단순한 계측방법으로 연약지반 중에 필터 칩을 삽입하고 이것에 파이프를 넣어서 지상까지 연결시키고 유리관(마노메타)으로 보면 간극수압의 변동으로 마노메타의 수면이 변하기 때문에 이것을 읽으면 된다. 수압변동이 커서 마노메타 길이가 부족할 때는 수은으로 균형을 잡으면 된다. 이것은 간단히 수압의 균형을 잡아서 읽는다. 구성부품도 작기 때문에 고장이 없다. 계측기는 원시적일수록 단단하기 때문에 안심하고 사용할 수는 있지만 다소 둔하기 때문에 불편하다. (b)는 마노메타 대신 부루톤 게이지를 사용한 것이다. 이것은 읽기 쉽고, 마노메타에 비해서 측정관 내의 수량의 변화가 작기 때문에 간극수압 표시의 시간적 지연이 작고, 간극수압의 계측으로는 유리하다. 부루톤관이라는 기계적인 계측기를 도입함으로써 계측이 편리하지만 고장이 날 가능성이 크다. (c)는 이러한 경향이 더욱 강하다. 고성능의 전기변환식 간극수압계는 전선을 연장하면 원격지까지 자동적으로 계측되기 때문에 많은 계측기의 집중관리에는 상당히 편리하다. 그러나 이것은 수압 → 다이아프렘의 변위 → 변위 게이지에 의한 전기저항 변화 → 지시계에 의한 표시 등의 과정을 통해서 계측되기 때문에 (a)의 마노메타와 비교하면 고장의 가능성은 훨씬 높다. 이와 같이 계측기는 원시적이고 강인한 것이 안심하고 쓸 수 있지만 그 나름대로의 불편한 성능이 있다. 현장 상황에 맞추어 될 수 있는 한 강인한 계측기를 선택하여 사용하는 것이 좋다.

② 변환형식에 의한 특성

연직배수 공법의 관리에 이용되는 계측기는 상당한 성능이 요구되는 전기변환식 계측기를 이용하는 경우가 많다. 전기변환식 계측기는 픽업과 지시계를 전선에 연결하고 메타를 읽는 것으로 일률적으로 생각하는 경우가 많다. 그러나 한마디로 전기변환식은 그 작동형식에 따라서 계측기의 특성은 꽤 다르다(표 5.21 참조). 예를 들면, 스트레인 게이지형과 크로스형을 비교해보면 양자 모두가 전기저항의 변화를 검출하는 기구이기 때문에 기계적 강도, 경과 시간 변화, 케이블의 절대성에 대한 민감도, 시스템 구성의 어려움 등이 다르다. 현장의 상황에 맞게 계측기의 특성을 잘 이용하는 것이 중요하다.

표 5.21 변환형식에 의한 기본 특성 비교

형식	스트레인 게이지형	포텐셜 메타형	카루손형	차동도란스형	진동현형
변환원리	전기저항식	전기저항식	전기저항식	교류전압식	주파수 변환식
회로방식	휘스톤 부리지 또는 평행법	휘스톤 부리지 또는 전위 차계법	휘스톤 부리지	전위차계방식 또는 편위법	전자식 발전으로 주파수 전달
변환대상	미소 변위력 변환	중정도~큰 변위	미소 변위력 변환	미소~ 중정도의 변위력 변환	미소 변위력 변환
기계적 강도	특히 큼	큼	작음	큼	작음
경과시간 변화	접착제의 특성에 의함	약간 곤란	거의 없음	거의 없음	거의 없음
케이블 절연성	영향이 큼	영향이 적음	영향이 적음	영향이 약간 큼	영향이 적음
시스템 구성	자동화 시스템이 쉽게 구성됨	자동화 시스템이 쉽게 구성됨	자동화 시스템은 약간 곤란함	자동화 시스템이 쉽게 구성됨	자동화 시스템은 곤란
대표 기종 (연직배수관리에 관계되는 것)	토압계 간극수압계 경사계 변위계	층별침하계 지표면 변위계	토압계 간극수압계 변위계	토압계 간극수압계 변위계 경사계 층별침하계	토압계 간극수압계

③ 계측범위와 정도의 균형

계측기는 각각 계측이 가능한 범위가 있다. 개략적으로 말하면 최대 용량과 읽을 수 있는 정도 사이가 그 계측기의 사용가능한 범위이다. 예를 들면, 용량 5kg/cm^2, 정도 1.0%/FS의 간극수압계는 0.05~5kg/cm^2 사이의 수압변동을 오차 0.05kg/cm^{2}로 계측할 수 있다. 5kg/cm^2 이상의 간극수압이 발생되면 계측기는 고장날 수 있으며 역으로 0.05kg/cm^2 이하 수압변동이 있어도 검출되지 않는다.

많은 전기변환식 계측기는 정도가 최대 용량의 0.5~1% 정도이기 때문에 어느 정도 현장상황을 커버할 수 있는 용량과 정도를 가진 계측기는 아니다. 여기서 동일 형식으로도 최대

용량이 여러 종류이기 때문에 시리즈 형식으로 계측기를 제조하는 경우가 많다. 예를 들면 PS-XW 등의 형식명으로 X의 용량을 표시하고 있다. 성토의 크기, 관리 정도 등을 고려해서 계측범위를 만족할 수 있는 계측기를 선정하는 것이 필요하다.

④ 설치와 보수

계측기를 계속 정상적으로 작동하고자 할 때는 잘 선정된 계측기를 정확하게 설치하고 보수관리를 충분히 하는 것이 중요하다. 설치 시 작은 실수로 생명을 잃고 시공기계가 컴퓨터선을 절단해서 순간적으로 계측 시스템이 원상태로 되돌아가 버리는 경우가 있다. 계측기의 설치는 토질의 특성과 계측기의 특성을 잘 알고 있는 기술자이어야 한다. 간극수압계의 탈기, 압입 시 과잉수압의 제어, 토압계의 압력을 받는 면의 방향 제어, 지반의 침하에 대한 계측기의 보수 등은 전문 기술자와 상담하는 것이 좋다. 확실히 복잡한 연직배수의 시공관리의 문제가 점점 현장 계측에 커다란 타격을 주기 때문에 신중한 노력과 열의를 가져야 한다. 계측기의 선정 시 계측 목적, 예상되는 측정량, 계기의 정밀도, 계기의 원리 및 기능, 작업 규모, 작업의 중요성, 과거의 경험, 경제성 등을 고려하여 결정하여야 한다.

일반적으로 계측기는 작동원리에 따라 크게 기계적인 방식과 전기적인 방식으로 분류할 수 있다.

a) **기계식** : 물리적 변화량을 직접 계측하거나 유압 또는 공기압을 이용하여 계측하는 방법이며 비교적 장치가 간단하고 가격이 저렴하지만 수동계측을 해야 하므로 계측 빈도가 적고 측점수가 적으며 계측기간이 짧은 경우 유리하다.
b) **전기식** : 물리적 변화량을 전기적 변화량으로 변환하여 계측하는 방법으로 응용 분야가 넓고 원격계측이 가능하며 자동화하기가 용이하므로 작업 환경이 열악하거나 계측 빈도가 높고 측점수가 많은 경우 유리하다.

계측기 선정에서 고려할 사항을 자세히 기술해보면 다음과 같다.

a) **계측조건의 파악** : 지반, 지하수, 주변환경 등의 상황과 설계와 시공방법 등을 통해 예상되는 불확실성의 존재, 이를 위한 계측항목과 수량, 계측할 현상의 크기, 속도, 공정, 예산, 배치상의 제약 등을 고려해야 한다. 계기 선정 시 이 모든 항목들을 다 만족시킬 수는 없으므로, 중요한 것들을 판단해서 결정한다.

b) **계측방법** : 전기식과 기계식을 선택하며 자동계측의 경우 일반적으로 전기식이 사용되며 계측항목이 많은 경우 가능한 통일된 방식을 사용하는 것이 효율적이다.

c) **대상기계의 확인** : 계측조건과 계측방법에 적합한 계기를 열거하여 관련 자료를 수집한 후 사용실적, 검정 데이터, 실패 및 성공 사례 등을 비교 검토한다.

d) **계측기 선정** : 위 a)~c) 단계를 통하여 경제적으로 사용 가능한 계기를 선정하며, 계기를 구입하기 어려울 경우는 계측조건을 다시 결정하여 선정한다.

e) **계측기 선정 후 검토사항** : 계기를 선정하고 나면 계측 및 설치방법 등을 확인하고 계측시스템과 경제성들을 검토하여 계기의 형식, 치수, 용량, 정밀도를 최종적으로 결정한다. 계측에 사용할 계측기가 제 기능을 하는지 계측자가 원하는 정밀도와 용량을 지녔는지 검증하여 사용해야만 한다.

(3) 계측기 설치위치

우리가 계측하고자 하는 각 부분에 필요한 계측기를 선정한 후 계측기를 어떤 장소에 어떻게 설치할 것인가는 매우 중요한 사항이다. 계측기의 위치는 최소한의 설치로 최대의 정보를 얻을 수 있는 곳을 선정하며 계측기의 위치 선정에 영향을 주는 요소는 계측하고자 하는 구조물이나 지반, 주변 시설, 계측하고자 하는 부분의 지형상태, 지질상태, 토질 특성 등이 있다. 계측기 설치 시 유의 사항은 계측기를 설치하고자 하는 지점이 계측하고자 하는 곳의 대표적인 곳인가 하는 것을 일단 고려해야 한다. 적은 수의 계측기를 설치하면 수집된 자료의 신뢰성에 문제가 발생할 수 있다. 반면에 너무나 많은 지점에 계측기를 설치할 경우 경제적인 낭비일 뿐만 아니라 너무나 많은 자료가 수집될 경우 자료로 인한 혼란을 초래할 수도 있다는 것을 생각해야만 한다. 그러므로 기존에 설치되었던 유사한 예를 참고하여 계측기 위치 선정과 측점수를 가장 효율적으로 결정하여야 한다. 일반적으로 성토 시 성토고가 높은 지점과 연약지반이 두껍게 위치한 지점이 우선적으로 계측지점으로 선정되나 지반의 변화가 많은 곳은 어느 한 곳을 선택하기가 어렵기 때문에 침하량이 큰 곳이나 성토사면의 전단 활동 파괴 가능성이 있는 곳을 선택하여 측정지점으로 결정해야 할 것이다.

연약층 위에 성토할 경우 일반적인 계측기 배치기준은 다음과 같으며 이를 참고하여 설치하여야 한다.

① 표면 침하판은 성토 천단 중앙부와 사면 상부에 배치

② 층별침하계는 침하량을 알고자 하는 곳의 성토 중앙의 지중에 배치

③ 경사계(Inclinometer)는 성토사면 선단에 매설하고 각 깊이마다 수평변위량 측정

④ 간극수압계는 층별침하계가 설치된 위치 약 3m 이내에 설치

⑤ 계측기의 고장에 대비하여 적절한 위치 선정

⑥ 공사가 선행하는 위치에 배치

⑦ 연관된 계측항목에 따른 계측기는 집중 배치

⑧ 계측기의 설치 및 배선을 확실하게 할 수 있는 곳을 선정

⑨ 예측계산을 하는 경우, 필요한 항목의 계측 값이 연속해서 얻어질 수 있는 곳을 선정

계측장비의 위치는 예상되는 지반의 거동을 고려하여 결정한다. 이 경우 유한요소해석 등을 이용한 지반거동의 예측이 설치위치와 방향을 결정하는 데 도움이 될 수 있다.

설치위치는 다음과 같이 3단계를 거쳐 결정된다. 첫 단계로, 특정한 관심 지역, 즉 구조적으로 취약한 지역이나 최대 하중이 작용하는 지역, 또는 최대 간극수압이 예상되는 지역에 계측기를 설치한다. 만일 그런 지역이 없는 경우나 계측기가 다른 지역에 위치해야 하는 경우에는 두 번째 단계로 넘어간다. 두 번째 단계에서는 예상되는 거동을 대표할 수 있는 대표 단면을 선정한다. 대표 단면을 선정할 때 지질학과 시공과정 사이의 변수를 고려하여야 한다. 이러한 단면을 주계측 단면이라 하고 이곳에는 포괄적인 거동을 파악할 수 있도록 계측기를 설치한다. 일반적으로 최소한 2개 이상의 주계측 단면이 있어야 한다. 세 번째로, 대표 단면만을 선정하여 계측하는 것은 부정확할 수 있으므로 다수의 부계측 단면을 선정하여 계측기를 설치한다. 부계측 단면에 설치되는 계측기는 가급적 간단한 것이 바람직하며 주계측 단면의 계측결과와 비교할 수 있어야 한다. 예를 들어 타이백 벽체에는 측량점, 경사계 및 하중계 설치를 위해 2, 3개의 주요 단면을 선정해야 한다. 측량점은 다수의 부계측 단면에 설치되며 벽체의 수평 및 수직 변형을 모니터링하는 데 사용된다. 부계측 단면에서의 거동이 주계측 단면에서 측정된 것과 크게 다른 경우 부계측 단면에 추가적인 계측기 설치를 검토한다.

위치를 선정할 때 계측기의 내구성이 고려되어야 하며, 계측기가 고장이 나는 경우를 대비하여 여유분을 마련해야 한다. Abramaon과 Green(1985)이 조사한 바에 따르면 설치 후 하중계의 존속률은 75%, 변형률계의 존속률은 60%인 것으로 보고되었다.

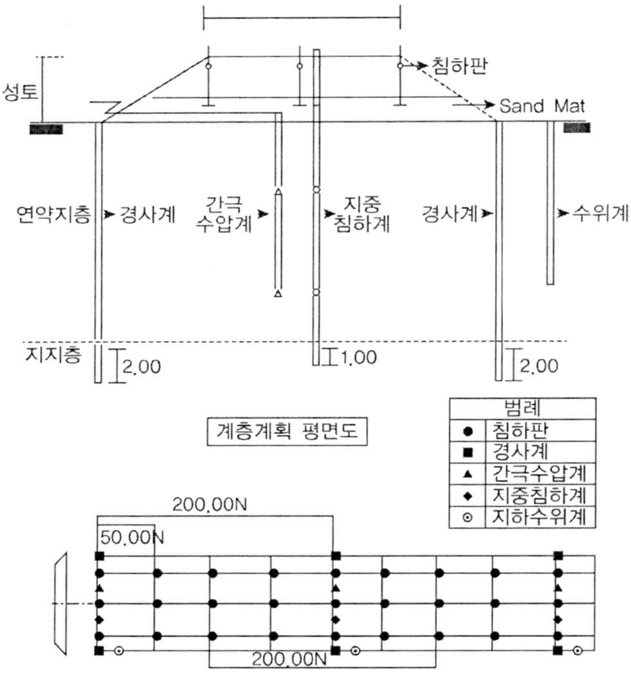

그림 5.67 계측기별 설치 위치

설치위치는 시공 중에 가급적 신속하게 데이터를 획득할 수 있도록 선정한다. 또한 토사와 암반은 그 특성이 다르므로 단일계측기에 의존하는 것은 바람직하지 못할 수 있다. 형식이 다른 계측기들을 비교, 검토할 수 있도록 위치 선정을 하는 것도 중요하다. 또한 시공 중에 변경되는 사항이 발생할 수 있으므로 설치위치의 유동성도 확보해야 한다.

(4) 계측빈도

계측빈도는 공사진행 상황이나 측정체계(수동 또는 자동)에 따라 다르다. 자동으로 측정하는 경우는 컴퓨터 용량이나 처리 속도의 문제가 없으면 측정빈도는 그다지 문제가 되지 않는다. 하지만 수동측정으로 현장을 관리할 때는 현장 경험이 많은 전문 기술자를 상주시켜서 변위말뚝, 사면활동계, 간극수압계의 측정을 1일 1회의 빈도로 측정함을 원칙으로 하며 성토 후 장시간이 경과하여 변위가 적을 경우라도 최소한 주 2회의 측정을 실시해야 한다. 데이터가 변화하는 속도가 빠른 항목은 측정빈도를 높여야 하며 반대로 장시간에 걸쳐서 서서히 변화하는 항목은 낮은 빈도로 측정한다. 안전과의 관련이 직접적인 계측항목(응력)과 간접적인 계측항목(하중)으로 분류되는데, 직접적인 항목의 빈도를 높여 계측한다. 각 계측항목은 상호 관련의 비교, 검토가 필요하므로 관련 항목은 동일시기에 계측을 실시하도록 하고 그중 빈도가 높은 것은 개별 관리한다.

(5) 계측방법

① 경사계(Inclinometer)

경사계는 성토사면의 양측의 단부나 사면의 활동파괴가 예상되는 곳에 설치한다. 이는 검전기(Position Detector)의 자기장에 한 질점(Mass)이 놓여 있는데 감지장치가 위치변동을 일으키면 질점의 위치가 변화하면서 검전기의 전류가 변화하는 원리를 이용한 것이다. 경사계로는 지반의 수평변위, 위치 및 방향과 크기, 지표면의 각도 변화 등을 계측한다.

그림 5.68은 경사계를 나타낸다.

a) 설치방법

- 굴착공의 지름을 100～200mm 사이로 하여 암반까지 천공한다.
- 경사계 케이싱(Casing)의 한쪽 끝에 선단마개를 씌우고 Riveting한다.
- 케이싱과 커플링을 Rivet으로 결합시킨 후 봉합(Sealing)한다.
- 조립된 케이싱을 굴착공 안으로 삽입하고 Keyway의 방향을 맞추어 설치한다.
- 케이싱 내부에 그라우팅한다.
- 그라우팅 한 후 케이싱 끝 부분을 보호마개로 덮어 보호한다.

b) 측정방법

- 경사계관의 보호마개를 열고 Pulley Assembly 설치한다.
- Probe의 위치를 측정방향에 맞추어 경사계관 내부에 삽입한다.
- 원하는 깊이까지 Probe를 내린 후 지시계를 작동시키고 케이블을 Assembly에 맞추어 올리면서 계측한다.

c) 측정 시 문제점과 대책 방안

- 계측결과에서 이상변위가 발생한 경우는 계측미숙, 측정 시 진동 영향, 경사계의 고장, 케이싱 내부의 이물질 축적 등이 그 원인일 수 있다.
- 계측자가 바뀌면 측정지점이 일치하지 않아 이상 변위가 발생할 수 있으므로 되도록 한 계측자가 계측하는 것이 바람직하다.

- 각 회사 제품마다 측정위치가 다르므로 주의해야 한다.
- 측정 센서가 상당히 예민하므로 측정 시 주위의 충격이나 진동이 없어야 한다.
- 계측기를 장기간 사용할 경우 영점 이동이 발생하므로 주기적으로 Calibration해 줘야 한다.
- 계측기 설치 시 연결부의 연결 불량으로 Probe가 빠지지 않거나 케이싱의 뒤틀림으로 Groove에서 이탈하는 경우가 생기므로 초기 검측을 해줘야 한다.

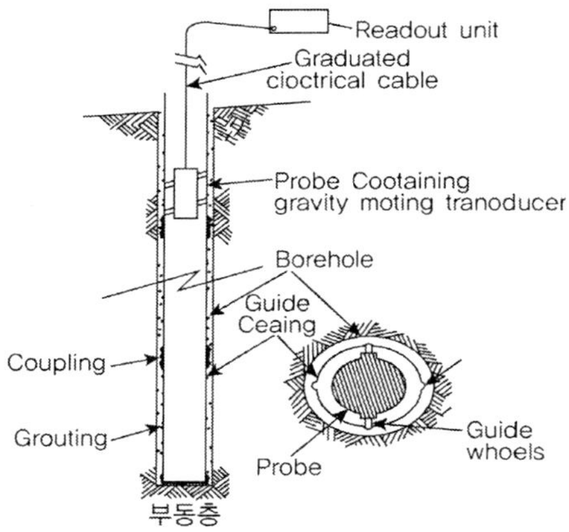

그림 5.68 경사계(Inclinometer)

② 수평변위계(Horizontal Inclinometer)

성토에 따른 지반의 위치별 수직변위량의 크기와 속도를 계측하여 수직방향의 지반이완 영역 및 성토구조물의 안전도를 판단하는 데 이용된다.

a) 설치방법

- 폭 20~30cm, 깊이 30cm의 도랑을 판다.
- 그 위에 모래를 약 10cm 정도 깐다.
- 케이싱 한쪽 끝을 보호마개를 씌우고 고정시킨다.
- 케이싱을 커플링으로 고정시킨 후 테이프로 봉한다.
- 구멍에 조립된 케이싱을 내리고 보호마개로 막고, 설정된 측정방향으로 케이싱의 홈방향을 맞춘다.

b) 계측방법

- 경사계의 보호마개를 열고 Pulley Assembly(도르래 장치)를 설치한다.

• 감지기를 케이싱의 홈방향으로 반대편까지 줄을 당긴다.
• 지시계의 스위치를 켜고 50cm씩 표시된 케이블을 당기면서 읽는다.
• 읽음 값은 조정자가 원거리 스위치를 누를 때마다 자동적으로 휴대용 Indicator에 기록된다.

③ 층별침하계(Magnetic Settlement System)

지중에 삽입된 침하봉이 주변지반의 침하에 따라 침하되면 침하 발생량만큼 전위차가 발생하는 데 이를 전위차계(Potentiometer)로 측정하여 침하량으로 환산한다. 본 계측기는 성토나 기타 원인으로 인한 각 지층의 침하량 및 침하량 변동상황, 속도를 알아내어 지층별 탄성 및 압밀침하량을 측정하고 보강 대상과 범위 결정하고 최종침하량을 예측한다. 그림 5.69에 층별침하계를 나타낸다.

a) 설치방법
• 지름 70~100mm의 굴착공을 보링한다.
• 굴착 후 PVC 파이프나 경사계관을 연결한다.
• 굴착공 내에 센서를 설치하되 자갈 또는 암반 등의 부동층에 기준소자(Ring Magnet)를 고정시키고 원하는 측점에 감지소자(Spider Magnet)를 설치하여 연약층의 침하로 인한 소자 위치의 변동 사항에서 각 지층의 탄성 및 압밀침하량을 측정한다.

b) 계측방법
• 감지소자를 공 내에 설치된 PVC Stand Pipe나 경사계관 안에 넣어 하부로 내린다.
• 감지소자가 센서를 통과할 때 Buzzer가 울리며 빨간불이 켜지면 심도를 측정한다.
• 초기치를 침하와 현재 계측치의 상대 침하량을 계산한다.

(6) 측정 시 문제점과 대책

일반적으로 침하량은 지중보다 지표면에서 더 크게 발생하므로 지표침하판을 설치하거나 침하계 상단의 Reference Point에 대한 별도의 측량을 실시한다.

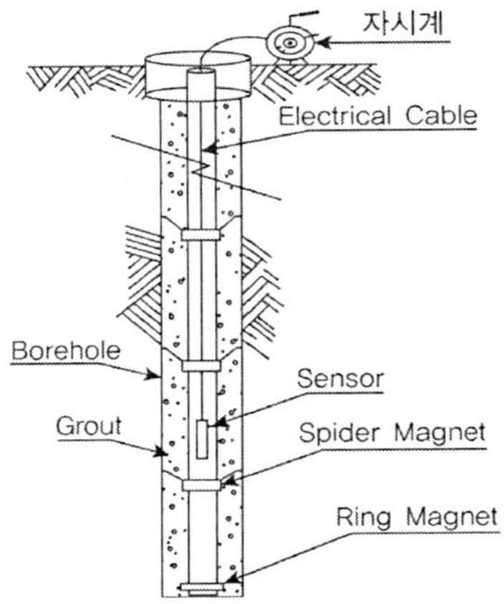

그림 5.69 층별침하계

(7) 토압계(Total Pressure Cell)

성토층 등에 설치하여 성토압이나 주변 지반의 하중으로 인한 토압을 측정한다. 그림 5.70은 토압계를 나타낸다.

① 설치방법

- 설치 지점의 바닥면 또는 측벽을 휴대용 다짐기를 이용하여 골고루 다짐한다.
- Cell의 하부 보호를 위해 설치지점의 지면에서 20~30cm 정도의 모래를 깐다.
- 수포 수평기로 설치지점의 수평 및 경사(45°)를 확인
- Cell을 설치지점에 거치 한 후 Cell을 측정위치로 뽑아낸다.
- Cell의 상부를 모래로 20~30cm 정도 덮은 후 점차적으로 성토한다.
- 성토시 Cell의 위치에서 성토높이가 1m될 때까지는 소형 다짐기를 이용하여 Cell 주변부터 다짐을 시작하여 점차 Cell 중심부로 이동한다.

② 계측방법

- TCP Indicator를 켠다.
- Alligator Clops를 (+)(−)극에 맞추어 연결한다.
- 화면에 나타난 값을 기록한다.

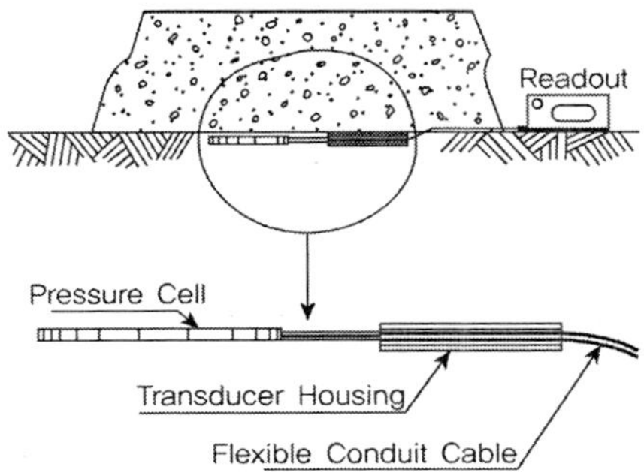

그림 5.70 토압계

(8) 단면침하 측정계(Hydrostatic Profile Gauge)

도로, 제방, 건물 기초, 오일 탱크 같은 구조물의 침하 측정

① 설치방법

- Access Tube를 설치할 수 있는 통로를 판 후 Access Tube를 설치
- Access Tube에 Drawcord와 침하 Probe를 설치

② 계측방법

- Access Tube의 한쪽 끝에 있는 Datum Pad에 Reel을 설치하고 Transducer Meter가 위로 향하도록 한다.
- Probe를 Storage Tube로부터 제거하고 Drawcord를 연결한 후 Access Tube 아래로 약 1/2를 내려보낸 후 Reabout 스위치를 켠다.
- Probe를 Access Tube 전체길이까지 내려 보낸 후 Cable Maker가 적당한 참고 지점(Convenient Reference Point)에 위치할 때까지 Tube를 따라서 Probe를 뒤로 뺀 후 결과치를 읽는다.

(9) 지하수위계(Standpipe Piezometer)

PVC 파이프에 다공질 Filter를 설치하여 설치지점에 작용되는 간극수압을 PVC 파이프로 상승되는 수두로부터 산정할 수 있는 데 수위측정은 물에 닿으면 신호음을 발신하는 간단한 구조로 되어 있다. 관 측정이나 Stand Pipe 내 지하수위의 변동사항을 측정하는 데 사용한다. 그림 5.71은 지하수위계를 나타낸다.

① 설치방법

- 원하는 위치에서 직경 70~100mm로 계획 심도까지 천공한다.
- 굴착 후 Casagrande 팁과 PVC Stand Pipe를 커플링으로 연결한 후 굴착공 내에 차례로 설치한다.
- 모래를 이용하여 투수층을 형성한다.
- 벤토나이트 차수층 형성한다.
- 지표면까지 Grouting을 하고 보호마개를 형성한다.

② 계측방법

- Probe를 Stand Pipe 안으로 삽입하여 내린다.
- Probe가 Pipe 내의 수면에 닿을 때 빨간불이 켜지고 Buzzer가 울리는 깊이를 측정한다.

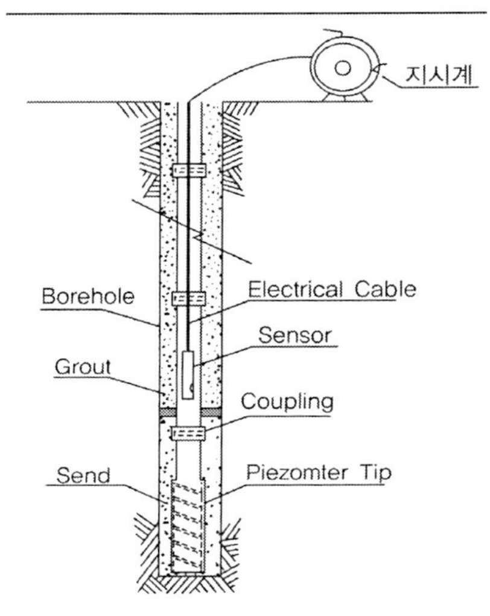

그림 5.71 지하수위계

(10) 간극수압계(Piezometer)

지하수압을 측정하는 계기로서 굴착공 또는 Stand Pipe 내부에 설치하거나 충진재료 등에 파묻어서 사용되며, 흙의 압밀량을 결정하고 표면의 물 흐름을 감지한다. 그리고 토질 안정성을 향상시키는 데 응용된다. 그림 5.72에는 간극수압계를 나타낸다.

① 설치방법

- 간극수압계 Tip을 케이블에 연결 후 24시간 수침시킨 후 초깃값을 읽는다.

• 설치 지점에 천공후 케이싱을 설치한다.

• Tip을 케이싱 내에 설치하고 모래로 투수층을 형성한다.

• 벤토나이트로 차수층 형성 후 그라우팅하고 보호마개 설치한다.

② 계측방법

• 간극 수압계와 연결된 케이블을 Readout과 연결한다.

• 계측치를 읽는다.

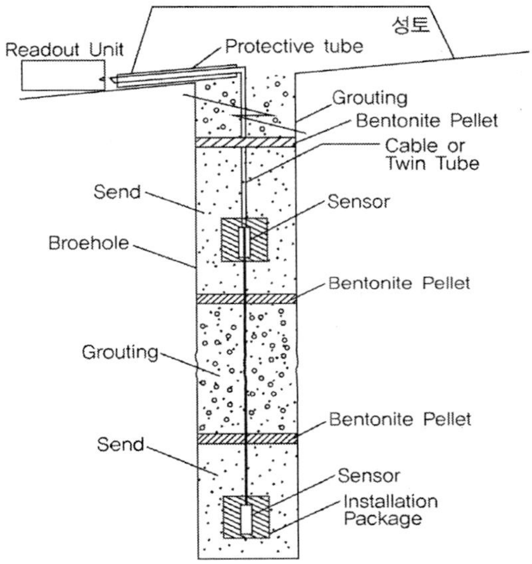

그림 5.72 간극수압계

3) 계측 시 유의사항

(1) 지하수위 측정

① 필터재를 충분히 사용하여 측정관이 막히지 않도록 한다.

② 건설장비에 의해 파손 염려가 있으니 주의한다.

(2) 지표면 침하 측정

① 성토 후 침하판을 연결할 때 침하판의 위치가 이동되지 않도록 한다.

② 침하판 설치 시 바닥 고르기를 하여 침하판이 기울지 않도록 해야 한다.

③ 침하판이 외부의 영향으로 인하여 파손되지 않도록 보호 파이프를 설치하고 주변 작업 시 각별히 주의하여야 한다.

(3) 지중층별 침하측정

① 측정 Anchor가 정해진 위치에 설치될 수 있도록 한다.

② 측정 Anchor 설치 후 Anchor가 주변지반과 함께 거동할 수 있도록 Grouting을 확실히 한다.

③ 측정 시 오차를 최대한 줄이기 위하여 측정을 여러 번 반복한다.

(4) 지중 수평변위 측정

① Guide Pipe 설치 시 Socket 부분의 방수 처리를 확실히 한다.

② Guide Pipe 설치 시 Socket에 의한 접속부가 손상되지 않도록 NX Size 이상의 Drill로 보오링한다.

③ 부력에 의해 Guide Pipe 삽입이 어려울 경우 Pipe 내에 깨끗한 물로 채운 후 설치하고 Grouting 후 물을 빼낸다.

④ Guide Pipe 삽입 시 측정하고자 하는 방향에 유의하여 설치한다.

⑤ Guide Pipe 삽입 완료 후 지반과 함께 거동할 수 있도록 Cement, Bentonite Grout 재로 충분히 Grouting한다.

⑥ 지중수평 변위의 측정은 상대변위를 측정하는 것이므로 초기치 관리에 유의한다.

⑦ Probe 삽입 시 측정하고자 하는 방향에 유의하여 삽입한다.

⑧ Guide Pipe 설치 후 보호 BOX를 설치하여 외부의 충격으로부터 Guide Pipe를 보호하고 주변 작업 시 각별히 유의하여야 한다.

(5) 간극수압 측정

① 출력 Cable은 가능한 구불구불하게 하여 빼내서 향후 지반변위에 따라 Cable의 단선을 방지하여야 한다.

② 압밀침하 등에 의해 Cable이 끊어지지 않도록 배선하고 Cable의 접속부위는 방수처리를 확실히 한다.

③ 보링공 내의 되메움은 모래와 점토질을 사용하되 공극을 최대한 줄여야 한다.

④ 수압계에 필터를 설치할 때는 증류수 속에 담근 후 30분 이상 경과 후 설치하여 공기 유입에 따른 오차를 방지하고 초기 측정치를 기록해 놓는다.

⑤ Pneumatic Type일 경우, 측정 시 측정호스에서 Gas가 새지 않도록 Valve 연결에 주의한다.

4) 계측결과 분석

계측결과 분석은 크게 나누어 지반 개량 후 상재하중에 의한 지반의 잔류침하를 예측하여 여성토의 제거 시기를 결정하는 침하관리와 성토 시공 중 성토체 및 원지반의 안정성을 평가하여 성토에 의한 사면파괴, 원지반의 전단파괴 등이 발생하지 않도록 시공 속도를 조절하는 안정관리가 있다. 각 관리 항목별 기법의 흐름도는 그림 5.73과 같다.

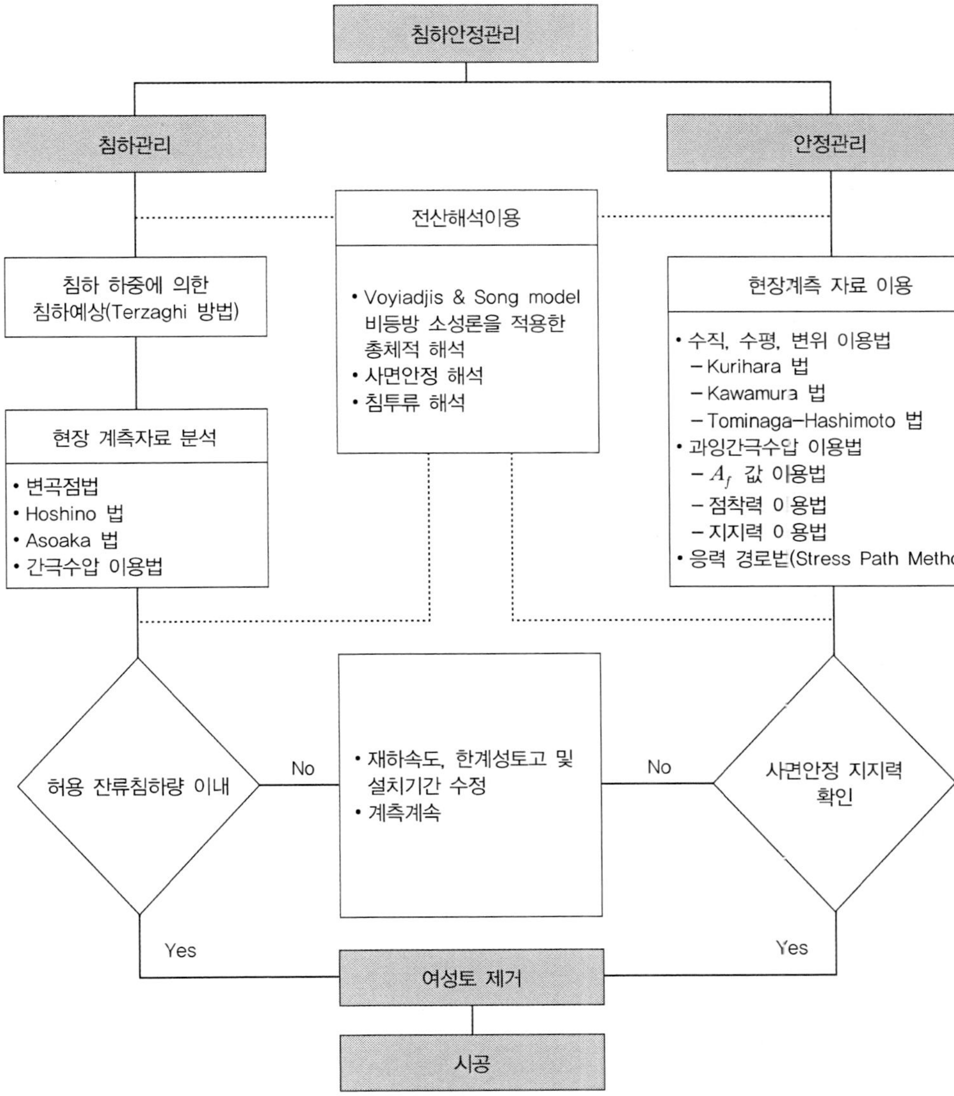

그림 5.73 각 관리 항목별 기법의 흐름도

5) 침하해석 기법

본 서에 언급되는 기존의 쌍곡선법, Asaoka 법, Hoshino 법 등은 대개 현장에서 신속히 도해적으로 장래 침하량을 예측하기 위하여 개발된 방법이다. Terzaghi 압밀이론, Hansbo 및 Barron의 수직 배수재 타설 시의 압밀이론 등은 모두 열전도 이론(Heat Diffusion Theory)을 기본으로 한 이론들로서 지반을 매우 단순화하였으므로, 정밀한 분석을 위하여 향후에 더욱 고도의 발전된 이론들을 이용한 해석이 필요하다. 다음은 각 침하해석 기법을 요약한 것이다.

(1) 쌍곡선법(최인걸, 2013)

기법 명	쌍곡선법
특징	• 침하속도가 쌍곡선적으로 감소해간다는 가정에 근거하여 Duncan에 의해 제안
개요	• 침하-시간 곡선을 다음 식으로 표시 $\frac{t}{S_t - S_0} = \alpha + \beta_t$ (1), $S_f = S_0 + \frac{1}{\beta}$ (2) (S_t : 임의의 시각 t에서의 침하량, S_f : 최종침하량, S_0 : 검토시점에서의 침하량) t : 검토 시점부터의 경과시간, α, β : 계수 〈쌍곡선 방법에 의한 침하해석(Soft 적용 예) 양산-물금시험시공 현장〉 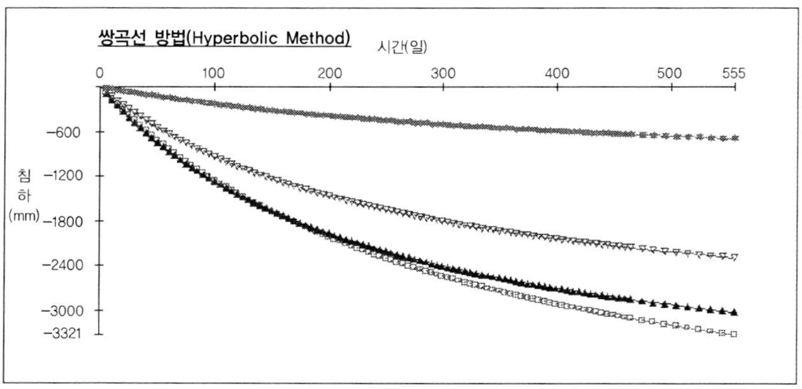
문제점	• 쌍곡선법은 그 이론에서 나타나는 바와 같이 시간이 무한대가 되면 침하량이 변하지 않게 됨에 따라서 Creep 거동을 분석할 수 없음
검토사항	• 성토중 단기간 추정에 적용하는 것이 효과적임 • 국내 여러 현장에서 적용성이 좋은 것으로 일반적으로 알려짐 • 본 과업에서 적용 시 타 기법과 비교 검토하여 Pack Drain 공법 등 연약지반처리 공법 적용 시 예상 침하량과 실측치를 비교하여 Feed Back할 수 있음

(2) Asaoka 법(최인걸, 2013)

<table>
<tr><td>기법 명</td><td>Asaoka 방법(평방근법)</td></tr>
<tr><td>특징</td><td>• 압밀이론을 수학적으로 처리하여 최종침하량 및 압밀계수, 그리고 중간 침하량을 구함</td></tr>
<tr><td>개요</td><td>

$$S_{(t)} = S_\infty - (S_\infty - S_0)\exp(-t/\alpha_1)$$

여기서, S_0, S_∞ = 최초, 최종 압밀침하량
$\alpha_1 = (5/12)(h^2/C_v)$
C_v = 압밀계수 $=-(5/12)(h^2)(\ln\beta_1)/(\Delta_t)$
β_0 : 종축절편
β_t : 기울기
Δ_t : 시간증분

〈아사오카 방법에 의한 침하해석(Soft 적용 예) 양산-물금시험시공 현장〉

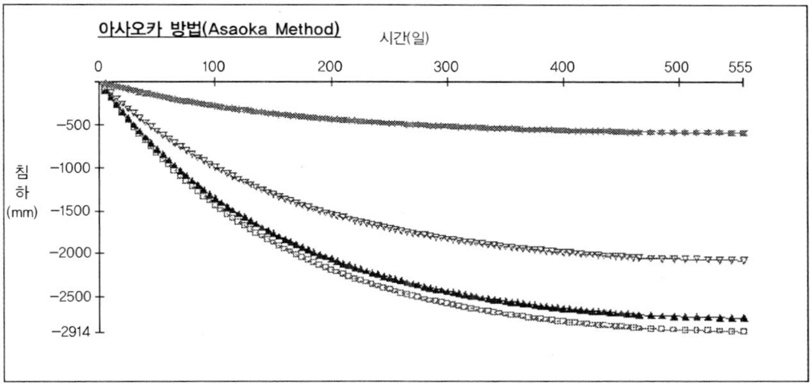

</td></tr>
<tr><td>검토사항</td><td>• 기울기(βt)가 직선이 되지 않는 경우가 발생하기도 함
• 최소한 60% 압밀도 이상의 침하자료가 있어야 신뢰성이 있는 것으로 보고됨 [Blasabramaiam & Brenner(1981)]
• 시간증분(Δt)에 따라 압밀계수가 달라지는 문제가 있음</td></tr>
</table>

(3) Hoshino 법(최인걸, 2013)

<table>
<tr><td>기법 명</td><td>Hoshino 방법</td></tr>
<tr><td>특징</td><td>• 침하는 시간의 평방근에 비례한다는 기본원리에서 장래 침하량을 예측</td></tr>
<tr><td>개요</td><td>

• 침하예측 모델식

$$S_t = S_i + S_d = S_i + \frac{A \cdot K \cdot \sqrt{t}}{\sqrt{(1+K^2 t)}}$$

여기서, S_t : 성토 종료 경과시간 t에서의 침하량
S_i : 성토 종료 직후의 침하량
S_d : 시간의 경과와 더불어 증가하는 침하량
t : 성토 종료 시점으로부터의 경과 시간
A, K : 실측 침하량 값으로부터 구한 계수

〈호시노 방법에 의한 침하해석(Soft 적용 예) 양산－물금시험시공 현장〉

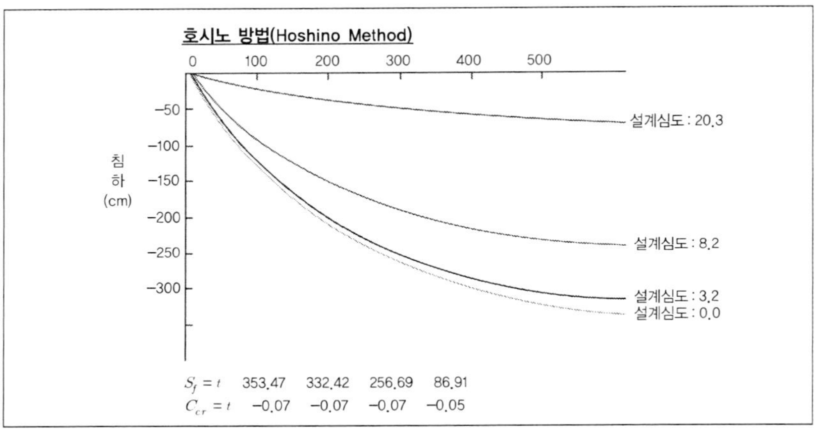

</td></tr>
<tr><td>문제점 및 검토사항</td><td>• 쌍곡선법과 유사하나 실제 현장자료와 잘 맞지 않는 경우가 많고 이론적 배경이 취약함</td></tr>
</table>

(4) Terzaghi 법(최인걸, 2013)

<table>
<tr><td>기법 명</td><td>Terzaghi 방법</td></tr>
<tr><td>특징</td><td>• 압축지수(C_c) 와 압밀계수(C_v)를 가정하여 실측 침하량 곡선과 일치시켜 장래 침하량을 예측하는 방법</td></tr>
<tr><td>개요</td><td>• Trial Error법에 의한 침하량 계산
압축지수(C_c)와 압밀계수(C_v)가 결정이 되면 지반의 압밀 특성이 완전히 파악된 것이므로 (식 1),(식 2),(식 3)에 의해 임의 시간에서의 지반 침하량을 결정
• 정규압밀점토의 경우
$$S_f = [C_c/(1/e_o)] \times H \times Log[(\sigma_o + \Delta\sigma)/\sigma_o]$$
• 과압밀점토의 경우
$\sigma_o + \Delta\sigma < \sigma_c$일 때
$$S_f = [C_r/(1/e_o)] \times H \times Log[(\sigma_o + \Delta\sigma)/\sigma_o]$$
$\sigma_o + \Delta\sigma > \sigma_c$일 때
$$S_f = [C_r/(1/e_o)] \times H \times Log[\sigma_c/\sigma_o] + [C_c/(1/e_o)] \times H \times Log[(\sigma_c + \Delta\sigma)/\sigma_c]$$
C_c, C_r, C_v : Trial Error 법에 의하여 구함

여기서, S_f = 최종침하량
C_c = 압축 지수
C_r = 재압축지수(과압밀 구간)
σ_o = 토층중심부에서의 초기 유효 구속 압력
σ_c = 선행압밀하중
$\Delta\sigma$ = 증가된 유효응력

$S_t = S_f \times U_t$, U_t = 배수조건과 T_v로부터 찾는다.

여기서, $T_v = (cv \times t)/H^2$

여기서, c_v = 압밀 계수
t = 경과 시간
H = 압밀층 두께
S_t = 임의의 시간에서의 침하량</td></tr>
<tr><td>문제점 및 검토사항</td><td>• 가장 기본적인 압밀이론임
• 지반을 단순화함
• 특히, 압밀 중 간극비가 심하게 변하는 경우 그 적용성이 문제됨
• 성토하중 재하 직후 과잉간극수압이 성토하중보다 큰 Mandel Cryer effect를 알지 못함</td></tr>
</table>

6) 성토관리를 위한 안정관리

현장계측에 의한 연약지반 안정관리는 일반적으로 수직–수평 변위량을 이용하여 실시한다.

(1) 성토속도에 의한 방법

성토공사의 안정관리방법 중에서 성토속도에 의한 방법은 현재 국내의 토질조건에 따라서는 정립되어 있지 않으며, 실제로 현장에서 사용하는 것은 일본의 기준을 적용하고 있는 실정이다.

가령 일예로서 성토시공속도에 의한 기준을 세분하면,

① **성토고 3m까지** : 1층의 높이를 30cm 살포하여 2일간 방치(10cm/day)하는데 $\Delta S_h / \Delta t \leq$ 0.5cm/day까지 방치한다. 여기서, ΔS_h는 수평변형이다.

② **압성토 완성까지** : 30cm 살포하고 5일간 방치

③ **압성토 완성 후** : 5cm/day를 기준으로 하는데 $\Delta S_h / \Delta t$, Δu의 감소에 따라 빠르다.

이러한 방법의 도입은 조사 및 시험결과를 토대로 실시한 수치해석결과와 비교하여 기준을 설정하는 것이 가장 바람직할 것이다.

(2) 침하속도에 의한 방법

성토공사 시 성토제체 중앙하부의 하루당 침하량을 관리기준치로 설정하는 방법으로써 통상은 ΔS_v/day $<$ 5.0cm 이면 안정하다고 한다. 하지만 지반의 종류에 따라서 그 기준량도 달리할 필요가 있을 것이고, 거시적인 관점에서 압밀현상도 전단의 범주로 간주하면 단순한 침하량만의 관리보다는 수평변형량과의 복합적인 판단이 더욱 의미가 있을 것이다.

(3) Kurihara 법(최인걸, 2013)

기법 명	Kurihara 방법
특징	• 수평변위 발생량과 시간의 관계를 Plotting하여 1일 발생량의 기준치에 의해 초과 수평변위 발생 시 불안정한 것으로 판단
개요	• 1일 수평변위 발생량이 2cm 이상일 경우, 성토재 불안정 관리기준 : $\Delta\sigma/\Delta t = 2$cm/일을 초과 시 요주의 • 성토시공 사례(양산–물금 시험시공) 〈쿠리하라 방법에 의한 안정해석(Soft 적용 예)〉 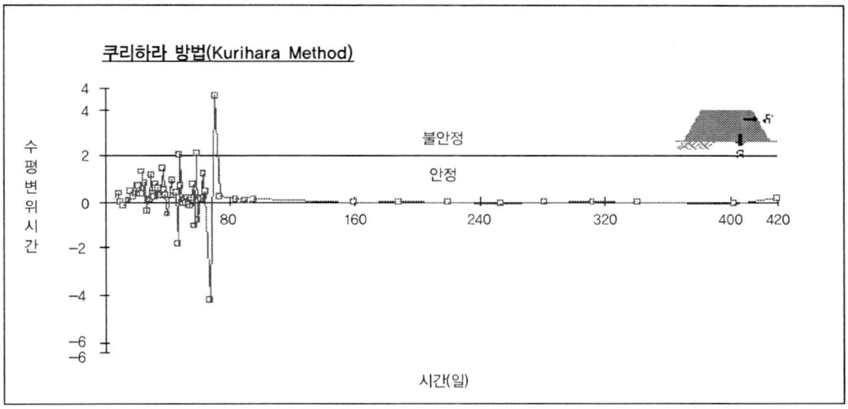
검토사항	• 적용이 가장 편리 • 측정 시 조기판단 가능(경험적 방법)

쿠리하라(栗原) 등은 이탄지반상의 시험성토 공사에서, 성토법면 선단부의 수평변형 속도 $\Delta S_h/\Delta t$가 어느 한계치를 넘지 않도록 시공관리하는 방법을 제안했다. 이 방법에서는 $\Delta S_h/\Delta t$ 한계치를 얼마로 설정하면 좋은지가 초점이 되지만, 票原 등은 성토천단면에 균열을 발생시키는 시점에서의 $\Delta Ss_h/\Delta t$의 값이 2cm/day인 것을 발견했다. 그리고 이 값을 넘지 않도록 성토속도를 제어하는 것으로 소정의 성토를 축조할 수 있다고 서술하고 있다. 성토속도를 30cm/day로 설정한 경우 계산 결과의 한 예를 그림 5.74에 표시한다. 이 그림은 성토가 하루에 30cm 의 속도로 재하될 때, 재하하중 q 또는 안전율에 대해 수평변형속도 $\Delta S_h/\Delta t$가 어떻게 증가해 가는가를 묘사한 것이다. 그리고 그림 5.74에서 지반지지력에 대한 안전율이 1.1을 하회하면, 수평변형 속도가 급격하게 증가하는 것을 알 수 있

다. 다시 말해서 현장계측으로 $\Delta S_h / \Delta t$ 값이 급증하는 징후를 잡을 수 있으면 '파괴가 가깝다'는 것을 판단할 수 있다.

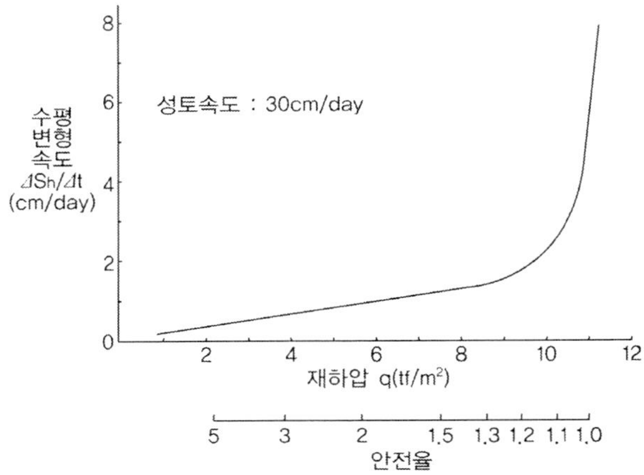

그림 5.74 수평변형 속도와 FEM 해석 결과

(4) Tominaga–Hashimoto 법(최인걸, 2013)

<table>
<tr><td>기법 명</td><td>Tominaga–Hashimoto 방법</td></tr>
<tr><td>특징</td><td>• 수평변위(δ)와 수직변위(S)와의 관계를 직접 이용하여 성토의 안정성을 판단</td></tr>
<tr><td>개요</td><td>• 안정성 판단기준은 대상지반의 δ–S 관계선을 작성하고 측정된 δ–S의 궤적이 기준선 아래로 움직이면 안정, 기준선위로 움직이면 불안정으로 판단한다.
• 성토시공 사례(양산–물금 시험시공)

〈Tominaga–Hashimoto 방법에 의한 안정해석(Soft 적용 예)〉
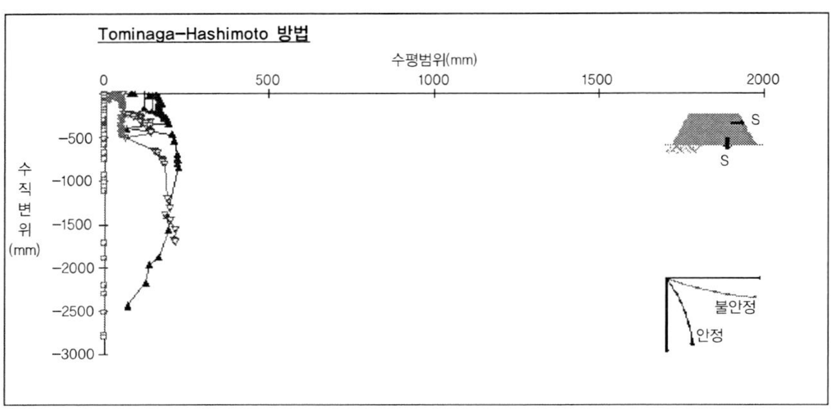
</td></tr>
<tr><td>검토사항</td><td>• 적용이 가장 편리
• 측정 시 조기판단 가능(경험적 방법)</td></tr>
</table>

정경환(1996)따르면 富永(Tominaga) · 橋本(Hashimoto)는 $S_v - S_h$ 관계는 그림 5.75(a)와 같이 S_v 축에 대해 임의의 기울기 θ를 갖는 직선 E상에 있는다. 그렇지만 성토가 파괴에 근접하면 S_v의 증가에 비해 S_h의 증가가 현저해서 그림 5.75(b)의 Ⅰ－Ⅱ 영역으로 기울어지면서 불안정해진다. 다시 말해서 S_h / S_v 값의 증가치로 성토파괴가 가깝다는 것을 판단할 수 있다. 이것을 수치적으로 표현하기 위해 직선의 변곡점에서 수직선을 그려보면 각 α_1, α_2를 관찰할 수 있는데, 이 각들의 크기가 $\alpha_2 \geq 0.7$ 또는 $\alpha_2 \geq \alpha_1 + 0.5$이면 불안정으로 판단한다고 소개하고 있다.

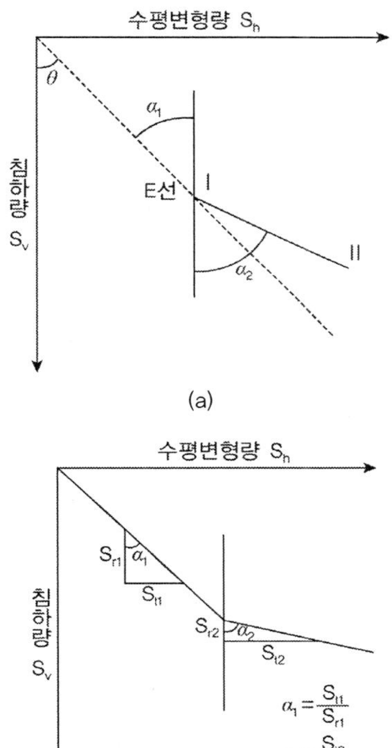

그림 5.75 침하와 측방변위량

또한 富永(Tominaga) · 橋本(Hashimoto)는 다른 방법으로 현재까지 측정된 1/3 시점에서 $S_v - S_h$의 기울기 E와 판단하고자 하는 시점의 기울기를 비교하여 1.2 이하이면 불안정으로 판단한다.

(5) Matsuo-Kawamura 법(최인걸, 2013)

기법 명	Matsuo-Kawamura 방법
특징	• 일본의 성토파괴 사례를 조사하여 수평변위와 수직변위의 비(δ/S)와 수직 변위(S)와의 관계를 이용하여 성토의 안정성 파악 방법
개요	• 성토하중(Q_i)과 지반이 받을 수 있는 최대 하중(Q_f)의 비가 1일 때의 $S-\delta/S$의 관계를 기준하여 측정된 $S-\delta/S$의 궤적의 향방에 따라 시공의 안정성을 판단 관리기준 : $Q_i/Q_f=0.85$ 초과 시 요주의 Q_i = 성토하중 Q_f = 파괴 시의 하중 • 성토시공 사례(양산-물금 시험시공) 〈Kawamura 방법에 의한 안정해석(Soft 적용 예)〉 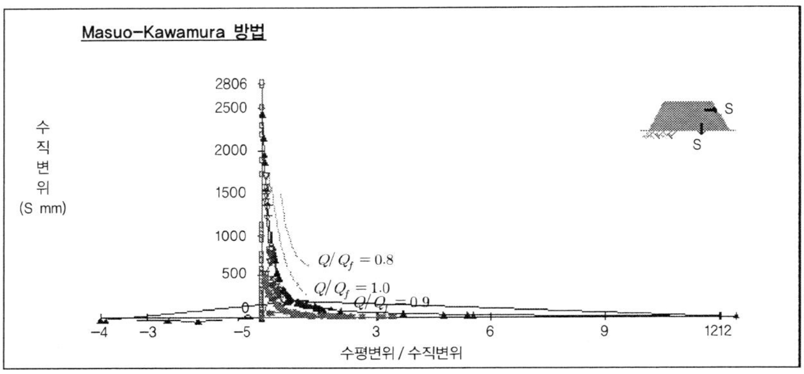
검토사항	• 적용이 가장 편리 • 측정 시 조기판단 가능

(6) 지중의 과잉간극수압에 의한 방법

정경환(1996)에 따르면, 노르웨이 토질공학연구소(NGI)에서는 Oslo 남부 110km의 오슬람에서 Quick clay 지반 상에 급속재하(비배수 상태)의 시험성토를 실시하였다. 그 특징은 간극수압계 No.1, 2, 3에서는 명료한 변곡점이 나타나고 이것에 대해서 다음과 같은 해석을 했다.

① $q < q_y$: 지반이 탄성적인 거동을 하는 과정

② $q = q_y$: 대상으로 하는 흙의 요소, 즉 간극수압계를 설치한 점의 흙이 파괴한다.

③ $q > q_y$: 파괴가 전파되는 과정, 또 탄성상태인 흙의 저항이 줄어서 평균 주응력의 증가 → Δu의 급증을 초래한다.

여기서 q : 재하하중, q_y : 지반의 항복하중, q_c : 극한지지력

그런데 그림 5.76과 같은 관계는 Quick clay만의 특유한 거동이 아니고 그 외 문헌에도 이와 유사한 결과를 볼 수 있다. 이러한 제 보고에서 공동으로 말할 수 있는 것은 q_y와 q_c와의 비가 $q_c / q_y = 1.6$이라는 것이다. 따라서 성토재하시에 간극수압 u를 계측하여 재하하중 또는 성토고와의 관계에 도식화하여 직선의 변곡점이 발견되면, 그 시점에서는 극한지지력 또는 한계고에 대한 안전율이 1.6 전후가 된다. 바꾸어 말하면, 이 정도의 안전율에서 거의 지반 내부에는 국부적인 파괴를 일으키고 있는 것이 된다.

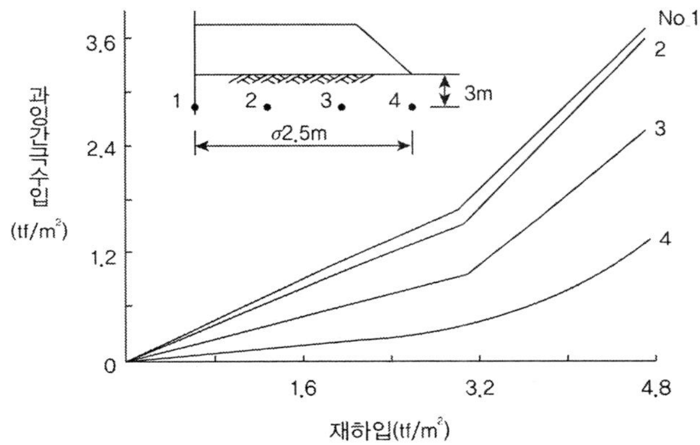

그림 5.76 과잉간극수압과 재하의 관계 그림

이상과 같은 현장계측 결과에 대한 고찰을 위해 FEM에 의한 해석을 실시했다. 설정한 성토지반의 모델은 그림 5.77과 같이 두께 D의 연약점토층이 있고, 그 위에 폭 B, 재하하중 q가 있다. 재하는 비배수 상태로 성토재하속도를 여러 종류로 변화시킨다. 재하속도 0.1tf/m^2/day의 경우, 성토 중심 직하에서 점토층 1/2 심도의 과잉간극수압의 계산결과는 그림 5.76과 같고 이것으로부터 대략 3개의 영역으로 나타나는 것을 알 수 있다. 즉, 제1 영역은 탄성반응으로 그림 5.76의 탄성선(일점쇄선)과 중복하는 부분, 제2 영역은 대상으로 하는 흙 요소가 항복상태가 되는 천이 부분, 제3 영역은 대상으로 하는 흙 요소가 파괴상태가 되어 '$\Delta u = q$'인 파선에 평행한 부분이다.

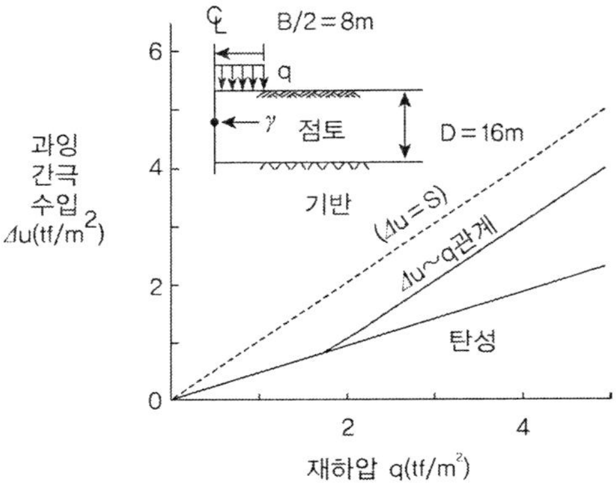

그림 5.77 $\Delta u - q$ 관계의 FEM 해석결과

그림 5.76과 그림 5.77을 비교하면 그림 5.76의 q_y는 계산에서 구한 그림의 5.77의 제 2영역에 해당한다는 것을 알 수 있다.

5.4 연직배수 공법 시공사례

5.4.1 시험시공 대표적인 사례

설계 시 토질조사 분석에 의해 선정된 처리공법과 침하량 및 침하 기간 등의 제반조건이 이론치와 실측치가 많은 차이가 발생한다. 따라서 대규모의 공사에서는 반드시 시공 전에 시험 시공을 실시하여 지반의 변위거동을 충분히 합리적으로 판단하고 최적 공법을 결정하여서 본 시공단계에 적용하여야 한다. 여기서는 시험 시공이 이루어진 국내의 인천국제공항 1단계 건설공사(최인걸, 2000)와 국외인 일본의 간사이 공항(PBD 工法研究會, 2009)을 대표적인 사례로 수록하였다. 실무자에게 도움이 되기를 바란다.

1) 인천국제공항(최인걸, 2000)

인천국제공항 1단계 건설공사 시 공항부지 내에 매립한 준설토 재료 중 SP, SM과 같은 양질의 재료에 대해서는 별도의 표층처리 공법 적용 없이 sand mat만 포설하고 연직배수재 장비가 진입하여 PBD 또는 SD를 타입하였다. 그러나 CL 또는 CH 같은 고함수비의 재료로 준설된 구역은 또한 연약하여 장비 진압이 어려우므로 표층처리를 한 후 연약지반 개량공사를 실시하였다. 실무에서는 일반적으로 준설토가 사질토로서 심도가 5m 이내인 경우는 유압다짐 공법을 적용하고, 심도가 5m 이상인 경우는 유압다짐보다 에너지가 큰 동다짐 공법을 적용한다. 준설토가 사질토인 경우는 준설토의 밀도를 증대시켜야 향후 차량의 반복 하중 및 지진 시에도 상부 포장 및 시설물 등의 피해를 줄일 수 있다.

인천국제공항 부지의 지층은 퇴적층이 거의 동일한 서 · 남해안 지층과는 달리 퇴적층이 매우 불규칙하므로 연약지반의 지층 지반정보를 보다 정밀하게 얻기 위하여 현장 시험은 표준 관입 시험(SPT), 현장 베인 시험(Geonor Vane Test), 피에조 콘 관입 시험(CPTu), 딜라토미터 시험(DMT), 공내재하 시험(PMT), 물리탐사 등을 실시하였다. 때로는 현장 시험을 2가지 시험 이상으로 병행하여 조사함으로써 정밀한 지반조사 자료를 확보하였고, 해수부인 1,400만평은 전 지역에 걸쳐 격자형 평균 72m 간격으로 시추조사와 현장 시험을 수행하였다. 이것은 지층구조가 복잡한 지역에 대한 일반적인 조사 간격인 100~200m보다 세밀한 조사이다. 그리고 실내에서는 Rowe cell 및 자동화 진동삼축시험기 등의 최신 시험장비를 이용하여 원지반의 압밀 특성, 준설토의 액상화 발생 가능 여부를 분석하였으며 실내 시험결과를 현장 시험결과와 비교 평가하여 지반물성치 선정에 대한 신뢰도를 제고하였다.

인천국제공항의 부지 약 5,600만 m^2 중 해수부 4,600만 m^2는 표준 관입 시험 $N < 5$인 심도가 평균 5m(최대 11.5m) 두께로 분포되어 있고 함수비는 30~50%이며 미세 입자로 구성된 해성점토층으로 형성되어 있다. 공항부지의 지반 조건은 유사한 국내외의 타 현장에 비해 비교적 양호한 지반 조건을 갖추고 있다. 본 공항 부지는 자연상태의 간석지(갯벌) 위에 평균 5m 두께로 준설토를 매립하여 지반을 조성하였고, 1단계 공사 건설지역 1,390만 m^2를 매립하는 데 총 6,500만 m^3의 토사가 사용되었으며, 이중 약 80%인 5,200만 m^3를 인근 해저의 모래를 준설하여 사용하였고, 나머지 물량은 항공기 운항의 장애 표고가 EL. 52.0m 이므로 이보다 높은 주변의 산을 깎아서 사용하였다.

(1) 연약 점토지반의 공학적 특성

인천국제공항 부지의 지층구분은 상부로부터 상부해성층, 상부충적층, 하부해성층, 하부충적층, 풍화잔류토 및 암반으로 구성되어 있으며 전형적인 지층분포는 그림 5.78과 같다. 상부해성층은 부지 전역에 걸쳐 매우 연약 내지 연약한 암갈색의 점토질 실트(ML) 또는 실트질 점토(CL)로 구성되어 있다.

그림 5.78 기초지반 단면도

그림 5.79 Sand seam

Rowe cell 압밀시험결과 과압밀비(OCR)는 1.0~1.3으로 부분적으로 과압밀된 상태이고 피에조 콘(piezocone) 조사에 의한 q_c값은 대부분 10kg/cm^2 이하의 값을 보이고 있다. 특히 피에조 콘 조사결과 연약층 사이에 sand seam이 그림 5.79와 같이 두께 5~20cm 두께로 일부 심도에 2~4개 정도 발달한 양상을 보여주고 있다. 상부충적층은 갈색의 실트질 모래(SM) 또는 실트질 점토(CL)로 구성되어 있으며, 표준 관입 시험 N치는 10~15의 분포를 보이고 있고 위치에 따라 본 지층이 나타나지 않는 지역도 있다. 하부해성층은 약 4~6m 층후로 구성되어 있고 N치는 6~10 정도이며 하부충적층은 CL, ML과 SM층으로 대부분 표준 관입 시험 N치가 20 이상으로 매우 조밀한 상태이다. 풍화잔류토층은 황갈색의 실트 섞인 모래(SM)로서 기반암인 화강암 및 흑운모 편마암이 완전히 풍화되어 역학적 특성을 상실한 상태로 나타났다. 이와 같이 본 지역은 상부 연약층의 층후가 다른 지역에 비하여 비교적 두텁고 퇴적상태가 매우 불규칙하게 분포되어 있는 것이 특징이다. 특히, 연약한 점토지반의 일부 구간에서는 sand seam이 다수 분포하고 있어 수평배수가 원활히 이루어져 압밀을 촉진시킨 것으로 판단되었으며, 압밀이 당초 실내 시험 결과로 예상한 것보다 상당히 빠르게 진전되었다. 또한 점토의 투수계수 α×10-5∼-7cm/sec인데 비해 sand seam의 투수계수는 α×10-3cm/sec이므로 sand seam의 투수성은 점토에 비해 약 100배의 투수성을 가진 것으로 나타났으며 인천국제공항과 외국공항의 지반 특성을 비교는 표 5.22와 같다.

표 5.22 인천국제공항과 외국 경쟁공항의 지반 특성 비교

구분	인천 국제 공항	일본 간사이 공항	홍콩 첵렙콕 공항	싱가폴 창이 공항
입도분포(%) Silt Clay	 80∼90 10∼20	 40∼60 40∼60	 50 50	 -
자연함수비(%)	30∼50	70∼120	80∼120	50∼60
액성한계(%)	26∼50	30∼120	60∼100	80∼90
소성한계(%)	10∼20	10∼80	45∼65	20∼30
초기간극비	0.9∼1.3	2.2∼2.6	1.0∼3.0	1.6∼2.4
압축지수	0.233	0.6∼0.8	1.0	0.75∼1.45
압밀계수(cm^2/sec)	(3∼5)×10^{-3}	(1)×10^{-3}	(1∼1.5)×10^{-3}	(1∼1.9)×10^{-3}
비배수강도(kg/cm^2)	0.10∼0.25	0.025	0.05∼0.25	-

(2) 준설매립지반의 공학적 특성 및 평가

본 공항 부지는 펌프준설선을 이용하여 평균 5m 두께로 준설토를 매립하여 부지조성을 하였다. 주변 해상의 모래와 해수를 동시에 흡입하여 배사관을 통하여 준설매립하는 방식은 물과 토사의 혼합유체 속에서 토사를 침강/퇴적시켜 새로운 지반을 형성하는 것으로써, 형성된 지반은 퇴적 시의 환경에 따라 매우 다양한 특성을 나타낸다. 이때 토립자의 침강/퇴적이 수중에서 이루어지므로 토립자의 낙하 에너지가 작아져 느슨한 상태의 연약지반을 형성할 가능성이 크다. 또한 동일위치에서는 퇴적환경이 동일하므로 유사한 입경의 입자가 침강/퇴적되어 빈입도(poorly graded)의 지반이 형성되기 쉽다. 활주로, 계류장 등 포장하부의 준설매립토 품질관리는 #200번체 통과량이 노상(2m)의 경우 15% 이하, 노체(약 3m)의 경우 25% 이하가 되도록 관리하였으며, 대상 하중이 항공기 하중이므로 준설매립토는 항공기에 대한 포장설계의 요구조건을 만족할 수 있을 정도로 개량효과를 달성해야 한다. 준설매립토의 특성을 살펴보면 표 5.23과 같다.

표 5.23 준설매립토 특성

항목	범위	비고
함수비(%)	4.7~24.4	
비중	2.65~2.66	
#200번체 통과량(%)	7.0~10.1	
균등계수	1.5~3.0	
γ_{dmax}(kg/cm^3)	1.78~1.80	수정다짐(D 다짐) 기 준
최적 함수비(%)	14.8~15.4	수정다짐(D 다짐) 기 준
실내 CBR	19.1~22.5	수정다짐의 다짐도 95% 기준
분류	SP-SM	
다짐지수(F)[a]	0.6~0.7	Hilf(1991)로부터 추정

[a] : $F = (e_{max} - e_{min}) / e_{min}$
(e_{max} : 가장 느슨한 상태의 흙의 간극비, e_{min} : 가장 조밀한 상태의 흙의 간극비)로 대개 F = 0.56 ~ 2.3의 범위를 가지며 F가 작을수록 다짐이 곤란

표 5.23과 같이 준설매립토의 다짐지수(compactibility)는 0.6~0.7의 범위로서 일반 정적방법으로는 다짐이 곤란한 것으로 평가되었으며, 본 느슨한 사질지반의 준설매립토에 대한 지반개량은 세립분 함유량이 비교적 적은 조립/빈입도의 지반이 주요 대상이었다.

(3) 연약 점성토에 대한 지반개량

연약지반상에 건설되는 인천국제공항의 활주로, 유도로, 계류장 등 공항토목 시설물은 침하, 활동, 지지력 등에 대해 안전하여야 하므로 공항부지에 대한 소정의 지반강도를 확보해야 한다. 그림 5.80과 같은 설계하중 조건으로 연약지반 개량을 하지 않는 경우에 대한 압밀침하량을 계산한 결과 상부해성층은 14~56cm 정도로 허용잔류침하잔류침하량기준(활주로 : 상부 2.5cm, 유도로 및 계류장 : 5cm)을 초과하나, 하부해성층은 과압밀(OCR = 1.5~2.2)된 상태이므로 허용잔류침하량(활주로, 유도로 및 계류장 : 5cm) 이내에 있었다. 따라서 연약지반 개량대상은 표준 관입 시험의 N < 5 심도(상부해성층)까지로 선정하였으며, 연직배수재 타설 후 개항 후 공용하중보다 1.2~1.5배 큰 선행하중(preloading, P/L)으로 약 6개월 동안 재하하였다. 공항 주요 공종별 연약지반 처리 설계내용은 표 5.24와 같다.

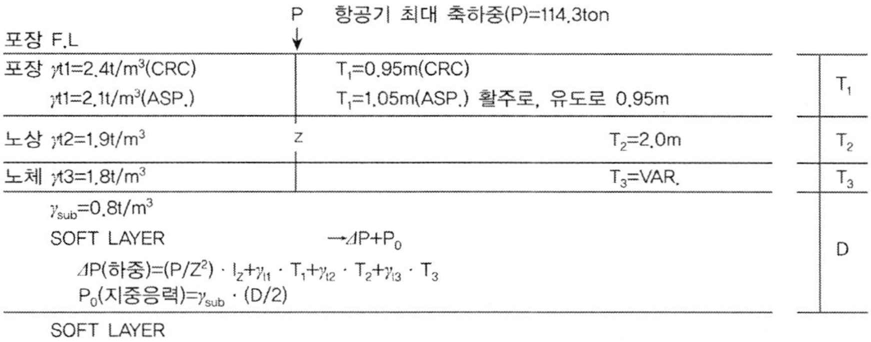

그림 5.80 설계 하중 조건

표 5.24 주요 공종별 연약지반 처리 설계내용

공종	배수재 간격	P/L높이	허용잔류침하량
활주로	S.D ϕ400 2.8×2.8m	4.9~5.6m	7.5cm (상부해성층 2.5cm+ 하부해성층 5.0cm)
	P.B.D 1.6×1.6~2.0×2.0m	5.5~7.3m	
유도로	S.D ϕ400 3.3×3.3~3.4×3.4m	4.0~5.6m	10.0cm (상부해성층 5.0cm+ 하부해성층 5.0cm)
	P.B.D 1.6×1.6~2.0×2.0m	4.1~5.2m	
계류장	S.D ϕ400 3.0×3.0~3.5×3.5m	4.6~5.4m	10.0cm (상부해성층 5.0cm+ 하부해성층 5.0cm)

(4) 시험시공

연약지반 개량 공법 선정을 위한 시험시공은 전체 부지를 대표할 수 있는 지점을 선정하였으며 적용 공법은 Sand Drain, Plastic Board Drain, Pack Drain, Sand Compaction Pile 및 단순 프리로딩 공법이다. 시험시공은 연직배수재와 프리로딩을 함께 적용한 구간(84×360m)과 sand mat의 효용성을 평가하기 위해 단순 프리로딩만 적용한 구간(84×180m)으로 분리하여 시행하였다. 15개월 동안 시험시공 구간의 지반침하 및 간극수압을 계측한 결과 연직배수재 타설 지역에서 측정된 1차 압밀거동은 그림 5.81과 같이 시간-침하 곡선의 기울기 또는 곡률은 공법별로 명확히 구분할 수 없을 정도로 압밀촉진 효과가 유사한 것으로 판단된다. 이러한 결과는 공법별 연직배수재 타설 시 발생한 웰저항(well resistance), 응력집중(arching effect), 교란효과(smear effect) 등의 영향이 비슷하고 특히 지중에 sand seam의 존재로 인하여 압밀이 빠르게 촉진되어 공법별 침하양상이 비슷한 것으로 판단된다. 측정된 침하에 대한 역해석 결과 N < 5 이하의 연약층 깊이가 6m 이상인 경우나 sand seam의 연속성이 불량한 경우 연직배수재가 필요한 것으로 나타났으며, 최적 연직배수재 공법으로는 경제성에서 유리한 Sand Drain, Plastic Board Drain 공법으로 결정되었다.

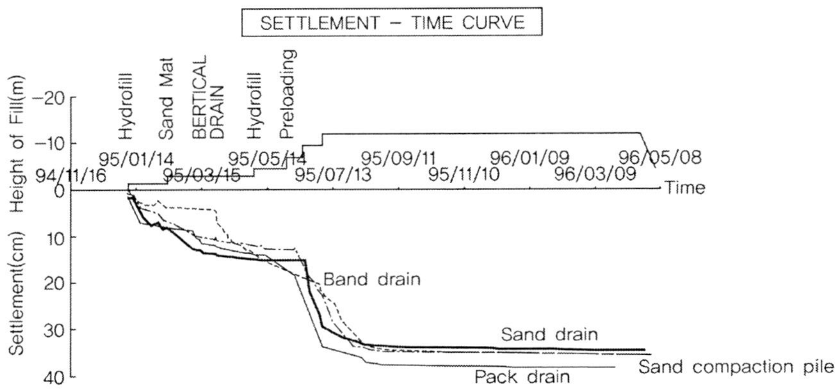

그림 5.81 시험시공 시 지반개량 공법별 침하 특성 비교

(5) 시공관리

연약지반 개량공사 시 시공절차는 시험시공 과정 및 결과를 고려하여 다음과 같은 순서로 실시하였다.

① 시추에 의한 연약지반 사전조사 : 원지반 상태에서 시행
② 계측기 매설 및 준설매립(계측기 종류 : 침하판, 층별침하계, 지하수위계, 간극수압계 등)
③ 연직배수재 타설(Sand Drain, Plastic Board Drain)
④ 프리로딩 재하(재하기간 : 3~6개월, 압밀도 : 90~95%)
⑤ 계측결과 확인 : 지반개량 적정 여부 검토
⑥ 사후 지반조사 및 실내 시험 : 계측결과와 비교하여 지반개량 적정 여부 검토
⑦ 프리로딩 제거

활주로, 유도로, 계류장의 허용잔류침하량 설계기준치(상부 및 하부해성층)는 각각 7.5cm, 10cm, 10cm이므로 지반개량을 하기 위하여 재하한 프리로딩 제거 시 계측에 의한 잔류침하량이 기준치 이내인 경우 제거해야 하지만 공항지역의 퇴적층이 매우 불규칙하다. 또한 향후 하부해성층의 2차 압밀침하가 우려되어 상·하부 해성층을 포함한 잔류침하량이

계측분석 결과 활주로는 2.5cm, 유도로 및 계류장은 5.0cm 이내인 경우에만 프리로딩을 제거하였다. 그러므로 포장공사 완료 후 항공기 하중이 작용한다 하더라도 지반변위는 극히 미미하도록 안정적으로 지반개량을 실시하였다.

(6) 연약지반 개량확인

① 계측관리

본 공사에서는 준설매립 시공 시, 프리로딩 재하 시 연약지반거동을 분석하기 위하여 원지반 위에 지표면 침하판을 100m 간격으로 설치하였고, 해성층과 충적층 사이에는 층별침하계를 매설하였다. 또한 각 층의 중앙 지점에는 상재하중에 따른 과잉간극수압의 분포를 파악하기 위해 간극수압계를 매설하였으며, 지하수위의 변화와 성토사면의 거동을 살펴보기 위해 지하수위계 및 경사계를 200m 간격으로 설치하였다. 계측빈도는 준설매립 중에 2일 1회, 성토시공 중~성토 후 1개월간은 1일 1회, 이후 1~2개월은 3일 1회, 3~4개월은 1주 1회, 4개월 이후에는 2주 1회로 시행하였다.

잔류침하량 추정 시 현장에서 계측된 값을 쌍곡선법, 아사오카 법, 호시노 방법으로 분석한 결과 대체로 쌍곡선법이 타 방법에 비하여 잔류침하량이 크게 나타나는 경향을 보였다. 따라서 쌍곡선법을 시공관리에 적용할 경우 프리로딩 제거 시기가 지연될 수 있으나 지층의 불균일성 등을 감안할 경우 타 방법에 비하여 안정적인 결과를 얻을 수 있으므로 재하된 프리로딩을 제거할 경우 이 방법을 주로 적용하였다.

② 개량 전후의 토질정수 변화

연약지반 처리 대상 지역에서 실시된 사전 및 사후조사 결과에 의하면 그림 5.82와 같이 자연함수비(W_n)와 간극비(e_0)는 다소 감소하는 경향을 보이고, 일축강도는 뚜렷이 증가하는 것을 알 수 있었다. 초기 함수비와 초기 간극비로부터의 이론적인 변화량은 대략 10% 정도로 예상하였으나, 실측치의 변화량은 5~10% 정도로 비슷하거나 소폭 감소한 것을 알 수 있었다.

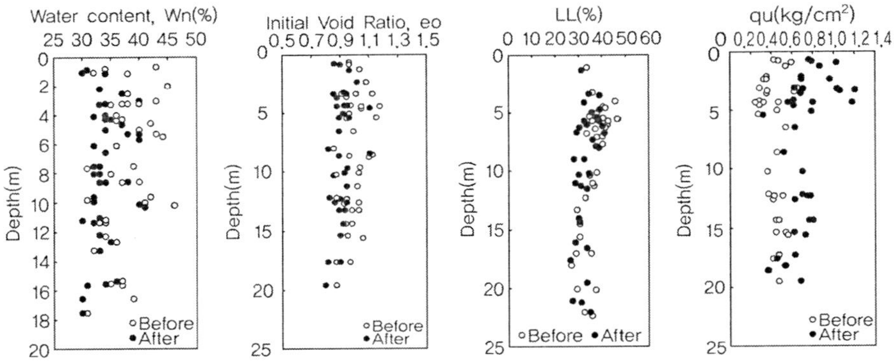

그림 5.82 선행재하 전·후의 토질정수 변화

③ 비배수 전단강도 증가

삼축압축 시험(UU), 현장 베인 시험, 피에조 콘 시험 결과 등을 통해 연약지반 개량 전후의 비배수 전단강도 증가율을 분석한 결과는 다음 표 5.25 및 그림 5.83과 같다.

표 5.25 비배수 전단강도 증가분($\Delta S_u / \Delta\sigma'_0$) 비교

시험종류	$\Delta S_u / \Delta\sigma'_0$ 분포	t 분포도에 의한 모평균 90% 신뢰 구간
삼축압축(UU) 시험	0.01～0.62	0.19±0.04
Geonor Vane Test	0.07～0.76	0.38±0.11
CPT	0.19～0.64	0.38±0.09

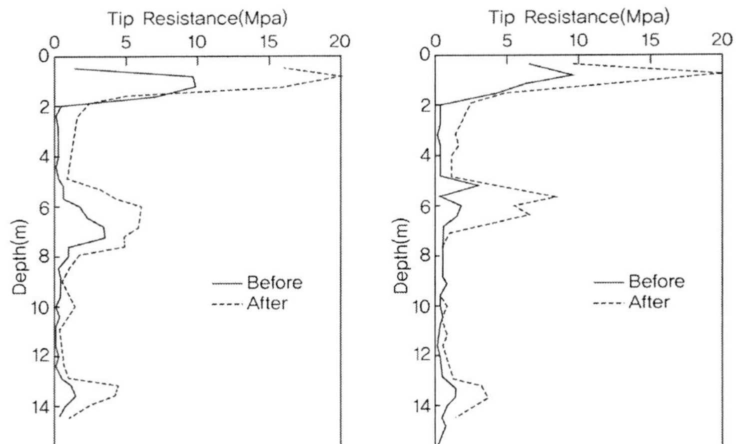

(a) 5-1공구(E 지점)　(b) 5-2공구(J 지점)

그림 5.83 피에조 콘 시험 결과

표 5.25와 같이 비배수 전단강도 증가율의 분포가 매우 광범위한 것은 본 지역의 연약층 심도가 불규칙함에 따라 프리로딩 하중에 의한 전단강도 증가율이 불규칙했기 때문으로 분석된다. t 분포(W.S. Gosset)를 사용한 모평균 90% 신뢰 구간을 산정해보면 현장 베인 시험과 피에조 콘 시험 결과 간에 비배수 전단강도 도수분포의 범위가 크게 차이가 나지 않으며 강도 증가율의 분포도 비교적 근사한 값을 보이고 있음을 알 수 있었다. 한편, 삼축압축(UU) 시험에 의한 비배수 전단강도 증가율이 다른 두 시험에 의한 결과보다 작게 나타난 것은 시료채취, 성형 및 실내 시험과정에서 시료가 교란되었기 때문인 것으로 판단된다.

2) 간사이(關西) 국제공항(PBD 工法研究會, 2009)

(1) 공사 개요

간사이 국제 공항의 조성공사에 적용한 PBD에 의한 해저지반의 개량공사 및 개량효과에 대하여 SD 공법과 비교를 근거하여 검토한 결과를 소개한다. 공항건설 지점은 수심이 16~19m이다. 그림 5.84와 같이 해저지반에는 연약한 충적(完新世) 점성토층이, 해 측의 호안부에서는 약 20m, 육 측의 호안부에서 약 16m 퇴적되어 있고, 그 하부에는 얇은 사력층을 협재한 홍적(更新世) 점성토층이 있다. 공항섬 전체의 연약지반 개량은 주로 SD 공법으로 계획되어 있었으나 일부에 PBD 공법이 채용되었다. PBD 공법의 실시위치인 그림 5.85는 호안의 우각부와 매립지 내의 일부이다. 그림 5.86에 호안 우각부의 단면도를 표 5.26에 호안 우각부와 매립지 내의 시공수량을 나타낸다.

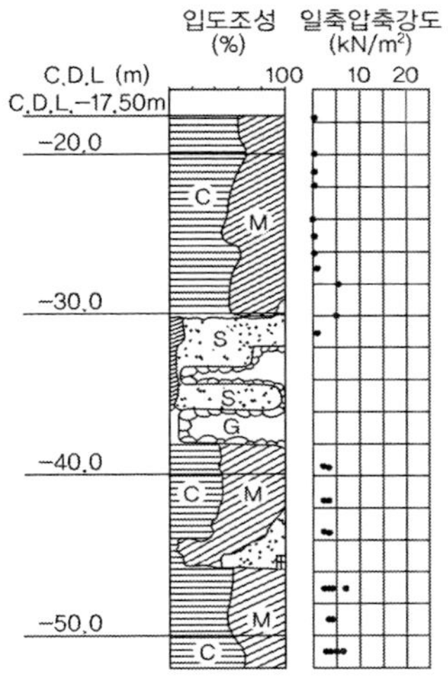

그림 5.84 토질주상도(及川 등, 1989)

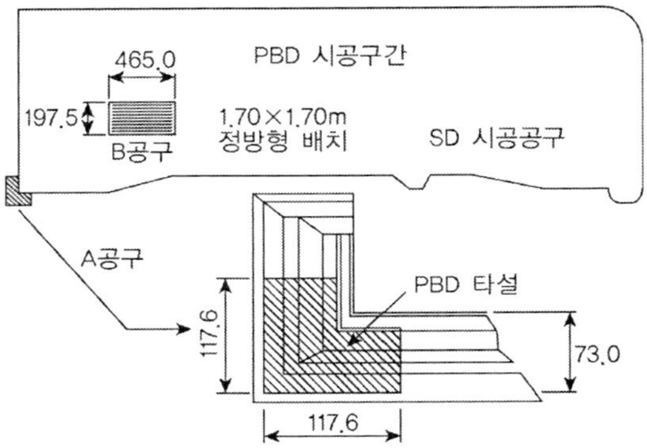

그림 5.85 PBD 공법의 실시위치(及川 등, 1989)

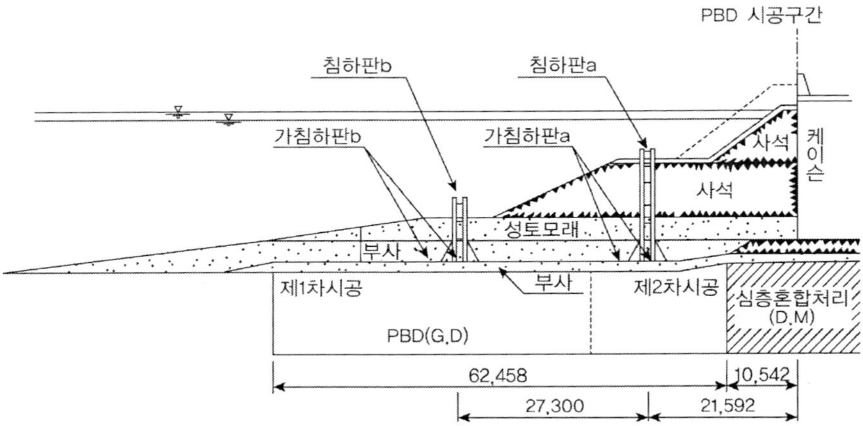

그림 5.86 호안우각부 단면도(及川 등, 1989)

표 5.26 시공수량(及川 등, 1989)

호안우각부		매립지 내	
면적	10,600m^2	면적	91,800m^2
타설 본수	6,500본	타설 본수	32,058본
타설 연장	92,400m	타설 연장	676,400m

(2) 사용된 PBD

사용된 PBD의 사양은 표 5.27과 같다. 그 구조는 코어와 필터가 분리되어 있고 자유로이 미끄러질 수 있다. 또한 제품은 200m을 1롤로 이루어져 있다.

표 5.27 PBD의 사양(及川 등, 1989)

명칭		PBD(지오드레인)
재질	심재	Polyorefin 수지
	필터	Cellulose polyester 합성섬유 부직포
중량	단위 중량	1.38kN/m
투수계수	변내 방향	1×10^{0}cm/s 이상
	필터	1×10^{-3}cm/s 이상
인장강도	습윤 시	1.75kN/제품 폭

(3) PBD의 시공

PBD의 타설은 SD 공법과 동등(압밀도 90%에 달하는 일수, 압밀계수 ch = 90cm^2/day일 때)의 압밀촉진이 얻어지는 간격(표 5.28)으로 실시하였다. 압밀일수의 산정은 Barron의 해석식이 이용되었다.

표 5.28 타설 간격과 압밀일수(及川 등, 1989)

공법명	드레인 직경 (환산 드레인경)	타설 간격 및 타설 배치		압밀도 90%일 때 필요한 압밀 일수
		호안	매립지	
SD	40cm	2.5m×1.6m (≒2.0m×2.0m) 장방형 배치	2.5m×2.5m 1.6m×2.5m 정방형 배치	호안 170일 매립지 318일
PBD	6cm	1.3m×1.3m 정방형 배치	1.7m×1.7m 정방형 배치	호안 169일 매립지 320일

PBD의 환산직경이 SD에 비해 작기 때문에 동등의 압밀효과를 얻기 위한 타설 본수를 2~2.5배 많이 할 필요가 있다. 이 때문에 본선은 센터 웰(center well)의 구조를 채용하고 장치 연결본 수를 증가시키는 등 시공의 능률향상을 도모하였다. 타설된 전체의 PBD는 타설 시각, 공상(共上) 상황 등의 시공실적 관리표에 기록되었다. 당해 공사에서 공상현상에 기인한 재시공은 거의 발생되지 않았다고 보고하고 있다.

(4) 압밀침하 특성

압밀침하량의 계산은 m_v 법에 의해 실시되었다. 호안우각부의 축조공정은 그림 5.87에 나타나 있다. PBD의 타설은 케이슨아래의 심층혼합처리의 시공과의 관계 때문에 2회로 나누어 실시했다. 침하판은 2개소에 설치했다. 당해 설계의 압밀정수는 m_v = C.18p−1.08m^2/kN, c_h = 90cm^2/day였다. 침하판 a의 위치에 대해서 실제의 축조공정에 근거하여 침하계산이 실시되었다.

그림 5.88은 PBD의 실측 침하량과 SD의 침하계측 결과로부터 커브 피팅(curve fitting)에 의해 수정된 결과이다. 또한 그림 8.62는 PBD의 실측 침하량과 과압밀($p_c = 10\text{kN/m}^2$)를 고려한 결과이다. 그림 8.61에서는 초기의 단계에서, 또한 그림 5.89에서는 압밀종료 부근에서 계산치와 실측치에서 약간의 차이가 있지만 전체적으로 계산과 실측의 침하경향은 잘 일치하고 있다. SD의 타설 구간의 계측결과로 수정한 압밀정수를 이용하여 PBD의 타설 공구를 재검토한 결과는 실측침하와 잘 일치했다고 보고하고 있다.

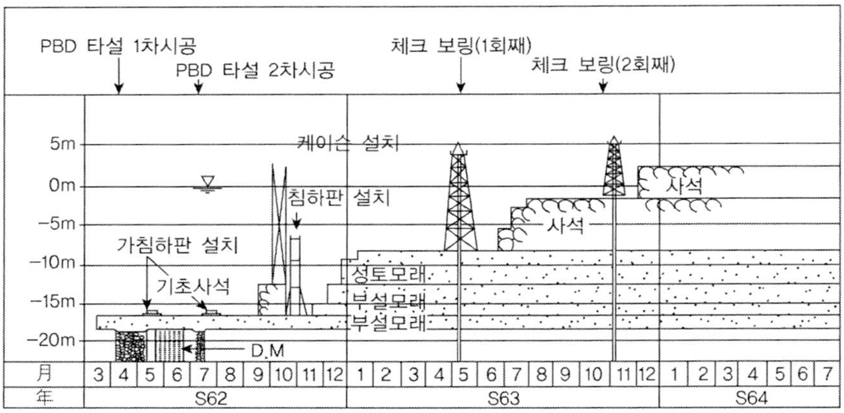

그림 5.87 호안우각부의 축조공정

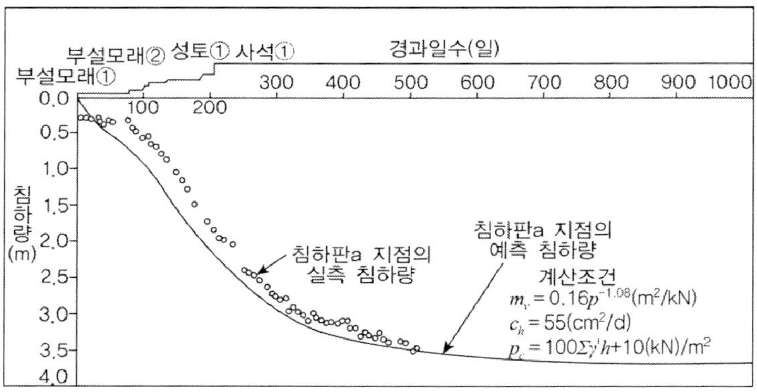

그림 5.88 수정한 c_h, m_v에 의한 계산결과와 실측 침하량(及川 등, 1989)

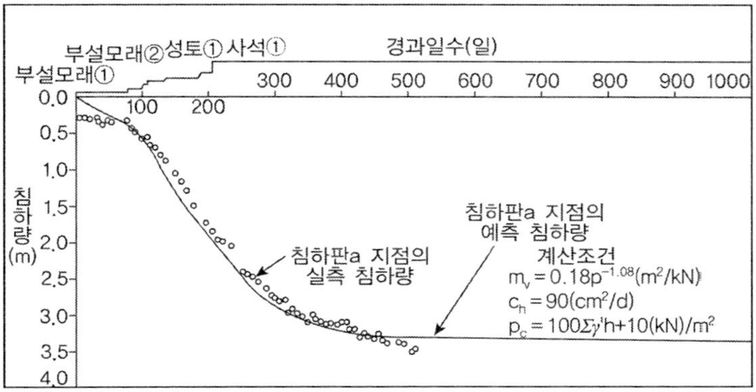

그림 5.89 과압밀을 고려한 계산침하량과 실측 침하량(及川 등, 1989)

(5) 강도증가 특성

압밀에 따른 비배수 전단강도(점착력)의 증가는 침하판 설치위치에서 그림 5.87와 같다. 그림에서 드레인 타설 후 317일, 520일 경과 후에 체크보링을 2회 실시하여 일축압축강도 시험을 길게하여 압밀도 U를 침하량과 보링실측 시의 침하량으로부터 구했다. 점착력의 실측치와 계산치의 관계는 그림 5.90과 같다. 1회째의 비교와는 잘 일치하고, 2회째에서는 실측치가 계산치를 약간 상회하고 있다. 따라서 압밀의 진행에 따라 강드증가를 순조롭게 추이했다고 말할 수 있다. 본 공사의 실시에 의해 PBD 공법은 SD 공법에 의한 경우와 차이가 없고 동등 정도의 개량효과를 얻는 것을 확인했다.

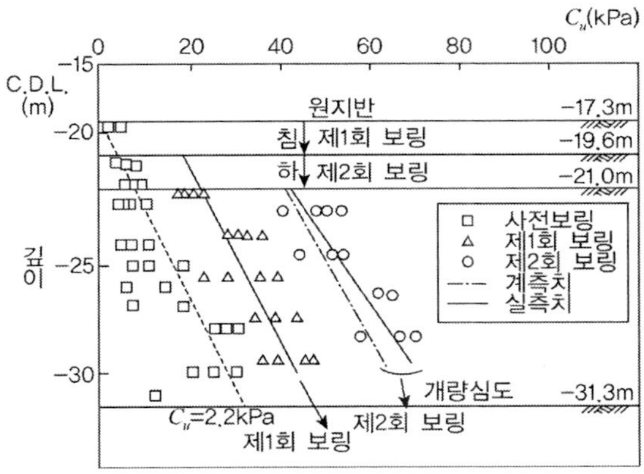

그림 5.90 계산강도와 실측강도(及川 등, 1989)

5.4.2 국내 시험 시공사례

표 5.29에는 최인걸과 박영목(2006)이 요약한 국내의 대표적인 대형 공사의 지반개량 시험 시공을 요약하여 나타냈다. 인천 국제 공항 1단계, 광양항개발, 양산물금지구, 부산신항 배후부지 공사현장이 그 대표적인 예이다. 모든 현장이 PBD 공법을 주로한 연직배수 공법에 의해 연약지반을 개량하여 현재까지 구조물의 기능이 잘 수행되고 있다.

표 5.29 국내 시험시공 사례(최인걸, 박영목, 2006)

구분	인천 국제 공항(1단계)	광양항
규모	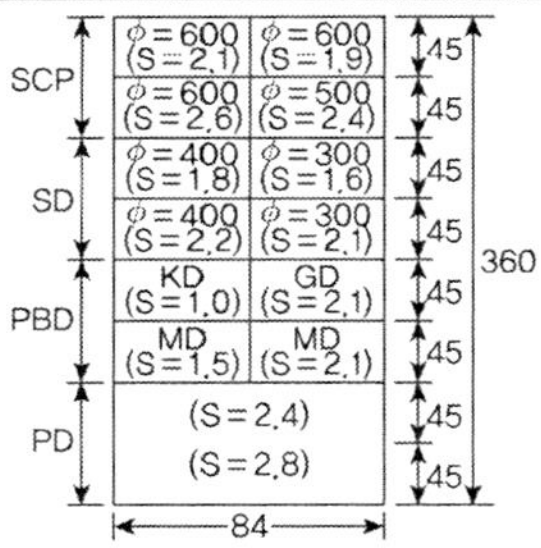	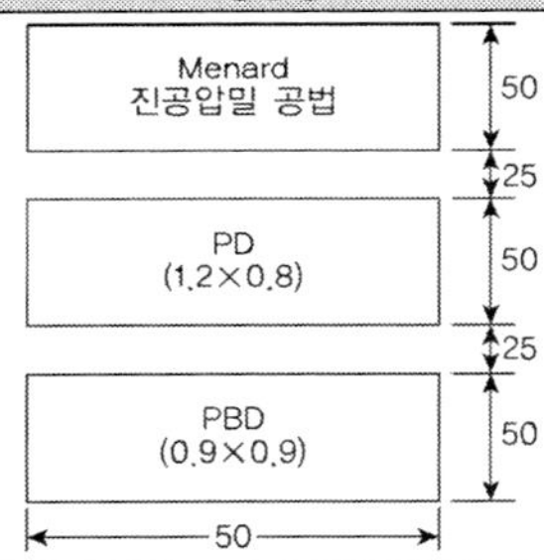
연직배수재 착용 공법	1) PBD 공법 2) SD 공법 3) SCP 공법 4) PD(Pack drain) 공법	1) PBD 공법 2) PD(Pack drain) 공법 3) Menard 진공압밀 공법
연약층 깊이	0~11.5m(평균 9.0m)	19.1~26.2m(평균 22m)
연약층과 규모 상관관계	연직배수 공법별 폭과 길이는 연약층 심도의 약 5배, 전체 폭은 연약층 심도의 약 9배이며 길이는 40배임	연직배수 공법별 폭과 깊이는 연약층 심도의 약 2.5배이고, 전체 폭은 연약층 심도의 약 2.2배이며 깊이는 9배임
구분	양산물금	부산 신항 배후 부지
규모	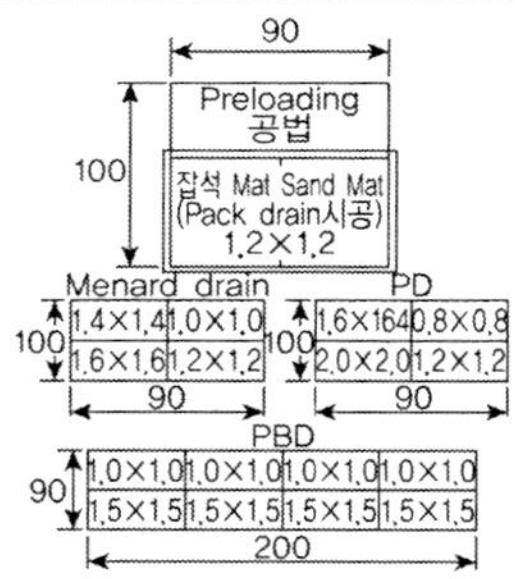	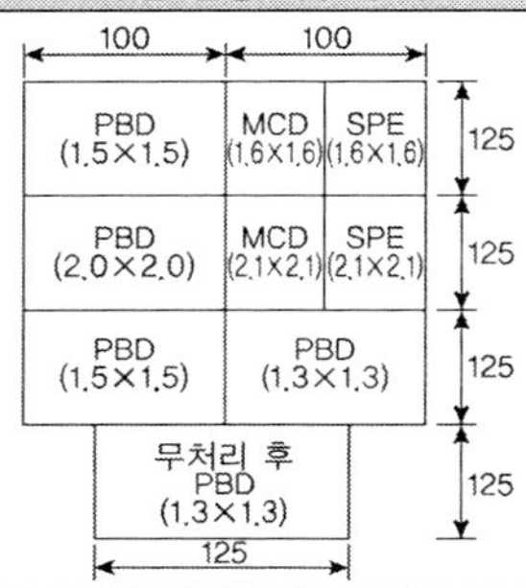
연직배수재 착용 공법	1) PBD 공법 2) Pack Drain 공법 3) Menard Drain 공법 4) Preloading 공법	1) PBD 공법 2) MCD(Menard Cylinderical drain) 공법 3) SPE(Spiral Poly ethylem) 공법
연약층 깊이	25~27m(평균 26.0m)	평균 60m
연약층과 규모 상관관계	연직배수 공법별 폭은 연약층 심도의 약 1.7배(=45/26)이고, 깊이는 약 2배이며, 공법별 시험시공 부지를 공법별로 정하여 시행하였으므로 전체 규모 비교는 의미가 없음	연직배수 공법별 폭은 연약층 심도의 약 1.6배이고 깊이는 약 2배임. 전체 폭은 연약층 심도의 약 3배이고 깊이는 약 80배임

5.4.3 국외 시험 시공사례

표 5.30에는 최인걸과 박영목(2006)이 요약한 국외의 대표적인 대형 공사의 지반개량 시험 시공을 요약하여 나타냈다. 홍콩의 책렙콕 공항, 싱가폴의 창이 공항, 일본의 간사이 공항과 사가 공항이 그 대표적인 예이다. 간사이 공항은 주로 SD를 적용하였으나 활주로를 제외한 지역은 PBD를 많이 적용하였고, 그 외 3개 공사현장은 PBD에 의해 연약지반이 개량되어 현재까지 구조물의 기능이 잘 수행되고 있다.

표 5.30 국외 시험 시공사례(최인걸, 박영목, 2006)

구분	책렙콕 공항(홍콩)	창이 공항(싱가폴)
규모	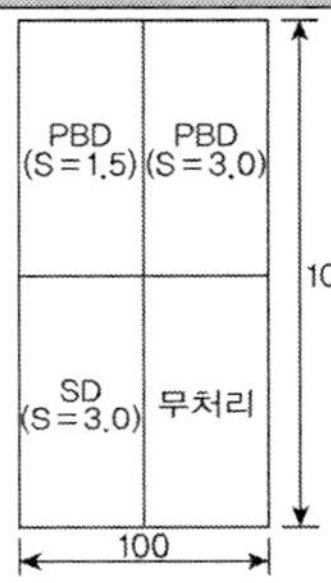	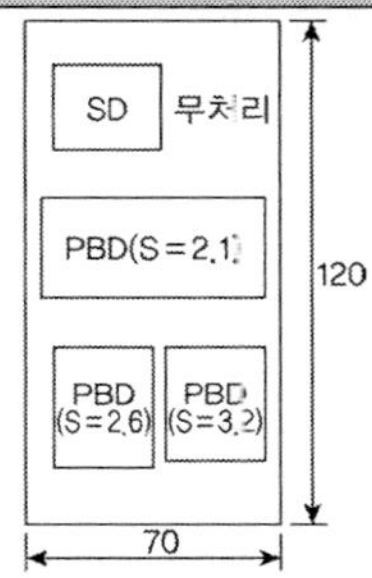
연직배수재 착용공법	1) PBD 공법, 2) SD공법, 3) 무처리	1) PBD 공법, 2) SD공법, 3) 무처리
연약층 깊이	15~20m(평균 17.5m)	14~15m(평균 14.5m)
연약층과 규모 상관관계	연직배수 공법별 폭과 깊이는 연약층 심도의 약 3배이며, 전체 폭과 깊이는 연약층 심도의 약 6배임	자료 불충분으로 인하여 연직배수 공법별 폭과 깊이는 정확히 알 수 없으나 전체 규모의 폭은 연약층 심도의 약 5배이며, 깊이는 약 8배임

구분	간사이 공항(일본)	사가 공항(일본)
규모	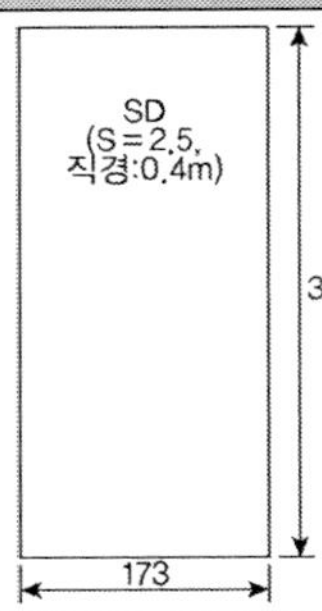	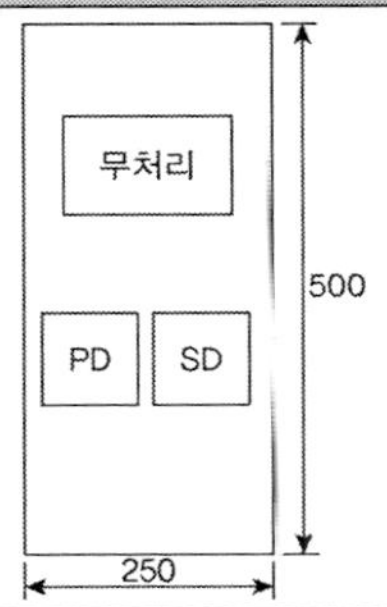
연직배수재 착용 공법	SD 공법	1) PBD 공법, 2) SD 공법, 3) 무처리
연약층 깊이	16~20m(약 20.0m) 하부 홍적층 : 400m	15~20(최대 30m) 1~3m의 모래층이 혼재
연약층과 규모 상관관계	연직배수 공법 적용 전체 폭은 연약층 심도의 약 8.5배이며 깊이는 17배임	연직배수 공법이 적용된 공구별 폭은 심도의 약 2~3배이며, 전체 시험시공 부지는 폭과 깊이가 약 10~20배임

참고문헌

1. 농어촌 진흥공사(1993), "농경지 이용율 제고를 위한 최적설계기법 연구", pp.1~242.
2. 박영목(1997), "국내 PBD재의 배수 성능과 진공효과에 의한 통수능력 향상에 관한 연구", 한국지반공학학회지, 제13권, 제2호, pp.39~53.
3. 박영목(2009), "NCM(Net Channel Method)을 이용한 준설토 투기장의 유 해곤충 발생 방지 및 천층부개량에 관한 연구보고서", pp.34~38.
4. 박영목, 박준환, 고영남(2010), "NCM에 의한 준설매립지반의 천층개량에 관한 연구", 제36회 대한토목학회 정기학술대회 발표논문초록집, Vol. C. p.56.
5. 정경환(1996), "연약지반의 성토와 굴착공사에 있어서 현장계측에 의한 안정성 분석", 부산대학교 박사학위논문, pp.63~70.
6. 정규광(2006), "연약지반 표층처리 공법에 관한 사례 연구", 부산대학교 대학원 공학석사학위논문.
7. 최인걸(2013), "대규모 연약지반 부지조성 공사 중 지반거동에 대한 공학적 평가 연구", 홍익대학교 공학박사학위 논문. pp.73~97.
8. 최인걸, 고문수, 김영웅, 김학중(2000), "인천국제공항 공항토목시설공사를 위한 연약지반개량 시공사례 연구", 한국지반공학회 특집 No. 1 Vol. 17, pp.15~29.
9. 최인걸, 박영목(2006), "현장실무를 위한 지반공학", 구미서관, pp.177~302.
10. GOODSOIL, GTE, and SPE(2010), "Double-cored Horizontal Drain Borad(이중코어 수평배수재) 공법 제안발표문", 2010. 12. 한국수자원공사 발표문.
11. プラスチックボードドレーン(PBD)工珐研究會(2009), "プラスチックボードドレーン工法", 鹿島出版会.
12. 嘉門雅史(1985), "プラスチックボードドェーン材料の性質とその特性", 基礎工, pp.11~16.
13. 高木俊介(1955), "サンドパイル排水工の ためのグラフとその使用例", 土と基礎, Vol. 3, No. 12, pp.8~14.
14. 及川研 外(1989), "關西國際空港建設におけるプラスチツクボ一ドドレーン 工法による 地盤改良, 第24回土質工學研究發表會", pp.1,903~1,906.
15. 吉國 洋(1979), "バ一チカルドレーンの設計と施工管理", 技報堂出版.
16. 網干壽夫 外(1984), "サンドドレーン打設による壓密係數の變化", 第19回土質工學研究發表會, pp.1,573~1,574.
17. 尾上篤生(1991), "トレ一ソのウェル・レシスタンスに關する基礎的研究", 淸水建設研究報告別冊, 第32号.
18. 朴 永穆(1994), "低平地に堆積する海成粘土の土質特性と鉛直排水工法による地盤改良に關す

る研空", 日本 佐賀大學 博士學位論文. pp.1～235.

19. 佐佐木 伸(1985), "プラスチックボードドェーン工法の現況と展望", 基礎工, pp.2～10.

20. Aboshi, H., and Inoue, T.(1986), "Predition of consolidation settlement of clay layer", especially in the case of soil stabilization by vertical drains, Proc. IEMJSSMFE joint symposium, on geotechnical problems, pp.31～40.

21. Akagi, T.(1994). "Hydraulic Applications of Geosynthetics to Filtration and Drainage Problems-with Special Reference to Prefabricated Band-shaped Drains", Proc 5th International Conference on Geotextiles, Geomembranes, and Related Products, Singapore, pp.99～119.

22. Barron, R.A.(1948), "Consolidation of Fine-Grained Soils by Drain Wells", Trans. ASCE, Vol. 113, No. 2346, pp.718～742.

23. Hansbo, S.(1979) "Consolidation of clay by band-shaped prefabricated drains", Ground Engineering, Vol, 12, No. 5, pp.21～25.

24. Hansbo, S.(1981), "Condolidation of fine grained soils by prefabricated drains", Porc. 10th ICSMFE, pp.677～682.

25. Jamiolkowski, M., Lancellotta, R., and Wolski, W.,(1983) "Precompression and speeding up consolidation", Proc. 8th ECSMFE, Vol. 3, Spec. Session, No. 6, Gernal Report, pp.1,241～1,245.

26. Madhav, M.R., Park. Y.M., and Miura, N.(1993) "Modelling and study of smear zones around band shaped drains, Soil and Foundations", Vol. 33, No. 4, pp.135～147.

27. Onoue, A.(1988), "Consolidation of multilayered anisotropic soils by vertical drains with well resistance", Soils and Foundations, Vol. 28, No. 3, pp.75～90.

28. Pradhan, T.B.S., Kamon, M. and Suwa, S.(1991) "Design method for the evaluation of discharge capacity of prefabricated band-shaped drains", 9th Asin Reg Conf. Bangkok, Vol. 1, pp.523～526.

29. Rixner, J.J.m Kraemer, S.R. and Smith, A.D.(1986) "Prefabricated vertical drain", FWHA/RD-86/168, Fedral Highway Administration, Washington, D.C., Vol. 1.

제6장

차수/담수용

제6장

차수/담수용

6.1 개 요

토목섬유를 이용한 차수 공법이 사용되는 분야는 댐, 터널, 굴착공사, 저수조, 하천, 환경오염방지시설 등 토목공사 전반에 걸쳐서 사용되고 있다. 특히 1990년대 이후에는 환경규제가 강화되면서 폐기물 매립장과 같은 환경오염 방지시설에 핵심시설로서 취급되고 있으며, 차수에 사용되는 재료를 자연으로부터 공급해오던 것을 대신하여 인위적으로 가공하여 제조한 토목섬유를 사용함으로써 토목섬유를 이용한 공법이 시공 상의 편의성과 기술적 효율성이 우수한 것으로 평가되고 있다. 이렇게 차수 공법에서 토목섬유의 우수성이 인정되면서 설계와 시공에 대한 기술과 신재료의 개발에 대한 노력이 많은 연구자와 기술자에 의해 수행되어 현재는 차수 공법의 설계와 시공에서 토목섬유는 필수적인 건설재료로서 위치를 선점하고 있다.

본 단원에서는 현재 사용되고 있는 재료의 종류와 역학적 특성, 설계이론과 원리, 접합 특성과 방법, 품질관리기준, 그리고 기능별 설계기법에 대하여 기술하고 설계사례를 소개하여 기술자들이 설계와 시공에 지침서로서 활용하도록 내용을 구성하였다.

6.2 차수공의 목적 및 원리

차수용으로 사용되고 있는 지오신세틱스는 사용목적에 따라 설계하중의 설정이 다양하고 설계하중이 차수재에 작용하는 원리와 그에 따른 차수재의 역학적 기능이 다르게 나타난다. 차수 공법의 설계는 이와 같은 하중의 작용 특징과 기능적 역할에 대응하여 차수재의 재질과 규격을 결정해야 하는데, 차수의 기능과 목적은 어떠한 환경과 조건에서도 차수재의 설치위치에서 액체나 기체가 차수재를 통하여 누출되지 않는 데 있다.

차수구조의 형식은 구조물의 형태나 하부지반의 상태, 그리고 목적에 따라서 다양한 형식으로 설계할 수 있으며, 차수재에 작용하는 설계하중에 의해 발생하는 파괴에 대한 안정성 해석은 하중의 특성과 작용방향을 고려하여 적합한 이론을 적용하여야 한다. 차수구조물에 작용하는 설계하중에 의해 차수재에 작용하는 외력은 차수재에 구조물의 형식에 따라 4가지의 서로 다른 응력을 유발시키는데, 이러한 응력에 의해 차수재가 파괴되거나 훼손되는 사고가 발생한다. 외력으로 인해 차수재에 발생하는 응력은 인장응력(tensile stress), 압축 응력(compressive stress), 전단응력(shear stress), 그리고 꿰뚫림응력(puncture stress) 등이다. 인장응력(tensile stress)은 대부분의 차수구조에서 나타나는데, 사면부, 부등침하가 발생한 평면부, 정착부 등에서 특히 크게 나타난다. 압축 응력(compressive stress)은 하부지반이 견고하고 차수재에 연직으로 하중이 작용할 때 발생하며, 전단응력(shear stress)은 하중이 차수재에 전단력으로서 작용하는 경우에 발생하는데, 일반적인 차수구조에서는 드문 현상이다. 그리고 꿰뚫림응력(puncture stress)은 차수재 표면에 돌, 철근, 나무 등과 같이 견고하고 강한 고체상태의 돌출부나 모서리 등이 접촉한 상태에서 상부에 하중이 작용할 경우에 발생한다. 차수공의 설계는 이와 같이 차수재에 작용하는 파괴응력에 대응하여 안정성이 확보되도록 차수재의 재질과 규격을 결정하는 것이다. 차수용 지오신세틱스의 규격과 재질은 외부로부터 작용하는 제반의 환경과 하중 조건을 고려하여 설계하중의 크기와 작용방향을 결정한다. 또한 부재에서 발생하는 응력을 산정하여 이 응력에 충분히 저항할 수 있는 부재의 재질과 규격을 결정하여야 한다. 차수용 지오신세틱스의 규격과 강도는 적합한 시험방법을 사용하여 시험한 결과를 사용하여야 한다.

6.3 차수재료 및 재질 기준

6.3.1 차수재료

차수용 토목섬유의 재료로서는 지오멤브레인(geomembranes), 토목섬유-점토차수재(Geosynthetic Clay Liner, GCL) 두 종류가 있다. 지오멤브레인은 폴리머(polymer) 계통의 합성수지 성분으로 이루어진 재료, 지오텍스타일에 아스팔트로 포화시키거나 도포하여 만든 제품, 여러 겹의 역청재를 혼합한 지오콤포지트 등이 있다. 일반적으로 지오멤브레인은 완전한 불투수성의 재료로 알려져 있으나 완전 불투수성의 재료는 아니며, 지오텍스타일이나 점토에 비해서는 불투수성의 재료라고 할 수 있다. 수증기 투과법에 의해 측정한 지오멤브레인의 투수계수는 $10^{-12} \sim 10^{-15}$m/sec 정도이다. 토목섬유-점토차수재(GCL)는 수밀성과 팽창성이 우수한 벤토나이트를 분말이나 조립의 상태로 지오텍스타일이나 지오멤브레인에 부착시키거나 도포하여 만든 제품이다(ASTM D4439). 이것은 수분을 흡수한 후 팽창하여 외부의 돌출물질에 의하여 손상을 받았을 때 손상부위가 치유될 수 있는 장점을 가지고 있다. GCL은 초기에 구조물의 방수를 목적으로 사용되어 왔는데 현재는 토목공사 전반에서 사용되고 있으며, 그 종류와 기능도 다양하게 개발되고 있다. 본 단원에서는 지오멤브레인과 GCL의 재료적 특징과 종류, 그리고 설계와 시공에 따른 재질 기준에 대하여 설명하고자 한다.

1) 지오멤브레인의 종류

지오멤브레인은 합성섬유의 성분에 따라서 열가소성, 열경화성, 그리고 혼합성 지오멤브레인 등 크게 3가지의 형태로 분류된다. 사용재료의 혼합비와 제조공정을 다양하게 하여 사용목적에 적합한 제품이 생산된다. 따라서 재료의 선정에서는 사용대상의 구조물의 용도와 현장의 특성과 환경적인 조건을 신중하게 검토하여야 한다. 지오멤브레인의 가장 큰 장점은 얇고 연성과 소성의 재질로서 구조물의 모양과 관계없이 설치가 용이하다는 점이다. 또한 이 제품은 공장에서 적합한 공정을 거쳐 생산되므로 사용목적에 따라 수요자의 주문대로 규격과 형식을 변형할 수도 있다. 지오멤브레인은 현장 조달이 불가능하여 공장에서 생산하여 현장으로 운반하여 사용하므로 크기에 대한 제한이 있으며 따라서 현장에서 접합하여 설치하여야 하기 때문에 고도의 접합기술을 필요로 한다. 지오멤브레인의 종류와 종류별 장단점을 표 6.1~6.2에 제시하였다.

표 6.1 지오멤브레인의 종류(한국지반공학회, 1998)

구분	고분자 원료
열가소성 지오멤브레인	• PVC(polyvinyl chloride, 흑색 또는 유색) • HDPE, VLDOE, LDPE, LLDPE, MDPE • CPE(chlorinated polyethylene, 흑색) • Elasticized polyolefin(3110) • EIA(ethylene interpolymer alloy) • PA(polyamide, 백색) • ECB(ethylene copolymer bitumen, 흑색, 유색)
열경화성 지오멤브레인	• IIR(isoprene-isobutylene, Butyl, 흑색) • Epichlorohydrin-rubber • EPDM(ethylene propylene diene mixture, 흑색) • CR(polychloroprene terpolymer) • EPT(ethylene propylene terpolymer) • EVA(ethylene vinyl acetate, 흑색 또는 백색)
혼합성 지오멤브레인	• PVC-nitrile ruber • PE-EPDM • PVC-ethyl vinyl acetate • Cross-linked CPE • CSPE(chlorosulfonated polyethylene) • CSMR(reinforced chlorosulfonated polyethylene)

표 6.2 지오멤브레인의 종류별 장단점(한국지반공학회, 1998)

종류		장점	단점
열가소성	PVC	• 저가, 경량 • 접합 양호, 강인성	• 가소재 필요 • 기후, 온도에 민감
	CPE	• 기후, 저온도, 내화학성에 양호 • 접합이 간편	• 접합에 대한 신뢰성 • 얇은 균열 발생
	HDPE	• 내화학성, 접합성 우수 • 저가이며 규격이 다양	• 응력균열, 열팽창수축, 저마찰 • 전문접합기술 필요
열경화성	EPDM	• 기후, 저온도에 양호 • 접합성이 양호	• 고온저항성, 내화학성이 보통 • 단가 보통
	CR	• 기후, 고온도, 내화학성 양호	• 고가, 접합신뢰성이 보통
혼합성	CSPE	• 기후, 저온도, 내화학성에 양호 • 접합성이 양호	• 단가 보통, 고온저항성이 보통

표 6.1과 같이 지오멤브레인의 종류가 아주 다양하고 각 제품마다 특성이 다르기 때문에 사용대상의 시설의 환경조건을 충분히 분석하여 재료를 선정해야 한다. 현재 널리 사용하고 있는 에틸렌계 고분자를 대상으로 북미대륙의 조사한 결과를 그림 6.1에 나타내었다.

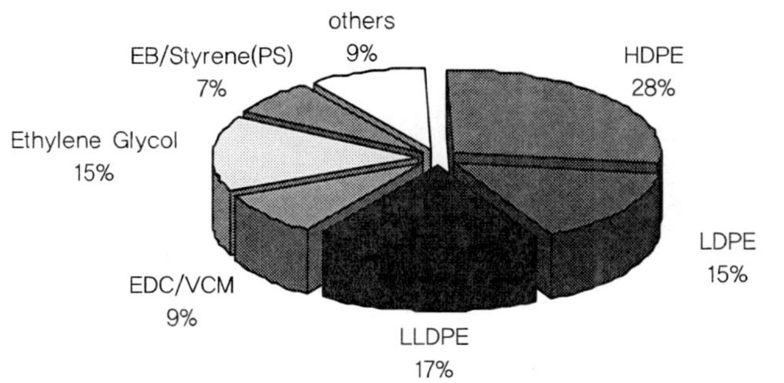

그림 6.1 북미대륙의 에틸렌계 고분자의 소비량

2) 지오멤브레인의 특성

건설재료로서 사용되는 지오멤브레인은 외부로부터 작용하는 설계하중으로 인하여 역학적인 변형이 발생한다. 이와 같은 물리적인 변화는 시공 중이나 재료의 보관 중에도 발생할 수도 있다. 또한 설계결과에 적합한 재료를 선정하기 위한 재질 기준은 재료의 물성값이며, 특히 시공 중 품질관리와 품질보증에서의 평가기준은 지오멤브레인의 물성값을 사용한다.

(1) 공칭 두께

현재 많이 사용하고 있는 지오멤브레인의 형식은 크게 2가지로서 매끄러운 표면(smooth type), 거친 표면(textured type)으로 구분된다. 매끄러운 표면의 지오멤브레인은 두께를 직접 측정하고, 거친 표면의 지오멤브레인은 거칠기의 정도를 평가하는 데 품질관리상의 기준이 확실하게 제시되지 않아서 구체적인 측정방법과 범위를 제시하기는 어려운 실정이다. 거친 표면의 지오멤브레인의 거칠기를 측정하는 방법에는 거칠기의 정도를 측정하는 방법과 최소 두께를 측정하는 방법이 있다.

매끄러운 표면의 지오멤브레인의 두께는 마이크로미터로서 직접적인 방법으로 측정한다. 측정 시 20kPa의 압력으로 측정하며 넓은 범위에서 불규칙적으로 여러 지점을 측정하고 그 평균값을 택한다(ASTM D5199, ISO 09863).

거친 표면의 지오멤브레인은 매끄러운 표면에 날카로운 요철을 형성시켜 인접한 재료와의 마찰력을 증가시키기 위한 제품으로 두께는 넓은 범위에서 여러 지점을 측정하고 요철부에서 최소 두께가 되는 홈에서 측정하여 평균값을 적용한다. 한쪽면만 거친 표면을 갖는 지오멤브레인의 두께를 측정하는 마이크로미터는 한편이 가는 끝(tapered point)으로서 좁아지는 각도가 60°이고 끝 부분은 지름이 0.08mm이어야 하고 측정 시 가해지는 압력은 끝 부분에서 0.56N이어야 한다(ASTM D5994). 양면 모두 거친 지오멤브레인을 측정하는 마이크로미터는 양편이 모두 가는 끝(tapered point)으로 이루어진 기기를 사용하여 측정한다. 보통 10회 이상 측정값의 평균값을 사용하는 데 요철의 정도가 불규칙적이고 양면 요철인 경우에는 요철의 위치가 한 지점에서 일치하는 경우는 두께가 최소가 되기 때문에 거친 표면의 지오멤브레인의 두께 측정에 대하여는 아직도 개선해야 할 과제이다.

(2) 밀도(Density)

지오멤브레인의 밀도나 비중은 재료의 구성성분에 따라 결정된다. 폴리에틸렌의 경우는 초저밀도, 저밀도, 약간저밀도, 보통밀도, 고밀도 등으로 구분하여 사용하는 데 보통 0.85~1.5 mg/l의 범위에 있다. 밀도를 측정하는 방법은 ASTM D792, ASTM D1505를 참고한다. 밀도는 지오멤브레인의 재질을 평가하는 데 중요한 요소 중의 하나로서 재질 기준에서 최솟값을 정하여 관리하고 있다. 지오멤브레인 중에서 HDPE의 밀도는 0.941mg/l 이상인 것으로 분류하고 있다(ASTM). 일반적으로 상용화되어 있는 폴리에틸렌 합성수지를 사용한 HDPE의 밀도는 0.934~0.938mg/l로서 사실상 MDPE로 분류된다. 이러한 HDPE에 카본 블랙(carbon black)과 첨가제(additives)를 혼합하면 밀도가 0.941mg/l 이상까지 증가한다.

(3) 용융지수[Melt(flow) Index; MI]

용융지수[melt(flow) index; MI]는 폴리머의 용해된 상태에서 흘러내리는 정도를 판단하는 기준으로서 지오멤브레인을 제조하는 과정에서 폴리머의 균질성을 조절하는 데 이용된다. 시험방법은 ASTM D1238에 상세히 설명되어 있다. MI는 10분 동안 시험결과 구멍(orifice)을 통하여 밀려나온 재료의 무게를 g단위로 나타낸 것으로 이 값이 높을수록 밀도가 작은 재료이다.

(4) 단위 면적당 중량(Mass Per Unit Area)

지오멤브레인의 단위 면적당 중량은 시료를 일정크기로 잘라내어 중량을 측정하고 g/m^2의 단위로 나타낸다. 이 시험은 크기와 중량 측정 시 아주 세심한 주의가 요구되는데, 시험 방법은 ASTM D1910을 참고한다.

(5) 수증기 투과도(Water-Vapor Transmission)

지오멤브레인의 투수성에 대한 문제는 오래전부터 논란의 대상이었다. 투수성 재료와 불투수성 재료에 대하여 많은 연구자들에 의해 토의되고 있는데, 결국 아주 낮은 투수성을 갖는 재료로 분류되었다. 지반공학적인 측면에서 완전 불투성인 재료가 아니라는 시험결과를 제시하였고 시험방법도 지반공학적인 방법을 채택하여 물을 사용하였다. 낮은 수두경사에서 장기간 시험하는데, 수분증발에 대한 문제가 발생하였다. 이와 같은 문제를 피하기 위해 새로운 시험방법을 채택한 것이 수증기를 사용하는 것이고 이 방법의 기본원리는 확산이다. 이 시험방법은 ASTM E96에 상세히 설명되어 있으며, 시험에 소요되는 재료에 따라 시간은 3~30일 정도이다.

시험결과를 이용하여 수증기 투과도(water vapor transmission, WVT), 침투성(permeance), 그리고 투수성 또는 확산(permeability or diffusion) 등을 다음의 식에 의해 계산한다.

$$WVT = \frac{g_w \cdot 24}{t \cdot a} \tag{6.1}$$

여기서, g_w : 시험 기간 동안 증발된 물의 중량(g)

t : 시험기간(hrs)

a : 시료의 면적(m^2)

$$\text{permeance} = \frac{WVT}{\Delta P} \tag{6.2}$$

여기서, $\Delta P = \text{S(R1 - R2)}$

ΔP : 멤브레인 사이의 증기압차(mmHg)

S : 시험 중 온도에서의 포화증기압(mmHg)

$R1$: 용기 내부에서의 상대밀도

$R2$: 용기 외부에서의 상대밀도

$$\text{Permeability(diffusion)} = \text{permeance} \times (\text{멤브레인 두께}) \tag{6.3}$$

이 시험방법은 두꺼운 재료나 HDPE에 대하여는 WVT가 아주 작기 때문에 사실상 수행 상에 어려움이 있다. 많이 사용되고 있는 지오멤브레인의 WVT는 다양한 두께에 대하여 측정한 결과를 표 6.3에 제시하였다. 용제(solvent vapor)를 침투물질로 사용하는 경우에 여러 가지 형식의 지오멤브레인의 투과도는 표 6.4와 같다.

표 6.3 지오멤브레인의 수증기 투과도

지오멤브레인(polymer)	두께(mm)	수증기 투과도(WVT)	
		(g/m^2-day)	(perm-cm)
PVC	0.28	4.4	1.2 E-2
	0.52	2.9	1.4 E-2
	0.76	1.8	1.3 E-2
CPE	0.53	0.64	0.32 E-2
	0.79	0.32	0.24 E-2
	0.97	0.56	0.51 E-2
CSPE	0.89	0.44	0.84 E-2
EPDM	0.51	0.27	0.13 E-2
	1.23	0.31	0.37 E-2
HDPE	0.80	0.017	0.013 E-2
	2.44	0.006	0.014 E-2

1.0g/(m^2-day) = 10.0l/(ha-day), Source; Haxo et al.

표 6.4 용제의 지오멤브레인 침투성

물성값	용제	지오멤브레인의 종류			
		CSPE-R (1.10mm)	HDPE (0.80mm)	HDPE (2.6mm)	LDPE (0.75mm)
SVT(g/m^2-day)	Methyl alchohol	-	0.16	-	0.74
	Acetone	221	0.56	-	2.83
	Cyclohexane	-	11.7	-	161
	Xylene	-	21.6	6.86	116
	Chloroform	-	54.8	15.8	570
Solvent vapor permeance ($\times 10^{-2}$metric perms) (SVT/mm Hg)	Acetone	104	0.26	-	1.33
	Methyl alchohol	-	0.14	-	0.66
	Cyclohexane	-	13.1	-	181
	Xylene	-	308	97.9	1650
	Chloroform	-	30.8	8.88	320
Solvent vapor permeability (10^{-2}metric perm-cm)	Methyl alchohol	-	0.01	-	0.05
	Acetone	11.4	0.02	-	0.10
	Cyclohexane	-	1.05	-	13.6
	Xylene	-	24.6	25.6	124
	Chloroform	-	2.46	2.32	24

Source : Matrecon

(6) 인장강도(Tensile Strength)

지오멤브레인의 인장강도는 여러 가지의 시험 종류를 사용하고 있다. 그 목적은 품질관리와 품질보증을 위한 것으로 작은 크기의 시료를 취하여 실시한다. 시험방법에 따라서 시편의 크기가 다르기 때문에 어떠한 시험방법을 적용하느냐에 따라서 결과가 다르게 나타난다. 시험방법을 지오멤브레인의 종류에 따라 서로 다른 방법을 사용하는 데 최근에 많이 사용하고 있는 인장강도와 찢김강도의 시험방법을 지오멤브레인의 종류별로 구분하여 설명하면 표 6.5와 같다.

표 6.5 지오멤브레인의 인장강도와 찢김강도의 시험방법

시험구분	HDPE	LLDPE, PP	PVC, EPDM	CSPE-R, EPDM-R, PP-R	EIA-R
모재의 인장시험					
ASTM	D6693	D6693	D882	D751	D751
시편모양	Dumbbell	Dumbbell	Strip	Grab	Grab
시편의 폭(mm)	6.3	6.3	25	100(25 Grab)	100(25 Grab)
시편의 길이(mm)	115	115	150	150	150
게이지 길이(mm)	33	33	50	75	75
변형률(mm/mim)	50	500	500	300	300
강도(strength)	Force/(w×t)	Force/(w×t)	Force/(w×t)	Force	Force
변형(mm/mm)	Elong/33	Elong/33	Elong/50	Elong/75	Elong/75
탄성계수	From graph	From graph	From graph	n/a	n/a
접합부의 전단시험					
ASTM	D6392	D6392	D882	D751	D751
시편모양	Strip	Strip	Strip	Grab	Grab
시편의 폭(mm)	25	25	25	100(25 Grab)	100(25 Grab)
시편의 길이(mm)	150 +seam	150 +seam	150 +seam	225 +seam	225 + seam
게이지 길이(mm)	100 +seam	100 +seam	100 +seam	150 +seam	150 +seam
변형률(mm/mim)	50	500	500	300	300
강도(strength)	Force/(w×t)	Force/(w×t)	Force/(w×t)	Force	Force
접합부의 찢김시험					
ASTM	D6392	D6392	D882	D413	D413
시편모양	Strip	Strip	Strip	Grab	Grab
시편의 폭(mm)	25	25	25	25	25
시편의 길이(mm)	100	100	100	100	100
게이지 길이(mm)	n/a	n/a	n/a	n/a	n/a
변형률(mm/mim)	50	500	50	50	50
강도(strength)	Force/(w×t)	Force/(w×t)	Force/w	Force/w	Force/w

주) n/a = 해당 없음, w = 시편의 폭(mm), t = 시편의 두께(mm), F = 최대 파괴하중

Source : Designing with Geosynthetics – 6th Edition; Vol2 robert
(저) M. koerner (2012)

표 6.6 지오멤브레인의 인장강도

지오멤브레인	Index Tension Test			Wide-Width Tension Test		
	최대강도(kPa)	탄성계수(MPa)	항복강도(kPa)	최대강도(kPa)	탄성계수(MPa)	항복강도(kPa)
HDPE	18,600	330	13,800	15,900	450	11,000
VLDPE	8,300	76	8,300	7,600	69	7,600
PVC	21,000	31	20,700	13,800	20	13,800
CSPE-R	54,500	330	5,700	31,000	300	2,800
시편두께 : HDPE 1.5mm, VLDPE 1.0mm, PVC 0.75mm, CSPE-R 0.91mm						

여러 가지 지오멤브레인의 인장강도시험결과를 그림 6.2(a)에서 나타내었다. 튼튼한 면으로 보강된 지오멤브레인 CSPE-R이 가장 높은 인장강도를 갖는 것으로 나타났으나 보강된 면이 파괴되면서 바로 파괴되는 양상을 나타내었다. 그러나 손상되지 않은 지오멤브레인 때문에 극한강도에 도달할 때까지 지오멤브레인의 저항력은 '0'까지 떨어지지는 않는다. HDPE 지오멤브레인은 특이한 양상을 보이는데, 항복점이 나타난 후 응력이 약간 떨어지고 파괴점에 도달했을 때는 변형률이 대략 1000%까지 신장되었다. PVC 지오멤브레인은 480%의 변형률에서 파괴될 때까지 응력이 점차적으로 서서히 증가하는 경향을 나타내었다. VLDPE 지오멤브레인도 700%의 변형률에서 파괴될 때까지 응력이 점차적으로 증가하는 경향을 나타내었으나 가장 낮은 인장강도를 보였다.

앞에서 서술한 시험은 시료의 중심부에서의 일차원적인 거동일 뿐 실제 현장과 같은 광폭의 재료에 대한 거동은 아니다. 따라서 균등한 광폭의 시험을 적용하는 것이 바람직하다고 할 수 있다. 지오텍스타일의 시험에서 폭 200mm를 사용하고 있으며 지오멤브레인의 시험에서도 동일한 방법을 채택하고 있다(ASTM D4885). 지오멤브레인의 시험에서는 변형률이 지오텍스타일의 경우와 다르며 D4885는 변형속도를 1.0mm/min을 추천하고 있다. 200%의 변형에서 파괴되는 100mm의 긴 시료의 시험은 시험이 완료되는 데 3.3시간이 소요되고, 1000%의 변형에서 파괴되는 지오멤브레인의 인장강도 시험은 16.7시간이 소요된다. 그림 6.2(b)에서는 200mm 폭을 갖는 시료에 대한 응력-변형 시험 결과이다.

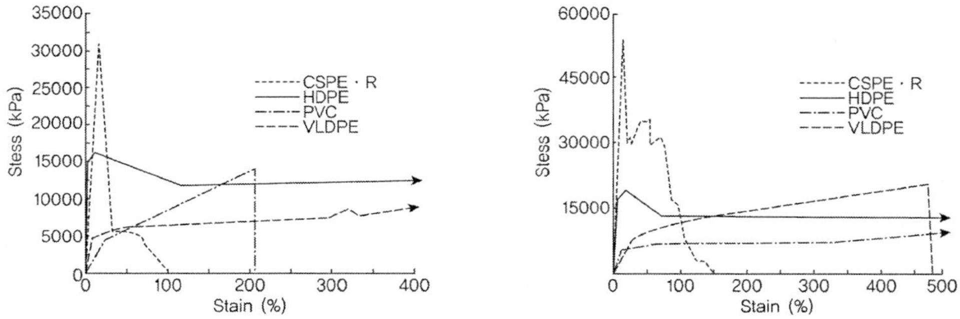

(a) 인덱스 인장시험 결과　　　(b) 장폭 인장시험 결과

그림 6.2 지오멤브레인의 인장시험 결과

지오멤브레인의 접합부의 강도는 모재의 강도에 비해 약할 수도 있기 때문에 시공 중 품질관리에서 시편(폭 25mm)을 채취하여 전단시험(shear test; ASTM D6392, D882, D751)과 찢김시험(peel test; ASTM D6392, D882, D413)을 수행하고 품질관리기준을 만족하는지 여부를 평가한다. 접합부에서의 시험인 전단시험(shear test)과 찢김시험(peel test)의 원리를 도시하면 그림 6.3과 같다. 두 시험의 결과를 도시하면 그림 6.4와 같다. 시험결과에 따르면 모재의 강도가 가장 크고 전단강도, 찢김강도의 순으로 나타난다.

(a) 전단시험　　　(b) 찢김시험

그림 6.3 지오멤브레인 접합부 시험

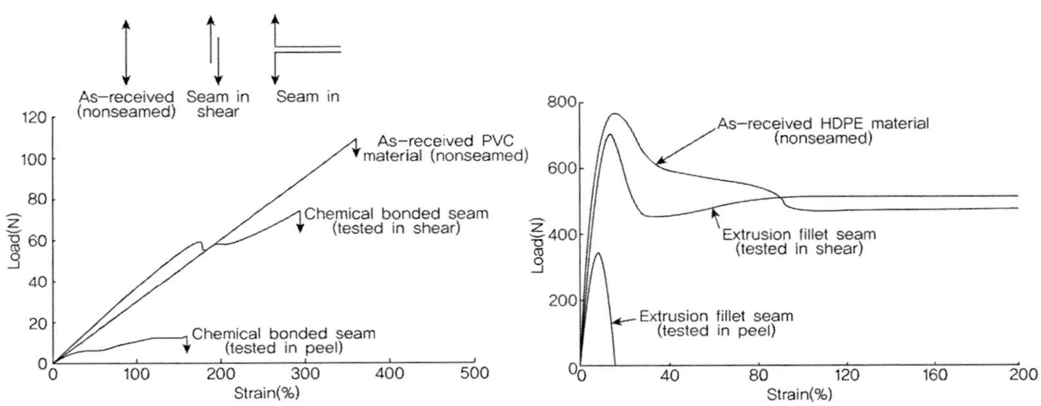

그림 6.4 HDPE 지오멤브레인의 전단시험 및 찢김시험 결과

(7) 충격저항(Impact Resistance)

복토재를 포함하여 돌출이 있는 물질은 지오멤브레인을 뚫어서 찢김이나 꿰뚫림 파괴의 원인이 되므로 충격저항에 대한 평가가 필요하다. 충격저항시험에는 여러 가지 방법이 있는데, ASTM D1709, ASTM D3209, 그리고 ASTM D1822, D746, D3998 등이 있다. 이들은 관입원추의 각도를 다르게 하여 사용하는 데 지오멤브레인의 충격저항 시 결과를 표 6.7에 요약하였다.

표 6.7 지오멤브레인의 충격저항(Impact Resistance)

지오멤브레인	Point Geometry Angle				
	15°	30°	45°	60°	90°
PVC(0.50mm)	6.5	8.9	14.9	> 21	> 21
PVC(0.75mm)	9.2	13.6	18.3	> 21	> 21
HDPE(1.0mm)	7.6	9.4	11.3	11.3	8.7
EPDM-R(0.91mm) 10×10scrim	11.7	11.9	14.6	19.5	> 21
CSPE-R(0.91mm) 10×10scrim	12.2	12.7	14.0	19.3	> 21
원추의 각도, 총 표면적은 동일함					

(8) 꿰뚫림 저항(Puncture Resistance)

돌이나 날카로운 돌출물질 등이 포함된 뒤채움재나 복토재 하부나 측면에 지오멤브레인이 설치되어 있는 경우에 하중이 가해지면 지오멤브레인은 꿰뚫림 하중을 받는다. 이와 같이 구조물 내부에서 발생하는 꿰뚫림은 매우 중요하게 취급되는 데 그 이유는 일단 꿰뚫림 파괴가 발생하면 발견이 어렵고 발견되더라도 보수하는 데 많은 어려움이 따르기 때문이다. 꿰뚫림에 대한 시험은 ASTM D5494, D4833의 규정에 따른다. 시험과정은 봉이나 원추모양을 압축 시험장치에 장착하여 지오멤브레인에 꿰뚫림 파괴가 발생할 때까지 압력을 가하는 것으로 압력을 가하는 속도는 300mm/min이다. 꿰뚫림 저항값은 시험이 완료되기까지 측정된 최대의 압축하중을 채택하여 사용한다. 일반적으로 지오멤브레인의 꿰뚫림 저항값은 무보강의 얇은 제품인 경우 50~500N, 보강된 지오멤브레인의 경우 200~2000N 정도이다. 지오멤브레인의 꿰뚫림 강도를 증가시키기 위해서 직포 모양으로 보강한 제품도 개발되고 있다. 지오텍스타일을 지오멤브레인의 하부나 상부에 설치함으로써 꿰뚫림에 대한 저항력을 크게 증가시킬 수 있다. 여러 가지 두께의 HDPE 멤브레인과 그 하부 및 상부에 지오텍스타일을 설치하여 꿰뚫림에 대한 저항력을 측정한 연구결과를 그림 6.5에 나타내었다. 이 그림과 같이 지오텍스타일을 지오멤브레인의 양면에 설치했을 때가 가장 효과가 좋았으며, 하중 작용방향의 전면에 설치하는 경우가 후면에 설치하는 경우보다 약간 큰 효과를 보였다. 꿰뚫림에 대한 저항력을 증가시킬 수 있는 신제품의 개발과 설치 공법에 대한 연구와 개발이 필요하다.

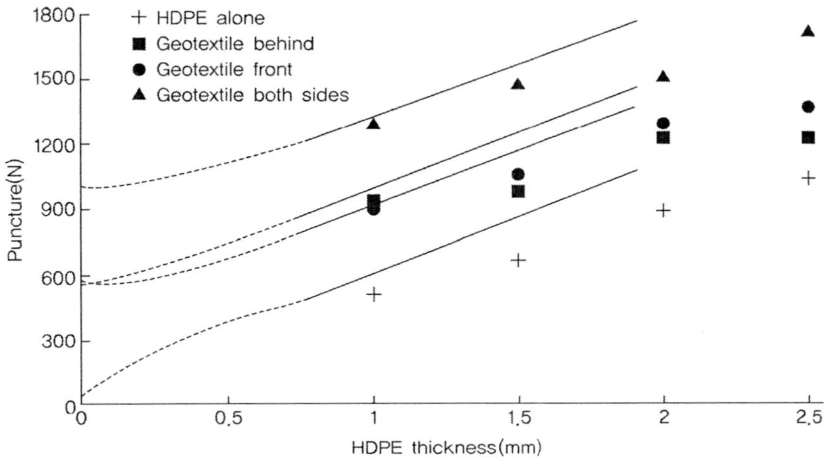

그림 6.5 지오멤브레인의 꿰뚫림 저항(Puncture Resistance)

3) 토목섬유 점토차수재(Geosynthetic Clay Liner, GCL)

GCL은 사실상 오래전부터 건축공사에서 방수기능의 재료로 사용했는데 규격이 작고 소단위의 방수목적으로 인식되어 왔다. 이것이 환경오염 방지시설에 사용되면서 수요가 증가하고 그 범위도 크게 확대되기 시작하여 현재는 폐기물 매립장의 차수재, 저수지의 바닥층, 폐기물 매립지의 마감재, 지하 저장 탱크의 차단층, 기타 구조물의 방수재 및 불투수층의 기능을 갖는 구조물 등에서 광범위하게 사용하고 있다. GCL은 투수성이 아주 작은 벤토나이트 등을 지오텍스타일이나 지오멤브레인을 이용하여 부착하거나 이들 사이에 넣고 접착 또는 바느질을 하여 분말 또는 조립상태의 재료가 유실되지 않도록 공장에서 제조한 제품을 말한다. 북미에서는 5가지 종류의 제품이 생산되는 데 현재 사용량과 용도가 많은 제품은 다음과 같다. 클레이맥스(Claymax)는 ACC(American Colloid Company) 사의 자회사인 CETCO(Colloid Environmental Technology Company)에서 생산한 제품으로 최초의 GCL이며 폐기물 매립장의 차수재로 사용할 목적으로 만들었다. 이 제품은 직포와 직포사이에 나트륨계 벤토나이트(sodium bentonite)를 채워 만들었고 그 이후 인장강도와 마찰력을 증가시킨 신제품을 생산하였다. 이후부터 BTI(Bentofix Technology Inc.)에 의한 벤토픽스(Bentofix), CETCO에 의한 벤토매트(Bentomat), GSELTI(GSE Lining Technology Inc.)에 의한 건드실(Gundseal), 그리고 Huesker(Huesker Synthetic Co.)에 의한 나벤토(Nabento) 등이 개발되어 생산되고 있다.

GCL을 제조하는 공정은 지오신세틱스와 벤토나이트 등과 같이 투수성이 낮은 점토성분의 재료를 접착이나 바느질 또는 뜨개질과 같은 방법으로 조합하여 제조하는 데 크게 4가지의 제조형식으로 구분한다. 이 4가지의 제조형식은 그림 6.6과 같다.

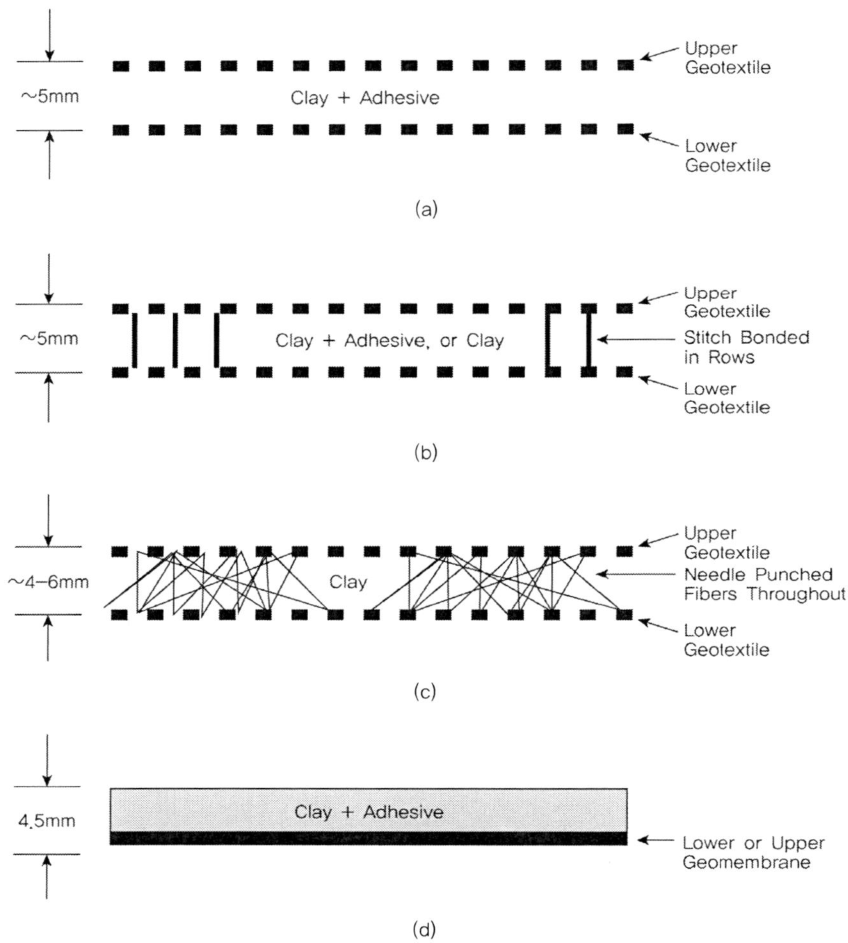

그림 6.6 GCL의 제조형식과 단면의 종류

4) GCL의 특성

이 제품의 특성은 물을 흡수한 습윤상태와 건조상태가 다르기 때문에 표준규격으로 정의하기에는 어려운 점이 있다. 제품 특성은 지오텍스타일 사이의 채움재의 특성으로써 기능적 효과가 결정되며 외부의 지오텍스타일은 역학적 특성을 나타내는 지표가 된다. 따라서 GCL의 특성은 각각의 재료에 대한 특성으로써 설명할 수 있다. 본 서에서는 물리적 특성, 수리학적 특성, 그리고 역학적 특성으로 구분하여 설명한다.

(1) GCL의 물리적 특성

내부 채움재로 많이 사용하는 점토재료의 구성성분은 방사선 회절 분석(X-ray diffraction, XRD)과 메칠렌 블루 분석(methylene blue analysis)을 이용한다. 2가지 모두 실내 시험이며 후자가 전자보다 신뢰성이 좋은 것으로 평가되고 있다. 메칠렌 블루 분석은 이온교환능(cation exchange capacity, CEC)을 이용하여 점토광물인 몬모릴로나이트(montmo-rillonite)의 함량을 측정하는 방법인데 이 방법을 사용하는 경우 몬모릴로나이트(montmorillonite)의 함량이 70% 이상이 되어야 적정한 팽창성과 불투수성을 만족할 수 있다. 방사선 회절 분석(X-ray diffraction, XRD)을 사용하는 경우는 90% 이상이 되어야 메칠렌 블루 분석 결과와 동등하게 평가된다(1993, Heerten).

GCL의 물리적 특성으로 두께는 측정이 불가능하기 때문에 외부재인 지오텍스타일이나 지오멤브레인의 두께를 측정하거나, 채움재의 성분과 투수성을 측정하고, 단위 면적당 무게를 측정하여 제품의 규격을 평가하기도 한다.

단위 면적당 무게는 시편을 잘라내어 무게를 측정하는 방법을 사용하는데, 분말의 유실로 인하여 정확한 측정이 어렵다. 따라서 시편을 절단하기 전에 분말의 유실을 방지하기 위하여 표면에 수분을 흡수시키기도 한다. GCL은 일반적으로 5.0kg/m^2의 벤토나이트를 함유하는 제품을 추천하며 현장에서 반드시 확인할 필요가 있다. 분말이나 조립형태의 벤토나이트를 지오텍스타일이나 지오멤브레인에 부착하는 경우에 접착제를 사용하는 데 접착제는 벤토나이트의 팽창과 불투수성 성능을 저해하지 않는 재료를 사용하여야 한다.

(2) GCL의 수리학적 특성

수리학적 특성은 GCL의 사용목적과 기능상 아주 중요한 인자로서 내부 채움재의 수화성,

팽창성, 흡수성, 투수성 등을 구분하여 평가하고 있다. 내부 채움재로서 주로 사용하는 재료가 벤토나이트이므로 본 서에서는 벤토나이트를 중심으로 서술한다.

수화성은 벤토나이트가 액체와 접촉하면 분자 간에 화학적 반응이 일어나고 열이 발생하는데 이와 같은 화학적 반응을 수화작용(hydration)이라 하고 이때 발생하는 열을 반응열이라고 한다. 수화작용은 벤토나이트의 성분과 액체의 성분에 따라 큰 차이를 보이며, 수화작용에 의해 벤토나이트 재료의 역학적 특성이 다르게 나타난다. 수화반응에 따른 벤토나이트의 응력-변형 특성은 증류수를 사용하는 경우 가장 민감한 반응을 보이고 이물질이나 오염물질이 많을수록 민감도가 작게 나타난다(1992, Leisher). 5가지의 액체로 수화된 벤토나이트의 응력-변형 특성에 대한 민감도를 측정한 결과는 그림 6.7과 같다. 또한 수화작용에 의한 변형은 상부에서 연직으로 작용하는 수직응력에 의해 제한을 받는데, 수직응력의 증가에 따라 변형이 크게 감소함을 알 수 있다.

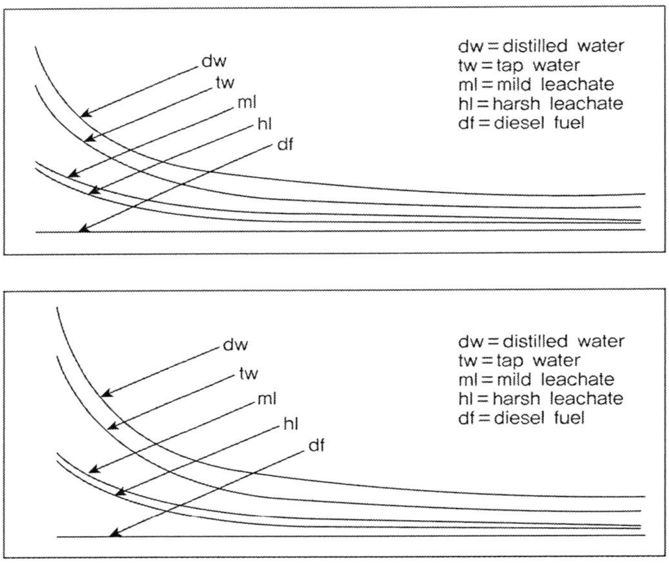

그림 6.7 액체성분에 따른 GCL의 수화반응

그림 6.7과 같이 디젤유는 전혀 수화반응이 없으며 응력-변형 특성에는 영향이 없는 것으로 나타났다. 이 시험결과는 GCL을 현장에 시공할 때는 설치 직후 오염되지 않은 물로서 미리 수화시키면 수화성에서 최대의 효과를 얻을 수 있다.

팽창지수는 응력을 가하지 않은 상태에서 수화작용에 의해 부피가 팽창되는 정도를 나타내는 지표이다. 이 시험은 ASTM D5890에 표준화되어 있는데, 눈금이 새겨진 실린더에 2.0g의 벤토나이트 분말을 넣고 100ml의 물을 벤토나이트가 교란이 되지 않게 채운 뒤 24시간을 방치한다. 24시간 경과 후 팽창된 부피를 측정한다.

양질의 벤토나이트라면 이러한 방법으로 시험하는 경우, 25ml 이상의 값을 추천한다. 팽창지수를 측정하는 다른 방법에는 GRI 시험방법이 있는데, 이 방법은 CBR 팽창시험 장치를 이용하여, 100g의 벤토나이트를 몰드에 채우고 0.68kPa의 작은 하중을 재하한 후 물로 포화시키고 24시간 동안 관측하여 팽창된 값을 구한다. GRI 시험방법을 이용하여 시험한 결과는 그림 6.8과 같다. 그림과 같이 수화초기에 팽창이 크게 일어나는 데 벤토나이트의 조성성분에 따라 차이가 난다.

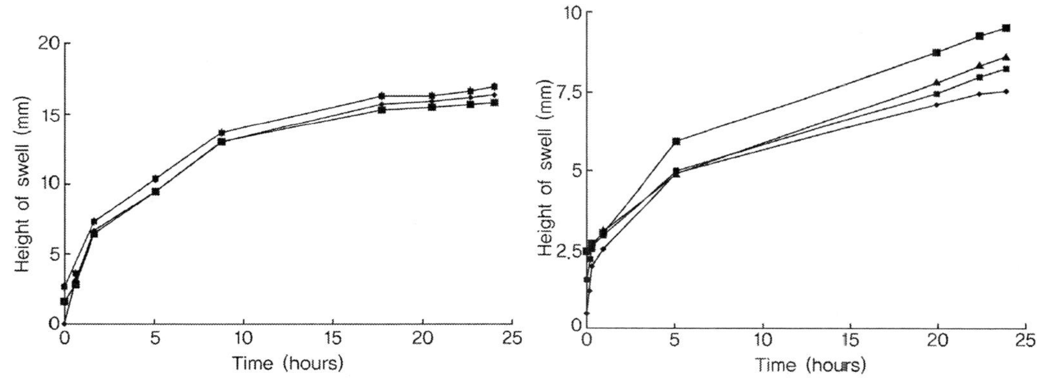

(a) A 제품의 팽창거동 (b) B 제품의 팽창거동

그림 6.8 팽창시험 결과(GRI 방법)

GCL의 팽창은 수분의 흡수성과 밀접한 관계를 갖는다. 팽창속도는 흡수력과 비례관계에 있다고 할 수 있다. GCL의 흡수성 평가는 ASTM E946에 의해 정의되고, 그 외에 Enslin-Neff 시험 방법이 사용된다.

GCL은 액체의 차단을 목적으로 하기 때문에 수리학적 특성 중에서 투수성을 가장 중요하게 다루어야 한다. GCL의 투수성을 평가하는 지표로서 투수계수(hydraulic conductivity, permeability)를 사용하는 데 GCL의 투수계수는 현장에서의 응력상태를 적용할 수 있는 삼축압축 투수시험기를 사용하여 측정한다. 이 시험방법은 ASTM D5887에서 규정하는 방법을 따르며, 그 외에 GRI 시험방법도 많이 사용된다. 이 시험방법은 직경 100mm의 GCL

을 이용하고 구속압력 350~275kPa의 압력으로 2일간 포화시킨 후 물유입 밸브에서 유입압이 310kPa이 될 때까지 점차 증가시키면서 시험을 수행한다.

시험은 유입량과 유출량의 차이가 ±25% 이내가 될 때 종료한다. 소디움(sodium) 벤토나이트를 사용한 GCL의 경우 투수계수는 2×10^{-11}에서 10^{-12}m/sec(Daniel et. al. ; 1997)의 범위에 있다. 칼슘(calcium) 벤토나이트를 소디움으로 처리한 경우는 투수계수가 증가한다. GCL의 투수계수는 연직으로 작용하는 압축 응력에 의해 큰 영향을 받는데, 압축 응력 10~100kPa로 증가할 때 투수계수는 10배까지 감소될 수 있다. 투수시험에 사용되는 삼축압축 투수시험기는 그림 6.9와 같으며, 투수시험을 수행하는 데 중요하게 취급되어야 할 요소는 GCL 시료제작, 시료의 두께, 구속응력, 동수경사 등이다.

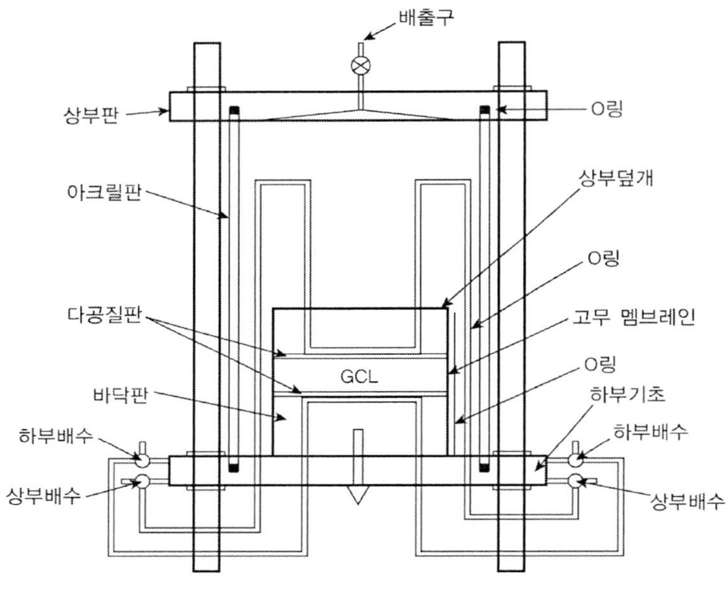

그림 6.9 삼축압축 투수시험 장치

(3) GCL의 전단 특성

GCL은 제품마다 제조방법과 형태가 다르며, 다른 토목섬유에 비해 상용화된 역사가 오래되지 않았기 때문에 역학적 특성이나 물리적 특성에 대한 연구가 많지 않다. 특히, GCL과 주변 흙과의 마찰각에 대한 연구결과는 아주 드물다. Robert Gilbert 등은 과립형 나트륨계 벤토나이트를 직포(silt film, polypropylene geotextile) 또는 부직포(nonwoven geotextile) 사이에 채우고 니들펀치로서 제조한 GCL에 대하여 292×430mm 크기의 대형

전단시험기를 이용하여 전단시험을 실시하였다. 표 6.8은 그 시험결과를 나타내고 있다. 전단시험에 앞서 GCL은 전단시험 시 사용될 수직응력을 재하한 상태에서 증류수로 충분히 수화시켰고, 전단시험 시 수직응력의 범위는 3.45~69.0kPa이었다.

표 6.8 다양한 GCL과 인접토목섬유 간 접촉 마찰각

GCL의 종류	GCL 표면 재료	GCL과 인접한 재료	ϕ_{max}(°)	ϕ'(°)
Gundseal	건조한 벤토나이트	HDPE GM(textured)	37	35
Bentomat St	직포(silt-film)	HDPE GM(textured)	23	21
Claymas 500SP	직포(silt-film)	HDPE GM(textured)	30	20
Bentofix NW	부직포(needle punched)	HDPE GM(textured)	37	24
Calymax 500SP	직포(silt-film)	배수용 모래	31	31
Bentofix NS	부직포(needle punched)	HDPE GM(textured)	29	22

• ϕ_{max}는 최대 마찰각, ϕ'는 대량변형(50mm) 발생 시 마찰각
• 대형 전단시험기를 이용한 실험결과이며 사용된 수직응력은 17kPa이며 같은 응력재하상태에서 10일간 GCL은 수화되었음. 전단속도는 1mm/min

우리나라의 지형적 특성으로 보아 곡간 매립장의 건설이 필요하기 때문에 매립시설 경사면에 GCL의 사용이 빈번한 국내의 실정에서 GCL의 사용이 불가피하다. 법면 차수구조에서 인접 토목섬유 간의 전단거동 해석에서 고려해야 할 사항을 제시하면 다음과 같다.

① GCL 자체에 대한 전단강도 시험에서 시험장치가 허용하는 최대 변형에서의 전단응력은 최대 전단응력(peak stress), 즉 전단저항값의 50% 이하이며, 전단파괴면은 벤토나이트와 지오텍스타일 사이에서 발생한다. 또한 GCL의 전단파괴거동은 선형이 아니며 파괴포락선의 각도(ϕ)는 적용하는 수직응력이 증가할수록 감소한다.
② 표면이 매끄러운 HDPE 지오멤브레인과 GCL 간 경계면에서의 전단강도는 실험에서 사용된 GCL 자체의 전단강도보다 작게 나타난다.
③ GCL이 배수를 위한 지오네트와 인접하여 설치된 경우, 전단파괴는 GCL 내부가 아닌 GCL과 지오네트의 경계면에서 발생하였다.
④ GCL과 지오멤브레인 또는 지오네트를 인접하도록 사용된 상황을 재연한 모든 전단강도 실험과정에서 GCL의 표면인 지오텍스타일에 내부로부터 빠져나온 벤토나이트가 발견되었다. 이로 인해 GCL과 지오멤브레인의 경계면에서의 마찰력이 감소한 것으로 판단된다.

GCL 자체 또는 다른 토목섬유와 인접하도록 사용하였을 때, 설계에 필요한 일관성 있고 충분한 양의 실험결과가 현재까지는 보고되지 않았다. 따라서 차수시설의 설계에서 전단강도

를 고려할 때, a) 최대 전단강도를 설계전단강도로 사용하는 것의 적절성, b) 변형증가에 따른 최댓값 이후 전단강도의 감소의 영향을 고려하는 방법, c) GCL 표면에 유출된 벤토나이트가 인접 토목섬유와의 마찰력에 미치는 영향을 고려하는 방법 등은 앞으로 심도 있는 연구를 통하여 해결해야 할 과제이다.

차수구조에서 GCL을 사용하였을 때, GCL과 함께 설치된 지오멤브레인, 지오네트, 보호토사층 등의 사면안정성을 Daniel 등은 현장 시험을 통하여 제시한 바 있다. GCL은 벤토나이트를 지오텍스타일 사이에 채운 Bentomat ST, Bentofix NS, Bentofix NW(이상 needle punched GCL), Claymax 500SP(stitch bonded GCL)와 지오멤브레인 한 면에 벤토나이트를 부착한 Gundseal 등 5종이었으며, GCL 상부층의 보호층, 배수층, 침식방지층의 조합에 따라 14개의 시험구간을 운영하였다. 이들의 현장 실험결과에 따르면 설계 엔지니어가 숙지해야 할 몇 가지의 결론을 제시하고 있다.

① GCL 자체의 전단강도는 벤토나이트가 인접 토목섬유와 보강되어 제작된 경우가 그렇지 않은 경우보다 크게 나타나며, GCL의 파괴면은 벤토나이트와 지오텍스타일 사이에서 발생한다.
② GCL과 인접한 지오멤브레인 또는 지오네트 등의 토목섬유보다 큰 전단강도가 필요한 현장에서 상대적으로 두꺼운 부직포가 부착된 GCL을 사용하면, 응력발생 시 GCL의 표면으로 벤토나이트가 유출되어 벤토나이트가 경계면에서 윤활유 역할을 하여 마찰력이 감소되는 현상을 어느 정도 막을 수 있다.
③ 사면의 경사가 1 : 3인 경우 GCL과 인접한 토목섬유는 설계안전율 1.5를 유지하여 안정하였으나, 수직 1 : 2의 사면에서는 적절한 안전율을 확보할 수 없었다. 이상의 사면안정성 평가에서 GCL과 토목섬유 간 순수 마찰력을 고려하기 위해 GCL과 토목섬유는 일반 시공과는 달리 사면상부에 고정하지 않는 것이 좋다.

국내 대부분의 곡간 매립시설은 경사가 급하여(1 : 1 또는 그 이상)이므로, GCL 상부에 토사 보호층을 설치하지 못할 뿐만 아니라, GCL 자체 및 GCL과 인접 토목섬유의 미끄러짐 또는 다른 형태의 사면파괴에 대한 안정성을 확보하는 것이 정상적으로 불가능하다. 따라서 국내의 경우와 같이 곡간 매립시설에 GCL과 기타 토목섬유를 이용하여 차수층을 건설할 경우 소단의 설치, 토목섬유 고정방법, 토목섬유 인장에 따른 기능수행 가능성에 대한 검토, 사면 차수층 건설 후 매립시설 운영과정에서 토목섬유 보호시설의 설치 등 세심한 주의와 추가적인 노력이 반드시 필요하다. 또한 GCL은 시공과정에서 강우에 노출되지 않더라도 설치 후 자연적으로 수화되는 경향이 있다. 예를 들어 최적 함수비보다 4% 작은 함수비로 A 다짐에 의해 다져진 점토 위에 GCL이 설치될 경우 10~20일 사이에 GCL은 수화되었다. 그러므로 설계 시 GCL의 마찰을 적용할 때, 건조상태 대신 수화된 상태에서 구한 값을 쓰는 것이 현실을 반영한 안전설계이다.

표 6.8은 위의 현장 시험에 사용된 GCL과 인접 토목섬유 간 전단저항(마찰각)을 실내실험을 통하여 분석한 결과이다. 표 6.9와 더불어 설계의 참고자료로 활용될 수 있으며, 표 6.8과 표 6.9의 실험결과가 상당한 편차를 나타내고 있음을 숙지할 필요가 있다. 즉, 설계에 필요한 전단 특성치는 해당 현장에 부합되는 재료와 조건을 이용하여 구한 실험치를 사용하는 것이 바람직하다.

표 6.9 GCL의 전단강도 및 GCL과 인접 토목섬유 간 마찰각

접촉경계	수직응력 (kPa)	최대 전단응력 기준				대량 변형 기준			
		선형		비선형		선형		비선형	
		c (kPa)	ϕ (°)	ϕ_0 (°)	$\Delta\phi$ (°)	c (kPa)	ϕ (°)	ϕ_0 (°)	$\Delta\phi$ (°)
GCL	3.45~23.0	–	–	18	– 23	–	–	9.8	– 16
GCL	23.0~69.0	–	–	30	– 4.7	–	–	9.8	– 16
GCL/GM	3.45~69.0	0.0	8.4	–	–	0.0	8.1	–	–
GCL/GMX	3.45~69.0	–	–	30	– 4.7	–	–	9.8	– 16
GCL/GMX	3.45~345	–	–	25	– 9.5	–	–	13	– 12
GN/GCL	3.45~69.0	0.38	23	–	–	0.0	22	–	–

- 마찰효율 $E\phi = \tan\delta/\tan\phi$, δ는 토목섬유와 토사의 전단저항 마찰각; ϕ는 토사의 내부 마찰각 : 위 표에는 마찰각의 범위가 나타나 있으며 실험에 사용된 토사의 종류 및 그에 따른 토사의 내부 마찰각이 달라 마찰효율이 다름
- 괄호 안은 마찰효율(tanδ/tanϕ)의 값임
- GCL = Geosynthetic Clay Liner; GM = Geomembrane(smooth)
- GMX = Geomembrane(textured); GN = Geonet
- 전단시험에 사용된 전단 박스는 290×430mm임
- 대량변형의 기준은 실험에 사용된 전단 박스에서 구현할 수 있는 최대 변형값이 도달할 때까지 전단강도의 값이 안정되지 않아 구현가능 최대 변형에서 구한 값을 의미함
- c와 ϕ는 파괴거동이 일반적인 Mohr-Clulomb 파괴선을 나타낸 경우, ϕ_0와 $\Delta\phi$는 파괴거동이 비선형을 보일 경우 Duncan et al.(1978)에 따라 ϕ_0, ϕ는 수직응력-전단응력 관계에서 구하고, P_a는 대기압(101.3kPa), ϕ_0는 $\sigma = P_a$일 때 파괴포락선의 각도임

(4) GCL의 전단시험 방법

GCL의 전단강도 특성을 결정하기 위해서는 ASTM D6243의 '직접전단시험 방법에 의한 흙

과 토목섬유 또는 토목섬유의 마찰계수 결정방법'을 이용한다. 그림 6.10은 직접전단시험기를 이용한 GCL의 전단시험 개념도이다.

한편, GCL의 내부 전단강도를 파악하기 위해서는 그립(grip)이 설치된 전단시험 장비를 이용한다. 그림 6.11은 GCL의 내부 전단 특성을 파악하기 위한 전단시험 장비를 나타낸다. 그림과 같이 GCL의 상·하부의 지오텍스타일 표면을 한쪽 방향으로 톱니바퀴의 형상을 사용하면 연직하중이 수화반응한 벤토나이트와 섬유구조 사이의 전단면에 작용한다. GCL의 내부 전단강도 시험을 위한 연직응력은 현장 하중 조건으로 최소한 72시간 수화반응한 후 적용하며, 일반적으로 10～50kPa 범위의 연직응력에서 시험을 수행한다.

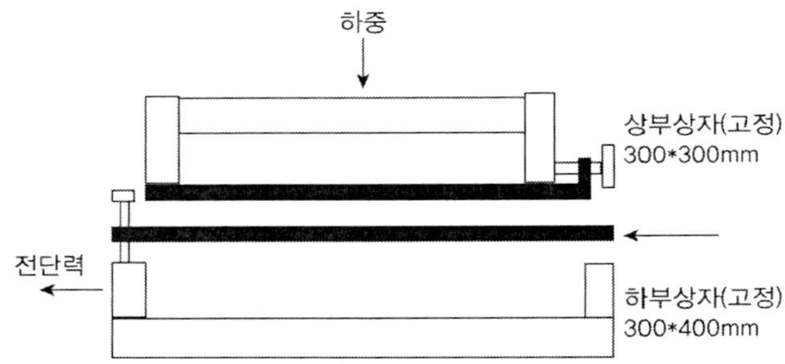

그림 6.10 GCL의 전단시험 방법(마찰 시험)

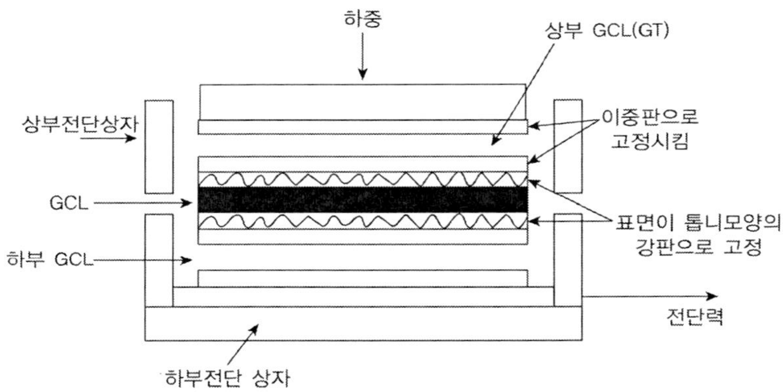

그림 6.11 GCL의 내부 전단강도 시험 장비

일반적으로 폐기물 매립시설의 차수층 재료로써 점토를 많이 사용하는데, 최근 점토차수층을 대체할 수 있는 GCL이 개발되었다. 본 절에서는 점토 차수층 대비 GCL의 매립시설 차수층으로서의 특성, 즉 투수성, 내구성, 시공성 등을 비교, 검토하고자 한다.

점토 차수재와 GCL의 비교 결과를 표 6.10에 정리하였다. 투수 특성으로는 GCL이 점토 차수재보다 차수층의 두께가 얇은 대신 투수계수가 훨씬 적어, 결과적인 단위 면적당 유출률 또는 Darcy의 속도 개념에서 GCL과 점토 차수층이 동등한 것으로 평가되고 있다. 시공 측면에서 점토 차수재는 시공기간이 길며, 소정의 투수계수를 만족하기 위해서 시공 시 품질관리를 철저히 해야 하며, 재료의 선정에도 소정의 요구조건에 적합한 것을 사용하여야 한다. 반면, GCL은 일정한 공정과 품질관리를 통한 제품으로 시공에서의 품질관리가 용이하다. 더욱이 설계자 및 시공자는 완성된 제품을 사용하므로 시공성이 편리하고 빠르며, 시공품질의 기술자의 경험의존도는 점토 차수층에 비해 훨씬 적다. 차수층으로서 기능 평가는 1) 수리적 특성, 2) 역학적 특성, 3) 기공성 등을 기준으로 한다. 수리적 특성은 다시 ① 정상류 흐름상태에서 flux($m^3/m^2/s$), ② 오염물 흡착 또는 제어 능력, ③ 차수층 관통시간(break through time), ④ 수평방향흐름, ⑤ 압밀에 의한 물의 발생 등에 대하여 평가한다. 역학적 특성 평가 기준은 ① 동상/융해에 대한 거동, ② 침하, ③ 부등침하, ④ 사면안정, ⑤ 지지력 등이다. 시공성 평가기준은 ① 천공저항, ② 노반조건, ③ 시공 편이성, ④ 시공속도, ⑤ 재료의 확보, ⑥ 시공 시 물의 필요성, ⑦ 시공의 환경 친화성, ⑧ 품질관리 등이다. 평가기준에 의한 점토 차수층 대비 GCL의 상대적 평가 결과는 표 6.11과 같다.

표 6.10 GCL과 CCL의 비교

특성		GCL	점토차수재
공학적 특성	재료	벤토나이트, 지오텍스타일/지오멤브레인	자연 점토, 흙과 벤토나이트
	두께	4~8mm	300~900mm (우리나라 경사면에서 500~750mm)
	투수계수	$\simeq 1\sim5\times10^{-11}$cm/sec	$\leq 10^{-7}$cm/sec
시공성	위치	제조공장	개개 현장
	시공기술	시공이 편리함	시공이 어려움
	시공장비	경장비 사용	중장비 사용
	시공속도	빠름	느림
	보호	덮개를 이용하며, 강우로부터 보호 해야 함	건조균열 방지
	시공경험	적은 경험으로 시공가능	비교적 경험을 요함
	품질관리	비교적 쉬움	어려우며 가변적임
경제성	비용	공장 생산 제품 사용	특별한 현장, 적합한 점토에 의존
	매립시설의 용량	매립용량 최대 활용 가능	차수재의 두께가 가용 매립용량 결정

표 6.11 차수재로 적용할 때 GCL과 점토 차수재의 비교

분류	평가항목	GCL이 우수함	GCL과 유사함	CCL이 우세함	현장과 제품에 영향을 받음
수리적 특성	• 정상흐름		×		×
	• 정상용질 흐름		×		×
	• 화학적 흡착능			×	
	• 유출시간				
	– 물				×
	– 용질				×
	• 접합부 또는 수평 이동 흐름		×		
	• 지오멤브레인 아래의 수평 흐름	×			
	• 압밀에 의한 물의 발생	×			
물리/역학적 특성	• 동결 – 융해 거동	×			
	• 침하		×		
	• 부등침하	×			
	• 사면안정				×
	• 지지력			×	×
시공 특성	• 천공저항			×	
	• 노면조건			×	
	• 시공 편의성	×			
	• 시공속도	×			
	• 재료의 확보	×			
	• 물의 필요성	×			
	• 공기오염	×			
	• 기후영향				×
	• 품질보증		×		

표 6.11의 비교 결과에서 GCL이 점토 차수층과 동등 이하임을 알 수 있다. GCL의 구성 재료인 벤토나이트는 주로 스멕타이트 광물이므로 금속이온에 대한 흡착능인 양이온 치환능력(cation exchange capacity, CEC)이 80~150mg/100g로서 일반적인 점토의 3~30mg/100g보다 크지만, 흡착 가능한 총량에서는 두께가 수 mm밖에 되지 않는 GCL의 두께로 인한 열등성은 시공에 노반의 이물질과 매립과정에서의 중장비 및 폐기물에 의해 천공되거나 찢어지는 가능성도 배제할 수 없다. 또한 GCL은 점토 차수층 등에 비해 지지력이 상당히 작다. 그러나 GCL은 점토 차수층에 비해 많은 장점을 지닌 것도 사실이다. 동상융해에 대한 피해가 상대적으로 적고, GCL에 손상이 발생한 경우라도 GCL의 자체수밀성(self-sealing)이 뛰어나며, 건조-습윤의 반복에 대한 저항성이 크다. 또한 GCL을 사용하면 매립용량을 증가시킬 수 있으며, 특히, 우리나라의 일반적인 경우처럼 경사가 급한 사면에서 점토차수층의 시공이 불가한 경우 대안이 될 수 있다.

사면에서 GCL의 적용성은 GCL의 큰 장점이나, 동시에 사면 안정성은 GCL의 가장 큰 취약점 중의 하나이다. 앞에서 이미 기술한 바와 같이 1 : 2(세로 : 가로) 이상의 사면에서는 앵커 및 고정정착을 필요로 하지 않기 때문에 인접하여 설치하는 토목섬유의 안정성이 확보되지 않는다. 또한 고정단을 설치할 경우에도 인장력에 의한 GCL의 변형이 발생하며, GCL의 파괴가 일어나거나 두께가 얇아지고 GCL 내부의 벤토나이트가 밖으로 유실되어 GCL의 기능이 저하되는 경우가 발생한다. 사면에서 GCL의 안정성을 확보하기 위해서는 소단의 설치, 각 소단의 높이 제한, 지오그리드 또는 지오네트 등의 보강재의 병합설치 등의 적절한 조치가 특별히 요구된다.

6.3.2 재질 기준

1) 지오멤브레인의 물리적 재질 기준

지오멤브레인을 차수공으로 사용하는 데 차수재의 재질에 대한 기준은 시설의 수명과 안전성의 확보뿐만 아니라 제품의 생산과 직접적으로 관계가 있다. 합성차수막인 지오멤브레인은 사용목적에 따른 품질관리에 의해 제조되어야 한다. 따라서 합성차수막의 품질에 대한 기준은 포장, 운반, 취급, 차수공의 시공 등을 고려하여 재질 기준이 필요하다. 합성차수막의 재질 기준은 기관별, 그리고 국가별로 약간의 차이가 있는데, 외국의 사례 몇 가지를 제시하고 우리나라의 기준을 설명하고자 한다. 표 6.12(a), 6.12(b)는 미국 EPA에서 규정하는 재질 기준이며, 표 6.12(c)는 미국의 위생재단(National Sanitation Foundation, NSF)에서 제시한 지오멤브레인의 재질 기준이다. 표 6.13은 독일의 재질 기준을 요약하여 제시한 것이다. R. M. Koerner(1994)는 표 6.14~6.15와 같이 경험적 현장기록을 이용하여 합리적인 기준을 제시하였는데 표 6.15는 화학적 반응에 의한 재질 기준이다. 합성차수재는 시설목적 대상의 화학 성분에 의한 침해 정도를 확인할 필요가 있다. 이를 알기 위하여 제안된 시험방법이 미국 EPA에서 사용하고 있는 EPA9090이다. 이 시험은 차수재를 화학물질 용액에 침수시켜 반응의 결과로 인해 차수재의 물리적 특성에의 영향을 수치로 나타낸 것이다. 차수재로 사용가능한 정도를 경험적 결과에 의해 제안된 차수재의 재질 기준을 제시하면 표 6.15와 같다.

표 6.12 (a) 미국 EPA의 비보강 합성수지차수막의 재질 기준(폴리에틸렌)

항목		재질 기준					시험방법
공칭치수(mm)		0.76	1.02	1.52	2.03	2.54	
최소 두께 (mm)		0.69	0.91	1.32	1.83	2.29	ASTM D1593
항복 인장강도(kg/cm)		13	16	26	35	44	ASTM D638
파괴 인장강도(kg/cm)		21	28	42	57	71	
최소 탄성계수(kg/cm^2)		7030	7030	7030	7030	7030	ASTM D638
최소 인열강도(kg)		9	13	20	27	34	ASTM D1004
최대 변화율 (120일)	인장강도(%)	10	10	10	10	10	ASTM D3083
	신장률(%)	10	10	10	10	10	ASTM D3083
	탄성계수(%)	10	10	10	10	10	ASTM D3083
오존 저항성(40°C)		no crack	no crack	no crack	no crack	no crack	ASTM D1149
최대 흡수율(%)		0.1	0.1	0.1	0.1	0.1	ASTM D471

(b) 미국 EPA의 비보강 합성수지의 재질 기준(열가소성; CPE, PVC, PVC-OR)

항목		재질 기준						시험 방법
		CPE		PVC			PVC-OR	
공칭치수(mm)		0.51	0.76	0.51	0.76	1.02	0.76	
최소 두께 (mm)		0.48	0.72	0.48	0.72	1.09	0.72	ASTM D1593
파괴 인장강도(kg/cm)		6	7	8	12	16	12	ASTM D882
신장률(%)		250	300	300	300	300	300	ASTM D882
100% 신장에서의 응력(kg/cm^2)		1	2	3	4	6	4	ASTM D882
최소 인열강도(kg)		1	2	2	3	4	3	ASTM D1004
최소 비중(min)		1.2	1.2	1.24–1.3	1.24–1.3	1.24–1.3	1.2	ASTM D792A
접합 강도	전단강도(kg/cm)	4	6	6	9	14	9	ASTM D4545
	찢김강도(kg/cm)	1	1	1	1	1	1	ASTM D4545
최대 증발률(%)		0.5	0.5	0.9	0.55	0.5	0.5	ASTM D1203A
최소 수리저항력(kg/cm^2)		5	7	4	5	6	5	ASTM D751A
최대 변화율 (120days)	파괴강도(%)	5	5	5	5	5	5	ASTM D3083
	파괴신장률(%)	220	20	20	20	20	20	ASTM D3083
	100% 신장의 응력(kg/cm^2)	20	20	10	10	10	10	ASTM D3083
최대 탈수율(%)		−0.35	−0.35	−0.35	−0.35	−0.35	−0.35	ASTM D3083

(c) 미국 위생재단의 지오멤브레인 재질 기준(Standard No.54)

항목	염화비닐계 (PVC)	폴리에칠렌계		합성고무계	
		CPE	HDPE	EPDM	IIR
공칭 두께 (mm)	0.25, 0.5, 0.75, 1.125 (10% 이상)	0.75 (10% 이상)	0.75, 1.0, 1.5 (10% 이상)	0.75, 1.0, 1.5 (10% 이상)	0.75, 1.0, 1.5 (10% 이상)
비중	1.2 이상	1.28 이상	1.93 이상	1.18±0.03	1.2±0.05
인장 특성 (무처리, 20°C) 파단강도 파단변형 100% 변형강도	1.125mm 두께 1.87t/m(166kg/cm^2) 이상 300% 이상 0.72t/m 이상	0.75mm 두께 0.81t/m(108kg/cm^2) 이상 300% 이상 –	1.5mm 두께 3.42t/m(288kg/cm^2) 이상 600% 이상 –	1.5mm 두께 1.51t/m(101kg/cm^2) 이상 300% 이상 –	1.5mm 두께 1.3t/m(87kg/cm^2) 이상 300% 이상 –
인장 특성 (지반 내 매설) 파단강도 파단변형 100% 변형강도	무처리, 20°C의 ±5% 이내 ±20% 이내 ±20% 이내	무처리, 20°C의 ±5% 이내 ±20% 이내 ±20% 이내	무처리, 20°C의 ±10% 이내 ±10% 이내	무처리, 20°C의 ±10% 이내 ±20% 이내	무처리, 20°C의 ±10% 이내 ±20% 이내
인열저항 (무처리, 20°C)	5.0kg/0.5in 이상	2.7kg/0.5in 이상	13.5kg/0.5in 이상	3.6kg/0.5in 이상	3.6kg/0.5in 이상
수압저항	7.0(kg/cm^2) 이상	5.95kg/cm^2 이상			
고온안정성	±5% 이내	±7% 이내	±2% 이내	±2% 이내	±2% 이내
저온한계	−29°C	−23°C	−40°C	−48°C	−40°C
수용성	0.35% 이내	0.35% 이내			
흡수성				2% 이내	2% 이내
휘발성	0.5% 이내	0.7% 이내	0.1% 이내		
접합부 강도 인장강도 접합강도 흙 속의 안정성	1.5t/m(133kg/cm^2) 이상 0.18t/m 이상 위 값의 80% 이상	0.65t/m(87kg/cm^2) 이상 0.18t/m 이상 위 값의 80% 이상	2.16t/m(144kg/cm^2) 이상 0.18t/m 이상 위 값의 80% 이상	1.2t/m(80kg/cm^2) 이상 0.18t/m 이상 위 값의 80% 이상	1.04t/m(69kg/cm^2) 이상 0.18t/m 이상 위 값의 80% 이상

표 6.13 독일의 합성차수막(geomembrane) 재질 기준

항목	재질 기준
두께	측정 두께 = 평균 두께 ± 5%
외적 특성	표면상태 : 견고하고 손상이 없음　　균질성 : 기포, 공극이 없음 직립성 : g ≤ 50mm　　평탄성 : h ≤ 50mm
인장력(5%), N/50mm	400N 이상
인열강도(kg)	71 이상
항복응력(kg/cm^2)	163 이상
항복신장력(%)	10 이상
밀도(g/cm^3)	0.94
용융점(g/10min)	1.7 ± 0.2
저온 특성	−20°C까지 무해
치수변화	±2%, ±1%
고온저장	80°C에서 7일, 인장응력 5% 이내 무해, 외관변화 20% 이내

표 6.14 합성차수막의 최소 재질 기준(R. M. Koerner; 2012)

항목	재질 기준				시험방법 (ASTM)
	a	b	c	d	
두께(mm)	0.63	0.75	0.88	1.0	D1593
인장강도(kN/m) (폭 25mm 사용)	7.0	9.0	11.0	13.0	D882
인열강도(N)	33.0	45.0	67.0	90.0	D1004
천공강도(N)	110	140	170	200	D4833
충격력(J)	10	12	15	20	D3998

a : 건물의 바닥 슬라브에 사용하며 수작업를 통한 설치, b : 수로의 차수재로 사용하며 수작업 또는 기계를 통한 설치
c : 매립지의 차수재 또는 덮개차수재로 사용하며 수작업 또는 기계를 통한 설치
d : 저장조의 덮개 또는 leaching pad로 사용하며 수작업 또는 기계를 통한 설치

표 6.15 화학적 반응에 따른 지오멤브레인의 재질 기준(Little; 1985, R. M. Koerner; 1994)

항목	연성 열가소성 폴리머(CSPE, PVC 등)		반결정질 폴리머(HDPE)	
	저항	비저항	저항	비저항
수증기 투과도($g/m^2/hr$)	< 0.9	> 0.9	< 0.9	≥ 0.9
무게 변화(%)	< 10	> 10	< 2.0	≥ 2.0
체적 변화(%)	< 10	> 10	< 1.0	≥ 1.0
인장강도 변화(%)	< 20	> 20		
파괴시 신장률(%)	< 30	> 30		
탄성계수 변화(%)	< 30	> 30	< 30	≥ 30
경도변화(point)	< 10	> 10		
항복강도 변화(%)			< 20	≥ 20

표 6.15 화학적 반응에 따른 지오멤브레인의 재질 기준(Little; 1985, R. M. Koerner; 1994)(계속)

항목	연성 열가소성 폴리머(CSPE, PVC 등)		반결정질 폴리머(HDPE)	
	저항	비저항	저항	비저항
항복신장률 변화(%)			< 30	≥ 30
찢김강도 변화(%)			< 20	≥ 20
천공강도 변화(%)			< 30	≥ 30

2) 합성차수막(geomembrane)의 화학적 내구성에 대한 재질 기준

매립지에서 차수재는 침출수와 직접적으로 접촉함으로서 침출수의 성분과 화학적 반응을 유발하여 이로 인하여 차수재의 내구성에 큰 영향을 미친다. 폐기물의 성분에 따라서 그에 적합한 차수재를 선정하여 설계에 반영하여야 한다. 표 6.16에 제시한 지침은 차수재와의 반응성을 고려하여 그에 대한 영향을 차수재의 종류별로 나타내었다.

표 6.16 화학적 저항성에 따른 합성차수막(geomembrane)의 선정 기준(Vandervoort; 1985)

화학 성분	Butil rubber		CPE		CSPE		Elasticzed Polyolefin		Epicloroh Rubber		EPDM		Polychlo-roprene		Polyethyl-ene		PVC	
	100F	158F	100F	158F	100F	158F	100F	158F	100F	158F	100F	158F	100F	158F	100F	158F	100F	158F
Allphatic hydrocarbons			⊙	⊙			⊙		⊙	⊙			⊙	⊙	⊙	⊙		
Aromatic hydrocarbons							⊙		⊙	⊙			⊙	⊙	⊙	⊙		
Chlorinated solvents	⊙	⊙					⊙		⊙	⊙	⊙		⊙		⊙	⊙		
Oxygenated solvent	⊙	⊙					⊙		⊙		⊙	⊙	⊙	⊙	⊙	⊙		
Crude petroli-um solvent			⊙	⊙			⊙		⊙	⊙			⊙	⊙	⊙	⊙		
Alcohols	⊙	⊙	⊙	⊙			⊙		⊙	⊙	⊙	⊙	⊙	⊙	⊙	⊙	⊙	⊙
Acids : Organic	⊙	⊙	⊙	⊙	⊙		⊙		⊙		⊙	⊙	⊙	⊙	⊙	⊙	⊙	⊙
Acids : Inorganic	⊙	⊙	⊙	⊙	⊙		⊙		⊙		⊙	⊙	⊙	⊙	⊙	⊙	⊙	⊙
Bases : Organic	⊙	⊙	⊙	⊙	⊙		⊙		⊙	⊙	⊙	⊙	⊙	⊙	⊙	⊙	⊙	⊙
Bases : Inorganic	⊙	⊙	⊙	⊙	⊙		⊙		⊙	⊙	⊙	⊙	⊙	⊙	⊙	⊙	⊙	⊙
Heavy Metals	⊙	⊙	⊙	⊙	⊙		⊙	⊙	⊙	⊙	⊙	⊙	⊙	⊙	⊙	⊙	⊙	⊙
Salts	⊙	⊙	⊙	⊙	⊙		⊙	⊙	⊙	⊙	⊙	⊙	⊙	⊙	⊙	⊙	⊙	⊙

3) 국내 합성차수막 차수재의 재질 기준

지오멤브레인을 차수공으로 사용하는 데 차수재의 재질에 대한 기준은 시설의 수명과 안전성의 확보뿐만 아니라 제품의 생산과 직접적으로 관계가 있다. 지오멤브레인은 사용목적에 따른 품질관리에 의해 제조되어야 한다. 따라서 지오멤브레인의 품질에 대한 기준은 포장, 운반, 취급, 차수공에의 시공 등을 고려한 재질 기준이 필요하다. 지오멤브레인의 재질 기준은 기관별, 국가별로 약간의 차이가 있는데, 우리나라의 차수재 재질 기준은 다음의 표 6.17 및 6.18과 같다. 또한 고무류 및 비닐수지류의 재질 기준치는 한국공업규격(KS F 4911)에 제시된 것을 그대로 인용하면 표 6.19와 같다.

표 6.17 우리나라 폴리에틸렌류 합성차수재의 재질 기준(한국지반공학회)

성질	항목		단위	재질 기준					비고
물성 기준	공칭 두께		mm	1.0	1.5	2.0	2.5	3.0	
	최소 두께		mm	0.95	1.43	1.90	2.38	2.90	ASTM D1593
	용융 지수		g/10min	1.0 미만	1.0 미만	1.0 미만	1.0 미만	1.0 미만	
	최소 밀도		g/cm^3	0.940	0.940	0.940	0.940	0.940	ASTM D792
	최대 카본블랙 함량		%	2.5 이하	2.5 이하	2.5 이하	2.5 이하	2.5 이하	ASTM D1603
	카본블랙 분산도(1)		등급	시편 10개 모두 3등급(175㎛) 이상이고, 8개 이상이 1, 2등급(75㎛) 이상일 것.					
강도 기준	인장 성능	항복인장강도	kg/cm	15 이상	23 이상	30 이상	38 이상	45 이상	ASTM D638
		파단인장강도	kg/cm	27 이상	41 이상	54 이상	68 이상	81 이상	ASTM D882
		항복인장 변형률	%	12 이상	12 이상	12 이상	12 이상	12 이상	ASTM D3083
		파단인장 변형률	%	700 이상					ASTM D3083
	최소 탄성계수		kg/cm^2	7,000					ASTM D638
	최소 인열 강도		kg	13 이상	20 이상	26 이상	32.5 이상	39 이상	ASTM D1004
	꿰뚫림 강도		kg	32 이상	48 이상	64 이상	80 이상	96 이상	ASTM D4833
내구성 기준	저온 취약성		°C	-40에서 파괴되지 않음					ASTM D1149
	최대 치수 안정성		%	각방향 ±2 이하					
	오존저항성		균열	무					ASTM D1149
	최대 흡수율		%	0.1					ASTM D471
	산화 유도 시간(OIT)	표준 조건	min	100 이상					표준·가압 조건 중 택일
		가압 조건	min	400 이상					
	열노화 OIT 유지율	표준 조건	%	55 이상					표준·가압 조건 중 택일
		가압 조건	%	80 이상					
	자외선 처리 OIT 유지율	가압 조건	%	60 이상					

주 (1) 시험편 10개 중 최소 8개 이상이 등급 1, 2에 해당되어야 하며 나머지는 등급 3까지 허용한다.

표 6.18 고밀도폴리에틸렌 라이너의 재질 기준(1999; 환경부령 제82조)

시험항목		단위	기준	비고
용융지수		g/10min	1.0 미만	KS M 3070
밀도		g/cm^3	0.940 이상	KS M 3016
카본블랙 함량		%	2.0~3.0	KS M 3031
카본블랙 분산도		급	10개 모두 1, 2 또는 3급에 해당되고 그중 8개 이상이 1 또는 2급에 해당되어야 함	
인장성능	항복인장강도	kgf/cm^2	150 이상	KS M 3006
	파단인장강도	kgf/cm^2	270 이상	KS M 3006
	항복인장 변형률	%	12 이상	KS M 3006
	파단인장 변형률	%	700 이상	KS M 3006
인열 강도		kgf/cm^2	130 이상	KS M 3001
꿰뚫림 강도		kgf/cm^2	320 이상	
저온 취약성		–	−40°C에서 파괴되지 않음	KS M 3059
치수안정성		%	각 방향 ±2 이하	KS M 6518
내환경 응력균열성		hr	1,500 이상	KS M 3012
산화유도시간 (OIT)	표준 조건	min	100 이상	표준·가압 조건 중 택일 KS M 6518
	가압 조건	min	400 이상	
열노화 후 OIT 유지율	표준 조건	%	55 이상	표준·가압 조건 중 택일
	가압 조건	%	80 이상	
자외선 처리 후 OIT 유지율	가압 조건	%	60 이상	
접합부강도	전단강도	kgf/cm^2	135 이상	항복인장강도의 90% 이상
	박리강도	kgf/cm^2	97 이상	항복인장강도의 65% 이상

비고
- 이 기준은 매끄러운 고밀도 폴리에틸렌라이너에 적용한다.
  시험은 고밀도폴리에틸렌차수막 단체 표준(KSP M 6000)의 시험방법에 의한다.
- 내환경 응력균열성은 내하중 응력균열성 시험으로 대신할 수 있으며, 이때 기준은 시험편 5개 중 4개 이상이 200시간 이내에 파단이 되지 않아야 한다.

표 6.19 합성고무 및 비닐수지류 합성수지 차수재의 재질 기준(KSF 4911)

항목 \ 종류			가황 고무제	비가황 고무제	염화비닐 수지제	에틸렌아세트산 비닐수지제
인장성능	인장강도 N/cm^2(kgf/cm^2)		750(76.5) 이상	50(5.1) 이상	1000(102) 이상 2000(204) 이상[(2)]	1250(128) 이상
	신장률(%)		450 이상	450 이상	200 이상	450 이상
인열성능	인열강도 N/cm(kgf/cm)		250(25.5) 이상	250(25.5) 이상	400(40.8) 이상	400(40.8) 이상
온도 의존성	시험온도 60°C	인장강도비(%)	30 이상	15 이상	40 이상	15 이상
	시험온도 −20°C	신장률(%)	200 이상	100 이상	15 이상	150 이상
가열신축 성상		신축량(mm)	신장 2 이하 수축 4 이하	신장 2 이하 수축 4 이하	신장 2 이하 수축 4(6)[(2)] 이하	신장 2 이하 수축 4 이하
열화처리 후의 인장성능	인장강도비(%)	가열 처리	80 이상 150 이하	90 이상 200 이하	80 이상 150 이하	80 이상 150 이하
		촉진폭로 처리[(1)]	80 이상 150 이하	90 이상 200 이하	80 이상 150 이하	80 이상 150 이하
		알카리 처리	80 이상 120 이하	80 이상 120 이하	80 이상 120 이하	80 이상 120 이하
	신장률비(%)	가열 처리	70 이상	70 이상	70 이상	70 이상
		촉진폭로 처리[(1)]	70 이상	70 이상	70 이상	70 이상
		알카리 처리	80 이상	80 이상	90 이상	80 이상
신장 시 열화성상		가열 처리	어느 시험편에도 잔금이 없을 것			
		촉진폭로 처리[(1)]	어느 시험편에도 잔금이 없을 것			
		오존 처리	어느 시험편에도 잔금이 없을 것			
접합성상		무 처리	기준선으로부터 어긋남 및 박리의 길이가 5mm 이하이며, 또한 해로운 어긋남 등 이상한 곳이 없을 것			
		가열 처리	기준선으로부터 어긋남 및 박리의 길이가 5mm 이하이며, 또한 해로운 어긋남 등 이상한 곳이 없을 것			
		알카리 처리	기준선으로부터 어긋남 및 박리의 길이가 5mm 이하이며, 또한 해로운 어긋남 등 이상한 곳이 없을 것			

주 (1) 노출 방수용인 것에 적용한다.
(2) 염화비닐 수지제의 ( ) 안은 주로 용제용착에 의해 접합하는 균질 시트에 대해서 적용한다.

4) 토목섬유 점토차수재(GCL)의 재질 기준

ASTM D4439에 따르면 토목섬유 점토 차수재에 대한 정의는 벤토나이트, 점토 또는 불투수성의 재료들과 지오텍스타일, 지오멤브레인 등을 뜨개질, 바느질 그리고 접착 등의 방법을 이용하여 조합해서 만든 제조품이다. 토목섬유 점토차수재는 제조회사에 따라 제조방법이 다르나 기존 차수재의 효율을 높이기 위한 목적은 동일하다. 토목섬유 점토차수재의 종류는 제조회사에 따라 다양한 제품이 생산되고 있으므로 일정한 기준을 제시하기에는 곤란하다. 토목섬유 점토 차수재의 물리적 특성은 양면의 지오텍스타일 사이에 채워진 벤토나이트의 특성과 표면섬유의 재질 특성에 따라 큰 차이를 보이고 있다. 따라서 일정한 범위를 제시하기는 어려우므로 현재 사용되는 제품들을 중심으로 개략적인 범위를 제시하고자 한다. 따라서 설계 및 시공 시에는 반드시 해당 재료에 대하여 시험결과를 사용하여야 한다. 각 특성에 대한 범위는 다음의 표 6.20에 요약하였다.

표 6.20 토목섬유 점토 차수재의 물리적 특성

재료	항목	단위	적용 범위	시험 방법
벤토나이트	몬모릴로나이트 함유량	%	70 이상	API(1) 메틸렌블루 테스트
	단위 면적당 중량	kgf/m^2	4.5 이상	ASTM D3776
	함수비	%	15 이하	ASTM D4643
	팽윤도	ml	25 이상	ASTM D35.4
	흡수율	%	500 이상	ASTM E946
표면재 (지오텍스타일)	단위 면적당 중량	kgf/m^2	사용재료에 따른 사양	ASTM D3776
	두께	mm	사용재료에 따른 사양	ASTM D1777
	인장강도	kg/m	사용재료에 따른 사양	ASTM D4632
	찢김강도	kg/m	사용재료에 따른 사양	ASTM D4533
	꿰뚫림 강도	kg/m	사용재료에 따른 사양	ASTM D3787
	신율	%	10~90	
완제품 (GCL)	단위 면적당 중량	kgf/m^2	5.0 이상	ASTM D3776
	두께	mm	제품 규격(법적 기준)	ASTM D1777
	찢김강도	kg/m	17.8 이상	ASTM D413
	함수비	%	15 이하	ASTM D4643
	투수계수	cm/sec	$5\times10^{-9}\sim3\times10^{-10}$	ASTM D5887

주 (1) 벤토나이트의 함량을 시험하는 방법

6.4 차수공의 설계이론

본 절에서는 지오멤브레인을 차수 공법에 사용하는 경우에 설계와 안정성 해석이 요구되는 시설구조와 그에 따른 설계이론을 설명하고자 한다. 지오멤브레인을 차수구조에 사용하는 경우에 지오멤브레인은 외부하중에 대응하여 인장부재로서 인장응력에 저항하는 것으로 인장응력 설계이론이 현재 적용되고 있다. 현재 지오신세틱스를 이용한 폐기물 매립지 설계에서는 바닥부, 사면부, 정착부의 세 영역으로 구분하여 설계가 이루어지는데, 설계이론의 적용과 신뢰성에는 아직 미비한 점이 있다. 특히, 현재의 매립지 설계에서 쓰레기 하중의 산출방법, 인력계수의 적용, 매립지 사면부의 인장력 및 정착능력을 해석하는 방법이 설계사마다 다르고, 시설의 안전설계보다는 시설의 위치와 시공성, 그리고 공사비의 절감에 유리하도록 설계하고 있다. 차수시설의 파괴원리는 시설의 위치와 형식에 따라 다르나 본서에서는 인장파괴만을 고려하였다. 차수시설의 설계는 일반적으로 바닥부, 사면부, 정착부 등 3개의 영역으로 구분하여 설계하는 데 설계의 목적은 지오신세틱스에 작용하는 인장응력을 산출하고 이 인장응력에 저항하는 지오신세틱스의 규격과 재질을 결정하는 데 있다. 본 단원에서는 지오신세틱스를 차수 공법에 사용하는 경우를 폐기물 매립장의 차수시설 설계 예로서 설명하고자 한다.

6.4.1 설계 일반지침

1) 설계 관련 법적조항

우리나라에서 주변 환경의 오염을 최소화하는 위생매립 개념을 도입한 것은 80년대 후반이다. 이후에 폐기물의 위생매립에 대한 관심이 고조되면서 1977년 7월 개정된 폐기물 관리법에는 매립지 시설에 대한 기술적 지침이 세분화되었다.

폐기물 매립시설에 대한 중요 관심사는 매립지의 차수 및 집수 시설은 매립지 내에 발생하는 침출수를 최소한으로 저감시키고 외부로 누출되는 양을 최소한으로 하는 기능을 원활히 하는 데 있다. 이러한 요건을 충족시키는 요건으로 매립지를 설계, 시공하고 운영하는 데 차수재의 차수 기능 및 구조적 안정성을 보강하는 것이 중요하다.

국내 폐기물 관리법(환경부, 1999)에는 매립장의 안정성과 침출수가 매립시설에 유출되는 것을 방지하기 위하여 매립장의 옹벽, 사면 및 고밀도 폴리에틸렌 차수막에 대하여 적용법규를 규정하는 데 관련된 내용만을 요약하면 다음과 같다.

(1) 옹벽의 안정

옹벽에 적용되는 국내의 관리법규로 폐기물의 유출을 방지할 수 있는 옹벽 및 제방은 매립되는 폐기물의 하중, 매립단면 및 침출수위 등을 고려하여 안전하게 설치하여야 한다. 이 경우 옹벽은 저면활동에 대한 안전율 1.5 이상, 전도에 대한 안전율이 2.0 이상, 지지력에 대한 안전율이 3.0 이상이어야 한다고 규정하고 있다(폐기물 관리법 제20조).

(2) 사면의 안정

1999년 8월에 개정된 폐기물 관리법에 의하면 제방의 경우에는 사면안전율이 1.3 이상이어야 한다고 규정하고 있다. 제방의 안정해석 결과, 안전율이 규정 안전율보다 낮게 계산되었다면, 활동력(sliding force)을 줄이거나 저항력(resisting force)을 늘릴 수 있는 방향으로 설계를 변경해야 한다. 매립지에서 절토사면과 제방은 매립지의 경계면을 따라서 일률적으로 동일하지 않기 때문에 파괴 가능성이 제일 높은 사면이나 제방에 대해 안정해석을 실시하는 것이 중요하다. 일반적으로 파괴 가능성이 가장 높은 사면의 단면(critical dike section)은 사면의 기울기가 크거나 높이가 높은 단면이 된다. 미국 EPA의 경우에 추천하는 최소 안전율은 사면과 강도 특성에 따라 1.25～2.0의 범위에서 규정하고 있다.

표 6.21 사면안정 해석을 위한 EPA 추천 최소 안전율(USEPA, 1990)

사면 파괴의 결과	흙 강도 측정의 불확실성	
	작은 경우(1)	큰 경우(2)
파괴 후 인간과 자연환경에 즉각적인 위험이 없는 경우	1.25	1.5
파괴 후 인간과 자연환경에 즉각적인 위험이 있는 경우	1.5	2.0

주 (1) 성토재료가 균등하며 흙의 강도 특성에 대한 강도시험 자료가 일관성이 있고, 합리적이어서 강도 측정의 불확실성이 낮을 때의 안전율
(2) 강도 측정의 불확실성이 클 때의 안전율

(3) 차수재 설치기준

매립지의 차수재에 적용되는 국내외의 관리법규는 다음과 같다. 고밀도 폴리에틸렌 또는 합성수지 차수막을 사용하는 경우 두께 2.0mm(지정 폐기물을 매립하는 경우 2.5mm) 이

상의 것을 1겹 이상 포설하고 매립시설의 바닥에 설치하는 합성수지 차수막 상부에는 모래 등으로 30cm 이상의 합성수지 보호층을 설치하여야 한다.

폐기물의 하중 등에 대한 안정성을 검토하여 항복인장강도의 안전율이 2.0 이상이 되도록 설계, 시공하여야 한다. 또한 고밀도 폴리에틸렌라이너(HDPE sheet)의 인장성능에 대하여 항복인장강도 150kg/cm^2, 파단인장강도 270kg/cm^2, 항복인장 변형률 12%, 파단인장 변형률 700% 이상, 꿰뚫림강도 320kgf/cm^{2}으로 규정하고 있다(폐기물 관리법 제20조).

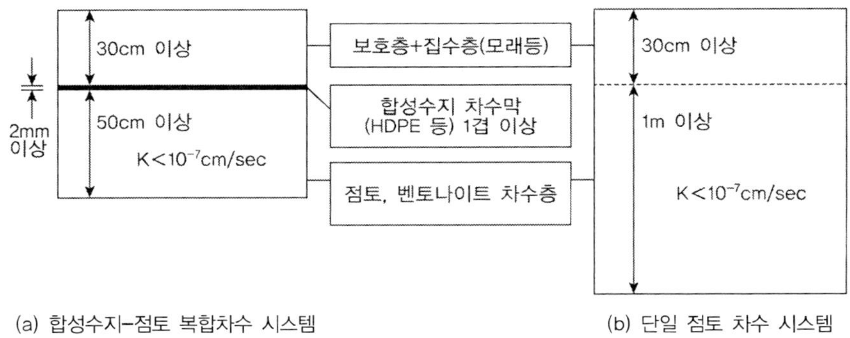

그림 6.12 일반 폐기물 매립장 차수시설 설치기준

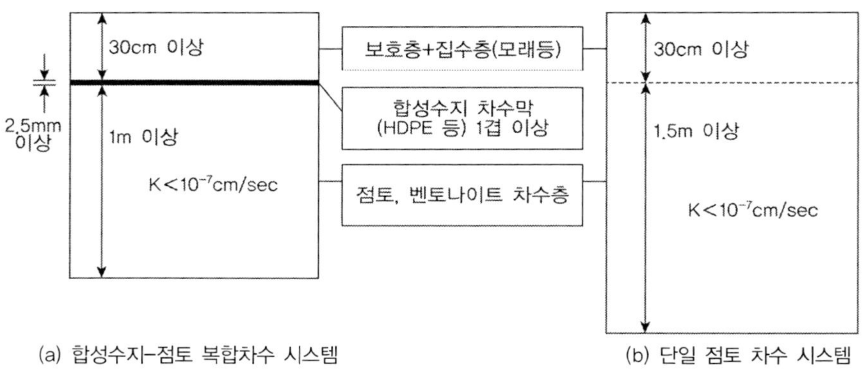

그림 6.13 지정 폐기물 매립장 차수시설 설치기준

2) 설계 일반적 흐름도

차수공의 설계는 대상 구조물에 적합한 차수재의 재질과 규격을 결정하고 그에 대한 안정성과 제반 시방규정을 검토하여야 하며 일반적인 흐름도는 다음과 같다.

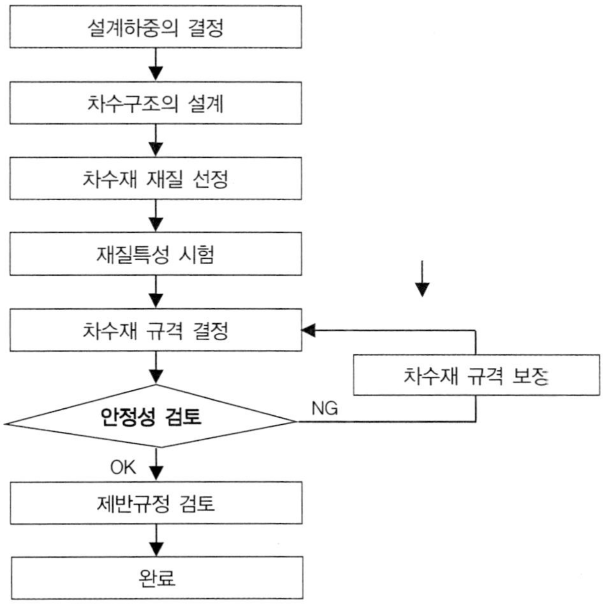

그림 6.14 차수재 설계의 일반적인 흐름도

3) 설계하중

지오멤브레인을 이용한 차수공의 설계는 외적 물리적 하중뿐만 아니라 생물학적, 그리고 화학적 내구성을 반영해야 하는 점에서 일반 토목 구조물의 설계와 다르다. 토목섬유를 이용한 차수 시스템을 설계하는 데 기본이 되는 것은 차수재에 작용하는 구조적 힘의 체계와 한계를 설정하고 차수재의 강도가 차수재에 작용하는 응력에 충분히 지탱할 수 있으며, 침출수 및 주변 환경에 대한 내구성 확보에 적합한 차수재의 종류나 규격을 결정하여야 한다. 설계를 위한 하중 조건은 2가지의 측면에서 검토되는 데 하나는 차수재에 작용하는 외력이며 다른 하나는 접촉 물질과의 화학적 작용성이다. 설계에서 안전율을 적용함으로써 확인되지 않은 요소들에 의한 차수재의 파괴 또는 수명 단축을 예방할 수 있다. 설계에서 적합한 결과가 도출되었을 경우 문제를 해결하는 방법은 '하중의 감소', '차수재의 강도증가(규격을 증대시킴)', '재질변경'의 3가지 중에서 선택할 수 있다.

(1) 상재하중

차수구조에서 상재하중으로 취급될 수 있는 항목은 지오멤브레인 및 차수구조 자중, 보호층, 매립하중, 작업하중 등이다. 차수구조의 자중은 지오멤브레인과 보호재 및 배수층과 관로시설 등이 포함된다. 매립하중은 차수구조 위에 매립되는 총 연직하중을 말하며, 다짐도와 매립물질의 성분에 따라 크게 다르다. 또한 매립하중은 매립 폐기물의 안정화 정도와 침하진행에 따라 장기적인 변화가 발생한다. 작업하중에는 매립작업을 위하여 운행되는 작업장비와 트럭과 같은 운행차량이 포함된다.

(2) 수리학적 하중 및 가스압

일반적으로 수리학적 하중에는 3가지 종류가 있는데 파랑(waves), 흐름(current), 정적 수두차(static head differences)가 이에 속한다. 가스압력은 차수 시스템 아래에서 가스가 밀집함으로서 발생하거나 매립 폐기물 내에서의 발생가스에 의한 차수재에 작용하는 압력을 의미한다.

① **파장** : 파장(waves)에 의한 하중의 크기는 파랑의 높이와 흐름의 경사에 의해서 결정된다. 차수막 위에 보호층 또는 배수층등의 상부층이 없을 때는 차수막에 작용하는 하중은 차수막에 인장력으로 작용한다. 그러나 차수막 위에 보호층 또는 배수층등의 상부층이 있을 때는 하중은 보호층 또는 배수층으로 전달되는데 보호층 또는 배수층이 자갈층이라 하더라도 차수막에는 집중하중으로 작용하지 않는다. 파랑작용에 의해서 발생하는 하중은 차수막의 이동을 유발하는데 이로 인하여 차수막 하부지반 표면의 흙 입자를 교란하고 차수막의 손상을 초래한다. 따라서 이에 대응하는 충분한 차수막 자체 무게를 갖도록 설계하여야 한다.

② **저장액의 흐름**(current) : 개수로 등과 같은 시설에서 흙 입자를 동반하는 흐름에 발생되는데 차수막의 상부에 보호층이 없는 경우 흙 입자의 유동에 의하여 차수막의 표면이 침식된다. 따라서 보호층에 의한 방지대책이 요구된다. 또한 소용돌이와 같은 흐름이 예상되는 부분에서는 차수막이 들뜨는 현상이 발생되는데, 이러한 지역에서는 자갈층을 포설함으로써 방지할 수 있다.

③ **수두경사** : 수두경사가 심하면 흐름의 속도가 빨라지며 이로 인해서 차수막이 부상하려는 경향이 발생된다. 이때는 자갈층을 포설하여 처리할 수 있는데 자갈층과 차수막 표면 사이의 마찰을 고려하여 sliding에 대하여 안정하게 설계하여야 한다.

④ **가스압력** : 차수막 아래의 지반이 피트(peat)등의 유기성토로 이루어져 있거나 굴착공사 시 지하수위가 저하되었다가 시공완료 후 다시 회복되는 경우 가스 또는 공기가 상승

하면서 차수막에 부압으로 작용한다. 특히 폐기물 매립지의 최종 덮개로서 차수막을 시공하는 경우는 폐기물 내에서 발생하는 가스의 상승으로 차수막 아래에 집중하여 폭발의 위험성을 내재하기도 한다. 이러한 구조에서 차수막을 설치하는 경우 가스를 배제할 수 있는 시설을 하거나 차수막 하부에 가스 배제층을 설치하여야 한다.

(3) 지반공학적 하중

① **상재하중에 의한 지표면 돌출부에서의 안전성 :** 차수재의 평면상에 작용하는 하중으로는 차수재가 지반과 밀접해 있는 경우 지표면의 돌출면에서 상재하중에 의하여 차수재가 파괴될 우려가 있다. 이때의 하중에 의한 차수재의 파괴 가능성은 시간의 경과에 따라서 더욱 심각해지는데, 차수재의 강도에 의한 저항력은 돌출부의 모양이나 돌출 정도에 의해 크게 좌우된다. 이러한 펀칭파괴를 방지하기 위해서는 지표면의 흙의 입도, 최대 입경, 흙의 종류 등을 제한할 필요가 있다. 이 제한규정은 시설의 종류, 차수재의 강도 및 두께에 따라 달리할 수 있는 데 일반적으로 차수재를 설치하기 전의 지반은 세사를 사용하며 최대 입경을 5mm 이하로 해야 한다. 이와 같이 표면이 고르지 못한 지반에 차수재를 설치할 때는 설계하중으로 차수재의 파괴에 대한 안전성을 시험에 의하여 확인한 후 시공하여야 한다.

② **지반 부등침하에 의한 안전성 :** 상재하중에 의해 지반에 부등침하가 발생하면 차수재에는 인장력이 작용하여 차수재의 인장파괴에 대한 원인이 된다. 따라서 연약지반이 존재하는 지역에서는 대책 공법의 계획이 필요하며 전 지역에 걸쳐 부등침하가 발생하지 않도록 필요한 조치를 해야 한다. 연약지반이 존재하거나 부등침하가 예상되는 지역에서는 인장강도에서 충분한 안전율을 가지도록 차수재를 선정해야 한다.

③ **보호층에 의한 차수재의 안전성 :** 일반적으로 차수재의 상부에 보호층을 설치하는데, 이에 따라 야기되는 문제들은 보호층이 이동하여 보호층으로써 역할을 상실하거나 보호층에 가해지는 하중이 마찰력으로서 차수재의 표면에 작용하여 차수재의 인장파괴를 야기하는 것 등이 있다. 특히 이러한 현상은 사면부나 경사진 곳에서 발생하는데, 경사가 급할수록 심하다. 사면에 설치하는 차수재는 상재하중에 의해 인장력을 받으며 인장력의 크기는 차수재와 접촉해 있는 재료와의 접촉 마찰각과 깊은 관계를 가지고 있다. 따라서 차수 시스템의 설계 시에는 접촉 마찰각을 시험에 의해 확인해야 한다. 차수재에

인장력이 작용함으로써 차수재가 사면의 하단 방향으로 이동하거나 파괴되는 경향이 있으므로 사면부에 차수 시스템을 설치하는 경우는 반드시 차수재의 끝 부분을 사면의 상단에 정착시켜야 한다. 이때 차수재의 정착길이 및 정착 공법은 설계하중에 대하여 충분한 안전율이 확보되도록 설계해야 한다.

(4) 생물학적 영향

차수 시스템은 항상 주변 환경 조건과 접촉하여 있으므로 주변에 존재하는 여러 가지의 물질 또는 생물에 의해 영향을 받는다.

① **미생물에 의한 영향 :** 균류에 의한 차수재의 손상이 발생하는 데 이것은 유기물질에 의해 큰 영향을 받는다. 따라서 분해성이 있는 유기물질의 저장시설에는 특별한 고려를 해야 한다. 차수재로 사용될 재료 및 접합재, 그리고 접합 완료된 재료는 차수 시스템이 설치될 지역의 토양시료를 가지고 생물학적 반응시험을 실시하거나 시험에 의해 재질이 인정된 것을 사용해야 한다. 반응시험은 충분한 수분과 미세유기체를 함유하는 흙을 3cm 두께로 2개의 층을 형성하고 그 사이에 차수재를 삽입하여 28°C±1°C의 어두운 곳에서 12개월 동안 방치해둔다. 여기서 사용하는 흙시료는 거의 포화된 흙을 사용하며 실내의 공기도 유기체의 생장을 위해 아주 습한 조건을 유지하여야 한다. 균류에 대한 플라스틱의 저항 특성 시험은 ASTM G21에 규정하고 있다.

② **식물에 의한 영향 :** 식물의 뿌리가 생장함으로써 차수재에 손상을 입힐 수도 있다. 이에 대한 방지대책으로 차수재와 보호층 또는 인접층 사이에 여과재(polyester sheet)를 설치한다.

③ **Algae의 영향 :** 차수재의 표면에 algae가 생식하여 건조하면 차수재에는 인장응력이 발생한다.

④ **동물에 의한 영향 :** 차수시설이 위치하는 지역의 주변으로부터 쥐, 새, 가축 등의 동물의 침입으로 인하여 차수재에 손상을 입히는 사례가 많다. 동물들에 의한 차수재의 손상을 방지하기 위해서는 20cm 이상의 보호층을 설치하여야 한다.

⑤ **유독성 물질 :** 차수시설이 식수로 사용되는 저장시설이나 식수로 사용되는 지하수와 인접하여 차수시설을 설치하거나 차수재에 의하여 식수로 사용되는 시설에 영향이 있다고

판단될 때는 차수재의 용해성과 용해물질에 대한 유독성 여부를 검토해야 한다.

(5) 기후 조건

① **풍향 및 풍속** : 바람이 심한 지역에서는 차수재가 들뜨면서 인장력을 받는데 이에 대한 대책이 필요하다. 대책으로는 모래 주머니나 폐타이어 등으로 눌러서 안정시키는 방법을 사용할 수 있다.

② **태양광선** : 폴리머 계통의 차수재는 태양광선(UV-radiation), 열, 수분에 대하여 민감하며 장기간 노출되면 가소재의 휘발로 인하여 취성과 균열이 발달하는데 자외선이나 오존에 의한 침해는 차수재의 상부에 보호층을 형성함으로써 방지할 수 있다. 이에 대한 시험방법은 ASTM D3334, D2565에 의해 측정하며 오존에 대한 저항성은 ASTM D518에 의하여 측정한다.

③ **온도의 영향** : 폴리머나 bituminous 계통의 차수재의 대부분은 온도에 아주 약하다. 따라서 이러한 제품들은 사용 전에 취급 및 적용에 따른 온도의 범위를 확인해야 한다. 제품의 적용 및 취급에 대한 온도의 범위는 제조자가 실험을 거쳐 안전한 범위를 제품에 명기하여야 한다. 온도에 대한 특성을 시험하는 방법으로는 ASTM D794, D1870에 규정하고 있다.

(6) 화학적 반응성에 대한 영향

① **투수성** : 차수재를 통하여 가스나 액체가 침투하는 정도를 말하는 데 가스나 액체가 차수재를 통하여 침투함으로써 차수재의 밀도가 작아지고 차수능력도 감소한다. 일단 가스나 액체가 침투하면 친화력이 증가하며 차수능력은 그만큼 감소한다. 이러한 현상은 온도가 높을수록, 액체의 활성도가 클수록, 그리고 분자의 크기가 미세할수록 크다. 특히 투수성은 접촉할 물질에 따라서 큰 차이를 보인다. 따라서 차수재를 선정할 때는 이와 같은 투수성을 고려 설계하여야 한다.

② **응력의 감소(강도의 감소)** : 차수재의 파손은 외적인 환경조건과 내적 응력과 밀접한 관계를 가지고 있는데, 화학적인 반응에 의해서 차수재의 표면에 미세한 균열이 발생한다. 이 균열은 화학물질이 차수재로 침투되면서 발생하는 데 이때 분자구조가 깨어지면서 내적 응력이 감쇄한다. 이러한 현상은 재질, 제조방법, 온도, 재하하중 등에 의해 영향을 받는다.

(7) 설치작업상의 문제

지오멤브레인 취급을 주의해야 하는 이유는 지금까지 기술한 내용 외에 기계적인 외적환경의 영향에 의해서 파손이 발생하기 때문이다. 기계적인 외적환경은 재료의 저장, 운반, 설치작업, 차수재 설치 후 타 공정의 진행 등의 요건들이다. 저장에서는 태양광선, 온도, 화학적 반응여건, 생물학적 반응 여건, 보관기간 등을 고려하여야 한다. 재료를 운반 시에는 포장을 하고 트럭이나 운반장비를 이용하는 경우 벨트로 사용되는 로프는 폭이 넓은(5cm 이상)것을 사용하여야 한다. 현장에서 설치하는 데에 주의할 점은 설치작업 시에 많은 인장력을 받는데 두루마리(rolled)로 된 차수재를 펴는 형식의 설치작업을 사용하여야 한다. 설치작업 시나 설치작업과 동시의 작업공정을 수행하는 경우는 이미 설치된 구간의 차수재 표면을 부직포 또는 그와 동등한 재료로서 보호하여야 한다. 자연광에서 보관하거나 야적하는 경우, 그리고 시공 중 다음 공정을 위한 시공 중단 등에 의하여 차수재가 직사광선에 노출되는 시간이 장기화될 수 있는데, 이때는 차수재의 손상을 최소화하기 위하여 노출시간에 대한 제한규정을 두고 있다.

4) 설계조건

역학적 설계하중에 의하여 실제로 지오멤브레인에 발생하는 응력은 압축 응력과 인장응력이 동시에 발생하는데, 앞 단원에서 설명한 설계이론은 인장응력만을 고려한 설계이론이다. 따라서 지오멤브레인의 설계에서는 인장부재로서 가정하여 인장파괴에 대한 안전율을 산정하여야 한다. 인장부재로서 지오멤브레인의 설치조건에 따른 각 설계이론에 대한 설계조건을 설명하고자 한다.

(1) 평면부 차수구조

평면부 차수구조에서는 원지반의 부등침하에 의해 지오멤브레인에 발생하는 인장력을 산정함에 따라 침하량에 따른 지오멤브레인의 변형량은 없는 것으로 가정하고 인장력의 발생은 침하가 발생하지 아니한 부분에서의 인발이 없는 것으로 가정한다. 또한 부등침하 발생 후 매립하중에 의한 후속 인장력은 설계에 고려하지 않았다. 지반침하로 인한 토목섬유에 발생하는 인장응력 해석에서는 매립지의 원지반이 연약지반일 경우 쓰레기 매립으로 인한 매립장 사면부에 수직, 수평응력 증가에 따른 침하가 발생하고, 이로 인하여 토목섬유에 인장력이 발생하며 사면부 시작 부분과 끝 부분에서는 응력집중 현상에 의해 부등침하가 발생한다. 매립지 사면부 차수 시스템에 사용된 토목섬유는 이러한 지반의 부등침하로 인해 발생한 인장응력으로 인하여 파괴될 수 있으므로 이에 대한 검토가 필요하다.

(2) 사면부 차수구조

꿰뚫림응력 등이 있는데 현재까지 사용되고 있는 설계이론은 인장응력만을 고려하여 설계에 반영한다. 사면부 차수구조에서 설계하중은 사면에 연직방향으로 작용하며, 사면 선단에서 평지부와 사면부의 연직방향으로 경계면을 따라 마찰력이 작용하는 것으로 가정한다. 즉, 사면부의 매립하중은 사면의 연직방향 성분만을 고려하고 사면 선단에서 연직 방향으로 경계면에서의 마찰력은 정지토압으로 가정하여 계산한다. 또한 사면 자체의 안정성은 차수구조의 보강효과를 고려하지 않는다. 다시 말해서 압축 응력과 꿰뚫림응력은 인장응력에 비해서 작은 것으로 가정하여 차수구조에서의 지오멤브레인은 인장부재로서 설계한다. 사면부 차수 시스템에 작용하는 사하중을 결정함에 따라 사면부 매립 쓰레기하중을 계산할 때 여러 가지 하중 산정 계산식이 사용되고 있으나, 이에 대한 개념정립이 되어 있지 않다. 형편에 따라 매립고를 1단 매립고에 대해서 안정성 검토를 할 경우도 있고 2단 이상일 경우 매립하중이 적게 걸리는 상단매립부에 대해서만 해석한 경우도 있는데, 사면부는 소단을 단위로 하여 전체 사면을 검토하여야 한다.

사면부 차수 시스템 재료 간 접촉 마찰각 결정은 사면부 매립 쓰레기 하중으로 인하여 차수 시스템에 사용된 재료에 발생하는 인장응력에 대한 안정성 검토 시 중요한 매개변수인 접촉 마찰각의 결정에서 직접 실험을 통한 접촉 마찰각의 결정보다는 기존 문헌에 나타나 있는 값의 범위에서 임의적으로 값을 선정하여 안정성을 검토한 경우가 많다. 근소한 부재간 마찰각의 차이에 의해서 지오멤브레인의 안정성이 결정되는 것과 참고문헌에서의 범위가 너무 큰 것을 고려하면 반드시 시험을 실시하고 그 결과를 설계에 적용해야 한다.

위험사면의 결정에서는 매립지 사면부 차수 시스템의 안정성 검토 시 경사가 급한 사면을 위험사면으로 판단하여 해석을 실시한다. 이는 일반토사나 암지반의 경우에 실시하는 한계평형 해석 시에는 맞는 방법이나 토목섬유 차수재의 안정성은 사면의 경사가 완만할수록 사면부 매립 쓰레기 하중이 증가하여 차수재에 더 큰 인장 응력이 발생할 수 있다. 지오멤브레인 하부면에서 미끌림이 발생할 경우 지오멤브레인 하부에 설치되는 벤토나이트 매트 상부면에 인장력이 발생한다. 그러나 벤토나이트 매트 하부면의 큰 마찰 저항력으로 인해 벤토나이트 매트를 구성하고 있는 재료간의 전단에 의한 분리가 발생할 수 있으므로 이에 대한 보강이 필요하나 현재 이에 대한 안정성 검토를 고려하여야 한다.

(3) 정착부 설계조건

정착부의 설계에서는 반드시 사면부의 차수구조와 연계하여 해석하여야 하며, 지오멤브레인의 인장강도와 설계하중을 충분히 분석하여 정착부에서 지오멤브레인이 끌려나오는지의 여부를 검토하여 설계에 반영하여야 한다. 즉, 설계하중에 의한 인장력이 지오멤브레인의 인장강도보다 클 경우, 정착력이 지오멤브레인의 인장강도보다 작아야 지오멤브레인이 찢어지지 않고 법면을 따라 끌려내려 올 것이다. 반대로 설계하중에 의한 인장력이 지오멤브레인의 인장강도보다 작은 경우, 정착력은 설계하중에 의한 인장력보다 크도록 설계하여야 한다.

5) 차수구조

폐기물 매립지에서 차수시설의 기능은 침출수의 누출방지와 집수 및 배수, 그리고 주변으로부터의 지하수 또는 침투수의 유입방지 등이다. 이러한 기능의 차수 시스템은 매립지의 바닥과 제체사면에 설치하여 매립 폐기물을 주변으로부터 격리시키는 역할을 한다. 차수재는 이 2가지의 기본 재료를 사용하여 차수성, 내구성, 시공성, 경제성 등에서 최적의 조건을 갖추어야 하며 이를 고려하여 차수재를 선정한다. 폐기물 매립지의 바닥 차수 시스템으로서 갖추어야 할 기본적인 사항은 차수성이 우수하고 전단강도가 자중을 포함한 매립하중에 충분히 견딜 수 있어야 하며 침출수의 화학적 성분에 대한 화학적 내구성이 우수해야 한다.

해안 및 인접 연약지반에서 설치된 매립시설의 문제는 주로 연약한 지반이 갖고 있는 문제점으로부터 야기된다. 연약지반의 깊이는 매립시설 내 장소에 따라 다를 수 있으며, 매립시설 내 쓰레기 하중도 매립과정에 따라 균등분포하지 않는다. 또한 작업에 사용되는 장비의 운행하중으로 인하여 매립시설 내 곳곳에서 부등침하가 발생하여 차수층이 파괴됨으로써 침출수가 매립시설 밖으로 유출되는 문제가 발생한다. 침출수 집배수관로 또한 부등침하의 영향으로 기능이 손상 또는 마비되어 매립시설 내 누적 침출수위가 상승한다. 이러한 문제점을 해결하기 위해서는 매립시설 기초의 연약지반을 충분히 개량한 후 매립시설을 시공해야 한다. 연약지반 처리가 충분하지 않은 경우, 매립시설 사용기간 중 부등침하 및 이로 인한 차수층의 손상과 침출수 유출의 문제는 해결된 것으로 보기 어렵다. 이 경우 가능한 피해 상황에 대한 검토, 즉 부등침하 형태 및 크기에 따른 차수층과 제방 등의 안정성이 설계 단계에서 반드시 검토되어야 하며, 매립시설 사용 기간 동안 적절한 계측을 통하여 차수층의 기능을 관찰하는 것이 바람직하다. 현행법에서는 연약지반이더라도 예외 없이 법에서 정한 같은 수준의 차수층을 설치토록 되어 있다. 그러나 연약지반 위에 조성된 도로 성토체나 주거 및 공단지역의 예를 보면, 연약지반의 침하로 인한 문제점을 완전히 제거하기 위한 수준의 연약지반 처리는 상당한 비용과 시간을 필요로 한다. 우리나라 해안 연약지반에서처럼 투수계수가 매우 낮은($<10^{-6}\sim10^{-7}$cm/s) 퇴적점토가 수 m~10m 이상까지 깊게 분포하고 주변에 지하수원과 같은 예민한 시설이 없는 경우, 연약지반상 매립시설에 대한 새로운 시설기준의 적용에 대하여도 검토해볼 필요가 있다. 본 단원에서는 현재 사용되는 차수구조에 대하여 시설의 기능별로 구분하여 설명한다.

(1) 차수구조의 분류

차수구조는 폐기물의 유해성 정도 또는 폐기물의 종류에 따라 차수 기능을 갖는 차수층의 수로 분류한다. 현재 사용되고 있는 차수구조는 단일차수구조, 이중차수구조, 다중차수구조, 그리고 특수 차수구조로 분류한다. 차수 시스템별 특징 및 적용 대상 폐기물을 요약 설명하면 표 6.22와 같다.

(2) 평면부 차수구조

차수시설을 구성하는 핵심시설은 보호층, 배수층, 차수층이다. 이 3가지의 핵심시설들의 기능을 원활하게 하고 최상의 효율을 발현하도록 층간 경계면에 부직포 또는 필터를 이용한다. 차수시설의 종류는 앞 절에서 언급한 바와 같이 형식이나 재료에 따라서 다양하다. 차수재의 설치목적은 폐기물중의 유해성분의 누출을 차단하는 것이므로 차수 시스템의 설계는 대상 매립지의 폐기물의 종류와 성분에 따라서 적합한 시설이 되도록 설계하여야 한다.

폐기물 매립장의 차수 시스템은 사용재료의 개발과 시스템의 개발로 인하여 아주 다양한 형식의 차수 시스템들을 사용하고 있기 때문에 일정한 규격을 제시할 수는 없으며 차수효과에 대한 기준을 가지고 폐기물의 유해성에 따른 일반적 기준을 제시할 수 있다. 현재 폐기물 매립장의 차수 시스템으로 사용되고 있는 지오멤브레인을 위주로 한 일반적인 형식을 보면 표 6.23과 같다.

표 6.22 폐기물 매립지의 차수 시스템의 종류 및 특징

구분	구조 개요	적용대상 폐기물	특징
단일차수 시스템	1개의 차수층, 배수층, 보호층으로, 차수재는 주변 환경조건과 구조적 안정조건에 의해 설계	생활 폐기물, 법규상 허용하는 적용대상 폐기물	단순 차수로서 일단 파괴 후에는 오염물질 누출이 쉬움
이중차수 시스템	두개의 차수층, 배수층, 보호층, 누출탐지층 등을 배치하는 설계 방식, 차수재는 주변환경 조건과 구조적 안정조건에 의해 설계	환경오염이 크게 우려되는 폐기물로서, 산업 폐기물 기타 유해성 폐기물	제1차 차수층의 파괴에 의한 오염물 누출을 제2차 차수층이 차단하게 하는 구조
다중차수 시스템	3개 이상의 차수층과 배수층, 보호층, 누출탐지층 등으로 구성하며 차수재 및 차수 시스템의 구성 형식은 주변 환경조건과 구조적 안정조건에 의해 설계	환경오염이 크게 우려되며 지역적, 주변 조건상 강화된 시설이 요구될 때 적용하며 유독성 폐기물 및 기타 유해 폐기물	주로 토목섬유를 이용하며 오염물 누출에 대한 안전도가 큼
특수차수 시스템	특수차수재를 이용하고 시멘트 등의 재료와 혼합재를 복합적으로 사용하여 차수 시스템을 구축	특정 유독성 폐기물로서 핵 폐기물, 특수병원 폐기물 등	완전 폐쇄의 구조적 특징과 영구적 처리 방식

표 6.23 현재 사용되는 토목섬유 차수 시스템

구분	차수 시스템	1차 집배수	1차 차수	2차 집배수	2차 차수
a	단일 CCL	sand/pipe	CCL	없음	없음
b	단일 GM	sand/pipe	GM	없음	없음
c	이중 GM	sand/pipe	GM	sand/pipe	GM
d	단일 GM, composit	sand/pipe	GM	sand/pipe	GM/CCL
e	단일 GM, composit	sand/pipe	GM	GN	GM/CCL
f	이중 composit	sand/pipe	GM/CCL	GT/GN	GM/CCL
g	이중 composit	sand/pipe	GM/GCL	GT/GN	GM/CCL
h	이중 composit	GT/GC	GM/GCL	GT/GN	GM/CCL

GM = 지오멤브레인, GN = 지오네트, GT = 지오텍스타일, GC = 지오콤포지트, CCL = 다짐점토(compacted clay liner), GCL = 토목섬유 – 점토 차수(geosynthetic clay liner)

(3) 우리나라 폐기물 매립장 평면부 차수구조의 최소 기준

① 일반 폐기물 매립장 차수구조의 최소 기준

일반 폐기물이라 함은 일반적으로 무해성의 폐기물을 말하는데, 우리나라의 분류체계에 따르면 생활쓰레기와 산업폐기물 중 무해성 폐기물을 포함한다. 일반 폐기물 매립장의 차수 시스템은 차수재를 HDPE로 사용하는 경우 최소 두께 2.0mm 이상의 HDPE와 인접 하부층에 투수계수가 10^{-7}cm/sec 미만인 다짐점토 50cm 이상 또는 그와 동등한 효율을 가진 재

료의 규격을 사용한다. 투수계수가 10^{-7}cm/sec 미만의 다짐점토만을 사용하는 경우 최소 두께를 100cm 이상 사용하거나 그와 동등한 효과를 갖는 타 재질의 구조를 사용함을 원칙(폐기물 관리법 시행령 규칙 20조 관련 별표 7)으로 한다. 차수구조의 설계는 폐기물의 매립고, 제체의 높이, 사면의 경사, 지반지지력 및 침하 특성, 기후 및 제반환경 여건, 그리고 차수재(토목섬유) 간의 마찰 특성 등을 고려하여 차수재의 규격을 결정하여야 한다. 폐기물층, 배수층, 차수층(차수막), 원지반 등을 구성하는 각 층의 사이에는 부직포 등을 이용하여 차수재의 손상방지와 층별 간섭 및 입자들의 유실방지 등의 위해 작용을 방지하여야 한다. 그러나 차수재 하부지반은 반드시 불투수성 지반이나 동등한 성능을 가진 층을 두어야 한다. 차수 시스템의 배수층은 충분한 배수능력(모래 배수층과 동등이상의 배수능력)을 가진 토목섬유로 사용할 수도 있다. 사면에서의 차수 시스템은 시공성을 고려하여 바닥차수 시스템과 동등한 성능을 가진 다른 구조의 차수 시스템으로 설계할 수 있다. 우리나라에서 적용되는 일반 폐기물 매립장의 차수 시스템의 표준 단면은 그림 6.15와 같다.

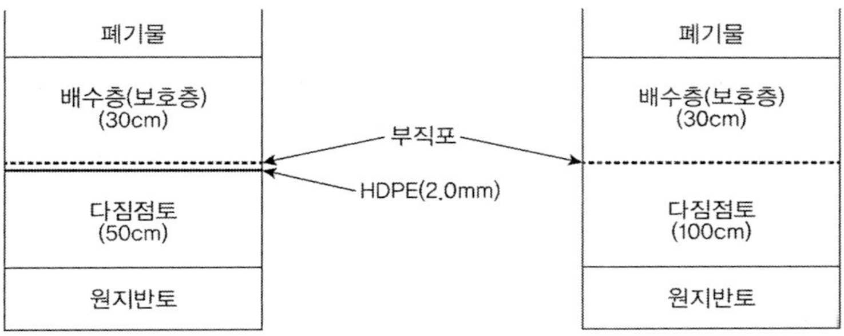

그림 6.15 일반 폐기물 매립장의 바닥차수 시스템 최소 기준

② 지정 폐기물 매립장 차수구조의 최소 기준

우리나라의 환경법(폐기물 관리법 시행령 규칙 20조 관련 별표 7)에서는 지정 폐기물 매립장의 차수 시스템은 HDPE를 차수재로 사용하는 경우 최소 두께 2.5mm 이상의 HDPE와 그 하부층에 100cm 이상의 다짐점토층을 사용하며, 다짐점토만을 사용하는 경우 최소 두께 를 150cm 이상으로 하거나 그와 동등한 효과를 갖는 재질 및 규격이어야 하는 것으로 규정하고 있다. 다짐점토의 투수계수는 10^{-7}cm/sec 미만으로 한다. 차수재의 두께 등 규격은 폐기물의 매립고, 제체의 높이, 사면의 경사, 지반지지력 및 침하 특성, 기후 및 제반 환경여건 등을 고려하여 결정하여야 한다. 폐기물층, 배수층, 차수층(차수막), 원지반 등을 구성하는 각 층의 사이에는 부직포 등을 이용하여 차수재의 손상방지와 층별 간섭 및 입자

들의 유실 등을 방지하여야 한다. 그러나 차수재 하부지반은 반드시 불투수성 지반이나 동등한 성능을 가진 층을 두어야 한다. 차수 시스템의 배수층은 충분한 배수능력(모래 배수층과 동등이상의 배수능력)을 가진 토목섬유로서 사용할 수도 있다. 사면에서의 차수 시스템은 시공성을 고려하여 바닥차수 시스템과 동등한 성능을 가진 다른 구조의 차수 시스템으로 설계할 수 있다. 우리나라에서 적용되는 일반 폐기물 매립장의 차수 시스템의 표준단면은 그림 6.16과 같다.

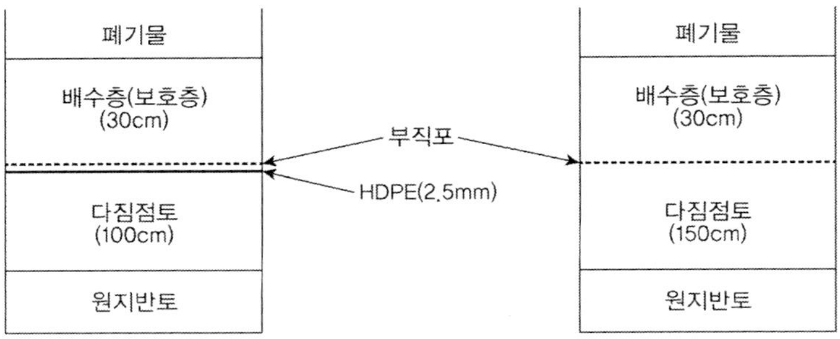

그림 6.16 지정 폐기물 매립장의 바닥차수 시스템 최소 기준

(4) 사면부 차수구조

국내의 지형적 환경으로 매립장 부지에서 급경사면의 형성이 불가피할 뿐만 아니라, 폐기물 저장량을 증대시키기 위하여 인위적으로 급경사를 조성하는 사례가 많다. 따라서 경사면에서는 점토 차수층 또는 기타 유사 차수층의 설치가 가능하더라도 양호한 다짐이 어렵기 때문에 일반적으로 GCL과 지오멤브레인을 이용한 복합 차수구조를 설치한다. 높고 급한 경사면은 불안정적인 소단의 설치와 함께 차수재의 인장파열, 상부 정착으로부터의 이탈, 매립 쓰레기층의 붕괴 등과 같은 문제의 발생이 예상된다. 또한 급한 경사면에서는 지오멤브레인 위에 보호층의 설치가 어려워 쓰레기 매립 시 지오멤브레인에 물리적 손상이 발생하여 침출수 누수의 원인이 된다. 또한 보호층이 설치되지 않고 경사면의 지오멤브레인이 매립이 완료되기 전까지 수년에서 10년 이상까지도 자외선에 노출되어 손상되는 문제점도 있다.

폐기물 매립시설 차수층에 대한 기준은 지난 수년간 종류, 두께, 규격 등에서 많은 부분이 강화되었으며, 폐기물 매립시설의 설계/시공/감리의 수준도 시행착오를 겪으며 꾸준히 향상되고 있다. 그러나 비닐막을 한 겹 설치한 지반에 폐기물을 투기하던 시점에서부터 오늘날 폐기물을 소위 차단형 또는 관리형 매립지 개념의 공학적 설계가 가미된 시설(engineered waste containment system)에서 처리하는 시점까지의 경험적 적응기간이 짧고 요구되는 기술의 발전이 빨랐다. 그만큼 현행의 법 기준과 이를 만족하기 위한 설계/시공/감리의 수준 및 인식 간의 괴리도 여전히 존재한다(1998; 한국건설기술연구원).

본 서에서는 현재 우리나라에서 사면부의 차수구조로 사용되고 있는 대표적인 차수구조를 소개하고자 한다.

① 실트질 점성토 사면(W매립지)

본 매립지에서는 원지반의 상부는 실트가 섞인 점토층으로 구성되어 연약한 지반을 형성하고 있다. 연약한 원지반토로 인하여 매립지 제방 사면 경사는 1 : 2로 하였으며 매립계획은 일반폐기물을 1단 매립고 4m로 2단 매립하여 8m의 높이로 매립하는 것으로 계획하였다. 사면부 차수 시스템은 원지반토 위에 벤토나이트 매트와 HDPE를 차수목적으로 설치하였고, HDPE를 보호하기 위하여 그 상부표면에 부직포를 설치하였다. W 매립지의 사면부 차수구조와 규격을 그림 6.17에 나타내었다.

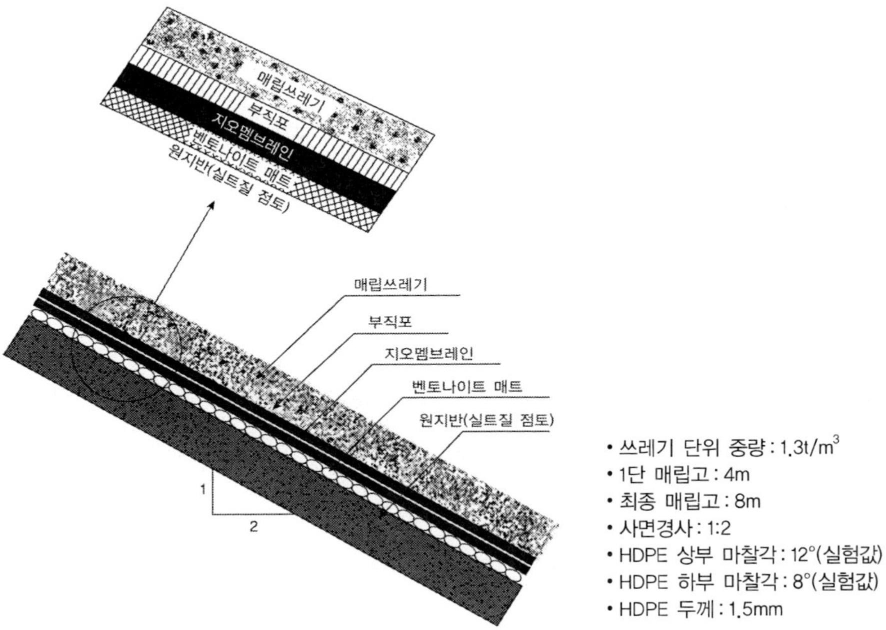

그림 6.17 W 매립지의 사면부 차수구조

② 토사 및 암반 복합사면(M 매립지)

M 매립지는 제방사면의 경사를 1 : 1.5로 1단 매립고를 5m로 하고 2단 매립하여 최종 매립고를 10m로 계획하고 설계한 매립지이다. 매립지 사면부 차수 시스템은 사면 원지반이 토사구간인 지역과 암반구간인 지역이 존재하여 암반지역인 경우 암반사면을 숏크리트로 처리한 후 차수재를 시공하였다. 매립지 사면부와 차수구조의 구성은 그림 6.18과 같이 원지반 위로 벤토나이트 매트를 설치하고 위에 2mm 두께의 HDPE(single textured HDPE)를 상부면은 매끄럽고 하부면은 거친 형태로 설치하여 HDPE와 벤토나이트매트 간의 마찰각을 증대시켰으며, 부직포 상부에 지오네트, 부직포, 모래층 순으로 구성하였다.

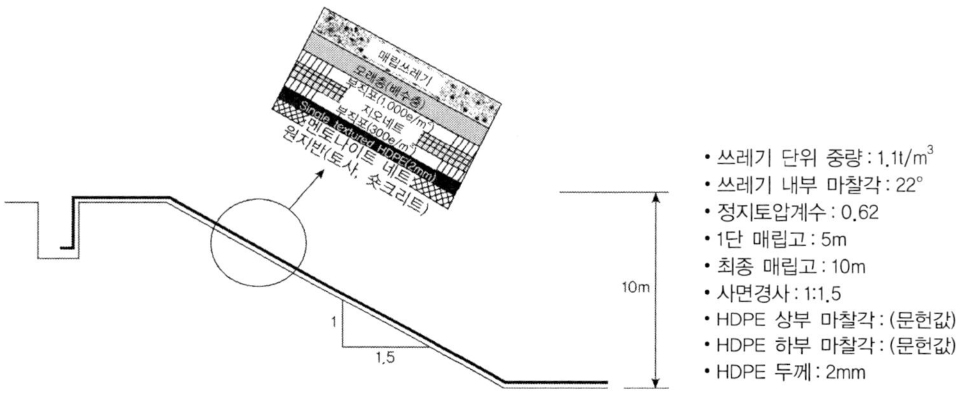

그림 6.18 M 매립지의 사면부 차수구조

③ 화강암 및 안산암질 사면(K 매립지)

K 매립지는 산간지역의 계곡부에 조성한 매립지로서 원지반이 주로 화강암이나 안산암질 등의 암반으로 구성되어져 있는 지형이다. 매립지 제방 사면경사는 1:1 이상으로 하도록 설계하였으며, 사면의 전체 높이는 10m이고 5m 지점에 소단을 설치하는 것으로 설계하였다. 사면부 차수구조는 하부에 혼합토 공법을 적용하여 60cm 이상 포설하였으며, 그 위로 벤토나이트 매트, HDPE(2.0mm), 지오컴포지트 순으로 설계하였다. K 매립지 사면부 차수구조와 규격을 그림 6.19에 나타내었다.

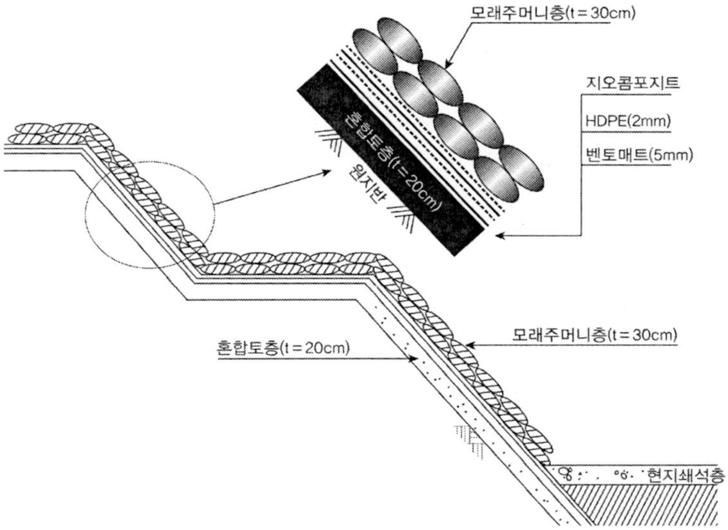

- 쓰레기 단위 중량 : 1.1t/m^3
- 쓰레기 내부 마찰각 : 35°
- 정지토압계수 : 0.5
- 1단 매립고 : 5m
- 최종 매립고 : 10m
- 소단높이 : 5m
- 사면경사 : 1:1
- 제방 위 매립 쓰레기 경사 : 1:3
- HDPE 상부 마찰각 : 10°
- HDPE 하부 마찰각 : 9°
- HDPE 두께 : 2mm

그림 6.19 K 매립지의 사면부 차수구조

(5) 차수구조 설계 시 고려할 사항

① 차수구조의 구성

지오멤브레인과 점토 차수층의 복합 차수층으로 매립시설이 구성된 경우 지오텍스타일을 지오멤브레인과 점토 차수층 사이에 설치한 예가 국내 매립시설에서 흔히 발견할 수 있다. 이러한 경우 지오멤브레인에 손상이 발생하여 침출수가 누출되었을 때, 지오텍스타일은 투수성이 매우 커 지오멤브레인의 파손부위를 통해 누출된 침출수가 점토차수층 전면에 걸쳐 확산되므로 차수층의 원래 목적과 상반되는 역효과를 초래한다. 점토차수층의 표면을 돌출물이 없도록 정리하여 상부 지오멤브레인과의 밀착되도록 하는 것이 바람직하다. 이 경우 지오멤브레인을 통과한 침출수는 하부점토 차수층 상부에 점오염원으로 존재하므로, 오염물질이 점토차수층을 통과하여 주변 환경으로 이동하는 양이 훨씬 줄어든다. 이러한 2가지 경우에 대하여 오염물질 이동 현상을 그림 6.20에 개념적으로 나타내었다.

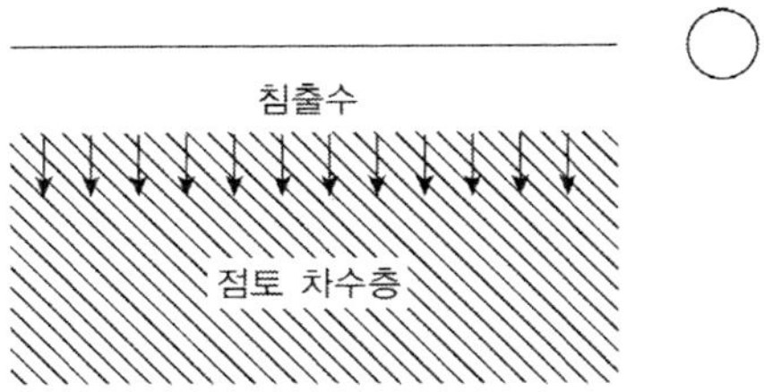

(a) 점토 차수층만 있는 경우 차수층 전면적을 통해 오염물질 이동

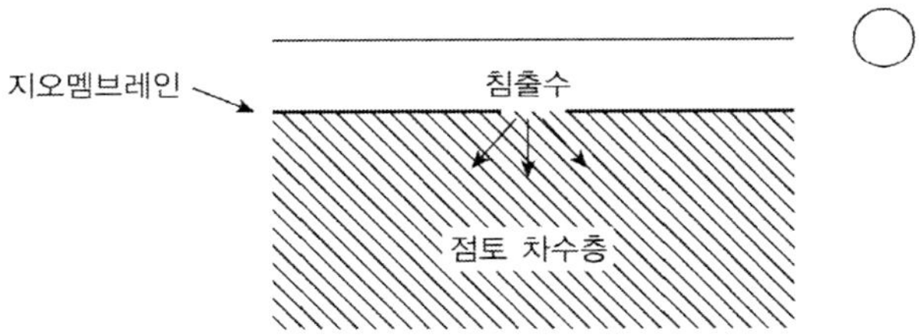

(b) 지오멤브레인과 점토차수층이 밀착 시공된 경우 지오멤브레인의 누수지점으로만 오염물질 이동

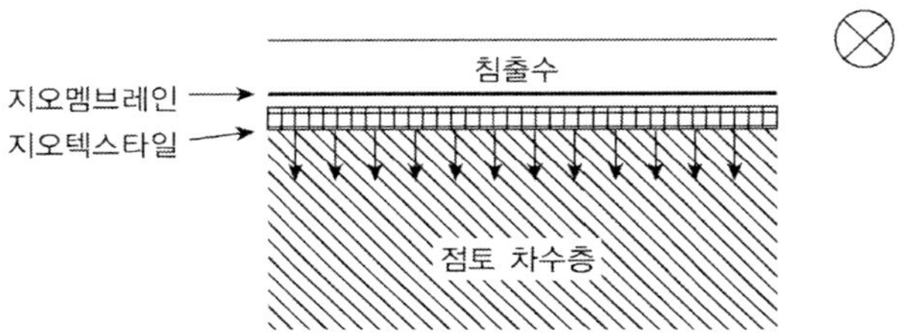

(c) 지오멤브레인과 점토차수층 사이에 밀착이 불량하거나 지오텍스타일이 설치된 경우
점토차수층의 전면적을 통해 오염물질 이동

그림 6.20 차수구조에 따른 침출수의 누출경로

② 차수재의 보호

지오멤브레인을 사용하는 평면부와 사면부 차수시설에서는 모두 지오멤브레인 상부에 보호층을 설치하여야 한다. 지오멤브레인은 시공 중 또는 공용개시 후 찢김, 천공 등 물리적 손상의 가능성이 크고, 장기간 자외선에 노출되었을 경우 지오멤브레인의 강도가 감소하고 지오멤브레인 하부 점토 차수층에서는 건조 균열이 발생하기 때문이다. 매립시설 바닥 차수층의 보호층으로서 모래가 주로 사용되며, 현장에서 경제적으로 구할 수 있는 모래 대체재료가 사용되기도 한다. 지오멤브레인 보호층 재료로서 모가 난 잡석 크기의 물질을 사용할 경우 지오멤브레인에 손상이 발생할 수 있다. 매립고가 증가할수록 이들 재료에 대한 하중이 증가하여 지오멤브레인에 손상이 발생할 가능성이 높아지므로, 원칙적으로 모가 심하게 난 재료의 사용은 피해야 한다. 모가 난 정도가 덜한 경우 지오멤브레인 상부에 두터운 부직포 지오텍스타일을 우선 설치함으로써 손상의 가능성을 줄일 수 있다.

우리나라에서는 지형적 특성으로 인하여 곡간 매립장의 건설이 불가피한 실정에서는 경사가 급하여 지오멤브레인 보호층으로 모래의 사용이 불가한 경우 적절한 대책을 수립하여야 한다. 경사가 1 : 0.6~1 : 0.7(가로 : 세로)보다 급하면 모래가 흘러내려 보호층의 역할을 수행하지 못한다. 최근 몇몇의 국내 매립시설에서는 매립을 진행하면서 경사면의 지오멤브레인 보호를 위해 폐벨트 또는 폐타이어를 설치한 사례를 볼 수가 있다. 지오멤브레인의 장기적인 자외선 노출에 대한 보호책으로 지오텍스타일을 설치하는 경우에는 지오텍스타일을 주기적으로 새것으로 교체할 필요가 있다. 지오텍스타일은 지오멤브레인보다 자외선에 대한 내구성이 더욱 약하기 때문이다. 지오텍스타일을 설치하여 자외선이 지오멤브레인에 직접 노출되는 것을 막을 수는 있지만, 지오멤브레인 하부의 점토차수층의 건조균열 및 동사융해 피해에 대한 보호 기능은 사실상 없는 것으로 알려져 있다.

③ 침출수 집/배수 및 지하수 배제의 용이성

바닥차수층 상부에는 침출수 집배수층(관)을 설치한다. 바닥 차수층은 구역을 나누어 중심으로부터 2% 이상의 하향구배를 두어 침출수가 바닥 차수층에 고이지 않도록 하여야 하며, 침출수 집배수층(관)은 바닥 차수층보다 낮아야 침출수의 배수가 용이하다. 침출수 집배수층(관)은 일반적으로 유공관과 주위를 덮고 있는 잡석 필터층으로 구성된다. 잡석 필터층은 지오멤브레인 보호층 상부에 설치되는데 잡석이 지오멤브레인과 접하면 지오멤브레인이 손상을 입을 수도 있으며, 또한 배수층의 모래가 유입되어 필터층에 막힘현상이 발생하여 침출수의 집배수 능력이 감소된다. 이러한 문제점을 방지하기 위하여 지오텍스타일을 잡석 필터층과 모래층 사이에 설치한다. 침출수 집배수층(관)은 집배수층과 쓰레기 사이에 지오텍스타일을 설치하여 집배수층과 쓰레기를 분리하면 집배수층의 기능을 효과적으로 유지할 수 있다. 평면부의 매립시설과 사면부의 차수시설에 부력이 발생하는 것을 방지하기 위하여 지하수 배제시설을 설치하여야 하는데, 현장조사가 불충분한 경우 현장에 지하수의 발생 위치를 모르고 원설계가 이루어질 수 있다. 이 경우 현장에서 시공 중 지하수 발생에 대한 대책을 수립하여야 한다.

④ 경사면의 처리 및 차수재의 안정성

경사면에 GCL을 설치하는 경우 바닥면 또는 법면을 고르게 정리하여 GCL 차수층이 물리적인 손상을 입지 않도록 하여야 한다. 국내의 많은 매립시설이 계곡에 위치한 곡간 매립시설이며 법면이 암반 절개사면인 경우가 흔하다. 절토 작업으로 형성된 암반 경사면은 기울기가 일정하지 않고 날카로운 돌출부위가 많아, 매립이 진행됨에 따라 지오멤브레인과 특히, GCL 차수층은 쓰레기에 의해 큰 압력을 받는다. 이 과정에서 GCL이 파손되고 연이어 인접한 지오멤브레인까지 파손될 수 있다. 암반사면 굴착 후 중장비에 의한 사면 고름 작업을 시행하더라도 효과는 제한적이다. 암사면 돌출부위가 많거나 정도가 심할 경우 상부에 설치될 GCL층을 보호하기 위해 취할 수 있는 대책으로는 시멘트 그라우팅, 지오네트(geonet) 또는 지오컴포지트(geocomposite) 등의 토목섬유, 그라우팅과 토목섬유의 혼합 사용등의 방법을 사용할 수 있다. 이때 경사면의 지하수 조건 등 주변 여건을 고려한 결정이 필요하다.

사면의 지하수는 GCL을 수화시키고 이로 인해 GCL과 주변 토목섬유간 마찰력이 감소하는 등 문제점이 발생하므로, 지하수를 배출시킬 수 있는 사면배수대책을 검토하여야 한다. 지오네트 또는 지오컴포지트 등의 토목섬유는 일정 두께를 가진 비교적 강도가 큰 공장 제품이므로, 사면에 설치하였을 때 GCL과 암사면의 직접적 접촉을 상당 부분 억제시킬 수 있다. 이들은 배수층(재)으로 사용될 수 있을 만큼 투수계수가 커서 경사면에서 지오멤브레인과 GCL의 손상부위로 침출수가 누출되면 주변지반으로 급속히 확산되므로, 토목섬유 배수층(재)을 사용할 경우 침출수 처리시설로 연결할 수 있는 유도배수시설의 대책이 마련되어야 한다. 경사면에서 또 하나의 중요한 사안은 소단의 적절한 설치와 토목섬유 차수층의 고정 문제이다. 소단이 전혀 없이 수십 m 이상의 사면에 차수층이 설치되거나, 소단이 있더라도 소단간 높이가 지나치게 높고 소단의 폭이 지나치게 좁은 경우, 매립이 진행됨에 따라 토목섬유 차수층(재)의 안정성이 문제된다. 따라서 사면의 경사가 급하고 높은 경우 적절한 폭의 소단 설치와 토목섬유 고정에 대한 안정성을 설계 시 반드시 검토하여야 한다.

6.4.2 평면부 차수재

1) 평면부 차수재의 파괴원리

폐기물 매립장의 바닥부에서는 매립하중에 의해 발생하는 하부지반의 부등침하, 균열 등에 의하여 지반에 변형이 생기고 이 변형은 곧바로 지오멤브레인에 인장응력을 발생시킨다. 지오멤브레인 변형은 하부지반의 부등침하에 의해 발생하는 단차만큼 생기는데, 허용변형 이상이면 설계강도를 상실한다. 부등침하는 표면에 설치된 부재를 인발하려는 힘을 발생시키고, 침하가 발생하지 않은 부분에서는 지오멤브레인의 상부와 하부에서 상부의 매립하중에 의해 마찰력이 생기며 이 마찰력은 지오멤브레인의 인발에 저항하여 이로 인하여 지오멤브레인에는 인장응력이 발생한다. 바닥부 부등침하에 의한 지오멤브레인의 파괴원리를 그림 6.21에 설명하였다.

2) 평면부 차수재의 설계이론

차수재는 외력하중 또는 압력에 의해 인장력이 작용하므로 차수재의 두께는 이러한 외력에 충분히 견딜 수 있도록 설계하여야 한다. 이러한 인장력을 발생시키는 요인으로는 부등침하, 사면에서의 집중하중 등이 있으며 다음과 같은 경우에 특히 발생하기 쉽다.

- 표층에서의 부등침하
- 차수재 하부의 뒤채움토의 침하
- 국지적으로 분포한 연약토층 지역
- 기타 차수재에 인장을 발생시키는 조건들

위와 같은 제반조건들을 고려하여 설계하여야 하며 평면부 차수재를 설계하는 흐름도는 그림 6.22에 나타내었다. 차수재의 두께를 결정하기 위한 모델은 그림 6.23과 같다. 차수재의 최소 두께는 차수재 재질 기준을 참고하여 결정하여야 하며, 차수재에 작용하는 하중과 설계조건에 따라 소요강도를 만족하는 차수재의 두께를 결정하여야 한다.

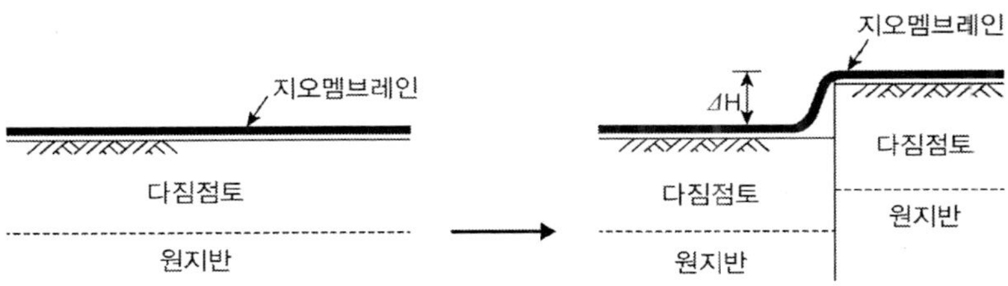

그림 6.21 바닥부 지오멤브레인의 파괴원리

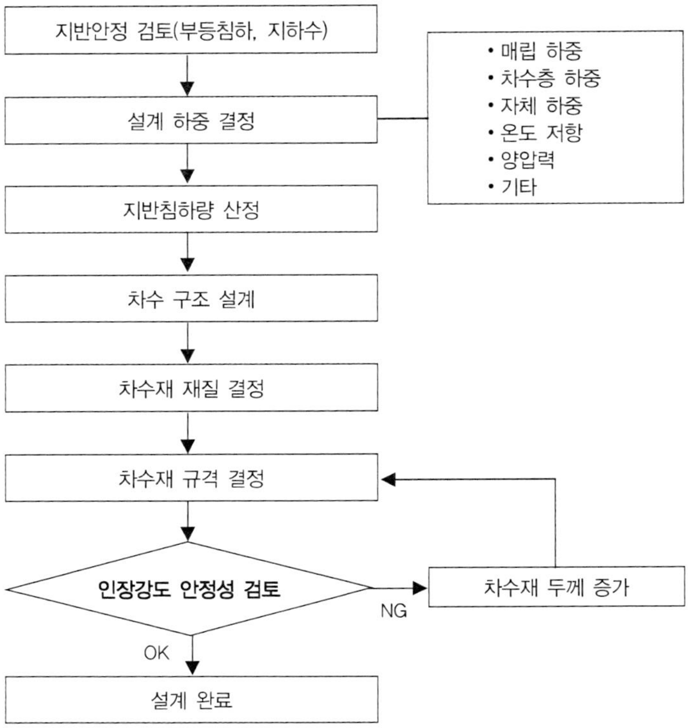

그림 6.22 평면부 차수재의 설계 흐름도

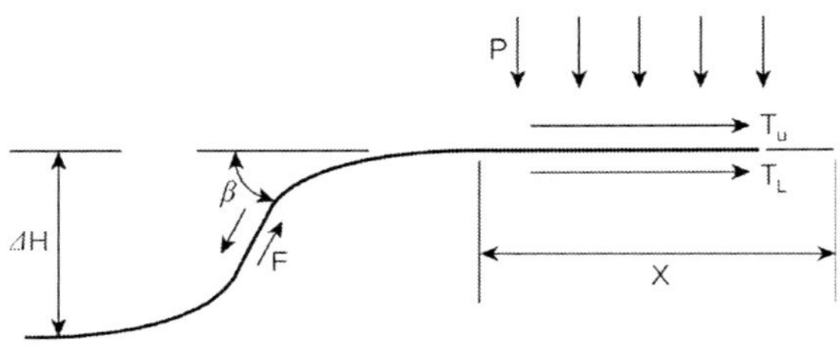

그림 6.23 차수재 두께 결정 모델

$$F \cdot \cos\beta = TU + TL$$

$$(\sigma all \cdot t)\cos\beta = p \cdot (\tan\delta U + \tan\delta L) \cdot x$$

$$t = \frac{p}{\cos\beta}\frac{x}{\sigma_{all}}(\tan\delta_U + \tan\delta_L)$$

β : 부등침하에 의한 경사각

t : 차수재의 두께

σ_{all} : 차수재의 허용인장응력

P : 저장물에 의한 압력

δ : 접촉재 간의 접촉 마찰각

x : 차수재의 변형량(지료시험에 의해 결정함)

TU : 차수재 상부면에서의 전단력

TL : 차수재 하부면에서의 전단력

6.4.3 경사면부 차수재

1) 경사면부 차수재의 파괴원리

폐기물매립지에서의 사면 파괴는 매립지를 조성하기 위한 굴착 작업 시, 매립 중, 사용종료 후 등 여러 단계에서 발생할 수 있는데 매립지의 사면 파괴의 종류에는 쓰레기층을 통한 원호파괴, 표면쓰레기를 통한 천층파괴, 쓰레기층/저부기초 원호파괴, 쓰레기층/저부기초 쐐기파괴 그리고 사면부에 포설된 토목섬유 라이너층 위에 쓰레기 포설로 인하여 발생할 수 있는 파괴 등 다양하다. 이와 같은 사면파괴원리는 그림 6.24와 같다. 매립지 사면부의 차수 시스템에는 HDPE, 부직포, 벤토매트, 지오네트 등 다양한 변형 특성을 갖는 토목섬유 부재들을 적절하게 조합하여 사용한다. 사면에는 매립하중이 연직으로 작용하여 법면에 설치한 차수시설을 아래쪽 방향으로 끌어내리려는 힘을 발생시키는 반면에 차수시설은 사면의 상단에 고정되어 있으므로 차수시설은 인장응력을 받는다. 차수구조 중에서 지오멤브레인은 그 상부와 하부에 인접한 재료와의 마찰력의 차이를 감당하는데, 인장응력이 지오멤브레인의 항복인장강도보다 클 경우 이 지오멤브레인은 파괴된다. 사면부에 설치한 차수시설의 파괴원리는 그림 6.25와 같다.

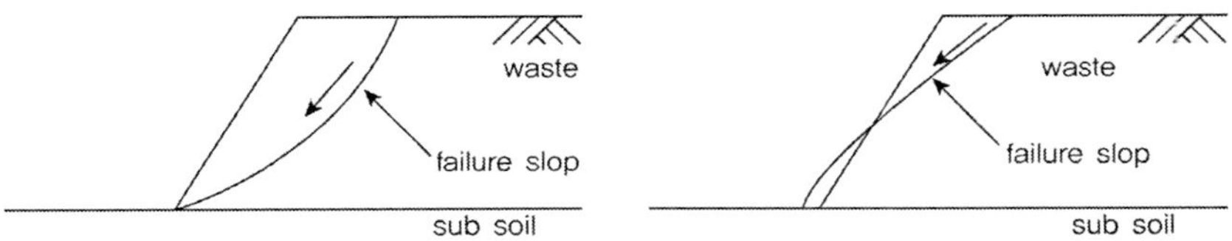

(a) 쓰레기층을 통한 원호파괴 (b) 표면쓰레기를 통한 천층파괴

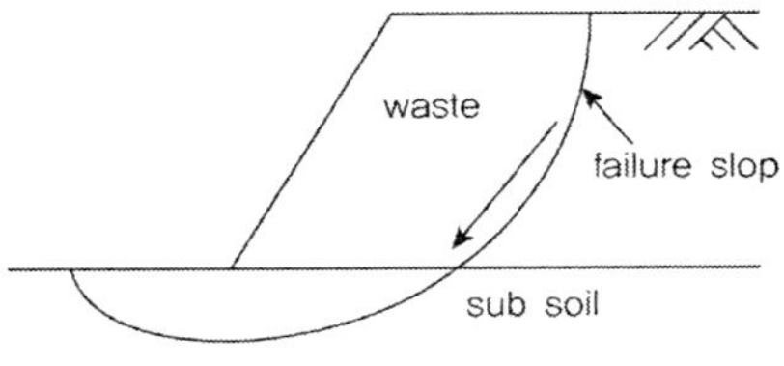

(c) 쓰레기층/저부기초 원호파괴

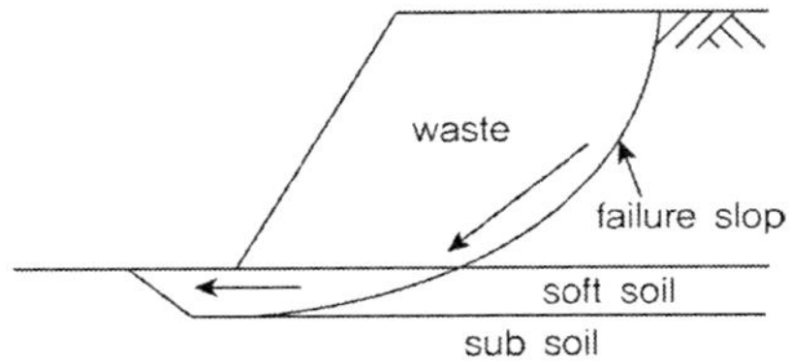

(d) 쓰레기층/저부기초 쐐기파괴

그림 6.24 매립 폐기물의 사면파괴원리

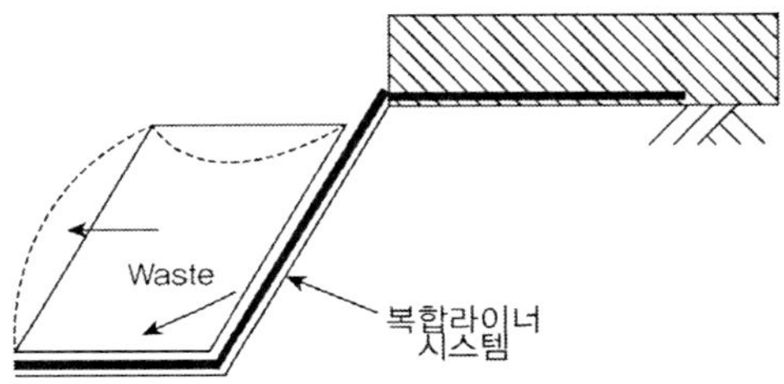

그림 6.25 사면부 차수시설의 파괴원리

2) 사면부 차수재의 설계이론

사면의 차수 시스템은 바닥의 차수층과 동일한 기능을 수행하지만 시공 및 안정성 유지에 많은 어려움이 있으며 상부의 하중을 충분히 고려하여 설계하여야 한다. 차수구조에서 지오멤브레인은 인장부재로서 인장응력을 받는데, 사면부의 지오멤브레인에 작용하는 인장응력해석에서 차수재의 상부와 하부에 발생되는 마찰각과 사면부의 하중이 가장 중요한 변수가 된다. 이와 같은 변수를 결정하고 지오멤브레인에 작용하는 인장응력에 저항할 수 있는 규격과 재질을 선정하는 것이 설계의 목적이며, 사면부 차수재 설계를 위한 일반적 흐름도는 그림 6.26과 같다.

사면에 차수 시스템을 설치함으로써 야기되는 문제점은 상부에 작용하는 하중이 사면에 연직으로 작용하여 차수 시스템에 인장력을 발생시킨다. 이로 인해서 사면의 법면을 따라 법면과 층 분리 또는 슬라이딩(sliding)이 발생하여 결국 기능이 정지된다. 차수재의 인장파괴에 대한 안정설계를 위한 모델은 3가지가 있는 데 이들의 모델은 설계하중의 산출방법이 약간씩 다르게 적용하고 있다. 이들 3가지의 설계 모델은 다음의 표 6.24에 제시하였다. A 방법은 매립지의 사면위의 매립 폐기물 하중 자체를 차수구조에 작용하는 사하중으로 보고 매립 폐기물 측면부에 작용하는 마찰 저항력과 상부에 놓이게 될 추가하중을 고려하지 않았다. B 방법은 사면위의 매립 폐기물 하중에서 사면 선단에서의 폐기물 제체 내의 마찰 저항력만큼 감소하여 차수구조에 사하중으로 작용하는 것으로 가정하였으며 상부에 추가 매립분은 고려하지 않고 있다. C 방법은 제체 내에서의 마찰 저항력과 제체 높이 상부의 추가 매립분까지 고려하여 설계하중을 산출하여 설계에 반영하였다. 설계에서 차수구조에 전달되는 설계하중은 앞에서 설명한 설계 모델에 따라 서로 차이를 보이는데 설계 시 현장의 여건과 상태를 잘 파악하여 적합한 설계 모델을 적용하여야 한다. 본 서에서는 C 방법을 이용한 설계방법에 대하여 구체적으로 설명하고자 한다. C 방법에 의한 설계모델을 상세하게 나타내면 그림 6.27과 같다.

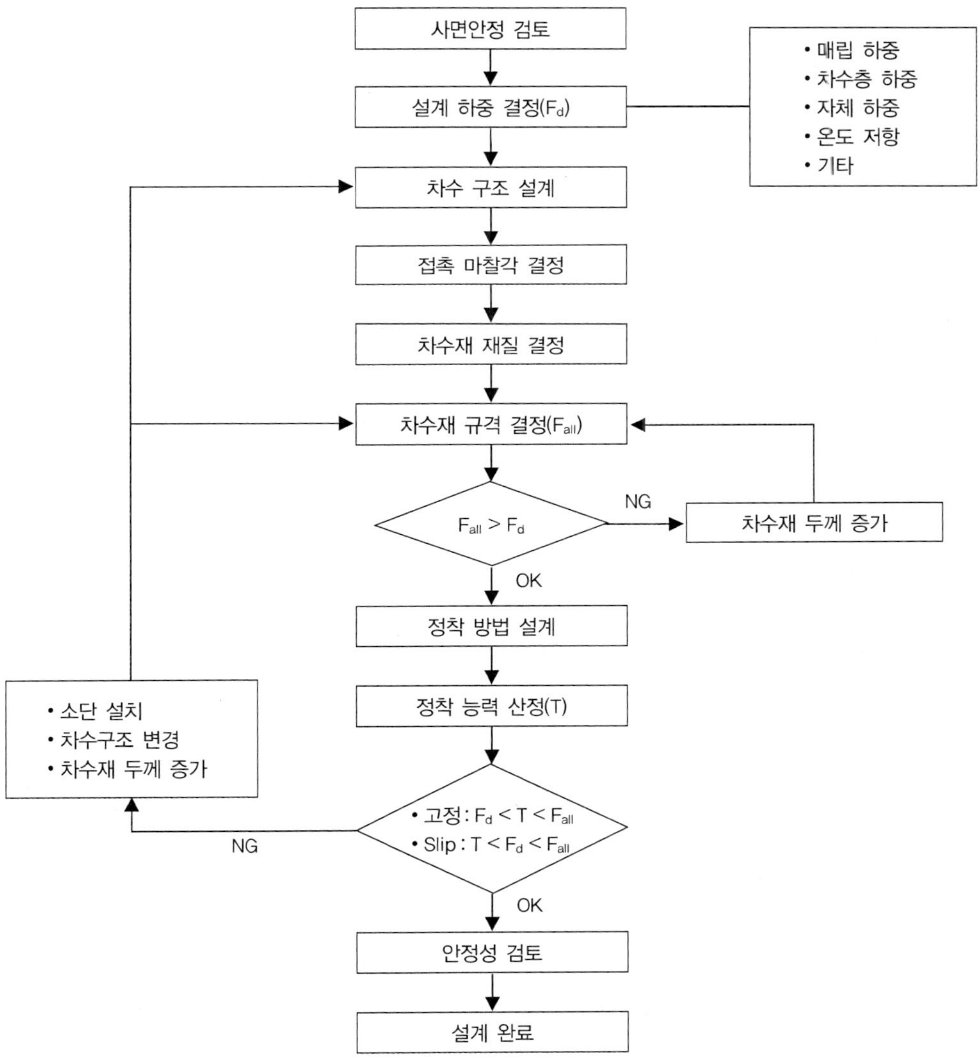

그림 6.26 사면부 차수재 설계흐름도

표 6.24 사면부 차수구조에 작용하는 설계하중 결정 모델

구분	사면부 작용 하중 산출 개요 및 계산 식	비고
방법 1 (장연수, 1999)	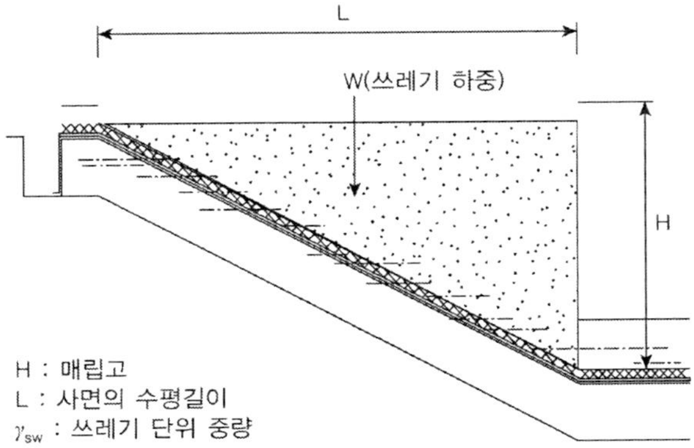	사면 위 단순 접촉 쓰레기 하중고려
방법 2 (koener, 1994)	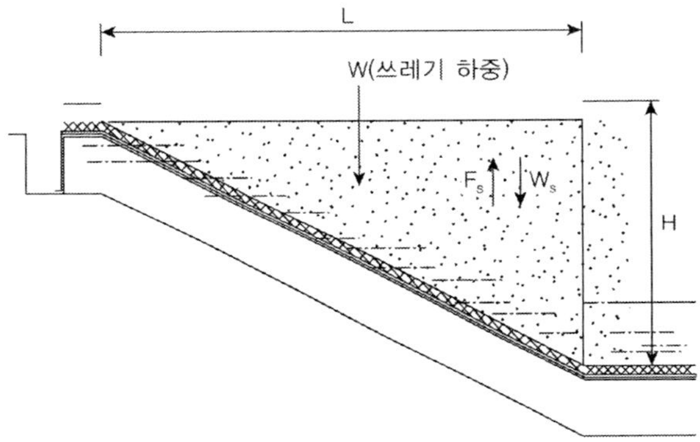	사면 선단부 쓰레기 제체 내 측면 전단력 고려
방법 3 (이광열, 1997)	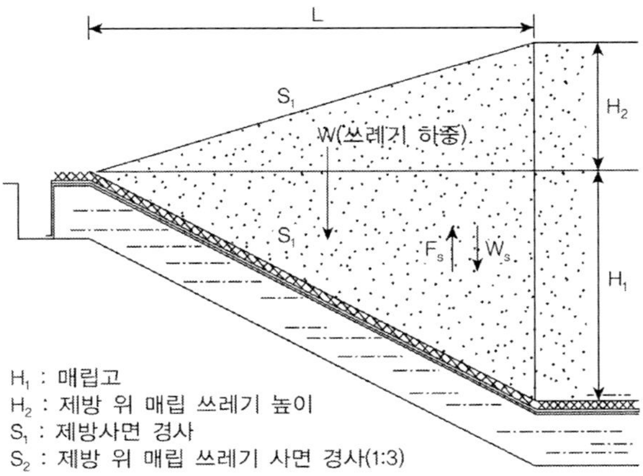	쓰레기 제체 내 측면 전단력과 제방높이 이상의 매립 쓰레기 하중 고려

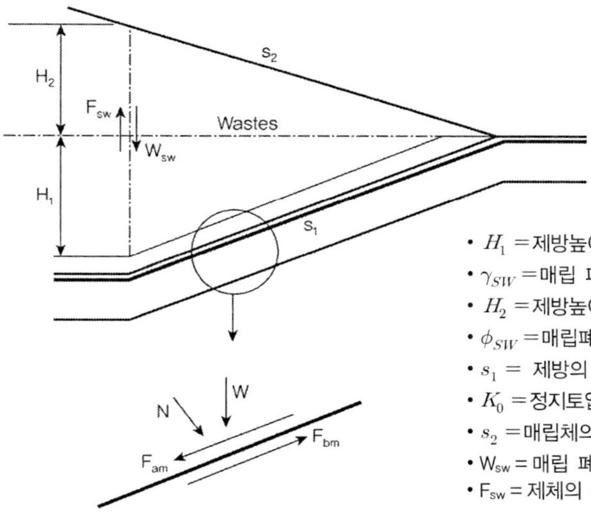

그림 6.27 토목섬유를 이용한 사면 차수구조 설계 모델

그림 6.27에서 전단활동력(F_{am})과 전단저항력(F_{bm} : 마찰저항력)은 인접한 재료 간의 접촉 마찰각(Interface friction angle)과 주응력에 의한 관계식으로 다음과 같이 나타낼 수 있다.

$$F_{am} = N\tan(\delta_{am})$$

$$F_{bm} = N\tan(\delta_{bm})$$

여기서, δ_{am} = 상부층 접촉부재 간의 마찰각
δ_{bm} = 하부층 접촉부재 간의 마찰각

차수재에 작용하는 인장력(F_{act})과 차수재의 인장강도(F_y)를 고려하여 차수재의 인장파괴에 대한 안전율은 각각 다음과 같이 계산할 수 있으며, 최소 안전율은 2.0 이상이어야 한다.

$$F_{act} = F_{am} - F_{bm}$$

$$FS = \frac{F_y}{F_{act}}$$

설계를 위한 차수재의 규격 및 크기는 소요 인장강도에 의해서 결정되는데 차수재의 두께를 t라 하고 단위폭당 소요인장응력을 구하면 $\sigma = \frac{F_y}{t}$, 따라서 이 설계 대상 차수재의 소요

두께는 $t = \frac{F_y}{\sigma}$ 에 의해서 결정할 수 있다. 이 식은 차수 시스템을 구성하는 모든 토목섬유의 설계에 적용되며 부재 간의 접촉 마찰각은 반드시 시험(ASTM D6243)을 통해서 얻은 값을 적용해야 한다.

차수재의 인장력($F_{act} = F_{am} - F_{bm}$)≤0이면 인장력이 발생하지 않는데, 이러한 경우에는 상부부재와 그 부재의 상부부재와의 마찰력을 적용해야 한다. 접촉 마찰각은 습도, 함수비, 표면상태 등의 조건에 따라서 많은 차이를 나타낸다. 참고자료로서 현재까지 보고된 자료들을 조사한 결과 접촉 마찰각의 범위를 다음의 표 6.25~6.28에 제시하였다. 또한 많이 사용되고 있는 재료 간의 마찰각의 적용범위는 제조회사의 재질 특성과 현장의 여건을 고려하여 실제 설계에서는 시험을 통한 시험값을 적용하여야 할 것이다.

표 6.25 흙-토목섬유 간의 접촉 마찰각의 범위(Sharma, Lewis;1994)

토목섬유	모래(°)	점토(°)
직포	23~42	16~26
부직포	25~44	15~28
열접착 부직포	22~40	17~33

표 6.26 흙-지오멤브레인 간의 접촉 마찰각의 범위(Sharma, Lewis;1994)

지오멤브레인	모래(°)		점토(°)	
	기존 문헌	추천값	기존 문헌	추천값
PVC	21~33	20~30	6~39	6~15
HDPE	17~28	17~25	5~29	5~10
Textured HDPE	30~45	30~40	7~35	9~15
VLDPE	21~28	–	–	–
VLDPE는 신제품인 관계로 자료가 부족함				

표 6.27 토목섬유-지오멤브레인 간의 접촉 마찰각의 범위(Sharma, Lewis;1994)

토목섬유	PVC(°)	HDPE(°)		지오네트(°)
		고른면	거친면	
직포(woven textile)	10~28	7~11	9~17	9~18
부직포(nonwoven, needle punched)	16~26	8~12	15~33	10~27
열접착 부직포(nonwoven resin or heat bounded)	18~21	9~11	15~16	17~21
지오네트	11~24	5~19	7~25	–

표 6.28 지오신세틱스 재료 간의 마찰각 범위

접촉부재	마찰각 범위(°)	비고
모래-지오텍스타일	22~44	KICT, 1998
지오텍스타일-지오네트	10~27	Sharma & Lewis
지오텍스타일-HDPE(smooth)	8~12	-
HDPE-벤토매트	15~25	KICT, 1998
벤토매트-다짐점토	14~16	KICT, 1998

6.4.4 정착부 차수재

1) 정착부 차수재의 파괴원리

사면부 차수시설은 사면의 상단에 정착을 하여 차수시설이 끌려내려 가지 않도록 정착을 하는데 정착밥법과 정착부의 설계에 따라 차수시설의 안정성에 큰 영향을 미친다. 매립하중으로 인한 사면에서의 지오멤브레인에 작용하는 인장응력이 지오멤브레인의 설계인장강도(항복인장강도)보다 클 경우, 정착력이 지오멤브레인의 설계인장강도보다 크면 지오멤브레인이 파괴되고, 그 반대인 경우(정착력이 지오멤브레인의 설계인장강도보다 작으면)에는 지오멤브레인은 정착부로부터 인발되어 사면을 따라 내려온다. 따라서 정착부를 설계하는 경우에는 현장의 여건과 폐기물의 매립작업 등을 고려하여 설계조건을 설정하여야 할 것이다. 시스템에 사용되는 토목 섬유는 쓰레기 하중 등에 의한 인장파괴에 대비하여 사면 상부에 정착을 실시한다. 이때 토목섬유재들의 각기 다른 마찰력과 변형으로 인하여 각기 다른 인장력이 발생할 것이며 이들을 고정시키는 정착력도 이들 섬유재에 발생하는 인장응력의 최대치에 대비하여 산출되어야 할 것이다. 정착부에서의 인발원리는 그림 6.28과 같다.

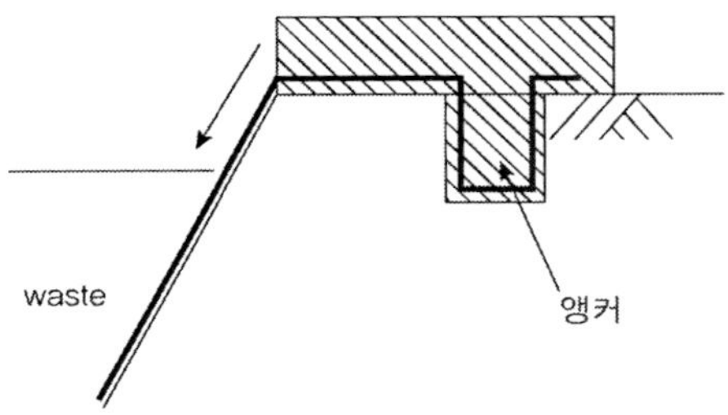

그림 6.28 정착부에서의 인발원리

2) 정착부 차수재의 설계이론

사면에서의 차수막은 사면 상부표면으로부터 일정거리를 이격해서 정착시켜야 하며 저장물 또는 매립물 등의 외적하중을 설계하중으로 채택하는 방법과 부재의 항복인장강도를 설계하중으로 채택하는 방법이 있다. 또한 정착방법은 수평정착과 트렌치 정착이 있으며 이 2가지 방법에 대하여 설명하고자 한다.

(1) 수평정착의 안정성 검토

사면의 상단부에서는 차수재의 단부를 정착시켜야 한다. 사면부 차수재의 단부정착 방법 중에서 트렌치 없이 제체의 상단부에서 피복층만을 하중으로 이용하여 차수재를 정착시키는 방법을 단부 평면정착이라 하며 이에 대한 안정성 해석은 모델을 이용하여 정착 길이를 산정한다. 덮개토사(cover soils)에 의한 단부정착 구조의 일반도 및 응력분포도는 그림 6.29와 같다. 모델로부터 단부 정착길이(LRO)를 선정하여 경제적이고 안전한 값을 택하여 적용한다.

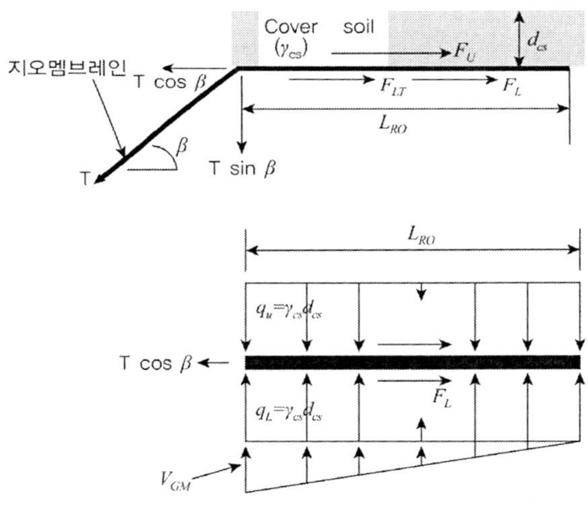

그림 6.29 단부 평면 정착길이 산정 모델

그림 6.29에서 차수재 상부면의 마찰력을 무시하면, 정착길이 L_{RO}는 다음 식에 의해서 결정된다.

$$\sum FH = 0$$

$$Tall \cdot \cos\beta = F_U + F_L + F_{LT}$$

$$L_{RO} = \frac{T_{all}(\cos\beta - \sin\beta\tan\delta_L)}{d_{cs}\gamma_{cs}(\tan\delta_L + \tan\delta_U)}$$

(2) 트렌치 정착의 안정성 검토

제체의 상단부에서 피복층의 하중과 트렌치의 깊이(d_{AT})만큼 차수재를 삽입하여 저항력을 증가시키는 방법을 트렌치 정착이라 한다. 이에 대한 안정성 해석은 설계하중에 따른 정착길이와 트렌치 근입깊이를 산정하는 것이며 트렌치 정착 설계의 모델은 그림 6.30과 같다. 정착트렌치(anchor trench)는 차수재를 삽입하여 트렌치 내부를 토사나 콘크리트로 채우고 차수재를 앵커로서 고정하는 방법(fix)과 인장력에 의해 끌려나오도록 하는 방법(slip)을 사용할 수도 있다. 설계방법은 정착부의 독립적인 설계방법과 사면차수재 설계와 병행하는 방법의 2가지가 있는데 상세한 것은 설계 예에서 다루었다. 설계로부터 현장의 여건과 경제성을 고려하여 적절한 값의 차수재 연장길이(L_{RO})와 단부정착 근입깊이(d_{AT})를 선정하여야 한다.

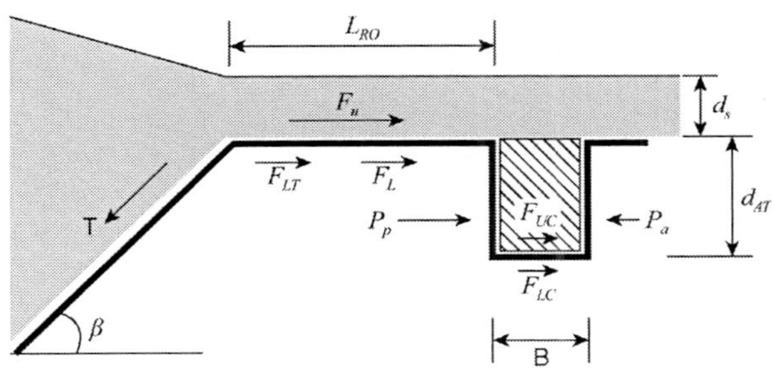

그림 6.30 트렌치 정착 모델

$\sum FH = 0$

$Tall \cdot \cos\beta = Tall \cdot \cos\beta = F_U + F_L + F_{LT} - P_a + P_p + F_{LC} + F_{UC}$

T_{all} = 토목섬유의 허용인장력($\sigma_{all} \cdot f$)

δ_L = 토목섬유와 하부지반 사이의 접촉 마찰각

γ_{cs} = 토목섬유 상부 흙의 단위 중량

d_{cs} = 토목섬유 상부 흙의 두께

β =사면 경사각

V_{GM} = 지오멤브레인에 의한 연직응력$\left(=\dfrac{2T\sin\beta}{L_{RO}}\right)$

T = 차수재의 허용응력 또는 사면부재의 인장력

F_u = 상부의 흙에 의한 부재 상부에서의 마찰력

$= \gamma_s \cdot d_s \cdot \tan\delta_u \cdot L_{RO}$

여기서, γ_s : 흙의 단위 중량

δ_u : 차수재와 상부 흙과의 마찰각

F_L = 상부의 흙에 의한 부재 하부에서의 마찰력

$= \gamma_s \cdot d_s \cdot \tan\delta_L \cdot L_{RO}$

여기서, δ_L : 차수재와 하부 흙과의 마찰각

F_{LT} = 차수재 인장력의 수직방향 성분에 의해 발생하는 마찰력

$= T \cdot \sin\beta \cdot \tan\delta_L$

여기서, T : 차수재의 허용응력 또는 사면부재의 인장력

P_p = 트렌치의 좌측벽면에서 차수재에 작용하는 수동토압

$= 0.5(\gamma_{AT} \cdot d_{AT})K_p \cdot d_{AT} + (\gamma_s \cdot d_s)K_p \cdot d_{AT}$

여기서, γ_{AT} : 사면부지반의 단위 중량, K_p : 수동토압계수

P_a = 트렌치의 우측벽면에서 차수재에 작용하는 주동토압

$= 0.5(\gamma_{AT} \cdot d_{AT})K_a \cdot d_{AT} + (\gamma_s \cdot d_s)K_a \cdot d_{AT}$

여기서, K_a : 주동토압계수

F_{LC} = 트렌치 채움재 및 복토재의 무게에 의한 차수재 상부에서의 마찰력

$= W \cdot \tan\delta_{UC} \cdot B$

F_{LC} = 트렌치 채움재 및 복토재의 무게에 의한 차수재 하부에서의 마찰력

$= W \cdot \tan\delta_{UC} \cdot B$

L_{RO} = 사면부 상단에서 트렌치까지의 거리

d_{AT} = 트렌치 깊이

(3) 트렌치 정착 방법

차수재의 단부는 제반의 상부에서 정착시키는 데 정착 방법으로는 보통 제방의 상부에서 수평으로 연장하여 그 위에 압성토를 하는 방법과 제체 상부에 트렌치를 파고 차수재를 연장하여 삽입한 후 트렌치를 흙이나 콘크리트로 메워 정착시키는 방법이 있다. 차수재가 충분한 인장강도를 갖는 경우는 트렌치에 충분한 하중을 갖는 콘크리트체를 형성하고 콘크리트에 볼트 등을 이용하여 차수재를 정착시키는 앵커(anchor) 공법을 사용하기도 한다. 그림 6.31과 그림 6.32에서는 폐기물매립지에서 사용하는 제방 사면에서의 단일차수 시스템과 이중차수 시스템의 여러 가지 형식의 트렌치 정착방법을 도시하였다.

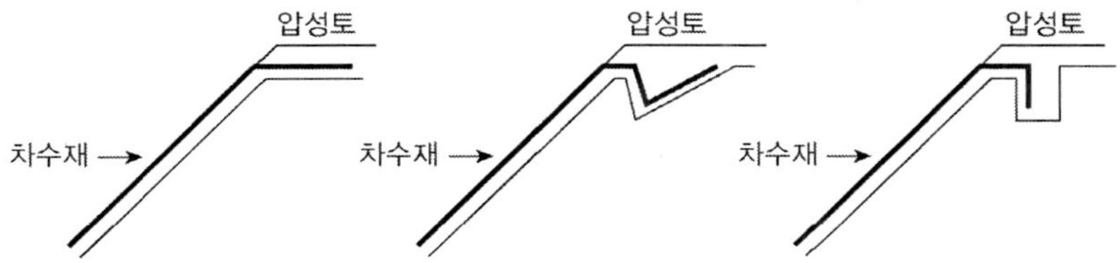

그림 6.31 단일 차수 시스템의 단부정착 방법

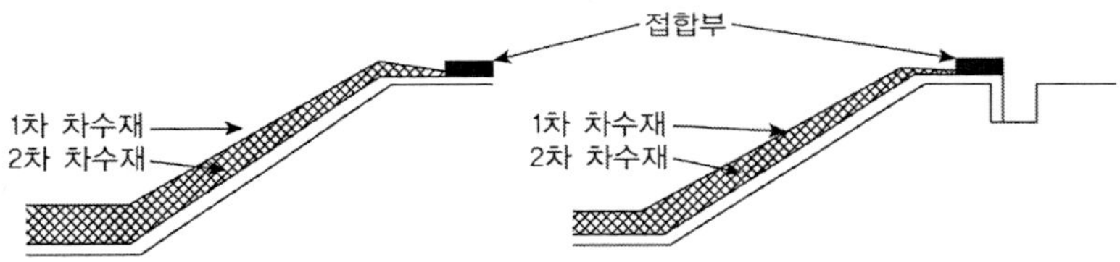

그림 6.32 이중 차수 시스템의 단부정착 방법

6.4.5 저장시설 덮개

산업용으로 사용되는 용수, 유류, 화학물질 또는 반고체 상태의 산업용 재료 등을 대용량으로 저장하기 위한 방법으로 반지하식 저장 탱크를 사용하거나 또는 지상에 탱크를 설치한 후 지오멤브레인으로 덮개를 설치한다. 덮개가 필요한 이유는 여러 가지가 있는데, 용수저장시설인 경우, 증발을 방지할 수 있으며, 염소 처리 비용과 조류 증식 방지용 약품 처리 비용이 절감되고, 대기중으로부터의 오염물질 유입을 차단하는 기능을 한다. 저장물질이 유류 또는 화공물질이나 산업부산물인 경우에는 대기중으로의 증발이나 사고에 의한 유출로 인하여 주변 토양이나 대기를 오염시키는 사고로부터 예방할 수 있다. 저장 탱크의 상부 덮개를 저장 탱크와 동일한 재질인 강판을 사용하면, 설치비용이 고가이며, 덮개의 직경과 면적 크기가 너무 커서 처짐이 크고 유지관리가 용이하지 않다. 이러한 이유로 토목섬유의 일종인 지오멤브레인을 사용하는데, 덮개의 설치방식은 고정식, 걸치기형식, 부상형식 등이 사용되고 있으며 재료는 다음의 표 6.29에 정리하였다.

표 6.29 GEOMEMBRANES IN CURRENT USE

Most widely used	High density polyethylene(HDPE) Linear low density polyethy lene : nonreinforced(LLDPE) and scrim reinforced(LLDPE-R) Polyvinyl chloride(PVC) Flexible polypropylene : nonreinforced(fPP) and scrim reinforced(fPP-R)
Somewhat less widely used	Ethylenepropylene diene terpolymer : nonreinfoced (EDPM)and scrim reinforced(EPDM-R) Ethylene interpolymer alloy : scrim reinforced(EIA-R) Chlorosulfonated polyethylene : scrim reinforced(CSPE-R)

1) 고정식 또는 걸치기식 덮개

산업단지 또는 유류비축기지 등에서 액체상태의 화학물질이나 원유와 같은 유류 등을 저장하기 위하여 원형의 탱크를 사용하며, 강우나 이물질의 침입을 방지하기 위하여 덮개를 필요로 한다. 저장 탱크는 주로 강철판이나 콘크리트 등을 사용하고 덮개는 지오멤브레인을 사용하는 것이 최근의 추세이다. 이러한 저장시설의 덮개는 강풍이나 강우 등의 외력으로부터 안전하여야 한다. 그림 6.33은 고정식 저장시설에 작용하는 설계하중과 설계원리이며, 설계이론과 안전율은 다음 식 (6.4), (6.5)와 같다.

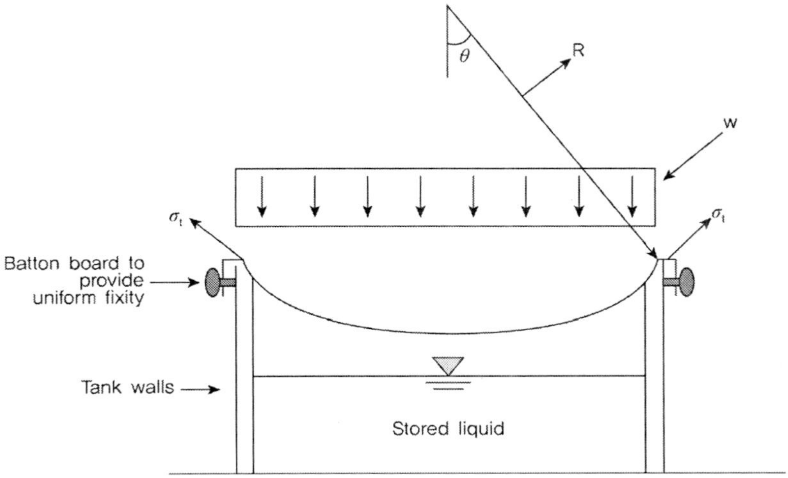

그림 6.33 고정식 저장시설에 작용하는 설계하중 및 원리

$$\sigma_t = \frac{wR}{2t} \tag{6.4}$$

$$F_s = \frac{\sigma_{ult}}{\sigma_{reqd}} \tag{6.5}$$

σ_t = maximum edge stress

w = uniformly distributed load

R = deformed radius

t = thickness of membrane

2) 부상형 덮개

부상형 덮개는 고정식 덮개를 사용하는 시설보다 큰 대용량의 야외 저장시설이나 저수시설에 사용이 용이하다. 이 덮개의 설계에서 고려해야 할 사항으로는 사용하는 재료의 인장강도, 찢김, 꿰뚫림, 충격저항 등이다. 지오멤브레인 계통의 모든 종류의 재질을 사용할 수 있으며, 저수시설 둘레를 따라 가장자리에서 콘크리트를 이용한 앵커트렌치를 설치하고 앵커볼트 등으로 덮개를 고정시킨다. 저수조가 비어 있는 상태에서 덮개의 규격을 최대크기가 되도록 설계해야 한다. 그 이유는 저수조에 내용물을 채울 때 풍향과 동일한 방향(leeward)의 정착부에서는 처짐이 발생하고, 그 반대방향인 풍향과 반대방향(windward)에서는 인

장응력이 발생하기 때문이다. 설계에서 이러한 바람에 의한 처짐과 인장응력이 중요한 설계요소이다.

부상형식의 덮개를 설계하는 데 중점사항은 출입구, 돌출된 구조물, 어름 등에 의한 찢김이나 꿰뚫림 등이다.

부상덮개의 설계는 사용하고자 하는 덮개재료의 인장응력과 찢김강도를 결정하는 데 중점을 둔다. 그림 6.34와 같은 설계 모델에서 수평방향(x-x 방향)에서의 평형방정식은 다음 식 (6.6)과 같다.

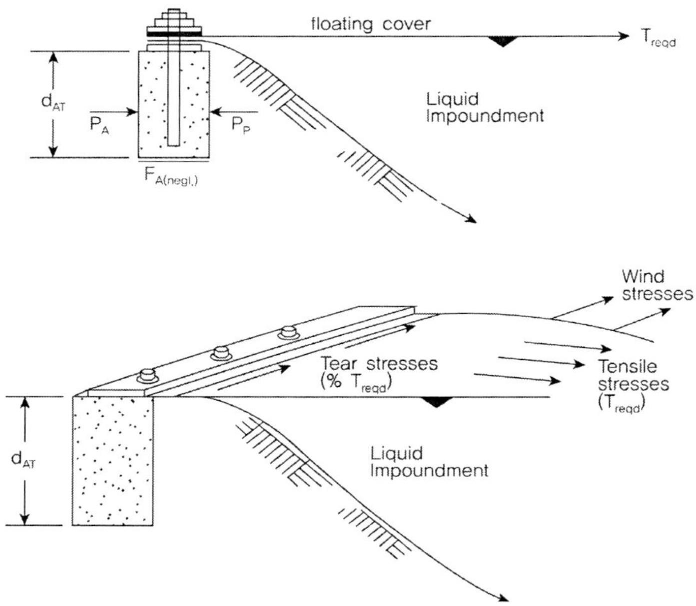

그림 6.34 Design schemes for geomembrane floating covers

$$T_{reqd} = F_A + P_p - P_A \tag{6.6}$$

T_{reqd} = required tensile stength = $\sigma_{reqd}\, t$

σ_{reqd} = required tensile stress

t = geomembrane thickness

F_A = frictional resistance along bottom of concrete anchor(ignored as a worst-case assumption)

P_A = active earth pressure $= \frac{1}{2}\gamma d_{AT}^2 K_a$

γ = unit weight of backfill soil

d_{AT} = depth of anchor trench

$K_a = \tan^2\left(45 - \frac{\varphi}{2}\right)$

φ = angle of shearing resistance of soil

P_p = passive earth pressure $= \frac{1}{2}\gamma d_{AT}^2 K_p$

$K_p = \tan^2\left(45 + \frac{\varphi}{2}\right)$

6.4.6 개수로 차수공

수로의 차수목적은 과도한 누수를 방지하는 것으로 주로 점토, 혼합토 등의 연성의 재료와 벽돌, 보도 블록, 콘크리트, 숏크리트 등의 강성재료, 그리고 bituminous panels, 분무식으로 쓸 수 있는 화학물질, 지오멤브레인, GCL 등을 사용한다. 특히 수로라이닝(canal linings)으로 사용되는 지오멤브레인은 사용목적에 따라 여러 가지의 설계기준들이 적용된다.

수로의 라이너로서 지오멤브레인을 사용하는 경우에는 바닥 고르기를 한 후에 직접 포설하거나 지오텍스타일을 포설하고 그 위에 지오멤브레인을 설치한다. 지오멤브레인의 두께는 최소 0.5mm 이상을 사용한다. 지오멤브레인을 보호하기 위해서 상부에 일정 두께의 보호층을 두는데 그 이유는 라이너의 부식이나 침식, 라이너의 정위치의 정착, 흐트러짐 방지, 이오멤브레인을 UV나 오존 등으로부터 보호, 식물뿌리, 짐승 또는 작업 장비로부터 훼손되는 것 등을 방지하기 위함이다. 이 보호층은 입도분포가 양호한 모래질자갈로서 조밀하고 날카로운 모서리가 없는 재료로서 두께는 30~60cm를 사용한다. 보호층 재료에 의한 지오멤브레인의 손상을 방지하기 위하여 지오멤브레인과 보호층 사이에 지오텍스타일을 설치하는데 이 지오텍스타일은 최소 200g/m^2 이상을 사용할 것을 추천한다. 지오멤브레인은 물의 흐름방향으로 겹쳐서 포설하여야 하며 최소 겹침 폭은 25~300cm를 추천한다.

그림 6.35 지오멤브레인 응용사례-수로

6.5 시공 및 품질관리

6.5.1 시공계획

1) 차수재 설치계획

차수공 대상 현장을 차수재의 유효 폭, 길이, 현장 작업 여건 등을 고려하여 차수재 설치계획을 수립하고 차수재를 설치위치로부터 가까운 장소에 임시 보관장소를 설치하여 보관한다. 차수재 설치 계획에서 고려할 사항은 다음과 같다.

① 차수재의 접합부가 적도록 한다.
② 현장전체를 차수재의 규격에 맞도록 등분하여 번호를 부여한다.
③ 접합부에서는 시공성을 고려하여 각이진 부분은 피한다.
④ 구조물의 위치를 명확히 표기한다.
⑤ 건설장비의 진입 및 통행을 고려하여 차수재 포설순서를 정한다.
⑥ 차수재의 용접위치를 정하고 번호를 부여한다.
⑦ 접합속도를 고려하여 일일 작업량을 결정한다.

2) 차수재의 준비

차수재는 반입전에 적당량의 1회당 반입량을 결정하여 현장 적재 기간을 최소로 하여야 하며 운반 및 반입 시에는 롤 단위로 완전히 포장된 상태이어야 한다. 반입 후에는 즉시 설치 작업이 가능하도록 다음과 같은 사항을 수행하여야 한다.

① 차수재의 반입전 각 롤에는 포설위치, 폭, 길이, 롤번호, 패널번호 등을 차수재 설치계획에 의거 기입하여야 한다.
② 설치계획에 따라 미리 재단하여 개별 포장할 수도 있다.
③ 차수재는 빛, 대기 등의 외부의 노출이 없도록 보관한다.
④ 현장의 임시보관 장소의 위치, 적합성 등을 검토한다.

3) 시공장비 계획

차수공의 시공은 포설장비, 접합장비, 시험장비, 측정장비, 시료 보관기구 등이 필요하며 이들에 대한 운영계획을 세워야 한다.

① 포설장비는 현장 여건 및 차수재 규격을 충분히 고려하여 결정한다.
② 접합장비는 설계서에서 지정하는 접합방법과 온도, 기후 및 현장여건 그리고 작업속도를 고려하여 결정하고 각 장비에 번호를 부여하여 여러 위치에서 병행작업이 가능토록 계획한다.
③ 시험장비는 별도의 시험 계획을 수립하여 그에 적합한 장비를 정한다.
④ 측정장비는 현장에서 수시로 사용하도록 충분한 수를 확보한다.
⑤ 기타 통신 및 운반장비는 현장의 규모, 작업속도, 작업인원 등을 고려하여 충분한 양을 확보하여 운영계획을 수립한다.

4) 시료채취 및 시험계획

현장의 규모, 작업능력 등을 고려하여 품질관리 기준에 적합하도록 운영계획을 수립하며, 현장 시험과 실내 시험 및 공인기관 의뢰 시험 등을 시험항목별로 구분하여 작업 진행에 지장이 없도록 계획하여야 한다. 현장 시험은 차수재 두께, 표면, 상태, 접합부 시험 등이며 대부분의 재질시험은 공인기관에 의뢰하여 수행하도록 한다. 시료채취 및 시험계획은 일일 작업량 및 작업속도를 고려하여 계획하며 반드시 시험위치, 일자, 차수재 롤 번호 등을 상세히 기록할 수 있도록 별도의 서식을 정한다.

6.5.2 시공관리

1) 현장조사 및 시공 전의 작업

차수재를 설치하고자 하는 기초지반이 지하수면 아래에 위치할 경우 지하수면 아랫부분에 대한 지하수 배제시설과 필요시 누수의 감시 시스템을 설치하고 지하수 관측계획을 수립하여야 한다. 차수시설을 시공하기 전에 기초지반을 조성함에 따라 원지반을 설계에서 제시된 경사가 되도록 정지 작업을 하여 재다짐하고 다짐점토층을 포설하는 데 원지반의 지지력, 균열상태, 투수성 등의 시험과 점검계획을 포함하는 지반 처리 계획을 실시하여야 한다.

2) 기초지반의 조성 및 점검

차수시설을 설치하기 전에 전반적인 기초지반 처리가 선행되어야 한다. 자격을 갖춘 지반공학 전문가 또는 지질전문가에 의뢰하여 기초지반의 품질관리 항목을 점검받고, 차수재의 안정성에 나쁜 영향을 미치는 지반함몰, 단층대, 분산성 잔류토 등과 같은 기초지반의 결함 존재 여부를 검토하여야 한다. 기초지반에 이와 같은 결함이 존재하면 이러한 지역을 피하거나 또는 문제점을 보완한다.

기초지반의 상태는 완공 후 차수재의 표면상태와 차수재의 수명 및 품질관리에도 많은 영향은 미친다. 따라서 기초지반의 시공은 지지력, 투수성, 지반거동, 표면상태 등에서 신중한 검토가 필요하며 적합하지 않은 경우 다음의 사항을 고려하여 재조성하여야 한다.

① 연약토, 유기질토, 투수계수가 큰 토질 등은 제거하거나 개량한다. 지반침하를 일으킬 만한 연약지반은 반드시 보강하거나 개량하여야 한다.
② 암석절리, 점토의 균열, 성토 흙 등은 시방서 규정에 따라 다져진 흙이나 그라우팅재로서 채워 견고하고 지하수의 누수가 없는 지반으로 형성한다.
③ 굴착작업은 도자, 스크레이퍼, 그레이다 등의 토공장비를 이용하며 보통 측량기 또는 광파전자 측량기 등을 이용하여 기초지반의 경사를 확인하고 조정한다.
④ 기초의 연약한 부분이나 투수계수가 큰 부분은 굴착기로 제거하고 표면에 나타난 구멍이나 불규칙한 부분들을 다시 되메우기를 하여 채우고 점토차수재 시공시와 같은 방법으로 다짐을 하는데 마지막으로 완료된 기초지반은 완성도를 높이기 위하여 검증다짐(proof rolling)을 시행할 수도 있다.

⑤ 제방은 일반적인 흙댐이나 록필댐과 같은 방법과 장비로서 시공하는 데 제방의 기초지반은 그 위에 시공하는 다짐점토와 밀착되어 침투 및 부등침하를 최소화하도록 해야 한다.
⑥ 기초지반의 위치가 지하수면 아래에 놓이는 경우는 기초하부 및 측벽에 불균형의 정수압이 발생하는 데 이 부등수압은 매립장 시공 중이나 완공 후에 침투, 측벽파괴 및 붕괴, 하부지층의 융기 등으로 차수시설의 파열을 초래할 수 있다.
⑦ 지하수의 배제나 통제는 차수시설에 작용하는 수압을 줄여서 파괴의 가능성을 줄이는데 있으며, 차수시설 주변의 정수압 수두를 줄이는 가장 보편적인 방법은 트렌치굴착, 양수 그리고 지하수면을 낮추기 위한 배수정의 설치 등이 이용된다.
⑧ 기초지반의 표면은 암반, 나무뿌리, 물 등이 없어야 하며 표면은 고르게 다짐을 해야 하고 건조 균열이 발생하지 않도록 해야 한다.
⑨ 차수재 포설지반은 불투수층의 지반으로서 다짐은 최적 함수비보다 약 2~3% 큰 함수비에서 다짐을 수행하여야 하며 다짐도는 수정다짐의 경우 90%, 표준다짐의 경우 95%가 되도록 한다.
⑩ 제초제를 사용하는 경우 제초제는 탄화수소(Hydrocarbon)를 함유하고 있는데, 이는 지오멤브레인과 반응하여 표면에 손상을 입힐 수 있으므로 화학적으로 안정한 제초제를 이용한다.
⑪ 차수재 포설지반은 돌출부나 굴곡이 없어야 하며, 시공장비에 의한 자국 및 침식된 표면은 재정비하여 평탄한 표면상태를 유지하여야 한다.

3) 차수재의 시공

지오멤브레인 차수재의 접힌 부분은 펼치고, 말려져 있는 것을 펴기 전에 각 멤브레인에 손상된 곳은 없는지 주의 깊게 관찰해야 한다. 만일 손상된 곳이 없다면 펼쳐도 된다. 펼치는 과정에서 접혀진 면이 미끄러지지 않도록 주의해야 한다. 현장에 반입된 지오멤브레인의 접합은 적당한 길이로 포개어 놓고 접합작업을 해야 하며, 1일에 접합할 수 있는 양만을 개봉하여 사용한다. 차수재 시공에 지켜야 할 시공기준은 다음과 같다.

① 차수재를 취급할 때는 접히거나 구김이 발생하지 않도록 하며 지표면으로부터 들뜨지 않고 밀착되도록 포설한다.
② 작업조건은 차수재의 재질 기준을 유지하는 범위 이내의 기후 또는 온도를 유지해야 한다.
③ 사면에서의 접합은 사면방향과 평행이 되도록 접합을 진행하며, 가급적 용접 길이가 최

소가 되도록 한다.

④ 사면방향과 직각방향의 접합이 발생하지 않도록 하되 부득이한 경우, 상부 측 차수재가 하부 측 차수재 위로 올라오도록 배치하여 접합한다.

⑤ 차수재 시공은 다음과 같은 기후 조건일 때 해서는 안 되며, 부득이한 경우에는 적당한 보완시설을 이용하여 조건이 개선된 이후에 시공이 가능하다.

a) 비, 눈, 짙은 안개, 이슬이 있는 상태의 기후

b) 풍속이 강하고, 먼지 등의 물질이 날리는 기후

c) 대기온도 2°C 이하 또는 대기온도 40°C 이상

⑥ 작업온도의 측정은 지표면에서 15cm의 대기 중에서 측정하되 5개 지점 이상에서 측정한다.

⑦ 접합방법은 설계서에서 지정한 방법을 사용하되 현장 여건을 고려하여 적합한 방법으로 보완 조정할 수 있다.

⑧ 차수재의 포설작업은 시공계획에 따라 정해진 순서대로 차수재의 롤 번호를 확인한 후 포장을 개봉하고, 포설 후 확인이 될 수 있도록 번호를 마킹한다.

⑨ 차수재 포설 후 즉시 보호막 또는 부직포 등을 깔아서 차수막을 보호하고 건설장비의 진입을 철저히 통제한다.

⑩ 차수재 포설작업 후 즉시 바람에 의한 손상을 방지하기 위하여 모래 주머니 등으로 적절한 조치를 취해야 한다.

⑪ 차수재의 포설은 일일 접합 작량만 포설하여 당일 접합 작업이 완료되도록 한다.

그림 6.36~6.38에 도로노반, 매립지, 댐 등 차수공에서의 지오멤브레인의 사용을 모식적으로 나타내었으며(Koerner and Hwu; 1989), 차수재 관통부, 파이프와의 연결부, 가스배출구등에서의 차수재의 기능별 상세도를 그림 6.39에 나타내었다.

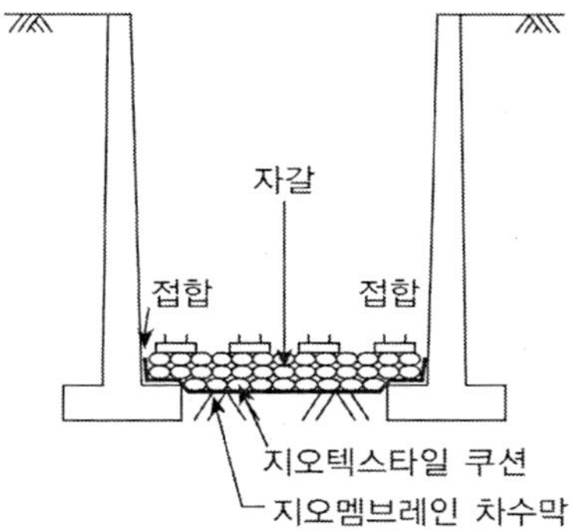

(a) 철도노반에서 지하수의 상승을 차단하는 기능

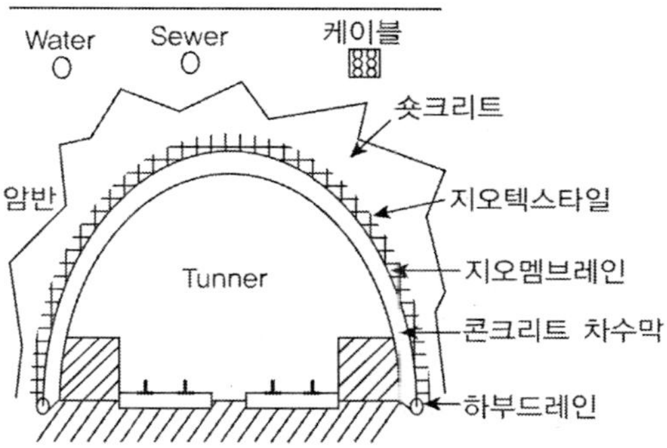

(b) 터널 방수 기능

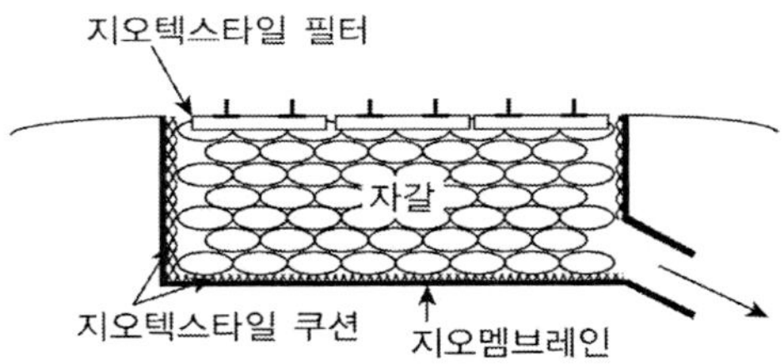

(c) 철도노반의 오염물질 침투방지 기능

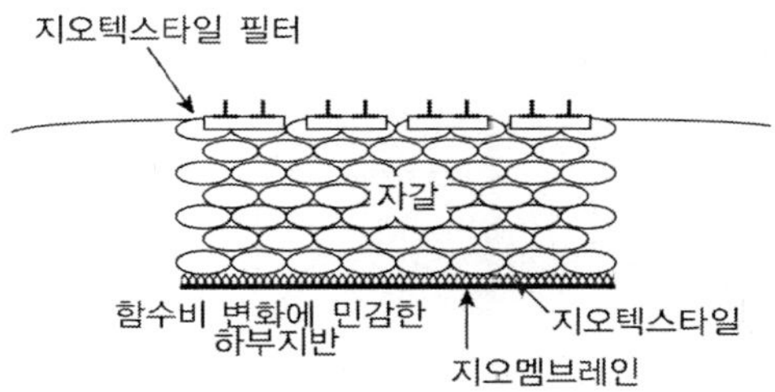

(d) 철도노반의 모관수 상승 차단

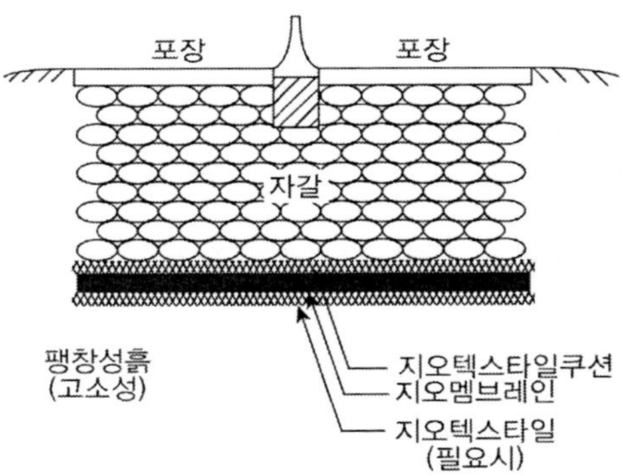

(e) 지반보강 기능

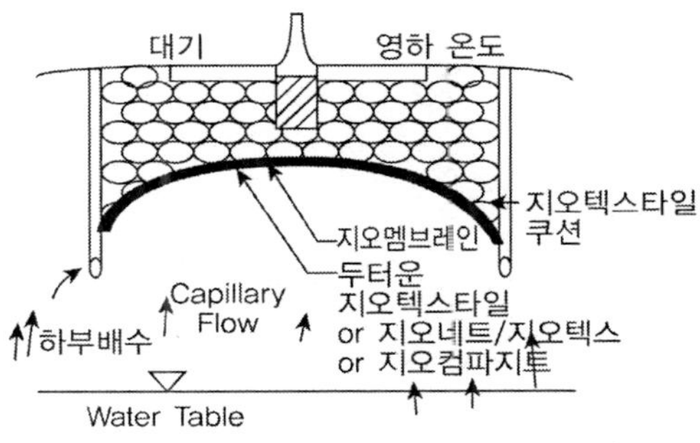

(f) 지반동결 방지 기능

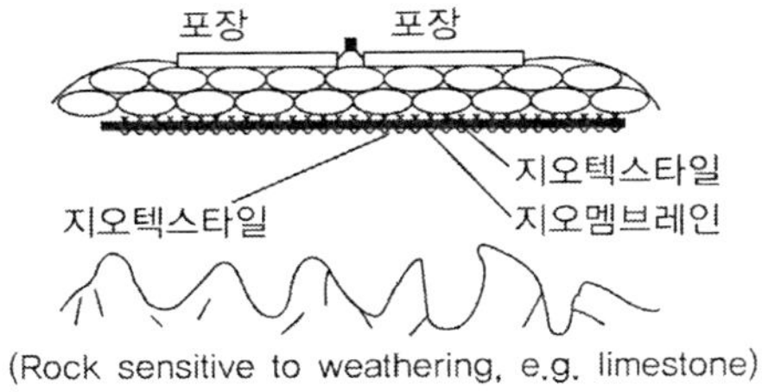

(g) 하부지반 풍화방지 기능

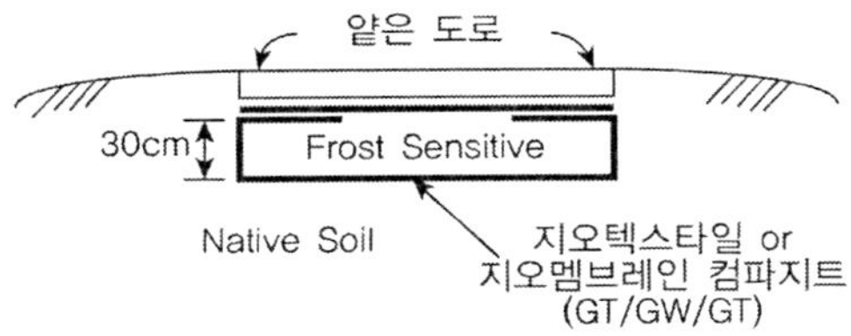

(h) 적정 함수비 보존 기능

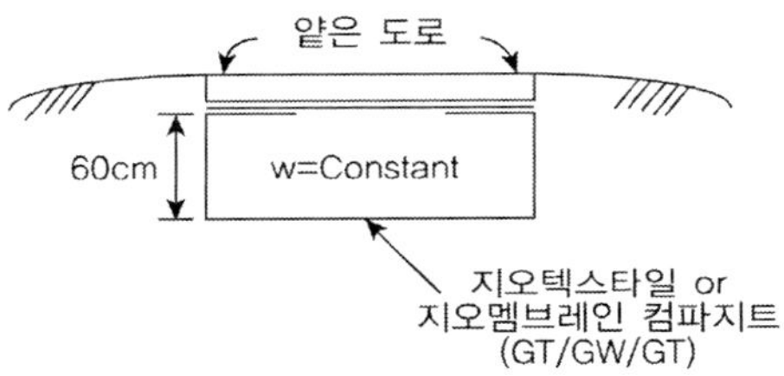

(i) 일정 함수비 보존 기능

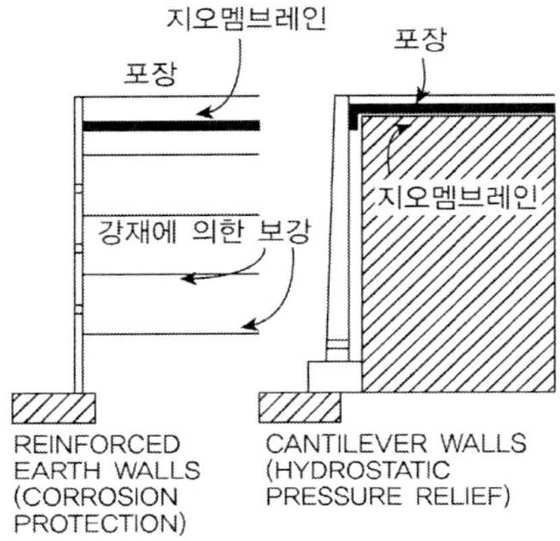

(j) 옹벽방수기능

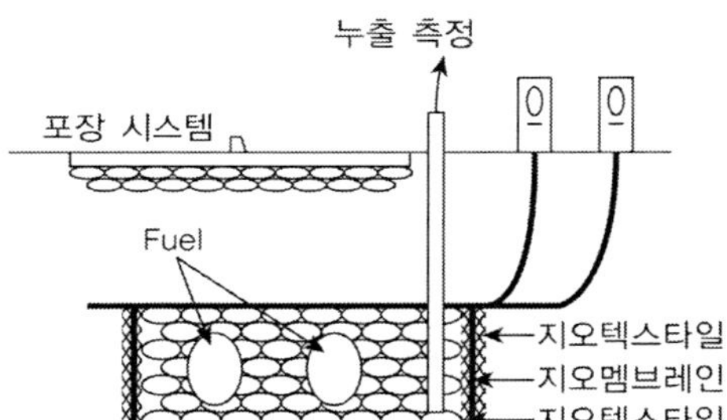

(k) 유류저장시설 오염누출 방지 기능

그림 6.36 도로노반 시공에서 지오멤브레인의 사용

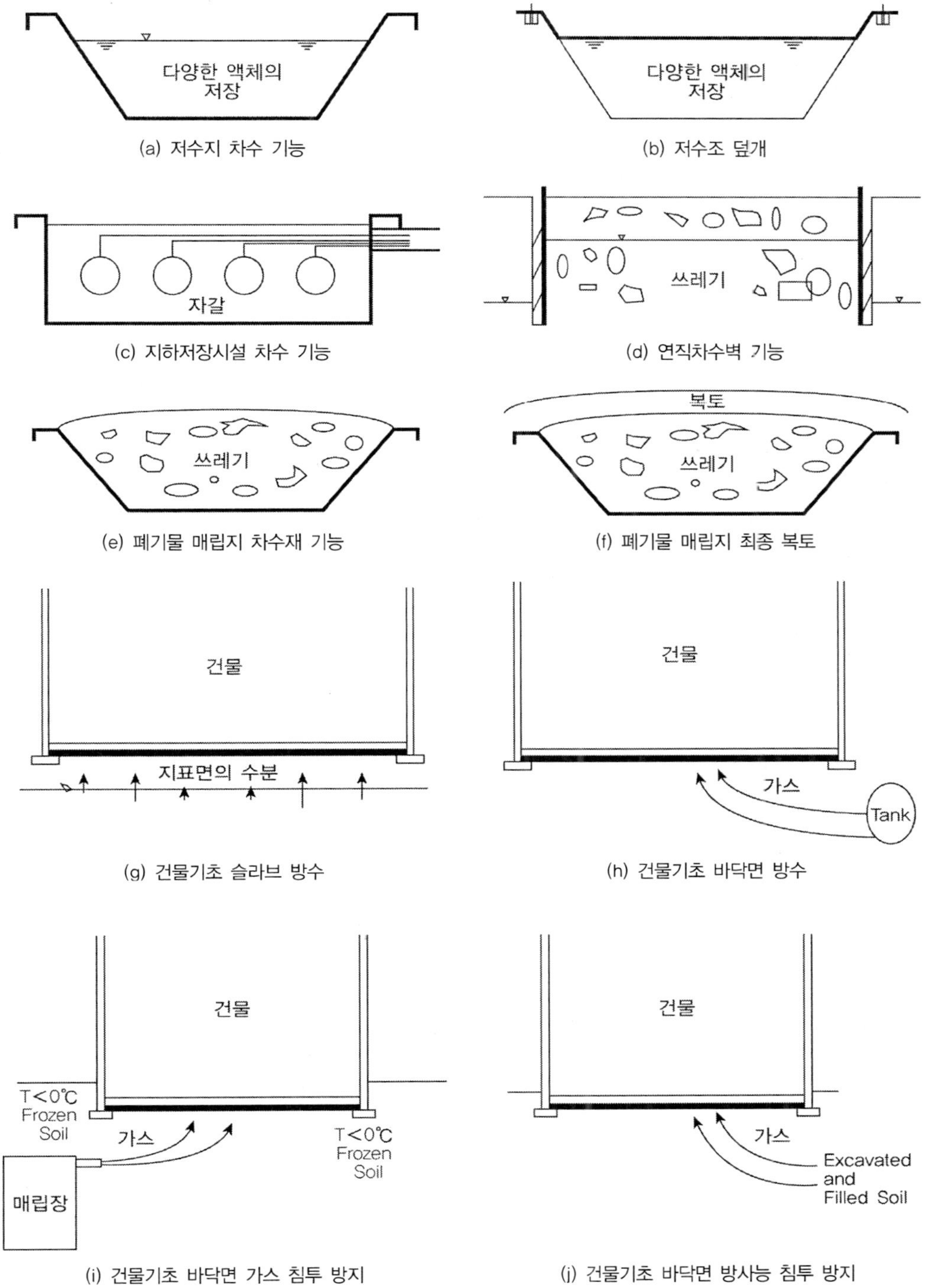

(a) 저수지 차수 기능
(b) 저수조 덮개
(c) 지하저장시설 차수 기능
(d) 연직차수벽 기능
(e) 폐기물 매립지 차수재 기능
(f) 폐기물 매립지 최종 복토
(g) 건물기초 슬라브 방수
(h) 건물기초 바닥면 방수
(i) 건물기초 바닥면 가스 침투 방지
(j) 건물기초 바닥면 방사능 침투 방지

그림 6.37 환경 분야에서의 지오멤브레인의 사용

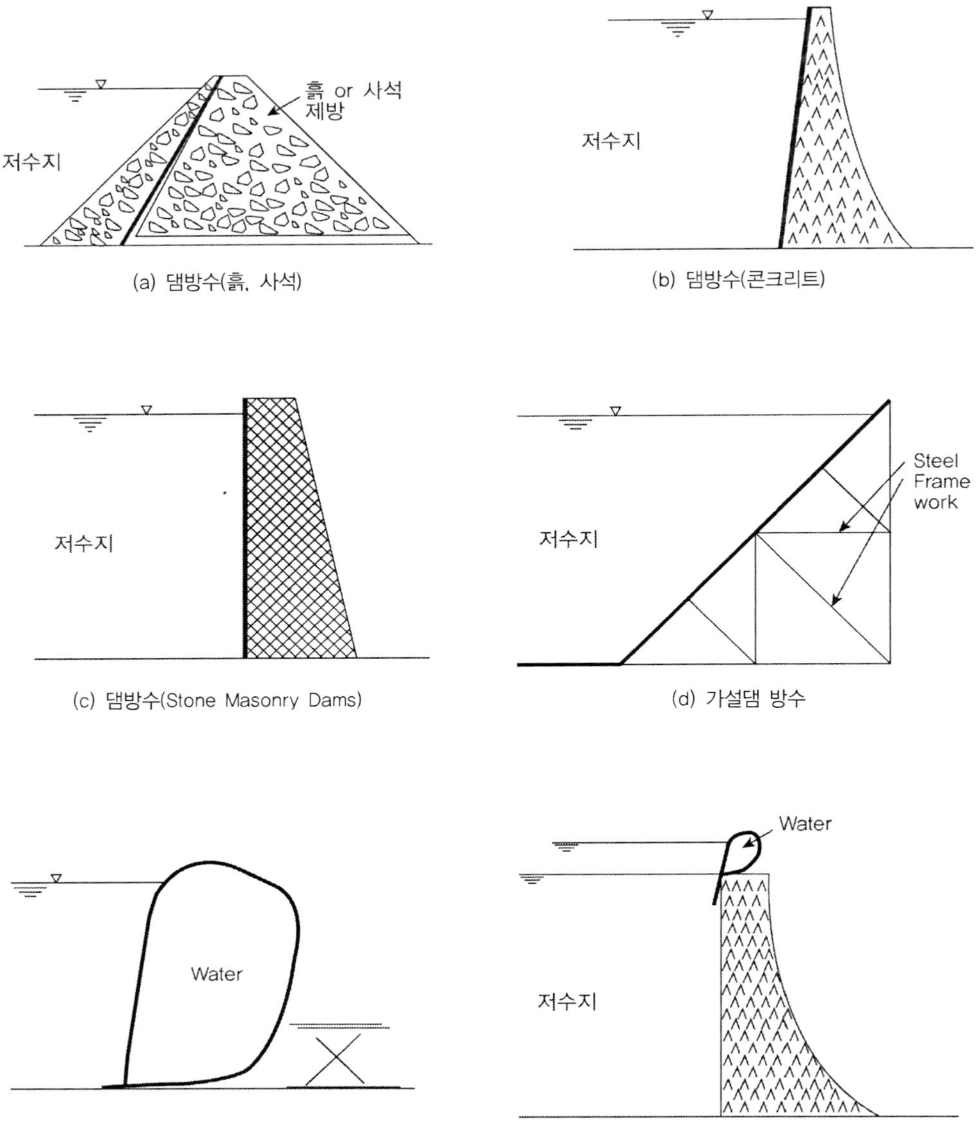

(a) 댐방수(흙, 사석)

(b) 댐방수(콘크리트)

(c) 댐방수(Stone Masonry Dams)

(d) 가설댐 방수

(e) Inflatable Dams

(f) Increase Spillway Capacity

그림 6.38 댐방수 기능으로써 지오멤브레인의 사용

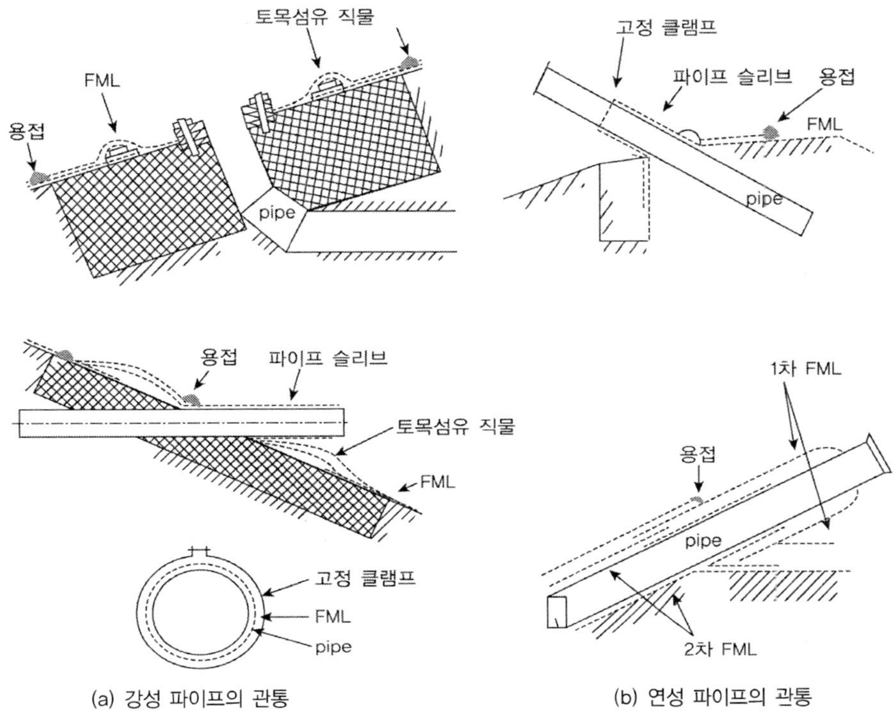

그림 6.39 강성 및 연성 파이프의 차수재 관통 상세도

6.5.3 접속부 시공 및 상세도

1) 지오멤브레인의 현장접합

차수재의 접합 방법의 선정은 설계서에서 제시하는 방법을 사용하도록 하며 현장의 작업조건이나 차수재 재질변경 시 다음을 참조하여 결정한다. 결함이 발견된 부분이나 접합부를 수선할 때는 완전한 보수가 되도록 충분한 면적을 설정하여 보수하여야 한다. 차수재의 접합 및 보수작업에 대한 고려사항은 다음과 같으며, 지오멤브레인의 6가지 접합방법을 다음 그림 6.40에 나타내었다.

① 합성수지 차수재의 접합은 융착(Fusion) 또는 압출(Extrusion)의 방식을 적용하는 것이 유리하다.

② 각 접합방법의 이음방법, 겹침 폭 등의 규정은 표를 참조하며 설계서에서 제시하는 기준에 따른다.

③ 융착과 압출방식에 대한 이음부 형태 및 속도는 다음과 같다.

접합방식	이음부 형태	속도
융착	더블 핫 웨지(Double hot wedge)	90m/hr
	열풍(hot air)	15m/hr
압출	필렛(fillet type)	30m/hr

④ 융착에 의한 접합 시 접합온도 범위는 더블핫 웨지(doubie hot wedge)인 경우 315～455°C, 열풍(hot air)인 경우 400～650°C이며, 최소 온도는 건조하고 온화한 기후 조건이며, 최대 온도는 습하고 냉한 기후 조건일 때 적용된다.

⑤ 접합작업은 대기온도가 2～40°C 범위에서 수행하여야 하며 그 외의 기후에서는 작업을 중단해야 한다. 다만 가설구조물을 이용하여 적합한 조건이 확보될 때는 작업의 진행이 가능하다.

⑥ 강우, 강설, 안개, 이슬 등의 기후 조건에서는 접합작업을 중단해야 한다.

⑦ 접합부 청결을 위하여 화학용제를 사용해서는 안 되며 마른 헝겊 등으로 습기와 이물질을 완전히 제거한 후 접합작업을 진행해야 한다.

⑧ 차수재의 접합 전 임시접합을 위해 접착제 또는 테이프를 사용해서는 안 된다.

⑨ 차수재간의 임시 접합은 열풍 접합기를 사용 가능하나, 임시 접합 시에는 차수재가 과열되지 않도록 주의해야 한다.

⑩ 일일 접합 작업량만큼만 포설하며 포설된 차수재는 당일 접합을 완료해야 한다.

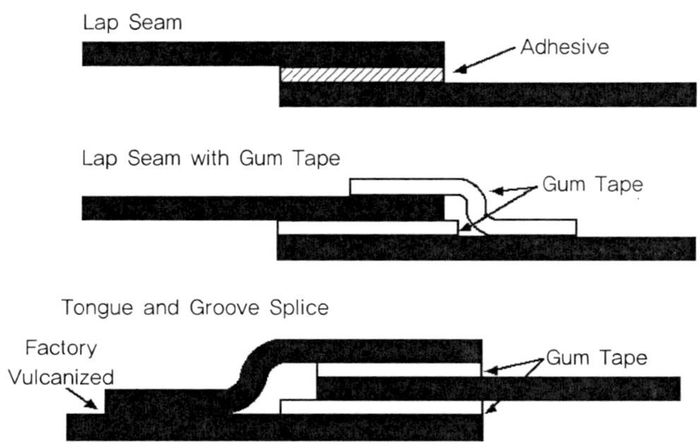

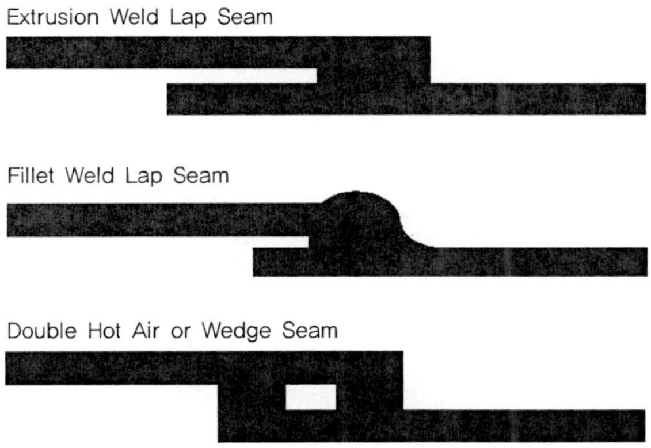

그림 6.40 지오멤브레인의 접합방식

2) GCL의 현장접합

GCL 차수재를 시공할 때는 지오멤브레인과는 달리 접합작업이 별도로 필요하지 않다. GCL 차수재를 일정한 폭으로 겹쳐놓기만 하면 자체적으로 접합이 된다. GCL 차수재 중에서 벤토매트는 그림 6.41과 같이 15～22.5cm 정도, 클레이맥스는 약 15cm 정도, 건드씰은 약 7.5cm 정도 겹쳐 놓으면 된다.

GCL 차수재 내의 벤토나이트에 물이나 침출수가 접하면 벤토나이트가 수화하고 팽창하여 자동적으로 매트가 서로 부착된다. 이와 같이 시공 시 매트 사이의 연결 부분을 기계적으로 접합할 필요가 없기 때문에 시공속도가 상대적으로 빠르다.

지오멤브레인은 천공이 되면 자체복원 능력이 없으나, GCL 차수재는 벤토나이트의 팽창 및 점성에 의하여 자체복원 능력이 있기 때문에, 천공에 의한 누수저감 효과가 크다.

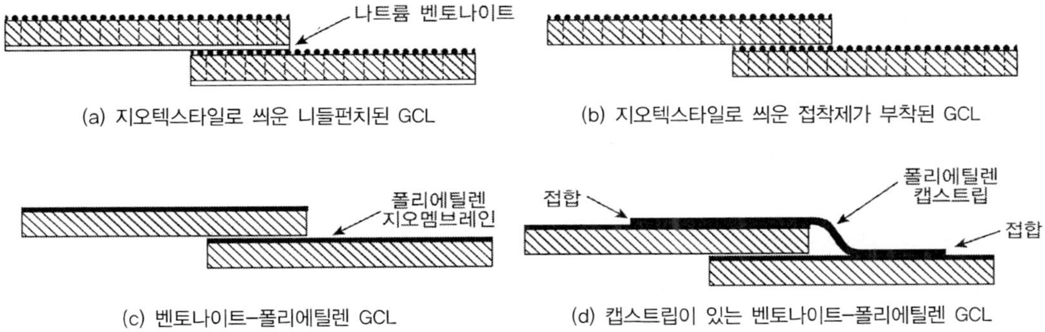

그림 6.41 GCL 차수재의 접합

3) 차수재의 보수작업

① 10mm 이상의 뚫어진 구멍 또는 50mm 이상의 찢긴 자리 등을 최소 300×300mm 내지는 구멍으로부터 최소 150mm 떨어지는 크기의 팻치를 덧붙여 보수해야 한다.

② 50mm 미만으로 찢기거나 핀홀이 난 시트는 압출용접으로 보수해도 좋다.

③ 기존 압출용접 부위를 융착 또는 압출용접으로 보수해서는 안 되며, 감독원이 사전 승인할 수 있는 보수부위 또한 1.5m 미만일 때이다.

④ 지나친 그라인딩, 과열, 적절치 못한 용접 등으로 감독원이 보수 또는 교체를 지시하였을 때, 비록 손상부위의 현장 박리강도 및 전단강도 시험에 합격되어도 보수 또는 교체되어야 하며, 이때 보수비용은 계약자가 부담해야 한다.

⑤ 지나치게 긁히거나 닳은 또는 구멍이 난 시트에 대해서는 감독원의 지시에 따라 교체 내지는 보수되어야 한다.

⑥ 보수용 팻치는 보수작업 시 연속적인 압출 용접이 용이하도록 모서리 부분을 반경 75mm 라운딩 처리해야 한다.

⑦ 용접 부위에는 어떤 접힌자국(folds), 주름(wrinkles) 및 피쉬마우스(fishmouths)도 있어서는 안 되며, 상기 결함이 발생한 곳은 다음의 보수절차에 따라 보수되어야 한다.

a) 접히거나 주름진 가운데 부분을 절개하여 포갠다.

b) 팻치를 덧붙여 압출용접으로 마감한다.

⑧ 압출용접기는 용접작업 착수 전 용접기 내에 잔류하고 있는 수지를 청소해야 한다.

⑨ 보수작업에 대한 일자, 위치, 패널 번호, 보수 및 시험방법 등이 기재된 '보수작업 보고서'를 서면으로 작성 제출하여야 한다.

4) 시공 시 유의사항

점토 차수층의 부실시공의 가장 큰 원인은 경험 부족과 전문 지식의 결여이다. 10^{-7}cm/s 이하의 투수계수를 가진 토공과 가장 근접한 시설물은 댐의 코아(core)인데, 댐 현장의 경험을 가진 기술자가 부족하며, 대부분의 경우 일반 성토 시공과 같은 기초에서 출발하기 때문이다. 현장의 많은 기술자들이 점토 차수층의 투수계수를 기준 이하로 시공하는 것이 불가능하다고 생각하는 부정적 회피 경향도 흔하지 않는 경우는 아니다. 점토 재료의 기준, 시공 방법, 품질의 관리방법에 대한 지식이 부족하기 때문이다.

지오멤브레인은 품질이 일정한 공장제품이므로, 지오멤브레인의 부실은 재료보다는 시공방법에서 그 원인이 발생한다. 액체 폐기물을 저장하는 시설(surface impoundment)에 설치된 지오멤브레인의 누수부위 조사결과, 지오멤브레인 누수의 90%는 지오멤브레인의 접합부위에서 시간에 따라 달라진다. 따라서 본 시공에 앞서, 위 3가지 인자에 대한 시험시공을 하고 접합부위의 일부분을 절단하여 현장에서 접합부위의 강도를 측정함으로써 본 시공에서 사용할 접합 온도, 압력, 시간을 결정하여야 한다. 접합부위 강도는 휴대용 tensiometer로 측정한다. 이와 같은 절차를 준수함으로써 접합부위의 기밀성을 확보할 수 있다. 지오멤브레인 접합부위의 불량시공은 시공자의 경험 미숙 때문이며, 이는 무자격 업체의 시공에 상당 부분 그 원인이 있다.

6.5.4 품질관리

1) 재료의 선정

(1) 지오멤브레인

차수재는 지형조건, 폐기물의 종류, 폐기물 매립조건, 현장 여건 등에 따라 적절한 재료를 선정해야 한다. 차수 및 복토시설은 과거로부터 단일, 이중, 복합시설로 진행되어 가고 있으며 그 두께도 새로운 신소재의 개발로 인하여 점차 축소되어 매립지의 용량을 증가시키는 방향으로 유도되고 있다.

차수재료 및 복토재료로서 과거에는 주로 점토 등 천연재료를 이용하거나 PVC 등 저급의 인공합성재를 사용하였으나 최근에는 HDPE 등의 고급 인공 합성재나 벤토나이트 등의 천연재료와 인공합성재를 결합시킨 신재료 및 기초지반을 차수재로 사용할 경우 물리·화학적으로 지반의 고유성질을 변화시켜 차수와 강도 기능을 증진시키는 안정제 등이 개발되어 적용되고 있다.

차수재는 적용재료 및 방법에 의하여 표 6.30과 같이 점토차수재, 지오멤브레인 차수재, 혼합차수재, 스프레이 차수재 및 기타 등으로 분류된다. 여기서 분류된 각 차수재는 많은 종류로 또 세분되어 전체 종류로는 수십종에 이른다. 이와 같이 차수재에는 다양한 종류가 있는데, 이들 차수재는 다음과 같은 구비조건을 갖추어야 한다.

표 6.30 각종 차수재의 종류

대분류	소분류
점토 차수재(clay liner)	가. 자연점토 차수재(natural clay liner) 나. 다짐점토 차수재(compacted clay liner)
지오멤브레인(geomembrane; flexible membrane; polymeric membrane liner)	가. 열가소성 • PVC(polyvinyl chloride) • HDPE(high density polyethylene), MDPE, LDPE, VLDPE, LLDPE • CPE(chlorinated polyethylene) • EIA(ethylene interpolymer alloy) • ECB(ethylene copolymer bitumen) 나. 열경화성 • EVA(ethylene vinyl acetate) • EPDM(ethylene propylene diene) • IIR(isoprene isobuthylene) • CR(polychloroprene terpolymer) • EPT(ethylene propylene terpolymer) 다. 혼합성 • CSPE(chlorosulphonated polyethylene) • PVC-nitrile ruber • PVC-ethyl vinyl acetate • Cross-linked CPE
GCL 차수재(geosyntethic clay liner)	가. 지오텍스타일과 벤토나이트 결합재 • Bentofix • Bentomat • Claymax • Geobent 나. 지오멤브레인과 벤토나이트 결합재 • Paraseal • Gundseal
혼합 차수재(admixed liner)	가. 흙벤토나이트 나. 흙시멘트 다. 흙석회 라. 콘크리트 • 포틀란트 시멘트 콘크리트 • 로라 다짐 콘크리트 • 황산염 콘크리트 마. 아스팔트 • 아스팔트 콘크리트 • 고무 아스팔트 콘크리트 • 흙/모래 아스팔트
스프레이 차수재(spray-on liner)	가. 아스팔트 코팅 나. 숏크리트
토질안정 차수재	가. Bee Star 나. EMC(Earth Materials Catalyst) 다. Condor SS 라. Ion-X System
산업폐기물 재활용 차수재	가. 플라이애쉬 나. 폐타이어 다. 폐석고 라. 폐석회 마. 광산폐기물 바. 건설폐기물
흡착 차수재(absorptive liner)	가. 활성탄 나. 폐타이어 다. 석탄회 라. 제오라이트 마. 석회석

① 폐기물과 침출수에 대한 내구성이 있을 것
② 파손위험이 적고 신뢰성이 높을 것
③ 시공이 간단하고 품질관리, 보수 및 유지관리가 간단할 것
④ 장기간에 걸쳐 투수성이 적을 것 등

차수재를 선정하는 데 매립지의 지형, 지질, 수리조건, 매립대상 폐기물의 상태 및 침출수의 성상, 매립기간, 관리기간, 경제성 등을 고려하여 영향요소를 종합적으로 판단한다. 차수재 선정시에는 먼저 매립처분 계획에 기초하여 최종 매립지의 적지를 선정한 다음 매립지에 대한 수문, 지질, 지하수 조사에 의해 허용 침투량을 고려하여 차수공의 필요성을 판단하다. 차수재가 필요하다고 판단되었을 때에는 수평 또는 연직차수방식 중 하나를 선택하고 각 방식 중 여러 가지 차수재 중에서 또다시 하나의 차수재를 선정해야 한다. 표면 차수재의 경우 점토차수재, 지오멤브레인, 기타 등에서 하나 또는 그 이상을 선정한다.

(2) GCL

현장 조건을 고려한 차수재 선택시 주의사항 및 구체적 내용은 다음과 같다.

① 시공에 사용되는 재료의 시험성적 적용규정은 폐기물관리법 별표 4의 구정에 의한 투수시험을 포함하여 확인할 수 있는 시험성적서를 첨부하여야 한다.
② 벤토나이트 매트의 재질은 쓰레기 매립 시 발생하는 침출수를 완전 차수하여 지하수 및 토양오염방지 목적에 적합해야 한다.
③ 시공 후 어떠한 화학변화를 일으켜서는 안 되며 물리적 특성변화가 없어야 하며 UV 안전성과 내열 내한성에 대한 저항력이 우수하며 내구성이 강한 재질이어야 한다.
④ 토목섬유-점토 차수재의 재질은 소디움 벤토나이트를 주성분으로 하며 외피는 양면 또는 한 면이 직포 또는 부직포로 되어 있어 물의 침투가 쉽고 벤토나이트의 수화가 빠르게 일어나며 설계 전단력에 대하여 섬유의 인장강도, 파열강도 및 박리강도가 안전해야 한다.
⑤ 직포와 직포 또는 부직포 사이에 들어가는 소디움 벤토나이트가 가루형 또는 과립형태로 되어 있고 차수효과를 저감시키는 유해물질이이나 이물질이 포함되지 않아야 한다.
⑥ 토목섬유-점토 차수재의 섬유 내에서 벤토나이트가 이동하거나 유실되지 않도록 섬유의 연결선이 강력한 차수효과가 있는 구조로 제조되어야 한다.

⑦ 부직포와 부직포, 직포와 부직포, 직포와 직포의 이음매 부분에서 부직포, 또는 직포를 통하여 물이 침투하는 것을 방지하기 위하여 이음매 부위에 끝으로부터 최소너비가 50cm 이상 벤토나이트 가루를 심어 이음매에서 액체누출을 방지하고 이음매 부위 기준선 표시가 되어 작업이 용이하도록 하여야 한다.

⑧ 토목섬유-점토 차수재의 차수효과는 폐기물관리법 제20조 별표 7에서 규정하는 기준 이상의 효과를 가져야 한다.

2) 시험 및 검사

(1) 지오멤브레인의 시험 및 검사

① 재질 시험

미국의 EPA에서 제안한 지오멤브레인의 재질시험 항목은 다음과 같이 3개의 큰 항목으로 분류된다.

a) 기본특성 시험
b) 물리·역학 특성 시험
c) 화학 특성 시험

지오멤브레인과 폐기물 및 침출수와의 화학반응성 시험은 미국 EPA의 방법 9090을 따르도록 한다. 시험방법 9090은 지오멤브레인에 미치는 침출수의 영향을 예측하는 데 사용된다. 시험방법은 실내 및 고온의 온도조건에서 120일 동안 시험편을 화학용액에 수침시킨 다음, 30일 간격으로 시험편을 취하여 시험편의 특성변화를 관측하는 것이다. 화학반응에 의한 특성변화를 관측하기 위한 시험 종목을 표 6.31에 제시하였다(US EPA, 1990).

표 6.31 지오멤브레인의 화학반응 시험 종목

	지오멤브레인	
화학반응 시험	• 경도 • 휘발손실 • 찢어짐 저항 • 저온 특성 • 치수안정 • 탄성계수 • 정수두 저항 • 두께, 길이, 폭 • 환경 응력균열	• 용융지수 • 벗김부착 • 비중 • 수분흡착 • 천공저항 • 접합강도 • 카본블랙 분산 • 항복 및 파단인장 • 항복 및 파단신율

② 품질검사

a) 납품받은 자재에 대한 품질검사는 공인된 시험기관에서 시행한 시험성적표를 기준으로 한다.

b) 제품에 대한 시험은 재질 기준에서 정한 전 항목에 대하여 실시하여야 하며, 납품되는 롤(Roll)의 순서대로 약 19,000m^2마다 1회씩 실시하며 재질 기준에 미달되는 경우 부적합제품으로 판정하여 전량을 반출토록 한다.

c) 재질시험을 위한 시료(또는 표본)는 공급되는 제품 중에서 무작위로 1개의 롤(Roll)을 선정하여 시행한다.

(2) GCL의 시험 및 검사

① 현장에서 재료를 공급받고 검수 시 포장을 풀어 평면에 펴서 관찰할 때 이음의 결점이 없어야 하며 가장자리 또는 공간에 기복이 없어야 한다. 또한 찢어진 부분, 절단된 부분이 없어야 하며 전체적으로 색상이 균일하고 변질된 흔적이 없어야 한다.

② 검수 완료 후 롤마다 포장 상단에 품명, 치수(두께, 폭, 길이), 제조년월일, 제공자명, 제공자 주소 및 전화번호, 취급 시 주의사항 등을 명기하여야 한다.

③ 재료의 물성, 치수, 겉 모양을 적용규정에 의하여 검수, 검사하고 현장운반 후 다시 확인 검수하여야 한다.

3) 운반 및 저장

(1) 지오멤브레인의 운반 및 저장

지오멤브레인은 현장에서 생산되는 것이 아니라 공장에서 생산이 된다. 생산된 제품은 매립시설 현지로 운반되어 일정한 장소에 저장이 된다. 지오멤브레인 패널의 운반과 저장에는 특별한 주의를 기울여야 한다. 예를 들어 결정성이 높은 지오멤브레인은 운반 시 접거나 꺾어서는 안 된다. 지오멤브레인 재료가 심하게 꺾이면 응력파괴를 나타내는 하얀선이 나타난다. 따라서 지오멤브레인 패널에 하얀선이 나타나지 않도록 주의하여 운송 및 저장한다.

모든 지오멤브레인은 운송중에 덮개를 실시한다. 운송되는 지오멤브레인 롤에는 다음 내용이 명시되어야 한다.

① 생산자/제작자 이름
② 생산형태
③ 두께
④ 생산배치 코드
⑤ 생산일
⑥ 물리적 치수
⑦ 패널 번호
⑧ 펼침방향 등

지오멤브레인의 저장 시 먼지, 물, 열 등으로부터 안전한 장소에 저장하도록 한다. 또한 사람과 동물에 의하여 훼손이 적은 지역에 저장하도록 한다. 저장 시 지오멤브레인의 파손 및 접합문제를 야기하지 않도록 다음 사항을 유의하여 저장한다.

① 말려진 지오멤브레인 롤이 열에 의하여 상호 부착되지 않도록 함
② 경화제가 손실되지 않도록 함
③ 폴리머가 굳지 않도록 함

(2) GCL의 운반 및 보관

① 현장에서 자재를 보관할 때에는 밑바닥을 목재, 팔레트 등으로 고이고 윗부분은 천막 PVC 또는 PE FILM으로 완전히 밀봉하여 물에 젖지 않도록 하여야 한다.
② 수송 중에는 항상 덮어서 물이 침투하지 않도록 조치하여야 한다.
③ 기타 보관 설치 등의 미진한 부분은 공급자에게 확인하여 사용한다.

4) 지오멤브레인의 품질관리 기준

(1) 시험접합

① 계약자는 모든 시험용접을 현장에서 실시해야 할 책임이 있으며, 시험번호, 일자, 온도, 용접기번호, 용접사, 용접형태, 시험방법 등이 기재된 '시험용접결과보고서'를 감독자의 검토 및 승인을 위해 서면으로 제출해야 한다.
② 시험용접은 다음과 같은 조건하에서 시행하는 것을 원칙으로 한다.

a) 일일 작업 착수전

b) 용접사 변경시

c) 대기온도의 급작스런 변화가 있을 때

d) 작업 중단후 재개할 때

e) 감독원의 요구가 있을 때

③ 시험용접의 용접사, 용접기, 용접변수는 본 용접(main weld)에서 그대로 적용되어야 하며, 시험용접은 최소 1.5m 이상 시행되어야 한다.

④ 용접시험 시험체 채취는 모재가 적당히 냉각된 후 용접길이의 2/3 지점에서 채취되어야 한다.

⑤ 계약자는 시험을 위해 시험체 2개를 채취하여, 하나는 계약자가 감독관 입회하에서 현장에서 시험하고, 다른 하나는 감독관이 시행할 시험을 위해 제공해야 한다. 채취된 시험체에는 다음과 같은 사항이 표시되어야 한다.

a) 년, 월, 일, 시

b) 시험 용접사

c) 기후 조건 및 온도

d) 용접기 변수(온도, 속도 등)

⑥ 시험용접에 대한 시험결과를 감독원에 구두로 통보하여 승인을 득한 후에 본 용접을 시행해야 하며, 시험결과는 명일 제출하는 '일일작업보고서'에 첨부 제출해야 한다.

⑦ 시험체에서 시험편 3개를 채취하여 표 6.32에서 제시된 접합강도 시험에 준해서 전단강도와 박리강도를 각각 1개씩 시험하며, 나머지 1개 시험편은 기록관리를 위해 계약자가 보관해야 한다. 접합강도 시험 중 시험편의 파단은 용접되지 않은 모재 부분에서 일어나야 하며, 용접부의 20% 이상이 벗겨지면 불합격으로 간주한다. 감독원은 시험편 채취지점을 지정할 수 있으며, 지정한 용접부위에서 채취한 시험편의 시험결과가 불합격일 때에는 재 시험용접을 지시해야 한다.

표 6.32 현장접합 상태 평가 시험의 종류 및 특성

평가 시험		개요	특기 사항
파괴 시험	Shear test	• 인장시험기를 사용하여 접합된 부분을 전단시킴	• 보통 2.5cm 폭 시료 사용
	Peel test	• 인장시험기를 사용하여 접합 부분의 양단을 잡고 인장시킴	• 보통 2.5cm 폭 시료 사용
비파괴 시험	Air lance	• 접합 부분 사이로 0.5cm 직경의 관을 통해 약 350kPa의 공기압을 분사하여 접합부분의 부풀림과 펄럭임 정도 조사	• 저렴한 시공단가 • 빠른 시험속도 • 시험자의 기술 수준에 매우 민감
	Pick test	• 무딘 드라이버와 같은 도구로 접합 부분의 위쪽을 들어 올려, 쉽게 들어 올려지는 정도조사	• Air lance방법과 동일함
	Pressureized dual seam	• 2중 접합 사이에 존재하는 공기통로로 공기압(보통 30~60cm 길이에 대해 200kPa의 압력)을 작용시켜 압력저하 정도조사	• 보통의 시공단가 • 빠른 시험속도 • 시험자의 기술 수준에 대한 의존성 낮음
	Vacuum chambers	• 상면이 투명한 1m 길이의 압력상자를 접합 부분 위에 놓고 약 17kPa의 공기압을 작용시켜 압력저하 정도 조사 • 0.75mm 두께 이상의 지오멤브레인에 적용 가능	• 매우 높은 시공단가 • 느린 시험속도 • 시험자의 기술 수준에 민감 • 사면에서의 사용 곤란
	Electric current test	• 지오멤브레인 라이너 위에 15cm 두께의 물을 채우고 전류를 흐르게 하여 전위값을 측정	• 높은 시공단가 • 느린 시험속도 • 시험자의 기술 수준에 대한 의존성 낮음
	Ultrasonic	• 접합 부분에 초음파를 발사하여 초음파가 되돌아오는 경과 시간을 측정(Ultrasonic pulse echo method) • 유사한 방법으로 Ultrasonic impedance plane method등도 있다.	• 높은 시공단가 • 보통 시험속도 • 양질의 결과 얻을 수 있음 • 시험자의 기술 수준에 대한 의존성 보통

(2) 접합부 품질관리 기준

차수재의 시공에서 접합방법, 접합상태 및 성능 등을 평가하고 품질관리를 위해서 반드시 시험을 수행하여야 한다. 비파괴 시험은 자격을 갖춘 작업자가 수행하여야 하며 파괴 시험은 공인기관에 의뢰하여 적합한 시험방법에 의해 실시하여야 한다. 접합시험의 종류는 표 6.32과 같으며 접합시험을 위한 관리기준은 다음과 같다.

① 접합작업을 개시할 때, 접합장비나 조건이 변경될 때, 차수재의 재질이 변경될 때 시험을 해야 하며 접합시험은 최소한 1일 1회 실시한다.

② 접합시험은 찢김시험(peel test)과 전단시험을 해야 하며 시험기준에 부합해야 하며 시험기준은 ASTM 기준 또는 그에 준하는 공인된 시험기준을 적용한다. 만일 시험결과가

기준치 이하이면 재시공하고 그 부분에 대하여 재시험을 하여야 한다.

③ 품질관리자는 시험기준(적용압력, 온도, 시간, 압력강하 등 기타 사항)을 철저히 감독하고 지도해야 한다.

④ 접합시험은 접합부 전 구간에 걸쳐 수행해야 하며 시험상태와 현황을 상세히 기록해야 한다.

⑤ 연속접합(continuous seam)은 판(pannel)의 전 길이까지 연속적으로 행해야 한다.

⑥ 겹침접합 시 겹침 폭이 부적절하면 접합면 사이에 덮개를 사용하여 접합을 해야 하며 최소 덮개 길이는 15cm 이상이어야 한다.

⑦ 모든 접합부는 전체 길이에 대해 비파괴 시험을 해야 하며 진공시험, 공기압시험 전기스파크 시험 등을 이용할 수 있다.

⑧ 접합부에 대하여 파괴 시험(전단시험, 필 시험, 파열시험)을 실시하여야 하며, 파괴 시험의 시험빈도는 150m마다 1회로 하여 접합강도를 점검하고 시험에 불합격한 접합부는 재시공한 후 재시험을 실시한다.

⑨ 파괴 시험의 위치는 품질관리자 또는 공사감독자가 지정하는 위치에서 300×600mm 이상 크기의 시험체를 취하고 시료 채취 부분은 충분한 넓이의 덮개를 하여 접합한 후 비파괴 시험을 수행한다.

⑩ 파괴 시험으로부터 불합격판정이 난 접합구간에 대하여는 접합시간과 작업원을 확인한 후 불합격판정 접합부근에서 추가로 시료를 취하여 파괴 시험을 실시한다. 만약 같은 결과가 발생 시 감독자 또는 품질관리자의 판단에 따라 접합부 전 길이에 대하여 보수작업을 실시하여야 한다.

⑪ 파괴 시험결과의 판정기준은 다음과 같다.

a) 파괴는 모재에서 발생하여야 하며 시험 도중 접합부가 총 접합길이의 10% 이상 벗겨지면 파괴된 것으로 간주하여 시험을 중단한다.

b) 파괴 시험결과 전단강도는 HDPE의 경우 재질 기준 항복인장강도의 90% 이상, PVC의 경우는 80% 이상이어야 한다.

c) 파괴 시험결과 찢김강도는 HDPE의 경우 재질 기준 항복강도의 65% 이상, PVC의 경우는 40% 이상이어야 한다.

d) 파괴 시험을 위한 신율은 50% 이상이어야 한다.

⑫ 비파괴 시험 및 파괴 시험결과는 상세히 기록하여 보관하고 사후관리에 활용하도록 한다.
⑬ 앵커 구조물은 접합이 완료된 후 시공하며 앵커 부분의 접합은 전 길이에 대하여 실시 한다.
⑭ 차수공이 완료되면 배수층 또는 멤브레인 보호층을 시공한다.

5) GCL의 품질관리 기준

현장에서 검수절차가 종료된 롤은 평평하고 건조한 표면에 쌓아 두어야 하며 자재에 불필요한 압력을 받지 않게 해야 하며 양끝을 매달 수 있는 강철봉을 중심대에 끼워 넣고 이것을 이용하여 취급해야 한다. 또한 차수재 가장자리가 버팀줄이나 고리에 의해 손상되지 않도록 중심대를 포설대(spreader bar)에 매달아야 한다. 직포 및 부직포로 제조된 벤토나이트 매트의 경우는 부직포 면은 지반을 향하게 하고 직포면은 위로 향하게 보관해야 한다. 사면 작업은 강우 시 배수를 위해 기초지반 작업이 완료된 후에 시행하며 매트는 사면의 법면에서 앵커 트렌치로 잡아당기거나 먼저 고정시킨 후 사면 아래로 천천히 롤을 풀어 내린다. 이음부는 항상 사면의 기부에 수직이 되며 벤토나이트 매트 설치 시 이음매의 시공 처리는 다음 기술한 요령으로 시행한다. 벤토나이트 매트의 부직포 부위가 중첩되는 가장자리 부위 50cm 이상 부위에 부직포의 기공을 벤토나이트 분말로 공장에서 포설하여 제조된 제품의 경우는 단순중첩을 시행하되 주름진 부위나 구부러진 부위가 없도록 중첩시킨다.

부득이 가장자리에 이음매 처리가 되지 않은 경우에는 다음과 같은 방법으로 이음매 처리를 한다. 이음매 부위에 20cm 너비로 묽은 벤토나이트 페이스트(물 6 : 벤토나이트 1)를 1차로 부직포의 중첩부위에 포설하여 속까지 스며들도록 한 후 벤토나이트 페이스트(물 4 : 벤토나이트 1)를 2차 포설하되 폭 20cm 두께 1cm를 포설한 후 이음매를 덮어 완벽하게 처리하여야 한다. 벤토나이트 매트(또는 GCL)는 경사면에 설치할 때에는 반드시 길이 50cm 이상의 앵커 트렌치를 해서 고정시켜야 하며, 모든 이음매의 방향은 밑바닥이 수직이 되도록 설치하여야 한다. 벤토나이트매트(또는 GCL)의 사면부 시공 시에는 내용물인 벤토나이트가 경사의 하부로 집중되지 않도록 특별히 주의하고, 그러한 하자가 발생하였을 때에는 재시공하여야 한다.

6.6 폐기물 매립장 차수시설 설계사례

지오신세틱스를 이용한 차수 공법에서 사용하는 재료를 차수재라고 하며 주로 지오멤브레인이 많이 사용된다. 지오멤브레인 재료의 특성과 설계이론에 대하여는 앞 단원에서 설명하였고 본 단원에서는 지오멤브레인과 GCL을 이용하여 차수시설을 설계하는 방법에 대하여 설명하고자 한다. 매립하중에 의해 차수구조 내의 지오멤브레인에는 인장응력이 발생하고 이 인장응력에 안전하게 저항할 수 있는 규격과 재질을 결정하는 것이 설계의 목적이다.

6.6.1 설계대상 폐기물 매립지

설계대상은 일반 폐기물 매립장으로서 사면 정상까지의 최종 매립고는 10m이고 제방높이 이상으로는 사면경사 1 : 3이 되도록 추가매립하여 마감처리하는 것으로 계획하였다. 상부 추가매립을 고려한 바닥부에서의 최대 매립고는 1.66m로 가정한다. 본 매립장의 평면부의 차수구조는 원지반인 풍화토층 위에 50cm 두께의 벤토나이트 혼합토를 이용하여 다짐점토층을 형성하고 다짐점토 표면에 2.0mm 두께의 HDPE를 설치하며, HDPE를 보호할 목적으로 1000g의 부직포와 30cm 두께의 모래층을 두는 것으로 설계하였다. 사면부는 암반사면으로 법면에 숏크리트를 하여 요철을 처리하였고, 사면구배는 1 : 1로 하여 높이 5m 위치에 1.0m 폭의 소단을 설치하였다. 사면부의 차수구조는 숏크리트사면 위에 20cm 두께의 벤토나이트 혼합토층을 포설하고 그 위에 GCL, HDPE(2.0mm), 지오콤포지트, 모래주머니의 순으로 구성하였다. 사면 정상부에서의 정착방법은 트렌치를 파고 차수재를 근입시킨 후 무근콘크리트로 채워 정착하는 방법으로 설계하였다. 평면부와 사면부, 그리고 정착부의 설계도는 그림 6.42와 같다.

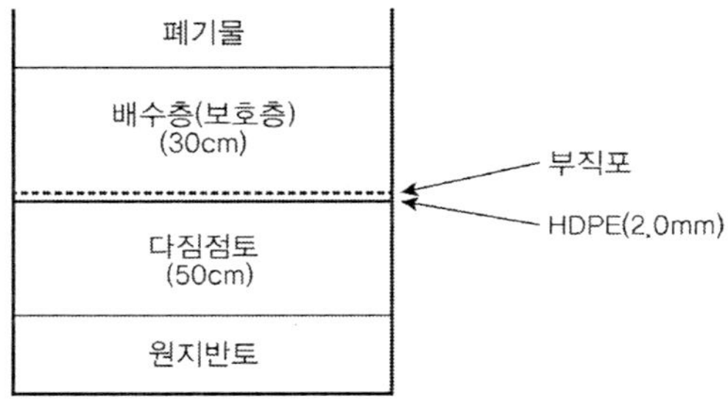

(a) 평면부 차수구조 단면도

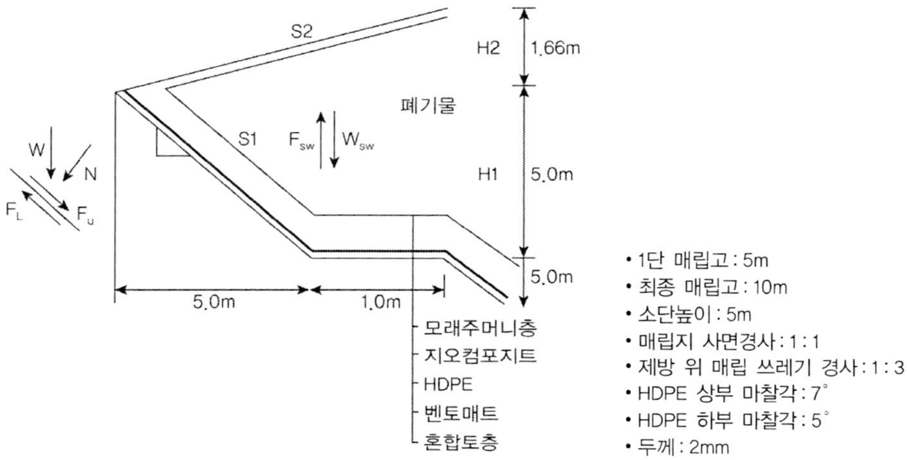

(b) 사면부 차수구조 단면도

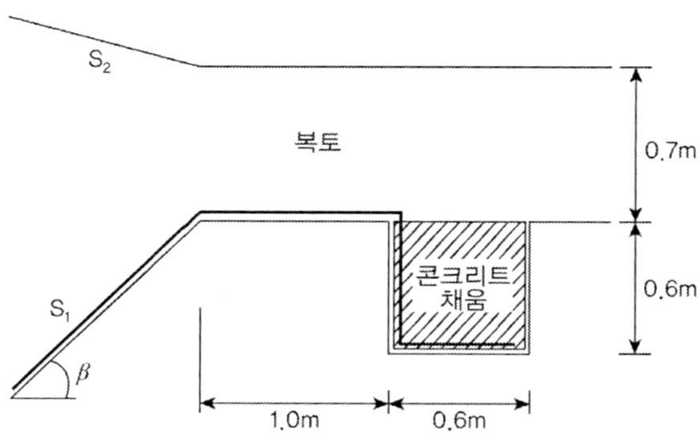

(c) 정착부 차수구조 단면도

그림 6.42 차수구조 단면도

6.6.2 안정성 검토를 위한 설계정수

표 6.33 재료의 특성

재료	단위 중량(t/m^3)	항복인장강도(t/m^2)	항복인장력(t/m)	마찰각(°)
폐기물	1.3	–	–	30
벤토나이트 혼합토	2.0	–	–	23
압성토재료(토사)	2.0	–	–	35
무근콘크리트	2.4	–	–	40
HDPE(2.0mm)	–	1,500	3.0	–
GCL(6.0mm)	–	170	1.0	–
부직포(1000g/m)	–	410t/m	–	–
지오콤포지트(6.0mm)	–	400	2.4	–

표 6.34 재료 간 마찰각

재료구성	마찰각 범위	적용값	비고
HDPE–부직포	8~12	8	KICT 1998
HDPE–지오콤포지트	9~12	10	KICT 1998
HDPE–GCL(상부면)	8~16	9	–
HDPE–다짐점토	5~10	8	KICT 1998
GCL(하부면)–혼합토	17~33	20	–
GCL–점토	14~16	15	KICT 19998
모래주머니–지오콤포지트	7~11	9	Sharma and Lewis, 1994

6.6.3 평면 차수재의 안정성 검토

최대 매립계획고가 12m, 폐기물 매립층의 평균 단위 중량이 1.3t/m^3이며, 매립장 부지의 지반조사 결과 전체가 연약지반이다. 또한 국부적으로 모래질 토층을 이루고 있어서 매립 완료 시 장기적으로 부등침하가 예상되는데 부등침하량은 약 20cm 정도로 예측되었다. 부등침하에 의한 수평 변형량은 약 10cm이다. 그림 6.43에서는 부등침하에 따른 HDPE의 변형에 대하여 나타내었다. 부직포와 지오멤브레인 간의 접촉 마찰각은 7°이고 혼합토와 지오멤브레인간의 접촉 마찰각은 5°일 때 HDPE의 인장파괴에 대한 안정성은 다음과 같다.

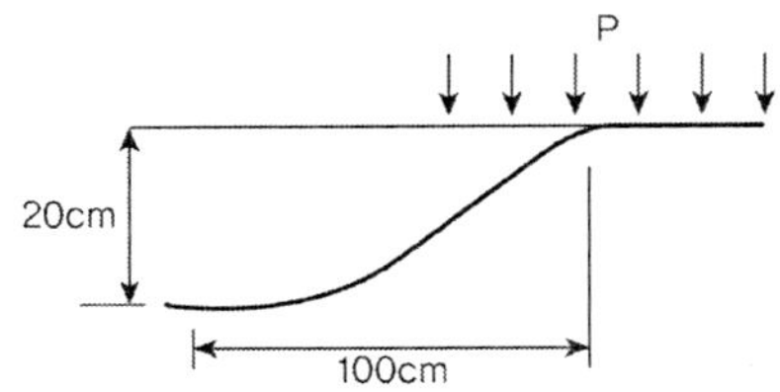

그림 6.43 부등침하에 따른 HDPE의 변형

$\tan\beta = (20/100) = 0.5$이므로, $\beta = 11.3°$

매립하중 $P = (1.3)(12) = 26.0\,t/m^2 = (kg/cm^2)$

HDPE 상부와 하부에서의 마찰각 $\delta_U = 7$, $\delta_L = 7$

HDPE의 항복인장강도 $\sigma ult = 150(kg/cm^2)$, 그리고 부등침하에 의한 변형량 $x = 10cm$이므로 사용할 차수재의 HDPE 2.0mm 두께의 인장파괴에 대한 안전율(FS)은

$$FS = \frac{t \cdot \cos\beta \cdot \sigma_{ult}}{P \cdot x \cdot (\tan\delta_U + \tan\delta_L)}$$

$$= \frac{0.2 \cdot \cos(11.3) \cdot 150}{2.6 \cdot 10 \cdot (\tan 7 + \tan 5)} = 5.38 \text{ (OK)}$$

따라서 2.0mm 두께의 HDPE를 차수재로서 사용할 경우 부등침하에 의한 차수재의 안전율이 2.0 이상이므로 차수재의 인장파괴에 대하여 안전한 것으로 판단된다.

6.6.4 사면부 차수재의 안정성 검토

일반폐기물 매립장에서 제방사면 차수재(HDPE 2.0mm)의 상부에 부직포를 설치하였고 하부에는 GCL을 설치하였다. 제방은 소단 없이 10m의 높이로서 제방사면의 경사는 1 : 2(V : H)이고 매립종료 후 최종 복토층의 구배는 1 : 3(V : H)로 계획되어 있다. 매립 폐기물의 평균단위 중량이 $1.35t/m^3$이고 폐기물층의 내부 마찰각(ϕ)은 35°이고 재료시험결과는 아래의 표 6.35와 같다. 풍하중, 온도변화에 따른 하중, 부재의 자체하중 등은 무시하고 차수재 상부층은 모두 매립 폐기물층의 단위 중량으로 가정하고 매립하중만을 고려한 차수재의 인장파괴에 대한 안정성은 다음과 같다(그림 6.44).

표 6.35 재료 시험결과

재료명	항복인장강도	파단인장강도	시험방법
HDPE(2.0mm)	160(kgf/cm^2)	280(kgf/cm^2)	ASTM D638
부직포(700g)		350(kg/cm)	KS K0520

부재종류	접촉 마찰각(°)
부직포-HDPE	7
HDPE-GCL	5
사질토-HDPE	23
콘크리트-HDPE	26

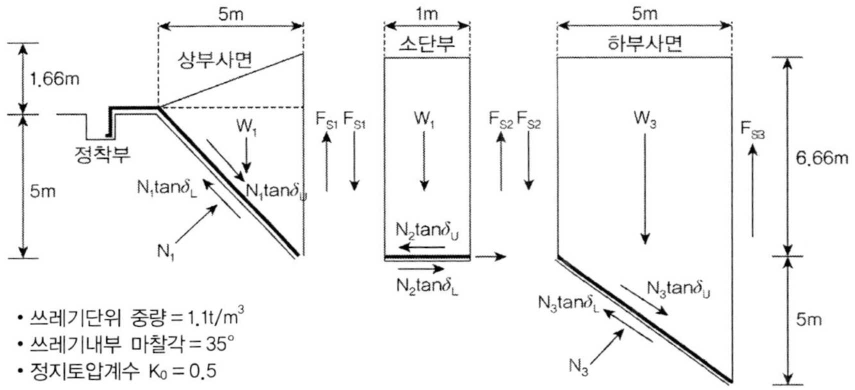

그림 6.44 하부사면부 최대 매립고에 대한 안정성 검토 모델

참고문헌

1. 이광열, 안용수, "차수구조에서 꿰뚫림 하중에 의한 지오텍스타일의 변형에 관한 연구", 대한토목학회논문집 제22권 제5-C호, pp.461~467, 2002. 9.
2. 이광열, 정진교, 안용수, "지오신세틱스의 천공(꿰뚫림) 저항성에 관한 연구: 재료별 천공하중-변형관계", 한국지반공학회 논문집, 제19권 제5호.
3. 이광열, "폐기물매립지 사면부 차수시스템의 전단파괴에 대한 안정성 연구", 대한토목학회 논문집, 제17권 5호 III집, p.549, 1997년 9월.
4. 이광열, "매립지에서 벤토나이트 혼합토의 토질특성에 관한 연구", 한국폐기물학회 논문집 제18권 제7호, p.571~, 2001. 11.
5. Lee, K.Y., S.S. Kim, "Numerical Modelling of Contaminant Migration in Two Municipal Landfill Sites", First International Congress on Environmental Geotechnics, CANADA, pp.695, July 1994.
6. Bonaparte, R. Daniel, D. E., and Koerner, R. M., Assessment and Recommendations for Improving the Performance of Waste Containment Systems, US Environmental Protection Agency, EPA/600/R-02/099, December 2002, p.1150.
7. Briancon, L., Girard, H., Porlain, D. and Maze며, N., "Design of Anchoring at the Top of Slopes for Geomembrane Lining Systems", Proc. EuroGeo 2, Bologna, Italy, 2002, pp.645~650.
8. Comer A., I. Kube, M. and Sayer, M., "Remediation of Existing Cannel linings", J. Geotextile and Geomembranes, Vol. 14, Nos. 5-6, pp.313~326, 1996.
9. Daniel, D. E., Bowders, J. J. and Gilbert, R. B., "Laboratory Hydraulic Conductivity Testing of GCLs in Flexible-Wall Permeameters", in *Testing and Acceptance Criteria for Geosynthetic Clay Liners*, ASTM STP 1308, ed. Larry W. Well, ASTM. 1997, pp.208~228.
10. Daniel, D. E., and Koerner, R. M., "MQC/MQA and CQC/CQA of Waste Containment Liner and Cover Systems", US EPA/600/R-93/182, Technical Resource Document, Second Edition, ASCE Press, Reston, VA, 2005.
11. Dniel, D.E. and Koerner, R.M., Waste Containment Facilities: Guidance for CQA and CQC of liner and Cover Systems, 2^{nd}Edition, ASCE press, Reston, VA, 2007, p.352.
12. Gomez, J. E. and Filz, G. M., "Effect of Consolidation on the Interface Strength of a Clay Liner and a Smooth Geomembrane", Proc. Geosynthetics '99, IFAI Publ., Roseville, MN, 1999, pp.681~696.

13. Hsuan, Y. G., "Data Base of Field Incidents Used to Establish HDPE Geomembrane Stress Crack Resistance Specification", J. Geotextiles and Geomembranes, Vol. 19, No. 1, 2000, pp.1~22.

14. Hullings, D.E., "Exposed Geomembrane Cover Details", Proceedings GRI-22 Conference, Salt Lake City, GRI Publication, Folsom, PA, pp.78~85, 2009.

15. Kavazanjian, E., "Evaluation of MSW Properties Using Field Measurements", Proc. GRI-17 on Hot Topics in Geosynthetics—Ⅳ, GⅡ Publication, Folsom, PA, 2C03, pp.52~93.

16. Koerner, G. R. and Koerner, R. M., "Long-Term Temperature Monitoring of Geomembranes at Dry and Wet Landfills", J. Geotextiles and Geomembranes, Vo. 24, No. 1, February, 2006, pp.72~77.

17. Koerner, R. M., and Soong, T.-Y., "Stability Assessment of Ten Large Landfill Failures", Proc. GeoDenver 2000, Advances in Transportation and Geoenvironmental Systems Using Geosynthetics, GSP No. 103, ASCE, 2000, pp.1~38.

18. Koerner, R. M., "Selected Papers on the Design Decision of Using Peak versus Residual Shear Strengths", GRI Report #29, Geosynthetic Institute, Folsom, Pa, September 30, 2003.

19. Koerner, R. M., Koerner, G. R. and Hsuan, Y. G., "Lifetime Prediction of Exposed Geomembranes", Proc. GRI-18 Conference at GeoFrontiers, Austin, Texas, Geosynthetic Institute Publication, Folsom, Pa, 2005, Paper No. 2. 18.

20. Koerner, R. M. and Koerner, J. R., "A Third Survey of Solid Waste Landfill Liner and Cover Regulations: Part Ⅱ—Worldwide Status", GRI Report #34, Folsom, PA, October 24, 2007, p.137.

21. Koerner, R. M. and Koerner, G. R., Proceedings of Engineered Berms at Landfills, Global Waste Management Symposium, Copper Mountain Conf. Center, Denver, Colorado, GⅡ Publ., Folsom, PA, 2008, p.122.

22. Koerner, R. M., Hsuan, Y. G. and Koerner, G. R., "Laboratory Weathering of Various Types of Geomembranes", Proc. GRI-23, GSI Publ., Folsom, PA, 2010, pp.1~4.

23. Koerner, R. M., Hsuan, Y. G., Koerner, G. R. and Gryger, D., "Ten Year Creep Puncture Study by HDPE Geomembranes Protected by Needle-Punched Nonwoven Geotextiles", J. Geotextiles and Geomembrans, Vol. 28, No. 7, 2010, pp.503~513.

24. Lagatta, M. D., "Hydraulic Conductivity Tests on Geosynthetic Clay Liners Subjected to Differential Settlement", MSCE Thesis, University of Texas, Austin, TX, 1992.

25. McMahon, J., "Retractable Geomembrane Covers Provide Multiple Efficiencies for Big Area Wastewater Plant", Geosynthetics Magazine, Vol. 28, No. 3, 2010, pp.27~31.

26. Müller, W., HDPE Geomembranes in Geotechnics, Springer-Verlag Publishing Co., Berlin, Germany, 2007, p.485.

27. Ramsey, B. and Youngblood, J., "characterization of Textured Geomembranes Predictive of Interface Properties", Proc. FRI-22 Conference, Salt Lake, UT, GSI Publication, Folsom, PA, 2009, pp.106~116.

28. Rowe, R, K., Rimal, S., Arnepalli, D. M. and Bathurst, R. J., "Durability of Fluorinated High Density Polyethylene Geomembranes", J. Geotextiles and Geomembrane, Vol. 28, No.1, 2010, pp.100~107.

29. Sangam, H.P., Rowe, R. K. Cadwallader, M. W., and Kastelic, J. R., "Effects of HDPE Geomembrane Fluorination on the Diffusive Migration of MSW Organic Contaminants", Proc. Geosynthetics Conference, IFAI Publ., 2001, pp.163~176.

30. Swihart, J. J., and Haynes, J., "Canal Lining Demonstration Project: Year 10 Final Report", US Bureau of Reclamation R-02-03, November 2002, p.277.

31. Thiel, R., "Optimization of Anchor Trench Design for Solar Evaporation Ponds", Geosyn-thetics Magazine, Vol. 28, No. 5, 2010, pp.12~18.

32. Vandervoort, J., The Use of Extruded Polymers in the Containment of Hazardous Wastes, The Woodlands, TX: Schlegel Lining Technology Inc.

33. von Maubeuge, K. P., and Lucas, S. N., "Peel and Shear Test Comparison and Geosynthetic Clay Liner Shear Strength Correlation", Proc. Clay Geosynthetic Barriers, H. Zanzinger, R. M. Koerner and E. Gartung, Eds., A. A. Balkema Publ., 2002, pp.104~110.

34. Weggel, J. R. and Koerner, R. M., "Floating(Geogrid Supported) Geomembrane Megabags for Emergency Water Supply", Proc. GRI-20 Conference, Geosynthetic Institute, Folsom, PA, Paper No. 13, 2007, p.15.

35. Yazdani, G., "Developing Egypt's South Valley", Geosynthetics Magazine, Vol. 23, No. 1., Jan./Feb., 2005, pp.38~43.

36. Zanzinger, H. and Saathof, F., "Shear Creep Behavior of a Stitch-Bonded Clay Geosynthetic Barrier", *Proc. 3rd Intl. Symposium on Geosynthetic Clay Liners*, Wurzburg, Germany, 2010, pp.219~229.

제7장

토목섬유 혼합토

제7장

토목섬유 혼합토

7.1 개 요

토목섬유 혼합토는 지반 내에 인장강도를 갖는 토목섬유 보강재를 혼합하여 흙과 보강재 사이의 마찰 특성으로 전단강도를 증진시킬 목적으로 개발된 혼합토이다. 토목섬유는 그림 7.1과 같이 지반 속에 혼합되어 오랜 기간 동안 본래의 재질 특성이 변하지 않아야 하므로 높은 역학적 강도와 우수한 내구성을 갖는 합성섬유로 만들어진다. 토목섬유의 종류는 매우 많으나 실제로 물리적, 화학적 및 역학적 특성과 경제성 등을 고려하여 국내·외에서는 폴리아크릴니트릴(polyacrynitril, PAN), 폴리아미드(polyamide, PA), 폴리에스테르(polyester, PET), 폴리에틸렌(polyethylene, PE), 폴리프로필렌(polyprolylene, PP)과 같은 다섯 종류가 주로 사용되고 있다. 대표적인 5종류의 토목섬유의 밀도, 인장강도, 파괴 시 변형률 등과 같은 물리적 특성과 내구성이 각각 다르기 때문에 토목섬유 생산 시 사용목적에 맞는 토목섬유를 사용해야 한다. 현재 많이 생산되는 토목섬유 제품은 직포(woven geotextile), 부직포(nonwoven geotextile), 지오그리드(geogrid), 지오멤브레인(geomembrane) 및 복합포(composite geotextile) 등이다. 또한 최근에는 산업부산물에 대한 재활용 필요성이 커짐에 따라 폐어망, 폐타이어 등과 같은 폐자원도 토목섬유로 이용되고 있다. 이러한 토목섬유는 배수, 필터, 분리, 보강, 차수, 침식 제어 기능 등과 같은 다양한 기능을 수행한다. 일반적으로 현장에 적용된 토목섬유는 하나 이상의 기능을 수행한다.

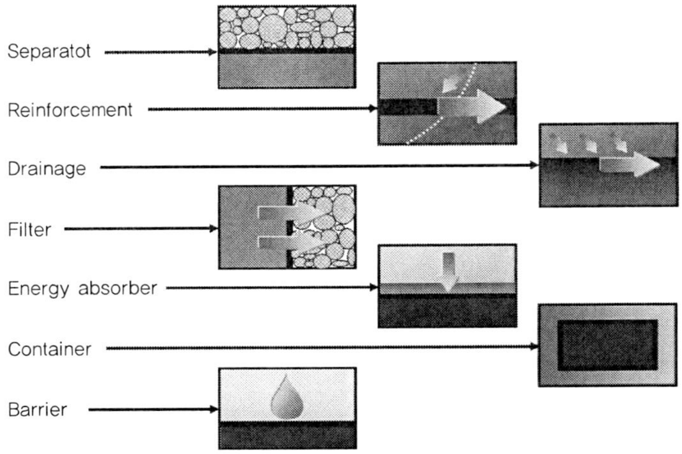

그림 7.1 토목섬유의 주요 기능

본 장에서는 토목섬유의 다양한 기능 중에서 주로 지반과 혼합되어 지반의 역학적 특성을 개선하기 위해 사용되는 토목섬유 혼합토에 대해 서술하고자 한다.

7.2 토목섬유 혼합토의 원리 및 목적

그림 7.2는 흙 입자 사이에 토목섬유가 혼합된 토목섬유 혼합토의 개념도를 나타낸다. 응력작용 상태에서 흙 입자에서 유발된 상대적인 거동으로 인해 혼합된 토목섬유에서 인장응력이 유발됨으로써 토목섬유는 지반의 전단강도를 증가시키는 보강효과를 발휘한다.

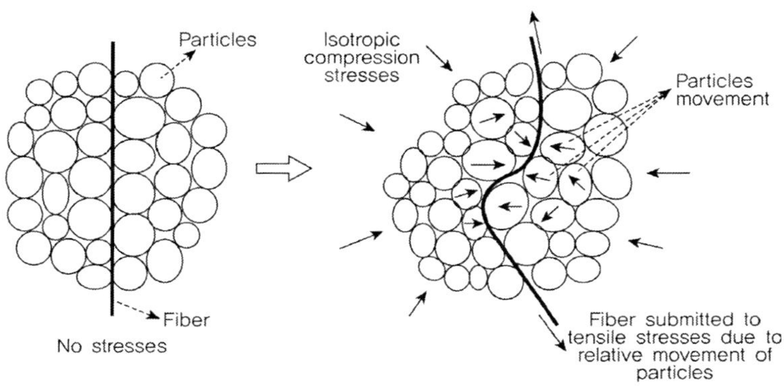

그림 7.2 하중작용 상태에서 토목섬유에 작용하는 거동 (Consoli et al., 2005)

그림 7.3은 흙과 토목섬유의 경계면에서 유발되는 역학적인 거동을 나타낸 개념도이다(Tang 등, 2007). 흙과 토목섬유와의 경계면에서 흙과 토목섬유의 부착력, 마찰력과 맞물림 하중이 작용하여 토목섬유의 미끄러짐을 막고 토목섬유가 인장응력을 받아서 지반의 전단강도를 증가시키는 보강효과를 발휘한다.

토목섬유를 이용한 기존 연구를 살펴보면 Gray 등(1986), Markou 등(2004)은 모래에 토목섬유를 혼합하면 내부 마찰각이 증가한다는 것을 실험적으로 증명하였다. Yetimoglu 등(2005)은 점토에 랜덤하게 섬유재를 혼합함으로써 압축강도의 증가를 확인하였다. 또한 Prabakar 등(2002)은 천연섬유를 점토에 혼합한 실험에서 점착력과 내부 마찰각의 증가를 확인하였다. 또한 김윤태 등(2006a, 2006b)은 합성섬유 제품의 일종인 폐어망과 지반 보강재로 사용되는 지오그리드를 이용한 토목섬유 혼합토 연구에서 압축강도증가의 효과가 있음을 확인하였다.

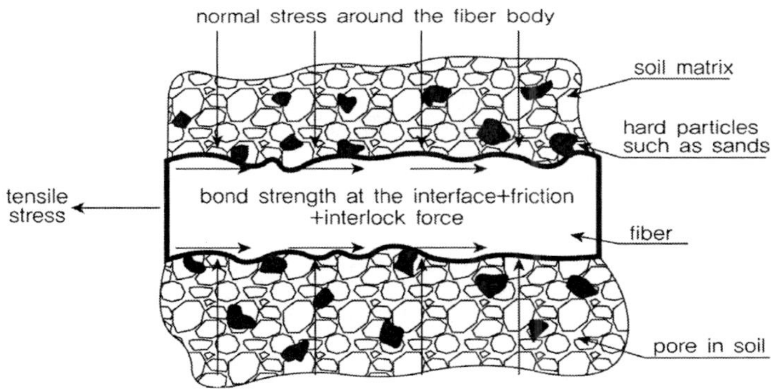

그림 7.3 토목섬유와 흙 사이의 경계면에서 역학적 거동에 대한 개념도

토목섬유 혼합토는 지반 내에 인장강도를 갖는 보강재를 혼합하여 흙과 보강재 사이의 마찰 특성으로 전단강도 증진효과를 얻을 수 있는 혼합토이다. 따라서 토목섬유 혼합토의 사용목적은 압축에는 강하나 인장에 취약한 흙에 인장강도를 갖는 재료를 혼합함으로써 혼합토의 강도를 증진시키는 것이다. 보강에 주로 사용되는 보강재는 시트(sheet) 형 보강재, 그리드(grid) 형 보강재, 띠(strip) 형 보강재 등으로 구분된다. 이러한 보강재 중 그리드 형태의 고강도 토목섬유인 지오그리드 활용이 두드러진다.

그림 7.4는 토목섬유 혼합토로 조성된 구조물의 활동면에 따른 마찰형태이다. 활동면에 따라 크게 3종류의 마찰 특성을 나타낸다. A 부분의 마찰 특성은 흙과 보강재 경계면에서 유

발되는 마찰 특성으로 흙-보강재 경계면 전단시험 마찰방식과 유사하다. B 부분은 인발 특성으로 인발시험을 통해 마찰 특성을 구할 수 있다. C 부분의 마찰 특성은 파괴면에 대해 경사진 보강재에 대한 전단시험의 마찰방식과 유사하다.

이와 같은 토목섬유 혼합토의 마찰 특성을 포함하는 역학적 특성에 대한 평가는 토목섬유 혼합토로 조성된 구조물의 합리적인 설계 및 해석을 위해 선행되어야 한다.

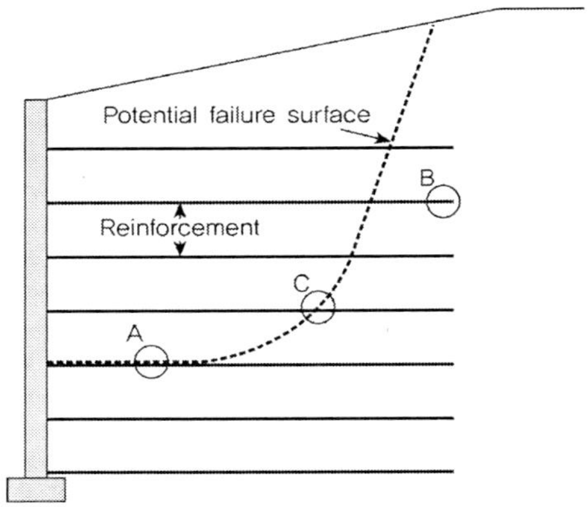

그림 7.4 토목섬유 혼합토로 조성된 구조물의 파괴면에서 발생하는 마찰거동의 특성

7.3 토목섬유 혼합토의 역학적 특성

토목섬유 혼합토의 역학적 특성을 평가하기 위해 무보강 혼합토와 토목섬유 혼합토의 역학적 특성을 비교해보자. 토목섬유 혼합토의 역학적 특성을 분석하기 위해 일축압축시험이나 직접전단시험용 시편을 제작하여 다양한 실험을 수행하였다. 그림 7.5는 무보강 혼합토와 단섬유나 폐어망이 혼합된 토목섬유 혼합토의 일축압축강도 시험(직경 × 높이 : 72mm × 148mm) 및 직접전단시험(가로 × 세로 × 높이 : 100mm × 100mm × 60mm)을 위한 공시체 샘플의 개념도를 나타낸다. 이때 토목섬유 혼합토는 섬유의 혼합방식에 따라 랜덤하게 분포하는 선형적 형태를 가진다.

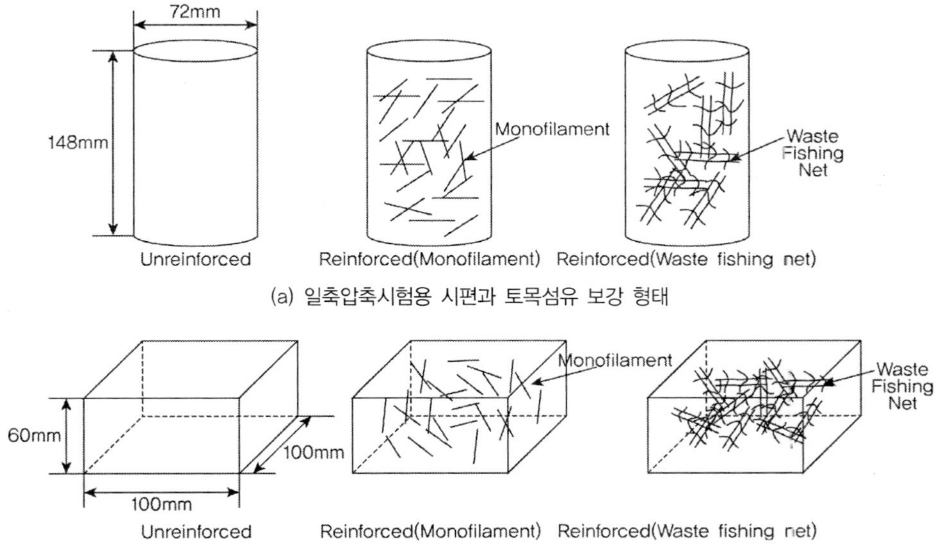

(a) 일축압축시험용 시편과 토목섬유 보강 형태

(b) 직접전단시험 시편과 토목섬유 보강형태

그림 7.5 무보강 혼합토 및 토목섬유 혼합토 시편

무보강 및 토목섬유 혼합토의 배합 조건으로는 건조된 흙의 중량을 기준으로 하여 시멘트 함유율(Ci), 초기 함수비(Wi)와 단섬유(monofilament, MFi) 및 폐어망 함유율(waste fishing net, Ni)의 조건을 각각 달리하여 배합 설계치를 산정하였다. 단섬유나 폐어망이 혼합된 토목섬유 혼합토의 보강효과를 알아보기 위해 무보강 혼합토의 배합 조건을 기준으로 하여 단섬유와 폐어망의 함유율을 변화시켜 토목섬유 혼합토를 제작하였다. 무보강 및 토목섬유 혼합토 제작을 위한 배합 조건은 표 7.1과 같다. 다양한 배합 조건에 따라 제작된 무보강 및 토목섬유 혼합토의 역학적 특성을 파악하기 위하여 일축압축강도 시험, 직접전단시험 및 탄성파 시험을 수행하였다.

표 7.1 섬유혼합토의 종류 및 배합 조건

배합 조건	혼합토 종류		
	무보강 혼합토	단섬유 보강 혼합토	폐어망 보강 혼합토
시멘트 함유율, Ci(%)	8, 12, 16, 20	20	20
초기 함수비, Wi(%)	120, 130, 140, 150	120	120
단섬유 함유율, MFi(%)		0, 0.25, 0.5, 0.75, 1	–
단섬유 길이(cm)		2, 3, 4, 5	–
폐어망 함유율, Ni(%)	–	–	0, 0.25, 0.5, 0.75, 1

일축압축강도 시험결과 무보강 혼합토와 토목섬유 혼합토의 파괴 형상은 그림 7.6과 같다. 무보강 혼합토의 파괴형상은 그림 7.6(a)와 같이 재료별 함량 변화에 따라 약간의 차이는 있지만 대부분 가운데 부분이 경사지게 파괴되는 전형적인 흙의 전단파괴 형상과 유사한 경향을 나타내었다. 폐어망 혼합의 경우에는 그림 7.6(b)와 같이 압축면부터 연직방향으로 파괴가 서서히 일어난 후 공시체의 중앙 부근에서 다시 경사지게 파괴가 일어나는 형태이며 지오그리드 혼합의 경우에는 그림 7.6(c)와 같이 지오그리드가 보강된 중앙 부근에서 벌징(bulging) 파괴가 일어났다. 이러한 결과는 모래에 지오텍스타일을 혼합한 Gray 등(1986)의 실험결과와 유사한 파괴형상임을 알 수 있다.

(a) 무보강 (b) 폐어망 보강 (c) 지오그리드 보강

그림 7.6 섬유혼합에 따른 파괴형태

무보강 혼합토의 응력-변형 거동 특성은 일축압축 시험을 수행한 결과로 분석하였다. 그림 7.7은 무보강 혼합토의 함수비에 따른 응력-변형 곡선 및 공시체 파괴 형상을 나타낸 것이다. 기준 배합비에서 초기 함수비가 120%, 130%, 140%, 150%로 변화할 때의 응력-변형 곡선과 각 공시체 파괴 형상으로부터 함수비가 증가함에 따라 기울기도 작아지며 최대 일축압축강도 이후 응력감소도 작은 연성적인 거동을 나타낸다. 또한 함수비가 증가할수록 최대 일축압축강도에 대응하는 축변형률은 증가되었으며 함수비가 높은 공시체에서 초기에 bulging 파괴가 발생하였다.

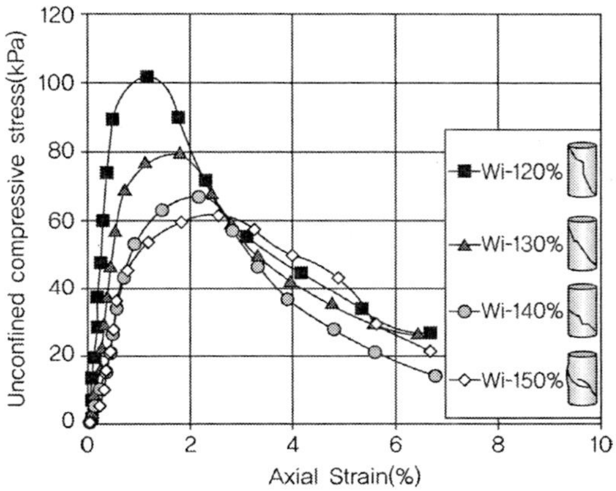

그림 7.7 함수비 변화에 따른 응력-변형 곡선

7.3.1 단섬유 보강 혼합토

그림 7.8(a)는 단섬유의 함유량에 따른 응력-변형거동 특성으로 단섬유의 길이는 3cm이고, 건조된 흙 무게에 대한 단섬유의 함유량은 각각 0.25%, 0.5%, 0.75%, 1%이다. 단섬유 함유량이 0.5%가 될 때까지 최대 일축강도와 응력-변형 곡선의 기울기가 증가하였다가 단섬유 함유량이 증가할수록 다시 감소하는 경향을 나타내었다. 무보강 혼합토에 비하여 단섬유 함유량이 0.5%가 혼합되었을 때 최대 일축강도와 잔류 응력이 증가하는 것으로 나타나 단섬유 혼합이 역학적 특성 개선에 효과가 있는 것으로 보인다.

그림 7.8(b)는 단섬유의 함유량은 0.5%로 고정하고 단섬유의 길이를 2cm, 3cm, 4cm, 5cm로 변화시켜 혼합한 단섬유 보강 혼합토의 응력-변형 곡선을 나타낸 것이다. 응력-변형 곡선 결과는 단섬유의 길이가 4cm까지 최대 일축강도와 응력-변형 곡선의 기울기가 증가하였다가 이후 단섬유 길이가 증가할수록 다시금 감소하는 경향을 나타내었다.

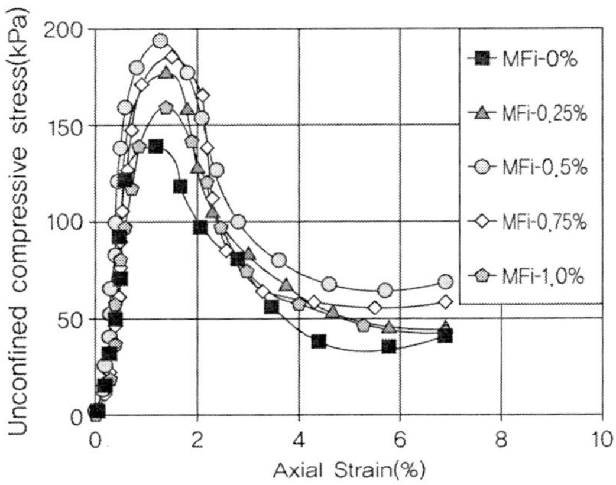

(a) 단섬유 함수량의 영향

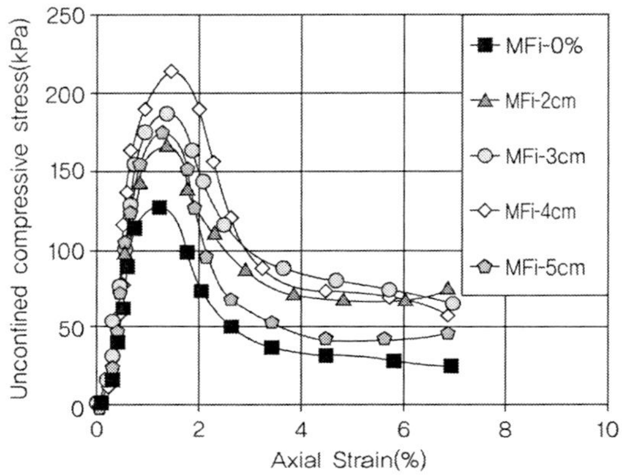

(b) 단섬유 길이 영향

그림 7.8 단섬유 보강 혼합토의 응력-변형 특성

Tang 등(2007)은 단섬유로 보강된 고화처리 점토의 역학적 특성에 대한 연구를 수행하였다. 그들은 단섬유가 공시체 파괴 시 발생되는 인장균열의 진행을 지연시키는 현상을 교량효과(bridge effect)로 명명하였다. 그림 7.9는 단섬유 보강 혼합토의 일축압축시험 시 발생된 교량효과를 나타낸 것으로 공시체의 인장균열 발생 부분에서 단섬유가 저항하면서 인장균열의 진행을 지연시키는 역할을 하고 있다.

그림 7.9 교량효과(Bridge effect)

그림 7.10은 단섬유 함유량이 0.5%일 때 전단응력-전단 변형률의 관계를 나타내는 그림이다. 연직응력이 70kPa, 140kPa, 210kPa, 280kPa로 변화시켜 직접전단시험을 수행한 결과이다. 전단변형률에 따른 전단응력의 거동은 낮은 연직응력에서 첨두강도가 발현되나 상대적으로 높은 연직응력에서는 명확한 첨두강도가 나타나지 않았다.

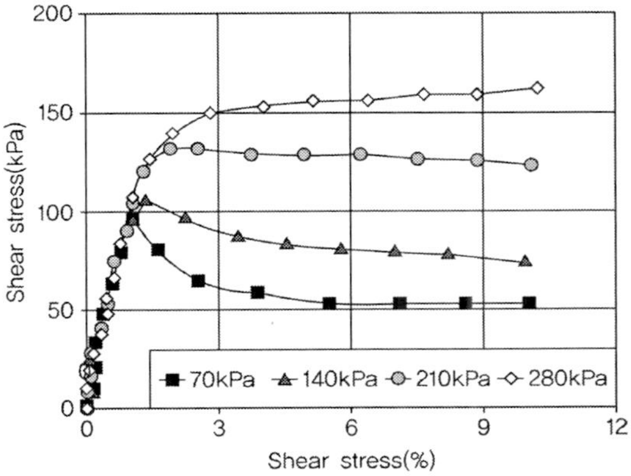

그림 7.10 단섬유 보강 혼합토의 전단응력-전단변형 특성

일반적으로 토목섬유 혼합토의 강도는 혼합되는 토목섬유의 함유량, 길이 등에 의존한다. 그림 7.11은 단섬유 함유량과 길이에 따른 단섬유 보강 혼합토의 압축강도 특성을 나타낸다. 그림 7.11(a)는 단섬유의 함유량에 따른 압축강도 특성을 나타낸 것이다. 최대압축강도와 잔류압축강도는 단섬유 함유량이 0.5%일 때 가장 크게 나타나고, 이후 단섬유 함유량이 증가할수록 감소하는 경향이 나타났다. 즉, 최적 함유량인 0.5%까지는 단섬유 혼합에 의하

여 혼합토와 단섬유가 맞물림(interlocking) 효과와 교량효과에 의해 단섬유 혼합토의 압축강도가 증가된 것으로 판단된다. 그러나 0.5%를 초과하는 경우에는 혼합되는 섬유의 양이 과다해지면서 섬유재 자체의 엉킴에 의해서 맞물림 효과가 감소하고, 섬유재와 섬유재 사이의 마찰력이 전체 거동을 지배하여 상대적으로 마찰력과 저항력은 감소한다. 이는 Nataraj 등(1996)의 연구에서 섬유혼합비를 0.2%, 0.3%, 0.5%의 비율로 혼합하여 실험한 결과 0.3%일 때 가장 큰 보강효과가 나타난 결과와 유사하다.

그림 7.11(b)는 단섬유의 길이에 따른 단섬유 보강 혼합토의 압축강도 특성을 나타낸 것이다. 최대 압축강도와 잔류압축강도는 단섬유의 길이가 4cm일 때 가장 크게 나타나고 이후 단섬유 길이가 증가할수록 감소한다. 시료 성형 시 사용된 배합비에서 실험결과를 비교해 보면, 본 실험의 경우 단섬유 최적 길이는 4cm임을 알 수 있다. Prabaker 등(2002)은 섬유재가 랜덤하게 혼합된 흙의 강도에서 섬유재의 길이가 어느 최적 값을 넘으면 흙과 섬유재의 맞물림이 감소함을 알 수 있었다. 또한 조삼덕 등(1995)의 연구에 따르면 일정 길이 이상에서 강도 증가효과가 미미한 이유는 섬유의 길이가 증가할수록 섬유의 엉킴현상이 두드러지기 때문이다. 특히 혼합 시 입경이 큰 입자들은 서로 엉켜 있는 섬유 사이에서 이탈하는 경향이 나타나 엉켜진 섬유 덩어리 형태가 존재한다. 본 실험에서도 단섬유 길이가 5cm인 공시체에서 섬유의 엉킴현상이 나타났고 상대적으로 입경이 큰 입자가 엉켜진 단섬유 사이에서 이탈하였다.

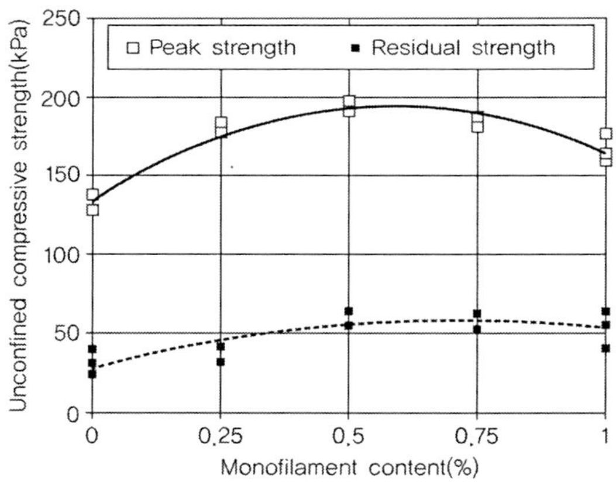

(a) 단섬유 함유량

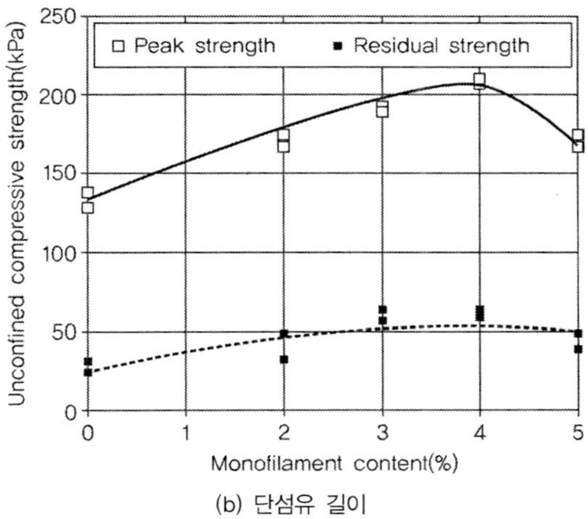

(b) 단섬유 길이

그림 7.11 단섬유 함유량과 길이에 따른 일축압축강도 특성

그림 7.12는 단섬유의 직경에 따른 단섬유 보강 혼합토의 압축강도 변화를 나타낸 것이다. 보강효과를 알아보기 위해 단섬유 보강 혼합토의 압축강도를 무보강 공시체의 압축강도로 정규화하였다. 섬유 직경이 0.25mm인 경우가 0.5mm인 경우보다 보강효과가 컸으며, 섬유 직경이 0.5mm인 경우 보강효과는 거의 나타나지 않았다. 이는 섬유직경이 클수록 섬유의 유연성이 작아져서 보강혼합토 사이에서 섬유의 맞물림 효과가 감소하기 때문으로 판단된다. 조삼덕 등(1995)의 연구에서도 직경이 0.46mm인 섬유재를 혼합한 경우가 직경 0.21mm인 섬유재를 혼합한 경우보다 전단강도가 작게 보고되었다.

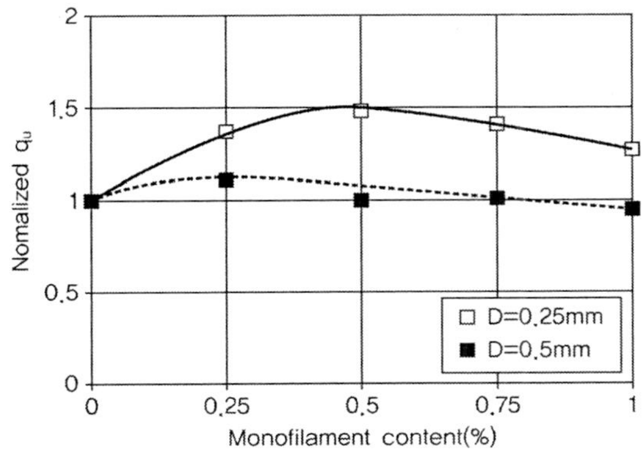

그림 7.12 단섬유 직경 변화에 따른 일축압축강도 특성

그림 7.13은 혼합토의 연직응력에 대한 전단강도를 나타낸다. 모든 경우 연직응력이 증가함에 따라 전단강도 역시 증가하는 것을 알 수 있다. 그림 7.13(a)와 (b)는 단섬유 보강 혼합토의 연직응력에 대한 전단강도를 나타낸다. 그림 7.13(a)는 단섬유 함유량에 따른 전단강도 특성을 나타내는 것으로서 내부 마찰각은 17~19° 내외의 값을 가지며 단섬유 함유량 0.5%에서 가장 큰 점착력을 가지는 것으로 나타났다. 이것은 단섬유 함유량 0.5%에서 가장 큰 보강효과를 나타내는 일축압축 시험의 결과와 유사하며, 섬유를 혼합할 시 최적 섬유 혼합비가 존재한다는 것을 시사한다. 그림 7.13(b)는 단섬유 길이에 따른 전단강도를 나타내고 있다. 내부 마찰각은 17~19° 내외의 값을 가지는 것으로 나타났으며 단섬유 길이 4cm에서 가장 큰 점착력이 나타났다. 이러한 결과는 일축압축 시험결과와 유사하였으며 섬유길이에도 최적 길이가 존재함을 알 수 있었다.

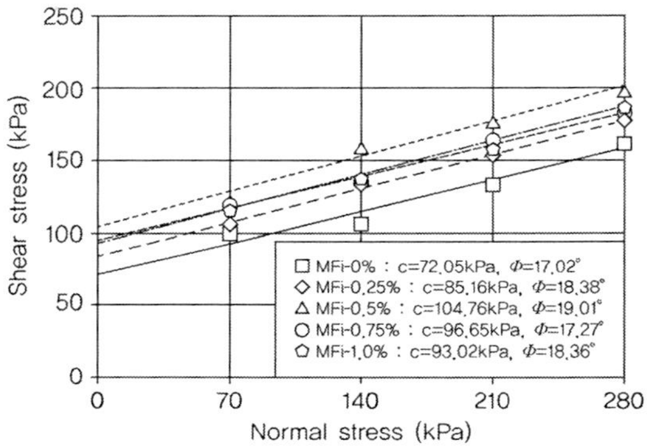

(a) 단섬유 함유량

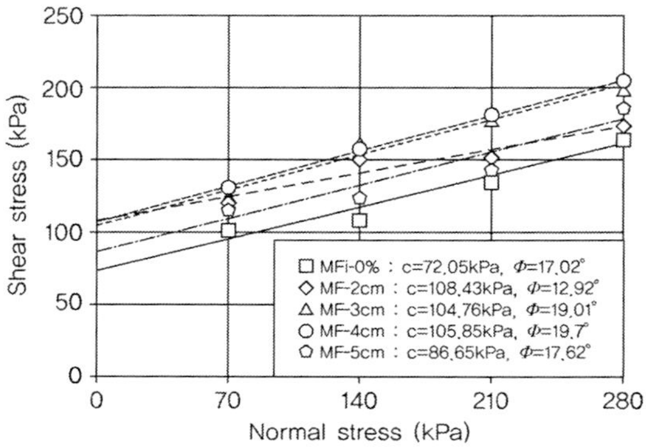

(b) 단섬유 길이

그림 7.13 단섬유 함유량과 길이에 따른 전단강도 특성

단섬유 함유량과 길이에 대한 전단강도의 변화는 그림 7.14와 같다. 연직응력이 70~280kPa까지 증가함에 따라 전단강도가 모두 증가함을 볼 수 있다. 또한 단섬유가 혼합된 보강 공시체가 무보강 공시체보다 상대적으로 더 큰 전단강도를 가진다.

그림 7.14(a)와 같이 단섬유 함유량별 전단강도는 0.5%에서 최대 전단강도를 가짐으로써 최적 섬유비가 존재함을 확인할 수 있다. 그림 7.14(b)는 단섬유 길이별 전단강도는 4cm에서 최대 전단강도가 나타났으며 함유량과 마찬가지로 최적 섬유길이가 존재함을 알 수 있다.

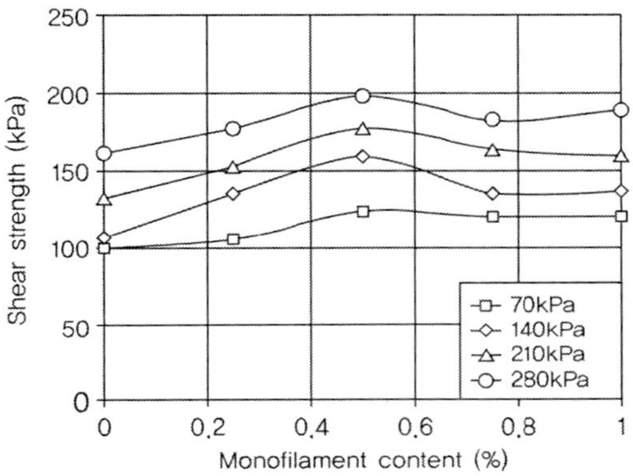

(a) 단섬유 함유량

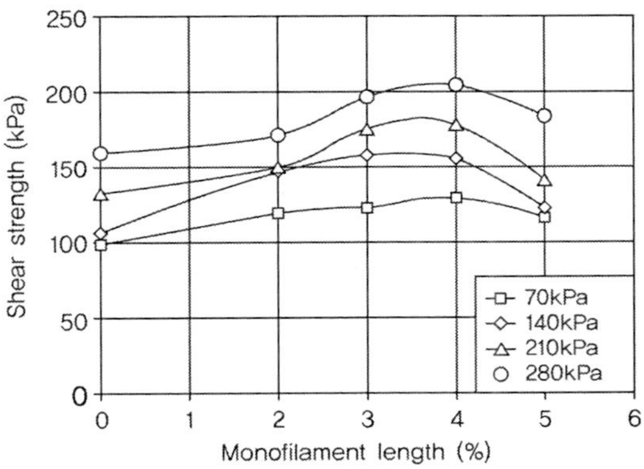

(b) 단섬유 길이

그림 7.14 단섬유 함유량과 길이에 따른 전단강도 변화

7.3.2 지오그리드 보강 혼합토

그림 7.15는 지오그리드가 층으로 보강된 지오그리드 보강 혼합토와 무보강 혼합토의 실험 결과를 비교한 것이다. 무보강 혼합토의 응력-변형 곡선과 비교해서 지오그리드가 보강된 혼합토의 응력-변형 곡선으로부터 지오그리드 혼합이 강도증가에 효과가 있다는 것을 알 수 있다. 또한 최대 강도 이후의 거동 특성에서도 취성적인 파괴 거동을 감소시켜 연성적인 거동 형태로 바뀌는 것을 확인할 수 있다. 지오그리드 보강층이 공시체의 수평방향으로 2층에서 5층까지 증가할수록 최대 일축압축강도가 증가함을 볼 수 있다. 이러한 결과는 혼합된 지오그리드가 혼합된 지반 내에서 인장에 저항하기 때문에 지오그리드 보강층이 증가할수록 공시체의 강도 역시 증가하는 것으로 판단된다.

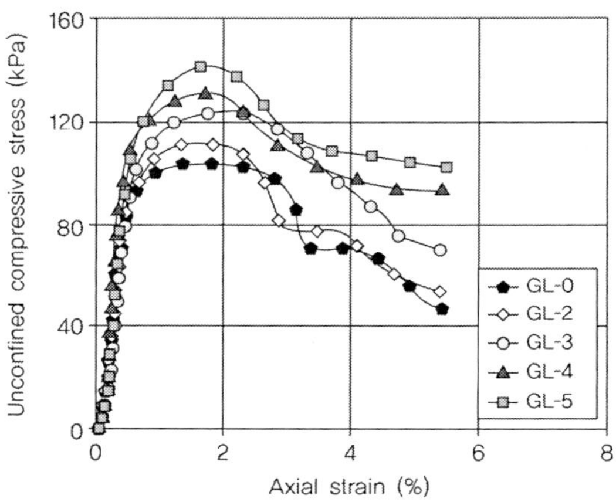

그림 7.15 지오그리드 혼합토의 응력-변형 곡선

지오그리드 혼합층에 대한 영향을 파악하기 위하여 무보강 혼합토와 비교한 그래프는 그림 7.16과 같다. 지오그리드를 2층, 3층, 4층, 5층으로 증가시키면서 보강하였을 때 점차적으로 압축강도가 증가하는 것을 알 수 있다. 이러한 이유는 지오그리드가 혼합된 지반 내에서 인장에 저항하기 때문인 것으로 판단된다. 그러나 강도증가와 같은 보강효과가 크지 않은 이유는 지오그리드와 흙 사이의 부착이 제대로 이루어지지 않아 발생된 것이다.

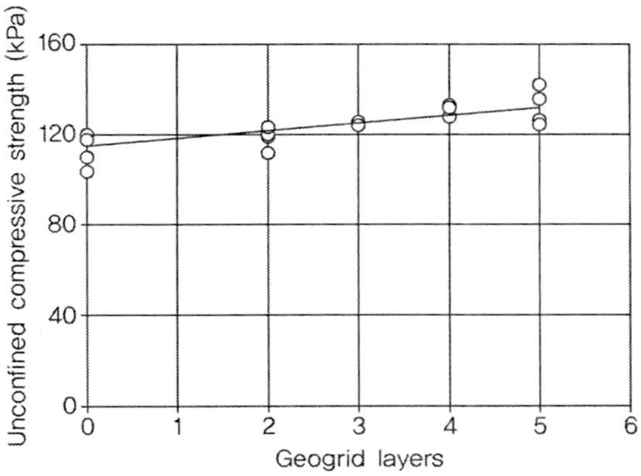

그림 7.16 지오그리드 보강층수에 따른 압축강도 변화

무보강 혼합토, 폐어망 및 지오그리드가 혼합된 보강 혼합토의 일축압축상태에서의 압축강도와 할선 탄성계수(E50)의 관계를 고찰해보면 그림 7.17과 같다. 무보강 혼합토의 할선 탄성계수는 압축강도의 44~80배 정도의 범위를 가지며, 폐어망 혼합토는 53~141배, 지오그리드 혼합토는 117~208배 정도의 범위를 가진다. 모든 경우에서 압축강도가 증가함에 따라 할선 탄성계수는 증가함을 알 수 있고, 지오그리드 보강 혼합토가 가장 큰 할선 탄성계수값을 가진다. 이와 같이 지오그리드 보강 혼합토의 할선 탄성계수의 하한계값과 상한계값이 증가한 이유는 지오그리드 보강에 의해 시편의 강성도가 증가하였기 때문이다. 재료별 함유율에 따라 보강효과의 영향이 각각 다르기 때문에 다소 분산되어 나타났으나, 이러한 결과는 Tang 등(1996)이 제시한 일반적인 범위[E50=(40~260)qu]에 있음을 알 수 있다. 또한 국내 연구사례에서 김주철 등(2002)은 양생기간에 따른 변형계수의 값을 일축압축강도의 82~91배 정도의 범위로 제안하였다. 이러한 차이는 흙 종류, 시멘트 함유율, 보강재 혼합 유무 및 보강재 특성에 따라 혼합토의 응력-변형 거동 및 강도 특성이 변하기 때문이다.

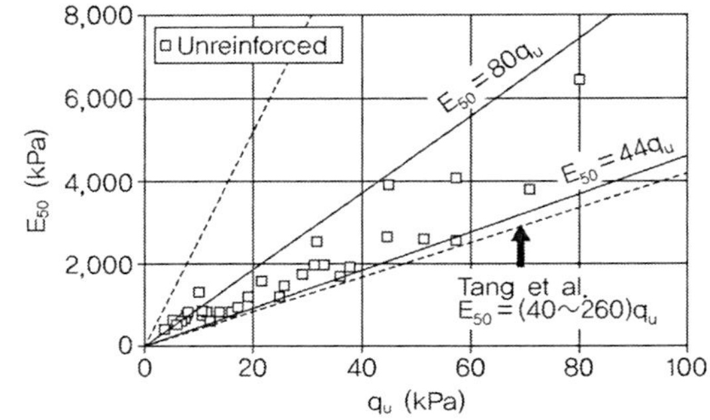

(a) 무보강

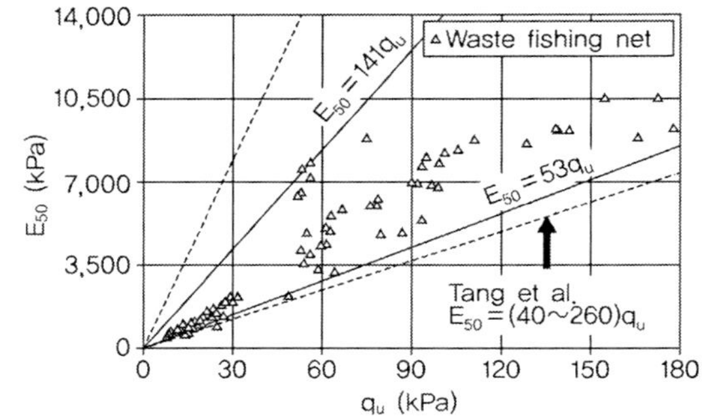

(b) 폐어망 보강

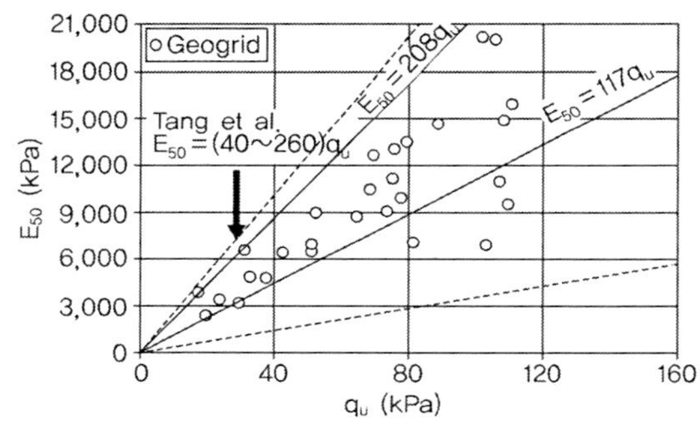

(c) 지오그리드 보강

그림 7.17 강도와 변형계수의 관계

그림 7.18은 직접전단시험으로부터 구한 지오그리드 보강 혼합토의 연직응력에 대한 최대 및 잔류전단강도를 나타낸다. 모든 경우에서 연직응력이 증가함에 따라 전단강도 역시 증가하는 것을 볼 수 있다. 내부 마찰각은 10° 내외의 값을 가지고, 지오그리드 보강층이 증가할수록 점착력은 증가한다. 이는 보강 재료로 사용된 지오그리드의 강성이 크기 때문에 나타난 결과이다.

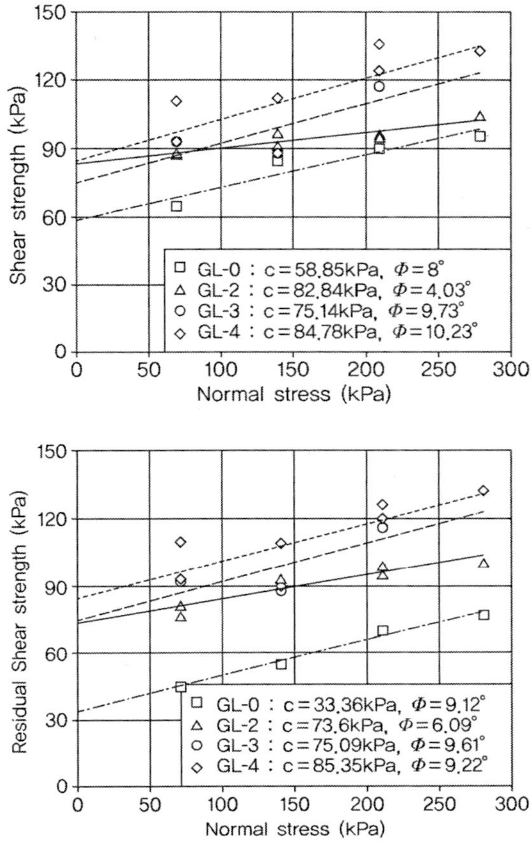

그림 7.18 지오그리드 보강 혼합토의 전단 특성

그림 7.19는 각 연직응력에 따른 지오그리드의 인발력-인발변위 관계를 나타낸다. 지오그리드는 연직응력이 증가함에 따라 최대 인발력도 증가한다. 또한 보강재가 파단 없이 인발되거나 인발력이 충분히 발현된 후 파단되는 경향을 나타낸다.

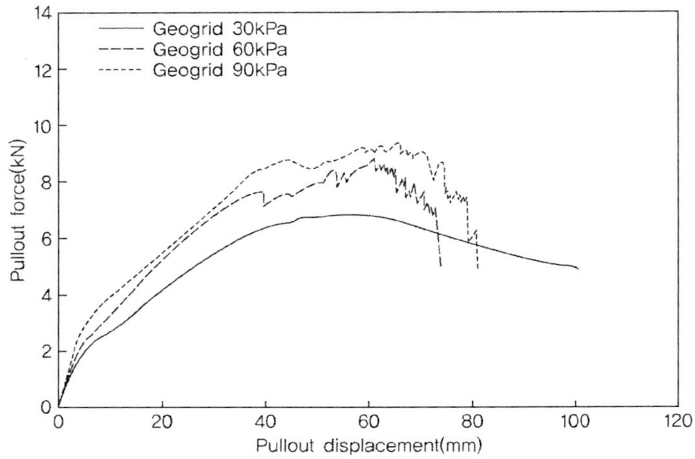

그림 7.19 지오그리드의 인발특성

그림 7.20은 연직응력 90kPa하에서 폐어망 및 지오그리드의 인발력-인발변위 관계를 나타낸다. 인발 초기에 지오그리드는 폐어망보다 큰 인발력을 가지며, 최대인발력 발현 시점의 인발변위도 폐어망보다 작다. 이것은 지오그리드의 강성도 및 인장강도가 폐어망보다 크기 때문이다.

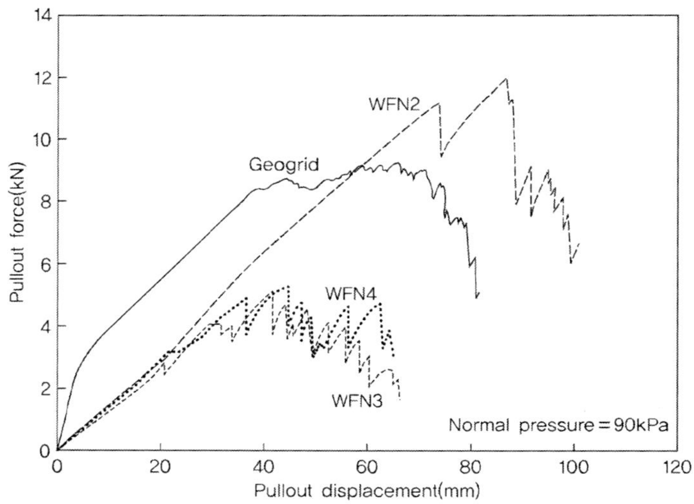

그림 7.20 지오그리드 및 폐어망의 인발특성 비교

그림 7.21은 인발시험이 끝난 후에 구한 보강재의 잔류 변형률 분포를 나타낸 것이다. 연직응력 30kPa 일 때 잔류 변형률은 보강재 끝단으로부터 거리가 증가함에 따라 선형적으로

증가한다. 그러나 연직응력이 90kPa일 때는 보강재 선단 부근에서 잔류 변형률이 크게 증가하였다. 즉, 보강재 잔류 변형률 분포는 연직응력의 크기에 따라 크게 차이나는 것을 알 수 있다. 이러한 결과는 연직응력이 증가함에 따라 보강재 끝단까지 인발력이 전달되지 않기 때문에 보강재 선단에 인발력이 크게 집중되어 변형이 크게 나타난 결과이다.

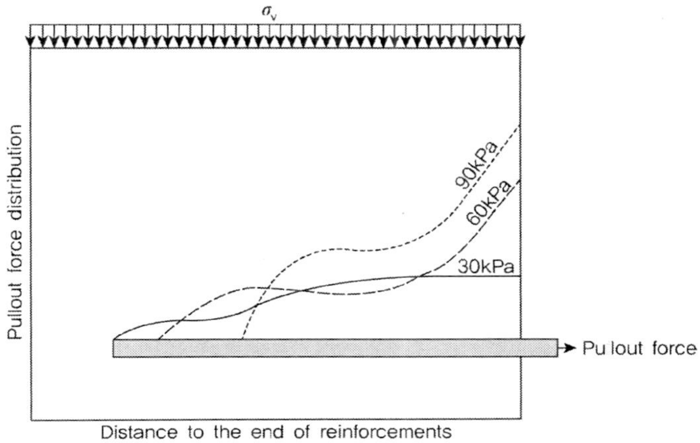

그림 7.21 연직응력에 따른 잔류 변형률 분포

7.3.3 폐어망 보강 혼합토

일반적으로 어망에 사용되는 재료는 대부분 합성섬유이다. 주로 폴리아미드, 폴리에틸렌, 폴리에스테르 계열의 섬유로 만들어진다. 토목섬유 생산 시 사용되는 합성섬유와 유사하다. 이러한 어망은 화학적, 물리적 수명이 다하여 못 쓰는 경우는 거의 없고, 조업 중에 유실되거나 어망 전체 중 일부가 파손되어 사용할 수 없는 경우가 발생하는 데 이때 파손부위만 수리하여 사용하거나 또는 새로 구입하는 것이 수리비용에 비하여 경제적일 때 어망을 폐기한다. 이렇게 유실되거나 폐기한 어망은 폐어망이 되어 환경을 파괴하고 근해에 축적되어 처리의 어려움 등 많은 문제를 유발한다. 현재 어망의 소비량을 통계로 집계하는 곳은 없다. 따라서 소비량과 폐기량은 추정하기 어려운 상황이다. 최근에 폐어망에 의한 해양오염이 사회 문제시되면서 관심을 끌기 시작했으나, 본격적인 처리 방안에 대한 연구는 없는 실정이다.

그림 7.22는 초기함수비 120%의 흙에 시멘트 20%를 혼합한 무보강 혼합토와 폐어망 보강

혼합토의 응력-변형 곡선을 나타낸 것이다. 폐어망은 4×6cm의 격자모양이고, 폐어망의 함유량은 각각 0.25%, 0.5%, 0.75%, 1%이다. 함유량 0.25%까지 최대일축강도와 응력-변형 곡선의 기울기가 증가하였다가 감소하는 경향을 나타내었다. 단섬유와 마찬가지로 폐어망 혼합 시 최대일축강도와 잔류 응력이 증가하는 것으로 나타나 폐어망 혼합이 역학적 특성 개선에 효과가 있는 것으로 판단된다.

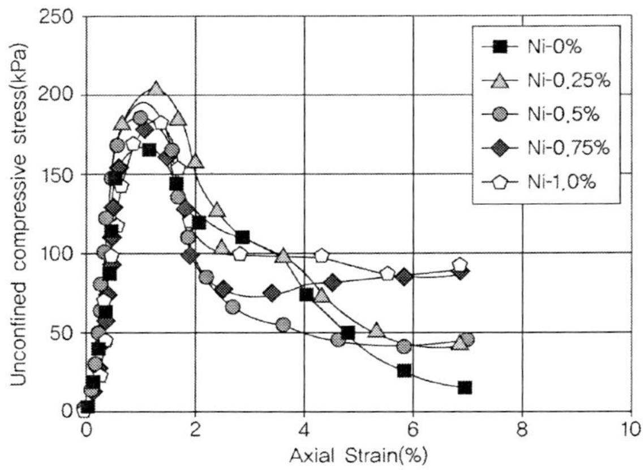

그림 7.22 폐어망 보강 혼합토의 응력-변형 특성

그림 7.23은 폐어망 보강 혼합토의 전단응력-전단 변형률의 관계이다. 폐어망 함유량 0.25%에서의 전단응력-전단 변형률을 나타낸 것으로 단섬유 보강 혼합토와 유사한 거동을 나타낸다. 전단 변형률에 따른 전단응력의 거동은 낮은 연직응력에서 첨두강도가 발현되나 상대적으로 높은 연직응력에서는 명확한 첨두강도가 나타나지 않았다.

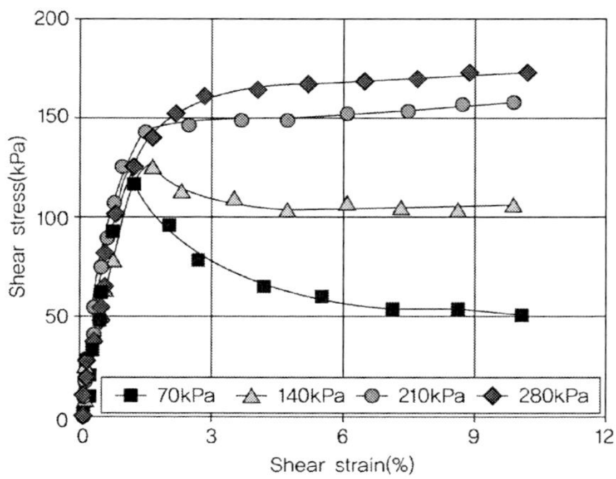

그림 7.23 폐어망 보강 혼합토의 전단응력-전단변형 특성

그림 7.24는 폐어망의 함유량에 따른 폐어망 보강 혼합토의 압축강도 변화를 나타낸 것이다. 최대 압축강도와 잔류강도는 폐어망 함유량이 0.25%일 때 가장 크게 나타나고 이후 폐어망 함유량이 증가할수록 감소하는 경향이 나타났다. 폐어망 혼합 시 최적 함유량이 나타나는 경향은 앞 절에서 설명한 단섬유의 결과와 유사하며 최적 함유량 0.25%는 김윤태 등(2006)의 연구결과와 유사하게 나타났다.

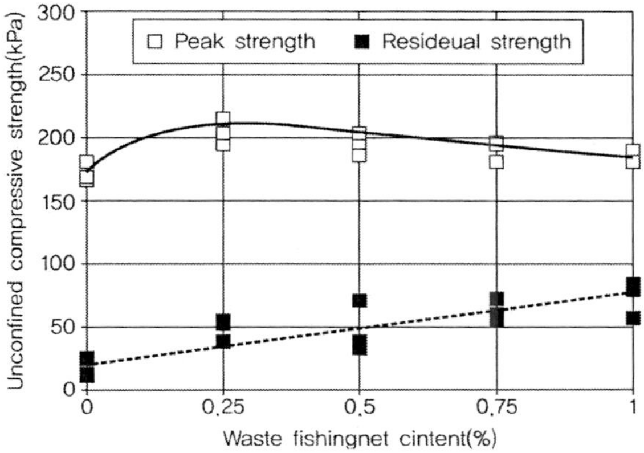

그림 7.24 폐어망 함유량에 따른 강도특성

그림 7.25는 폐어망 혼합 시 연직응력에 대한 전단강도를 나타낸다. 내부 마찰각은 13~15° 내외의 값을 가지는 것으로 나타났으며 폐어망 함유량 0.25%에서 가장 큰 점착력이 나타났다. 이러한 결과는 일축압축시험 결과와 유사하게 나타났다.

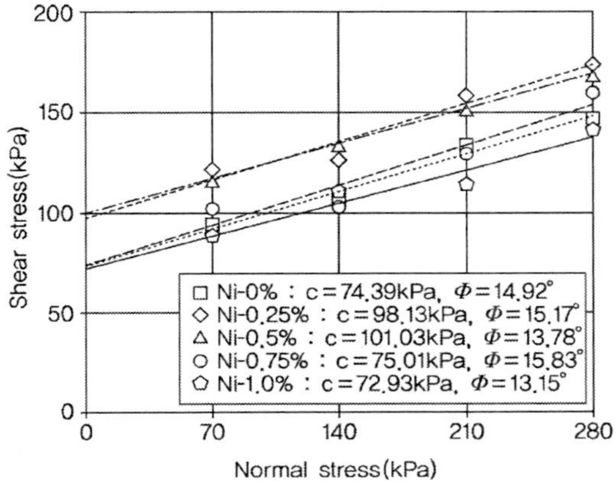

그림 7.25 폐어망 함유량에 따른 전단강도 특성

폐어망 함유량에 따른 폐어망 혼합토에 대한 전단강도의 변화는 그림 7.26과 같다. 폐어망이 혼합된 보강 공시체가 무보강 공시체보다 상대적으로 더 큰 전단강도를 가지는 것으로 나타났다. 폐어망 함유량이 0.25%일 때 최대 보강효과가 발현되었다.

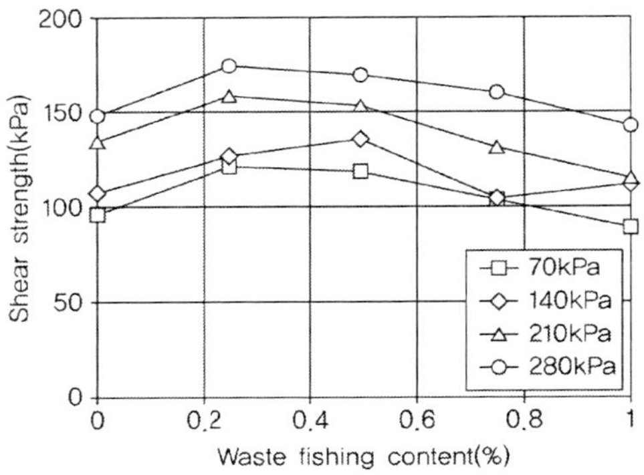

그림 7.26 폐어망 함유량에 따른 전단강도 변화

폐어망에 대한 인발 마찰력을 평가하기 위하여 폐어망과 유사한 그리드 형태의 토목섬유 지오그리드에 대한 인발 마찰력 평가방법을 사용하였다. 지오그리드 인발 마찰력 평가방법에는 대표적으로 Ochiai 등(1996)이 제안한 마찰력 발휘과정 산정법(mobilizing process method)과 평균 마찰력 산정법(average resistance method)이 있다.

마찰력 발휘과정 산정법은 그림 7.27(a)와 같이 임의의 인발력 작용 시 인발되는 과정에서 나타나는 인발 마찰력 변화를 고려하는 방법으로 토목섬유 보강토 구조물의 변형해석에 주로 사용된다. 그림 7.27(b)의 평균 마찰력 산정법은 최대 인발력하에서 인발 마찰력 분포를 산정하여 그 평균값을 인발 마찰력으로 결정하는 방법으로 보강토옹벽 설계 시 주로 쓰이는 한계평형해석에 사용된다.

평균 마찰력 산정법은 평균값 결정 방식에 따라 3가지 방법인 전체 면적법, 유효 면적법, 최대 경사법으로 구분된다. 전체 면적법은 인발시험 시 토조 내에 포설된 토목섬유 전체 면적에 인발력이 작용하는 것으로 가정한다. 유효 면적법은 인발로 인하여 실제 변형이 발생한 부분에서만 인발력이 작용한다고 가정하여 인발 마찰력을 평가하며, 최대 경사법은 인장력 분포곡선의 최대 접선기울기를 인발 마찰력으로 가정한다. 평균값 결정 방식 중 최대 경사법으로 구한 인발 마찰력은 전체 면적법과 유효 면적법으로 구한 인발 마찰력보다 과대평가되는 단점이 있다. 그리고 유효 면적법의 경우 인발력이 작용되는 유효길이 산정이 어렵고 유효길이에 따라 인발 마찰력이 큰 차이를 보이는 등 적용에 어려움을 갖는다.

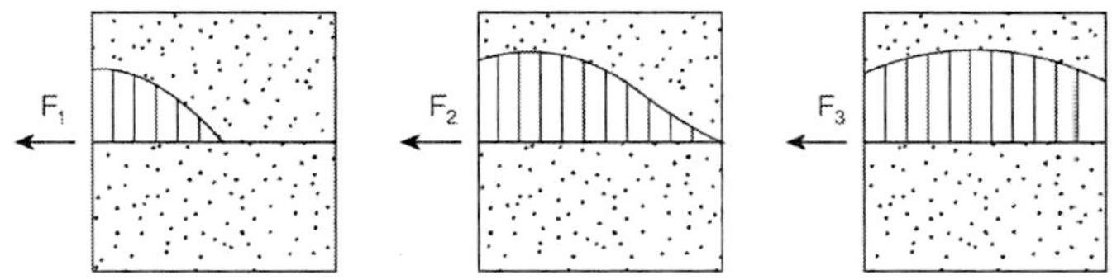

(a) 마찰력 발휘과정 산정법(mobilizing process method)

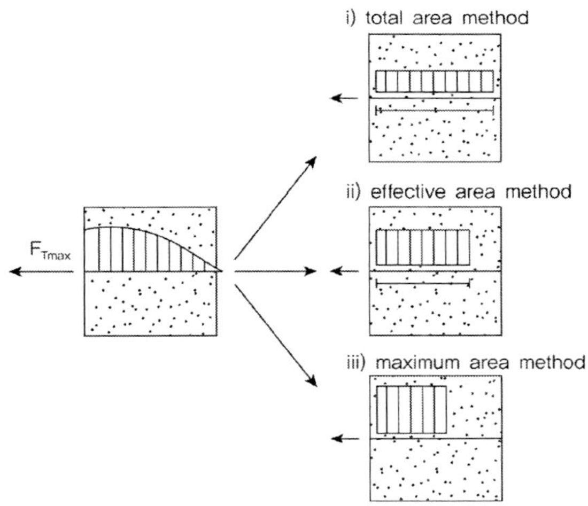

(b) 평균 마찰력 산정법(average resistance method)

그림 7.27 다양한 인발저항 평가법(Ochiai et al., 1992)

그림 7.28은 각각의 연직응력에 따른 폐어망의 인발력-인발변위 관계를 나타낸다. 폐어망은 연직응력이 증가함에 따라 최대인발력도 증가한다. 또한 보강재가 파단 없이 인발되거나 인발력이 충분히 발현된 후 파단되는 경향을 나타낸다.

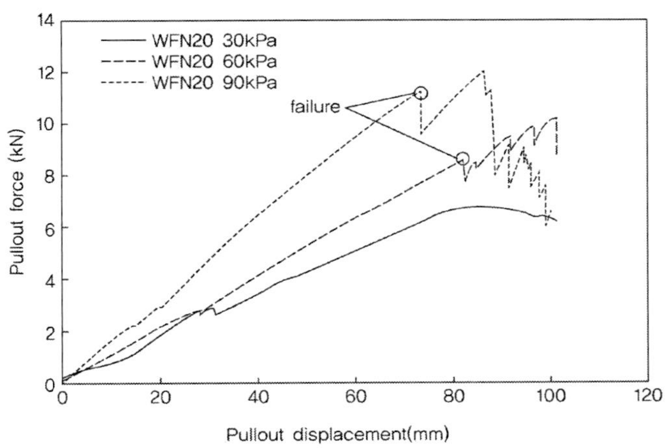

그림 7.28 폐어망에 대한 인발 특성

탄성파를 이용하여 지표면 근처의 흙 특성을 파악하기 위해서는 흙 입자의 크기보다 훨씬 긴 장파장(long wavelength) 조건을 필요로 한다. 탄성파는 시간지연(time delay), 감쇄(attenuation), 분산(dispersion), 반사(reflection), 굴절(refraction), 그리고 간섭(interference)과 같은 파동현상들을 같이 겪는다. 흙에서 역학적 파전달의 속도와 감쇄는 흙의 고유 특성에 의존한다. 즉, 밀도(mass density), 체적강성(bulk stiffness), 전단강성(shear stiffness)을 결정하는 흙의 지반정수들이 탄성파 전달에 영향을 미친다. 점탄성적인(visco-elastic) 파동조건을 가정하여 흙 속에서의 파속도, 감쇄, 분산에 관련된 식들을 구할 수 있다.

흙의 전단계수(Gsoil, shear modulus)는 오직 흙 입자로 이루어진 골격의 전단강성(Gsk, shear stiffness)에 의존하며, 간극수의 체적계수(bulk modulus)에 영향을 받지 않는다. 이러한 이유 때문에 S-파가 포화된 지표면층의 흙 특성파악에 선호된다. 전단파 속도(Vs)는 식 (7.1)과 같다.

$$V_s = \sqrt{\frac{G_{soil}}{\rho_{soil}}} \tag{7.1}$$

여기서, ρ_{soil} : 흙의 밀도

또한 흙의 전단계수는 응력상태, 시멘트 결합정도와 모세관력 및 전기력과 같은 입자 간의 접촉을 변화시키는 작용에 의해 결정된다. p-파 속도(V_p)는 흙의 구속계수(M, constraint modulus)에 비례하나 흙의 밀도에 반비례한다(조계춘 등, 2002).

$$V_p = \sqrt{\frac{M_{soil}}{\rho_{soil}}} = \sqrt{\frac{B_{soil} + \frac{4}{3}G_{soil}}{\rho_{soil}}} \tag{7.2}$$

여기서, B_{soil} : 흙의 체적계수(bulk modulus)

탄성인자들 사이의 관계식은 표 7.2와 같다.

표 7.2 탄성계수 관련식

Elastic modulus	Relationship
Young's modulus(E)	$E=\dfrac{9BG}{3B+G}$
Poisson's ratio(υ)	$\upsilon=\dfrac{3B-2G}{2(3B+G)}$
Bulk modulus(B)	$B=\dfrac{E}{3(1-2\upsilon)}$
Constraint modulus(M)	$M=B+\dfrac{4}{3}G=\dfrac{E(1-\upsilon)}{(1+\upsilon)(1-2\upsilon)}$
Shear modulus(G)	$G=\dfrac{E}{2(1+\upsilon)}$

그림 7.29는 무보강 혼합토와 폐어망, 단섬유 보강 혼합토의 탄성파 속도 측정 결과를 각각 나타낸다. 일반적으로 압축파 속도가 전단파의 속도보다 빠른 결과를 보여준다. 무보강 혼합토와 폐어망 보강 혼합토의 경우는 직접전단시험용 시편을 사용하여 X, Y 두 방향의 전단파 속도를 측정하였고 단섬유 보강 혼합토의 경우는 일축압축 시험용 시편을 사용하여 X 방향으로만 전단파 속도를 측정하였다. 전단시험용 시편의 시험결과 X, Y 방향의 속도는 거의 비슷한 결과를 나타낸다. 이로써 시험 공시체의 배합이 어느 정도 잘 이루어졌음을 알 수 있다. 그림 7.29(a)와 (b)를 살펴보면 섬유재의 함량에 따라 전단파 속도가 거의 일정하게 나타나 보강재의 함량에 따른 전단파 속도의 변화는 거의 없는 것으로 나타났다.

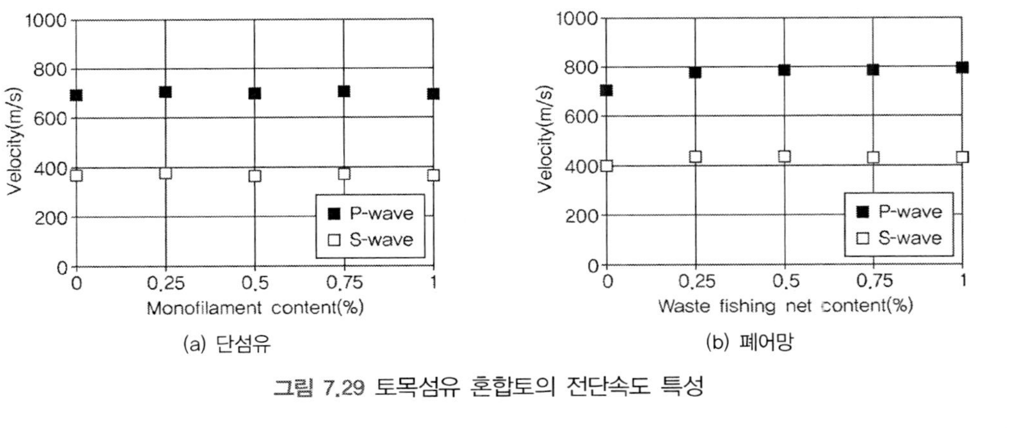

그림 7.29 토목섬유 혼합토의 전단속도 특성

압축파와 전단파의 속도 비율 관계는 식 (7.3)과 같으며, 이로부터 미소 변형률의 포아송비(υ)를 식 (7.4)와 같이 산정할 수 있다.

$$\frac{V_p}{V_s} = \sqrt{\frac{2(1-\upsilon)}{1-2\upsilon}} \tag{7.3}$$

$$\upsilon = \frac{\frac{1}{2}\left(\frac{V_p}{V_s}\right)^2 - 1}{\left(\frac{V_p}{V_s}\right)^2 - 1} \tag{7.4}$$

탄성파 시험의 압축파 속도와 전단파 속도의 관계를 이용하여 얻은 포아송비를 그림 7.30에 나타내었다. 실험결과 포아송비는 섬유 혼합유무에 관계없이 일정한 값을 가진다. 무보강 혼합토, 단섬유 혼합토 및 폐어망 혼합토의 포아송비는 전체적으로 0.27~0.34 정도의 범위를 가진다.

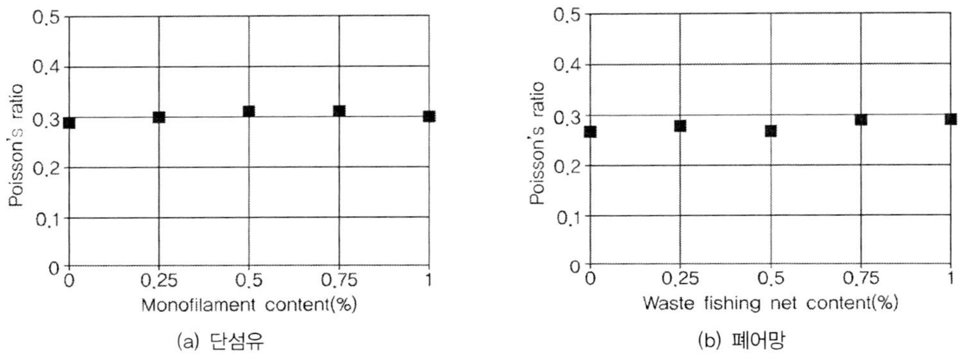

그림 7.30 토목섬유 혼합토의 포아송비 특성

참고문헌

1. 구봉근, 김수석, 김치원, 장기종(1992), 『신편 토목재료학』, 대웅출판사, pp.245~346.
2. 김대안(1985), 『어구학(漁具學)』, 교문출판사.
3. 김동환, 임종욱, 임남웅(2000), 「화력발전소 Ash Pond에 매장되어 있는 Bottom Ash를 잔골재로 이용한 고성능 시멘트 모르터의 물성연구」, *한국폐기물학회 춘계학술연구회 발표논문집*, vol.2000, No.0, pp.69~74.
4. 김수삼, 김병일, 한상재, 신현영(2002), 「준설토와 EPS를 혼합한 경량혼합처리토의 강도 특성」, *한국철도학회 논문집*, 제5권, 제2호, pp.61~69.
5. 김승도, 전종갑, 유경선(2001), 「폐어망류의 주성분이 PE, PP, NY의 열분해 기작에 대한 연구」, *한국폐기물학회지*, 제18권, 제 4호, pp.410~418.
6. 김윤태, 권용규, 김홍주(2005), 「준설토 재활용을 위한 무보강 및 보강경량토의 거동특성 분석」, *한국해양공학회지*, 제19권, 제6호, pp.44~49.
7. 김윤태, 권용규, 김홍주(2006a), 「지오그리드 혼합 보강 경량토의 압축강도특성 연구」, *한국지반공학회 논문집*, 제 22권, 제7호, pp.37~44.
8. 김윤태, 김홍주(2006b), 「폐어망을 이용한 보강 경량토의 압축거동 특성」, *한국지반공학회 논문집*, 제22권, 제11호, pp.25~35.
9. 김주철, 이종규(2002), 「준설토를 이용한 경량기포혼합토의 역학적 특성 연구」, *한국지반공학회 논문집*, 제18권, 제4호, pp.309~317.
10. 김홍택, 방윤경, 박사원, 윤기웅(1996), 「폐 EPS 조각 혼합경량토의 토질공학적 특성 연구」, *대한토목학회 학술발표회 논문집*, pp.429~432.
11. 도영곤, 권혁두, 이송(2006), 「Bottom Ash를 이용한 그라우팅재의 환경적 연구」, *한국지반공학회 논문집*, 제22권 제11호, pp.5~11.
12. 박재헌, 이관호, 조재윤, 김영진(2004), 「현장발생토사를 재활용한 유동성 뒤채움재」, 한국폐기물학회지, 제21권, 제4호, pp.344~349
13. 윤길림, 김병탁(2002), 「준설토를 활용한 경량혼합토의 역학적 특성 연구」, *한국지반공학회 논문집*, 제18권, 제4호, pp.75~83.
14. 이관호, 이인모, 조재윤, 윤여준(1999), 「유동성 뒤채움재로 사용하기 위한 플라이애쉬-폐주물사 혼합재료의 특성 연구」, 한국지반공학회 봄 학술대회 논문집, pp.489~496.
15. 장용채(1994), 「EPS를 이용한 경량성토공법」, *한국지반공학회 논문집*, 제10권, 제3호, pp.149~172.
16. 조계춘, 이인모(2002), 「탄성파를 이용한 흙의 특성연구」, *한국지반공학회 논문집*, 제18권, 제6호, pp.83~101.

17. 조삼덕, 김진만(1995),「섬유혼합 보강토의 공학적 특성에 관한 실험연구」, *한국지반공학회 논문집*, 제11권 제2호, pp.23~28.
18. 조재윤, 이관호, 조윤호(2002),「폐주물사를 이용한 유동성 채움재의 절토구간 옹벽 뒤채움시 사일로토압 및 토압경감효과 연구」, *한국도로학회 논문집*, Vol.4, No.2, pp.19~31
19. 태평양 Soil(2004),「*발생토를 이용한 경량(기포) 혼합토 공법*」, 동서화학공업(주).
20. 한국지반공학회(1998), 「*토목섬유*」, 구미서관.
21. Churchill, E. V., Amirkhanian, S. N.(1999), "Coal Ash Utilization in Asphalt Concrete Mixtures", *Journal of Energy Engineering*, Vol.11, No.4, pp.295~301.
22. Ghafoori, N. and Bucholc J., "Investigation of Lignite-Based Bottom Ash for Structural Concrete", *Journal of Material in Civil Engineering*, Vol.8, No.3, pp.128~137.
23. Gray, H. D. and Al-Refeai, T.(1986), "Behavior of Fabric-Versus Fiber-Reinforced Sand", *Journal of Geotechnical Engineering*, Vol.112, No.8, pp.804~820.
24. Hirasawa, M., Saeki, S., Kodama, S., Yakuwa, T. and Tsuchida, T.(2000), "Development of Light-weight Soil Using Excavated Sand and Its Application for Habor Structures in Cold Regions", *Coastal Geotechnical Engineering in Practics, Proceedings of IS-Yokohama 2000*, Vol.1, pp.559~604.
25. Kasai, J., Tsuchida, T., Mizukami., Yokoyama, Y., Tsuchida, K. and Goto, T.(1993), "Effect of Curing Condition for Lightweight Materials", *Proceedings of the 28th Conference on Soil Engineering*, pp.2669~2672.
26. Kikuchi, Y. and Yoshino, H.(1998), "Permeability of Lightweight Soil Made of Dredged Slurry Mixed with Air Foam", *Report of the Port and Harbor Research Institute*, Vol.37, No.1.
27. Kim, B. J., Prezzi, M., Salgado, R.(2005), "Geotechnical Properties of Fly and Bottom Ash Mixtures for Use in Highway Embankments", *Journal of Geotechnical and Geoenvironmental Engineering*, Vol.131, No.7, pp.914~924.
28. Kim, Y. T., Kim, H. J., Lee, G. H. (2008). Mechanical behavior of lightweight soil reinforced with waste fishing net. Geotextiles and Geomembranes, 26 (6) 512-518.
29. Kumar, S. and Stewart, J.(2003), "Evalution of Illinois Pulverized Coal Combustion Dry Bottom Ash for Use in Geotechnical Engineering Applications", *Journal of Energy Engineering*, Vol.129, No.2, pp.42~55.
30. Markou, I. and Droudakis, A.(2004), "Evaluation of Sand-Geotextile Interaction by Triaxial Compression and Direct Shear Testing", *The 11th International Conference of*

IACMAG.

31. Nataraj, M. S., Addula, H. R. and Mcmanis, K. L.(1996), "Strength and Deformation Characteristics of Fiber Reinforced Soils", *Environmental Technology, Proceedings of 3rd International Symposium*, pp.826～831.
32. Otani, J., Mukunoki, T. and Kikuchi, Y.(2002). "Visualization for Engineering Property of In-situ Lightweight Soils with Air Foams", *Soil and Foundations*, Vol.4, No.3, pp.93～105.
33. Prabaker, J. R. and Sridhar, S.(2002), "Effect of Random Inclusion of Sisal Fibre on Strength Behaviour of Soil", *Construction and Building Materials*, Vol.16, pp.123～131.
34. Satoh, T., Tsuchida, T., Mitssukuri, K. and Hong, Z.(2001), "Field Placing Test of Lightweight Treated Soil Undersea Water in Kumamoto Port", *Soils and Foundations*, Vol.41, No.5, pp.145～154.
35. Tang, C., Shi, B., Gao, W., Chen, F. and Cai Y.(2007), "Strength and Mechanical Behavior of Short Polypropylene Fiber Reinforced and Cement Stabilized Clayey Soil", *Geotextiles and Geomembranes 25*, pp.194～202
36. Tang, Y. X., Tsuchida, T., Shirai, A., Ogata, H. and Shiozaki, K.(1996), "Triaxial Compression Characteristics of Super Geo-Material Cured Underwater", *Proceedings of 31st Conference on Geotechnical Engineering*, pp.2493～2494.
37. Tarun R. Naik, Shiw S. Singh(1997), "Permeability of flowable slurry materials containing foundry sand and fly ash", Journal of Geotechnical and Geoenvironmental Engineering, Vol.123, No.5, pp.446～452.
38. Tsuchida, T. and Egashira, K.(2004). "The lightweight Treated Soil Method", *New Geomaterials for Soft Ground Engineering in Coastal Areas*, Balkema.
39. Tsuchida, T., Nagai, K., Okumura, T., kishida, T. and Funada, K.(1995), "Mechanical Properties of Lightweight Geo-Material used for the Backfill of Quaywalls", *Proceedings of 31st Conference on Geotechnical Engineering*, pp.2525～2528.
40. Tsuchida, T., Takeuchi, D., Okumura, T. and Kishida, T.(1996). "Development of Light-weight Fill from Dredgings", *Proceedings of Environmental Geotechnics*, Balkema, pp.415～420.
41. Watabe, Y., Itou, Y., Kang, M. S. and Tsuchida, T.(2004), "One-Dimensional compression of Air-Foam Treated Lightweight Geo-Material in Microscopic Point of View", *Soil and Foundations*, Vol.44, No.6, pp.53～67.
42. Wood, M. (1998) *Soil behaviour and critical state soil mechanics*, pp.229～234.

43. Yetimoglu, T. Inanir, M. and Inanir, O. E.(2005), "A study on bearing capacity of randomly distributed fiber-reinforced sand fills overlying soft clay", *Geotextiles and Geomembranes*, Vol.23, pp.174~183.

부록

부록 1 토목섬유 용어 정의

Geosynthetics Test Methods of ISO TC 221 and ASTM D35

Geosynthetics Test Methods of ISO/TC 221

ISO 9862:2005

Geosynthetics — Sampling and preparation of test specimens

ISO/DIS 9863-1

Geosynthetics — Determination of thickness at specified pressures — Part 1: Single layers

ISO 9863-1:2005

Geosynthetics — Determination of thickness at specified pressures — Part 1: Single layers

ISO 9863-2:1996

Geotextiles and geotextile-related products — Determination of thickness at specified pressures — Part 2: Procedure for determination of thickness of single layers of multilayer products

ISO 9864:2005

Geosynthetics — Test method for the determination of mass per unit area of geotextiles and geotextile-related products

ISO 10318:2005

Geosynthetics — Terms and definitions

ISO/DIS 10318-1

Geosynthetics — Part 1: Terms and definitions

ISO/DIS 10318-2

Geosynthetics — Part 2: Symbols and Pictograms

ISO/DIS 10319

Geosynthetics — Wide-width tensile test

ISO 10319:2008

Geosynthetics — Wide-width tensile test

ISO 10320:1999

Geotextiles and geotextile-related products — Identification on site

ISO 10321:2008

Geosynthetics — Tensile test for joints/seams by wide-width strip method

ISO 10722:2007

Geosynthetics — Index test procedure for the evaluation of mechanical damage under repeated loading — Damage caused by granular material

ISO 10769:2011

Clay geosynthetic barriers — Determination of water absorption of bentonite

ISO 10772:2012

Geotextiles – Test method for the determination of the filtration behaviour of geotextiles under turbulent water flow conditions

ISO 10773:2011

Clay geosynthetic barriers — Determination of permeability to gases

ISO 10776:2012

Geotextiles and geotextile-related products — Determination of water permeability characteristics normal to the plane, under load

ISO 11058:2010

Geotextiles and geotextile-related products — Determination of water permeability characteristics normal to the plane, without load

ISO 12236:2006

Geosynthetics — Static puncture test (CBR test)

ISO 12956:2010

Geotextiles and geotextile-related products — Determination of the characteristic opening size

ISO 12957-1:2005

Geosynthetics — Determination of friction characteristics
— Part 1: Direct shear test

ISO 12957-2:2005

Geosynthetics — Determination of friction characteristics
— Part 2: Inclined plane test

ISO 12958:2010

Geotextiles and geotextile-related products — Determination of water flow capacity in their plane

ISO/TR 12960:1998

Geotextiles and geotextile-related products — Screening test method for determining the resistance to liquids

ISO 13426-1:2003

Geotextiles and geotextile-related products — Strength of internal structural junctions — Part 1: Geocells

ISO 13426-2:2005

Geotextiles and geotextile-related products — Strength of internal structural junctions — Part 2: Geocomposites

ISO 13427:1998

Geotextiles and geotextile-related products — Abrasion damage simulation (sliding block test)

ISO/FDIS 13427

Geosynthetics — Abrasion damage simulation (sliding block test)

ISO 13428:2005

Geosynthetics — Determination of the protection efficiency of a geosynthetic against impact damage

ISO 13431:1999

Geotextiles and geotextile-related products — Determination of tensile creep and creep rupture behaviour

ISO 13433:2006

Geosynthetics — Dynamic perforation test (cone drop test)

ISO/NP TS 13434

Geosynthetics — Guidelines for the assessment of durability

ISO/TS 13434:2008

Geosynthetics — Guidelines for the assessment of durability

ISO 13437:1998

Geotextiles and geotextile-related products — Method for installing and extracting samples in soil, and testing specimens in laboratory

ISO/AWI 13438

Geotextiles and geotextile-related products — Screening test method for determining the resistance to oxidation

ISO 13438:2004

Geotextiles and geotextile-related products — Screening test method for determining the resistance to oxidation

ISO/WD TR 18228-1

Design of geosynthetics for construction applications — Part 1: Design using geosynthetics scope, definitions and notations

ISO/WD TR 18228-2

Design of geosynthetics for construction applications — Part 2: Design using geosynthetics for separation

ISO/WD TR 18228-3

Design of geosynthetics for construction applications — Part 3: Design using geosynthetics for filtration

ISO/WD TR 18228-4

Design of geosynthetics for construction applications — Part 4: Design using geosynthetics for drainage

ISO/WD TR 18228-5

Design of geosynthetics for construction applications — Part 5: Design using geosynthetics for stabilisation

ISO/AWI TR 18228-6

Design of geosynthetics for construction applications — Part 6: Design using geosynthetics for protection

ISO/AWI TR 18228-7

Design of geosynthetics for construction applications — Part 7: Design using geosynthetics for reinforcement

ISO/AWI TR 18228-8

Design of geosynthetics for construction applications — Part 8: Design using geosynthetics for surface erosion control

ISO/WD TR 18228-9

Design of geosynthetics for construction applications — Part 9: Design using geosynthetics as a barrier

ISO/AWI TR 18228-10

Design of geosynthetics for construction applications — Part 10: Design using geosynthetics for stress relief in asphalt overlays

ISO/DIS 18325

Geosynthetics — Test method for the determination of water discharge capacity for prefabricated vertical drains

ISO/TS 19708:2007

Geosynthetics — Procedure for simulating damage under interlocking-concrete- block pavement by the roller compactor method

ISO/TR 20432:2007

Guidelines for the determination of the long-term strength of geosynthetics for soil reinforcement

ISO/TR 20432:2007/Cor 1:2008

Replace ISO/TR 12960 with EN 14030

ISO 25619-1:2008

Geosynthetics — Determination of compression behaviour — Part 1 : Compressive creep properties

ISO/DIS 25619-2

Geosynthetics — Determination of compression behaviour — Part 2 : Determination of short-term compression behaviour

ISO 25619-2:2008

Geosynthetics — Determination of compression behaviour — Part 2 : Determination of short-term compression behaviour

Geosynthetics Test Methods of ASTM D35

D35.01 Mechanical Properties

D4354-12 Standard Practice for Sampling of Geosynthetics and Rolled Erosion Control Products(RECPs) for Testing

D4533-11 Standard Test Method for Trapezoid Tearing Strength of Geotextiles

D4595-11 Standard Test Method for Tensile Properties of Geotextiles by the Wide-Width Strip Method

D4632/D4632M-08(2013)e2 Standard Test Method for Grab Breaking Load and Elongation of Geotextiles

D4759-11 Standard Practice for Determining the Specification Conformance of Geosynthetics

D4833/D4833M-07(2013)e1 Standard Test Method for Index Puncture Resistance of Geomembranes and Related Products

D4884/D4884M-14a Standard Test Method for Strength of Sewn or Bonded Seams of Geotextiles

D5261-10 Standard Test Method for Measuring Mass per Unit Area of Geotextiles

D5321/D5321M-14 Standard Test Method for Determining the Shear Strength of Soil-Geosynthetic and Geosynthetic-Geosynthetic Interfaces by Direct Shear

D5818-11 Standard Practice for Exposure and Retrieval of Samples to Evaluate Installation Damage of Geosynthetics

D6241-14 Standard Test Method for Static Puncture Strength of Geotextiles and Geotextile-Related Products Using a 50-mm Probe

D6244-06(2011) Standard Test Method for Vertical Compression of Geocomposite Pavement Panel Drains

D6364-06(2011) Standard Test Method for Determining Short-Term Compression Behavior of Geosynthetics

D6637-11 Standard Test Method for Determining Tensile Properties of Geogrids by the Single or Multi-Rib Tensile Method

D6638-11 Standard Test Method for Determining Connection Strength Between Geosynthetic Reinforcement and Segmental Concrete Units

(Modular Concrete Blocks)

D6706-01(2013) Standard Test Method for Measuring Geosynthetic Pullout Resistance in Soil

D6916-06c(2011) Standard Test Method for Determining the Shear Strength Between Segmental Concrete Units (Modular Concrete Blocks)

D7005-03(2008) Standard Test Method for Determining the Bond Strength (Ply Adhesion) of Geocomposites

D7179-07(2013) Standard Test Method for Determining Geonet Breaking Force

D7273/D7273M-08(2013)e1 Standard Guide for for Acceptance Testing Requirements for Geonets and Geonet Drainage Geocomposites

D7499/D7499M-09 Standard Test Method for Measuring Geosynthetic-Soil Resilient Interface Shear Stiffness

D7556-10 Standard Test Methods for Determining Small-Strain Tensile Properties of Geogrids and Geotextiles by In-Air Cyclic Tension Tests

D7737-11 Standard Test Method for Individual Geogrid Junction Strength

D7748/D7748M-14 Standard Test Method for Flexural Rigidity of Geogrids, Geotextiles and Related Products

D7853-13 Standard Test Method for Hydraulic Pullout Resistance of a Geomembrane with Locking Extensions Embedded in Concrete

WK24635 New Test Method for Determining the Aperture Stability Modulus of Geogrids

WK33656 New Test Method for Biaxial Tension Testing of Geosynthetics

WK36264 New Test Method for Determining Long-Term Connection Strength Displacement (Creep) Between Geosynthetic Reinforcement and Segmental Concrete Units (Modular Concrete Blocks)

WK37048 New Guide for Field Instrumentation of Geosynthetic Materials

WK39646 New Test Method for Determining the Omni-Axial Tensile Performance of Geogrids at Low Strain

WK44193 New Guide for Standard Guide for Use and Application of Geosynthetic Reinforcement Reduction Factor Test Results

D35.02 Endurance Properties

D1987-07(2012) Standard Test Method for Biological Clogging of Geotextile or Soil/Geotextile Filters

D4355-07 Standard Test Method for Deterioration of Geotextiles by Exposure to Light, Moisture and Heat in a Xenon Arc Type Apparatus

D4594-96(2009) Standard Test Method for Effects of Temperature on Stability of Geotextiles

D4873-02(2009) Standard Guide for Identification, Storage, and Handling of Geosynthetic Rolls and Samples

D4886-10 Standard Test Method for Abrasion Resistance of Geotextiles (Sand Paper/Sliding Block Method)

D5262-07(2012) Standard Test Method for Evaluating the Unconfined Tension Creep and Creep Rupture Behavior of Geosynthetics

D5322-98(2009) Standard Practice for Immersion Procedures for Evaluating the Chemical Resistance of Geosynthetics to Liquids

D5397-07(2012) Standard Test Method for Evaluation of Stress Crack Resistance of Polyolefin Geomembranes Using Notched Constant Tensile Load Test

D5496-98(2009) Standard Practice for In Field Immersion Testing of Geosynthetics

D5596-03(2009) Standard Test Method for Microscopic Evaluation of the Dispersion of Carbon Black in Polyolefin Geosynthetics

D5721-08(2013) Standard Practice for Air-Oven Aging of Polyolefin Geomembranes

D5747/D5747M-08(2013)e1 Standard Practice for Tests to Evaluate the Chemical Resistance of Geomembranes to Liquids

D5819-05(2012) Standard Guide for Selecting Test Methods for Experimental Evaluation of Geosynthetic Durability

D5885-06(2012) Standard Test Method for Oxidative Induction Time of Polyolefin Geosynthetics by High-Pressure Differential Scanning Calorimetry

D5970-09 Standard Test Method for Deterioration of Geotextiles from Outdoor Exposure

D6213-97(2009) Standard Practice for Tests to Evaluate the Chemical Resistance of Geogrids to Liquids

D6388-99(2012) Standard Practice for Tests to Evaluate the Chemical Resistance of Geonets to Liquids

D6389-99(2012) Standard Practice for Tests to Evaluate the Chemical Resistance of Geotextiles to Liquids

D6992-03(2009) Standard Test Method for Accelerated Tensile Creep and Creep-Rupture of Geosynthetic Materials Based on Time-Temperature Superposition Using the Stepped Isothermal Method

D7238-06(2012) Standard Test Method for Effect of Exposure of Unreinforced Polyolefin Geomembrane Using Fluorescent UV Condensation Apparatus

D7361-07(2012) Standard Test Method for Accelerated Compressive Creep of Geosynthetic Materials Based on Time-Temperature Superposition Using the Stepped Isothermal Method

D7406-07(2012) Standard Test Method for Time-Dependent (Creep) Deformation Under Constant Pressure for Geosynthetic Drainage Products

D7409-07e1 Standard Test Method for Carboxyl End Group Content of Polyethylene Terephthalate (PET) Yarns

WK29735 New Practice for Laboratory Immersion Procedures for Evaluating the Microbial Degradation of Geomembranes

WK29737 New Guide for Identification, Storage, and Handling of Geomembrane Rolls

WK32848 New Test Method for Determination of the number Average molecular weight of PET yarns based on a relative viscosity value

WK32850 New Test Method for Analysis of extractable components of polymeric compounds

WK36298 New Test Method for Long-Term Efficiency of Drainage Systems Utilizing Geocomposites

D35.03 Permeability and Filtration

D4491-99a(2014)e1 Standard Test Methods for Water Permeability of Geotextiles by Permittivity

D4716/D4716M-14 Standard Test Method for Determining the (In-plane) Flow Rate per Unit Width and Hydraulic Transmissivity of a Geosynthetic Using a Constant Head

D4751-12 Standard Test Method for Determining Apparent Opening Size of a Geotextile

D5101-12 Standard Test Method for Measuring the Filtration Compatibility of Soil-Geotextile Systems

D5141-11 Standard Test Method for Determining Filtering Efficiency and Flow Rate of the Filtration Component of a Sediment Retention Device

D5199-12 Standard Test Method for Measuring the Nominal Thickness of Geosynthetics

D5493-06(2011) Standard Test Method for Permittivity of Geotextiles Under Load

D5567-94(2011) Standard Test Method for Hydraulic Conductivity Ratio (HCR) Testing of Soil/Geotextile Systems

D6088-06(2011) Standard Practice for Installation of Geocomposite Pavement Drains

D6140-00(2014) Standard Test Method to Determine Asphalt Retention of Paving Fabrics Used in Asphalt Paving for Full-Width Applications

D6523-00(2014)e1 Standard Guide for Evaluation and Selection of Alternative Daily Covers (ADCs) for Sanitary Landfills

D6574/D6574M-13e1 Standard Test Method for Determining the (In-Plane) Hydraulic Transmissivity of a Geosynthetic by Radial Flow

D6707-06(2011) Standard Specification for Circular-Knit Geotextile for Use in Subsurface Drainage Applications

D6767-11 Standard Test Method for Pore Size Characteristics of Geotextiles by Capillary Flow Test

D6817/D6817M-13a Standard Specification for Rigid Cellular Polystyrene Geofoam

D6917-03(2011) Standard Guide for Selection of Test Methods for Prefabricated Vertical Drains (PVD)

D6918-09(2014)e1 Standard Test Method for Testing Vertical Strip Drains in the Crimped Condition

D7001-06(2011) Standard Specification for Geocomposites for Pavement Edge Drains and Other High-Flow Applications

D7008-08(2013) Standard Specification for Geosynthetic Alternate Daily Covers

D7178-06(2011) Standard Practice for Determining the Number of Constrictions "m" of Non-Woven Geotextiles as a Complementary Filtration Property

D7180/D7180M-05(2013)e1 Standard Guide for Use of Expanded Polystyrene (EPS) Geofoam in

Geotechnical Projects

D7239–13 Standard Specification for Hybrid Geosynthetic Paving Mat for Highway Applications

D7498/D7498M–09(2014)e1 Standard Test Method for Vertical Strip Drains Using a Large Scale Consolidation Test

D7557/D7557M–09(2013)e1 Standard Practice for Sampling of Expanded Polystyrene Geofoam Specimens

D7701–11 Standard Test Method for Determining the Flow Rate of Water and Suspended Solids from a Geotextile Bag

D7880/D7880M–13 Standard Test Method for Determining Flow Rate of Water and Suspended Solids Retention from a Closed Geosynthetic Bag

WK44902 New Test Method for Measuring the air transmissivity of drainage geocomposites

WK36349 New Specification for Nonwoven Interlayer Fabric for Unbonded Concrete Overlay Applications

WK42293 New Test Method for Proposed ASTM Standard Test Method for Determination of Geotextile Filter Clogging Potential by the Flexible Wall Gradient Ratio

WK45326 New Specification for Stormwater Catch Basin Filter

D35.04 Geosynthetic Clay Liners

D5887–09 Standard Test Method for Measurement of Index Flux Through Saturated Geosynthetic Clay Liner Specimens Using a Flexible Wall Permeameter

D5888–06(2011) Standard Guide for Storage and Handling of Geosynthetic Clay Liners

D5889–11 Standard Practice for Quality Control of Geosynthetic Clay Liners

D5890–11 Standard Test Method for Swell Index of Clay Mineral Component of Geosynthetic Clay Liners

D5891–02(2009) Standard Test Method for Fluid Loss of Clay Component of Geosynthetic Clay Liners

D5993–99(2009) Standard Test Method for Measuring Mass Per Unit of Geosynthetic Clay Liners

D6072/D6072M–09 Standard Practice for Obtaining Samples of Geosynthetic Clay Liners

D6102–12 Standard Guide for Installation of Geosynthetic Clay Liners

D6141–09 Standard Guide for Screening Clay Portion of Geosynthetic Clay Liner (GCL) for Chemical Compatibility to Liquids

D6243/D6243M–13a Standard Test Method for Determining the Internal and Interface Shear Resistance of Geosynthetic Clay Liner by the Direct Shear Method

D6495–09 Standard Guide for Acceptance Testing Requirements for Geosynthetic Clay Liners

D6496–04a(2009) Standard Test Method for Determining Average Bonding Peel Strength Between the Top and Bottom Layers of Needle–Punched Geosynthetic Clay Liners

D6766–12 Standard Test Method for Evaluation of Hydraulic Properties of Geosynthetic Clay Liners Permeated with Potentially Incompatible Aqueous Solutions

D6768–04(2009) Standard Test Method for Tensile Strength of Geosynthetic Clay Liners

D7702/D7702M-14 Standard Guide for Considerations When Evaluating Direct Shear Results Involving Geosynthetics

D35.05 Geosynthetic Erosion Control

D6454-99(2011) Standard Test Method for Determining the Short-Term Compression Behavior of Turf Reinforcement Mats (TRMs)

D6524-00(2011) Standard Test Method for Measuring the Resiliency of Turf Reinforcement Mats (TRMs)

D6525-12 Standard Test Method for Measuring Nominal Thickness of Rolled Erosion Control Products

D6566-14 Standard Test Method for Measuring Mass per Unit Area of Turf Reinforcement Mats

D6567-14 Standard Test Method for Measuring the Light Penetration of a Turf Reinforcement Mat (TRM)

D6575-14 Standard Test Method for Determining Stiffness of Geosynthetics Used as Turf Reinforcement Mats (TRMs)

D6818-14 Standard Test Method for Ultimate Tensile Properties of Rolled Erosion Control Products

D35.10 Geomembranes

D2643/D2643M-08(2013)e1 Standard Specification for Prefabricated Bituminous Geomembrane Used as Canal and Ditch Liner (Exposed Type)

D4437-08(2013) Standard Practice for Non-destructive Testing (NDT) for Determining the Integrity of Seams Used in Joining Flexible Polymeric Sheet Geomembranes

D4885-01(2011) Standard Test Method for Determining Performance Strength of Geomembranes by the Wide Strip Tensile Method

D5323-92(2011) Standard Practice for Determination of 2 % Secant Modulus for Polyethylene Geomembranes

D5494-93(2011) Standard Test Method for the Determination of Pyramid Puncture Resistance of Unprotected and Protected Geomembranes

D5514/D5514M-14 Standard Test Method for Large Scale Hydrostatic Puncture Testing of Geosynthetics

D5617-04(2010) Standard Test Method for Multi-Axial Tension Test for Geosynthetics

D5641-94(2011) Standard Practice for Geomembrane Seam Evaluation by Vacuum Chamber

D5820-95(2011) Standard Practice for Pressurized Air Channel Evaluation of Dual Seamed Geomembranes

D5884-04a(2010) Standard Test Method for Determining Tearing Strength of Internally Reinforced Geomembranes

D5886-95(2011) Standard Guide for Selection of Test Methods to Determine Rate of Fluid

Permeation Through Geomembranes for Specific Applications

D5994-10 Standard Test Method for Measuring Core Thickness of Textured Geomembrane

D6214/D6214M-98(2013)e1 Standard Test Method for Determining the Integrity of Field Seams Used in Joining Geomembranes by Chemical Fusion Methods

D6365-99(2011) Standard Practice for the Nondestructive Testing of Geomembrane Seams using the Spark Test

D6392-12 Standard Test Method for Determining the Integrity of Nonreinforced Geomembrane Seams Produced Using Thermo-Fusion Methods

D6434-12 Standard Guide for the Selection of Test Methods for Flexible Polypropylene Geomembranes

D6455-11 Standard Guide for the Selection of Test Methods for Prefabricated Bituminous Geomembranes (PBGM)

D6497-02(2010) Standard Guide for Mechanical Attachment of Geomembrane to Penetrations or Structures

D6636-01(2011) Standard Test Method for Determination of Ply Adhesion Strength of Reinforced Geomembranes

D6693-04(2010) Standard Test Method for Determining Tensile Properties of Nonreinforced Polyethylene and Nonreinforced Flexible Polypropylene Geomembranes

D6747-12 Standard Guide for Selection of Techniques for Electrical Detection of Leaks in Geomembranes

D7002-10 Standard Practice for Leak Location on Exposed Geomembranes Using the Water Puddle System

D7003/D7003M-03(2013)e1 Standard Test Method for Strip Tensile Properties of Reinforced Geomembranes

D7004/D7004M-03(2013)e1 Standard Test Method for Grab Tensile Properties of Reinforced Geomembranes

D7006-03(2013) Standard Practice for Ultrasonic Testing of Geomembranes

D7007-09 Standard Practices for Electrical Methods for Locating Leaks in Geomembranes Covered with Water or Earth Materials

D7056-07(2012) Standard Test Method for Determining the Tensile Shear Strength of Pre-Fabricated Bituminous Geomembrane Seams

D7106-05(2010) Standard Guide for Selection of Test Methods for Ethylene Propylene Diene Terpolymer (EPDM) Geomembranes

D7176-06(2011) Standard Specification for Non-Reinforced Polyvinyl Chloride (PVC) Geomembranes Used in Buried Applications

D7177-05(2010) Standard Specification for Air Channel Evaluation of Polyvinyl Chloride (PVC) Dual Track Seamed Geomembranes

D7240-06(2011) Standard Practice for Leak Location using Geomembranes with an Insulating Layer in Intimate Contact with a Conductive Layer via Electrical Capacitance Technique

(Conductive Geomembrane Spark Test)

D7272-06(2011) Standard Test Method for Determining the Integrity of Seams Used in Joining Geomembranes by Pre-manufactured Taped Methods

D7274-06a(2011) Standard Test Method for Mineral Stabilizer Content of Prefabricated Bituminous Geomembranes (BGM)

D7275-07(2012) Standard Test Method for Tensile Properties of Bituminous Geomembranes (BGM)

D7407-07(2012) Standard Guide for Determining The Transmission of Gases Through Geomembranes

D7408-12 Standard Specification for Non Reinforced PVC (Polyvinyl Chloride) Geomembrane Seams

D7465-08 Standard Specification for Ethylene Propylene Diene Terpolymer (EPDM) Sheet Used In Geomembrane Applications

D7466-10 Standard Test Method for Measuring the Asperity Height of Textured Geomembrane

D7613-10 Standard Specification for Flexible Polypropylene Reinforced (fPP-R) and Nonreinforced (fPP) Geomembranes

D7700-12 Standard Guide for Selecting Test Methods for Geomembrane Seams

D7703-11 Standard Practice for Electrical Leak Location on Exposed Geomembranes Using the Water Lance System

D7747/D7747M-11e1 Standard Test Method for Determining Integrity of Seams Produced Using Thermo-Fusion Methods for Reinforced Geomembranes by the Strip Tensile Method

D7749-11 Standard Test Method for Determining Integrity of Seams Produced Using Thermo-Fusion Methods for Reinforced Geomembranes by the Grab Method

D7852-13 Standard Practice for Use of an Electrically Conductive Geotextile for Leak Location Surveys

D7865-13 Standard Guide for Identification, Packaging, Handling, Storage and Deployment of Fabricated Geomembrane Panels

D7909-14 Standard Guide for Placement of Blind Actual Leaks during Electrical Leak Location Surveys of Geomembranes

WK34962 New Guide for Limitations with the different Techniques for Electrical Detection of Potential Leaks Paths in Geomembranes

WK40893 New Guide for Placements of a Blind Actual Leak during Electrical Leak Detection Survey in Geomembranes

WK42576 New Practice for Electrical Leak Location on Exposed Geomembranes Using the Arc Testing Method

WK43577 New Practice for Destructive Testing of Factory Fabricated Geomembrane Seams

D35.93 Editorial and Terminology

D4439-14 Standard Terminology for Geosynthetics

D35.96 US TAG to ISO/TC221 on Geosynthetics

부록 2 IGS 추천 단위
IGS Recommended Mathematical and Graphical Symbols

1. Geosynthetics Functions

Barrier — The use of a geosynthetic material to prevent the migration of liquids or gases.

Containment — The use of a geosynthetic material to contain soil or sediments to a specific geometry and prevent their loss. The contained fill takes the shape of the inflated at-rest geometry of the geosynthetic container.

Drainage (also known as transmission) — The use of a geosynthetic material to collect and transport fluids.

Filtration — The use of a geosynthetic material to allow passage of fluids from a soil while preventing the uncontrolled passage of soil particles.

Protection — The use of a geosynthetic material as a localised stress reduction layer to prevent or reduce damage to a given surface or layer.

Reinforcement — The use of the tensile properties of a geosynthetic material to resist stresses or contain deformations in geotechnical structures.

Separation — The use of a geosynthetic material between two dissimilar geotechnical materials to prevent intermixing.

Surficial erosion control	The use of a geosynthetic material to prevent the surface erosion of soil particles due to surface water run-off and/or wind forces.
Frictional interlayer	A layer introduced within an interface with the purpose of increasing cr reducing friction across the interface.

2. Geosynthetics Terminology

Abnormal test result	A result that lies more than three standard deviations from the mean.
Abrasion	The wearing away of any part of a material by the action of friction or rubbing.
Abrasion resistance	The ability of a material to resist wear due to friction or rubbing.
Absorption	A mechanism by which a fluid is assimilated by or taken up into a material or its constituents or both.
Anisotropic	Having directionally variable properties.
Antioxidant	A substance designed to retard or prevent oxidative degradation of a material.
Apparent opening size	See: *opening size*
Barrier	A basic geosynthetic function. A term used by ISO 10318 to describe geosynthetics with main constituents of bituminous, clay and polymeric origin which perform barrier functions.
Bituminous geomembrane	See: *geomembrane, bituminous*
Bonded geogrid	See: *geogrid bonded*
Basecloth	A textile fabric, usually woven, which may be included in a needled felt to provide dimensional stability and strength and in some cases to facilitate the needle-punching operation
Batch	A defined quantity of a geosynthetic manufactured, produced, or stored under conditions presumed to be uniform, or a quantity purchased or offered for sale or for

	sampling at the one time. (See also order and sample.)
Batt	Single or multiple sheets of fibre used in non- woven fabric production.
Biaxial	Behaviour testing or performance that takes place in two orthogonal directions.
Binder	An additive used to bind fibres together. A binder may be of a chemical, adhesive, resinous, or fibrous nature.
Binder content	The mass of binder added as a percentage of the total mass of the geotextile.
Binder fibre	A fibre that has a relatively low softening point compared with other fibres in the web, and which, on the application of heat or pressure, acts as an adhesive.
Bonding	The process by means of which one or more sheets, webs, or batts of fibre are held together. Bonding may be accomplished by mechanical, chemical, thermal, or solvent means, or combinations thereof.
chemical bonding	A process that uses suitable chemical products to achieve bonding.
mechanical bonding	A process that uses suitable mechanical methods to achieve bonding.
resin bonding	A process that uses suitable resins or adhesives to achieve bonding.
spray bonding	A process that uses droplets of an adhesive sprayed on to the fibre web or batt to achieve bonding.
spun bonding/spun laid	A continuous method of making non-woven fabrics in which filaments are extruded and laid down in the form of a web and bonded.
stitch bonding	A process that uses suitable stitching techniques to achieve bonding. A stitch-bonded fabric is usually a multicomponent one in which one component is a series of interlooped stitches running along the fabric length, e.g., a fibre web bonded by stitching yarns.
heat bonding/ thermal bonding	A process in which a web or batt of fibres containing heat-sensitive material is bonded by the application of heat

with or without the application of pressure. The heat sensitive material may be in the form of fibres, bicomponent fibres, or powders.

Breaking stress — The stress developed in a test specimen at the point of rupture. The force applied is usually related to the cross-sectional area of the unstrained specimen.

Breaking tensile strength — See: *strength*

Bulk sample — See: *sample*

Bursting strength — See: *strength*

Calender — A machine in which heavy rollers rotate under mechanical or hydraulic pressure. The rollers may be unheated, or one may be a thick-walled steel shell heated internally. All rollers may rotate at the same speed or one highly polished and heated roller may rotate at a higher surface speed than the rest.

Calendering — A method of making a thermal bond in which calender rollers are used to apply heat and pressure, thus causing bonding by the softening or melting of the heat-sensitive material.

Capillary barrier — A material or layer that restricts liquid flow under unsaturated conditions through a difference in pore size

Characteristic value — The value of a material property which generally corresponds to a fractile of the assumed statistical distribution of the particular property of the material specified by relevant standards and tested under specific conditions.

Chemical bonding — See: *bonding*

Chemical resistance — Ability of a material to resist degradation through chemical action

Clogging — Blocking of material pores by physical, biological and chemical processes

Coefficient of permeability — See: *permeability*

Coefficient of variation — The standard deviation expressed as a percentage of the mean value.

Composite geotextile	See: *geotextile*
Conditioning	The process by which geotextile materials are permitted to come to hygroscopic and thermal equilibrium with the surrounding atmosphere or with the standard atmosphere for testing. (See also standard atmosphere for testing.)
Conductivity	Capacity to transmit fluids (liquid and gas)
Constant–rate–of–extension	A testing process in which the rate of extension of the specimen is constant with respect to time. Sometimes referred to as using a constant rate of extension (CRE) tensile testing machine.
Continuous filament	A fibre of indefinite length.
Continuous filament yarn	A yarn of one or more filaments that run essentially the whole length of the yarn. (See also: *filament*) NOTE : Yarns of one or more filaments are usually referred to as monofilament yarns or multifilament yarns respectively.
Course	A term applied to knitted fabrics describing a succession or row of knitted loops or stitches across the width of the fabric, usually perpendicular to the wales. (See also wales.)
Creep	The time–dependent deformation of a material due to the application of a continuing and constant force.
Creep rupture	Delayed rupture of a geosynthetic after a period of time under a constant stress (or load).
Cross–machine direction	See: *direction*
Cuspated	A sheet that has been indented by a deformation process to form a three dimensional sheet.
CRE testing machine	See: *constant–rate–of–extension*
Damage	Reduction in physical properties (e.g. during installation).
Degradation	The reduction, over a period of time, in one or more physical properties of a geotextile due to external agencies. Such agencies may include abrasion, heat, weathering, sunlight, ultraviolet light, chemicals, pollutants, soil burial, and various combinations thereof.
accelerated degradation	Degradation induced for testing purposes at a rate faster than that applying in normal in–service conditions.

actinic degradation	Degradation of fibres or fabrics due to exposure to solar radiation.
Denier	A unit of linear density, equal to the mass, in grams, of 9000 m of a filament or yarn. (See also: *linear density and tex*)
Diffusion	Flow of fluid due to a gradient of chemical concentration
Direction	
cross-machine direction	The direction in a machine-made fabric, perpendicular to the direction of motion of the material through the processing machine.
machine direction	The direction in a machine-made fabric, parallel to the direction of motion of the material through the processing machine.
normal direction	The direction perpendicular to the plane of the geotextile.
planar direction	Any direction in the plane of the geotextile.
Direct shear test	A test to determine shearing properties along a confined failure plane.
Drainage	The collecting and transporting of precipitation, ground water and/or other fluids.
Durability	The ability of a geosynthetic to retain its performance over a period of time. (See also degradation.)
Drainage composite	see Geocomposite drain.
Dynamic loads	Loads changing over time (e.g. seismic, compaction)
Earth pressure coefficient	Ratio between horizontal and vertical effective stresses in particulate materials
Elastic	Reversible relationship between stress and strain
Elastomeric geomembrane	See: *geomembrane, elastomeric*
Electrokinetic geosynthetic	A composite material which may provide one or several functions in addition to or in response to electrical conduction.
Electrical leakage detection	A family of methods used to locate perforations in continuous geomembrane sheets
Elongation	Extension expressed as a percentage of the original gauge

length.

Elongation at break	The elongation at the breaking point.
Elongation at ultimate force	The elongation at the maximum applied force.
EPS foam	Expanded polystyrene foam (see Geofoam)
Equivalent opening size	See opening size.
Erosion control mat(ECM)	A permeable, biodegradable (synthetic or natural) structure placed over the soil for temporary erosion control applications, usually while vegetation is being established.
Extension	The increase of the gauge length with the applied force.
Extruded geogrid	See: *geogrid, extruded*
Fabric(see: Geotextile)	A manufactured assembly of fibres or yarns or combination of fibres and yarns that has substantial surface area in relation to its thickness and sufficient mechanical strength to give the assembly inherent cohesion.
Face surface	The surface of a geotextile fabric, which is normally laid face upwards in the ground, unless designated otherwise. The face surface of a fabric is normally designated by the manufacturer.
Fatigue	The phenomenon of change of physical or mechanical properties of a geotextile (usually leading to failure) under the repeated application of a cyclic force.
Fibre	A unit of matter characterized by flexibility, fineness, and high ratio of length to thickness.
Fibre blinding	The condition where soil particles or other substances accumulate on the surface of a geotextile, thereby reducing its hydraulic properties. (See also filter clogging.)
Fibre reinforced soil	A soil that has been mixed with fibres to produce a composite material with enhanced physical properties
Filter	A device or material that allows fluid to pass and restrains all or some solid particles from passing.
Fifth percentile	The value, calculated from the test results, which is expected to be exceeded by 95 percent of the population values.

Filament	See continuous filament.
Film	A polymeric material that is homogeneous, non−fibrous, continuous, thin, and flexible.
Filter cake	A layer of soil particles accumulated adjacent to or on the surface of a geotextile.
Filtration	See: *functions*. The use of a geosynthetic material to allow passage of fluids from a soil while preventing the uncontrolled passage of soil particles.
Fines	The fraction of a soil passing through a 75μm sieve.
Flexural modulus	Ratio of the stress difference to the corresponding strain difference during a bending test. Unit: Megapascals (MPa)
Flexural strength	Maximum flexural stress sustained by the test specimen during a bending test. Unit: Megapascals (MPa)
Flexural stress	Nominal stress of the outer surface of the test specimen at midspan. Unit: Megapascals (MPa)
Flow rate	The flow rate per unit area normal to the plane of the product at a defined head. Unit: litres per square metre second (L/m 2.s)
Formulation	A specific mixture of components used to create a polymer or a polymer blend used to make a geosynthetic.
Force	That which can alter the state of rest or motion of a body. Unit: newton (N), kilonewton (kN) NOTE: 1 N = 1kg.m/s^2. Thus, at the surface of the earth, a mass of 100 kg exerts a force of approximately 980N.
breaking force	The maximum force applied to a test specimen at the point of rupture.
peak force	The force at which strain first increases with no increase in force. (See point P on Figure A4, Appendix A.)
ultimate force	The maximum force applied to the test specimen in a tensile test carried out to failure. (See point U on Figure A4, Appendix A.)
Friction	Resistance to shear deformation from surface interaction.
Friction coefficient	The ratio of the friction force per unit area to the normal

stress between two materials. It is said to be the tangent of the interface friction angle.

Gauge length — In tensile testing, the initial length of a test specimen measured between the specimen clamps.

Geoarmour — A permeable geosynthetic material placed over the surface of the soil, in conjunction with pattern-placed block armour units, to prevent erosion.

Geoblanket — A permeable, biodegradable (synthetic or natural) structure placed over the soil for temporary erosion control applications, usually while vegetation is being established

Geocell — A three-dimensional, permeable, polymeric (synthetic or natural)
honeycomb or web structure, made of strips of geotextiles, geogrids or geomembranes linked alternatingly and used in contact with soil/rock and/or any other geotechnical material in civil engineering applications

Geocomposite — A manufactured or assembled material using at least one geosynthetic product among the components, used in contact with soil/rock and/ or any other geotechnical material in civil engineering applications

Geocomposite clay liner — An assembled structure of geosynthetic materials and low hydraulic conductivity earth materials (clay or bentonite), in the form of a manufactured sheet, used in civil engineering applications.

Geocomposite drain — A prefabricated subsurface drainage product which consists of a geotextile filter skin supported by a geonet or a geospacer

Geocomposite reinforcement — An assembled structure of dissimilar geosynthetic materials used for soil reinforcement

Geofoam — A polymeric material which has been formed by the application of the polymer in semi-liquid form, through the use of a foaming agent, and results in a lightweight material with high void content, used in civil engineering applications.

Geoform — A three-dimensional, permeable geosynthetic structure, filled with soil or sediment waste such that the fill takes the shape of the inflated geoform

Geogrid	A planar, polymeric structure consisting of a regular open network of integrally connected tensile elements, which may be linked by extrusion, bonding or interlacing, whose openings are larger than the constituents, used civil engineering applications (primarily for reinforcement applications).
geogrid, bonded	A geogrid manufactured by bonding, usually at right angles, twc or more sets of strands or elements.
geogrid, extruded	A geogrid manufactured by extruding polymers and drawing in a sheet form.
geogrid, knitted	A geogrid manufactured by knitting together yarns or elements, usually at right angles to each other.
geogrid, woven	A geogrid manufactured by weaving yarns or elements, usually at right angles to each other.
Geomat (See also: erosion control mat and turf reinforcement mat)	A three-dimensional, permeable, polymeric structure, made of bonded filaments, used to reinforce roots of grass and small plants and extend the erosion-control limits of vegetation for permanent erosion control applications.
Geomattress	A three-dimensional, permeable geosynthetic structure, placed over the surface of a soil, and then filled with concrete mortar or soil.
Geomembrane	A planar, relatively impermeable, polymeric (synthetic or natural) sheet used in civil engineering applications.
geomembrane, bituminous	A geomembrane manufactured from natural bituminous materials.
geomembrane, elastomeric	A geomembrane manufactured from elastomeric polymers.
geomembrane, plastomeric	A geomembrane manufactured from plastomeric polymers.
Geonet	A planar, polymeric structure consisting of a regular dense network, whose constituent elements are linked by knots or extrusions and whose openings are much larger than the constituents, used in civil engineering applications.
Geopipe	A buried pipe made from polymeric material

Geospacer	A three-dimensional polymeric structure with large void spaces, used in civil engineering applications.
Geostrip	A polymeric material in the form of a strip, used in civil engineering applications.
Geosynthetic	A polymeric (synthetic or natural) material used in contact with soil/rock and/or any other geotechnical material in civil engineering applications.
Geosynthetic clay liner(GCL)	An assembled structure of geosynthetic materials and low hydraulic conductivity earth material (clay), in the form of a manufactured sheet, used in civil engineering applications.
Geotechnical engineering	The engineering applications of geotechnics.
Geotechnics	The application of scientific methods and engineering principles to the acquisition, interpretation, and use of knowledge of materials of the earth' crust to the solution of engineering problems. NOTE: Geotechnics embraces the fields of soil mechanics and rock mechanics, and many of the engineering aspects of geology, geophysics, hydrology, and related sciences.
Geotextile	A planar, permeable, polymeric (synthetic or natural) textile material, which may be nonwoven, knitted or woven, used in contact with soil/rock and/or any other geotechnical material in civil engineering applications.
geotextile, knitted	A geotextile produced by interlooping one or more yarns, fibres, filaments or other elements.
geotextile, nonwoven	A geotextile in the form of a manufactured sheet, web or batt of directionally or randomly orientated fibres, filaments or other elements, mechanically and/or thermally and/or chemically bonded.
geotextile, woven	A geotextile produced by interlacing, usually at right angles, two or more sets of yarns, fibres, filaments, tapes or other elements.
Geotextile bags	See Geocontainers
Geocontainers	A geosynthetic container filled with soil or other material

Geotubes	See Geocontainer
Hydration	Absorption of liquid
Hydraulic gradient	The ratio of the total head loss (Δh) across the specimen to its length (l) in the flow direction.
Hydrolysis	The cleavage of chemical bonds in polymers by reaction with water, including moisture or steam. NOTE: Polar linkages in polymers such as ester, amide and urethane bridges are particularly susceptible to hydrolysis. For this reason polyesters, polyamides and polyurethanes are all sensitive to hydrolysis in moist, warm environments. Hydrolysis is generally acid or base catalyzed.
Inclined plane test A	shear test performed by increasing the inclination of the plane
Interface shear strength	The shear strength at a given interface generated by a combination of cohesion (adhesion) and friction forces. The interface may be internal (e.g. for a soil) or it may be at an external interface with another material.
Interface adhesion	Shear strength at an interface at zero normal stress
Interface friction angle	An angle, the tangent of which is equal to the ratio of the friction force per unit area to the normal stress between two materials.
Interface peak shear strength	Maximum values of the curve of interface shear strength obtained as a function of deformation.
Interface residual shear strength	Interface shear strength obtained at large deformation.
Isochronous curve	The result of re-plotting a series of standardised load-dependent geosynthetic strain versus time curves into a series of time-dependent load versus strain curves, demonstrating the achieved strain specific to a given time.
Isotropic	Having the same physical properties in every direction in the plane of the geosynthetic.
Limit state design	Design that meets requirements to guarantee the limit state performance (see ultimate and serviceability limit

states).

Linear density	The mass per unit length of linear textile material (yarn or fibre). (See also tex.)
Locknit	A fabric made on a warp knitting machine in which the stitches are interlocked in a manner that resists runs in the fabric.
Lot	Group of items of a single type with specific characteristics and dimensions, presented for sampling at the same time.
Knitted geogrid	See: *geogrid, knitted*
Knitted geotextile	See: *geotextile, knitted*
Mass per unit area	The ratio of the mass of a specimen of specified dimensions to its area. Unit: grams per square metre (g/m^2).
Mean value	The arithmetic mean of a set of test results.
Man-made fibre	A fibre manufactured by man as distinct from a fibre that occurs naturally.
MARV (minimum average roll value)	A statistical value defined as the mean minus two standard deviations.
Monofilament	A single relatively thin and flexible continuous strand of polymer or polymers. (See also: *fibre*)
Multifilament	A yarn composed of more than one continuous filament or strand.
Needle felt	A non-woven structure formed by the mechanical bonding of a fibre web or batt by needling. (See also: *bonding—needle bonding*)
Ninety-fifth percentile	The value, calculated from the test results, which 95 percent of population values are expected to exceed.
Nonwoven geotextile	See: *geotextile, nonwoven*
Nominal value	The value of a material property as declared, rather than measured, by the producer/supplier of the material.
OIT test	Oxidation induction time test which is used to measure relative resistance to oxidation
Open area	That percentage of the total area of the geotextile measured in the plane of the geotextile in which there are

	no fibres, filaments, or films between its upper and lower surfaces.
Opening size	
apparent opening size	The particle size of a standard sand fraction for which a specified percentage by mass would be retained as determined by the dry sieving method. NOTE: The quantity symbol is On, where n is the specified percentage. Abbreviation: AOS Unit: micrometre (μm)
equivalent opening size	The particle size of a standard sand fraction for which 95% by mass would be retained as determined by the dry sieving method. Abbreviation: EOS. Quantity symbol: O95 Unit: micrometre (μm)
Order	A quantity of geosynthetic, of the same material and grade, ordered on one occasion for the one project.
Oriented tape slit film	A tape produced by extruding a thermoplastic polymer in the form of a sheet or film, slitting the film into tapes and hot stretching to induce molecular orientation and, hence, high longitudinal strength.
Overlay	A material that is laid over another material to provide enhanced performance or protection
Oxidation	The chemical reaction of oxygen with polymers due to exposure of the polymer to oxidizing chemicals (e.g., oxidizing acids or peroxides), or to oxygen plus elevated temperatures, UV light or ionizing radiation (or combination thereof, such as in weathering). Note: Oxidation proceeds by a free radical mechanism and ultimately leads to degradation of the polymer (either by lowering of the molecular weight or by cross-linking) and consequently loss of useful mechanical properties.
Partial factors	Application of factors to determine increased loads or decreased resistances (e.g. reduction of a soils properties)
Coefficient of permeability	A measure of the permeability of a geotextile to water.

For uniform laminar flow, it is equal to the ratio of the outflow velocity to the average hydraulic gradient at a standard fluid temperature.

Unit: metre per second (m/s).

Permittivity	The volumetric flow rate of water per unit cross-sectional area per unit head, under laminar conditions of flow, in the normal direction through a geotextile. (See also transmissivity.) Unit: reciprocal second (s−1).
Piezometric tube	A vertical tube, open to the atmosphere, used to measure hydrostatic pressure.
Piping	The process whereby soil particles migrate through a filter owing to the passage of water.
Plane strain	A strain condition of a material in which the strain in the orthogonal direction is zero (i.e. used in modeling two-dimensional situations)
Plastic behaviour	Mechanical behaviour characterised by irreversible relationship between stress and strain
Polymer	A large molecule built up by the repetition of small simple chemical units called monomers. In man-made fibres, a chain-like structure of high molecular mass produced by linking together monomeric units consisting predominantly of non-metallic elements or compounds.
Pores	The voids in a geotextile.
Pore size distribution	The distribution of pore sizes in a geotextile. Often stated in terms of opening sizes determined by a standard test for the diameter of particles passing through. (See also opening size.)
Porometry	Measurement of sizes of pores and study of their distribution.
Plastomeric geomembrane	See: *geomembrane, plastomeric*
Porosity	The ratio of the volume of void spaces to the total volume of a geotextile. NOTE: Porosity is usually expressed as a percentage.
Preload	A small load equal to 1% of the expected maximum load,

enabling initial gauge length and strain zero to be determined under reproducible conditions.

Protection The preventing or limiting of local damage to a given element or material by the use of a geotextile or a geotextile-related product.

Pull-out test A test to quantify interaction between a geosynthetic and a confining soil under pull-out conditions

Puncture The rupture of a geotextile by a localized force normal to the plane of the geotextile while the geotextile is constrained in all directions in that plane.

PVD Prefabricated vertical drain. See vertical drain

RECP(rolled erosion control product) See: *erosion control mat (ECM)*

Reduction factor A factor applied to reduce a design property in the face of potential uncertainty over its measurement or assessment.

Regenerated fibre A man-made fibre produced from a naturally occurring fibre-forming polymer by a process that includes regeneration of the original polymer structure.

Reinforcement The use of the stress-strain behaviour of a geosynthetic to improve the mechanical properties of soil or other construction materials.

Representative values Values for material properties obtained from a number of individual specimens. Unless otherwise stated, these include the sample mean and standard deviation, and may include the fifth or ninety-fifth percentile value.

Resilient modulus Modulusof soil obtained after a large number of loading cycles

Roll A unit of production.

Sample One or more items taken as representative of a population, or portion of material taken without bias from a bulk material for assessment.

bulk sample A random selection of one or more rolls of geotextile taken from the batch or order in accordance with the batch or order size.

laboratory sample A portion of material taken to represent the bulk sample

	or the bulk sample itself and used in the laboratory as a source of test samples or test specimens.
test sample	A sample as prepared for testing. It may consist of one or more test specimens. NOTE: As a general rule this is a part of the laboratory sample, prepared in such a manner as to retain its representative character; however, in certain cases it may consist of the whole laboratory sample.
Seam	The joint between sections of geosynthetics produced by means of sewing, welding, gluing or other means.
Scrim	A general term, irrespective of structure, for a lightweight basecloth included in a non-woven fabric. (See also basecloth.)
Separation	That function of a geotextile by which adjacent dissimilar materials are prevented from intermixing.
Serviceability limit state	Limit state related to the function of the structure under normal use (see limit state design)
Service life	The period of time after which the material or structure ceases to provide its intended function at the required level of safety
Shrinkage	A reduction in dimension
Soil-filter zone	A zone Of Soil Stratification Adjacent To A Geotextile Created By Fluid Flow Through The Soil-Geotextile System.
Soil-geosynthetic friction	A measure of the shear force per unit area required to cause slippage of a geosynthetic over one layer or from between several layers of soil.
Specimen	
test specimen	A specific portion of a material or a laboratory specimen upon which a test is performed or which is selected for that purpose.
Standard atmosphere for testing	An atmosphere at the prevailing barometric pressure with a relative humidity of 65 ±3% at a temperature of 23 ±5°C.
Standard Deviation	A statistical measure of the variability of a set of results.

Staple fibre	A man-made fibre of predetermined short length. The fibre is usually prepared by cutting or breaking filaments of the material into lengths suitable for the processing system in question. Lengths usually range from 5mm to 500mm.
Stepped isothermal method	A method of exposure that uses temperature steps and dwell times to accelerate creep response of a material being tested under load.
Stiffness	Relationship between strain and stress for a material.
Strain	The ratio of extension to original gauge length. (See also elongation.)
Strength	
breaking tensile strength	The force per unit specimen width applied in the plane of the geotextile at the point of rupture or breaking point. Unit: newton/unit width (N/unit width), kilonewton/unit width (kN/unit width.)
peak tensile strength	The tensile strength corresponding to the first peak on the force/elongation curve of a tensile strength test. (See point P on Figure A4, Appendix A.)
tearing strength	The force required to continue or propagate a tear in a geosynthetic material. Unit: newton (N), kilonewton (kN)
tensile strength	The force per unit specimen width applied in the plane of the geosynthetic. Unit: newton (N), kilonewton (kN)
ultimate tensile strength	The maximum tensile strength corresponding to the highest peak on the force/elongation curve of a tensile strength test. (See point U on Figure A4, Appendix A.)
yield tensile strength	The tensile strength corresponding to the yield point on the force/elongation curve of a tensile strength test.
Stress crack	Crack initialisation in a crystalline polymeric material
Surface erosion control	The use of a geosynthetic to prevent or limit soil or other particle movements at the surface of, for example, a slope.

Synthetic fibre	A man-made fibre produced from a polymer built up by man from chemical elements or compounds, in contrast to fibres made from naturally occurring fibre-forming polymers.
Tape **(thin slit film)** **(See: fibre.)**	A yarn having a very large width-to-thickness ratio, and usually formed by slitting a wide film into individual tapes with hot stretching either before or after slitting.
Tenacity	The ultimate tensile strength of a fibre or yarn expressed as force per unit linear density of the unstrained specimen. (See also linear density.) Unit: millinewton per tex (mN/tex)
Tensile stress, **related to the cross-sectional** **area of specimen**	The tensile force per cross-sectional area of the specimen prior to loading (typically MPa), carried by a specimen at any given time in a short-term test.
Tensile test	A test in which a geotextile material is loaded to determine its force/elongation characteristics.
grab tensile test	A uniaxial tensile test in which only the central portion of the specimen is gripped in the jaws.
plane-strain tensile test	A uniaxial tensile test in which the entire width of the specimen is gripped in the jaws with the specimen being restrained from deforming laterally.
wide strip tensile test	A uniaxial tensile test in which the entire width of the specimen is gripped in the jaws and in which the specimen width is greater than the gauge length.
tensile modulus	The ratio of the change in tensile force per unit width of the geotextile to the change in corresponding elongation. Unit: kilonewton per metre (kN/m)
initial tensile modulus	The slope of the initial portion of a force per unit width/elongation curve. (See line AG in Figure A1, Appendix A.)
offset tensile modulus	The maximum value of the tangent modulus. (See line BD in Figure A1, Appendix A.)
secant tensile modulus	The ratio of change in force per unit width to change in

	elongation between two points on a force per unit width/elongation curve, particularly the points of zero force and a specified percent elongation. (See lines QR and AM in Figure A3, Appendix A.)
tangent tensile modulus	The slope of the force/elongation curve at any given elongation.
Test result	The result from a single measurement on one specimen.
Tex	The unit of linear density used in the textile industry. 1tex = 10−6kg/m = 1g/km (See also linear density.)
Textile	Man-made fabric, produced by either weaving, needle punching or bonding fibres or filaments. NOTE: Examples of textiles are threads, cords, ropes, braids, lace, embroidery, nets, and fabrics mad e by weaving, knitting, felting, bonding, and tufting are all textiles.
Texture	Roughness of a geosynthetic surface
Thermal degradation	Reduction in physical properties resulting from thermal effects
Thermal stress	Stress change induced by thermal strain
Thermo-oxidation	Accelerated oxidation due to thermal effects
Thickness	The distance between the upper and lower surfaces of a geosynthetic, measured normal to the surfaces and under a specified pressure.
Toughness	The property of a geotextile by virtue of which it can absorb energy. It is expressed as the actual work-to-break per unit surface area and is proportional to the area under the force/elongation curve from origin to rupture point.
Transmissivity	The ability of a geosynthetic to conduct a fluid within its plane. It is expressed as the product of the coefficient of permeability in the geosynthetic plane and the thickness of the geosynthetic. (See also permittivity.) Unit: square metre per second(m^2/s)
Turf reinforcement mat(TRM)	A three-dimensional, permeable, polymeric structure

made of bonded filaments, used to reinforce roots of grass and small plants and extend the erosion–control limits of vegetation for permanent erosion control applications.

Ulitimate limit state	The limit state of a structure that concerns safety of people and/or the safety of the structure
Uniaxial	Testing or performance that takes place in one direction
Vertical drain	A drain inserted vertically into a soil to provide drainage in order to accelerate consolidation.
Viscosity	Measure of resistance of a liquid to being deformed by stress
Void ratio	The ratio of the volume of void space to the volume of solids in a geotextile. NOTE: In a geotextile, the solids are considered to be incompressible, and include fibres, yarns, binders, and combinations thereof, if present.
Wale	In knitted fabrics, a column of loops in successive courses and perpendicular to them. (See also course.)
Warp	Yarns, filaments, or tapes running in the machine direction of the weaving machine or loom.
Weft	Yarns, filaments, or tapes running at 90° to the machine direction of the weaving machine or loom.
Woven geogrid	See: *geogrid, woven*
Woven geotextile	See: *geotextile, woven*
Wrinkle	Deviation from planarity of a sheet (e.g. a small ridge) typically by shrinkage and contraction
Yarn	A generic term for a continuous strand of textile fibres, filaments, or other materials in a form suitable for weaving or otherwise intertwining to form a textile fabric.

3. Mathematical Symbols

3.1.1 Dimensions

Symbols used for dimensions are:

L	Length
M	Mass
t	Time
T	Temperature
–	Dimensionless

3.1.2 Units

m	Metre
m^2	square metre
m^3	cubic metre
km	kilometre = 10^3m
mm	millimetre = 10^{-3}m
μm	micrometre or micron = 10^{-6}m
g	Gram
mg	milligram = 10^{-3}g
kg	kilogram = 10^3g
Mg	megagram = 10^6g = tonne
s	Second
N	Newton
kN	kilonewton = 10^3N
Pa	pascal = N/m^2
kPa	kilopascal = kN/m^2
MPa	megapascal = MN/m^2
j	joule = Nm
tex	tex = 10^{-6}kg/m = mg/m
j/kg	tenacity = 10^{-6}N/tex

°	Degree
%	Percent
–	pure number

3.1.3 Prefixes for units

G	giga = 10^9
M	mega = 10^6
k	kilo = 10^3
c	centi = 10^{-2}
m	milli = 10^{-3}
μ	micro = 10^{-6}
n	nano = 10^{-9}

3.1.4 Recommended subscripts

a	air, active (earth pressure), allowed
B	Base
cr	creep reduction
cv	constant volume or critical state
d	dry state, diameter, design
f	failure, fibre, filament, final
GSY	geosynthetic material, e.g. t_{GSY} is thickness of geosynthetic material
GBA	Geobar
GBL	Geoblanket
GCE	Geocell
GCD	geocomposite drain
GCL	geocomposite clay liner
GEC	geosynthetic erosion control material
GEK	electrokinetic geosynthetic
GFO	Geofoam

GFR	Geoform
GGR	Geogrid
GMA	Geomat
GMB	Geomembrane
GMT	Geomattress
GNT	Geonet
GSP	Geospacer
GST	Geostrip
GTX	Geotextile
GTXw	woven geotextile
GTXnw	nonwoven geotextile
h	horizontal
i	immediate, initial
j	Joint
k	characteristic, e.g. $T_{max, k}$ is characteristic maximum tensile strength
m	Material
max	Maximum
min	Minimum
mr	material reduction
n	normal, number
p	passive (earth pressure), planar, pullout
r	radial, resistance, residual
req	Required
s	solid particles, sliding
sat	Saturated
sec	Secant
u	undrained conditions
v	Vertical
w	Water

x, y	two orthogonal horizontal axes
z	*vertical axis*
ε	at specific strain or elongation
0	at rest (earth pressure), zero
1, 2, 3	principal directions

3.1.5 Geometry and kinetics

A	L2	(m^2)	Area
b, B	L	(m)	breadth or width
d	L	(m)	Diameter
D	L	(m)	Depth
g	Lt^{-2}	(m/s^2)	acceleration due to gravity $g = 9.8m/s^2$
H	L	(m)	Height
l, L	L	(m)	Length
t	t	(s)	Time
v	Lt^{-1}	(m/s)	Velocity
V	L^3	(m^3)	Volume

3.2 Properties related to geosynthetics

3.2.1 Physical properties

t_{GTX}	L	(mm)	thickness of GTX, etc.
b_{GTX}	L	(m)	width of GTX, etc.
ρ_f	ML^{-3}	(Mg/m^3)	density of fibres or filaments (mass per unit volume)
μ_A	ML^{-2}	(g/m^2)	mass per unit area
df	L	(μm)	diameter of fibres or filaments
λ	ML	(tex)	linear density of yarns, fibres, filaments
A	–	(%)	percent open area for wovens or geogrids
n_{GTX}	–		porosity (ratio between volume of voids & total volume) of a GTX

3.2.2 Hydraulic properties

O_n	L	(mm, μm)	n percent opening size of a GTX – generic term
$O_{n,d}$	L	(mm, μm)	n percent opening size as measured by a dry sieving test, e.g. $O_{90,d}$, $O_{95,d}$. Sometimes referred to AOS or EOS
$O_{95,d}$	L	(mm, μm)	Equivalent Opening Size (EOS) corresponding to the 95% opening size measured by a dry sieving test
$O_{n,w}$	L	(mm, μm)	n percent opening size as measured by a wet sieving test, e.g. $O_{90,w}$, $O_{95,w}$. Sometimes referred to D_w or d_{95}
q_n	LT^{-1}	(litres/m^2.s)	flow capacity normal to the plane of a GTX – generic term.
$q_{n,h}$	LT^{-1}	(litres/m^2.s)	flow capacity normal to the plane of a GTX under water head h (in mm), e.g. $q_{n,100}$ is flow capacity normal to the plane under water head of 100mm.
q_p	L^2T^{-1}	(litres/m.s)	flow capacity within the plane of a GTX, GNE or GCD–generic term.
$q_{p,i}$	L^2T^{-1}	(litres/m.s)	flow capacity within the plane of a GTX, GNE or GCD under hydraulic gradient i, e.g. $q_{p,1}$ is flow capacity within the plane under hydraulic gradient of 1.
k_n	Lt^{-1}	(m/s)	Coefficient of permeability normal to the plane
k_p	Lt^{-1}	(m/s)	Coefficient of permeability in the plane of a GTX or GCD
ψ	t^{-1}	(s^{-1})	permittivity of a GTX. $\psi = k_n / t_{GTX}$
θ	L^2t^{-1}	(m^2/s)	transmissivity of a GTX or GCD. $\theta = k_p/t_{GTX}$
ψ′	t^{-1}	(s^{-1})	permittivity of a GMB to vapour flow (permeance). It is the rate of vapour transmission divided by the vapour pressure difference across the GMB.
k'_n	Lt^{-1}	(m/s)	vapour permeability of a GMB normal to its plane. t_{GMB} $k'_n = \psi' t_{GMB}$

3.2.3 Mechanical properties

ε	–	(%)	strain or elongation
ε'	t^{-1}	(%/s)	strain rate
ε_f	–	(%)	strain or elongation at failure
ε_{max}	–	(%)	maximum strain or elongation
T	Mt^{-2}	(kN/m)	tension (tensile strength per unit width)
T_ε	Mt^{-2}	(kN/m)	tension at a given elongation ε, e.g. T_{30} is the tension at 30% elongation
T_f	Mt^{-2}	(kN/m)	tension at failure
T_{max}	Mt^{-2}	(kN/m)	maximum tension
T_a	Mt^{-2}	(kN/m)	allowable tension
T_B	Mt^{-2}	(kN/m)	base tension in a geosynthetic reinforcement after allowing for the effects of creep. Sometimes referred to as creeplimited strength
T_{req}	Mt^{-2}	(kN/m)	Required tension
J	Mt^{-2}	(kN/m)	tensile stiffness
J_ε	Mt^{-2}	(kN/m)	tangential tensile stiffness at elongation ε
J_i	Mt^{-2}	(kN/m)	initial tensile stiffness (at ε = 0%)
$J_{sec\ \varepsilon}$	Mt^{-2}	(kN/m)	secant tensile stiffness between the origin and elongation ε, e.g. J_{sec30} is the secant tensile stiffness between elongation ε = 0 and ε = 30%
$J_{secn,m}$	Mt^{-2}	(kN/m)	secant tensile stiffness between ε = n% and ε = m% elongation.
σ_ε	$ML^{-1}t^{-2}$	(kN/m^2, kPa)	tensile stress at elongation ε e.g. σ_{30} is the tensile stress at 30% elongation
σ_{max}	$ML^{-1}t^{-2}$	(kN/m^2, kPa)	maximum tensile stress
σ_f	$ML^{-1}t^{-2}$	(kN/m^2, kPa)	tensile stress at failure
E	$ML^{-1}t^{-2}$	(kN/m^2, kPa)	elastic modulus
E_i	$ML^{-1}t^{-2}$	(kN/m^2, kPa)	initial tangential modulus (see J_i)
E_ε	$ML^{-1}t^{-2}$	(kN/m^2, kPa)	tangential modulus at elongation ε (see J_ε)
$E_{sec\ \varepsilon}$	$ML^{-1}t^{-2}$	(kN/m^2, kPa)	secant modulus between the origin and

			elongation ε (see $J_{sec\,\varepsilon}$)
ν	–		poisson's ratio
ζ_y	L^2t^2	(N/tex)	tenacity of a yarn (ratio between tensile strength of a yarn and its linear density)
ξ	(varies)		mechanical efficiency (ratio between maximum strength and mass per unit area)
F_f	MLt^{-2}	(N, kN)	load recorded at failure in a tensile test (NB: the tensile test must be specified)
F_{max}	MLt^{-2}	(N, kN)	maximum tensile force of a GT or GM (NB: the tensile test must be specified)
F_G	MLt^{-2}	(N, kN)	breaking force as measured in a Grab test (NB: the Grab test must be specified)
F_P	MLt^{-2}	(N, kN)	breaking force in a static puncture test (NB: the static puncture test must be specified)
F_T	MLt^{-2}	(N, kN)	breaking force in a tear propagation test (NB: the tear propagation test must be specified)
O_{dc}	L	(mm)	perforation resistance in a dynamic tear initiation test (NB: the tear initiation test must be specified)
P_r	Mt^{-2}	(kN/m)	pullout resistance
p_B	$ML^{-1}t^{-2}$	(kN/m², kPa)	bursting pressure (NB: the burst test must be specified)
W_I	ML^2t^{-2}	(Joules)	energy measuring the resistance in an impact test (NB: the impact test must be specified)

3.2.4 Interface properties

$f_{s/GSY}$	–	(–)	friction interaction coefficient between soil and GSY.
			$f_{s/GSY}$ tan φ' = tanφ'$_{s/GSY}$ · φ' is friction angle of soil.
$\mu_{s/GSY}$	–	(–)	coefficient of friction between soil and GSY. $\mu_{s/GSY}$ = tanφ'$_{s/GSY}$ and $\mu_{s/GSY}$ = $f_{s/GSY}$ tanφ'.
$\varphi'_{s/GSY}$	–	(°)	effective friction angle between soil and GSY –

			general term.
$\varphi'_{p,\ s/GSY}$	–	(°)	effective peak friction angle between soil and GSY.
$\varphi'_{r,\ s/GSY}$	–	(°)	effective large strain friction angle between soil and GSY.

3.3 Properties related to fluids

3.3.1 Physical properties

ρ_w	ML^{-3}	(Mg/m^3)	density of water (mass per unit volume)
γ_w	$ML^{-2}t^{-2}$	(kN/m^3)	unit weight of water (weight per unit volume)
η_w	$ML^{-1}t^{-1}$	(kg/ms)	dynamic viscosity of water

3.3.2 Flow properties

h	L	(m)	hydraulic head or potential
Q	L^3t^{-1}	(m^3/s)	rate of discharge (also called flow rate) – volume of water passing through a given area per unit of time
v	Lt^{-1}	(m/s)	discharge velocity
i	–		hydraulic gradient
j	$ML^{-2}t^{-2}$	(kN/m^3)	seepage force per unit volume (force per unit volume of a porous medium generated by action of fluid upon the solid elements of the porous medium). $j = i\ \gamma_w$

3.4 Properties related to geotechnics

3.4.1 Physical properties

3.4.1.1 Solid particles and their distribution

ρ_s	ML^{-3}	(Mg/m^3)	density of solid particles (ratio between mass and volume of solid particles)
γ_s	$ML^{-2}t^{-2}$	(kN/m^3)	unit weight of solid particles (weight of solid

			particles per unit volume). $\gamma_s = \rho_s g$
d	L	(μm, mm)	particle diameter
d_n	L	(μm, mm)	n percent diameter (diameter corresponding to n% by weight of finer particles)
C_u	–		uniformity coefficient. $C_u = d_{60}/d_{10}$

3.4.1.2 Density of soils

ρ	ML^{-3}	(Mg/m^3)	density of soil (ratio between total mass and total volume of soil)
γ	$ML^{-2}t^{-2}$	(kN/m^3)	unit weight of soil (ratio between total weight and total volume of soil). $\gamma = \rho g$
ρ_d	ML^{-3}	(Mg/m^3)	density of dry soil (ratio between mass of solid particles and total volume of soil)
γ_d	$ML^{-2}t^{-2}$	(kN/m^3)	unit weight of dry soil (ratio between weight of solid particles and volume of soil). $\gamma_d = \rho_d g$
ρ_{sat}	ML^{-3}	(Mg/m^3)	density of saturated soil (ratio between total mass and total volume of completely saturated soil)
γ_{sat}	$ML^{-2}t^{-2}$	(kN/m^3)	unit weight of saturated soil (ratio between total weight and total volume of completely saturated soil). $\gamma_{sat} = \rho_{sat} g$
ρ'	ML^{-3}	(Mg/m^3)	density of submerged soil (difference between density of soil and density of water). $\rho' = \rho - \rho_w$
γ'	$ML^{-2}t^{-2}$	(kN/m^3)	unit weight of submerged soil (difference between unit weight of soil and unit weight of water). $\gamma' = \gamma - \gamma_w = \rho' g$

3.4.1.3 Voids and water in soils

e	–	(–)	void ratio (ratio between volume of voids and volume of solid particles)
n	–	(%)	porosity (ratio between volume of voids and total volume of soil)

w	–	(%)	water content (ratio between weight of pore water and weight of solid particles)
S_r	–	(%)	degree of saturation (ratio between volume of pore water and volume of voids)

3.4.1.4 Consistency of soils

w_L	–	(%)	liquid limit (water content of a remoulded soil at transition between liquid and plastic states, determined by a standard laboratory test)
w_P	–	(%)	plastic limit (water content of a remoulded soil at transition between plastic and semi-solid states, determined by a standard laboratory test)
w_S	–	(%)	shrinkage limit (maximum water content at which a reduction of water content will not cause a decrease in volume of the soil mass)
I_P	–	(%)	plasticity index (difference between liquid and plasticity limits)
I_L	–	(%)	liquidity limit, defined as $(w - w_P)/I_P$
I_C	–	(%)	Consistency index, defined as $(w_L - w)/I_P$
e_{max}	–	(–)	void ratio in loosest state (maximum void ratio obtainable by a standard laboratory procedure)
e_{min}	–	(–)	void ratio in densest state (minimum void ratio obtainable by a standard laboratory procedure)
I_D	–	(–)	density index (also called 'relative density', R_D). $I_D = (e_{max} - e)/(e_{max} - e_{min})$

3.4.2 Stresses in soils

σ	$ML^{-1}t^{-2}$	(kN/m^2, kPa)	normal stress
σ'	$ML^{-1}t^{-2}$	(kN/m^2, kPa)	normal effective stress, $\sigma' = \sigma - u$
σ'_v	$ML^{-1}t^{-2}$	(kN/m^2, kPa)	normal effective stress acting in a vertical direction
σ'_h	$ML^{-1}t^{-2}$	(kN/m^2, kPa)	normal effective stress acting in a horizontal direction

U	$ML^{-1}t^{-2}$	(kN/m^2, kPa)	pore water pressure
τ	$ML^{-1}t^{-2}$	(kN/m^2, kPa)	shear stress
ε	–	(%)	Strain

3.4.3 Hydraulic properties

k	Lt^{-1}	(m/s)	Coefficient of permeability (or hydraulic conductivity)
I	–	(–)	hydraulic gradient

3.4.4 Mechanical properties

3.4.4.1 Soil behaviour under compressive strains

C_c	–	(–)	compression index (slope of virgin compression curve in a semi–logarithmic plot)
C_r	–	(–)	recompression index (slope of recompression curve in a semi–logarithmic plot).
C_a	–	(–)	secondary compression index (slope of secondary compression curve in a semi– logarithmic plot).
c_h	$L2t^{-1}$	(m^2/s)	vertical coefficient of consolidation (due to pore water movement in horizontal direction)
c_v	$L2t^{-1}$	(m^2/s)	vertical coefficient of consolidation (due to pore water movement in vertical direction)
m_v	$M^{-1}Lt^2$	(m^2/MN)	coefficient of volume change (in vertical direction)
σ'_p	$ML^{-1}t^{-2}$	(kN/m^2, kPa)	pre–consolidation pressure (the greatest effective overburden pressure the soil mass has carried in the past)
E	$ML^{-1}t^{-2}$	(MN/m^2, MPa)	deformation modulus (ratio between a given normal stress change and the strain change in the same direction, all other stresses being constant)
K'	$ML^{-1}t^{-2}$	(MN/m^2, MPa)	Elastic bulk modulus. $K' = E/(3 - 6\nu)$
k_s	$ML^{-2}t^{-2}$	(kN/m^3)	modulus of subgrade reaction (ratio between change of vertical stress on a rigid plate placed on the soil, and the corresponding change of

			vertical settlement of the plate)
T_v	–	(–)	time factor, $T_v = tc_v/d^2$, where t is time and d is the length of the drainage path
ν	–	(–)	poisson's ratio (ratio between strain changes perpendicular to and in the direction of a given uniaxial stress change)

3.4.4.2 Soil behaviour under shear strains

τ	$ML^{-1}t^{-2}$	(kN/m^2, kPa)	shear strength. $\tau = c + \tan \varphi$
τ_u	$ML^{-1}t^{-2}$	(kN/m^2, kPa)	shear strength measured under undrained (total stress) conditions. $\tau_u = c_u + \tan \varphi_u$
τ_d	$ML^{-1}t^{-2}$	(kN/m^2, kPa)	shear strength measured under drained conditions. $\tau_d = c_d + \tan \varphi_d$
τ'	$ML^{-1}t^{-2}$	(kN/m^2, kPa)	shear strength measured under effective stress conditions. $\tau' = c' + \tan \varphi'$
τ'_{cv}	$ML^{-1}t^{-2}$	(kN/m^2, kPa)	residual shear strength measured under effective stress conditions. $\tau'_{cv} = c'_{cv} + \tan \varphi'_{cv}$
c	$ML^{-1}t^{-2}$	(kN/m^2, kPa)	cohesion
c_d	$ML^{-1}t^{-2}$	(kN/m^2, kPa)	cohesion measured under drained conditions
c'	$ML^{-1}t^{-2}$	(kN/m^2, kPa)	cohesion measured under effective stress
c'_r	$ML^{-1}t^{-2}$	(kN/m^2, kPa)	residual cohesion measured under effective stress conditions
G'	$ML^{-1}t^{-2}$	(MN/m^2, MPa)	elastic shear modulus. $G' = E/(2+2\nu)$.
φ	–	(°)	soil friction angle
φ_u	–	(°)	soil friction angle measured under undrained conditions
φ_d	–	(°)	soil friction angle measured under drained conditions
φ'	–	(°)	soil friction angle measured under effective stress conditions
φ'_{cv}	–	(°)	Critical state soil friction angle measured under

			effective stress conditions (shearing at constant volume)
φ'_r	–	(°)	residual soil friction angle measured under effective stress conditions
ψ	–	(°)	soil dilation angle
ψ'	–	(°)	soil dilation angle under effective stress conditions
μ	–	(–)	coefficient of friction of soil. $\mu = \tan \varphi'$.

3.5 Properties related to geotechnical structures

3.5.1 Structure dimensions

b, B	L	(m)	breadth of foundation, slope or embankment
D	L	(m)	depth of foundation, depth below toe of slope
h, H	L	(m)	vertical height of wall, slope or embankment
l, L	L	(m)	length of foundation or embankment
s	L	(m)	settlement
U	–	(%)	degree of consolidation
β	–	(°)	angle of slope to horizontal

3.5.2 External applied loads

F_h	MLt^{-2} or Mt^{-2}	(kN or kN/m)	external applied concentrated horizontal force
F_v	MLt^{-2} or Mt^{-2}	(kN or kN/m)	external applied concentrated vertical force
w_s	$ML^{-1}t^{-2}$	(kN/m^2, kPa)	external applied surcharge load

3.5.3 Earth pressures

K	–	(–)	ratio of horizontal to vertical stress
K_a	–	(–)	active earth pressure coefficient
K_o	–	(–)	at-rest earth pressure coefficient
K_p	–	(–)	passive earth pressure coefficient
α	$ML^{-1}t^{-2}$	(kN/m^2, kPa)	wall adhesion (adhesion between wall and adjacent soil)

δ	–	(°)	angle of wall friction (angle of friction between wall and adjacent soil)

3.6 Factors of safety, partial factors and reduction factors

FS	–	(–)	global factor of safety (normally derived from limit equilibrium methods)
f_{cr}	–	(–)	reduction factor associated with the loss in load carrying capability due to creep effects of a reinforcement over time
f_f	–	(–)	partial factor associated with dead loads in a structure
f_q	–	(–)	partial factor associated with live loads in a structure
f'_m	–	(–)	partial factor associated with the strength of the materials used in the structure
f'_{mr}	–	(–)	reduction factor associated with the loss in load carrying capability due to installation and durability effects of a reinforcement over time
f_n	–	(–)	partial factor associated with the economic ramifications of structural failure
f_p	–	(–)	partial factor associated with the pull–out resistance of geosynthetic reinforcements
f_s	–	(–)	partial factor associated with the sliding resistance of geosynthetic reinforcements

4. Graphical Symbols

4.1 Products

GTX		Geotextile (generic)
GMB		Geomembrane (generic)
GBA		Geobar (generic)
GBL		Geoblanket (generic)
GCD	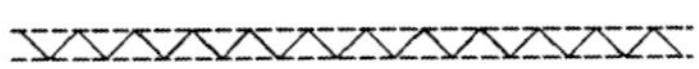	Geocomposite drain (generic)– with geotextile on both sides

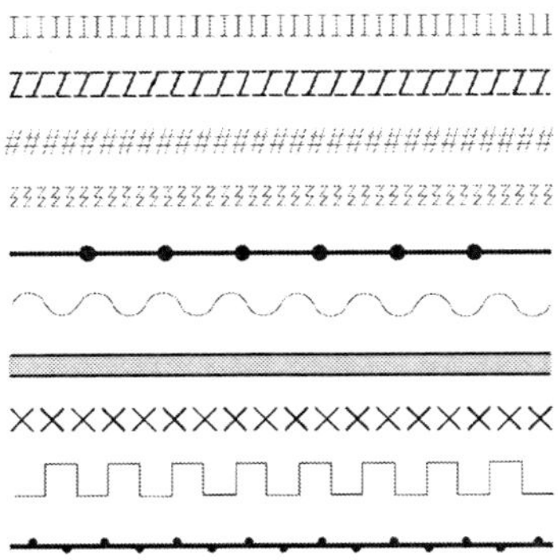

GCE	Geocell (generic)
GCL	Geocomposite clay liner (generic)
GEC	Surficial geosynthetic erosion control (generic)
GEK	Electrokinetic geosynthetic (generic)
GGR	Geogrid (generic)
GMA	Geomat (generic)
GMT	Geomattress (generic)
GNT	Geonet (generic)
GSP	Geospacer (generic)
GST	Geostrip (generic)

4.2 Functions

The following function symbols may be used where it is considered that a description of the role of the geosynthetic material may provide further clarity to the drawing or diagram.

- B Barrier (fluid)
- C Containment (soil & sediments)
- D Drainage (fluid)
- E Surficial erosion control
- F Filtration
- P Protection
- R Reinforcement
- S Separation

e.g. separation geotextile

e.g. reinforcement geotextile

4.3 Multiple products on same diagram

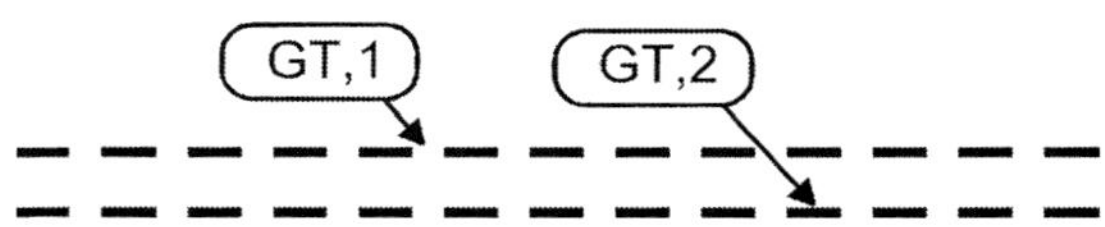

찾아보기

ㄱ

ㄴ

ㄷ

ㄹ

ㅁ

ㅂ

ㅅ

ㅇ

ㅈ

ㅊ

ㅋ

ㅌ

저자 소개

전한용

인하대학교 유기응용재료공학과 교수
한양대학교 대학원 섬유공학과(박사)
한국토목섬유학회 제6대회장(2011~2013)
IGS(국제토목섬유학회) Council Member(2008~2012)

장용채

목포해양대학교 해양·플랜트건설공학과 교수
전남대학교 대학원 토목공학과(박사)
한국도로공사 도로교통기술원, 수석연구원
미국 University of Missouri, 교환교수

장정욱

창원대학교 토목공학과 교수
일본 Tsukuba University(박사)
청주대학교 자원공학과 부교수
대한주택공사 주택연구소, 선임연구원

정연인

계명대학교 토목공학과 교수
미국 South Dakota School of Mines and Technology(박사)
동서대학교 토목공학과 전임강사
한국지반공학회 이사

박영목

영남대학교 건설시스템공학과 교수
일본 Saga대학(박사)
한국 농어촌공사, 책임연구원
미국 North Carolina State University, 방문교수

이광열

동서대학교 건축토목공학부 토목공학전공 교수
미국 Stevens Institute of Technology(박사)
한국지반공학회 부회장(2010-2012)
국제토질공학회(ISSMGE), ATC 7 위원장(현)

정진교

부산과학기술대학 토목과 교수
동아대학교 대학원 토목공학과(박사)
CTT Group 캐나다 SAGEOS 책임 연구위원
국토해양부 중앙설계심의위원

김윤태

부경대학교 해양공학과 교수
KAIST 토목공학과(박사)
캐나다 Laval University, 박사후 연구원
미국 North Carolina State University, 방문교수

실무자를 위한 토목섬유 설계 · 시공

초판인쇄 2014년 8월 08일
초판발행 2014년 8월 18일

저　　자 전한용, 장용채, 장정욱, 정연인, 박영목, 이광열, 정진교, 김윤태
펴 낸 이 김성배
펴 낸 곳 도서출판 씨아이알

책임편집 박영지, 이지숙
디 자 인 백정수, 추다영
제작책임 황호준

등록번호 제2-3285호
등 록 일 2001년 3월 19일
주　　소 100-250 서울특별시 중구 필동로8길 43(예장동 1-151)
전화번호 02-2275-8603(대표)
팩스번호 02-2275-8604
홈페이지 www.circom.co.kr

I S B N 979-11-5610-068-3 93530
정　　가 45,000원